Berliner Studienreihe zur Mathematik

herausgegeben von

H. Begehr und R. Gorenflo

Fachbereich Mathematik
Freie Universität
Berlin

Heldermann Verlag

Michael Drmota
Bernhard Gittenberger
Günther Karigl
Alois Panholzer
Institut für Diskrete Mathematik und Geometrie
Technische Universität Wien
Wiedner Hauptstraße 8-10/104
A–1040 Wien

1. Auflage 2007
2. Auflage 2008
3. Auflage 2010
4. erweiterte Auflage 2014

ISBN 978-3–88538–117–4

Berliner Studienreihe zur Mathematik
Band 17

M. Drmota, B. Gittenberger
G. Karigl, A. Panholzer

Mathematik für Informatik
Vierte erweiterte Auflage

Heldermann Verlag

Inhaltsverzeichnis

Vorwort

Das vorliegende Buch ist aus Mathematik-Vorlesungen für Studierende der Informatik an der Technischen Universität Wien entstanden, die von den Autoren seit vielen Jahren betreut werden. Es behandelt alle erforderlichen Gebiete, die im Studienplan vorgesehen sind, versucht aber auch, durch inhaltliche Ergänzungen zum Weiterlesen und zum Weiterstudium anzuregen.

Das Buch richtet sich vorrangig an Studierende der Informatik. Es soll einerseits ein begleitendes Lehrbuch für die mathematischen Grundvorlesungen sein, sicherlich Unterlage zur Prüfungsvorbereitung, es soll aber genau so als Mathematik-Nachschlagewerk für das gesamte Studium dienen. Dieses Buch ist schließlich auch zum Selbststudium geeignet, und die Autoren würden sich freuen, wenn es ebenso von dritter Seite Verwendung finden würde.

Eine besondere Herausforderung war es, trotz der knappen Darstellung sowohl die Lesbarkeit als auch die Vollständigkeit der behandelten Themenkreise zu erhalten. Weiters wurden viele inhaltliche Bezüge zur Informatik hergestellt, insbesondere in den im Text ausgeführten Beispielen, und der algorithmische Aspekt steht, wo immer es möglich war, im Vordergrund. So werden unter anderem der Euklidische Algorithmus, die Berechnung von Prüfziffern, das RSA-Verschlüsselungsverfahren, fehlerkorrigierende Linearcodes, die Berechnung elektrischer Netzwerke, die Eigenwertmethode zur Reihung von Webseiten, Aufwandsabschätzungen von Algorithmen wie z.B. Bubblesort und Quicksort, zelluläre Automaten wie z.B. „Spiel des Lebens", die Fast-Fourier-Transform in der Signalverarbeitung und verschiedene Aufgabenstellungen aus der Physik und Elektrotechnik behandelt.

Wie bereits angedeutet, orientiert sich der Inhalt an den mathematischen Grundvorlesungen. Nach den Grundlagen (d.s. im Wesentlichen Zahlen, elementare Aussagenlogik und Mengenlehre) befasst sich bereits das zweite Kapitel mit Informatik-nahen Themenbereichen aus der diskreten Mathematik, nämlich mit kombinatorischen Methoden, Graphentheorie und Grundlagen algebraischer Strukturen. Codierungstheorie und Kryptografie wurden nur in Beispielen behandelt, da diese für die Informatik zweifellos wichtigen Gebiete an der TU Wien in einer eigenen Lehrveranstaltung unterrichtet werden. Das dritte Kapitel befasst sich mit linearer Algebra. Hier wurde bewusst ein allgemeiner Zugang (über beliebigen Skalarkörpern) gewählt. Trotzdem wird versucht, den Bezug zur Anschauung immer wieder herzustellen.

Die nächsten drei Kapitel sind der Analysis gewidmet. Das vierte Kapitel beginnt mit dem Grenzwertbegriff und behandelt weiters Folgen, Reihen und elementare Funktionen. Das fünfte Kapitel umfasst die Differential- und Integralrechung in einer Variablen und das sechste die in mehreren Variablen. Einen besonderen Stellenwert nehmen Extremwertaufgaben ein.

Die letzten drei Kapitel sind spezielleren Themenkreisen gewidmet. Das siebente beschäftigt sich mit Differenzen- und Differentialgleichungen. Dabei werden sowohl Lösungsverfahren, einschließlich der Methode der erzeugenden Funktionen, als auch die qualitative Theorie behandelt. Hier findet man zahlreiche Anwendungsbeispiele aus Naturwissenschaft und

Technik: Komplexität von Sortieralgorithmen, zelluläre Automaten, elektrischer Schwingkreis, Wachstumsmodelle in der Biologie, die Wellengleichung und die Differentialgleichung der schwingenden Membran. Das achte Kapitel befasst sich mit verschiedenen Gesichtspunkten der Fourieranalyse. Neben den klassischen Fourierreihen werden die Fast-Fourier-Transform (FFT), die Fouriertransformation und die Laplacetransformation behandelt. Schließlich sind im neunten Kapitel noch einfache numerische Verfahren wie z.B. Näherungsverfahren zur Lösung von Gleichungen und Gleichungssystemen, Interpolationsverfahren, numerische Integrationsverfahren und Näherungsverfahren für Differentialgleichungen zusammengestellt. Aus Platzgründen mussten einige Themenbereiche der angewandten Mathematik wie z.B. Stochastik und Statistik oder lineare und diskrete Optimierung ausgeklammert werden.

Infolge einer Studienplanänderung an der Technischen Universität Wien hat sich die Notwendigkeit einer Überarbeitung und geringfügigen Erweiterung ergeben. So wurden mit der 4. Auflage Ergänzungen im Bereich der Grundlagen, der diskreten Mathematik und der linearen Algebra vorgenommen, beispielsweise zu den Themen Partitionen, Permutationen, Catalan-Zahlen sowie azyklische und planare Graphen. Hinzugekommen sind auch das Abtasttheorem aus der Signalverarbeitung und ein Abschnitt zur Computernumerik.

Das Lesen des Buches erfordert keine speziellen Vorkenntnisse. Es werden alle Begriffe grundlegend erklärt, und durch zahlreiche Bilder und durchgerechnete Beispiele wird versucht, die angegebenen Methoden und Resultate zu illustrieren. Jedes Kapitel schließt mit einer Sammlung ausgewählter Übungsaufgaben. Sie sollten alle mit den im Text dargestellten Methoden gelöst werden können.

Wenn auch keine speziellen Vorkenntnisse erforderlich sind, so möchten wir trotzdem einen Rat zur Benutzung des Buches geben, der sich in erster Linie an Anfängerinnen und Anfänger bzw. weniger Geübte richtet: Die Mathematik ist geprägt von einem intensiven Gebrauch von Abkürzungen und Symbolen, die am Anfang abschreckend und vielleicht auch unnötig kompliziert erscheinen mögen. Dass diese Symbole überaus nützlich, ja sogar notwendig sind, wird erst nach einer gewissen Vertiefung verständlich. Dieser Unterschied zur Alltagssprache hat aber zur Folge, dass man Mathematikbücher nicht einfach durchliest und schon deren Inhalt beherrscht. Mathematik lässt sich nur durch *learning by doing* begreifen. Deshalb sollte man beim Lesen dieses Buches immer wieder inne halten und – mit Hilfe von Bleistift und Papier – einzelne Passagen durchdenken. Auf diese Art werden Sie als Leser dieses Buches rasch Fortschritte machen und hoffentlich auch viel Freude an der Mathematik finden.

Die Autoren möchten sich vor allem bei ihrem Kollegen Günther Eigenthaler für das genaue Korrekturlesen des Manuskripts und für seine zahlreichen wertvollen Verbesserungsvorschläge bedanken. Wir danken auch Michael Wallner für seinen Rat und die gewissenhafte Abwicklung der Endredaktion der überarbeiteten Version. Unser Dank gebührt schließlich dem Heldermann-Verlag für die Aufnahme und Unterstützung bei der Herausgabe des Buches.

Wien, im August 2014

MICHAEL DRMOTA
BERNHARD GITTENBERGER
GÜNTHER KARIGL
ALOIS PANHOLZER

Kapitel 1

Grundlagen

Mathematik hat sich historisch aus der Notwendigkeit entwickelt, zählen und messen bzw. quantifizieren zu können. Wir führen daher gleich am Anfang die natürlichen, ganzen, rationalen, reellen und komplexen Zahlen ein. Daran schließt eine kleine Einführung in die elementare Zahlentheorie und in das Rechnen mit Kongruenzen. Die moderne Mathematik ruht hingegen auf zwei Säulen, auf der **Mathematischen Logik** und der **Mengenlehre**. Für unsere Zwecke dienen diese Grundlagen auch zur Sprachregelung, die wir im weiteren Verlauf benützen werden. Die nächsten Unterkapitel sind daher der Aussagenlogik und der Mengenlehre gewidmet. Abschließend kommen wir noch zu weiteren grundlegenden Begriffen, zu Relationen und Funktionen.

1.1 Zahlen

1. Natürliche Zahlen

Die natürlichen Zahlen[1] sind die Zahlen $0, 1, 2, 3, \ldots$ In der Mathematik fasst man sie zu einer Menge zusammen, die mit $\mathbb{N} = \{0, 1, 2, 3, \ldots\}$ bezeichnet wird. Die wesentliche Eigenschaft der natürlichen Zahlen ist, dass es zu jeder natürlichen Zahl n einen Nachfolger $n' = n + 1$ gibt. Das entspricht dem intuitiven „Immerweiterzählen". Streng genommen können die natürlichen Zahlen etwa durch die **Peanoaxiome** charakterisiert werden:

1. 0 (Null) ist eine natürliche Zahl.

2. Jede natürliche Zahl n hat genau einen Nachfolger.

3. 0 ist nicht Nachfolger einer natürlichen Zahl.

4. Verschiedene natürliche Zahlen besitzen verschiedene Nachfolger.

5. Jede Eigenschaft, welche 0 zukommt und sich von jeder natürlichen Zahl auf den Nachfolger überträgt, kommt bereits allen natürlichen Zahlen zu.

Das letzte Axiom heißt auch **Induktionsaxiom**.

---

[1] Nach ÖNORM ist 0 (Null) auch eine natürliche Zahl.

Man überlegt sich leicht, dass die natürlichen Zahlen durch diese fünf (Peano-)Axiome eindeutig bestimmt sind. Graphisch kann man sie folgendermaßen darstellen (siehe Abb. 1.1). Dabei ist $1 = 0'$ der Nachfolger von 0, $2 = 1'$ ist der Nachfolger von 1, usw.

$$0 \longrightarrow 1 \longrightarrow 2 \longrightarrow 3 \longrightarrow 4 \longrightarrow \cdots$$

Abbildung 1.1 Die natürlichen Zahlen

Die folgende Tabelle zeigt, warum die in Abb. 1.1 angegebene Struktur nach den Peanoaxiomen die einzig mögliche ist.

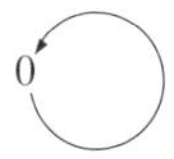 0 ⟳	unmöglich wegen 3.
 $0 \longrightarrow 1 \longrightarrow 2 \longrightarrow \cdots \longrightarrow n \,{<}^{\,n'}_{\,n'}$	unmöglich wegen 2.
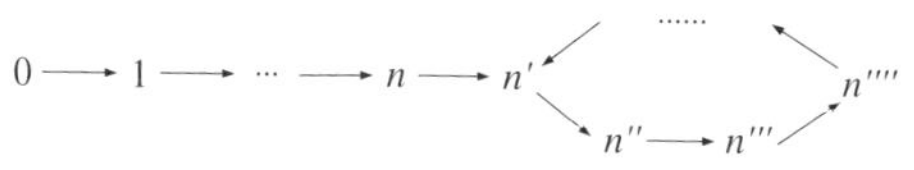 $0 \longrightarrow 1 \longrightarrow \cdots \longrightarrow n \longrightarrow n' \cdots n'' \longrightarrow n''' \cdots n''''$	unmöglich wegen 4.
 $0 \longrightarrow 1 \longrightarrow \cdots \longrightarrow n$, $m \to n' = m'$	unmöglich wegen 4.
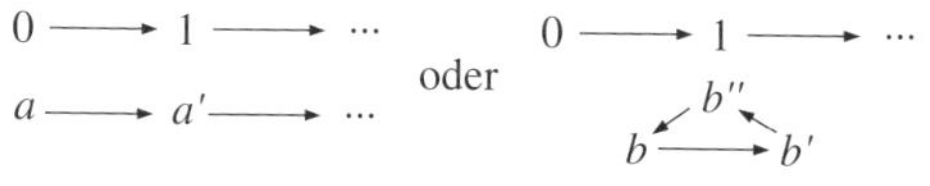 $0 \longrightarrow 1 \longrightarrow \cdots$, $a \longrightarrow a' \longrightarrow \cdots$ oder $0 \longrightarrow 1 \longrightarrow \cdots$, $b \to b'' \to b'$	unmöglich wegen 5.

Aus der „Auflistung" $0, 1, 2, 3, \ldots$ der natürlichen Zahlen ergibt sich eine **natürliche Ordnung**. Man sagt m ist kleiner als n und schreibt dafür $m < n$, wenn m in der Liste vor n gereiht ist. Entsprechend sagt man, m ist kleiner oder gleich n, wenn $m < n$ oder $m = n$, und schreibt dafür $m \leq n$. Weiters schreibt man auch $m > n$ anstelle von $n < m$ und $m \geq n$ anstelle von $n \leq m$.

Das interessanteste Axiom ist das Induktionsaxiom 5. Aus diesem leitet man das Beweisprinzip der **vollständigen Induktion** ab.

Es sei $P(n)$ eine Eigenschaft[2], die für eine natürliche Zahl n gelten kann oder nicht (siehe Beispiele 1.1 bis 1.3). Wir wollen untersuchen, ob $P(n)$ für alle natürlichen Zahlen wahr ist. Das Induktionsaxiom besagt, dass man dafür $P(0)$ überprüfen muss, also ob die natürliche Zahl 0 die Eigenschaft P hat, und dass man überprüfen muss, ob aus der Annahme, dass $P(n)$ gültig ist, auch die Gültigkeit von $P(n') = P(n+1)$ gefolgert werden kann.

---

[2]Wir werden $P(n)$ in der Logik als **Prädikat** bezeichnen, siehe Abschnitt 1.3.

In der Schreibweise der Logik (siehe Abschnitt 1.3) lautet dies kurz so:

$$P(0) \wedge \big(\forall n \in \mathbb{N} : P(n) \Rightarrow P(n+1) \big) \Longrightarrow \forall n \in \mathbb{N} : P(n).$$

Zur Illustration dieser Schlussregel betrachten wir ein einfaches Beispiel, das eine Summenformel nachweist.

Beispiel 1.1 Es sei $P(n)$ die Aussage[3]

$$\sum_{k=0}^{n} k = \frac{n(n+1)}{2}.$$

Offensichtlich ist $P(0)$ wahr, da $\sum_{k=0}^{0} k = 0$. Ist nun $P(n)$ wahr, dann gilt

$$
\begin{aligned}
\sum_{k=0}^{n+1} k &= \sum_{k=0}^{n} k + (n+1) \\
&= \frac{n(n+1)}{2} + (n+1) \\
&= \frac{(n+1)(n+2)}{2}.
\end{aligned}
$$

Also ist auch $P(n+1)$ wahr. Damit ist gezeigt, dass $P(n)$ für alle natürlichen Zahlen n wahr ist. △

Die Überprüfung von $P(0)$ wird auch als **Induktionsanfang** und der Schluss $P(n) \Rightarrow P(n+1)$ als **Induktionsschritt** bezeichnet, dabei nennt man $P(n)$ **Induktionsvoraussetzung** und $P(n+1)$ **Induktionsbehauptung**.

Im nächsten Beispiel illustrieren wir, dass der Induktionsanfang verschoben werden kann, d.h. man überprüft $P(n_0)$ und den Induktionsschritt $P(n) \Rightarrow P(n+1)$ für alle $n \geq n_0$. Daraus folgt die Gültigkeit von $P(n)$ für alle $n \geq n_0$.

Beispiel 1.2 Es sei $P(n)$ die Aussage

$$2^n > n + 2.$$

Offensichtlich ist diese Aussage für $n = 0$, $n = 1$ und $n = 2$ nicht richtig. Allerdings gilt $P(3)$ wegen $2^3 = 8 > 5 = 2 + 3$, und es ist nahe liegend, dass auch $P(4), P(5), \dots$ alle richtig sind.

Für den Nachweis verschieben wird den Induktionsanfang zu $n = 3$ und versuchen nun, den Schritt $P(n) \Rightarrow P(n+1)$ für $n \geq 3$ zu überprüfen. Wir nehmen also an, dass $2^n > n + 2$ für ein $n \geq 3$ richtig ist. Multipliziert man mit 2, so ergibt sich direkt

$$2 \cdot 2^n = 2^{n+1} > 2(n+2) = 2n + 4 \geq n + 4 \geq (n+1) + 2.$$

Daher gilt $P(n)$ für alle $n \geq 3$. △

---

[3]Wir benützen hier das **Summenzeichen** $\sum$, das große griechische Sigma. Ist $a_0, a_1, \dots, a_n$ eine Folge von Zahlen, so ist $\sum_{k=0}^{n} a_k$ eine Kurzschreibweise für $a_0 + a_1 + \cdots + a_n$, also insbesondere ist $\sum_{k=0}^{n} k = 0 + 1 + 2 + \cdots + n$.

Manchmal ist es auch günstiger, nicht nur den Schluss $P(n) \Rightarrow P(n+1)$ zu verwenden, sondern die Information über alle vorigen $P(k)$ zu nützen, d.h. man nimmt an, dass $P(0), P(1), \ldots, P(n)$ gültig sind, und leitet daraus $P(n+1)$ ab. In der Schreibweise der Logik sieht diese Variante der vollständigen Induktion so aus:

$$P(0) \wedge \big(\forall n \in \mathbb{N} : \big(\forall k \leq n : P(k)\big) \Rightarrow P(n+1)\big) \Longrightarrow \forall n \in \mathbb{N} : P(n).$$

Je nach Anwendungsbeispiel verwendet man die eine oder andere Variante.

Beispiel 1.3 Eine natürliche Zahl $n > 1$ heißt prim oder unzerlegbar, wenn sie nicht als Produkt $n = r \cdot s$ zweier natürlicher Zahlen r, s darstellbar ist, die beide kleiner sind als n.

Für $n > 1$ sei $P(n)$ die Aussage, dass n entweder selbst prim ist oder als Produkt endlich vieler primer Zahlen darstellbar ist. Wieder ist der Induktionsanfang verschoben. Wir beginnen mit (der Primzahl) $n = 2$, hier ist die Aussage offensichtlich richtig. Für den Beweis nehme man an, dass $P(k)$ für alle $k \leq n$ wahr ist. Wenn nun $n + 1$ nicht prim ist, dann gibt es natürliche Zahlen $r \leq n$ und $s \leq n$ mit $n + 1 = r \cdot s$. Unter der eben angeführten Annahme sind $P(r)$ und $P(s)$ wahr. (Man beachte, dass $r > 1$ und $s > 1$ sein müssen.) Folglich kann $n + 1$ auch als Produkt von endlich vielen primen Zahlen dargestellt werden. Daher ist $P(n+1)$ wahr.

Es wurde damit gezeigt, dass jede natürliche Zahl $n > 1$ eine Primfaktorenzerlegung besitzt. Um zu zeigen, dass diese Zerlegung bis auf die Reihenfolge der auftretenden Primzahlen eindeutig ist, benötigt man noch zusätzliche Überlegungen (vergleiche mit Abschnitt 1.2). △

Das Prinzip der Induktion ist auch Grundlage der so genannten **rekursiven Definition**. Man kann beispielsweise die Folge $a_n = 2^n$, $n \geq 0$, auch durch Angabe des ersten Elements $a_0 = 1$ und durch die rekursive Beziehung

$$a_{n+1} = 2a_n, \qquad n \geq 0,$$

definieren. Rekursive Definitionen findet man in den verschiedensten Zusammenhängen. So werden z.B. die Potenzen x^n am einfachsten rekursiv definiert: $x^0 := 1$, $x^{n+1} := x^n x$ (für $n \geq 0$). Ein weiteres Beispiel sind die Fibonacci-Zahlen F_n, die üblicherweise durch $F_0 = 0$, $F_1 = 1$ und durch $F_{n+1} := F_n + F_{n-1}$ (für $n \geq 1$) definiert werden. Der erste Teil des Kapitel 8 beschäftigt sich übrigens ausführlich mit rekursiv definierten Folgen.

Das „Immerweiterzählen" ist auch Grundlage des Rechnens mit natürlichen Zahlen. Die **Addition** von n mit 1 ist durch den Nachfolger von n gegeben: $n + 1 = n'$. Entsprechend ist die Addition von n und 2 (dem Nachfolger von 1): $n + 2 = n + 1' = (n+1)'$. Allgemein definiert man in *rekursiver Weise*

$$n + k' = (n+k)'.$$

Aus dem Induktionsaxiom folgt, dass damit die Addition von zwei beliebigen natürlichen Zahlen definiert wird, wenn man zusätzlich noch $n + 0 = 0 + n = n$ setzt.

Die **Multiplikation** zweier natürlicher Zahlen wird ebenso rekursiv definiert: $0 \cdot n = 0$, $1 \cdot n = n$, $2 \cdot n = n + n$ und allgemein

$$k' \cdot n = k \cdot n + n.$$

Die Addition und die Multiplikation erfüllen die folgenden Rechenregeln, die induktiv bewiesen werden.

Satz 1.4 *Für natürliche Zahlen $n, m, k \in \mathbb{N}$ gelten die folgenden Eigenschaften:*

(i) **Kommutativgesetz:** $n + m = m + n$, $n \cdot m = m \cdot n$,

(ii) **Assoziativgesetz:** $(n + m) + k = n + (m + k)$, $(n \cdot m) \cdot k = n \cdot (m \cdot k)$,

(iii) **Distributivgesetz:** $(n + m) \cdot k = n \cdot k + m \cdot k$,

(iv) **Existenz eines neutralen Elements:** $n + 0 = 0 + n = n$, $n \cdot 1 = 1 \cdot n = n$.

Neben der Addition und der Multiplikation betrachtet man in den natürlichen Zahlen auch die **Subtraktion** und die **Division**. Ist $n \leq m$, so bezeichnet $k = m - n$ die **Differenz**, also jene natürliche Zahl mit $n + k = m$. Gibt es zu zwei natürlichen Zahlen m, n (mit $n \neq 0$) eine natürliche Zahl q mit $n \cdot q = m$, so sagt man, „n teilt m" und bezeichnet q als **Quotienten**, der durch $q = m : n = \frac{m}{n}$ geschrieben wird. Man überlegt sich leicht, dass Differenz und Quotient eindeutig bestimmt sind.

2. Ganze und rationale Zahlen

Ein Nachteil der natürlichen Zahlen ist, dass man nicht uneingeschränkt subtrahieren und dividieren kann, d.h., Gleichungen der Form $5 + x = 2$ und $3 \cdot y = 5$ bzw. allgemein geschrieben

$$n + x = m \quad \text{und} \quad n \cdot y = m$$

sind nicht immer in den natürlichen Zahlen lösbar. Aus diesem Grund führt man die **ganzen Zahlen**

$$\mathbb{Z} = \{\ldots, -2, -1, 0, 1, 2, \ldots\}$$

und die **rationalen Zahlen**

$$\mathbb{Q} = \left\{ \frac{m}{n} \mid m \in \mathbb{Z},\ n \in \mathbb{Z} \setminus \{0\} \right\}$$

ein.[4] Die Lösung der Gleichung $n + x = m$ ist nun die ganze Zahl $x = m - n$, also z.B. $x = 2 - 5 = -3$, und die Lösung der Gleichung $n \cdot y = m$ die rationale Zahl $y = \frac{m}{n}$ (für $n \neq 0$), also z.B. $y = 5/3$.

Dazu muss man einiges beachten. Bevor wir Gleichungen dieser Art allgemein betrachten können, müssen wir Addition und Multiplikation für ganze und rationale Zahlen einführen.

Bleiben wir zunächst bei den ganzen Zahlen $\mathbb{Z}$. Sie wurden so konstruiert, dass man zu jeder natürlichen Zahl $n > 0$ auch die **negative Zahl** $-n$ betrachtet. Damit kann man (ausgehend von 0) auch um -1 immer weiterzählen und erhält auch eine Fortsetzung der Ordnung der natürlichen Zahlen (siehe Abb. 1.2).

$$\cdots \longrightarrow -2 \longrightarrow -1 \longrightarrow 0 \longrightarrow 1 \longrightarrow 2 \longrightarrow \cdots$$

Abbildung 1.2 Die ganzen Zahlen

---

[4] Zwei Brüche $\frac{m}{n}$ und $\frac{k}{l}$ in $\mathbb{Q}$ werden gleich gesetzt, wenn $m \cdot l = n \cdot k$ ist.

Im nächsten Schritt definiert man die **Addition** für alle ganzen Zahlen:

$$(-m) + (-n) = -(m+n) \quad \text{für } n, m \geq 0,$$
$$m + (-n) = (-n) + m = m - n \quad \text{für } 0 \leq n \leq m,$$
$$m + (-n) = (-n) + m = -(n-m) \quad \text{für } 0 \leq m < n.$$

Weiters wird der Begriff negative Zahl auch für alle ganzen Zahlen definiert, insbesondere setzt man $-0 = 0$ und

$$-(-n) = n \quad \text{für } n > 0,$$

also z.B. $-(-3) = 3$. Jede ganze Zahl hat daher eine negative Zahl.

Mit dieser Festlegung wird die **Subtraktion**

$$n - m = n + (-m)$$

für alle ganzen Zahlen $n, m \in \mathbb{Z}$ definiert. Damit ist es nun möglich, die Gleichung $n + x = m$ für alle ganzen Zahlen $n, m \in \mathbb{Z}$ zu lösen, die Lösung ist $x = m - n$. Z.B. hat die Gleichung $-4 + x = -8$ die Lösung $x = -8 - (-4) = -4$.

Eine ähnliche Idee liegt der Konstruktion der rationalen Zahlen $\mathbb{Q}$ zu Grunde. Hier spielt der **Kehrwert** $\frac{1}{r} = r^{-1}$ eine ähnliche Rolle wie zuvor die negative Zahl $-n$. Wieder ist es wichtig, den Kehrwert $r^{-1} = \frac{1}{r}$ jeder rationalen Zahl $r = \frac{m}{n} \neq 0$ zu kennen:

$$\left(\frac{m}{n}\right)^{-1} = \frac{1}{\frac{m}{n}} = \frac{n}{m}.$$

Beispielsweise ist $\left(\frac{1}{2}\right)^{-1} = 2$. Damit ist (zunächst) für alle ganzen Zahlen m, n (mit $n \neq 0$) die Lösung von $n \cdot y = m$ durch $y = \frac{m}{n}$ gegeben. Neben dem Kehrwert einer rationalen Zahl definiert man auch die negative Zahl $-r$ einer rationalen Zahl $r = \frac{m}{n}$:

$$-r = -\frac{m}{n} = \frac{-m}{n}.$$

Schließlich führen wir die **Addition** und **Multiplikation** von zwei rationalen Zahlen $r = \frac{m}{n}$ und $s = \frac{k}{l}$ ein:

$$r + s = \frac{m}{n} + \frac{k}{l} = \frac{ml + nk}{nl} \quad \text{und} \quad r \cdot s = \frac{m}{n} \cdot \frac{k}{l} = \frac{m \cdot k}{n \cdot l}.$$

Entsprechend definieren wir für zwei beliebige rationale Zahlen $r = \frac{m}{n}, s = \frac{k}{l}$ die **Subtraktion** und **Division**:

$$r - s = r + (-s) \quad \text{und} \quad r : s = \frac{r}{s} = r \cdot \frac{1}{s} \quad (s \neq 0).$$

Damit können wir die Gleichungen $s + x = r$ und $s \cdot y = r$ für alle rationalen Zahlen r, s lösen:

$$x = r - s \quad \text{und} \quad y = \frac{r}{s} \quad (s \neq 0).$$

In den ganzen Zahlen kann man daher uneingeschränkt addieren, multiplizieren und subtrahieren. In den rationalen Zahlen kommt noch die uneingeschränkte Division durch eine Zahl $\neq 0$ dazu. Man beachte, dass die Rechenregeln von Satz 1.4 in derselben Weise für $\mathbb{Z}$ und $\mathbb{Q}$ gelten. Zusätzlich kommt noch hinzu, dass wir negative und reziproke Zahlen bilden können.

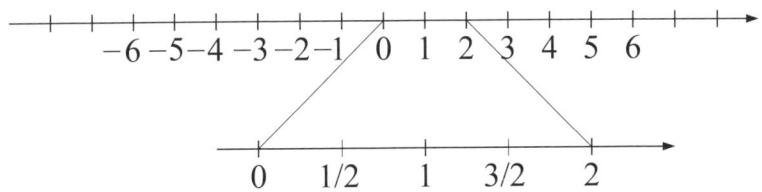

Abbildung 1.3 Zahlengerade

Wie bereits angegeben, sind die ganzen Zahlen geordnet. Ebenso können die rationalen Zahlen geordnet werden. Dies wird an der so genannten **Zahlengeraden** verdeutlicht (siehe Abb. 1.3):

Für zwei rationale Zahlen $r = \frac{m}{n}$, $s = \frac{k}{l}$ (mit $n > 0$ und $l > 0$) definiert man

$$r = \frac{m}{n} < s = \frac{k}{l} \quad \Longleftrightarrow \quad m \cdot l < n \cdot k.$$

Weiters beachte man, dass es zwischen je zwei rationalen Zahlen $r < s$ immer noch eine rationale Zahl gibt, die zwischen r und s liegt:

$$r < \frac{r + s}{2} < s.$$

Es sieht daher so aus, als ob die rationalen Zahlen auf der Zahlengeraden keine Lücken haben. Dies ist aber (bei genauerer Betrachtungsweise) falsch. Wir versuchen nun, die Gleichung

$$x^2 = 2$$

zu lösen. Dies ist jedoch überraschenderweise im Rahmen der rationalen Zahlen nicht möglich. Eine Lösung der Gleichung $x^2 = 2$ wird durch $x = \sqrt{2}$, die **Wurzel** von 2 bezeichnet. Eine Zahl, die nicht rational ist, heißt **irrational**.

Satz 1.5 *Die Gleichung $x^2 = 2$ hat keine Lösung in den rationalen Zahlen, d.h. $\sqrt{2}$ ist irrational.*

Beweis. Wir benützen eine indirekte Vorgangsweise, den sogenannten indirekten Beweis. Wir nehmen an, es gäbe eine rationale Lösung $x = \frac{m}{n}$ und führen diese Annahme zu einem Widerspruch. Daraus folgt, dass es unmöglich ist, dass $x^2 = 2$ eine rationale Lösung hat.

Es sei also $x = \frac{m}{n}$ eine rationale Lösung der Gleichung $x^2 = 2$, also $\left(\frac{m}{n}\right)^2 = 2$ oder $m^2 = 2n^2$. Wir können dabei auch o.B.d.A.[5] annehmen, dass m und n nicht beide gerade sind.[6] Denn wären m und n gerade, so könnte man wegen $x = \frac{m}{n} = \frac{m/2}{n/2}$ anstelle von m und n auch $m/2$ und $n/2$ betrachten und auf diesem Weg erzwingen, dass nach endlich vielen Schritten (eventuell neue) m und n nicht beide gerade sind.

Aus der Beziehung $m^2 = 2n^2$ folgt aber, dass m gerade ist. Denn wäre m ungerade, so müsste auch m^2 ungerade sein, was der Beziehung $m^2 = 2n^2$ widerspricht. Wir können daher $m = 2k$ setzen und erhalten $(2k)^2 = 4k^2 = 2n^2$ und schließlich $2k^2 = n^2$. Aus dieser

---

[5]ohne Beschränkung der Allgemeinheit
[6]Die geraden ganzen Zahlen sind dadurch charakterisiert, dass sie durch 2 teilbar sind.

Gleichung folgt aber (wie vorhin), dass auch n gerade sein muss. Das haben wir aber ausgeschlossen, es ist ein Widerspruch eingetreten. Wie bereits erwähnt, ist es daher unmöglich, dass $x^2 = 2$ eine rationale Lösung hat.   □

3. Reelle Zahlen

Um Gleichungen der Form $x^2 = 2$ (und ähnlicher Art) lösen zu können, muss man den Zahlbegriff erweitern, zunächst einmal zu den reellen Zahlen. Bevor wir dies tun, gehen wir noch einmal kurz zurück zu den natürlichen Zahlen. Üblicherweise werden natürliche Zahlen in ihrer **Dezimalentwicklung**[7] angegeben, also z.B.

$$327 = (327)_{10} = 3 \cdot 10^2 + 2 \cdot 10^1 + 7 \cdot 10^0.$$

Es ist leicht zu sehen, dass jede natürliche Zahl n eindeutig in dieser Weise dargestellt werden kann als

$$n = c_k \cdot 10^k + c_{k-1} \cdot 10^{k-1} + \cdots + c_1 \cdot 10^1 + c_0 \cdot 10^0 = (c_k c_{k-1} \cdots c_1 c_0)_{10},$$

wobei die **Ziffern** $c_j \in \{0, 1, 2, \ldots, 9\}$ sind. Bei negativen Zahlen setzt man einfach ein Minuszeichen davor, z.B. -327.

Es ist ganz natürlich, auch negative Potenzen von 10 zuzulassen, und man beschreibt dadurch gewisse rationale Zahlen, z.B. $\frac{3}{2} = 1 + 5 \cdot 10^{-1} = 1.5 = (1.5)_{10}$. Es ist aber nicht möglich, alle rationalen Zahlen in der Form

$$r = c_k \cdot 10^k + c_{k-1} \cdot 10^{k-1} + \cdots + c_1 \cdot 10^1 + c_0 \cdot 10^0 + c_{-1} \cdot 10^{-1} + \cdots + c_{-m} \cdot 10^{-m}$$
$$= (c_k c_{k-1} \cdots c_1 c_0 . c_{-1} \cdots c_{-m})_{10},$$

also durch eine **endliche Dezimalentwicklung** darzustellen. Die Ziffern $c_{-1}, c_{-2}, \ldots, c_{-m}$ werden auch als **Nachkommastellen** bezeichnet.

Man erfasst damit nur rationale Zahlen der Form $r = n/10^m$, wobei n und m natürliche Zahlen sind. Die Zahl $\frac{1}{3}$ ist aber beispielsweise sicher nicht von dieser Gestalt. Denn $\frac{1}{3} = n/10^m$ ist gleichbedeutend mit $3 \cdot n = 10^m$, was nicht möglich ist, 10 ist nicht durch 3 teilbar.

Trotzdem ist es möglich, jede reelle Zahl durch endliche Dezimalentwicklungen beliebig gut zu approximieren. Betrachten wir noch einmal das Beispiel $x = \sqrt{2}$. Zunächst stellt man fest, dass $1 < \sqrt{2} < 2$ gelten muss, da $1^2 = 1 < 2 < 2^2 = 4$ ist. Im nächsten Schritt betrachten wir alle Zahlen zwischen 1 und 2 mit einer Nachkommastelle, also die Zahlen

$$1.0, \ 1.1, \ 1.2, \ 1.3, \ 1.4, \ 1.5, \ 1.6, \ 1.7, \ 1.8, \ 1.9, \ 2.0.$$

Offensichtlich gilt $1.4 < \sqrt{2} < 1.5$, da $1.4^2 = 1.96 < 2 < 1.5^2 = 2.25$. Im darauf folgenden Schritt betrachtet man alle Zahlen zwischen 1.4 und 1.5 mit zwei Nachkommastellen,

$$1.40, \ 1.41, \ 1.42, \ 1.43, \ 1.44, \ 1.45, \ 1.46, \ 1.47, \ 1.48, \ 1.49, \ 1.50,$$

und stellt fest, dass $1.41 < \sqrt{2} < 1.42$ gelten muss. In jedem Schritt wird die Approximation um eine Dezimale genauer. Nach m Schritten gewinnt man rationale Zahlen x'_m und x''_m mit m Nachkommastellen, so dass $x'_m \leq x \leq x''_m$ und $x''_m - x'_m = 10^{-m}$. Die Zahl

$$x'_{50} = 1.41421356237309504880168872420969807856967187537694$$

---

[7]Die Basis 10 ist willkürlich und nur historisch bedingt. Man kann anstelle von 10 jede natürliche Zahl $q > 1$ verwenden. Beispielsweise führt dies für $q = 2$ zur Binärentwicklung.

unterscheidet sich von $\sqrt{2}$ um weniger als 10^{-50}. Dies ist für die praktische Rechnung zwar mehr als ausreichend. Trotzdem kann man in endlich vielen Schritten die Zahl $\sqrt{2}$ nicht exakt darstellen, die Zahl $\sqrt{2}$ ist ja irrational. Es ist daher nahe liegend, die Zahl $\sqrt{2}$ mit einer **unendlichen Dezimalentwicklung**

$$\sqrt{2} = (1.41421356237309504880168872420969807856967187537694\cdots)_{10}$$
$$= 1 + 4 \cdot 10^{-1} + 1 \cdot 10^{-2} + 4 \cdot 10^{-3} + 2 \cdot 10^{-4} + \cdots$$

zu identifizieren.

In analoger Weise betrachtet man beliebige unendliche Dezimalentwicklungen

$$x = c_k \cdot 10^k + c_{k-1} \cdot 10^{k-1} + \cdots + c_1 \cdot 10^1 + c_0 \cdot 10^0 + \sum_{m=1}^{\infty} c_{-m} \cdot 10^{-m}$$

mit (beliebigen) Ziffern $c_j \in \{0, 1, 2, \ldots, 9\}$. Zu so einer unendlichen Dezimalentwicklung gehört immer eine so genannte **Intervallschachtelung** von Intervallen[8] $I_m = [x'_m, x''_m]$, indem man die unendliche Dezimalentwicklung nach m Schritten abbricht. Bei $\sqrt{2}$ sind dies die Intervalle $I_0 = [1, 2]$, $I_1 = [1.4, 1.5]$, $I_2 = [1.41, 1.42]$ usw. Diese Intervalle sind ineinander geschachtelt, I_1 ist in I_0 enthalten, I_2 in I_1 usw., und die Intervalllängen werden beliebig klein, sie unterschreiten jede beliebig vorgegebene positive Zahl.

Das soeben beschriebene Intervallschachtelungsverfahren kann nicht nur für irrationale Zahlen (wie $\sqrt{2}$) sondern auch für rationale Zahlen durchgeführt werden. Für $x = \frac{1}{3}$ oder $x = 5/11$ stellt sich beispielsweise heraus, dass diese Zahlen die unendliche Dezimalentwicklung

$$\frac{1}{3} = 0.333\cdots \quad \text{bzw.} \quad \frac{5}{11} = 0.454545\cdots$$

haben. Solche Entwicklungen werden **periodische Dezimalentwicklungen** genannt. Wenn die Dezimalentwicklung erst ab einer Stelle periodisch wird, also eine „Vorperiode" hat, bezeichnet man sie auch als periodische Entwicklung. Manchmal wird auch zwischen „rein periodischen" Entwicklungen (ohne Vorperiode) und „schließlich periodischen" Entwicklungen (mit Vorperiode) unterschieden. Es ist leicht nachzurechnen (siehe Satz 1.6), dass die rationalen Zahlen gerade durch periodische Dezimalentwicklungen beschrieben werden. Man beachte dabei, dass diese nicht immer eindeutig sind, z.B. gilt $0.999\cdots = 1.000\cdots$, das ist aber (im Wesentlichen) die einzige Ausnahme.

Satz 1.6 *Die Dezimalentwicklung einer rationalen Zahl ist entweder endlich oder (schließlich) periodisch. Sie ist eindeutig, wenn man die (schließliche) Periode $999\cdots$ ausschließt.*

Beweis. Ist die Dezimalentwicklung von x endlich, so ist x offensichtlich eine rationale Zahl. Hat hingegen die Zahl x die (schließlich) periodische Dezimalentwicklung $x = (c_k c_{k-1} \cdots c_1 c_0 . c_{-1} \cdots c_{-m} p_1 \cdots p_r p_1 \cdots p_r \cdots)_{10}$ mit Periode $p_1 \cdots p_r$, so hat $10^r x - x = (10^r - 1)x$ eine endliche Dezimalentwicklung, also $(10^r - 1)x$ ist rational. Daher ist auch x rational.

---

[8]Ein reelles **Intervall** besteht aus allen reellen Zahlen zwischen zwei vorgegebenen Zahlen a, b. Die Menge $[a, b] = \{x \in \mathbb{R} \mid a \le x \le b\}$ bezeichnet man als abgeschlossenes Intervall, das die Endpunkte a, b enthält, und die Menge $(a, b) = \{x \in \mathbb{R} \mid a < x < b\}$ als offenes Intervall ohne Endpunkte.

Wendet man im Speziellen das soeben beschriebene Verfahren für die periodische Dezimalzahl $x = 0.999\cdots$ an, so erhält man $x = \frac{10x - x}{9} = \frac{9.999\cdots - 0.999\cdots}{9} = 1$. Man kann also eine Zahl mit (schließlicher) Periode $999\cdots$ immer durch eine endliche Dezimalentwicklung darstellen. Beispielsweise ist $4.367999\cdots = 4.368$. Wir setzen das im Folgenden immer voraus. Als nächstes beobachtet man, dass jede Zahl $x = 0.c_{-1}c_{-2}c_{-3}\cdots \neq 0.999\cdots$ kleiner als 1 ist. Ist etwa $c_{-k} \leq 8$, so folgt $x \leq 1 - 10^{-k} < 1$. In ähnlicher Weise zeigt man, dass zwei Zahlen x, y mit verschiedener (schließlich) periodischer Dezimalentwicklung (mit Periode $\neq 999\cdots$) verschieden sind. Die Dezimalentwicklung ist daher eindeutig.

Ist nun umgekehrt $x = \frac{m}{n}$ $(n > 0)$ eine rationale Zahl, so erhält man die Dezimalentwicklung durch den üblichen Divisonsalgorithmus von $m : n$. Die dabei auftretenden Reste r_i sind alle kleiner als n. Ist ein Rest $r_i = 0$, so ist die Dezimalentwicklung endlich und es ist nichts zu zeigen. Andernfalls muss sich nach jeweils n Schritten ein Rest wiederholen, d.h. es gibt ein i und ein $\ell > 0$ mit $r_{i+\ell} = r_i \geq 1$. Der darauf folgende Rest r_{i+1} ist aber (ab einem Index i_0, wenn immer nur Null übertragen wird) nur von r_i und n abhängig. Daher gilt (für $i \geq i_0$) $r_{i+\ell+1} = r_{i+1}$, d.h. die Reste sind (schließlich) periodisch. Daraus folgt aber auch, dass die dazugehörige Dezimalentwicklung (schließlich) periodisch ist.   □

Dieser Satz beschreibt auch den Unterschied zwischen den rationalen Zahlen und beliebigen unendlichen Dezimalentwicklungen, den so genannten reellen Zahlen.

Definition 1.7 Die Menge aller positiven und negativen, endlichen und unendlichen Dezimalentwicklungen – wobei Zahlen mit (schließlicher) Periode $999\cdots$ mit ihrer endlichen Dezimalentwicklung identifiziert werden – wird als die Menge $\mathbb{R}$ der **reellen Zahlen** bezeichnet.

Anschaulich gesprochen füllen die reellen Zahlen die Lücken auf der Zahlengeraden (siehe Abb. 1.3), die die rationalen Zahlen lassen. Aus der Dezimalentwicklung ergibt sich auch die natürliche Ordnung der reellen Zahlen (die sich auch graphisch auf der Zahlengeraden widerspiegelt).

Selbstverständlich kann man reelle Zahlen auch addieren und multiplizieren. Sind x und y zwei reelle Zahlen (wobei wir aus Gründen der Einfachheit annehmen, dass x und y positiv sind) und bezeichnen x'_m, x''_m und y'_m, y''_m die durch die Dezimalentwicklung induzierten Approximationen mit jeweils m Dezimalstellen nach dem Komma, gilt also insbesondere $x'_m \leq x \leq x''_m$, $y'_m \leq y \leq y''_m$ und $x''_m - x'_m = y''_m - y'_m = 10^{-m}$, so bilden die Intervalle $[x'_m + y'_m, x''_m + y''_m]$ und $[x'_m \cdot y'_m, x''_m \cdot y''_m]$ wieder Intervallschachtelungen, die reelle Zahlen definieren, die wir mit $x + y$ und $x \cdot y$ identifizieren können. Es übertragen sich auch alle Rechenregeln aus Satz 1.4. Weiters kann man uneingeschränkt subtrahieren und durch Zahlen $\neq 0$ dividieren, also negative und reziproke Zahlen bilden.

Jede reelle Zahl x kann auch eindeutig als Summe einer ganzen Zahl n und einer Zahl r mit $0 \leq r < 1$ dargestellt werden: $x = n + r$. Die ganze Zahl n wird durch $n = \lfloor x \rfloor = \max\{k \in \mathbb{Z} \mid k \leq x\}$ bestimmt und heißt **Ganzteil** von x, der verbleibende Rest $r = \{x\} = x - \lfloor x \rfloor$ **Bruchteil** von x. Weiters definieren wir den **Betrag** $|x|$ einer reellen Zahl als $|x| = \max\{x, -x\}$. Es ist also z.B. $|3| = 3$ und $|-5| = 5$.

4. Komplexe Zahlen

Wir haben nun gesehen, dass das Lösen von Gleichungen der Form $a + x = b$, $a \cdot y = b$ bzw. $x^2 = a$ uns dazu geführt hat, unseren Zahlbegriff ausgehend von den natürlichen Zahlen immer wieder zu erweitern. Diese Vorgangweise wird noch ein weiteres Mal angewandt.

Dazu betrachten wir die Gleichung

$$x^2 = -1.$$

Diese Gleichung hat selbst in den rellen Zahlen keine Lösung, da das Quadrat einer rellen Zahl nicht negativ sein kann. Trotzdem ist es möglich, die reellen Zahlen so zu erweitern, dass Gleichungen dieser Art (also algebraische Gleichungen) immer lösbar sind.

Entscheidend ist das Einführen der so genannten **imaginären Zahl** i, die Lösung dieser Gleichung ist, also die Beziehung

$$i^2 = -1$$

erfüllt. Wir machen uns zunächst noch keine Gedanken, was i sein kann, selbstverständlich ist i keine reelle Zahl. Mit Hilfe von i werden die komplexen Zahlen definiert.

Definition 1.8 Die Menge $\mathbb{C}$ der **komplexen Zahlen** besteht aus den formalen Summen der Form

$$z = a + i\,b \quad \text{mit } a, b \in \mathbb{R}.$$

Dabei heißt $a = \Re(z)$ auch **Realteil** und $b = \Im(z)$ **Imaginärteil** von z.

Beispielsweise ist $z = 3 + 2\,i$ eine komplexe Zahl mit Realteil $\Re(z) = 3$ und Imaginärteil $\Im(z) = 2$. Es erweist sich als günstig, komplexe Zahlen (in gewisser Analogie zur Zahlengeraden) in der Ebene, der so genannten **Gauß'schen Ebene** als **Zeiger** darzustellen (siehe Abb. 1.4). Dabei dienen Real- und Imaginärteil von $z = a + i\,b$ als Koordinaten der Spitze des Zeigers. Die Länge dieses Zeigers wird auch als **Betrag** $r = |z| = \sqrt{a^2 + b^2}$ von z und

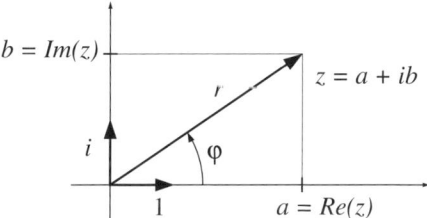

Abbildung 1.4 Die Gauß'sche Zahlenebene

der Winkel zur reellen Achse als **Argument** $\varphi = \arg(z)$ bezeichnet.[9] Das Paar $[r, \varphi]$ bildet die **Polarkoordinaten** von z. Dabei ist das Argument nur bis auf ein ganzzahliges Vielfaches von 2π bestimmt, man sagt auch, es ist modulo 2π bestimmt. Mit Hilfe der Winkelfunktionen $\sin$ und $\cos$ gewinnt man einen direkten Zusammenhang zwischen der Darstellung einer komplexen Zahl $z = a + i\,b$ durch Real- und Imaginärteil und den Polarkoordinaten:

$$a = r\cos\varphi, \quad b = r\sin\varphi$$

bzw.[10]

$$r^2 = a^2 + b^2, \quad \tan\varphi = \frac{b}{a}.$$

---

[9]Das Argument φ wird üblicherweise im Bogenmaß angegeben, d.h. der volle Winkel von $360°$ entspricht im Bogenmaß dem Winkel $\varphi = 2\pi$.

[10]Man beachte, dass der Winkel φ durch die Beziehung $\tan\varphi = b/a$ nicht eindeutig bestimmt ist, auch wenn man φ auf das Intervall $[0, 2\pi)$ einschränkt. Für $b > 0$ ist $\varphi \in (0, \pi)$ und für $b < 0$ gilt $\varphi \in (\pi, 2\pi)$.

Beispielsweise ist $1 + i = [\sqrt{2}, \pi/4]$ und $-1 - i = [\sqrt{2}, 5\pi/4]$.

Komplexe Zahlen werden so addiert, dass Realteile und Imaginärteile addiert werden. Sind also $z_1 = a_1 + ib_1$ und $z_2 = a_2 + ib_2$, so ist

$$z = z_1 + z_2 = (a_1 + a_2) + i(b_1 + b_2)$$

die Summe von z_1 und z_2. Graphisch entspricht dies der Addition der entsprechenden Zeiger (in der Gauß'schen Ebene) mittels der **Parallelogrammregel** (siehe Abb. 1.5).

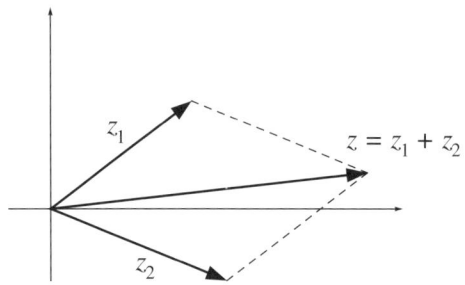

Abbildung 1.5 Parallelogrammregel

Ebenso kann man komplexe Zahlen in natürlicher Weise multiplizieren, indem man formal die Gültigkeit des Distributivgesetzes annimmt und unter Beachtung der Regel $i^2 = -1$ multipliziert:

$$\begin{aligned} z_1 \cdot z_2 &= (a_1 + ib_1)(a_2 + ib_2) = a_1a_2 + ib_1a_2 + ia_1b_2 + i^2b_1b_2 \\ &= (a_1a_2 - b_1b_2) + i(a_1b_2 + a_2b_1) \end{aligned}$$

Wegen $(a_1^2 + b_1^2)(a_2^2 + b_2^2) = (a_1a_2 - b_1b_2)^2 + (a_1b_2 + a_2b_1)^2$ ist der Betrag des Produkts gleich dem Produkt der Beträge:

$$|z_1 \cdot z_2| = |z_1| \cdot |z_2|.$$

Außerdem addieren sich die Argumente:

$$\arg(z_1 \cdot z_2) = \arg(z_1) + \arg(z_2) \bmod 2\pi,$$

was aus den Summensätzen der Winkelfunktionen abgeleitet werden kann (siehe Abschnitt 4.4). Graphisch entspricht dies einer **Drehstreckung** des Zeigers von z_1 um den Betrag von z_2 und den Winkel von z_2, und auf Polarkoordinaten übertragen lautet dies einfach

$$z_1 \cdot z_2 = [r_1, \varphi_1] \cdot [r_2, \varphi_2] = [r_1r_2, \varphi_1 + \varphi_2]. \tag{1.1}$$

In diesem Zusammenhang sei auch die **Moivre'sche Formel** erwähnt:

$$(\cos\varphi + i\sin\varphi)^n = \cos(n \cdot \varphi) + i\sin(n \cdot \varphi).$$

Zum Nachweis betrachte man einfach beide Seiten in Polarkoordinaten.

Es ist leicht nachzurechnen, dass für die komplexen Zahlen wieder die üblichen Rechenregeln gelten, insbesondere übertragen sich alle Eigenschaften aus Satz 1.4 auf die komplexen

Zahlen. Weiters kann man uneingeschränkt subtrahieren, die negative Zahl $-z$ von $z = a + i\,b$ ist durch $-z = -a - i\,b$ gegeben. Weiters, und das ist bemerkenswert, kann man – wie man wieder sofort nachrechnet – auch von jeder komplexen Zahl $z = a + i\,b \neq 0$ den Reziprokwert

$$\frac{1}{z} = \frac{a}{a^2 + b^2} - i\,\frac{b}{a^2 + b^2}$$

bilden, d.h. man kann in $\mathbb{C}$ uneingeschränkt durch Zahlen $\neq 0$ dividieren.

Der Reziprokwert kann mit Hilfe der **konjugiert komplexen Zahl** $\overline{z}$ von $z = a + bi$, die durch

$$\overline{z} = a - i\,b$$

definiert ist, noch einfacher angegeben werden:

$$\frac{1}{z} = \frac{\overline{z}}{z \cdot \overline{z}} = \frac{\overline{z}}{|z|^2}.$$

Dabei haben wir bereits eine einfache Rechenregel für konjugiert komplexe Zahlen verwendet (nämlich $z \cdot \overline{z} = |z|^2$). Es gelten – wie man direkt sieht – noch weitere Rechenregeln:

$$
\begin{aligned}
\overline{z_1 + z_2} &= \overline{z_1} + \overline{z_2}, \\
\overline{z_1 \cdot z_2} &= \overline{z_1} \cdot \overline{z_2}, \\
|z| &= \sqrt{z \cdot \overline{z}}, \\
\Re(z) &= \frac{z + \overline{z}}{2}, \\
\Im(z) &= \frac{z - \overline{z}}{2i}.
\end{aligned}
$$

Daraus gewinnt man übrigens einen weiteren (einfachen) Beweis für $|z_1 \cdot z_2| = |z_1| \cdot |z_2|$:

$$
\begin{aligned}
|z_1 \cdot z_2|^2 &= z_1 \cdot z_2 \cdot \overline{z_1 \cdot z_2} \\
&= z_1 \cdot z_2 \cdot \overline{z_1} \cdot \overline{z_2} \\
&= z_1 \cdot \overline{z_1} \cdot z_2 \cdot \overline{z_2} \\
&= |z_1|^2 \cdot |z_2|^2.
\end{aligned}
$$

Man beachte insbesondere, dass $z \cdot \overline{z} = |z|^2$ immer eine reelle Zahl ≥ 0 ist.

Die Division z_1/z_2 komplexer Zahlen kann nun so gesehen werden, dass der Quotient mit $\overline{z_2}$ erweitert wird, so dass der Nenner $z_2 \cdot \overline{z_2}$ insgesamt reell wird:

$$\frac{z_1}{z_2} = \frac{z_1 \cdot \overline{z_2}}{z_2 \cdot \overline{z_2}} = \frac{1}{z_2 \cdot \overline{z_2}} \cdot (z_1 \cdot \overline{z_2}).$$

Weiters gilt (wie bei der Multiplikation)

$$\left| \frac{z_1}{z_2} \right| = \frac{|z_1|}{|z_2|} \quad \text{und} \quad \arg\left(\frac{z_1}{z_2} \right) = \arg(z_1) - \arg(z_2) \bmod 2\pi.$$

Beispiel 1.9

$$\frac{2 + 3i}{1 - 2i} = \frac{(2 + 3i)(1 + 2i)}{(1 - 2i)(1 + 2i)} = \frac{1}{5}(-4 + 7i) = -\frac{4}{5} + \frac{7}{5}i. \qquad \triangle$$

Wir kommen jetzt wieder zur ursprünglichen Motivation für die Einführung komplexer Zahlen zurück, nämlich zum Lösen von quadratischen und verwandten Gleichungen. Offensichtlich kann man in den komplexen Zahlen, wenn man eine komplexe Zahl z in ihren Polarkoordinaten $z = [R, \psi]$ darstellt, direkt die Wurzel ziehen. Die komplexe Zahl $w = [\sqrt{R}, \psi/2]$ erfüllt wegen der Rechenregel (1.1) die Beziehung $w^2 = z$, d.h. $w = \sqrt{z}$. Neben dieser Lösung erfüllt aber $w' = -w = [\sqrt{R}, \psi/2 + \pi]$ auch die Beziehung $(w')^2 = z$. Wir haben also zwei Lösungen der Gleichung $w^2 = z$ gefunden.

Entsprechend bildet man die n-te(n) Wurzel(n)[11] $\sqrt[n]{z}$ einer komplexen Zahl $z \in \mathbb{C}$, d.h. man sucht w mit $w^n = z$. Ist z in Polarkoordinaten $z = [R, \psi]$ gegeben, so sind alle n-ten Wurzeln

$$w_j = \left[\sqrt[n]{R}, \frac{\psi}{n} + \frac{2\pi j}{n} \right], \quad j \in \{0, 1, \ldots, n-1\}.$$

Es ist leicht zu sehen, dass das die einzigen Lösungen sind. Dies ist in Übereinstimmung mit dem Fundamentalsatz der Algebra (siehe Satz 1.12), da es nicht mehr als n Lösungen der Gleichung $w^n = z$ geben kann.

Beispiel 1.10 Die 5-ten Wurzeln der Zahl $z = 1 + i = [\sqrt{2}, \frac{\pi}{4}]$ sind

$$w_0 = \left[\sqrt[10]{2}, \frac{\pi}{20} \right],$$

$$w_1 = \left[\sqrt[10]{2}, \frac{\pi}{20} + \frac{2\pi}{5} \right],$$

$$w_2 = \left[\sqrt[10]{2}, \frac{\pi}{20} + \frac{4\pi}{5} \right],$$

$$w_3 = \left[\sqrt[10]{2}, \frac{\pi}{20} + \frac{6\pi}{5} \right],$$

$$w_4 = \left[\sqrt[10]{2}, \frac{\pi}{20} + \frac{8\pi}{5} \right].$$

Man beachte auch, dass alle 5-ten Wurzeln denselben Betrag haben und in der Gauß'schen Zahlenebene ein regelmäßiges Fünfeck bilden. $\triangle$

Die Wurzeln von 1 heißen auch **Einheitswurzeln**. Die komplexe Zahl

$$\zeta_n = \left[1, \frac{2\pi}{n} \right] = \cos\left(\frac{2\pi}{n} \right) + i \sin\left(\frac{2\pi}{n} \right)$$

wird **primitive n-te Einheitswurzel** genannt. Sie erfüllt die Gleichung $\zeta_n^n = 1$, und alle anderen n-ten Einheitswurzeln sind Potenzen von ζ_n:

$$\zeta_n^j = \left[1, \frac{2\pi j}{n} \right], \quad j \in \{0, 1, \ldots, n-1\}.$$

---

[11]Der Begriff „Wurzel" wird in der Mathematik allgemein für Nullstellen von algebraischen Gleichungen verwendet. Im Speziellen ist die Quadratwurzel $w = \sqrt{z}$ eine Lösung der Gleichung $w^2 = z$ und eine n-te Wurzel eine Lösung der Gleichung $w^n = z$. Üblicherweise spricht man nicht von „der Wurzel", da es i. Allg. mehrere Lösungen gibt.

Beispielsweise sind $\{1, -1\}$ die zweiten Einheitswurzeln, $\{1, -\frac{1}{2} + i\frac{\sqrt{3}}{2}, -\frac{1}{2} - i\frac{\sqrt{3}}{2}\}$ die dritten Einheitswurzeln und $\{1, -1, i, -i\}$ die vierten Einheitswurzeln.

Betrachten wir jetzt eine **allgemeine quadratische Gleichung**

$$z^2 + pz + q = 0$$

mit komplexen Koeffizienten $p, q \in \mathbb{C}$. Wie im Reellen hat diese Gleichung (i. Allg.) zwei Lösungen

$$z_{1,2} = -\frac{p}{2} \pm \sqrt{\frac{p^2}{4} - q}.$$

Nur wenn die Diskriminante $D = p^2 - 4q = 0$ ist, fallen diese beiden Lösungen zusammen. Das quadratische Polynom zerfällt aber in jedem Fall in zwei Linearfaktoren:

$$z^2 + pz + q = (z - z_1)(z - z_2).$$

Vergleicht man die Koeffizienten der Potenzen von z, erhält man auch den so genannten **Vieta'schen Wurzelsatz**:

$$p = -(z_1 + z_2) \quad \text{und} \quad q = z_1 z_2.$$

Quadratische Gleichungen können also immer explizit gelöst werden.

Beispiel 1.11 Die Gleichung $z^2 + 2z + 2 = 0$ hat die Lösungen $z_{1,2} = -1 \pm \sqrt{1 - 2} = -1 \pm \sqrt{-1} = -1 \pm i$, und es gilt $z^2 + 2z + 2 = (z + 1 - i)(z + 1 + i)$. $\triangle$

Schließlich können wir auch allgemeine algebraische Gleichungen betrachten. Hier gibt es aber nur in wenigen Fällen explizite Lösungen. Trotzdem ist eine algebraische Gleichung immer lösbar.

Satz 1.12 (Fundamentalsatz der Algebra) *Es seien $a_0, a_1, \ldots, a_n$ komplexe Zahlen mit $a_n \neq 0$. Dann gibt es zum Polynom*

$$p(z) = a_n z^n + a_{n-1} z^{n-1} + \ldots + a_1 z + a_0$$

komplexe Zahlen $z_1, \ldots, z_n$ mit

$$a_n z^n + \ldots + a_0 = a_n (z - z_1) \cdot (z - z_2) \cdot \ldots \cdot (z - z_n),$$

d.h. $z_1, \ldots, z_n$ sind Nullstellen des Polynoms $p(z)$, also Lösungen der Gleichung $p(z) = 0$. Sie sind (bis auf die Reihenfolge) eindeutig bestimmt.

Für Polynome dritten und vierten Grades gibt es ähnlich wie bei der quadratischen Gleichung Lösungsformeln für diese Nullstellen. Es kann aber gezeigt werden, dass es für $n \geq 5$ keine allgemeinen (algebraischen) Lösungsformeln gibt. Man ist daher auf Approximationsverfahren angewiesen.

1.2 Elementare Zahlentheorie

1. Teilbarkeit

In der Zahlentheorie rechnet man mit den natürlichen Zahlen $\mathbb{N}$ bzw. mit den ganzen Zahlen $\mathbb{Z}$. Teilbarkeitsprobleme sind in $\mathbb{N}$ etwas leichter, da man nicht auf negative Teiler Rücksicht nehmen muss, vom algebraischen Standpunkt ist es aber einfacher, in $\mathbb{Z}$ zu rechnen, da $\mathbb{Z}$ einen so genannten Ring bildet (siehe Abschnitt 2.3).

Definition 1.13 Es seinen a, b ganze Zahlen. Man sagt b **teilt** a, in Zeichen $b|a$, wenn es eine ganze Zahl c mit $a = b\,c$ gibt, also wenn a/b wieder eine ganze Zahl ist.

Für viele Anwendungen muss der größte gemeinsame Teiler zweier Zahlen bestimmt werden.

Definition 1.14 Für $a, b \in \mathbb{Z}$ heißt $d = \mathrm{ggT}(a, b)$ ein **größter gemeinsamer Teiler**, wenn folgende zwei Eigenschaften erfüllt sind:

(i) $d|a$ und $d|b$.

(ii) Ist t gemeinsamer Teiler von a und b, d.h. $t|a$ und $t|b$, dann gilt auch $t|d$.

Man beachte, dass mit d auch $-d$ ein größter gemeinsamer Teiler (in diesem Sinn) ist. Aus Gründen der Einfachheit nimmt man üblicherweise an, dass der größte gemeinsame Teiler nicht negativ ist. Er ist dann eindeutig bestimmt. Zwei ganze Zahlen a, b heißen **teilerfremd**, wenn $\mathrm{ggT}(a, b) = 1$.

In ähnlicher Weise wird das **kleinste gemeinsame Vielfache** $\mathrm{kgV}(a, b)$ zweier ganzer Zahlen definiert.

Eine elementare, aber für die Zahlentheorie grundlegende Eigenschaft ist die **Division mit Rest**. Sie wird auch, wie wir gleich sehen werden, benötigt, um den ggT zweier Zahlen mit Hilfe des Euklidischen Algorithmus effizient zu bestimmen.

Satz 1.15 *Es seien $a, b \in \mathbb{Z}$ und $b > 0$. Dann gibt es ganze Zahlen $q, r \in \mathbb{Z}$ mit*

$$a = b\,q + r \quad und \quad 0 \le r < b.$$

Beweis. Man setzt $q = \lfloor \frac{a}{b} \rfloor$ und $r = a - b\,q = (\frac{a}{b} - q)\,b$. Wegen $0 \le \frac{a}{b} - q < 1$ gilt $0 \le r < b$. $\qquad \square$

In diesem Zusammenhang heißt q **Quotient** und r **Rest** bei der Divison von a durch b.

Satz 1.16 (Euklidischer Algorithmus) *Führt man zu zwei ganzen Zahlen a, b mit $b > 0$ die Divisionskette*

$$
\begin{aligned}
a &= bq_0 + r_0, & 0 < r_0 < b, \\
b &= r_0 q_1 + r_1, & 0 < r_1 < r_0, \\
r_0 &= r_1 q_2 + r_2, & 0 < r_2 < r_1, \\
&\ \ \vdots \\
r_{k-2} &= r_{k-1} q_k + r_k, & 0 < r_k < r_{k-1}, \\
r_{k-1} &= r_k q_{k+1} + 0
\end{aligned}
$$

durch, so muss diese wegen $b > r_0 > r_1 > r_2 > \cdots \geq 0$ einmal abbrechen, d.h., es gibt irgend-einmal einen verschwindenden Rest. Der letzte Rest $r_k \neq 0$ ist dann der größte gemeinsame Teiler $\mathrm{ggT}(a,b)$.

Beweis. Zunächst folgt aus $r_k | r_{k-1}$ auch $r_k | r_{k-2}$ und induktiv $r_k | r_j$ für alle $j \geq 0$. Dies hat aber schließlich auch $r_k | b$ und $r_k | a$ zu Folge.

Gilt umgekehrt $t | a$ und $t | b$, so folgt zunächst $t | (a - q_0 b) = r_0$, daraufhin $t | r_1$ und induktiv $t | r_k$. Daher ist $r_k = \mathrm{ggT}(a,b)$. $\square$

Die Anzahl der Divisionsschritte ist (auf den ersten Blick) durch b beschränkt. Tatsächlich ist der Algorithmus viel schneller. Aus $r_{k-2} \geq r_{k-1} + r_k \geq 2 \cdot r_k$ folgt

$$r_k \leq \frac{1}{2} \cdot r_{k-2}.$$

Das Verfahren bricht also schon nach wenigen Schritten ab.[12]

Beispiel 1.17 Zur Bestimmung des $\mathrm{ggT}(59, 11)$ ermittelt man die Divisionskette

$$
\begin{aligned}
59 &= 11 \cdot 5 + 4, \\
11 &= 4 \cdot 2 + 3, \\
4 &= 3 \cdot 1 + 1, \\
3 &= 1 \cdot 3 + 0.
\end{aligned}
$$

Es ist also $\mathrm{ggT}(59, 11) = 1$. $\triangle$

Umgekehrt kann man mit Hilfe dieser Divisionskette auch den ggT zweier Zahlen a, b als ganzzahlige Linearkombination von a, b darstellen, indem man ausgehend von der Gleichung $\mathrm{ggT}(59, 11) = 1 = 4 - 3 \cdot 1$ sukzessive die weiteren Reste 3 und 4 rückeinsetzt:

$$
\begin{aligned}
1 &= 4 - 3 \cdot 1 \\
&= 4 - (11 - 4 \cdot 2) \cdot 1 \\
&= 3 \cdot 4 - 1 \cdot 11 \\
&= 3 \cdot (59 - 5 \cdot 11) - 1 \cdot 11 \\
&= 3 \cdot 59 - 16 \cdot 11.
\end{aligned}
$$

Das soeben beschriebene Verfahren lässt sich allgemein durchführen.

Satz 1.18 *Ist d der größte gemeinsame Teiler der von Null verschiedenen ganzen Zahlen a, b, so gibt es ganze Zahlen e, f mit*

$$ea + fb = d,$$

die mit Hilfe der Divisionskette des Euklidischen Algorithmus von a und b effektiv berechnet werden können.

---

[12]Genauer gilt für den Rest $r_k \leq b \, 2^{-\lfloor k/2 \rfloor}$. Der Algorithmus bricht also spätestens nach $2(\log b / \log 2) + 1$ Schritten ab.

2. Primzahlen

Als nächstes beschäftigen wir uns mit Primzahlen und der eindeutigen Primfaktorenzerlegung ganzer Zahlen, dem Fundamentalsatz der Zahlentheorie.

Definition 1.19 Eine natürliche Zahl $p > 1$ heißt **Primzahl**, wenn die einzigen Teiler von p die Zahlen ± 1 und $\pm p$ sind. Die Menge der Primzahlen wird mit $\mathbb{P}$ bezeichnet.

Satz 1.20 *Teilt eine Primzahl p ein Produkt ganzer Zahlen $a_1, a_2, \ldots, a_r$, also $p|a_1 a_2 \cdots a_r$, dann teilt sie wenigstens einen der Faktoren, also $p|a_j$ für ein $j \in \{1, 2, \ldots, r\}$.*

Beweis. Wir beweisen den Satz nur für $r = 2$ Zahlen $a = a_1$, $b = a_2$. Der allgemeine Fall folgt daraus mit Hilfe vollständiger Induktion.

Es sei also $p|ab$. Gilt bereits $p|a$, dann ist nichts zu beweisen.

Ist hingegen $p \nmid a$, so gilt $\mathrm{ggT}(p, a) = 1$, da der ggT ein Teiler von p sein muss, aber p ausscheidet. Demnach gibt es wegen Satz 1.18 zwei ganze Zahlen e, f mit $1 = ep + fa$. Also kann b in der Form $b = bep + fab$ dargestellt werden. Sowohl bep als auch fab sind durch p teilbar, also gilt auch $p|bep + fab = b$. $\qquad \square$

Satz 1.21 (Fundamentalsatz der Zahlentheorie) *Jede natürliche Zahl $a \geq 2$ lässt sich als Produkt von Primzahlen darstellen:*

$$a = p_1 \cdot p_2 \cdot \ldots \cdot p_r \qquad \text{mit } p_1, p_2, \ldots, p_r \in \mathbb{P},$$

wobei die Darstellung bis auf die Reihenfolge eindeutig ist.[13]

Beweis. Wir zeigen zuerst, dass es immer möglich ist, a als Produkt von Primzahlen darzustellen. Ist $a \in \mathbb{P}$, so ist nichts zu beweisen. Ist $a \notin \mathbb{P}$, so kann man a als $a = a_1 \cdot a_2$ mit $1 < a_1 < a$ und $1 < a_2 < a$ schreiben. Nun kann man dieselbe Fallunterscheidung für a_1 und a_2 anwenden. Nach endlich vielen Schritten muss dieses Verfahren abbrechen, da die Teiler immer kleiner werden, also erhält man die gewünschte Darstellung. (Man vergleiche auch mit dem induktiven Beweis aus Beispiel 1.3.)

Nehmen wir nun an, es gäbe zwei Darstellungen von a als Produkt von Primzahlen:

$$a = p_1 \cdot p_2 \cdot \ldots \cdot p_r = q_1 \cdot q_2 \cdot \ldots \cdot q_s, \qquad p_i, q_j \in \mathbb{P}.$$

Insbesondere gilt $p_1 | q_1 \cdot q_2 \cdot \ldots \cdot q_s$. Demnach gilt

$$p_1 | q_1 \quad \text{oder} \quad p_1 | q_2 \quad \text{oder} \quad \cdots \quad \text{oder} \quad p_1 | q_s.$$

Es sei o.B.d.A. $p_1 | q_1$. Daraus folgt aber $p_1 = q_1$ (da $p_1 \neq 1$ ist). Also erhält man

$$p_2 \cdot p_3 \cdot \ldots \cdot p_r = q_2 \cdot q_3 \cdot \ldots \cdot q_s$$

und kann dieselbe Überlegung wieder anwenden. Dieses Verfahren ergibt natürlich, dass die Primzahlen $p_1, p_2, \ldots, p_r$ und $q_1, q_2, \ldots, q_s$ (bis auf die Reihenfolge) übereinstimmen, insbesondere ist $r = s$. $\qquad \square$

---

[13]Der Satz gilt formal auch für die natürliche Zahl $a = 1$, wenn man – wie üblich – das „leere Produkt" als 1 definiert.

Für eine natürliche Zahl a und eine Primzahl p schreibt man $\nu_p(a) = k$, falls gilt $p^k | a$, aber $p^{k+1} \nmid a$. Aus dem Fundamentalsatz erhält man dann durch Zusammenfassung der entsprechenden Primzahlteiler zu Primzahlpotenzen die sogenannte **Primfaktorenzerlegung**[14]

$$a = 2^{\nu_2(a)} \cdot 3^{\nu_3(a)} \cdot 5^{\nu_5(a)} \cdot 7^{\nu_7(a)} \cdots = \prod_{p \in \mathbb{P}} p^{\nu_p(a)}.$$

Man beachte auch, dass mit Hilfe der Primzahlzerlegung Teilbarkeitseigenschaften abgelesen werden können:

$$a | b \iff \nu_p(a) \leq \nu_p(b) \text{ für alle } p \in \mathbb{P}. \tag{1.2}$$

Beispiel 1.22 Für die Zahl $a = 60$ gilt $60 = 2^2 \cdot 3 \cdot 5$. Hier ist $\nu_2(60) = 2$, $\nu_3(60) = 1$ und $\nu_5(60) = 1$. Für alle anderen Primzahlen setzt man $\nu_p(60) = 0$. $\triangle$

Satz 1.23 *Es gibt unendlich viele Primzahlen.*

Beweis. Angenommen, es gäbe nur endliche viele Primzahlen: $\mathbb{P} = \{p_1, \ldots, p_N\}$. Dann betrachte man die Zahl

$$q = p_1 \cdot \ldots \cdot p_N + 1.$$

Offensichtlich gilt

$$p_1 \nmid q, \ p_2 \nmid q, \ \ldots, \ p_N \nmid q,$$

und die Primzahlen $p_1, p_2, \ldots, p_N$ können daher nicht in der Primzahlendarstellung von q vorkommen. Das widerspricht aber der Annahme. $\square$

Mit Hilfe von (1.2) gelingt auch der Nachweis der Darstellung des ggT und des kgV auf Grund der Primfaktorenzerlegung.

Satz 1.24 *Es seien $a = \prod_{p \in \mathbb{P}} p^{\nu_p(a)}$ und $b = \prod_{p \in \mathbb{P}} p^{\nu_p(b)}$ die Primfaktorenzerlegungen von $a, b \in \mathbb{N}$. Dann gilt*

$$\mathrm{ggT}(a, b) = \prod_{p \in \mathbb{P}} p^{\min\{\nu_p(a), \nu_p(b)\}} \quad \text{und} \quad \mathrm{kgV}(a, b) = \prod_{p \in \mathbb{P}} p^{\max\{\nu_p(a), \nu_p(b)\}}.$$

Insbesondere gilt auch $\mathrm{ggT}(a, b) \cdot \mathrm{kgV}(a, b) = ab$.

3. Kongruenzen und Restklassen

Eine wichtige Anwendung der Zahlentheorie ist das Rechnen mit Kongruenzen bzw. das Rechnen modulo m.

---

[14]Das große griechische $\prod$ wird – in Analogie zum Summenzeichen $\sum$ – als Produktzeichen verwendet. So ist z.B. $\prod_{j=1}^{n} a_j$ eine Kurzschreibweise für das Produkt $a_1 \cdot a_2 \cdot a_3 \cdot \ldots \cdot a_n$.

Definition 1.25 Es sei eine positive ganze Zahl m, der so genannte **Modul**, ausgezeichnet. Zwei Zahlen $a, b \in \mathbb{Z}$ heißen **kongruent modulo** m, falls m ein Teiler von $b - a$ ist. Man schreibt dafür auch $a \equiv b \bmod m$. Unter einer **Restklasse** $\overline{a}$ modulo m versteht man die Menge

$$\overline{a} = a + m \cdot \mathbb{Z} = \{\ldots, a - 2m, a - m, a, a + m, a + 2m, \ldots\}$$
$$= \{b \in \mathbb{Z} \mid a \equiv b \bmod m\}.$$

Die Menge aller Restklassen modulo m wird mit $\mathbb{Z}_m$ bezeichnet.

Man beachte auch, dass $\overline{a} = \overline{b}$ genau dann gilt, wenn $a \equiv b \bmod m$. Der Name „Restklasse" kommt daher, dass in einer Restklasse genau jene ganzen Zahlen zusammengefasst werden, die bei der Division durch m denselben Rest r haben (vergleiche mit Satz 1.15). Ist beispielsweise $m = 2$, so besteht $\overline{0} = 2\mathbb{Z}$ aus den geraden Zahlen und $\overline{1} = 1 + 2\mathbb{Z}$ aus den ungeraden Zahlen.

Satz 1.26 *Für jede positive natürliche Zahl m gibt es genau m Restklassen:*

$$\mathbb{Z}_m = \{\overline{0}, \overline{1}, \ldots, \overline{m-1}\}.$$

Beweis. Dividiert man eine ganze Zahl n durch m (mit Rest) so gilt $n = qm + r$ mit $0 \leq r < m$. Es ist also $n \equiv r \bmod m$ und demnach $n \in \overline{r}$.

Es seien nun $\overline{a}, \overline{b}$ zwei Kongruenzklassen mit $0 \leq a < b < m$. Angenommen, $\overline{a}$ und $\overline{b}$ hätten eine Zahl n gemeinsam, so folgt aus $m|(n-a)$ und $m|(n-b)$ auch $m|(b-a)$, was unmöglich ist. Daher gibt es genau m Restklassen, die durch $\overline{0}, \overline{1}, \ldots, \overline{m-1}$ repräsentiert werden. □

Interessanterweise kann man mit Kongruenzen bzw. mit Restklassen rechnen. Wir nehmen an, es gelte

$$a \equiv c \bmod m \quad \text{und} \quad b \equiv d \bmod m.$$

Wir haben also $c = a + q_1 m$ und $d = b + q_2 m$ für gewisse ganze Zahlen q_1, q_2. Daraus folgt $c \pm d = a \pm b + (q_1 \pm q_2)m$ und $cd = ab + (q_1 b + q_2 a + q_1 q_1 m)m$ bzw.

$$a \pm b \equiv c \pm d \quad \text{und} \quad a \cdot b \equiv c \cdot d \bmod m.$$

Beispiel 1.27 Für $m = 9$ gilt $10 \equiv 1 \bmod 9$ und daher auch $10^j \equiv 1 \bmod 9$ für alle $j \geq 1$. Daher gilt für jede natürliche Zahl n in ihrer Dezimalentwicklung

$$n = c_0 + 10c_1 + \cdots + 10^k c_k \equiv c_0 + c_1 + \cdots + c_k \bmod 9.$$

Das heißt, die (dekadische) Ziffernsumme von n ist zu n kongruent modulo 9. Insbesondere ist n durch 9 genau dann teilbar, wenn die Ziffernsumme durch 9 teilbar ist. △

Formuliert man die obige Überlegung für Kongruenzklassen um, so erhält man:

$$\overline{a} = \overline{c}, \ \overline{b} = \overline{d} \implies \overline{a \pm b} = \overline{c \pm d}, \ \overline{a \cdot b} = \overline{c \cdot d}. \tag{1.3}$$

Dies rechtfertigt die folgende Definition.

Definition 1.28 Für Restklassen $\overline{a}, \overline{b} \in \mathbb{Z}_m$ definiert man Summe und Produkt durch

$$\overline{a} + \overline{b} = \overline{a + b}, \quad \text{und} \quad \overline{a} \cdot \overline{b} = \overline{a \cdot b}. \tag{1.4}$$

Beispiel 1.29 Für $m = 3$ besteht $\mathbb{Z}_3 = \{\bar{0}, \bar{1}, \bar{2}\}$ aus 3 Elementen, und die Rechenoperationen sind folgendermaßen definiert:

$+$	$\bar{0}$	$\bar{1}$	$\bar{2}$
$\bar{0}$	$\bar{0}$	$\bar{1}$	$\bar{2}$
$\bar{1}$	$\bar{1}$	$\bar{2}$	$\bar{0}$
$\bar{2}$	$\bar{2}$	$\bar{0}$	$\bar{1}$

$\cdot$	$\bar{0}$	$\bar{1}$	$\bar{2}$
$\bar{0}$	$\bar{0}$	$\bar{0}$	$\bar{0}$
$\bar{1}$	$\bar{0}$	$\bar{1}$	$\bar{2}$
$\bar{2}$	$\bar{0}$	$\bar{2}$	$\bar{1}$

$\triangle$

Man beachte, dass für diese Operationen definitionsgemäß die entsprechenden Rechenregeln aus Satz 1.4 gelten, z.B. $\bar{a} + \bar{b} = \overline{a+b} = \overline{b+a} = \bar{b} + \bar{a}$. Die neutralen Elemente sind $\bar{0}$ und $\bar{1}$. Für alle Restklassen $\bar{a}$ gibt es auch eine negative Restklasse $-\bar{a} = \overline{-a}$.

Wir wollen als nächstes untersuchen, welche Restklassen eine **multiplikativ inverse Restklasse** besitzen, also für welche Restklassen $\bar{a}$ es eine Restklasse $\bar{b} = \bar{a}^{-1}$ mit $\bar{a} \cdot \bar{b} = \bar{1}$ gibt. Im Beispiel $m = 3$ besitzen übrigens alle Restklassen $\neq \bar{0}$ eine inverse Restklasse: $\bar{1}^{-1} = \bar{1}$, $\bar{2}^{-1} = \bar{2}$.

Satz 1.30 *Eine Restklasse $\bar{a} \in \mathbb{Z}_m$ besitzt genau dann eine multiplikativ inverse Restklasse, wenn $\mathrm{ggT}(a, m) = 1$ ist.*

Beweis. Besitzt $\bar{a}$ eine inverse Resklasse $\bar{b}$, so gilt $ab = 1 + qm$ für eine ganze Zahl q, also $1 = ab - qm$. Jeder gemeinsame Teiler von a und m teilt daher auch 1. Somit ist sicherlich $\mathrm{ggT}(a, m) = 1$.

Ist umgekehrt $\mathrm{ggT}(a, m) = 1$, so gibt es ganze Zahlen b, c mit $a \cdot b + m \cdot c = 1$, d.h. die Restklasse $\bar{b}$ ist zu $\bar{a}$ invers. $\qquad\square$

Beispiel 1.31 Gesucht sei die inverse Restklasse von $\overline{15}$ modulo 17. Wegen $\mathrm{ggT}(15, 17) = 1$ kann man mit Hilfe des Euklidischen Algorithmus ganze Zahlen (hier 8 und -7) finden mit

$$1 = 8 \cdot 15 - 7 \cdot 17.$$

Daraus liest man unmittelbar $\overline{15}^{-1} = \bar{8}$ ab. $\triangle$

In Ergänzung zu (1.3) beantwortet Satz 1.30, wann man in einer Kongruenz dividieren kann. Dies ist nur dann möglich, wenn Divisor und Modul teilerfremd sind, d.h.

$$a \cdot c \equiv b \cdot c \bmod m, \quad \mathrm{ggT}(c, m) = 1 \implies a \equiv b \bmod m.$$

Man beachte, dass aus Satz 1.30 folgt, dass für einen Primzahlmodul m alle Restklassen $\bar{a} \neq \bar{0}$ invertierbar sind. Wir werden diesen Sachverhalt in Abschnitt 2.3 noch ausführlicher diskutieren.

Eine erste zahlentheoretische Anwendung stellt die Berechnung von **Prüfziffern** zur Fehlererkennung bei Artikelnummern, Sozialversicherungsnummern, Bankkontonummern, u.s.w. dar. Betrachten wir etwa die (bis 2007 gültige) zehnstellige **Internationale Standard-Buch-Nummer ISBN**, welche wie folgt aufgebaut ist:

$$\text{ISBN} \quad a_1 - a_2 a_3 a_4 - a_5 a_6 a_7 a_8 a_9 - p$$

Hierin beschreiben die ersten 9 Ziffern Gruppe, Verlag und Titel eines Buches. Die letzte Ziffer p ist die Prüfziffer, wobei

$$10a_1 + 9a_2 + 8a_3 + \cdots + 3a_8 + 2a_9 + p \equiv 0 \mod 11 \tag{1.5}$$

gelten muss. Daraus folgt für p die Darstellung $p \equiv a_1 + 2a_2 + \cdots + 9a_9 \mod 11$ mit $p \in \{0, 1, 2, \ldots, 9, X\}$ (X steht für den Rest 10). Beispielsweise ist ISBN 3–211–82084–1 eine korrekte Buchnummer, denn für die Prüfzahl gilt

$$p = 3 + 2 \cdot 2 + 3 \cdot 1 + \cdots + 9 \cdot 4 = 166 \equiv 1 \mod 11.$$

Mit Hilfe des ISBN-Codes können sowohl Einzelfehler als auch Vertauschungsfehler an zwei beliebigen Stellen erkannt werden, eine Fehlerkorrektur ist allerdings i. Allg. nicht möglich.

Satz 1.32 *Jeder Fehler in einer Ziffer sowie alle Vertauschungen zweier Ziffern werden vom ISBN-Code erkannt.*

Beweis. Angenommen, zwei ISBN unterscheiden sich an einer Stelle in den Ziffern a bzw. b. Werden beide Ziffern bei der Summenbildung gemäß (1.5) mit dem Faktor n multipliziert und bezeichnet s den restlichen, unverändert bleibenden Teil der Summe, dann gilt $s + na \equiv s + nb \mod 11$ mit $1 \leq n \leq 10$, $a, b \in \{0, \ldots, 9, X\}$. Wegen $\mathrm{ggT}(n, 11) = 1$ folgt $a \equiv b \mod 11$ und schließlich $a = b$. Sind die Prüfziffern beider ISBN korrekt, darf also keine Verwechslung einer Ziffer vorliegen.

Angenommen, zwei ISBN entstehen durch Vertauschung zweier Ziffern a und b an zwei beliebigen Stellen. Bezeichnet s wieder den gleich bleibenden Teil der Prüfsumme in (1.5), dann gilt

$$s + ma + nb \equiv s + na + mb \mod 11 \implies (m - n)(a - b) \equiv 0 \mod 11$$
$$a \equiv b \mod 11$$
$$a = b,$$

denn $\mathrm{ggT}(m - n, 11) = 1$. Somit kann eine Vertauschung zweier verschiedener Ziffern nicht zu einer korrekten ISBN führen, der Vertauschungsfehler wird vom ISBN-Code entdeckt. $\square$

Als nächstes definieren wir eine wichtige zahlentheoretische Funktion.[15]

Definition 1.33 Die **Euler'sche φ-Funktion** $\varphi(m)$ gibt die Anzahl der invertierbaren Restklassen modulo m an:

$$\varphi(m) = |\{a \in \mathbb{Z} \mid 1 \leq a \leq m, \ \mathrm{ggT}(a, m) = 1\}|.$$

Beispielsweise gilt $\varphi(6) = 2$, $\varphi(5) = 4$. Die Euler'sche φ-Funktion kann mit Hilfe einer einfachen Formel berechnet werden:

Satz 1.34 *Es sei $m = p_1^{e_1} \cdots p_r^{e_r}$ die Primfaktorenzerlegung von m (wobei die $p_j \in \mathbb{P}$ paarweise verschieden sind und $e_j > 0$). Dann gilt*

$$\varphi(m) = m \cdot \left(1 - \frac{1}{p_1}\right) \cdot \ldots \cdot \left(1 - \frac{1}{p_r}\right).$$

---

[15]Wir verwenden hier die Bezeichnung $|A|$ für die Anzahl der Elemente einer Menge A.

Für eine Primzahlpotenz p^k ist diese Formel direkt einsichtig, denn

$$\varphi(p^k) = p^k - p^{k-1} = p^{k-1} \cdot (p-1) = p^k \cdot \left(1 - \frac{1}{p}\right).$$

Der allgemeine Fall kann z.B. mit Hilfe des Inklusion-Exklusions-Prinzips, das in Abschnitt 2.1 besprochen wird, behandelt werden (siehe Beispiel 2.9).

Eine wichtige Anwendung der Euler'schen φ-Funktion ist der folgende Sachverhalt.

Satz 1.35 (Kleiner Satz von Fermat) *Für teilerfremde ganze Zahlen a, m gilt*

$$a^{\varphi(m)} \equiv 1 \bmod m.$$

Beweis. Dieser Satz ist ein Spezialfall von Satz 2.57 und wird in Abschnitt 2.3 in einem allgemeineren Rahmen bewiesen. □

Ist speziell $m = p$ eine Primzahl, so vereinfacht sich das zu

$$p \nmid a \implies a^{p-1} \equiv 1 \bmod p \quad \text{bzw.} \quad p \mid (a^{p-1} - 1).$$

4. Das RSA-Verfahren

Als erste zahlentheoretische Anwendung besprechen wir das nach Rivest, Shamir und Adleman benannte **RSA-Verschlüsselungsverfahren**. Im Unterschied zur Codierungstheorie, wo die Fehlererkennung und -korrektur bei Fehlübertragungen im Vordergrund steht, ist bei der **Verschlüsselung** das Ziel, sie abhörsicher zu machen, d.h. ein potentieller Lauscher soll nicht in der Lage sein, die gesendete verschlüsselte Nachricht zu entziffern. Verschlüsselungsverfahren finden nicht nur militärische Anwendungen, sie werden natürlich auch im zivilen Bereich, etwa im Bankenwesen, eingesetzt.

Grundlage des RSA-Verfahrens ist der folgenden Satz:

Satz 1.36 *Seien p, q zwei verschiedene ungerade Primzahlen, $v = \mathrm{kgV}(p-1, q-1)$ und $m = pq$. Dann gilt für beliebige ganze Zahlen a, k*

$$a^{kv+1} \equiv a \bmod m.$$

Sind also $e, d \in \mathbb{Z}$ zwei Zahlen mit $ed \equiv 1 \bmod v$, so gilt für alle $a \in \mathbb{Z}$

$$(a^e)^d \equiv a \bmod m. \tag{1.6}$$

Beweis. Zunächst beobachtet man, dass $a^{kv+1} \equiv a \bmod m$ (mit $m = pq$) genau dann gilt, wenn sowohl $a^{kv+1} \equiv a \bmod p$ als auch $a^{kv+1} \equiv a \bmod q$ gelten. Wir zeigen nun die erste dieser beiden Eigenschaften, die zweite folgt analog.

Gilt $p \mid a$, so ist offensichtlich $a^{kv+1} \equiv 0 \equiv a \bmod p$. Gilt hingegen $p \nmid a$, so folgt aus dem kleinen Fermatschen Satz $a^{p-1} \equiv 1 \bmod p$. Setzt man $v = s \cdot (p-1)$, so erhält man

$$a^{kv+1} = a \cdot a^{(k \cdot s) \cdot (p-1)} = a \cdot (a^{p-1})^{k \cdot s} \equiv a \cdot 1 \equiv a \bmod p,$$

was zu beweisen war. □

Möchte also eine Person A verschlüsselte Nachrichten empfangen können, so multipliziert A zwei (i. Allg. mindestens 100-stellige) Primzahlen p, q miteinander und veröffentlicht das Produkt $m = pq$ und eine Zahl e, die zu $v = \text{kgV}(p - 1, q - 1)$ teilerfremd ist. Das Paar der Zahlen (m, e) ist der so genannte **öffentliche Schlüssel**.

Ist nun eine weitere Person B daran interessiert, der Person A eine Nachricht zu senden, die nur A lesen kann, so unterteilt sie ihre Nachricht in Blöcke $a_1, a_2, \ldots$, so dass jeder Block durch eine nichtnegative Zahl $< m$ repräsentiert werden kann. Anschließend verschlüsselt B $a_1, a_2, \ldots$ durch

$$b_j \equiv a_j^e \bmod m \qquad (j \geq 1)$$

und lässt A die Zahlen $b_1, b_2, \ldots$ ohne weitere Geheimhaltung zukommen.

A kann nun die ursprüngliche Nachricht $a_1, a_2, \ldots$ wegen (1.6) durch die Beziehung

$$a_j \equiv b_j^d \bmod m \qquad (j \geq 1)$$

zurückgewinnen, also entschlüsseln.

Auf den ersten Blick erscheint das RSA-Verfahren nicht sehr sicher zu sein. Da m und e bekannt sind, sollte man doch $d \equiv e^{-1} \bmod v$ berechnen können. Der Grund, warum dies i. Allg. nicht gelingt, ist die Tatsache, dass $v = \text{kgV}(p - 1, q - 1)$ nur mit Hilfe der Primfaktorenzerlegung von $m = pq$ errechnet werden kann, und diese wird nicht bekanntgegeben.

Es hat sich gezeigt, dass die Ermittlung der Primfaktorenzerlegung einer natürlichen Zahl mit wenigen großen Primfaktoren außerordentlich schwierig ist. Beispielsweise liegt die erwartete Rechenzeit zur Faktorisierung eine 300-stelligen Zahl dieser Art momentan außerhalb unserer Lebenserwartung. Daher kann man (nach jetzigem Stand des Wissens) wirklich sagen, dass das RSA-Verfahren sicher ist.

1.3   Elementare Aussagenlogik

1. Aussagen

Unter einer **(mathematischen) Aussage** versteht man einen sprachlichen Ausdruck, dem eindeutig ein **Wahrheitswert wahr** (= w) oder **falsch** (= f) zugeordnet werden kann.[16] Üblicherweise wird eine Aussage durch einen Aussagesatz formuliert, wie z.B.:

> *„Es regnet."*
> *„Die Straße ist nass."*
> *„Es ist Winter."*
> *„Es ist kalt."*
> *„4 ist eine gerade Zahl."*
> *„15 ist eine Primzahl."*

Man beachte, dass man hier von dem Prinzip ausgeht, dass eine Aussage nur entweder wahr oder falsch sein kann. Dieses Prinzip heißt **Prinzip vom ausgeschlossenen Dritten** („tertium non datur"). Man spricht daher auch oft von **zweiwertiger Aussagenlogik**.

Aussagen können auf verschiedene Arten und Weisen miteinander verknüpft werden.

---

[16]Manchmal schreibt man für w auch 1 und für f auch 0.

1. **Konjunktion**: Aus zwei Aussagen wird durch Einfügen des Wortes **und** eine neue Aussage gewonnen, die Konjunktion der beiden Aussagen. Z.B. ist

   „Es ist Winter, und es ist kalt.“

   die Konjunktion der beiden Aussagen

   „Es ist Winter.“ sowie *„Es ist kalt.“*

   Die Konjunktion zweier Aussagen erhält genau dann den Aussagewert w, wenn die beiden ursprünglichen Aussagen den Wert w haben. In allen anderen Fällen erhält die Konjunktion daher den Wert f.

2. **Disjunktion**: Aus zwei Aussagen wird durch Einfügen des Wortes **oder** eine neue Aussage gewonnen, die Disjunktion der beiden Aussagen. Z.B. ist

   „Die Straße ist nass, oder es regnet.“

   die Disjunktion der beiden Aussagen

   „Die Straße ist nass.“ sowie *„Es regnet.“*

   Die Disjunktion zweier Aussagen erhält genau dann den Aussagewert w, wenn wenigstens eine der ursprünglichen Aussagen den Wert w hat. (Nur wenn beide Aussagen den Wert f haben, hat auch die Disjunktion den Wert f.)

3. **Implikation**: Aus zwei Aussagen wird durch Einfügen der Worte **wenn – dann** (bzw. **aus – folgt** oder **impliziert**) eine neue Aussage gewonnen, die Implikation der beiden Aussagen. Z.B. ist

   „Wenn es regnet, dann ist die Straße nass.“

   die Implikation der beiden Aussagen

   „Es regnet.“ sowie *„Die Straße ist nass.“*

   Die Implikation zweier Aussagen hat genau dann den Wert f, wenn die erste Aussage den Wert w, aber die zweite den Wert f hat. Man beachte, dass bei der Implikation die Reihenfolge wesentlich ist. Weiters hat eine Implikation immer den Wert w, wenn die erste Aussage den Wert f hat, unabhängig davon, wie die zweite Aussage lautet („ex falso quodlibet“).

4. **Äquivalenz**: Aus zwei Aussagen wird durch Einfügen der Worte **genau dann – wenn** (bzw. **dann und nur dann – wenn** oder **äquivalent**) eine neue Aussage gewonnen, die Äquivalenz der beiden Aussagen. Z.B. ist

   „Die Straße ist genau dann nass, wenn es regnet.“

   die Äquivalenz der beiden Aussagen

   „Die Straße ist nass.“ sowie *„Es regnet.“*

Die Äquivalenz zweier Aussagen hat genau dann den Wert w, wenn den beiden ursprünglichen Aussagen dieselben Wahrheitswerte zugeordnet sind.

5. **Negation**: Fügt man in einer Aussage (an geeigneter Stelle) das Wort **nicht** ein, so entsteht eine neue Aussage, die Negation der ursprünglichen Aussage. Z.B. ist

> *„Es ist nicht Winter."*

die Negation der Aussage

> *„Es ist Winter."*

Eine negierte Aussage hat genau dann den Wert w, wenn die unnegierte (ursprüngliche) Aussage den Wert f hat.

Zur Vereinfachung der Notation ist es günstig, Aussagen durch Symbole $p_1, p_2, \ldots$ zu bezeichnen und anstelle von *„und"* das Symbol $\wedge$, anstelle von *„oder"* das Symbol $\vee$, anstelle von *„wenn – dann"* das Symbol $\Rightarrow$, anstelle von *„genau dann – wenn"* das Symbol $\Leftrightarrow$ und anstelle von *„nicht"* das Symbol $\neg$ zu verwenden. Die Symbole $\wedge, \vee, \Rightarrow, \Leftrightarrow, \neg$ werden in diesem Zusammenhang als **Junktoren** bezeichnet. Ist z.B.

> $p_1 = $ *„Die Straße ist nass."*
> $p_2 = $ *„Es regnet."*
> $p_3 = $ *„Die Straße wird gereinigt."*

so kann die Aussage

> *„Wenn die Straße nass ist, dann regnet es, oder die Straße wird gereinigt."*

durch

> $p_1 \Rightarrow (p_2 \vee p_3)$

formalisiert werden.

Die Operationssymbole $\wedge, \vee, \Rightarrow, \Leftrightarrow, \neg$ können sinnvollerweise auch auf die Wahrheitswerte w und f angewandt werden. Daraus ergeben sich die nachstehenden Operationstafeln:

$\wedge$	w	f
w	w	f
f	f	f

$\vee$	w	f
w	w	w
f	w	f

$\Rightarrow$	w	f
w	w	f
f	w	w

$\Leftrightarrow$	w	f
w	w	f
f	f	w

$\neg$	w	f
	f	w

Durch diese Wahl ist sichergestellt, dass der Wahrheitswert einer durch Verknüpfungen von Einzelaussagen $p_1, p_2, \ldots$ gewonnenen Aussage dadurch bestimmt werden kann, dass man $p_1, p_2, \ldots$ durch ihre Wahrheitswerte ersetzt und die Junktoren als Operationssymbole für w und f interpretiert.

2. Äquivalente Formeln

Wir wollen als nächstes logische Regeln kennenlernen. Es ist z.B. klar, dass die Negation der Aussage

> „8 *ist eine Primzahl, und* 8 *ist größer als* 5.“

gleichbedeutend mit

> „8 *ist keine Primzahl, oder* 8 *ist nicht größer als* 5.“

ist, d.h. anstelle von $\neg(p \wedge q)$ kann auch $(\neg p) \vee (\neg q)$ verwendet werden, ohne dass irgend eine Änderung der Aussage eintritt. Genauer bedeutet dies, dass $\neg(p \wedge q)$ immer denselben Wahrheitswert wie $(\neg p) \vee (\neg q)$ hat, und zwar für alle möglichen Wahrheitswertbelegungen von p und q. D.h., egal welche inhaltliche Bedeutung p und q haben mögen, die Aussage $\neg(p \wedge q)$ ist immer gleichbedeutend mit der Aussage $(\neg p) \vee (\neg q)$. In diesem Fall sagt man, dass die beiden Formeln $\neg(p \wedge q)$ und $(\neg p) \vee (\neg q)$ semantisch (oder mathematisch) äquivalent sind, und schreibt dafür[17]

$$\neg(p \wedge q) \Longleftrightarrow (\neg p) \vee (\neg q).$$

So eine semantische Äquivalenz kann mit einer **Wahrheitstafel** bewiesen werden. Die Aussagen p und q können 2 Werte annehmen (jeweils **w** und **f**). Es müssen daher insgesamt $2 \cdot 2 = 4$ Fälle untersucht werden.

p	q	$p \wedge q$	$\neg(p \wedge q)$	$\neg p$	$\neg q$	$(\neg p) \vee (\neg q)$
w	**w**	**w**	**f**	**f**	**f**	**f**
w	**f**	**f**	**w**	**f**	**w**	**w**
f	**w**	**f**	**w**	**w**	**f**	**w**
f	**f**	**f**	**w**	**w**	**w**	**w**

Jede Zeile entspricht einem möglichen Fall von Wahrheitsbelegungen für p und q. Da die 4. und 7. Spalte gleich sind, liegt definitionsgemäß Äquivalenz vor.

Allgemein versteht man unter einer **Formel** einen Ausdruck, der aus Aussagenvariablen $p_1, p_2, \ldots$ (oder auch $a, b, c, \ldots$) und Junktoren $\wedge, \vee, \Rightarrow, \Leftrightarrow, \neg$, entsprechend geklammert, gebildet werden kann. Zwei Formeln F_1, F_2 heißen, wie gesagt, **semantisch** (oder **mathematisch**) **äquivalent**, also $F_1 \Longleftrightarrow F_2$, wenn sie für alle Wahrheitsbelegungen von $p_1, p_2, \ldots$ immer denselben Wahrheitswert haben. Eine Formel heißt **gültig** oder **Tautologie**, wenn sie für jede Belegung wahr ist, sie heißt **unerfüllbar** oder **Kontradiktion**, wenn sie für jede Belegung falsch ist, und sie heißt **erfüllbar**, wenn sie für mindestens eine Belegung wahr ist.

---

[17]Man beachte den Unterschied zwischen der (logischen) Äquivalenz zweier Aussagen, die wieder eine Aussage ist, wie z.B. $\neg(p \wedge q) \Leftrightarrow (\neg p) \vee (\neg q)$, und der semantischen (oder mathematischen) Äquivalenz zweier Aussagen, wie z.B. $\neg(p \wedge q) \Longleftrightarrow (\neg p) \vee (\neg q)$. Das Letztere ist sozusagen eine Aussage über Aussagen.

Im Folgenden werden einige dieser semantischen Äquivalenzen, die man auch als **logische Regeln** bezeichnen kann, angegeben:

(i)	$a \wedge b \iff b \wedge a,$	$a \vee b \iff b \vee a,$
(ii)	$a \wedge (b \wedge c) \iff (a \wedge b) \wedge c,$	$a \vee (b \vee c) \iff (a \vee b) \vee c,$
(iii)	$a \wedge (a \vee b) \iff a,$	$a \vee (a \wedge b) \iff a,$
(iv)	$a \wedge (b \vee c) \iff (a \wedge b) \vee (a \wedge c),$	$a \vee (b \wedge c) \iff (a \vee b) \wedge (a \vee c),$
(v)	$\neg(a \wedge b) \iff \neg a \vee \neg b,$	$\neg(a \vee b) \iff \neg a \wedge \neg b,$
(vi)	$a \wedge b \iff \neg(a \Rightarrow \neg b),$	$a \vee b \iff \neg a \Rightarrow b,$
(vii)	$a \Leftrightarrow b \iff (a \Rightarrow b) \wedge (b \Rightarrow a)$	
	$\iff \neg((a \Rightarrow b) \Rightarrow \neg(b \Rightarrow a)),$	
(viii)	$a \Rightarrow b \iff \neg a \vee b,$	$a \Leftrightarrow b \iff (a \wedge b) \vee (\neg a \wedge \neg b),$
(ix)	$a \Rightarrow b \iff \neg b \Rightarrow \neg a,$	$\neg(a \Rightarrow b) \iff a \wedge \neg b.$

Besonders beachtenswert sind die Regeln (v) und (ix):

(v) wird **DeMorgan'sche Regel** genannt. Die Negation einer Disjunktion ist die Konjunktion der Negationen und umgekehrt (vergleiche auch mit dem einleitenden Beispiel).

(ix) ist die logische Grundlage des **indirekten Beweises**, der im Abschnitt 4. noch genauer besprochen wird.

Alle angegebenen Äquivalenzen (i)–(ix) können mit Hilfe geeigneter Wahrheitstafeln sofort bewiesen werden.

3. Prädikatenlogik

In vielen Anwendungsbereichen – und insbesondere in der Mathematik – haben so genannte **atomare** (d.h. unzerlegbare) **Aussagen** eine **Subjekt-Prädikat-Struktur**, z.B. kann in

> „Alexander ist groß. "

„Alexander" als Subjekt und „groß" als Prädikat interpretiert werden. Die Aussage

> „Das Haus ist groß. "

unterscheidet sich von der ersten nur im Subjekt. Es ist daher nahe liegend, das Prädikat „groß" zu einem Symbol P zu abstrahieren und

> $P(x) = $„$x$ ist groß. "

zu betrachten.

Allgemein bezeichnet man $P(x)$ als **Prädikat** (oder **Aussageform**) in der **Gegenstandsvariablen** x, wenn durch konkretes Einsetzen für x eine Aussage entsteht, der also ein Wahrheitswert zugeordnet werden kann. Beispielsweise entstehen aus $P(x) = $„$x$ ist groß. " durch Einsetzen die Aussagen $P(Alexander) = $„Alexander ist groß. " und $P(Haus) = $„Das Haus ist groß. "

Neben (einstelligen) Prädikaten $P(x)$ betrachtet man auch **mehrstellige Prädikate** der Form $Q(x_1, x_2, \ldots, x_n)$. Beispielsweise ist

> $Q(x, y) = $„$x$ ist größer als y. "

ein zweistelliges Prädikat.

In Prädikate können für die Gegenstandsvariablen nicht nur konkrete Werte eingesetzt werden. Viele (mathematische) Aussagen beginnen z.B. mit:

"*Für alle ... gilt ...* " oder "*Es gibt ein ..., so dass ...* "

Ein wenig präziser (mit Hilfe eines Prädikats $P(x)$) dargestellt, sieht das so aus:

"*Für alle x gilt $P(x)$.* " oder "*Es gibt ein x, so dass $P(x)$.* "

Vor dem Prädikat $P(x)$ steht ein so genannter **Quantor**, ein **Allquantor**, den wir mit "$\forall$" abkürzen, oder ein **Existenzquantor**, den wir mit "$\exists$" bezeichnen. Wir schreiben daher

$$\forall x\ P(x)$$

für die Aussage, dass alle möglichen x die Eigenschaft P haben, und

$$\exists x\ P(x)$$

dafür, dass es wenigstens ein x gibt, das die Eigenschaft P hat.

Der Wahrheitswert der Aussage $\forall x\ P(x)$ ist genau dann **w**, wenn die Aussage $P(x)$ für alle möglichen (eingesetzten) x den Wert **w** hat, entsprechend hat die Aussage $\exists x\ P(x)$ genau dann den Wert **w**, wenn es wenigstens ein x gibt, für das $P(x)$ den Wert **w** hat.

Selbstverständlich kann man Prädikate mit Junktoren untereinander bzw. mit gewöhnlichen Aussagen verbinden und, solange noch **freie Gegenstandsvariable** vorhanden sind, Quantoren anwenden. Führt man dies mit Aussagensymbolen ($p_1, p_2, \ldots$) und Prädikatsymbolen ($P_1, P_2, \ldots$) durch, so erhält man wieder eine **Formel**. Beispielsweise ist

$$\forall x_1\ ((P_1(x_1) \wedge p_1) \Rightarrow (\exists x_2\ (P_2(x_2) \wedge p_2) \Rightarrow P_3(x_1, x_2)))$$

so eine Formel, in der die beiden auftretenden Gegenstandsvariablen x_1, x_2 durch Quantoren gebunden sind.

Beispiel 1.37 Sei P_1 das Prädikat "*ist ein Mensch*" und P_2 das Prädikat "*ist sterblich*", so wird die Aussage "*Alle Menschen sind sterblich.* " durch

$$\forall x\ (P_1(x) \Rightarrow P_2(x))$$

formalisiert.

Sei Q_1 das Prädikat "*ist eine Primzahl*" und Q_2 das Prädikat "*ist eine ungerade Zahl*", so wird die (wahre mathematische) Aussage "*Jede Primzahl ist ungerade oder gleich 2.* " durch

$$\forall x\ (Q_1(x) \Rightarrow (Q_2(x) \vee (x = 2)))$$

formalisiert.   △

In ähnlicher Weise wie in der Aussagenlogik gibt es auch in der Prädikatenlogik (semantische) Äquivalenzen, von denen wir einige auflisten:

$$
\begin{array}{llll}
\text{(x)} & \forall x \forall y\ P(x, y) \iff \forall y \forall x\ P(x, y), & \exists x \exists y\ P(x, y) \iff \exists y \exists x\ P(x, y), \\
\text{(xi)} & a \wedge \forall x\ P(x) \iff \forall x\ (a \wedge P(x)), & a \vee \exists x\ P(x) \iff \exists x\ (a \vee P(x)), \\
\text{(xii)} & a \wedge \exists x\ P(x) \iff \exists x\ (a \wedge P(x)), & a \vee \forall x\ P(x) \iff \forall x\ (a \vee P(x)), \\
\text{(xiii)} & \neg\,(\forall x\ P(x)) \iff \exists x\ \neg P(x), & \neg\,(\exists x\ P(x)) \iff \forall x\ \neg P(x).
\end{array}
$$

Während die Äquivalenz zweier Formeln der Aussagenlogik mit Hilfe von Wahrheitstafeln stets in endlich vielen Schritten entschieden werden kann, gibt es in der Prädikatenlogik i. Allg. kein endliches Verfahren, um die Äquivalenz zweier Formeln zu überprüfen.

Bei mathematischen Aussagen verwendet man auch Quantoren, um über Elemente einer Menge eine Aussage zu treffen. So schreibt man

$$\forall\, x \in E : P(x)$$

dafür, dass alle Elemente $x \in E$ die Eigenschaft P haben. Man kann dies auch als Kurzschreibweise für $\forall\, x\, ((x \in E) \Rightarrow P(x))$ sehen. Entsprechend ist

$$\exists\, x \in E : P(x)$$

eine Kurzschreibweise für $\exists\, x\, ((x \in E) \wedge P(x))$.

4. Elementare Beweistechniken

Ein wesentliches Kennzeichen der Mathematik ist, dass alle Aussagen (bzw. mathematischen Sätze) *bewiesen* werden müssen. Ein mathematischer Satz hat üblicherweise eine Implikationsstruktur $a \Rightarrow b$, wobei a die Voraussetzungen in eine Aussage zusammenfasst und b die eigentliche Aussage des Satzes ist. Einfache Beispiele sind :

> *Wenn x eine gerade ganze Zahl ist, dann ist x^2 auch eine gerade ganze Zahl.*

oder

> *Wenn für reelle Zahlen x, y die Beziehung $x^2 \neq y^2$ gilt, dann gilt auch $x \neq y$.*

Ein Beweis ist nun eine Kette von Schlussfolgerungen (die natürlich alle logischen Regeln folgen müssen), aus denen dann schließlich der Satz folgt.

Ein **direkter Beweis** lässt die Aussagen a, b der Implikation $a \Rightarrow b$ unverändert, d.h. man geht von a aus und schließt daraus b. Beispielsweise betrachten wir die erste obige Aussage:

Beweis. Ist x eine gerade (ganze) Zahl, dann kann x in der Form $x = 2 \cdot y$ geschrieben werden, wobei y wieder eine ganze Zahl ist. Es folgt dann $x^2 = (2y)^2 = 4y^2 = 2(2y^2)$. Da y eine ganze Zahl ist, ist auch $y' = 2y^2$ eine ganze Zahl und folglich ist wegen der Darstellung $x^2 = 2y'$ die Zahl x^2 eine gerade Zahl. $\square$

Im Unterschied zum direkten Beweis geht der **indirekte Beweis** nicht von der Struktur $a \Rightarrow b$ aus, sondern ersetzt sie durch die so genannte **Kontraposition** $\neg b \Rightarrow \neg a$, die zur ursprünglichen Implikation $a \Rightarrow b$ äquivalent ist. Im indirekten Beweis wird die Kontraposition $\neg b \Rightarrow \neg a$ bewiesen, woraus aber auch der ursprüngliche Satz $a \Rightarrow b$ folgt. Beispielsweise ist die Kontraposition des zweiten obigen Beispiels:

> *Wenn für reelle Zahlen x, y die Beziehung $x = y$ gilt, dann gilt auch $x^2 = y^2$.*

Der Beweis dieser Implikation ist evident. Also ist damit auch der ursprüngliche Satz bewiesen.

In vielen Fällen, wird ein indirekter Beweis nicht so geführt, dass die Kontraposition explizit angegeben wird. Man *nimmt an*, dass b nicht gilt (also dass $\neg b$ gilt) und zeigt, dass $\neg b$ mit a im *Widerspruch* steht, also mit a nicht vereinbar ist. Das heißt natürlich nichts anderes, als dass $\neg a$ bewiesen wird. In diesem Beipiel könnte das etwa so lauten:

Beweis. Angenommen es wäre $x = y$, dann folgt daraus $x^2 = y^2$, was mit $x^2 \neq y^2$ im Widerspruch steht. Also ist $x \neq y$. $\qquad\square$

Neben mathematischen Sätzen mit einer Implikationsstruktur $a \Rightarrow b$ gibt es auch Sätze, die eine Äquivalenz $a \Leftrightarrow b$ ausdrücken. In diesem Fall muss also neben $a \Rightarrow b$ auch $b \Rightarrow a$ gelten. Beispielsweise können wir die Frage stellen, ob das zweite obere Beispiel in diesem Sinn erweiterbar ist, ob der Satz

Für reelle Zahlen x, y gilt $x^2 \neq y^2$ genau dann, wenn $x \neq y$ gilt.

richtig ist? Das kann man relativ einfach mit einem so genannten **Gegenbeispiel** beantworten. Es gilt $(-2)^2 = 2^2$, aber $-2 \neq 2$. Anders ausgedrückt, die Implikation $b \Rightarrow a$ ist nicht richtig. Man beachte, dass hier nur ein einziges Beispiel ausreichend war, die Implikation zu falsifizieren, während es nicht ausreichend ist, für den Nachweis der (richtigen) Implikation $a \Rightarrow b$ eines (oder mehrere) Beispiele anzugeben.

1.4 Mengen

1. Der Mengenbegriff

Die Mengenlehre wurde vor etwa 100 Jahren von Georg Cantor begründet. Er benutzte damals die folgende Definition, die zwar streng formal widersprüchlich ist, sich für unsere Anwendungen aber durchaus als zweckmäßig und ausreichend erweist.[18]

Definition 1.38 (Cantor) Eine **Menge** ist eine Zusammenfassung von wohl unterschiedenen Objekten unserer Anschauung oder unseres Denkens zu einem Ganzen.

Beispiel 1.39 Die Zahlen $1, 2, 3$ bilden eine Menge $A = \{1, 2, 3\}$, ebenso wie die ganzen Zahlen $\mathbb{Z} = \{\ldots, -2, -1, 0, 1, 2, \ldots\}$. $\qquad\triangle$

Definition 1.40 Die Objekte x, die in einer Menge A zusammengefasst werden, bezeichnet man als **Elemente** der Menge A. Man sagt auch, dass x in A enthalten ist, und schreibt $x \in A$. Ist x in A nicht enthalten, so schreibt man dafür $x \notin A$. Die Menge $\emptyset$, die keine Elemente enthält, heißt **leere Menge**.

Eine Menge heißt **endlich**, wenn sie endlich viele Elemente enthält, andernfalls heißt sie **unendlich**. Für eine endliche Menge A bezeichnet man mit $|A|$ bzw. $\#A$ die Anzahl der Elemente von A.

Definition 1.41 Eine Menge A heißt **Teilmenge** einer Menge B, im Zeichen $A \subseteq B$, wenn jedes Element x aus A auch in B enthalten ist. Zwei Mengen A, B sind **gleich**, also $A = B$, wenn sie dieselben Elemente enthalten.

---

[18]Beispielsweise stellt sich heraus, dass die „Menge aller Mengen", die nach der folgenden Definition eine Menge sein müsste, ein widersprüchlicher Begriff ist. Formal wurde dieser Widerspruch dadurch gelöst, dass die Mengenlehre streng axiomatisch aufgebaut wurde (Axiomensystem von Zermelo und Fraenkel). Noch einfacher ist es, eine große Menge, ein **Universum** E, vorauszusetzen und nur Teilmengen des Universums zu betrachten. Dadurch können keine Widersprüche dieser Art entstehen.

Satz 1.42 *Zwei Mengen* A, B *sind genau dann gleich, wenn sowohl* A *Teilmenge von* B *als auch* B *Teilmenge von* A *ist, d.h.*

$$A = B \Longleftrightarrow A \subseteq B \wedge B \subseteq A.$$

Beweis. Es ist definitionsgemäß $A = B$, wenn $x \in A$ gleichbedeutend mit $x \in B$ ist, also $\forall x : x \in A \Leftrightarrow x \in B$. Nun ist aber die Formel $x \in A \Leftrightarrow x \in B$ äquivalent zur Formel $(x \in A \Rightarrow x \in B) \wedge (x \in B \Rightarrow x \in A)$, wie eine kleine Wahrheitstafel sofort beweist (man vergleiche auch mit der Regel (vii) der Aussagenlogik). Nun besagt aber $\forall x : x \in A \Rightarrow x \in B$ (definitionsgemäß) nichts anderes als $A \subseteq B$ und $\forall x : x \in B \Rightarrow x \in A$ entsprechend $B \subseteq A$. Also ist $A = B$ gleichbedeutend mit $A \subseteq B \wedge B \subseteq A$. $\qquad\square$

Der Beweis von Satz 1.42 zeigt, wie man mit Hilfe logischer Äquivalenzen oder logischer Regeln entsprechende Aussagen für Mengen ableiten kann. Ein weiteres Beispiel dieses Prinzips wird uns bei der Elementtabelle zum Nachweis von Mengenidentitäten begegnen. Wir werden aber im Folgenden nicht alle Eigenschaften detailliert auf logische Regeln zurückführen.

Es gibt verschiedene Möglichkeiten, eine Menge anzugeben. Die einfachste Möglichkeit ist die **aufzählende Darstellung**, z.B. $A = \{1, 2, 3\}$, die sich aber nur für endliche (und gelegentlich für abzählbare) Mengen eignet. Die häufigste Form ist die **beschreibende Darstellung**

$$A = \{x \,|\, P(x)\},$$

wobei $P(x)$ ein Prädikat in der freien Variablen x ist. Die Menge A enthält nun jene x, für die $P(x)$ gilt. Beispielsweise ist $\{x \,|\, x \in \mathbb{Z} \wedge 1 \leq x \leq 3\}$ die Menge $\{1, 2, 3\}$. Verlangt man, dass die zu beschreibende Menge A Teilmenge einer Menge E sein soll, d.h. $P(x)$ hat die Form $x \in E \wedge Q(x)$, so wird anstelle $A = \{x \,|\, x \in E \wedge Q(x)\}$ einfach

$$A = \{x \in E \,|\, Q(x)\}$$

geschrieben.

Die Definition einer Menge impliziert, dass ein Element x nur einmal in eine Menge A aufgenommen werden kann, x ist entweder in A enthalten oder nicht in A enthalten. Es ist aber oft sinnvoll, „verallgemeinerte Mengen" zu betrachten, wo die Elemente mit einer gewissen Vielfachheit auftreten, z.B. $A = \{1, 1, 2, 2, 2, 3, 4, 4\}$. Solche Objekte werden als **Multimengen** bezeichnet.

Ein wichtiges Merkmal einer Menge ist, wieviele Elemente sie enthält. Es geht also um ihre Größe bzw. ihre **Kardinalität**. Für endliche Mengen ist dies begrifflich kein wirkliches Problem, anders ist es bei so genannten unendlichen Mengen.

Um dies präzise zu fassen, definiert man zunächst, wann zwei Mengen A und B **gleich mächtig** (oder gleich groß) sind: nämlich wenn es eine bijektive (also eins-zu-eins) Zuordnung zwischen den Elementen von A und B gibt. D.h. jedes Element aus A hat eine Entsprechung in B und umgekehrt.[19] Beispielsweise sind die Mengen $\{0, 1, 2\}$ und $\{a, b, c\}$ gleichmächtig. Dasselbe gilt aber auch für die Mengen $\{0, 1, 2, 3, \ldots\}$ und $\{0, 2, 4, 6, \ldots\}$. Jede natürliche Zahl x aus der ersten Menge kann mit der geraden Zahl $2x$ aus der zweiten Menge verknüpft werden. Während das erste Beispiel unmittelbar klar ist, gibt das zweite zum Nachdenken Anlass. Die

---

[19]Formal ist dies eine bijektive Abbildung $f : A \to B$, die in Abschnitt 1.5. definiert wird.

zweite Menge ist doch ein echter Teil der ersten. Wie können sie dann gleich groß sein? Das *Problem* ist, dass diese Mengen unendlich sind und das führt auch zur Antwort.

Wie kann man aber zwischen endlich und unendlich präzise unterscheiden? Dazu stellt man zunächst fest (oder definiert es einfach), dass für jede natürliche Zahl n die Mengen $\{k \in \mathbb{N} : k < n\} = \{0, 1, 2, \ldots, n-1\}$ genau n Elemente enthalten, d.h. sie haben die Mächtigkeit n. Jede Menge A, die nun gleichmächtig zu einer Menge dieser Art ist, wird dann als endlich bezeichnet (und ihre Kardinalität ist dann die entsprechende natürliche Zahl n). Jede andere Menge, die zu keiner dieser Mengen gleichmächtig ist, wird als unendlich bezeichnet. Beispielsweise ist die Menge $\mathbb{N} = \{0, 1, 2, \ldots\}$ der natürlichen Zahlen eine unendliche Menge.

Eine wichtige Klasse von Mengen sind jene, die zu $\mathbb{N}$ gleichmächtig sind, diese nennt man **abzählbare Mengen**. Das sind also jene Mengen A, wo es möglich ist, die Elemente „durchzunummerieren": $A = \{a_0, a_1, a_2, \ldots\}$ (alle a_j sind voneinander verschieden). Wir haben bereits gesehen, dass die geraden natürlichen Zahlen $\{0, 2, 4, 6, \ldots\}$ abzählbar sind. Es sind aber auch – was erst beim zweiten Blick klar wird – die ganzen Zahlen $\mathbb{Z} = \{0, 1, -1, 2, -2, \ldots\}$ und die rationalen Zahlen $\mathbb{Q} = \{0, 1, -1, 2, -2, \frac{1}{2}, -\frac{1}{2}, 3, -3, \frac{1}{3}, -\frac{1}{3}, \frac{3}{2}, -\frac{3}{2}, \frac{2}{3}, -\frac{2}{3}, \ldots\}$ abzählbar. Es gibt auch überabzählbare Mengen, also unendliche Mengen, wo es nicht mehr möglich ist, die Elemente durchzunummerieren. Beispielsweise sind die reellen Zahlen überabzählbar.

2. Mengenoperationen

Definition 1.43 Die **Vereinigung** $A \cup B$ zweier Mengen A, B enthält genau jene Elemente x, die in A oder in B enthalten sind, d.h.

$$A \cup B = \{x \mid x \in A \vee x \in B\}.$$

Der **Durchschnitt** $A \cap B$ zweier Mengen A, B enthält genau jene Elemente x, die sowohl in A als auch in B enthalten sind, d.h.

$$A \cap B = \{x \mid x \in A \wedge x \in B\}.$$

Es ist oft notwendig, nicht nur zwei oder endlich viele Mengen zu vereinigen, sondern ein ganzes System von Mengen. Dafür verwendet man die folgende Notation.

Definition 1.44 Sei I eine Menge (Indexmenge), und für alle $i \in I$ sei A_i eine Menge. Dann ist durch

$$\bigcup_{i \in I} A_i = \{x \mid \exists i \in I : x \in A_i\}$$

die **Vereinigung** aller A_i, $i \in I$, und durch

$$\bigcap_{i \in I} A_i = \{x \mid \forall i \in I : x \in A_i\}$$

der **Durchschnitt** aller A_i, $i \in I$, definiert.

Wie im Abschnitt 1. schon angedeutet wurde, ist es oft sinnvoll, nur Teilmengen einer „großen Menge", eines **Universums** E zu betrachten. Die folgende Definition ist nur in einem solchen Kontext anzuwenden.

Definition 1.45 Sei $A \subseteq E$. Dann bezeichnet

$$A' = \{x \in E \mid x \notin A\}$$

das **Komplement** von A.

Manchmal wird auch die Bezeichnung $\overline{A}$ für das Komplement verwendet.

Satz 1.46 *Seien A, B, C und A_i, $i \in I$, Teilmengen einer Menge E. Dann gelten die folgenden Rechenregeln:*

$$
\begin{array}{llclclcl}
\text{(i)} & A \cup B & = & B \cup A, & A \cap B & = & B \cap A, \\
\text{(ii)} & A \cup (B \cup C) & = & (A \cup B) \cup C, & A \cap (B \cap C) & = & (A \cap B) \cap C, \\
\text{(iii)} & A \cap (B \cup C) & = & (A \cap B) \cup (A \cap C), & A \cup (B \cap C) & = & (A \cup B) \cap (A \cup C), \\
\text{(iii)}' & A \cap \bigcup_{i \in I} A_i & = & \bigcup_{i \in I} (A \cap A_i), & A \cup \bigcap_{i \in I} A_i & = & \bigcap_{i \in I} (A \cup A_i), \\
\text{(iv)} & A \cup \emptyset & = & A, & A \cap E & = & A, \\
\text{(v)} & A \cup A' & = & E, & A \cap A' & = & \emptyset, \\
\text{(vi)} & A \cup A & = & A, & A \cap A & = & A, \\
\text{(vii)} & A \cup E & = & E, & A \cap \emptyset & = & \emptyset, \\
\text{(viii)} & A \cup (A \cap B) & = & A, & A \cap (A \cup B) & = & A, \\
\text{(ix)} & (A \cup B)' & = & A' \cap B', & (A \cap B)' & = & A' \cup B', \\
\text{(ix)}' & \left(\bigcup_{i \in I} A_i\right)' & = & \bigcap_{i \in I} A_i', & \left(\bigcap_{i \in I} A_i\right)' & = & \bigcup_{i \in I} A_i'.
\end{array}
$$

Die Regel (i) nennt man auch **Kommutativgesetz**, (ii) **Assoziativgesetz**, (iii) **Distributivgesetz**, (viii) **Verschmelzungsgesetz** und (ix) **DeMorgan'sche Regel**.

Definition 1.47 Die **Mengendifferenz** $A \setminus B$ zweier Mengen A, B enthält genau jene Elemente x, die in A, aber nicht in B enthalten sind, d.h.

$$A \setminus B = \{x \mid x \in A \wedge x \notin B\}.$$

Die **symmetrische Differenz** $A \triangle B$ zweier Mengen A, B ist durch

$$
\begin{aligned}
A \triangle B &= (A \setminus B) \cup (B \setminus A) \\
&= (A \cup B) \setminus (A \cap B)
\end{aligned}
$$

gegeben.

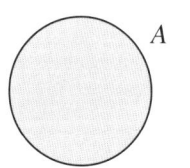
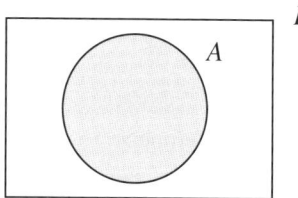

Abbildung 1.6 Venndiagramm einer Menge A ohne bzw. mit Universum E

Es ist oft nützlich, eine Menge A bildlich durch ein so genanntes **Venndiagramm** (vgl. Abb. 1.6) darzustellen.

Auf diesem Weg lassen sich die Mengenoperationen Vereinigung, Durchschnitt, Komplement, Mengendifferenz und symmetrische Differenz auf einfache Art graphisch verdeutlichen (siehe Abb. 1.7).

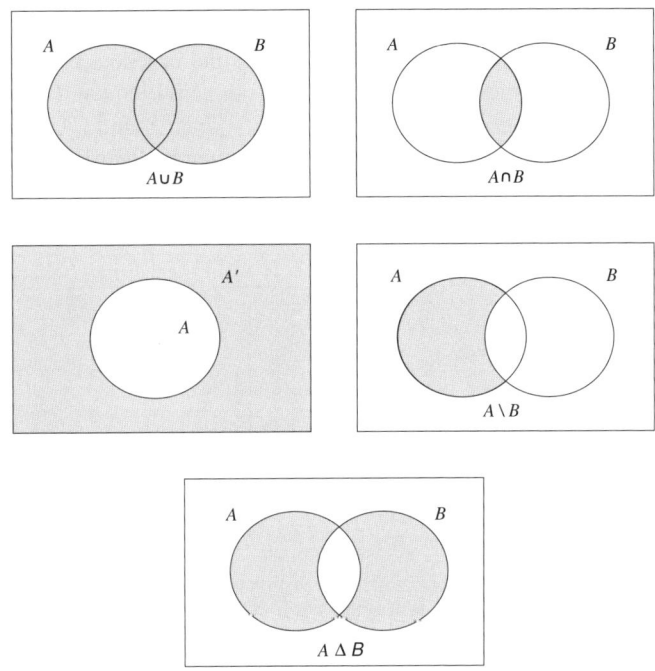

Abbildung 1.7 Mengenoperationen

3. Mengenidentitäten

Mengenidentitäten sind allgemeine Gleichungen für Mengen, also z.B. $A \cup B = B \cup A$ oder $A = A \cup (A \cap B)$. Definitionsgemäß sind zwei Mengen gleich, wenn sie dieselben Elemente enthalten. Wie im Beweis von Satz 1.42 kann dies oft auf logische Regeln zurückgeführt werden. So ist etwa die logische Formel $x \in A \vee x \in B$ zur Formel $x \in B \vee x \in A$ äquivalent. Daher folgt direkt
$$A \cup B = \{x \mid x \in A \vee x \in B\} = \{x \mid x \in B \vee x \in A\} = B \cup A.$$

Eine weitere Möglichkeit, Mengenidentitäten zu beweisen, besteht darin, Satz 1.42 direkt anzuwenden: zwei Mengen sind gleich, wenn sie gegenseitig ineinander enthalten sind. Wir demonstrieren dieses Prinzip am Beispiel $A = A \cup (A \cap B)$. Offensichtlich gilt $A \subseteq A \cup (A \cap B)$. Andererseits folgt aus $A \subseteq A$ und $A \cap B \subseteq A$ auch $A \cup (A \cap B) \subseteq A \cup A = A$.

Ein etwas systematischeres Verfahren zum Überprüfen von Mengenidentitäten ist eine Elementtabelle. Dieses Verfahren soll an Hand der Identität
$$A \cap (B \Delta C) = (A \cap B) \Delta (A \cap C)$$

vorgestellt werden. Man verwendet wieder das Prinzip, dass zwei Mengen genau dann gleich sind, wenn sie dieselben Elemente enthalten. Bei drei involvierten Mengen A, B, C muss man für ein (potentielles) Element x dann genau acht Fälle unterscheiden, entsprechend ob ein x in A resp. B resp. C enthalten ist oder nicht.

Ist z.B. ein x in A und B, aber nicht in C enthalten, so ist es in A und in $B \Delta C$ und damit auch in $A \cap (B \Delta C)$ enthalten. Andererseits ist x in $A \cap B$, aber nicht in $A \cap C$ enthalten, womit es allerdings in $(A \cap B) \Delta (A \cap C)$ enthalten ist. Ein x, das in A und B, aber nicht in C enthalten ist, ist daher sowohl in $A \cap (B \Delta C)$ als auch in $(A \cap B) \Delta (A \cap C)$ enthalten. Die anderen sieben Fälle können ähnlich behandelt werden, und in jedem Fall ist x entweder (wie im eben behandelten Fall) Element von beiden Teilen oder kein Element. Da mit den acht Fällen alle möglichen Situationen abgedeckt sind, müssen $A \cap (B \Delta C)$ und $(A \cap B) \Delta (A \cap C)$ nach Definition 1.41 gleich sein. Wie bereits angekündigt, können in einer Elementtabelle alle Fälle übersichtlich dargestellt und so der Nachweis von Mengenidentitäten erbracht werden. Die oben angeführte Überlegung entspricht übrigens der zweiten Zeile.

A	B	C	$B \Delta C$	$A \cap (B \Delta C)$	$A \cap B$	$A \cap C$	$(A \cap B) \Delta (A \cap C)$
$\in$	$\in$	$\in$	$\notin$	$\notin$	$\in$	$\in$	$\notin$
$\in$	$\in$	$\notin$	$\in$	$\in$	$\in$	$\notin$	$\in$
$\in$	$\notin$	$\in$	$\in$	$\in$	$\notin$	$\in$	$\in$
$\in$	$\notin$	$\notin$	$\notin$	$\notin$	$\notin$	$\notin$	$\notin$
$\notin$	$\in$	$\in$	$\notin$	$\notin$	$\notin$	$\notin$	$\notin$
$\notin$	$\in$	$\notin$	$\in$	$\notin$	$\notin$	$\notin$	$\notin$
$\notin$	$\notin$	$\in$	$\in$	$\notin$	$\notin$	$\notin$	$\notin$
$\notin$	$\notin$	$\notin$	$\notin$	$\notin$	$\notin$	$\notin$	$\notin$

Man kann auf einen Blick erkennen, ob Mengengleichheit besteht: die fünfte und die achte Spalte müssen gleich sein. Entsteht in wenigstens einem Fall ein unterschiedliches Bild (d.h. x ist in einem Teil enthalten, im anderen aber nicht), so sind die betrachteten Mengenausdrücke nicht gleich. Es gibt dann Mengen A, B, C, für die die Identität nicht gilt. (Solche können auch leicht konstruiert werden.)

Dieses Verfahren ist im wesentlichen dasselbe wie eine Wahrheitstafel, wobei zwischen den Aussagen $x \in A$, $x \in B$ und $x \in C$ unterschieden wird. Es ist daher auch üblich, anstelle von $\in$ den Wahrheitswert $\mathbf{w}$ (oder einfach 1) und anstelle von $\notin$ den Wahrheitswert $\mathbf{f}$ (oder einfach 0) zu verwenden.

4. Die Potenzmenge

Definition 1.48 Die **Potenzmenge** $\mathbf{P}(A)$ einer Menge A ist die Menge aller Teilmengen von A, d.h.

$$\mathbf{P}(A) = \{C \mid C \subseteq A\}.$$

Beispielsweise gilt $\mathbf{P}(\{1, 2\}) = \{\emptyset, \{1\}, \{2\}, \{1, 2\}\}$ oder $\mathbf{P}(\emptyset) = \{\emptyset\}$. Auf Grund des folgenden Satzes bezeichnet man die Potenzmenge einer Menge A manchmal auch als 2^A.

Satz 1.49 *Für eine endliche Menge A gilt*

$$|\mathbf{P}(A)| = 2^{|A|},$$

d.h. eine Menge mit n Elementen hat genau 2^n Teilmengen.

Beweis. Sei $A = \{a_1, a_2, \ldots, a_n\}$ eine Menge mit n Elementen. Eine Teilmenge von A kann dadurch gebildet werden, dass man die Elemente der Reihe nach durchläuft und bei jedem a_j entscheidet, ob man es in die Teilmenge aufnimmt oder nicht. Das sind jeweils 2 Möglichkeiten, die beliebig miteinander kombiniert werden können. Offensichtlich erhält man bei diesem Verfahren jede Teilmenge genau einmal. Es gibt daher $2 \cdot 2 \cdot \ldots \cdot 2 = 2^n$ verschiedene Teilmengen von A. $\qquad\square$

1.5 Relationen und Funktionen

1. Der Relationsbegriff

Um den mengentheoretischen Begriff einer **Relation** zu motivieren, sollen zunächst einige Beispiele angegeben werden.

Beispiel 1.50

(a) Man betrachte eine Gruppe von Personen. Sind a und b zwei Personen dieser Gruppe, so können folgende Situationen eintreten:

- a und b kennen einander,

- a kennt b, aber b kennt nicht a,

- b kennt a, aber a kennt nicht b,

- a und b kennen einander nicht.

(b) Gewisse Städte können durch Direktflüge voneinander erreicht werden, andere nicht.

(c) Eine Schachtel (alter) Schrauben kann so sortiert werde, dass jeweils Schrauben gleicher Länge in ein eigenes Fach kommen. $\qquad\triangle$

Abstrahiert man von den angegebenen Beispielen, so steht man vor folgender Situation. Zwei Elemente a, b einer Menge stehen miteinander in einer gewissen **Relation** (wobei die Reihenfolge eine Rolle spielen kann) oder eben nicht. Um diesen **Relationsbegriff** mathematisch streng zu fassen, benötigt man den Begriff des geordneten Paars von Elementen und des kartesischen Produkts von Mengen.

Definition 1.51 Ein **geordnetes Paar** (a, b) zweier Elemente a, b, die nicht unbedingt voneinander verschieden sein müssen, fasst diese zu einem neuen Element zusammen, wobei die Reihenfolge wesentlich ist, d.h. $(a, b) = (c, d)$ ist gleichbedeutend mit $a = c$ und $b = d$.
Das **kartesische Produkt** $A \times B$ zweier Mengen A, B ist die Menge aller geordneten Paare (a, b) mit $a \in A$ und $b \in B$, d.h.

$$A \times B = \{(a, b) \mid a \in A \wedge b \in B\}.$$

In derselben Weise definiert man auch das Produkt $A_1 \times A_2 \times \cdots \times A_n$ von endlich vielen Mengen $A_1, A_2, \ldots, A_n$ als die Menge aller (geordneten) n–tupel $(a_1, a_2, \ldots, a_n)$ mit $a_j \in A_j$ $(1 \leq j \leq n)$. Sind alle Mengen A_j gleich einer Menge A, so schreibt man statt $A \times A \times \cdots \times A$ auch A^n.

Beispiel 1.52 Sei $A = \{1, 2, 3\}$ und $B = \{2, 4\}$. Dann ist

$$A \times B = \{(1, 2), (1, 4), (2, 2), (2, 4), (3, 2), (3, 4)\}.$$

Dies läßt sich auch „kartesisch" darstellen, siehe Abb. 1.8.   △

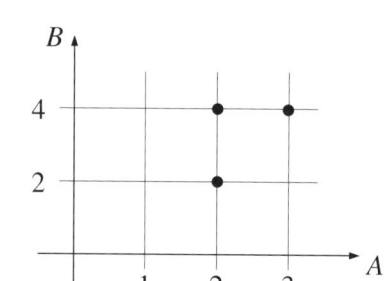

Abbildung 1.8 Das kartesische Produkt $A \times B$ und eine Relation $R \subseteq A \times B$

Definition 1.53 Eine **Relation** R zwischen zwei Mengen A und B ist eine Teilmenge des kartesischen Produkts $A \times B$. Ist $A = B$ so spricht man von einer **binären Relation** auf A. Anstelle von $(a, b) \in R$ schreibt man auch aRb, anstelle von $(a, b) \notin R$ auch $a\mathcal{R}b$.

Die drei einleitenden Beispiele (im Beispiel 1.50) sind übrigens alle binäre Relationen.

Beispiel 1.54 Sei $A = \{1, 2, 3\}$ und $B = \{2, 4\}$. Dann ist $R = \{(2, 2), (2, 4), (3, 4)\}$ eine Relation zwischen A und B, d.h. $2R2$, $2R4$ und $3R4$, aber $1\mathcal{R}2$, $1\mathcal{R}4$ und $3\mathcal{R}2$. Dies kann natürlich auch graphisch ausgedrückt werden (vgl. Abb. 1.8).   △

Es gibt verschiedene Möglichkeiten, eine Relation $R \subseteq A \times B$ bildlich darzustellen:

1. **Kartesische Darstellung**: In der kartesischen Darstellung von $A \times B$ werden nur jene Elemente (= Punkte) von $A \times B$ *markiert*, die der Relation $R \subseteq A \times B$ angehören (siehe Beispiel 1.52 und 1.54 sowie Abb. 1.8).

2. **Pfeildiagramm**: Die Mengen A, B werden durch Venndiagramme dargestellt und Paare $(a, b) \in R$ durch einen Pfeil verbunden (siehe Abb. 1.9).

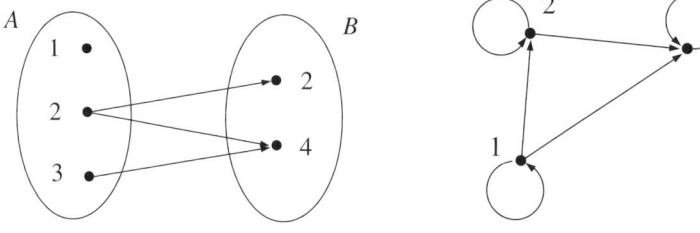

Abbildung 1.9 Pfeildiagramm einer Relation $R \subseteq A \times B$ und Graph $G(R)$ einer binären Relation $R \subseteq A^2$

3. **Graph einer binären Relation**: Da bei einer binären Relation $A = B$ gilt (d.h. $R \subseteq A \times A = A^2$), reicht es (im Gegensatz zum Pfeildiagramm), die Menge A nur einmal zu repräsentieren. Paare $(a, b) \in A \times A$, die in Relation stehen, werden nun ähnlich wie beim Pfeildiagramm miteinander verbunden. Der **Graph** $G(R)$ besteht daher aus einer Menge von **Punkten (Knoten)** entsprechend den Elementen aus A und einer Menge von **gerichteten Kanten**, die genau jene Punkte miteinander verbinden, die in Relation stehen.

Der Graph der Relation $R = \{(1,1), (1,2), (1,3), (2,2), (2,3), (3,3)\}$ auf der Menge $A = \{1,2,3\}$ ist z.B. in der Abb. 1.9 dargestellt.

Man beachte, dass im Graph einer Relation auch so genannte **Schlingen** auftreten können, das sind Kanten, die von $a \in A$ wieder auf a zeigen (a steht mit sich selbst in Relation: aRa).

2. Äquivalenzrelationen

Die Grundidee von Äquivalenzrelationen ist, gewisse Elemente als gleichwertig (also äquivalent) zu betrachten, also z.B. Schrauben gleicher Länge (Beispiel 1.50 (c)) oder ganze Zahlen a, b mit $a \equiv b \bmod m$ (Beispiel 1.56 (c)). Die formalen Kriterien sind die folgenden.

Definition 1.55 Eine binäre Relation R auf einer Menge A heißt **Äquivalenzrelation**, wenn folgende drei Eigenschaften erfüllt sind:

  (i) **Reflexivität:** $\forall a \in A: aRa$,
 (ii) **Symmetrie:** $\forall a, b \in A: aRb \Rightarrow bRa$,
(iii) **Transitivität:** $\forall a, b, c \in A: (aRb \wedge bRc) \Rightarrow aRc$.

Eine Relation mit der Eigenschaft (i) heißt **reflexiv**, eine mit der Eigenschaft (ii) **symmetrisch** und eine mit der Eigenschaft (iii) **transitiv**. Eine Äquivalenzrelation ist also reflexiv, symmetrisch und transitiv.

Beispiel 1.56

  (a) **Identische Relation** oder **Gleichheitsrelation**: A sei eine beliebige Menge und R die Relation „$=$", d.h., jedes Element $a \in A$ steht nur mit sich selbst in Relation.

  (b) **Allrelation**: A sei eine beliebige Menge und $R = A^2$, d.h., jedes Element $a \in A$ steht mit allen anderen Elementen $b \in A$ in Relation.

  (c) Sei $A = \mathbb{Z}$ und $aRb \iff a \equiv b \bmod m$.

  (d) Sei A eine Menge und $f : A \to B$ eine beliebige Funktion (siehe Definition 1.64). Setzt man $aRb \iff f(a) = f(b)$, so ist R eine Äquivalenzrelation. (Beispiel 1.50 (c) beschreibt eine „praktische Anwendung" einer Äquivalenzrelation dieser Art.) $\triangle$

In der kartesischen Darstellung einer Relation R äußert sich die Reflexivität dadurch, dass die 1. Hauptdiagonale (1. Mediane) in der Relation enthalten ist. Ist die Relation symmetrisch, so ist die kartesische Darstellung symmetrisch zur 1. Hauptdiagonale, d.h. R geht durch Spiegelung an der 1. Hauptdiagonale in sich über. Die Transitivität hat in der kartesischen Darstellung keine offensichtliche Entsprechung.

Stellt man eine Relation R als Graph $G(R)$ dar, so entspricht einer reflexiven Relation ein Graph, bei dem jeder Punkt (Knoten) mit einer Schlinge ausgestattet ist. Bei einer symmetrischen Relation treten die Kanten (mit Ausnahme der Schlingen) gepaart auf. Zu einer Kante von a nach b gibt es immer auch eine Gegenkante von b nach a. Ebenso lässt sich die Transitivität sofort übersetzen.

Im Beispiel 1.56 (c) und (d) fällt auf, dass durch die Äquivalenzrelation die Menge A in „natürliche Teile" zerlegt wird. Bei (c) werden die ganzen Zahlen $\mathbb{Z}$ in die Restklassen modulo m zerlegt. Alle Zahlen in derselben Restklasse stehen miteinander in Relation, und Zahlen in verschiedenen Restklassen nicht. Bei (d) kann man die Elemente $a \in A$ mit demselben Bild $f(a)$ (also etwa die Schrauben gleicher Länge) zusammenfassen.

Ein entsprechender Sachverhalt gilt ganz allgemein. Äquivalenzrelationen zerlegen die Grundmenge in so genannte Äquivalenzklassen. Dies soll nun präzisiert werden.

Definition 1.57 Ein System von nichtleeren Teilmengen A_i $(i \in I)$ einer Menge A heißt **Partition** oder **Zerlegung** von A, wenn die A_i $(i \in I)$ paarweise disjunkt sind, d.h.

$$A_i \cap A_j = \emptyset \quad \text{für } i \neq j,$$

und A die Vereinigung

$$A = \bigcup_{i \in I} A_i$$

ist.

Definition 1.58 Sei R eine Äquivalenzrelation auf A. Für $a \in A$ heißt die Menge

$$K(a) = \{b \in A \mid bRa\}$$

die von a erzeugte **Äquivalenzklasse**.

Man beachte, dass wegen der Reflexivität immer $a \in K(a)$ gilt, insbesondere ist $K(a)$ nicht leer. Weiters gilt die folgende grundlegende Eigenschaft.

Satz 1.59 *Sei R eine Äquivalenzrelation auf A. Dann bilden die (verschiedenen) Äquivalenzklassen der Elemente von A eine Partition von A.*

Sei umgekehrt A_i $(i \in I)$ eine Partition von A und bezeichne $\tilde{K}(a)$ $(a \in A)$ jene Teilmenge A_j der Partition mit $a \in A_j$. Definiert man aRb genau für jene $a, b \in A$, für die $\tilde{K}(a) = \tilde{K}(b)$ gilt, so ist R eine Äquivalenzrelation mit $K(a) = \tilde{K}(a)$ für alle $a \in A$.

Bevor wir einen formalen Beweis dieser Eigenschaft geben, erinnern wir noch einmal an das Beispiel 1.50 (c) mit den Schrauben. Sortiert man Schrauben nach ihrer Länge, was dem Bilden der Äquivalenzklassen entspricht, so entsteht offensichtlich eine Partition.

Beweis. Es sei zunächst R eine Äquivalenzrelation auf der Menge A, und es sei $\mathcal{K} = \{K(a) | a \in A\}$ das System der dazugehörigen Äquivalenzklassen. Offensichtlich gilt $K(a) \subseteq A$ und wegen der Reflexivität $a \in K(a)$. Daher ist $K(a)$ für kein $a \in A$ leer. Weiters folgt daraus auch $\bigcup_{a \in A} K(a) = A$. Es bleibt also zu zeigen, dass verschiedene Äquivalenzklassen $K(a) \neq K(b)$ kein Element gemeinsam haben, also disjunkt sind. Wäre etwa $c \in K(a) \cap K(b)$, so folgt cRa und cRb und wegen der Symmetrie und Transitivität auch aRb. Aus aRb folgt aber unmittelbar (wieder wegen der Symmetrie und Transitivität) $K(a) = K(b)$, was aber ausgeschlossen wurde.

Für den zweiten Teil des Beweises muss nur nachgeprüft werden, ob die definierte Relation R reflexiv, symmetrisch und transitiv ist. Das ist eine leichte Übung. Aus $\tilde{K}(a) = \tilde{K}(a)$ folgt aRa, und die offensichtlich richtigen Aussagen $\tilde{K}(a) = \tilde{K}(b) \implies \tilde{K}(b) = \tilde{K}(a)$ und $\tilde{K}(a) = \tilde{K}(b) \wedge \tilde{K}(b) = \tilde{K}(c) \implies \tilde{K}(a) = \tilde{K}(c)$ implizieren Symmetrie und Transitivität. $\quad\square$

3. Halbordnungen

Eine zweite wichtige Klasse von binären Relationen sind Halbordnungen. Die Grundidee ist hier, auf einer Menge A eine „Hierarchie" einzuführen. Formal verlangt man für diese Hierarchie die folgenden Eigenschaften.

Definition 1.60 Eine binäre Relation R auf einer Menge A heißt **Halbordnung** oder **partielle Ordnung**, wenn folgende drei Eigenschaften erfüllt sind:

  (i) **Reflexivität:** $\quad \forall a \in A : aRa$,
 (ii) **Antisymmetrie:** $\quad \forall a, b \in A : (aRb \wedge bRa) \Rightarrow a = b$,
(iii) **Transitivität:** $\quad \forall a, b, c \in A : (aRb \wedge bRc) \Rightarrow aRc$.

Eine Relation mit der Eigenschaft (ii) heißt **antisymmetrisch**. Eine Halbordnung ist daher eine reflexive, antisymmetrische und transitive Relation.

Definition 1.61 Eine Halbordnung R auf einer Menge A heißt **Totalordnung**, wenn für je zwei Elemente $a, b \in A$ entweder aRb oder bRa gilt, d.h. je zwei Elemente sind vergleichbar.

Beispiel 1.62

(a) $A = \mathbb{R}$ mit $aRb \iff a \leq b$ bildet eine Totalordnung (die natürliche Ordnung der reellen Zahlen).

(b) $A = \mathbb{N}$ mit $mRn \iff m|n$ ist eine Halbordnung, aber keine Totalordnung.

$A = \mathbb{Z}$ mit $mRn \iff m|n$ ist keine Halbordnung, da R auf $\mathbb{Z}$ nicht mehr antisymmetrisch ist (z.B. $-2|2$ und umgekehrt, aber $-2 \neq 2$).

(c) $A = \mathbf{P}(M)$ (Potenzmenge einer Menge M) mit $BRC \iff B \subseteq C$ bildet eine Halbordnung, aber für $|M| > 1$ keine Totalordnung.

Insbesondere sind damit alle Relationen $R \subseteq A \times B$ zwischen zwei (festen) Mengen A, B in natürlicher Weise geordnet. $\qquad \triangle$

Wie jede binäre Relation kann man natürlich auch Halbordnungen durch einen Graphen darstellen. Viele der darzustellenden Kanten sind allerdings redundant, sie lassen sich aus den definierenden Eigenschaften leicht wieder rekonstruieren. Führt man die folgenden drei Schritte durch, so erhält man aus dem Graphen $G(R)$ einer Halbordnung R das **Hassediagramm** der Relation R:

- Weglassen aller Schlingen.

- Weglassen aller Kanten, die sich aufgrund der Transitivitätsbedingung rekonstruieren lassen. D.h., ist aRb, aber gibt es kein $c \neq a, b$ mit aRc und cRb, so bleibt die Kante von a nach b erhalten, alle anderen Kanten werden gestrichen. Mit anderen Worten: nur die unmittelbaren Nachbarn von a werden mit einer Kante verbunden.

- Weglassen aller Orientierungen. Wegen der Antisymmetrie kann für $a \neq b$ entweder aRb oder bRa gelten, aber nie beides zugleich. Zur Übersicht zeichnet man bei aRb ($a \neq b$) b oberhalb von a und kann die Orientierung der Kante weglassen. Dies gibt gleichzeitig die durch die Halbordnung beschriebene „Hierarchie" wieder.

Oft wird eine Halbordnung auf einer endlichen Menge nur durch Angabe des Hassediagramms definiert.

Beispiel 1.63 Sei $A = \mathbf{P}(M) = \{\emptyset, \{1\}, \{2\}, \{3\}, \{1, 2\}, \{1, 3\}, \{2, 3\}, \{1, 2, 3\}\}$ die Potenzmenge von $M = \{1, 2, 3\}$ mit der Inklusion ($\subseteq$) als Relation (siehe Beispiel 1.62 (c)). Dann hat das Hassediagramm dieser Halbordnung die in Abb. 1.10 angegebene Gestalt. $\triangle$

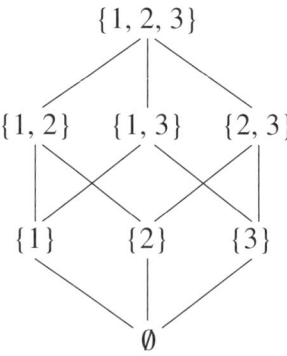

Abbildung 1.10 Hassediagramm

Abschließend werden noch zwei Begriffe betrachtet, die erst bei unendlichen Halbordnungen wirklich relevant werden, nämlich das Hausdorffsche Maximalitätsprinzip und die transfinite Induktion.

Eine **Kette** K einer Halbordnung (H, R) ist eine Teilmenge von H, die mit der Relation R eine Totalordnung bildet. Eine Kette heißt **maximal**, wenn es nicht möglich ist, K um ein Element von H zu erweitert, so dass R wieder eine Totalordnung bildet. (Beispielsweise ist $K = \{\emptyset, \{1, 2\}, \{1, 2, 3\}\}$ eine Kette von $\mathbf{P}(\{1, 2, 3\}, \subseteq)$, aber keine maximale Kette, da man z.B. das Element $\{2\}$ noch ergänzen kann. Nimmt man diese dazu, erhält man eine maximale Kette.) Das **Hausdorffsche Maximalitätsprinzip** besagt, dass jede Halbordnung eine maximale Kette besitzt. Dies ist für endliche Halbordnungen evident, für unendliche Halbordnungen allerdings nicht. Es stellt sich heraus, dass die Richtigkeit des Hausdorffsche Maximalitätsprinzips äquivalent zum Auswahlaxiom ist.

Ein Element m einer Teilmenge S einer Halbordnung H heißt **Minimum**, wenn für alle Elemente $s \in S$ die Relation mRs gilt. Beispielsweise ist 0 das Minimum der natürlichen

Zahlen $\mathbb{N}$ als Teilmenge in der Halbordnung der ganzen Zahlen $\mathbb{Z}$. Eine Totalordnung (H, R) heißt **Wohlordnung**, wenn jede nicht-leere Teilmenge S von H ein Minimum besitzt. Neben jeder endlichen Totalordnung bildet bespielsweise die Halbordnung $(\mathbb{N}, \leq)$ eine Wohlordnung. Denn es gilt: jede nicht-leere Teilmenge der natürlichen Zahlen hat ein kleinstes Element.

Es sei nun $A(x)$ ein Prädikat (das für $x \in H$ definiert ist). Das Prinzip der **transfiniten Induktion** für Wohlordnungen lautet nun:

$$\forall x \in H : ((\forall y Rx,\ y \neq x : A(y)) \Rightarrow A(x)) \quad \Longrightarrow \quad \forall x \in H : A(x)$$

Wenn man also (für ein beliebiges $x \in H$) für alle $y \neq x$ mit yRx voraussetzt, dass $A(y)$ wahr ist und daraus ableiten kann, dass auch $A(x)$ wahr ist, dann ist $A(x)$ für alle $x \in H$ wahr. Gäbe es nämlich ein $x \in H$, für das $A(x)$ falsch ist, so betrachte man die Menge $S = \{x \in H : \neg A(x)\}$. Da H wohlgeordnet ist, gibt es in S ein Minimum m. Insbesondere muss für alle $y \in H$ mit yRm und $y \neq m$ die Aussage $A(y)$ wahr sein (sonst wäre m nicht das Minimum in S). Wegen der Voraussetzung der transfiniten Induktion müsste dann aber auch für m die Aussage $A(m)$ wahr sein, was $m \in S$ widerspricht. Also muss $A(x)$ für alle $x \in H$ wahr sein. Tatsächlich ist das Prinzipt der vollständigen Induktion auf den natürlichen Zahlen ein Spezialfall der transfiniten Induktion.

4. Funktionen

Ein außerordentlich wichtiger Begriff in der Mathematik ist der Begriff einer Funktion. Spezielle Funktionen der Analysis, wie $\sin$ und $\cos$, werden in Kapitel 4 ausführlich besprochen. Es ist aber in der modernen Mathematik üblich, ganz allgemein Funktionen zwischen zwei Mengen zu definieren, und zwar als Spezialfall einer Relation.

Definition 1.64 Seien A, B zwei nichtleere Mengen. Eine **Funktion** oder **Abbildung** $f : A \to B$ von A nach B ist ein Tripel (A, B, R_f), wobei $R_f \subseteq A \times B$ eine Relation ist mit der Eigenschaft, dass zu jedem $a \in A$ genau ein $b \in B$ mit $aR_f b$ existiert. Man schreibt dafür $b = f(a)$. Die Menge $R_f = \{(a, f(a)) \mid a \in A\} \subseteq A \times B$ bezeichnet man auch als **Graph der Funktion** $f : A \to B$.

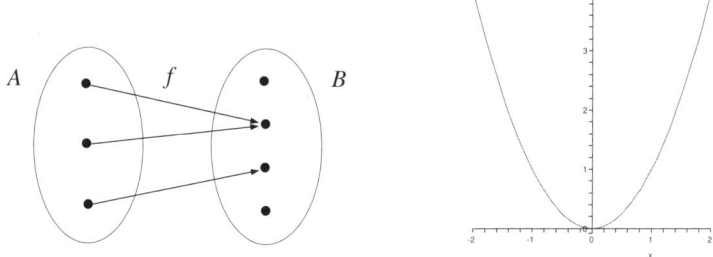

Abbildung 1.11 Bildliche Darstellung einer Funktion $f : A \to B$ und Graph der Funktion $g : \mathbb{R} \to \mathbb{R}, x \mapsto x^2$

Man verwendet auch die Notation

$$f : A \to B,\ a \mapsto f(a).$$

Diese Notation drückt aus, dass man eine Funktion $f : A \to B$ auch als Zuordnung oder als Automat interpretieren kann. Einem $a \in A$ wird (eindeutig) ein $b = f(a) \in B$ zugeordnet bzw. bei Vorgabe von $a \in A$ wird ein $b = f(a) \in B$ ausgegeben.

Definition 1.65 Eine Funktion $f : A \to B$ heißt **injektiv** oder **Injektion**, wenn es zu jedem $b \in B$ höchstens ein $a \in A$ mit $b = f(a)$ gibt, d.h. $a_1 \neq a_2$ impliziert $f(a_1) \neq f(a_2)$.

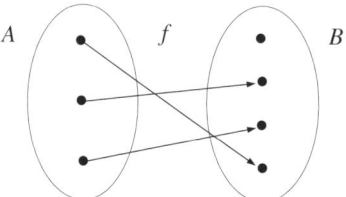

Abbildung 1.12 Injektive Funktion

Eine Funktion $f : A \to B$ heißt **surjektiv** oder **Surjektion**, wenn es zu jedem $b \in B$ mindestens ein $a \in A$ mit $b = f(a)$ gibt.

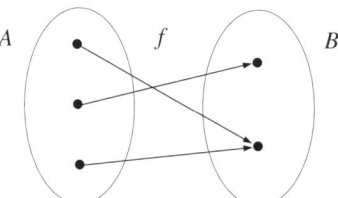

Abbildung 1.13 Surjektive Funktion

Eine Funktion $f : A \to B$ heißt **bijektiv** oder **Bijektion**, wenn es zu jedem $b \in B$ genau ein $a \in A$ mit $b = f(a)$ gibt.

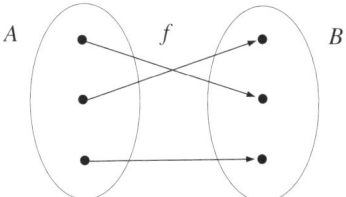

Abbildung 1.14 Bijektive Funktion

Offensichtlich ist eine Funktion $f : A \to B$ genau dann bijektiv, wenn sie injektiv und surjektiv ist.

Beispiel 1.66

Die Funktion $f_1 : \mathbb{R} \to \mathbb{R}, x \mapsto x^2$ ist weder injektiv noch surjektiv.

Die Funktion $f_2 : \mathbb{R}_0^+ \to \mathbb{R}, x \mapsto x^2$ ist injektiv, aber nicht surjektiv.[20]

Die Funktion $f_3 : \mathbb{R} \to \mathbb{R}_0^+, x \mapsto x^2$ ist surjektiv, aber nicht injektiv.

Die Funktion $f_4 : \mathbb{R}_0^+ \to \mathbb{R}_0^+, x \mapsto x^2$ ist injektiv und surjektiv, also auch bijektiv.

Man beachte, dass in allen vier Funktionen die Zuordnungsvorschrift $x \mapsto x^2$ dieselbe ist. Die Funktionen sind aber alle voneinander verschieden, da Definitions- und Zielmengen verschieden sind. $\triangle$

In gewissen Fällen ist eine Funktion genau dann injektiv, wenn sie surjektiv ist.

Satz 1.67 *Haben zwei endliche Mengen A, B gleich viele Elemente, d.h. $|A| = |B|$, dann ist eine injektive Funktion $f : A \to B$ auch surjektiv und damit bijektiv. Entsprechend ist eine surjektive Funktion $f : A \to B$ auch injektiv und ebenfalls bijektiv.*

Beweis. Es sei $f : A \to B$ injektiv und $|A| = |B| = n$. Schreibt man für $A = \{a_1, a_2, \ldots, a_n\}$ und setzt man $b_j = f(a_j), 1 \le j \le n$, dann sind die Elemente $b_1, b_2, \ldots, b_n$ wegen der Injektivität von f alle voneinander verschieden und bilden eine n-elementige Teilmenge $\{b_1, b_2, \ldots, b_n\}$ von B. Wegen $|B| = n$ folgt aber $\{b_1, b_2, \ldots, b_n\} = B$, also gilt $f(A) = B$. Damit ist f auch surjektiv.

Der zweite Teil des Beweises wird dem Leser überlassen. $\square$

Definition 1.68 Sind $f : A \to B$ und $g : B \to C$ Funktionen, so wird die Zusammensetzung $g \circ f : A \to C$ durch $(g \circ f)(a) = g(f(a))$ definiert. $g \circ f$ ist dann wieder eine Funktion.

Beispiel 1.69 Sei $f : \mathbb{R} \to \mathbb{R}, x \mapsto x^2$ und $g : \mathbb{R} \to \mathbb{R}, x \mapsto \cos x$. Dann ist $(f \circ g) : \mathbb{R} \to \mathbb{R}, x \mapsto (\cos x)^2$ und $(g \circ f) : \mathbb{R} \to \mathbb{R}, x \mapsto \cos(x^2)$. $\triangle$

Satz 1.70 *Sind die Funktionen $f : A \to B$ und $g : B \to C$ beide injektiv (bzw. surjektiv bzw. bijektiv), so ist auch $g \circ f : A \to C$ injektiv (bzw. surjektiv bzw. bijektiv).*

Beweis. Es seien f und g injektiv. Es folgt also aus $f(a_1) = f(a_2)$, dass $a_1 = a_2$, und aus $g(b_1) = g(b_2)$, dass $b_1 = b_2$ sein muss. Ist daher $(g \circ f)(a_1) = g(f(a_1)) = g(f(a_2)) = (g \circ f)(a_2)$, dann folgt aus der Injektivität von g zunächst $f(a_1) = f(a_2)$ und aus der Injektivität von f schließlich $a_1 = a_2$. Damit ist auch $g \circ f$ injektiv.

Es sei nun vorausgesetzt, dass f und g surjektiv sind. Ist daher $c \in C$, dann gibt es ein $b \in B$ mit $g(b) = c$, und damit auch ein $a \in A$ mit $f(a) = b$. Insgesamt gilt daher $(g \circ f)(a) = g(f(a)) = g(b) = c$. Daher ist $g \circ f$ surjektiv.

Sind f und g bijektiv, d.h. injektiv und surjektiv, dann folgt aus den beiden vorigen Eigenschaften, dass die Zusammensetzung $g \circ f$ auch injektiv und surjektiv, also bijektiv ist. $\square$

Definition 1.71 Eine Funktion $f^{-1} : B \to A$ heißt die zu der Funktion $f : A \to B$ **inverse Funktion** (oder **Umkehrfunktion**), wenn $f^{-1} \circ f = \mathrm{id}_A$ und $f \circ f^{-1} = \mathrm{id}_B$ gilt. Dabei bezeichnet id_A die **identische Funktion** auf einer Menge A, d.h. $\mathrm{id}_A(a) = a$ für alle $a \in A$.

---

[20] $\mathbb{R}_0^+$ bezeichnet die Menge der nicht-negativen reellen Zahlen, also der Zahlen $x \ge 0$.

Beispiel 1.72 Die Funktion $f : \mathbb{R} \to \mathbb{R}, x \mapsto x^3$ ist invertierbar. Die inverse Funktion ist $f^{-1} : \mathbb{R} \to \mathbb{R}, x \mapsto x^{1/3}$. $\triangle$

Satz 1.73 *Eine Funktion $f : A \to B$ besitzt genau dann eine inverse Funktion $f^{-1} : B \to A$, wenn f bijektiv ist. Die inverse Funktion f^{-1} ist dann auch bijektiv.*

Beweis. Sei $g : B \to A$ die inverse Funktion von $f : A \to B$, also $g = f^{-1}$. Aus der Beziehung $(f \circ g)(b) = f(g(b)) = b$ (für alle $b \in B$) folgt, dass es zu jedem $b \in B$ ein $a \in A$, nämlich $a = g(b)$, mit der Eigenschaft $f(a) = b$ gibt. Folglich ist f surjektiv. Sind nun $a_1, a_2 \in A$ mit $f(a_1) = f(a_2)$, so folgt $a_1 = g(f(a_1)) = g(f(a_2)) = a_2$. Daher ist f auch injektiv. Insgesamt folgt daher, dass f bijektiv ist.

Es sei nun umgekehrt vorausgesetzt, dass f bijektiv, also injektiv und surjektiv ist. Aus der Surjektivität folgt, dass es zu jedem $b \in B$ ein $a \in A$ mit $f(a) = b$ gibt. Wegen der Injektivität gibt es aber kein $a' \in A$ mit $f(a') = b$, das von a verschieden ist. Wir können daher eine Funktion $g : B \to A$ definieren, die jedem $b \in B$ genau jenes $a \in A$ mit $f(a) = b$ zugeordnet. Offensichtlich erfüllt diese Funktion g die Eigenschaften $g(f(a)) = a$ und $f(g(b)) = b$. Daher ist g die inverse Funktion von f. $\square$

1.6 Übungsaufgaben

1.1 Man beweise mittels vollständiger Induktion:

(a) $\displaystyle\sum_{j=2}^{n} j(j-1) = \frac{(n-1)n(n+1)}{3}$ $(n \geq 2)$, (b) $\displaystyle\sum_{j=1}^{n} j(j+1) = \frac{n}{6}(2n^2 + 6n + 4)$ $(n \geq 1)$,

(c) $\displaystyle\sum_{j=1}^{n} \frac{1}{j(j+1)} = \frac{n}{n+1}$ $(n \geq 1)$,   (d) $\displaystyle\sum_{j=0}^{n} j2^j = 2^{n+1}(n-1) + 2$ $(n \geq 0)$,

(e) $\displaystyle\sum_{j=1}^{n} j3^{j-1} = \frac{3^n(2n-1)+1}{4}$ $(n \geq 1)$,   (f) $\displaystyle\sum_{j=1}^{n} \frac{j}{3^j} = \frac{3}{4} - \frac{2n+3}{4 \cdot 3^n}$ $(n \geq 0)$.

1.2 Man beweise mittels vollständiger Induktion: Ist $F_0 = 0$, $F_1 = 1$ und $F_{n+2} = F_{n+1} + F_n$ für alle $n \in \mathbb{N}$, so gilt

$$F_n = \frac{1}{\sqrt{5}}\left[\left(\frac{1+\sqrt{5}}{2}\right)^n - \left(\frac{1-\sqrt{5}}{2}\right)^n\right].$$

1.3 Man zeige, dass die Zahlen (a) $\sqrt{3}$, (b) $\sqrt{5}$ und (c) $\sqrt[3]{2}$ irrational sind.

1.4 Nach der so genannten „abessinischen Bauernmethode" werden zwei Zahlen, z.B. 21 und 17, wie folgt multipliziert:

$$
\begin{array}{cc}
21 & 17 \\
\cancel{10} & \cancel{34} \\
5 & 68 \\
\cancel{2} & \cancel{136} \\
1 & 272 \\
\hline
 & 357
\end{array}
$$

Dabei wird der erste Faktor laufend durch 2 dividiert (und der Rest dabei vernachlässigt), während der zweite Faktor stets verdoppelt wird. Nach dem Motto der abessinischen Bauern „Gerade Zahlen bringen Unglück" streicht man nun alle Zeilen, in denen die Zahl in der ersten Spalte gerade ist. Die Summe der verbleibenden Zahlen in der zweiten Spalte liefert dann das Ergebnis $21 \cdot 17 = 357$.
Man begründe, warum diese Methode zum richtigen Resultat führt. (Hinweis: Man gehe von einer Darstellung des ersten Faktors im Binärsystem aus.)

1.5 Man zeige, dass in $\mathbb{R}$ die Beziehung $\sqrt{5041} - \sqrt{5040} = 71 - 12\sqrt{35} = 1/(71 + 12\sqrt{35})$ gilt. Was ergibt sich bei Rechnung in normalisierter Gleitkomma-Darstellung zur Basis 10 mit vierstelliger Mantisse?

1.6 Man zeige für komplexe Zahlen z_1, z_2 die Beziehung $\arg(z_1 z_2) = (\arg(z_1) + \arg(z_2)) \bmod 2\pi$.

1.7 Man stelle alle Lösungen der quadratischen Gleichung $z^2 + 2z + 4 = 0$ sowohl in der Form $a + ib$, $a, b \in \mathbb{R}$, als auch in Polarkoordinatenform $r(\cos\varphi + i\sin\varphi)$, $r \geq 0$, $0 \leq \varphi < 2\pi$, dar.

1.8 Man finde (a) alle sechsten Wurzeln von $z = 8i$ bzw. (b) alle fünften Wurzeln von $z = \sqrt{2} - \sqrt{6}i$ in $\mathbb{C}$ und stelle sie in der Gauß'schen Zahlenebene dar.

1.9 Man beantworte die nachstehenden Fragen:

(a) Für welche komplexen Zahlen gilt $\overline{z} = \frac{1}{z}$?
(b) Man zeige $\left|\frac{z_1+z_2}{2}\right|^2 + \left|\frac{z_1-z_2}{2}\right|^2 = \frac{1}{2}(|z_1|^2 + |z_2|^2)$.
(c) Man beschreibe die Menge jener komplexen Zahlen z, die $\Re\left(\frac{z-a}{b}\right) > 0$ erfüllen ($a, b \in \mathbb{C}$, $b \neq 0$).
(d) Welche Teilmenge der komplexen Zahlenebene wird durch die Ungleichung $\left|\frac{z+4}{z-4}\right| < 3$ beschrieben?

1.10 Man bestätige die Richtigkeit der folgenden Behauptungen:

(a) Für alle $n \in \mathbb{N}$ ist $n^3 - n$ stets durch 3 teilbar – mittels eines direkten Beweises.
(b) Ist die Summe $m + n$ zweier Zahlen $m, n \in \mathbb{Z}$ ungerade, dann ist genau einer der beiden Summanden ungerade – mittels eines indirekten Beweises.
(c) Ist das Quadrat n^2 einer ganzen Zahl $n \in \mathbb{Z}$ gerade, dann ist auch n gerade – mittels eines indirekten Beweises.
(d) Die Aussage von (a) – mittels eines Beweises durch vollständige Induktion.

1.11 Man zeige, dass für alle natürlichen Zahlen n die beiden Teilbarkeitseigenschaften $2|(n^2 + n)$ und $6|(n^3 - n + 12)$ gelten.

1.12 Man bestimme den ggT$(7469, 2464)$ sowie den ggT$(1109, 4999)$ mit Hilfe des Euklidischen Algorithmus.

1.13 Man bestimme alle ganzen Zahlen x, y, welche die Gleichung $243x + 198y = 9$ erfüllen.

1.14 Man zeige für natürliche Zahlen a, b die Eigenschaft ggT$(a, b) \cdot$ kgV$(a, b) = a \cdot b$.

1.15 Man zeige, dass jede ganze Zahl der Form $n^4 + 4^n$ (mit $n > 1$) keine Primzahl ist. (Hinweis: Man unterscheide zwischen geradem und ungeradem n. Insbesondere betrachte man bei ungeradem n die Zerlegung $(n^2 + 2^n + n2^{(n+1)/2})(n^2 + 2^n - n2^{(n+1)/2})$.)

1.16 Lösen Sie die folgenden Kongruenzen bzw. beweisen Sie deren Unlösbarkeit:

(a) $8x \equiv 4 \bmod 16$,   (b) $8x \equiv 4 \bmod 15$,

(c) $3x \equiv 9 \bmod 11$,   (d) $3x \equiv 9 \bmod 12$,

(e) $x^2 - 3x + 2 \equiv 0 \bmod 5$,   (f) $x^2 - 3x + 2 \equiv 0 \bmod 6$.

1.17 Im europäischen Artikelnummernsystem EAN werden Zahlen mit 13 Dezimalziffern der Form $a_1a_2 \ldots a_{12}p$ verwendet. Dabei wird die letzte der 13 Ziffern, das ist die Prüfziffer p, im EAN-Code so bestimmt, dass

$$a_1 + 3a_2 + a_3 + 3a_4 + \cdots + a_{11} + 3a_{12} + p \equiv 0 \mod 10$$

gilt. Man zeige, dass beim EAN-Code ein Fehler in einer einzelnen Ziffer stets erkannt wird, während eine Vertauschung von zwei benachbarten Ziffern genau dann nicht erkannt wird, wenn die beiden Ziffern gleich sind oder sich um 5 unterscheiden.

1.18 Sei a die Aussage „*Es gibt eine größte natürliche Zahl.*" und b die Aussage „*0 ist die größte natürliche Zahl.*" Man entscheide, ob die Aussagen $a \Rightarrow b$ bzw. $b \Rightarrow a$ wahr oder falsch sind.

1.19 Entscheiden Sie mit Hilfe einer Wahrheitstafel, ob die folgenden Äquivalenzen richtig sind:

(a) $a \vee (b \vee c) \Longleftrightarrow (a \vee b) \vee c$,

(b) $a \vee (a \wedge b) \Longleftrightarrow a$,

(c) $a \wedge (b \vee c) \Longleftrightarrow (a \wedge b) \vee (a \wedge c)$,

(d) $(a \wedge \neg b) \wedge \neg c \Longleftrightarrow a \wedge \neg(b \wedge \neg c)$,

(e) $a \Leftrightarrow b \Longleftrightarrow (a \Rightarrow b) \Rightarrow \neg(b \Rightarrow a)$,

(f) $\neg(a \Rightarrow b) \Longleftrightarrow a \wedge \neg b$.

1.20 Man beweise bzw. widerlege die folgenden Mengenidentitäten:

(a) $A \cap (B \cap C) = (A \cap B) \cap C$,

(b) $(A \setminus B) \setminus C = A \setminus (B \setminus C)$,

(c) $(A \cup B)' = A' \cap B'$,

(d) $(A \cup B) \cap (B \cup C)' \subseteq A \cap B'$,

(e) $(A \cap B)' = A' \cup B'$,

(f) $(A \triangle B)' = A' \triangle B'$,

(g) $A \triangle B = (A \cup B) \setminus (A \cap B)$,

(h) $A \cap (B \triangle C) = (A \cap B) \triangle (A \cap C)$,

(i) $A \triangle (B \cap C) = (A \triangle B) \cap (A \triangle C)$,

(j) $(A \times B) \cap (B \times A) = (A \cap B) \times (A \cap B)$,

(k) $(A \times B) \cup (B \times A) = (A \cup B) \times (A \cup B)$,

(l) $(A \times B) \cup (A \times C) = A \times (B \cup C)$.

1.21 Sei M eine nichtleere endliche Menge. Man zeige, dass M gleich viele Teilmengen mit gerader Elementanzahl wie solche mit ungerader Elementanzahl besitzt, indem man ein Verfahren angebe, das aus den Teilmengen der einen Art umkehrbar eindeutig die der anderen Art erzeugt.

1.22 Sei $A = \{1, 2, \ldots, 8\}$ und R eine binäre Relation auf A, definiert durch

$$a \, R \, b \iff a = b \text{ oder } \mathrm{ggT}(a, b) = 2.$$

Man gebe explizit die Relation R sowie ihren Graphen $G(R)$ an.

1.23 Man untersuche nachstehend angeführte Relationen $R \subseteq M^2$ in Hinblick auf die Eigenschaften Reflexivität, Symmetrie, Transitivität und Antisymmetrie:

(a) $M = $ Menge aller Einwohner von Wien, $a \, R \, b \iff a$ ist verheiratet mit b,

(b) M wie oben, $a \, R \, b \iff a$ ist nicht älter als b,

(c) M wie oben, $a \, R \, b \iff a$ ist so groß wie b,

(d) $M = \mathbb{R}, a \, R \, b \iff a - b \in \mathbb{Z}$,

(e) $M = \mathbb{R}^n, (x_1, \ldots, x_n) \, R \, (y_1, \ldots, y_n) \iff x_i \leq y_i \; (i = 1, \ldots, n)$.

1.24 Man zeige, dass durch $a \, R \, b \iff 3 \mid a^2 - b^2$ für alle $a, b \in \mathbb{Z}$ eine Äquivalenzrelation R in der Menge $\mathbb{Z}$ erklärt wird, und bestimme die zugehörige Partition.

1.25 Sei $f : A \to B$ eine Funktion. Man zeige, dass durch $x \equiv y \iff f(x) = f(y)$ eine Äquivalenzrelation $\equiv$ auf der Menge A definiert wird.

1.26 Untersuchen Sie, ob die Relation $A R B \iff A \triangle B = \emptyset$ auf der Potenzmenge einer Menge M eine Äquivalenzrelation bildet ($\triangle$ bezeichnet die symmetrische Differenz).

1.27 Man vergleiche die Hassediagramme der beiden Halbordnungen $(\mathbf{P}(\{a,b,c\}), \subseteq)$ und $(T_{70}, |)$, wobei $T_{70} = \{n \in \mathbb{N} \,|\, n|70\}$.

1.28 Für $k, n \in \{1, 2, 3, \ldots, 10\}$ sei kRn, falls k ein Teiler von n ist und k und $\frac{n}{k}$ teilerfremd sind. Man untersuche, ob die Relation R eine Halbordnung ist, und ermittle gegebenenfalls das Hassediagramm.

1.29 Man zeige: $(\mathbb{C}, \preceq)$ ist Halbordnung mit $z = a + ib \preceq w = c + id$, falls $a < c$ oder ($a = c$ und $b \leq d$). Weiters gebe man drei verschiedene komplexe Zahlen $z_1, z_2, z_3 \in \mathbb{C} \setminus \{0\}$ an, für die $z_1 \preceq z_2$ und $z_3 \succeq 0$, aber $z_3 z_1 \succeq z_3 z_2$ gelten.

1.30 Untersuchen Sie, ob es sich bei den folgenden Relationen $R \subseteq A \times B$ um Funktionen, injektive Funktionen, surjektive Funktionen bzw. bijektive Funktionen handelt.
   (a) $R = \{(x^2, \frac{1}{x^2}) \,|\, x \in \mathbb{R}^+\}, A = B = \mathbb{R}$,
   (b) R wie oben, jedoch $A = B = \mathbb{R}^+$,
   (c) $R = \{(\log_2 x, x) \,|\, x \in \mathbb{R}^+\}, A = B = \mathbb{R}$.

1.31 Zu den nachstehenden Abbildungen f bzw. g auf der Menge $\{0, 1, \ldots, 9\}$ bestimme man jeweils den zugehörenden Graphen und untersuche die angegebene Zuordnung auf Injektivität, Surjektivität und Bijektivität.

   (a) $f(x) = x^2 \mod 10$ (b) $g(x) = x^3 \mod 10$

1.32 Man zeige, dass die Funktion

   (a) $f : \mathbb{R} \setminus \{7\} \to \mathbb{R} \setminus \{2\}, x \mapsto \frac{2x+1}{x-7}$ (b) $f : \mathbb{R} \setminus \{2\} \to \mathbb{R} \setminus \{-1\}, x \mapsto \frac{x+3}{2-x}$

bijektiv ist, und bestimme ihre Umkehrfunktion.

Kapitel 2

Diskrete Mathematik

Die Diskrete Mathematik als Zweig der Mathematik befasst sich mit mathematischen Strukturen, die endlich oder abzählbar sind und nicht – wie in der Analysis – kontinuierlich ineinander übergehen. Man kann beispielsweise bei diskreten Optimierungsproblemen bzw. Extremwertaufgaben die Zielfunktionen nicht einfach differenzieren und davon die Nullstellen suchen. Vielmehr müssen bei diskreten Problemen ganz andere Methoden entwickelt werden.

Ein wesentlicher Faktor in der Entwicklung der Diskreten Mathematik war das Aufkommen des binär rechnenden Computers, der systembedingt mit diskreten Zuständen arbeitet. Die Diskrete Mathematik ist daher ein relativ junges Gebiet und hat – nicht zuletzt durch die enge Beziehung zur Informatik – in den letzten Jahrzehnten einen großen Aufschwung erfahren.

Zu den Kerngebieten der Diskreten Mathematik gehören die Mathematische Logik, Kombinatorik, Graphentheorie, Kodierungstheorie und Kryptografie, sie hat aber auch viele Berührungspunkte mit Algebra und Zahlentheorie. Im Folgenden werden wir uns mit Grundlagen der Kombinatorik, Graphentheorie und Algebra beschäftigen, soweit es in dieser kurzen Darstellung möglich ist. In vielen Curricula für Informatik wird Diskrete Mathematik in einer eigenen Vorlesung unterrichtet.

2.1 Kombinatorik

Die Kombinatorik beschäftigt sich mit Methoden, die Struktur und Größe verschiedenster (endlicher) diskreter Objekte zu studieren. Wir werden uns hier hauptsächlich mit Problemen der **abzählenden Kombinatorik** beschäftigen, also mit dem Bestimmen der Anzahl von Objekten eines bestimmten Typs.

Wir erinnern an die Bezeichnung $|A|$ oder $\#A$ für die Anzahl der Elemente einer (endlichen) Menge A.

1. Grundaufgaben der Kombinatorik

Für alle Abzählverfahren gelten die folgenden drei einfachen Grundregeln.

(i) **Summenregel.** Besteht die Menge A aus m Elementen und die Menge B aus n Elementen und haben A und B keine gemeinsamen Elemente, so besteht die Vereinigung von A und B aus $m + n$ Elementen:

$$A \cap B = \emptyset \quad \Longrightarrow \quad |A \cup B| = |A| + |B|.$$

(ii) **Produktregel.** Besteht die Menge A aus m Elementen und die Menge B aus n Elementen, so gibt es genau $m \cdot n$ Möglichkeiten, Elemente von A und B zu kombinieren, also geordnete Paare zu bilden:

$$|A \times B| = |A| \cdot |B|.$$

(iii) **Gleichheitsregel.** Gibt es eine bijektive Entsprechung der Elemente der Mengen A und B, so sind A und B gleich groß:

$$\exists f : A \to B \text{ bijektiv} \quad \Longrightarrow \quad |A| = |B|.$$

Beispiel 2.1 Die Binärzahlen B der Länge n entsprechen bijektiv den n-Tupeln aus 0 und 1, also den Elementen der Menge $\tilde{B} = \{0,1\} \times \{0,1\} \times \cdots \times \{0,1\} = \{0,1\}^n$. Wegen der Gleichheits- und der Produktregel gibt es daher $|B| = |\{0,1\}^n| = |\{0,1\}|^n = 2^n$ Binärzahlen der Länge n. $\triangle$

Beispiel 2.2 Die Potenzmenge $P(A)$ einer endlichen Menge $A = \{a_1, a_2, \ldots, a_n\}$ kann bijektiv auf die Binärzahlen der Länge n abgebildet werden. Ist T eine Teilmenge von A, so durchläuft man der Reihe nach die Elemente $a_1, a_2, \ldots$ von A. Ist a_1 in T enthalten, so schreibt man an die erste Stelle die Binärzahl 1, sonst 0. Entsprechend verfährt man mit den anderen Elementen. Z.B. entspricht der leeren Menge die Binärzahl $00\ldots0$, der Menge $\{a_1\}$ die Zahl $10\ldots0$ usw. Daraus folgt unmittelbar nach Anwendung der Gleichheitsregel, dass es $2^n = 2^{|A|}$ Teilmengen von A gibt, also $|P(A)| = 2^{|A|}$. (Man vergleiche mit dem Beweis von Satz 1.49.) $\triangle$

Bevor wir die angegebenen Regeln systemtatisch anwenden, benötigen wir noch folgende Notationen.

Definition 2.3 Unter der **Fakultät einer natürlichen Zahl** $n \geq 1$ (bzw. unter n-**Faktorielle**) versteht man das Produkt

$$n! = 1 \cdot 2 \cdot 3 \cdots (n-1) \cdot n.$$

Weiters setzt man $0! = 1$.

Der **Binomialkoeffizient** $\binom{n}{k}$ (in Worten „n über k") wird für natürliche Zahlen n, k mit $0 \leq k \leq n$ durch

$$\binom{n}{k} = \frac{n!}{k!(n-k)!}$$

definiert. Für $n \geq 0$ und $k < 0$ oder $k > n$ setzt man $\binom{n}{k} = 0$.

Man beachte die rekursive Beziehung $(n+1)! = n!\,(n+1)$. Diese ist auch im Fall $n = 0$ richtig.

Viele kombinatorische Probleme lassen sich auf **Anordnungsprobleme** und **Auswahlprobleme** zurückführen, wobei bei Anordnungen die Reihenfolge der betrachteten Objekte eine Rolle spielt, bei Auswahlen hingegen nicht. Die folgenden sechs kombinatorischen Grundaufgaben beziehen sich genau auf diese Fälle.

Im Folgenden sei $A = \{a_1, a_2, \ldots, a_n\}$ eine Menge mit n Elementen.

(i) **Anordnungen ohne Einschränkung.** Die Menge A^k der geordneten k-Tupel wird als die Menge der Anordnungen von Elementen von A der Länge k interpretiert. Hier ist die

Reihenfolge der Elemente natürlich wesentlich. Wegen der Produktregel gilt jedenfalls

$$|A^k| = |A|^k = n^k. \tag{2.1}$$

Manchmal bezeichnet man A^k auch als **Variationen mit Wiederholung** oder als „geordnete Auswahl" von k Elementen aus A mit Zurücklegen. Der Begriff „Zurücklegen" kommt davon, dass es in der Kombinatorik üblich ist, eine Menge A als „Urne" und die Elemente als „Kugeln" bildlich zu beschreiben. Die k-Tupel aus A^k können nun als geordnete Auswahlen von k Elementen aus A interpretiert werden, wobei man bei jedem Schritt wieder alle Elemente („Kugeln") zur Verfügung hat, also das gewählte Element („Kugel") wieder zurückgelegt worden ist.

Beispielsweise gibt es 3^{12} mögliche Tototipps. Hier ist $A = \{1, 2, X\}$, $n = 3$ und $k = 12$.

(ii) **Anordnungen veschiedener Elemente.** Die geordneten k-Tupel von Elementen von A, wobei alle Elemente verschieden sind, werden als **Variationen ohne Wiederholung** oder – wieder mit Hilfe des Urnenbildes – als „geordnete Auswahlen" von k Elementen aus A ohne Zurücklegen bezeichnet. Offensichtlich muss hier $k \leq n$ gelten. Für die Berechnung der Anzahl dieser Möglichkeiten kann man wieder die Produktregel verwenden, allerdings in einer leicht modifizierten Form. Für die Auswahl der ersten „Kugel" hat man alle Elemente aus A zur Verfügung, also n Möglichkeiten. Für die zweite Stelle kann das zuerst gewählte Element nicht verwendet werden, es bleiben daher $n - 1$ Möglichkeiten, usw. Insgesamt ergeben sich

$$n \cdot (n-1) \cdot (n-2) \cdots (n-k+1) = \frac{n!}{(n-k)!} \tag{2.2}$$

Auswahlmöglichkeiten.

Beispielsweise gibt es $26 \cdot 25 \cdot 24 = 15\,600$ verschiedene (mögliche) Wörter aus 3 verschiedenen Buchstaben (des üblichen Alphabets).

(iii) **Permutationen einer Menge.** Eine Permutation π einer Menge A ist eine bijektive Funktion $\pi : A \to A$. Besteht die Menge A aus n Elementen, etwa $A = \{a_1, a_2, \ldots, a_n\}$, so wird π auch durch Angabe der Bilder $\pi(a_1), \pi(a_2), \ldots, \pi(a_n)$ beschrieben. Wegen der Bijektivität muss jedes Element aus A in dieser Auflistung genau einmal auftreten. Eine Permutation von A entspricht daher genau einer Anordnung der Elemente von A, wobei jedes Element genau einmal auftritt. Mit derselben Überlegung wie vorhin erkennt man, dass es

$$n! \tag{2.3}$$

verschiedene Permutationen einer n-elementigen Menge gibt.

Beispielsweise gibt es $3! = 6$ Möglichkeiten, 3 Gläser gefüllt mit Bier, Schnaps und Wein nacheinander zu leeren: $A = \{B, S, W\}$,

$$BSW,\ BWS,\ SBW,\ SWB,\ WBS,\ WSB.$$

(iv) **Permutationen einer Multimenge.** Ein etwas allgemeineres Problem ist es, Anordnungen der Elemente von A zu betrachten, wobei man vorgibt, wie oft ein Element auftreten soll. Man spricht hier auch von **Permutationen einer Multimenge**.

Fordert man, dass das Element a_i genau k_i-mal auftreten soll ($1 \leq i \leq n$), so gibt es

$$\frac{(k_1 + k_2 + \cdots + k_n)!}{k_1!\, k_2! \cdots k_n!} \tag{2.4}$$

Möglichkeiten solcher Anordnungen. Dies lässt sich folgendermaßen begründen. Unterscheidet man zunächst die k_i gleichen Elemente a_i $(1 \leq i \leq n)$, so gibt es $(k_1 + k_2 + \cdots + k_n)!$ mögliche Anordnungen. Davon führen aber (wegen der Produktregel) insgesamt $k_1! \, k_2! \cdots k_n!$ Anordnungen zur selben ursprünglich gesuchten Anordnung, da alle Umordnungen unter den k_i Elementen a_i $(1 \leq i \leq n)$ dieselbe (gesuchte) Anordnung ergeben.

Beispielsweise können 2 Gläser Bier, 1 Glas Schnaps und 1 Glas Wein in $4!/(2!\,1!\,1!) = 12$ verschiedenen Reihenfolgen getrunken werden:

$$BBSW, \ BBWS, \ BSBW, \ BWBS, \ BSWB, \ BWSB,$$
$$SBBW, \ WBBS, \ SBWB, \ WBSB, \ SWBB, \ WSBB.$$

(v) **Auswahlen einer Teilmenge.** Eine (ungeordnete) Auswahl von k verschiedenen Elementen einer Menge A ist nichts anderes als eine Teilmenge von A der Größe k. In der Kombinatorik wird so eine Auswahl auch als **Kombination ohne Wiederholung** bezeichnet. Hier gibt es

$$\frac{n!}{k!\,(n-k)!} = \binom{n}{k} \tag{2.5}$$

Möglichkeiten. Das kann auf verschiedene Arten begründet werden. Z.B. entsprechen die k-elementigen Teilmengen einer n-elementigen Menge den Binärzahlen der Länge n mit k Einsen, also genau den Permutationen einer Multimenge von k Einsen und $(n-k)$ Nullen. Eine andere Begründung ist, dass genau $k!$ Anordnungen verschiedener Elemente einer Auswahl entsprechen.

Es ist auch üblich, die Elemente von A gedanklich in eine Urne zu geben und sie als verschiedene „Kugeln" zu interpretieren. Eine Auswahl von k Elementen entspricht dann einfach dem „gleichzeitigen" Entnehmen von k Kugeln aus der Urne. Im Gegensatz dazu wird – bildlich gesprochen – bei einer Anordnung eine „Kugel" nach der anderen aus der Urne genommen.

Beispielsweise gibt es $\binom{45}{6} = 45!/(6!\,39!) = 8\,145\,060$ mögliche Lottotipps „6 aus 45." Ein Tipp entspricht einer 6-elementigen Teilmenge von $A = \{1, 2, \ldots, 45\}$.

(vi) **Auswahlen einer Teilmultimenge.** Entsprechend betrachtet man auch Auswahlen von Elementen einer Menge A, wo die Elemente von A mehrfach auftreten können, also Teilmultimengen der Multimenge $\tilde{A}$, in der jedes Element von A beliebig oft vorkommt. Solche Anordnungen werden auch als **Kombinationen mit Wiederholung** bezeichnet. Hier kann wieder das Bild der „Urne" verwendet werden. Man stelle sich eine Urne vor, in der jedes Element von A nicht nur einmal, sondern beliebig oft vorhanden ist, d.h. in der Urne sind unendlich viele „Kugeln" vom Typ a_1, unendlich viele „Kugeln" vom Typ a_2 etc. Entnimmt man nun dieser Urne in einem Satz k „Kugeln", so entspricht dies genau so einer Auswahl.

Da die Reihenfolge keine Rolle spielt, können wir diese Kugeln der Reihe nach anordnen, zuerst die Kugeln vom Typ a_1, dann die Kugeln vom Typ a_2, usw. Insgesamt sind dies k Kugeln. Wir wollen nun diese Kugeln alle weiß färben. Damit geht allerdings die Information, welche Kugeln von welchem Typ sind, verloren. Um diese Information nicht zu verlieren, setzen wir $n-1$ schwarze „Trennkugeln" ein. Wir illustrieren das an einem einfachen Beispiel: Sei $A = \{a_1, a_2, a_3, a_4\}$ eine Menge mit $n = 4$ Elementen und

$$a_1, a_1, a_1, a_2, a_2, a_4, a_4$$

eine Auswahl von $k = 7$ Elementen. Nach Einfügen von $n - 1 = 3$ schwarzen Kugeln an den Schnittstellen erhalten wir zunächst folgendes Bild:

$$a_1, a_1, a_1, \bullet, a_2, a_2, \bullet, \bullet, a_4, a_4$$

Jetzt kann man die Elemente (= Kugeln) von A alle weiß färben:

$$\circ, \circ, \circ, \bullet, \circ, \circ, \bullet, \bullet, \circ, \circ$$

Offensichtlich ist es sofort möglich, aus dieser Anordnung von $k + n - 1$ Kugeln die Auswahl $a_1, a_1, a_1, a_2, a_2, a_4, a_4$ eindeutig zu rekonstruieren. Wegen der Gleichheitsregel ist daher die Anzahl der Auswahlmöglichkeiten von Elementen von A genau der Anzahl der Permutationen von k weißen Kugeln $\circ$ und $n - 1$ schwarzen Kugeln $\bullet$:

$$\frac{(n + k - 1)!}{k! \, (n - 1)!} = \binom{n + k - 1}{k}. \tag{2.6}$$

Wir geben noch eine weitere Interpretation solcher Auswahlen. Um eine ungeordnete Anordnung von Elementen $a_1, a_2, \ldots, a_n$ zu beschreiben, ist es ausreichend zu wissen, wie oft die Elemente vorkommen, die Reihenfolge spielt ja keine Rolle. Sei also k_i die Anzahl, wie oft a_i vorkommt ($1 \leq i \leq n$), dann wird eine ungeordnete Auswahl von k Elementen auch durch das n-Tupel $(k_1, k_2, \ldots, k_n)$ von natürlichen Zahlen mit der Eigenschaft $k_1 + k_2 + \cdots + k_n = k$ beschrieben. Das heißt, eine Kombination mit Wiederholung entspricht auch einer **Komposition** einer natürlichen Zahl in n Summanden $k_i \geq 0$. Beispielsweise gibt es $(4 + 7 - 1)!/(7! \, (4 - 1)!) = 120$ Möglichkeiten, die Zahl $k = 7$ als (geordnete) Summe von $n = 4$ Zahlen $k_i \geq 0$ darzustellen. Ein Beispiel wäre $7 = 3 + 2 + 0 + 2$.

Neben den gerade besprochenen Anordnungs- und Auswahlproblemen gibt es noch weitere kombinatorische Grundaufgaben, wie z.B. **Aufteilungsprobleme**, also Probleme, die sich darauf beziehen, eine Menge in Teilmengen aufzuteilen, also eine **Partition** zu erzeugen.

Beispielsweise werden die Anzahl der möglichen Partitionen einer n-elementigen Menge in k Teile durch die so genannten **Stirlingzahlen 2. Art**

$$S_{n,k} = \frac{1}{k!} \sum_{j=0}^{k} (-1)^{k-j} \binom{k}{j} j^n, \quad (0 \leq k \leq n),$$

gezählt. Diese Zahlen erfüllen auch die Rekursion

$$S_{n+1,k} = S_{n,k-1} + k \, S_{n,k}$$

(mit den Anfangsbedingungen $S_{n,n} = 1$, $n \geq 0$, und $S_{n,0} = 0$, $n \geq 1$). Die Anzahl aller möglichen Partitionen einer n-elementigen Menge werden als **Bellzahlen**

$$B_n = \sum_{k=0}^{n} S_{n,k}$$

bezeichnet. Diese erfüllen die Rekursion

$$B_{n+1} = \sum_{k=0}^{n} \binom{n}{k} B_k$$

(mit der Anfangsbedingung $B_1 = 1$).

In der Zahlentheorie betrachtet man auch **Zahlpartitionen**, also die Aufteilung einer natürlichen Zahl n in Summanden. Beispielsweise kann die Zahl $n = 4$ auf folgende Arten zerlegt werden:

$$1 + 1 + 1 + 1, \quad 1 + 1 + 2, \quad 2 + 2, \quad 1 + 3, \quad 4;$$

also $p(4) = 5$. Man beachte, dass $1 + 3$ und $3 + 1$ nicht unterschieden werden, die Reihenfolge der Summanden also keine Rolle spielt. Die Anzahl $p(n)$ aller möglichen Zahlpartitionen einer natürlichen Zahl n wird als **Partitionsfunktion** bezeichnet. Bezeichnet man mit $p(n, k)$ die Anzahl der Zahlpartionenn von n in genau k Summanden, so gilt die Rekursion

$$p(n, k) = p(n - k, k) + p(n - 1, k - 1)$$

(mit den Anfangsbedingungen $p(n, 1) = p(n, n) = 1$) und $p(n)$ ist dann durch $p(n) = \sum_{k=1}^{n} p(n, k)$ gegeben.

Eine weitere grundlegende kombinatorische Technik ist das **Schubfachprinzip**. Wie bei Partitionen teilt man eine n-elementige Menge in k paarweise disjunkte Teilmengen auf, wobei – im Unterschied zu einer Partition – die Teilmengen auch leer sein können. Man kann auch sagen, man verteilt n Objekte auf k „Schubfächer". Das Schubfachprinzip sagt nun, dass im Fall $n > k$ wenigstens eine der Teilmengen (oder Schubfächer) mehr als ein Element enthalten muss. (Andernfalls wäre nämlich $k \geq n$.) Mit der selben Idee kann man sogar sagen, dass bei einer Aufteilung von n Elementen in k Teilmengen wenistens eine der Teilmengen $\lceil n/k \rceil$ Elemente enthalten muss.

Beispielsweise gibt es in einer Gruppe von wenigstens 13 Personen immer zwei Personen, die im selben Monat Geburtstag haben (hier ist $n \geq 13$ und $k = 12$).

Ein anderes Beispiel ist, dass es bei 6 natürlichen Zahlen immer zwei geben muss, deren Differenz durch 5 teilbar ist. Dafür teilt man die $n = 6$ Zahlen gemäß ihrer Restklassen modulo $k = 5$ auf (d.h. man dividiert eine Zahl durch 5, bleibt dabei der Rest $j \in \{0, 1, 2, 3, 4\}$, dann kommt die Zahl in die Restklasse K_j). Wegen des Schubfachprinzips gibt es in einer Restklasse wenigstens zwei Zahlen. Aber Zahlen in derselben Restklasse modulo 5 haben die Eigenschaft, dass ihre Differenz durch 5 teilbar ist, womit dieses Beispiel gelöst ist.

2. Der Binomische Lehrsatz

In den Anzahlformeln (2.5) und (2.6) für die Anzahl von Teilmengen und für die Anzahl von Teilmultimengen (bzw. für die Anzahl von Kombinationen ohne und mit Wiederholung) tritt der Binomialkoeffizient $\binom{n}{k}$ in ganz natürlicher Weise auf. Wir werden uns nun etwas genauer mit den Binomialkoeffizienten beschäftigen, insbesondere mit dem Binomischen Lehrsatz, dem eigentlichem Namensgeber der Binomialkoeffizienten.

Satz 2.4 *Die Binomialkoeffizienten erfüllen die Eigenschaften*

(i) $\dbinom{n}{0} = \dbinom{n}{n} = 1,$

(ii) $\dbinom{n}{k} = \dbinom{n}{n-k},$

(iii) $\dbinom{n+1}{k+1} = \dbinom{n}{k} + \dbinom{n}{k+1}.$

Beweis. Die Eigenschaften (i) und (ii) folgen unmittelbar aus der Definition. Auch die dritte Eigenschaft rechnet man für $0 \le k < n$ leicht nach:

$$
\begin{aligned}
\binom{n}{k} + \binom{n}{k+1} &= \frac{n!}{k!(n-k)!} + \frac{n!}{(k+1)!(n-k-1)!} \\
&= \frac{n!}{k!(n-k-1)!}\left(\frac{1}{n-k} + \frac{1}{k+1}\right) \\
&= \frac{n!}{k!(n-k-1)!} \cdot \frac{n+1}{(n-k)(k+1)} \\
&= \frac{(n+1)!}{(k+1)!(n-k)!} \\
&= \binom{n+1}{k+1}.
\end{aligned}
$$

Ist $k < 0$ oder $k \ge n$, so ist diese Beziehung definitionsgemäß richtig. $\square$

Es besteht ein enger Zusammenhang zwischen den Binomialkoeffizienten und dem so genannten **Pascal'schen Dreieck**:

	$k=0$	$k=1$	$k=2$	$k=3$	$k=4$	$k=5$	$\cdots$
$n=0$	1						
$n=1$	1	1					
$n=2$	1	2	1				
$n=3$	1	3	3	1			
$n=4$	1	4	6	4	1		
$n=5$	1	5	10	10	5	1	
$\vdots$	$\vdots$						$\ddots$

Es wird so gebildet, dass in der 0-ten Spalte und in der Hauptdiagonale Einsen gesetzt werden. Daraufhin berechnen sich alle weiteren Eintragungen jeweils als Summe der beiden Zahlen, die unmittelbar in der Tabelle darüber und links darüber stehen. Beispielsweise ist die Zahl 2 in der Zeile $n=2$ und Spalte $k=1$ die Summe $1+1$ von den beiden Zahlen in der Zeile $n=1$ und in den Spalten $k=1$ und $k=0$. Es ist leicht zu sehen, dass auf diesem Weg das Pascal'sche Dreieck Zeile für Zeile gebildet wird. Vergleicht man dieses Bildungsgesetz mit Satz 2.4, so folgt direkt, dass die Eintragungen des Pascal'schen Dreiecks mit den Binomialkoeffizienten übereinstimmen.

	$k=0$	$k=1$	$k=2$	$k=3$	$k=4$	$k=5$	$\cdots$
$n=0$	$\binom{0}{0}$						
$n=1$	$\binom{1}{0}$	$\binom{1}{1}$					
$n=2$	$\binom{2}{0}$	$\binom{2}{1}$	$\binom{2}{2}$				
$n=3$	$\binom{3}{0}$	$\binom{3}{1}$	$\binom{3}{2}$	$\binom{3}{3}$			
$n=4$	$\binom{4}{0}$	$\binom{4}{1}$	$\binom{4}{2}$	$\binom{4}{3}$	$\binom{4}{4}$		
$n=5$	$\binom{5}{0}$	$\binom{5}{1}$	$\binom{5}{2}$	$\binom{5}{3}$	$\binom{5}{4}$	$\binom{5}{5}$	
$\vdots$	$\vdots$						$\ddots$

Man beachte, dass aus der rekursiven Beschreibung auch folgt, dass $\binom{n}{k}$ immer eine natürliche Zahl ist, was aus der Definition nicht unmittelbar ersichtlich ist.

Binomialkoeffizienten erfüllen zahlreiche weitere Beziehungen. Beispielsweise ist

$$\sum_{k=0}^{n} \binom{n}{k} = 2^n. \tag{2.7}$$

Auf beiden Seiten der Gleichung werden Teilmengen einer n-elementigen Menge gezählt, auf der linken Seite wird nach der Größe k der Teilmengen unterschieden und summiert, und auf der rechten Seite steht die Gesamtanzahl der Teilmengen. Diese Beziehung hat einen tieferen Hintergrund, der auch den Namen „Binomialkoeffizient" erklärt, den so genannten **Binomischen Lehrsatz**.

Satz 2.5 (Binomischer Lehrsatz) *Für $n \geq 0$ und beliebige $x, y \in \mathbb{C}$ gilt*

$$\sum_{k=0}^{n} \binom{n}{k} x^{n-k} y^k = (x+y)^n. \tag{2.8}$$

Die Beziehung (2.7) ergibt sich aus dem Spezialfall $x = y = 1$. Für $n = 3$ lautet (2.8) etwa

$$(x+y)^3 = \binom{3}{0}x^3 + \binom{3}{1}x^2y + \binom{3}{2}xy^2 + \binom{3}{3}y^3 = x^3 + 3x^2y + 3xy^2 + y^3.$$

Beweis. Man benützt das Beweisprinzip der vollständigen Induktion. Die Gleichung (2.8) ist offensichtlich richtig für $n = 0$ (und auch für $n = 1$). Man nehme nun an, sie sei für ein $n \geq 0$ richtig, dann folgt mittels Anwendung von Satz 2.4 (und unter Beachtung der Konvention

$\binom{n}{-1} = \binom{n}{n+1} = 0)$ die entsprechende Beziehung für $n + 1$:

$$(x + y)^{n+1} = (x + y)^n (x + y)$$

$$= \sum_{k=0}^{n} \binom{n}{k} x^{n-k} y^k (x + y)$$

$$= \sum_{k=0}^{n} \binom{n}{k} x^{n-k+1} y^k + \sum_{k=0}^{n} \binom{n}{k} x^{n-k} y^{k+1}$$

$$= \sum_{k=0}^{n+1} \binom{n}{k} x^{n-k+1} y^k + \sum_{k=0}^{n+1} \binom{n}{k-1} x^{n-k+1} y^k$$

$$= \sum_{k=0}^{n+1} \left(\binom{n}{k} + \binom{n}{k-1} \right) x^{n+1-k} y^k$$

$$= \sum_{k=0}^{n+1} \binom{n+1}{k} x^{n+1-k} y^k.$$

$\square$

3. Inklusions-Exklusions-Prinzip

Im letzen Teilabschnitt über Kombinatorik beschäftigen wir uns mit der allgemeinen Summenregel für die Berechnung von $|A \cup B|$, wenn A und B auch gemeinsame Elemente haben können (und mit entsprechenden Verallgemeinerungen für mehrere Mengen). Man überzeugt sich leicht, dass etwa die Beziehung

$$|A \cup B| = |A| + |B| - |A \cap B|$$

gilt, d.h. zur Bestimmung der Anzahl der Elemente von $A \cup B$ addiert man zunächst die Anzahl der Elemente von A und von B (Inklusion) und subtrahiert danach jene Elemente, die man einmal zuviel aufgenommen hat (Exklusion). Man kann dieses Prinzip folgendermaßen exakt

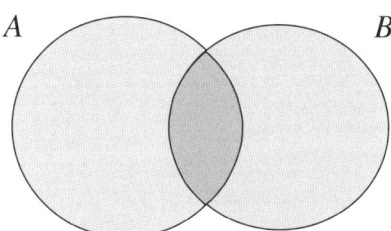

Abbildung 2.1 Vereinigung von zwei Mengen A und B

fassen (siehe Abb. 2.1):

$$|A \cup B| = |A \setminus B| + |A \cap B| + |B \setminus A|$$
$$= |A \setminus B| + |A \cap B| + |B \setminus A| + |A \cap B| - |A \cap B|$$
$$= |A| + |B| - |A \cap B|.$$

Die Situation wird bei drei Mengen etwas aufwändiger. Jedenfalls erhält man (nach einer kleinen Rechnung)

$$|A \cup B \cup C| = |A| + |B| + |C| - |A \cap B| - |A \cap C| - |B \cap C| + |A \cap B \cap C|.$$

Es zeigt sich schon, wie das **Inklusions-Exklusions-Prinzip** im allgemeinen aussehen wird. Tatsächlich gilt der folgende Satz.

Satz 2.6 (Inklusions-Exklusions-Prinzip oder Siebformel) *Es seien $A_1, A_2, \ldots, A_n$ endliche Mengen. Dann gilt*

$$\left| \bigcup_{i=1}^{n} A_i \right| = |A_1 \cup A_2 \cup \cdots \cup A_n|$$

$$= \sum_{i=1}^{n} |A_i| - \sum_{1 \le i < j \le n} |A_i \cap A_j| + \sum_{1 \le i < j < k \le n} |A_i \cap A_j \cap A_k|$$

$$\mp \cdots + (-1)^{n-1} |A_1 \cap A_2 \cap \cdots \cap A_n|$$

$$= \sum_{\emptyset \ne I \subseteq \{1,2,\ldots,n\}} (-1)^{|I|-1} \left| \bigcap_{i \in I} A_i \right|.$$

Beweis. Man benützt das Beweisprinzip der vollständigen Induktion. Die Siebformel ist (wie bereits bemerkt) für $n = 1$ und $n = 2$ (und auch für $n = 3$) richtig. Man nehme nun an, sie sei für ein $n \ge 2$ richtig, dann folgt

$$\left| \bigcup_{i=1}^{n+1} A_i \right| = \left| \bigcup_{i=1}^{n} A_i \cup A_{n+1} \right|$$

$$= \left| \bigcup_{i=1}^{n} A_i \right| + |A_{n+1}| - \left| \bigcup_{i=1}^{n} A_i \cap A_{n+1} \right|$$

$$= \sum_{\emptyset \ne I \subseteq \{1,2,\ldots,n\}} (-1)^{|I|-1} \left| \bigcap_{i \in I} A_i \right| + |A_{n+1}| - \sum_{\emptyset \ne I \subseteq \{1,2,\ldots,n\}} (-1)^{|I|-1} \left| \bigcap_{i \in I} A_i \cap A_{n+1} \right|$$

$$= \sum_{\emptyset \ne J \subseteq \{1,2,\ldots,n+1\}} (-1)^{|J|-1} \left| \bigcap_{j \in J} A_j \right|.$$

$\square$

Für die Anwendungen ist folgende Variante des Inklusions-Exklusions-Prinzips auch von Interesse. Wir setzen jetzt voraus, dass alle Mengen A_i in einem „Universum" E enthalten sind.[1] Dann gilt für das Komplement von $A_1 \cup A_2 \cup \cdots \cup A_n$

$$\left| \bigcap_{i=1}^n A_i' \right| = \left| \left(\bigcup_{i=1}^n A_i \right)' \right| = |E| - \left| \bigcup_{i=1}^n A_i \right|$$

$$= |E| - \sum_{\emptyset \neq I \subseteq \{1,2,\dots,n\}} (-1)^{|I|-1} \left| \bigcap_{i \in I} A_i \right|$$

$$= \sum_{I \subseteq \{1,2,\dots,n\}} (-1)^{|I|} \left| \bigcap_{i \in I} A_i \right|,$$

wobei der leere Durchschnitt als $\{x \in E \mid \forall i \in \emptyset : x \in A_i\} = E$ gedeutet wird. Zum Beispiel ergibt sich für $n = 2$:

$$|A' \cap B'| = |E| - |A| - |B| + |A \cap B|.$$

Beispiel 2.7 Es ist die Anzahl aller Wörter der Länge 4 aus den Buchstaben $\{a, b, c, d, e\}$ gesucht, welche mindestens ein a, b und ein c enthalten.

Wir bezeichnen mit W die Menge aller Wörter der Länge 4, welche aus den Buchstaben $\{a, b, c, d, e\}$ bestehen. Weiters bezeichnen wir mit W_a die Menge aller Wörter in W ohne den Buchstaben a und entsprechend W_b und W_c. Die Menge der Wörter in W, welche mindestens ein a, b und ein c enthalten, ist nun $W_a' \cap W_b' \cap W_c'$. Die gesuchte Anzahl ist nach der modifizierten Variante des Inklusions-Exklusions-Prinzips

$$|W_a' \cap W_b' \cap W_c'| = |W| - |W_a| - |W_b| - |W_c|$$
$$+ |W_a \cap W_b| + |W_a \cap W_c| + |W_b \cap W_c| - |W_a \cap W_b \cap W_c|.$$

Aus der Produktregel folgt unmittelbar $|W| = 5^4$ und in analoger Weise $|W_a| = |W_b| = |W_c| = 4^4$, $|W_a \cap W_b| = |W_a \cap W_c| = |W_b \cap W_c| = 3^4$ und $|W_a \cap W_b \cap W_c| = 2^4$. Es gibt daher

$$5^4 - 3 \cdot 4^4 + 3 \cdot 3^4 - 2^4 = 84$$

gesuchte Wörter.   △

Beispiel 2.8 Ein bekanntes Denksportproblem beschäftigt sich mit folgender Frage. Eine Gruppe von Personen besucht ein Konzert, und jede Person gibt ihren Schirm an der Kasse ab. Nach dem Konzert bekommt jede Person zufällig irgendeinen Schirm zurück. Die Frage ist, wie groß ist die Wahrscheinlichkeit, dass kein einziger Konzertbesucher seinen eigenen Schirm zurück bekommt. Man würde erwarten, dass diese Wahrscheinlichkeit bei einer sehr großen Personenzahl immer geringer wird. Tatsächlich stellt sich heraus, dass dann in etwa $37\,\%$ aller möglichen Fälle keiner seinen eigenen Schirm zurück erhält.

Mathematisch gefasst ist die Frage etwas anders zu formulieren. Es geht um das Problem, wie viele Permutationen von n Elementen es gibt, so dass kein Element an seiner ursprünglichen Position steht. Man spricht auch von fixpunktfreien Permutationen.

Es bezeichne nun P die Menge aller Permutationen von n Elementen $\{1, 2, \dots, n\}$ und P_j $(1 \leq j \leq n)$ die Menge der Permutationen aus P, wo das Element j (aber nicht unbedingt nur dieses) wieder an dieselbe Stelle kommt. Folglich ist $|P| = n!$ und $|P_j| = (n-1)!$.

---

[1]Wie in diesem Zusammenhang üblich, bezeichnet A' hier das Komplement $E \setminus A$.

Die fixpunktfreien Permutationen sind jetzt genau jene, wo 1 nicht auf 1, 2 nicht auf 2 gesetzt wird etc., also genau die Menge

$$P'_1 \cap P'_2 \cap \cdots \cap P'_n.$$

Für die Anzahlbestimmung verwenden wir das Inklusions-Exklusions-Prinzip. Dafür müssen wir Durchschnitte der Mengen P_j betrachten. Ist $I \subseteq \{1, 2, \ldots, n\}$ so beschreibt $\bigcap_{i \in I} P_i$ gerade jene Permutationen, wo die Elemente aus I sicher fest gehalten werden. Die anderen $n - |I|$ Elemente können aber beliebig umgeordnet werden. Daher gilt

$$\left| \bigcap_{i \in I} P_i \right| = (n - |I|)!.$$

Daraus folgt direkt

$$
\begin{aligned}
|P'_1 \cap P'_2 \cap \cdots \cap P'_n| &= \sum_{I \subseteq \{1,2,\ldots,n\}} (-1)^{|I|} \left| \bigcap_{i \in I} P_i \right| \\
&= \sum_{k=0}^{n} (-1)^k \binom{n}{k} (n-k)! \\
&= n! \sum_{k=0}^{n} \frac{(-1)^k}{k!}.
\end{aligned}
$$

Schließlich beachte man, dass $\sum_{k=0}^{n} \frac{(-1)^k}{k!}$ die Partialsumme der unendlichen Reihe

$$\sum_{k=0}^{\infty} \frac{(-1)^k}{k!} = e^{-1} = \frac{1}{e} = 0.367879 \ldots$$

ist (siehe Abschnitt 4.4). Daher gilt für entsprechend große n

$$|P'_1 \cap P'_2 \cap \cdots \cap P'_n| \approx \frac{n!}{e} \approx 0.37 \cdot n!$$

Anders ausgedrückt bedeutet dies, dass – wie bereits angedeutet – ungefähr 37 % aller Permutationen fixpunktfrei sind, also weit mehr, als man erwarten würde.   △

Beispiel 2.9 In Abschnitt 1.2 wurde bereits die Euler'sche φ-Funktion

$$\varphi(m) = |\{a \in \mathbb{Z} \mid 1 \leq a \leq m, \ \mathrm{ggT}(a, m) = 1\}|$$

kurz besprochen. Insbesondere gibt es eine einfache Berechnungsformel (siehe Satz 1.34). Ist $m = p_1^{e_1} \cdots p_r^{e_r}$ die Primfaktorenzerlegung von m (d.h. die $p_j \in \mathbb{P}$ sind paarweise verschieden und $e_j > 0$), dann gilt

$$
\begin{aligned}
\varphi(m) &= m \cdot \left(1 - \frac{1}{p_1}\right) \cdot \ldots \cdot \left(1 - \frac{1}{p_r}\right) \\
&= m - \sum_{j=1}^{r} \frac{m}{p_j} + \sum_{1 \leq j_1 < j_2 \leq r} \frac{m}{p_{j_1} p_{j_2}} \mp \cdots + (-1)^r \frac{m}{p_1 p_2 \cdots p_r}.
\end{aligned}
\tag{2.9}
$$

Diese Formel kann leicht mit Hilfe des Inklusions-Exklusions-Prinzips bewiesen werden.

Sei $E = \{1, 2, \ldots, m\}$, und für $1 \leq j \leq r$ bezeichne A_j die Menge jener Zahlen in E, die durch p_j teilbar sind. Offensichtlich gilt $|A_j| = m/p_j$ (man beachte, dass m durch p_j teilbar ist). Ist weiters I eine Teilmenge von $\{1, 2, \ldots, r\}$, so besteht $\bigcap_{j \in I} A_j$ genau aus jenen Zahlen in E, die durch alle p_j, $j \in I$ und damit (da alle p_j paarweise verschieden sind) auch durch das Produkt $\prod_{j \in I} p_j$ teilbar sind. Also gilt

$$\left| \bigcap_{j \in I} A_j \right| = \frac{m}{\prod_{j \in I} p_j}.$$

Wendet man das Inklusions-Exklusions-Prinzip auf $\varphi(m) = \left| \bigcap_{j=1}^{r} A_j' \right|$ an, so erhält man direkt die Darstellung (2.9). $\triangle$

2.2 Graphentheorie

Die Graphentheorie hat sich in den letzten Jahrzehnten zu einem außerordentlich wichtigen Anwendungsgebiet der Mathematik, insbesondere in der Informatik, entwickelt. Graphen modellieren u.a. Netzwerke verschiedenster Art, aber auch Datenstrukturen. Daher spielen auch Algorithmen auf Graphen eine große Rolle. Im Folgenden geben wir eine kurze Einführung in die grundlegenden Konzepte und Anwendungen der Graphentheorie.

1. Grundlegende graphentheoretische Begriffsbildungen

Definition 2.10 Ein **Graph** $G = (V, E)$ besteht aus einer endlichen Knotenmenge $V = V(G)$ und einer endlichen Kantenmenge $E = E(G)$.[a] Dabei ist eine **Kante** $e \in E(G)$ entweder **gerichtet**, d.h. ein geordnetes Paar $e = (v_1, v_2)$ von zwei **Knoten** $v_1, v_2 \in V(G)$, oder **ungerichtet**, d.h. ein ungeordnetes Paar $e = \{v_1, v_2\} = v_1 v_2$ von zwei Knoten $v_1, v_2 \in V(G)$. Im gerichteten Fall heißt v_1 **Anfangsknoten** und v_2 **Endknoten** von e.

Sind alle Kanten $e \in E(G)$ gerichtet, so spricht man von einem **gerichteten Graphen**, sind hingegen alle Kanten $e \in E(G)$ ungerichtet, so heißt G **ungerichteter Graph**.

---

[a]Es können auch Graphen mit unendlicher Knoten- bzw. unendlicher Kantenmenge betrachtet werden.

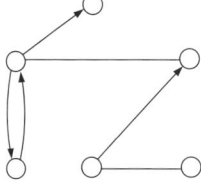

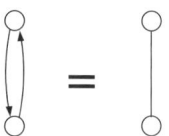

Abbildung 2.2 Beispiel eines Graphen mit gerichteten und ungerichteten Kanten

Abbildung 2.3 Interpretation einer ungerichteten Kante als Paar gerichteter Kanten

In Definition 2.10 sind auch Kanten der Form (v, v) (bzw. $\{v, v\} = \{v\} = vv$) zugelassen. So eine Kante heißt **Schlinge**. In vielen Zusammenhängen ist es sinnvoll, eine ungerichtete Kante $e = \{v_1, v_2\}$ als Zusammenfassung zweier gerichteter Kanten, also $e = \{(v_1, v_2), (v_2, v_1)\}$ zu sehen (vgl. Abb. 2.3).

Ein Graph ist übrigens eine alternative Beschreibung einer binären Relation auf einer Menge V. Dabei beschreibt ein gerichteter Graph eine allgemeine Relation und ein ungerichteter Graph eine symmetrische Relation.

Sind zwei Knoten v, w eines Graphen durch eine Kante verbunden, so heißen v und w auch **adjazent**. Weiters **inzidieren** Knoten v, w mit einer Kante, die sie verbindet. Die Anzahl der Knoten eines Graphen G wird auch mit $\alpha_0(G) = |V(G)|$ und die Anzahl der Kanten mit $\alpha_1(G) = |E(G)|$ bezeichnet.

Es ist auch möglich, Graphen mit **Mehrfachkanten** zu betrachten. Hier kann man aber Kanten nicht mehr mit Paaren von Knoten identifizieren. Einer allgemeinen Kante e werden zwei Knoten v_1, v_2 zugeordnet, die als Anfangs- bzw. Endknoten interpretiert werden können. Zwei verschiedene Kanten können daher (in diesem Rahmen) durchaus dieselben Anfangs- und Endknoten besitzen.

Definition 2.11 Ein Graph $G = (V, E)$ heißt **schlicht** oder **einfach**, wenn G keine Schlingen und keine Mehrfachkanten enthält.

Definition 2.12 In einem schlichten ungerichteten Graphen G heißen die zu $v \in V(G)$ adjazenten Knoten

$$\Gamma(v) = \{w \in V(G) \,|\, vw \in E(G)\}$$

Nachbarn von v. Die Anzahl

$$d(v) = |\Gamma(v)| = |\{w \in V(G) \,|\, vw \in E(G)\}|$$

der Nachbarn von $v \in V(G)$ ist der **Knotengrad** von $v \in V(G)$.

In einem gerichteten Graphen G heißen die Elemente von

$$\Gamma^+(v) = \{w \in V(G) \,|\, (v, w) \in E(G)\}$$

Nachfolger des Knotens $v \in V(G)$ und

$$\Gamma^-(v) = \{w \in V(G) \,|\, (w, v) \in E(G)\}$$

Vorgänger von $v \in V(G)$. $\Gamma(v) = \Gamma^+(v) \cup \Gamma^-(v)$ bilden die Nachbarn von $v \in V(G)$. Die Anzahl

$$d^+(v) = |\Gamma^+(v)| = |\{w \in V(G) \,|\, (v, w) \in E(G)\}|$$

der Nachfolger von $v \in V(G)$ ist der **Weggrad** von v, also die Anzahl der Kanten, die von v wegführen. Die Anzahl

$$d^-(v) = |\{w \in V(G) \,|\, (w, v) \in E(G)\}|$$

der Vorgänger von $v \in V(G)$ ist der **Hingrad** von v, also die Anzahl der Kanten, die zu v hinführen.

Man beachte, dass bei gerichteten Graphen in dieser Definition Schlingen zugelassen sind.

Lässt man auch im ungerichteten Fall Schlingen zu, so müssen diese bei der Gradberechnung doppelt gezählt werden.

Satz 2.13 (Handschlaglemma) *In einem schlichten ungerichteten Graphen G gilt*

$$\sum_{v \in V(G)} d(v) = 2\,|E(G)|.$$

In einem gerichteten Graphen G gilt hingegen

$$\sum_{v \in V(G)} d^+(v) = \sum_{v \in V(G)} d^-(v) = |E(G)|.$$

Beweis. In einem schlichten ungerichteten Graphen verbindet jede Kante genau zwei verschiedene Knoten. Denkt man sich alle Kanten in der Mitte „aufgeschnitten", so zerfällt der Graph in lauter „Sterne", wobei die Anzahl der „Halbkanten", die mit einem Knoten verbunden sind, genau dem Grad des jeweiligen Knotens entspricht. Bildet man daher die Summe über alle Knotengrade, so wird jede Kante zweimal gezählt.

Bildet man hingegen bei einem gerichteten Graphen die Summe über alle Weggrade, so zählt man jede Kante genau einmal. Entsprechendes gilt für die Hingrade. □

Definition 2.14 Ein Graph $G' = (V', E')$ heißt **Teilgraph** eines Graphen $G = (V, E)$ wenn $V' \subseteq V$ und $E' \subseteq E$ gelten.

Ein Teilgraph $G' = (V', E')$ eines Graphen $G = (V, E)$ heißt **induzierter Teilgraph**, wenn E' alle Kanten aus E enthält, für die Anfangs- und Endknoten in V' liegen, d.h., E' muss nicht extra angegeben werden, sondern wird durch Vorgabe von G und V' induziert.

Definition 2.15 Eine Folge von Kanten $e_1, e_2, \ldots, e_k \in E(G)$ eines ungerichteten Graphen G heißt **Kantenfolge**, wenn es Knoten $v, v_1, v_2, \ldots, v_{k-1}, w \in V(G)$ mit

$$e_1 = vv_1, e_2 = v_1v_2, \ldots, e_{k-1} = v_{k-2}v_{k-1}, e_k = v_{k-1}w$$

gibt, d.h., man kann die Kanten $e_1, e_2, \ldots, e_k$ „ohne Absetzen" durchlaufen. Man sagt auch, dass die Kantenfolge e_j $(1 \leq j \leq k)$ die Knoten v und w verbindet. Die Anzahl k der Kanten ist die **Länge** der Kantenfolge. Eine Kantenfolge der Länge 0 besteht aus keiner Kante und wird als **leere Kantenfolge** bezeichnet. Sie verbindet jeden Knoten mit sich selbst.

Eine Folge von Kanten $e_1, e_2, \ldots, e_k \in E(G)$ eines gerichteten Graphen G heißt **Kantenfolge**, wenn für je zwei aufeinander folgende Kanten e_j, e_{j+1} $(1 \leq j < k)$ der Endknoten von e_j mit dem Anfangsknoten von e_{j+1} übereinstimmt, d.h., es gibt Knoten $v, v_1, v_2, \ldots, v_{k-1}, w$ mit

$$e_1 = (v, v_1), e_2 = (v_1, v_2), \ldots, e_{k-1} = (v_{k-2}, v_{k-1}), e_k = (v_{k-1}, w).$$

Wiederum spricht man von einer Kantenfolge, die die Knoten v und w verbindet, v ist der Anfangsknoten und w der Endknoten. Ebenso ist k die Länge der Kantenfolge.

Ein Knoten w ist von einem Knoten v aus **erreichbar**, wenn es eine Kantenfolge gibt, die v mit w verbindet.

Eine Kantenfolge $e_1, e_2, \ldots, e_k \in E(G)$ in einem Graphen G heißt **Kantenzug**, wenn alle Kanten e_j $(1 \leq j \leq k)$ voneinander verschieden sind.

Eine Kantenfolge $e_1, e_2, \ldots, e_k \in E(G)$ in einem Graphen G heißt **Weg** (in einem ungerichteten Graphen) bzw. **Bahn** (in einem gerichteten Graphen), wenn alle Knoten, die durch die Kantenfolge $e_1, e_2, \ldots, e_k$ durchlaufen werden, voneinander verschieden sind.

Eine Kantenfolge, die einen Knoten $v \in V(G)$ mit sich selbst verbindet, heißt **geschlossen**. Eine geschlossene Kantenfolge in einem ungerichteten Graphen heißt **Kreis**, wenn alle Knoten dieser Kantenfolge mit Ausnahme von v, der gleichzeitig Anfangs- und Endknoten ist, voneinander verschieden sind und keine Kante mehrfach vorkommt. (Der Zusatz, dass keine Kante mehrfach vorkommt, ist nur notwendig, um die Kantenfolge $e_1 = vv_1, e_2 = v_1v$ auszuschließen.) Eine geschlossene Kantenfolge in einem gerichteten Graphen heißt **Zyklus**, wenn alle Knoten dieser Kantenfolge mit Ausnahme von v voneinander verschieden sind.

Die folgenden beiden Sätze geben einfache Zusammenhänge zwischen Wegen (bzw. Bahnen) und Kantenfolgen wieder (die Beweise sind einfach und werden als Übungsaufgaben 2.14 und 2.15 empfohlen).

Satz 2.16 *Werden in einem Graphen G zwei verschiedene Knoten v, w durch eine Kantenfolge verbunden, so gibt es auch einen Weg (bzw. eine Bahn), der (die) v mit w verbindet und nur Kanten aus der ursprünglichen Kantenfolge enthält.*

Satz 2.17 *Gibt es in einem ungerichteten Graphen G zwei verschiedene Knoten v, w und zwei verschiedene Wege, die diese Knoten verbinden, dann gibt es einen Kreis positiver Länge, der nur Kanten aus diesen beiden Wegen enthält.*

Gibt es in einem gerichteten Graphen G eine geschlossene Kantenfolge positiver Länge, so gibt es auch einen Zyklus positiver Länge, der nur Kanten aus der ursprünglichen geschlossenen Kantenfolge enthält.

Für die folgende Definition verwenden wir bereits den Begriff einer quadratischen Matrix, also eines quadratischen Schemas A aus n Spalten und Zeilen mit Eintragungen a_{ij} in der i-ten Zeile und j-ten Spalte (vergleiche mit Kapitel 3).

Definition 2.18 Sei G ein Graph mit Knotenmenge $V(G) = \{v_1, v_2, \ldots, v_n\}$. Die **Adjazenzmatrix** $A(G) = (a_{ij})$ ist eine quadratische $n \times n$-Matrix mit

$$a_{ij} = \begin{cases} 1 & \text{für } (v_i, v_j) \in E(G) \text{ bzw. } v_i v_j \in E(G), \\ 0 & \text{sonst.} \end{cases}$$

Man beachte, dass die Adjazenzmatrix eines ungerichteten Graphen immer symmetrisch ist, also $a_{ij} = a_{ji}$. Schlingen äußern sich in der Adjazenzmatrix durch Einträge $a_{ii} = 1$ in der Diagonalen. Schlichte ungerichtete Graphen haben daher eine symmetrische Adjazenzmatrix mit verschwindender Diagonale $a_{ii} = 0$. Es ist auch sinnvoll, Graphen mit Mehrfachkanten eine Adjazenzmatrix zuzuordnen, wo a_{ij} die Anzahl der Kanten von v_i nach v_j bezeichnet.

Beispiel 2.19 Die Adjazenzmatrix des Graphen (mit Schlinge) aus Abb. 2.4 ist

$$A(G) = \begin{pmatrix} 1 & 1 & 0 \\ 1 & 0 & 1 \\ 0 & 1 & 0 \end{pmatrix}.$$

$\triangle$

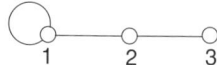

Abbildung 2.4 Beispiel eines ungerichteten Graphen mit Schlinge

Mit Hilfe der Adjazenzmatrix $A(G)$ eines Graphen lassen sich die Knotengrade ablesen. Ist G schlicht und ungerichtet, so gilt

$$d(v_i) = \sum_{j=1}^{n} a_{ij} = \sum_{j=1}^{n} a_{ji}.$$

Ist G gerichtet, so gilt entsprechend

$$d^+(v_i) = \sum_{j=1}^{n} a_{ij} \quad \text{und} \quad d^-(v_i) = \sum_{j=1}^{n} a_{ji}.$$

Weiters kann mit Hilfe der Potenzen der Adjazenzmatrix (vergleiche mit Definition 3.22) die Erreichbarkeit beschrieben werden. Ist nämlich $a_{ij}^{[k]}$ die Anzahl der Kantenfolgen der Länge k von v_i nach v_j, so ist (siehe Übungsaufgabe 3.13)

$$A(G)^k = (a_{ij}^{[k]}),$$

d.h., ist das (i,j)-te Element der k-ten Potenz von $A(G)$ positiv, so gibt es eine Kantenfolge von v_i nach v_j. In diesem Fall folgt nach Satz 2.16, dass es auch einen Weg (bzw. eine Bahn) von v_i nach v_j gibt. Die Länge eines Weges (bzw. einer Bahn) kann aber nicht länger als $|E|$ bzw. $|V| - 1$ sein. Berechnet man also

$$C = (c_{ij}) = \sum_{k=0}^{m} A(G)^k \quad \text{mit} \quad m = \min\{|E(G)|, |V(G)| - 1\},$$

so ist v_j von v_i genau dann erreichbar, wenn $c_{ij} > 0$ ist.

Definition 2.20 Ein ungerichteter Graph G heißt **zusammenhängend**, wenn es zwischen je zwei Knoten $v, w \in V(G)$ eine Kantenfolge von v nach w gibt. Die maximalen zusammenhängenden Teilgraphen eines ungerichteten Graphen G heißen **(Zusammenhangs-) Komponenten** von G.

Ein Graph G ist daher genau dann zusammenhängend, wenn er nur aus einer Zusammenhangskomponente besteht.

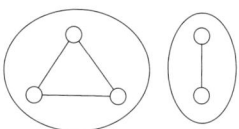

Abbildung 2.5 Zusammenhangskomponenten eines ungerichteten Graphen

Definition 2.21 Ein gerichteter Graph G heißt **stark zusammenhängend**, wenn für je zwei verschiedene Knoten $v, w \in V(G)$ eine (gerichtete) Kantenfolge von v nach w existiert. Ein gerichteter Graph G heißt **schwach zusammenhängend**, wenn für je zwei verschiedene Knoten $v, w \in V(G)$ eine Folge von Kanten existiert, die bei Missachtung der Richtung der Kanten v und w verbindet.

Die maximalen stark zusammenhängenden Teilgraphen eines gerichteten Graphen G heißen **starke Zusammenhangskomponenten** oder **Komponenten des starken Zusammenhangs** von G. Entsprechend heißen die maximalen schwach zusammenhängenden Teilgraphen eines gerichteten Graphen G **schwache Zusammenhangskomponenten** oder **Komponenten des schwachen Zusammenhangs** von G.

Abbildung 2.6 Stark zusammenhängender Graph und ein schwach (aber nicht stark) zusammenhängender Graph

Mit Hilfe der Potenzen $A(G)^k$ der Adjazenzmatrix $A(G)$ kann man – wie oben ausgeführt wurde – berechnen, wieviele verschiedenen Kantenfolgen (der Länge k) es zwischen zwei Knoten eines Graphen G gibt. Bei Kantenfolgen dürfen aber Kanten mehrfach verwendet werden. Ein anderes Problem ist es, die Anzahl der verschiedenen Wege zwischen zwei Knoten zu bestimmen, oder noch mehr, die maximale Anzahl von kantendisjunkten Wegen zwischen zwei Knoten zu bestimmen. Die Antwort auf diese Frage wird vom **Satz von Menger** gelöst.

Satz 2.22 *Sei G ein ungerichteter Graph und v, w zwei verschiedene Knoten. Dann ist die maximale Anzahl von kantendisjunkten Wegen, die v und w verbinden gleich der minimalen Anzahl von Kanten, die man aus G entfernen muss, um v und w in G zu trennen.*

Der Satz von Menger hat viele Verallgemeinerungen (z.B. für Teilmengen oder für Knoten), insbesondere auch den Satz von Ford-Fulkerson über den maximalen Fluss in einem Graphen (Max-Flow-Min-Cut-Theorem).

2. Bäume, Wälder und azyklische Graphen

Definition 2.23 Ein schlichter ungerichteter Graph W, der keine Kreise positiver Länge enthält, heißt **Wald**. Ein Wald T, der auch zusammenhängend ist, heißt **Baum**.

Offensichtlich sind die Zusammenhangskomponenten eines Waldes Bäume. Man beachte, dass es in einem Baum T zu je zwei Knoten v, w genau einen Weg von v nach w gibt. Da T zusammenhängend ist, muss es einen Weg von v nach w geben. Gäbe es aber einen weiteren Weg, so müsste es (wegen Satz 2.17) auch einen Kreis positiver Länge geben, was aber definitionsgemäß ausgeschlossen ist. Die Länge dieses Weges bezeichnet man als den **Abstand** $d_T(v, w)$ zwischen den Knoten v und w.

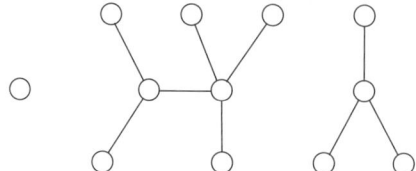

Abbildung 2.7 Beispiel eines Waldes

Satz 2.24 *Für einen Baum T gilt*

$$\alpha_0(T) = \alpha_1(T) + 1. \tag{2.10}$$

Entsprechend gilt für einen Wald W mit k Komponenten

$$\alpha_0(W) = \alpha_1(W) + k. \tag{2.11}$$

Beweis. Es genügt, die Beziehung (2.10) für einen Baum zu zeigen. Bei einem Wald gilt (2.10) dann für jede der k Komponenten, und (2.11) folgt durch Summation.

Der Nachweis von (2.10) erfolgt nun mit vollständiger Induktion über die Anzahl $n = \alpha_0(T)$ der Knoten von T. Offensichtlich gilt (2.10) für $n = 1$. Man nehme nun an, dass (2.10) für alle Bäume mit n Knoten gilt. Ist nun T ein Baum mit $\alpha_0(T) = n + 1$ Knoten, so hat T sicher einen Knoten v mit Knotengrad $d(v) = 1$, einen so genannten „Endknoten" (vergleiche mit Übungsaufgabe 2.24). Entfernt man diesen Knoten v gemeinsam mit der einzigen Kante, die von v wegführt, so erhält man wieder einen Baum T' mit $\alpha_0(T') = \alpha_0(T) - 1 = n$ und $\alpha_1(T') = \alpha_1(T) - 1$. (Man beachte, dass T' wieder zusammenhängend ist.) Aus der Induktionsvoraussetzung folgt $\alpha_0(T') = \alpha_1(T') + 1$ und damit $\alpha_0(T) = \alpha_0(T') + 1 = \alpha_1(T') + 2 = \alpha_1(T) + 1$. □

Zeichnet man in einem Baum einen Knoten $w \in V(T)$ als so genannte **Wurzel** aus, so kann man sich die Struktur eines Baumes sehr einfach verdeutlichen. Platziert man in einer graphischen Darstellung die Nachbarn von w oberhalb von w und deren Nachbarn (mit der Ausnahme w) wieder darüber, usw., so entsteht tatsächlich ein Bild, das einem „Baum" ähnelt (vergleiche mit Abb. 2.8). Man beachte, dass hier tatsächlich von jedem Knoten in neue Knoten verzweigt wird, da ein Baum definitionsgemäß kreisfrei ist. Manchmal wird ein Wurzelbaum auch als gerichteter Graph interpretiert, in dem alle Kanten von der Wurzel weg gerichtet sind.

Wurzelbäume spielen in der Informatik eine große Rolle. So bilden z.B. die Ordner auf der Festplatte in einem Computer einen Wurzelbaum. Man unterscheidet in Wurzelbäumen zwischen **externen Knoten** (die auch **Blätter** oder **Endknoten** genannt werden), das sind Knoten vom Knotengrad 1, und **internen Knoten**. (Die Wurzel betrachtet man als externen Knoten, wenn sie Grad 0 hat, sonst zählt sie zu den internen Knoten.) Diese Unterscheidung ist insbesondere bei so genannten **Binärbäumen** von Bedeutung, die z.B. als Datenstrukturen (binäre oder digitale Suchbäume, TRIES etc.) auftreten. Bei Binärbäumen haben alle Knoten (mit Ausnahme der Wurzel) Knotengrad 1 oder 3, die Wurzel hat Knotengrad 2 (bzw. 0, wenn der Baum nur aus der Wurzel besteht). Ein interner Knoten v hat daher Knotengrad 3, jener Nachbarknoten, der auf der Verbindung zur Wurzel liegt, heißt **Vorgänger** von v, und die beiden anderen Nachbarknoten heißen **Nachfolger** von v, wobei die „Links-Rechts-Reihenfolge" der beiden

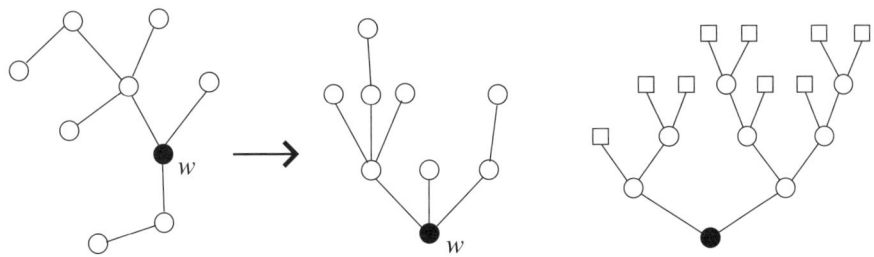

Abbildung 2.8 Wurzelbaum und Binärbaum

Nachfolger eine Rolle spielt; vergleiche auch mit Abb. 2.8, wo die externen Knoten eines Binärbaums durch □ und die internen Knoten durch ○ dargestellt werden.

Verlangt man bei gerichteten Graphen, dass es keine Zyklen (positiver Länge) gibt, so führt dies zu so genannten azyklischen Graphen:

Definition 2.25 Ein gerichteter Graph $G = (V, E)$ heißt **azyklisch** wenn er keine Zyklen positiver Länge enthält.

Wie das Beispiel in Abbildung 2.9 zeigt, unterscheiden sich azyklische Graphen deutlich von Bäumen oder Wäldern. Allerdings ist es sehr leicht, algorithmisch zu entscheiden, ob ein azy-

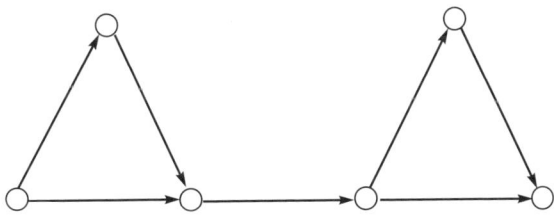

Abbildung 2.9 Azyklischer Graph

klischer Graph vorliegt oder nicht. Der Grund dafür ist die folgende Eigenschaft:

Satz 2.26 *Jeder azyklische Graph G besitzt einen Knoten $v \in V(G)$ mit Weggrad $d^+(v) = 0$ (und entsprechend auch einen Knoten $w \in V(G)$ mit Hingrad $d^-(w) = 0$).*

Beweis. In einem ayzklischen Graphen ist jede (gerichtete) Kantenfolge eine beschränkte Länge. Dann wenn eine Kantenfolge immer wieder verlängert werden könnte, würde man irgendwann einen Knoten ein zweites Mal erreichen und erhielte eine Zyklus. Es gibt daher eine Kantenfolge maximaler Länge. Der Endknoten v dieser Kantenfolge muss dann Weggrad $d^+(v) = 0$ haben, entsprechend der Anfangsknoten w Hingrad $d^-(w) = 0$. □

Findet man beispielsweise keinen Knoten v mit $d^+(v) = 0$, so ist der Graph sicher nicht asyzklisch. Andernfalls kann man Knoten v mit $d^+(v) = 0$ aus dem Graphen entfernen und erhält einen kleineren Graphen, der genau dann azyklisch ist, wenn der ursprüngliche Graph azyklisch ist. Nun führt man dies iterativ durch. Wenn schließlich alle Knoten entfernt werden, war der ursprüngliche Graph azyklisch, wenn nicht alle Knoten entfernt werden, so liegen all diese auf einem (oder auf mehreren) Zyklus.

Diese Überlegung führt zum folgenden **Markierungsalgorithmus**, der entscheidet, ob ein Graph azyklisch ist oder nicht. Man beachte, dass anstelle des Entfernens die entsprechenden Knoten markiert werden:

1.   (a) Bestimme alle Knoten v mit Weggrad $d^+(v) = 0$ und markiere diese mit $\oplus$.

    (b) Wurde in 1.(a) kein solcher Knoten gefunden, so ist G **nicht azyklisch** $\rightarrow$ **ENDE**.

2.   (a) Sind bereits alle Knoten von G mit $\oplus$ markiert, so ist G **azyklisch** $\rightarrow$ **ENDE**.

    (b) Suche (unmarkierte) Knoten, von denen nur Kanten zu schon markierten führen und markiere diese mit $\oplus$.

3.   (a) Wurde in 2.(b) mindestens ein Knoten markiert, so wiederhole 2.

    (b) Wurde in 2.(b) kein Knoten markiert, so ist G **nicht azyklisch** $\rightarrow$ **ENDE**.

3. Euler'sche und Hamilton'sche Linien

Definition 2.27 Eine Kantenfolge in einem (gerichteten oder ungerichteten) Graphen G heißt **Euler'sche Linie**, wenn sie jeden Knoten und jede Kante enthält, und zwar jede Kante genau einmal. Ein Graph wird als **Euler'scher Graph** bezeichnet, wenn er eine Euler'sche Linie besitzt.

Bei einer **geschlossenen Euler'schen Linie** stimmen Anfangs- und Endknoten überein, bei einer **offenen Euler'schen Linie** sind sie verschieden.

Grob gesprochen bedeutet die Existenz einer Euler'schen Linie, dass die Kanten von G „in einem Zug" ohne Absetzen gezeichnet werden können. Interessanterweise kann die Existenz einer Euler'schen Linie sehr leicht mit den Knotengraden überprüft werden. Es ist also möglich, durch eine „lokale Bedingung" eine „globale Eigenschaft" zu erhalten.

Satz 2.28 *Ein ungerichteter Graph G besitzt genau dann eine geschlossene Euler'sche Linie, wenn G zusammenhängend ist und alle Knotengrade $d(v)$ ($v \in V(G)$) gerade sind.*

Ein ungerichteter Graph G besitzt genau dann eine offene Euler'sche Linie, wenn G zusammenhängend ist und mit der Ausnahme von zwei Knoten $w_1, w_2 \in V(G)$ mit ungeradem Knotengrad alle übrigen Knotengrade $d(v)$ ($v \in V(G) \setminus \{w_1, w_2\}$) gerade sind.

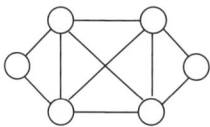 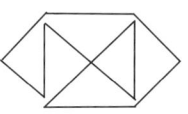

Abbildung 2.10 Ungerichteter Euler'scher Graph und Euler'sche Linie

Satz 2.29 *Ein gerichteter Graph G besitzt genau dann eine geschlossene Euler'sche Linie, wenn G schwach zusammenhängend ist und für alle Knoten $v \in V(G)$ Hin- und Weggrad gleich sind: $d^+(v) = d^-(v)$.*

Ein gerichteter Graph G besitzt genau dann eine offene Euler'sche Linie, wenn G schwach zusammenhängend ist und mit der Ausnahme von zwei Knoten $w_1, w_2 \in V(G)$, für die $d^+(w_1) = d^-(w_1) + 1$ und $d^+(w_2) = d^-(w_2) - 1$ gilt, bei allen übrigen Knoten $v \in V(G) \setminus \{w_1, w_2\}$ Hin- und Weggrad gleich sind: $d^+(v) = d^-(v)$.

Beweis. Wir untersuchen nur einen gerichteten schwach zusammenhängenen Graphen, der die Bedingung $d^+(v) = d^-(v)$ für alle Knoten $v \in V(G)$ erfüllt. Alle anderen Fälle lassen sich auf diesen Fall zurückführen bzw. sind ganz ähnlich zu behandeln.

Wir benützen wieder vollständige Induktion über die Anzahl $m = \alpha_1(G)$ der Kanten. Bei $m = 0$ besteht der Graph nur aus einem Knoten, und eine Euler'sche Linie ist eine leere Kantenfolge. Sei jetzt also G ein gerichteter Graph mit $m \geq 1$ Kanten, und man nehme an, dass der Satz für alle gerichteten Graphen mit weniger als m Kanten gilt. Es ist nun immer möglich, eine nicht-leere geschlossene Kantenfolge zu finden, wo keine Kante mehrfach verwendet wird. Dazu beginnne man in irgendeinem Knoten v_1. Da G schwach zusammenhängend ist, gilt $d^+(v_1) = d^-(v_1) > 0$. Also kann man einen Knoten v_2 mit $(v_1, v_2) \in E(G)$ finden. Da es eine Kante von v_1 nach v_2 gibt, muss es wegen der Bedingung $d^+(v_2) = d^-(v_2)$ auch eine Kante von v_2 zu einem Knoten v_3 geben. Man entfernt nun die Kanten (v_1, v_2) und (v_2, v_3) aus dem Graphen G. Dadurch werden die Knotengrade im Graphen verringert, allerdings bleibt die Balance zwischen Hin- und Weggrad im Knoten v_2 erhalten, da sowohl Hin- als auch Weggrad jeweils um 1 reduziert werden. Ist nun $v_3 \neq v_1$, so verfährt man in derselben Weise weiter. Es gibt sicher einen Knoten v_4 mit einer Kante $(v_3, v_4) \in E(G)$, die wieder entfernt wird. Die Knotengradbedingung sichert, dass man dieses Verfahren fortsetzen kann, solange man in einem Knoten $v \neq v_1$ gelandet ist. Da G endlich ist, muss man aber nach endlich vielen Schritten wieder nach v_1 zurückkehren. Es gibt also, wie behauptet, eine geschlossene Kantenfolge K in G, wo keine Kante mehrfach verwendet wird.

Ist $K = E(G)$, so hat man bereits eine Euler'sche Linie gefunden. Andernfalls betrachte man $G' = G \setminus K$. Dieser Graph ist zwar möglicherweise nicht mehr schwach zusammenhängend, aber auch in G' gilt noch immer die Bedingung $d^+_{G'}(v) = d^-_{G'}(v)$ für alle $v \in V(G')$, da in jedem Knoten beim Entfernen von K sowohl Hin- als auch Weggrad jeweils um denselben Betrag verringert werden. Aus der Induktionsvoraussetzung folgt, dass jede schwache Zusammenhangskomponente G'_j von G' eine geschlossene Euler'sche Linie K_j besitzt. Da $G' \cup K = G$ schwach zusammenhängend ist, muss jedes K_j mit K wenigstens einen Knoten v'_j gemeinsam haben. Es ist daher möglich, die Kantenfolge K im Knoten v'_j zu „unterbrechen" und die geschlossene Kantenfolge K_j „einzuhängen". Führt man dies für alle j durch, so erhält man insgesamt eine Euler'sche Linie von G. $\qquad\square$

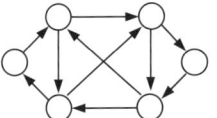 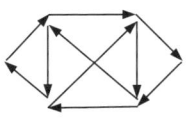

Abbildung 2.11 Gerichteter Euler'scher Graph und Euler'sche Linie

Definition 2.30 Eine Kantenfolge in einem (gerichteten oder ungerichteten) Graphen G heißt **Hamilton'sche Linie**, wenn sie jeden Knoten (mit der möglichen Ausnahme, dass Anfangs- und Endpunkt übereinstimmen) genau einmal enthält. Ein Graph wird als **Hamilton'scher Graph** bezeichnet, wenn er eine Hamilton'sche Linie besitzt.

Bei einer **geschlossenen Hamilton'schen Linie** stimmen Anfangs- und Endknoten überein, bei einer **offenen Hamilton'schen Linie** sind sie verschieden.

Im Gegensatz zu den Euler'schen Linien gibt es (bis heute) noch kein allgemeines Kriterium für die Existenz von Hamilton'schen Linien. Es gibt aber viele Sätze, die hinreichende Bedingungen für die Existenz einer Hamilton'schen Linie angeben. Als Beispiel dafür sei der folgende Satz (ohne Beweis) angegeben.

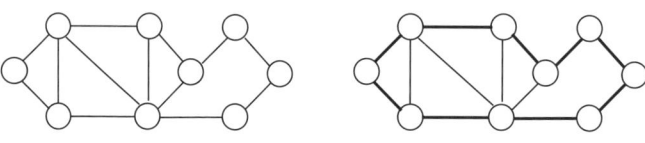

Abbildung 2.12 Hamilton'scher Graph und Hamilton'sche Linie

Satz 2.31 *Sei G ein schlichter ungerichteter Graph mit n Knoten, so dass für alle Knotenpaare $x, y \in V(G)$, die in G nicht durch eine Kante verbunden sind, d.h. $(x, y) \notin E(G)$,*

$$d(x) + d(y) \geq n$$

gilt. Dann gibt es in G eine geschlossene Hamilton'sche Linie.

4. Planare Graphen

Definition 2.32 Ein Graph G heißt **planar** oder **eben**, wenn G kreuzungsfrei in der Ebene $\mathbb{R}^2$ dargestellt werden kann, d.h. die Kurven, die die Kanten repräsentieren, haben außer in jenen Punkten, die die Knoten repräsentieren, keine weiteren Schnittpunkte.

Beispielsweise ist der vollständige Graph K_4 (der aus 4 Knoten und allen möglichen ungerichteten Kanten zwischen diesen Knoten besteht) planar, wie die Abbildung 2.13 zeigt. Die kreuzungsfreie Darstellung eines Graphen G zerlegt die Ebene in eine endliche Anzahl von Gebieten. Es stellt sich heraus, daß diese Anzahl unabhängig davon ist, wie man G in der Ebene kreuzungsfrei repräsentiert. Man bezeichnet diese Anzahl durch $\alpha_2(G)$.

Satz 2.33 (Eulersche Polyederformel) *Für einen zusammenhängenden planaren Graphen G gilt*

$$\alpha_0(G) - \alpha_1(G) + \alpha_2(G) = 2. \tag{2.12}$$

Beweis. Man überlegt sich leicht, dass jeder zusammenhängende planare Graph dadurch erzeugt werden kann, dass ausgehend von einem Baum weitere Kanten eingefügt werden. Offensichtlich ist die Formel (2.12) für eine Baum T richtig, es gilt ja $\alpha_0(T) = \alpha_1(T) + 1$ und $\alpha_2(T) = 1$. Durch Einfügen einer Kante wird in jedem Schritt jeweils α_1 als auch α_2 um eins erhöht. Daher bleibt (2.12) immer erfüllt. $\qquad\square$

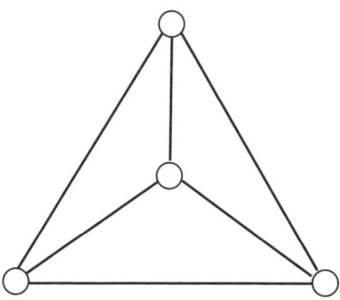

Abbildung 2.13 Der Graph K_4 ist planar

Durch Projektion eines konvexen Polyeders P (Durchschnitt von endlich vielen Halbräumen im $\mathbb{R}^3$) auf eine im Inneren des Polyeders liegende Kugel erhält man auf der Kugeloberfäche eine kreuzungsfreie Darstellung eines Graphen G, der dieselbe Anzahl von Knoten, Kanten und Gebieten hat wie das Polyeder Eckpunkte, Kanten und Flächen. Projiziert man nun die Kugeloberfläche mittels stereographischer Projektion auf die Ebene (wobei als *Nordpol* weder ein Knotenpunkt noch ein Punkt einer Kante des Graphen auf der Kugeloberfläche verwendet werden darf) so wird die kreuzungsfreie Darstellung des Graphen G auf der Kugeloberfläche auf eine kreuzungsfreie Darstellung von G in der Ebene projiziert. Natürlich bleibt auch bei dieser Projektion die Anzahl der Knoten, Kanten und Gebiete gleich. Daher gilt auch

$$\alpha_0(P) - \alpha_1(P) + \alpha_2(P) = 2,$$

wobei $\alpha_0(P)$ die Anzahl der Eckpunkte, $\alpha_1(P)$ die Anzahl der Kanten und $\alpha_2(P)$ die Anzahl der Flächen des Polyeders P bezeichnen.

Aus der eben geführten Überlegung ergibt sich auch die folgende Eigenschaft.

Satz 2.34 *Ein Graph läßt sich genau dann kreuzungsfrei in der Ebene darstellen, wenn er kreuzungsfrei auf einer Kugeloberfläche darstellbar ist.*

Es sind nicht alle Graphen planar. Beispielsweise sind der vollständige Graph K_5 und der vollständige bipartite Graph $K_{3,3}$ nicht planar (siehe Abbildung 2.14). Der Grund dafür ist, dass planare Graphen nicht zu viele Kanten haben können. Es folgt etwa aus der Eulerschen Polyederformel, dass $\alpha_0(G)$ und $\alpha_1(G)$ bei einem einfachen zusammenhängenden planaren Graphen die Beziehung $\alpha_1(G) \leq 3\alpha_0(G) - 6$ erfüllen müssen. Daher kann K_5 mit $\alpha_0(K_5) = 5$ und $\alpha_1(K_5) = 10$ nicht planar sein. (Bei $K_{3,3}$ führt eine ähnliche Überlegung zum Ziel.) Interessanterweise sind diese beiden Graphen, K_5 und $K_{3,3}$, schon ausreichend, alle nicht-planaren Graphen zu charakterisieren.

Satz 2.35 (Satz von Kuratowski) *Ein Graph G ist genau dann nicht planar, wenn er einen Teilgraphen enthält, der aus K_5 oder $K_{3,3}$ durch eventuelle Unterteilung (von Kanten) entsteht. (Dabei ist eine Unterteilung ein Graph, der aus G dadurch hervorgeht, dass in einer oder in mehreren Kanten von G zusätzliche Knoten eingefügt werden.)*

Ein wichtiges Gebiet in der Graphentheorie sind Färbungseigenschaften. Dabei geht es darum, die Knoten (oder auch die Kanten) einzufärben, so dass gewissen Eigenschaften erfüllt

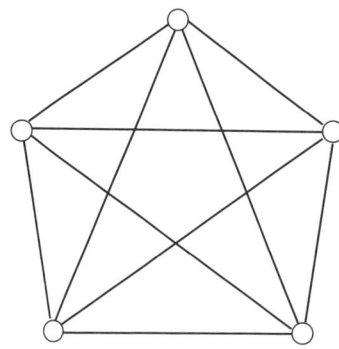 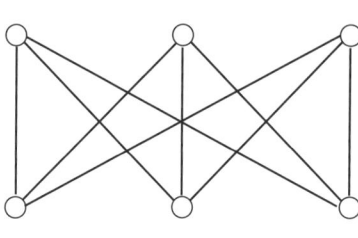

Abbildung 2.14 Nicht-planare Graphen: K_5 und $K_{3,3}$

sind. Beispielsweise ist eine zulässige Knotenfärbung eine Färbung der Knoten eines Graphen, so dass benachbarte Knoten verschiedene Farben haben. Die **chromatische Zahl** $\chi(G)$ eines Graphen ist dann die minimale Anzahl von Farben, die benötigt wird, um die Knoten eines Graphen zulässig zu färben. Beispielsweise ist $\chi(K_n) = n$. Im Allgemeinen ist es außerordentlich schwer, die chromatische Zahl eines Graphen zu bestimmen.

Für planare Graphen gilt allerdings der **Vierfarbensatz**.

Satz 2.36 *Für planare Graphen G gilt $\chi(G) \leq 4$.*

5. Netzwerke und Algorithmen

Netzwerke sind gerichtete oder ungerichtete Graphen $G = (V, E)$, wo jeder Kante $e \in E$ ein **Wert** $w(e) \in \mathbb{R}$ zugeordnet wird. Dieser Wert kann je nach Anwendung als Länge, Kosten, Kapazität, Gewicht etc. gedeutet werden. Netzwerke spielen gerade in den Anwendungen der Graphentheorie eine große Rolle. Formal ist eine solche Bewertung eine Funktion $w : E \to \mathbb{R}$. Anstelle der gewöhnlichen Adjazenzmatrix $A(G)$ betrachtet man auch die bewertete Adjazenzmatrix $A_w(G) = (w(v_i, v_j))_{1 \leq i,j \leq n}$. Hier ist jedoch genau zu definieren, welche Bedeutung ein Eintrag $w(v_i, v_j) = 0$ hat.

Im Folgenden werden wir uns mit zwei einfachen Algorithmen für Netzwerke beschäftigen, mit dem **Kruskal-Algorithmus** zur Bestimmung eines minimalen Gerüstes und dem **Dijkstra-Algorihmus** zur Bestimmung eines kürzesten Weges.

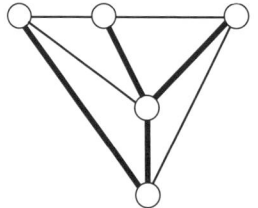 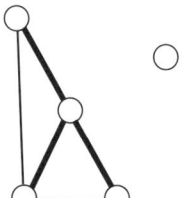

Abbildung 2.15 Gerüst eines Graphen mit 3 Zusammenhangskomponenten

Definition 2.37 Ein **spannender Baum** T eines schlichten ungerichteten zusammenhängenden Graphen G ist ein Baum mit $V(T) = V(G)$ und $E(T) \subseteq E(G)$, d.h. er enthält dieselben Knoten wie G und gewisse Kanten von G.

Ein **Gerüst** oder **spannender Wald** W eines schlichten ungerichteten Graphen G ist ein Wald mit $V(W) = V(G)$ und $E(W) \subseteq E(G)$ und denselben Zusammenhangskomponenten wie G, d.h., schränkt man W auf eine Zusammenhangskomponente K von G ein, so ist diese Einschränkung ein spannender Baum von K.

Ist G ein bewerteter Graph, so bezeichnet man ein Gerüst W als **minimales Gerüst**, wenn die Summe aller Kantengewichte des Gerüstes

$$w(W) = \sum_{e \in E(W)} w(e)$$

unter allen möglichen Gerüsten von G kleinstmöglich ist.

Ein Graph hat üblicherweise sehr viele verschiedene Gerüste. Beispielsweise hat der so genannte **vollständige Graph** K_n aus n Knoten und allen möglichen $n(n-1)/2$ Kanten n^{n-2} verschiedene spannende Bäume. Es scheint daher sehr aufwändig zu sein, ein minimales Gerüst zu finden. Tatsächlich stellt sich heraus, dass es relativ leicht möglich ist, ein solches effektiv zu finden. Die Idee ist, ein minimales Gerüst Schritt für Schritt aufzubauen. Man sortiert zuerst die Kanten nach steigendem Gewicht und betrachtet einmal eine Kante e_1 mit kleinstmöglichem Gewicht. (Wäre die kleinste Kante nicht im minimalen Gerüst enthalten, so könnte man sie austauschen und erhielte ein Gerüst mit noch kleinerem Gewicht.) Man setzt nun die (nach ihrem Gewicht sortierten) Kanten der Reihe nach in den Graphen ein. Bei jedem Schritt prüft man nach, ob durch Einsetzen dieser Kante ein Kreis mit den bisher eingesetzten Kanten entstehen würde. Wenn ja, dann entfernt man diese Kante, wenn nein, dann belässt man sie im Graphen. Auf diese Weise erhält man schließlich ein minimales Gerüst W.[2]

Kruskal-Algorithmus:

1. Man nummeriere die Kanten $E = \{e_1, e_2, \ldots, e_m\}$ nach steigendem Gewicht:

$$w(e_1) \leq w(e_2) \leq \cdots \leq w(e_m).$$

2. Setze $E' := \emptyset$ und $j := 1$.

3. Ist der Graph $(V, E' \cup \{e_j\})$ kreisfrei, so setze $E' := E' \cup \{e_j\}$.

4. Ist $|E'| = |V| - 1$ oder $j = m$, so wird der Algorithmus beendet und $W = (V, E')$ ist ein minimales Gerüst von G. Andernfalls setze $j := j + 1$ und gehe zu Schritt 3.

In Abb. 2.16 ist ein minimales Gerüst eines Netzwerks, das sehr einfach mit Hilfe des Kruskal-Algorithmus gewonnen werden kann, eingezeichnet.

---

[2]Für einen formalen Beweis, dass dieses Verfahren stets ein minimales Gerüst liefert, benützt man die Eigenschaft, dass ein Gerüst W genau dann minimal ist, wenn für jede Kante e außerhalb von W auf dem (eindeutig bestimmten) Kreis $C_W(e)$, der nur aus Kanten von W und aus e besteht, die Beziehung $w(e) \geq w(f)$ für alle Kanten $f \in C_W(e)$ gilt.

Wegen Satz 2.24 hat jedes Gerüst von G genau $|V| - k$ Kanten, wobei k die Anzahl der Zusammenhangskomponenten bezeichnet. Ist k bekannt, so kann im Schritt 4. abgebrochen werden, wenn E' bereits $|V| - k$ Kanten enthält.

Der Kruskalalgorithmus ist ein so genannter **Greedy-Algorithmus**, d.h., in jedem Schritt versucht man – in „hungriger" Weise – jene Kante mit minimal möglichem Gewicht einzusetzen (so dass kein Kreis entsteht). Analog bestimmt man auch maximale spannende Bäume bzw. Gerüste. Man muss in 1. die Kanten nur nach fallendem Gewicht ordnen.[3]

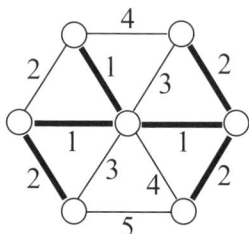

Abbildung 2.16 Beispiel eines minimalen Gerüsts

Als nächstes beschäftigen wir uns mit der Distanz bzw. mit kürzesten Wegen bzw. Bahnen zwischen zwei Knoten.

Definition 2.38 Sei $G = (V, E)$ ein Netzwerk mit Bewertung $w : E \to \mathbb{R}_0^+$. Die **Länge** einer Kantenfolge $e_1, e_2, \ldots, e_k$ ist durch die Summe der Gewichte

$$w(\{e_1, e_2, \ldots, e_k\}) = \sum_{j=1}^{k} w(e_j)$$

gegeben. Die **Distanz** $d(v, w)$ zwischen zwei Knoten $v, w \in V$ ist die kleinstmögliche Länge einer Kantenfolge von v nach w. Gibt es keine Kantenfolge von v nach w, so setzt man $d(v, w) = \infty$.

Das tatsächliche Bestimmen der Distanz (und des kürzesten Weges) zwischen zwei Knoten ist viel aufwändiger als das Bestimmen eines minimalen Gerüsts. Mit Hilfe des Dijkstra-Algorithmus wird von einem Knoten $v_0 \in V$ eines Netzwerkes mit nichtnegativer Bewertung die Distanz $d(v_0, v)$ für alle Knoten $v \in V$ bestimmt.

Dijkstra-Algorithmus:

1. Man setze $l(v_0) = 0$, $l(v) := \infty$ für alle $v \in V \setminus \{v_0\}$, $U = \{v_0\}$ und $u = v_0$.

2. Für alle $v \in V \setminus U$ mit $(u, v) \in E$, die $l(v) > l(u) + w(u, v)$ erfüllen, setze man $p(v) := u$ und

$$l(v) := l(u) + w(u, v).$$

---

[3]Hier würde das Wort „greedy" noch besser passen, da hier jeweils versucht wird, eine Kante mit maximal möglichem Gewicht einzusetzen.

3. Man bestimme $m = \min\limits_{v \in V \setminus U} l(v)$. Falls $m = \infty$, dann terminiere, andernfalls wähle einen

   Knoten $z \in V \setminus U$ mit $l(z) = m$ und setze $U := U \cup \{z\}$ und $u := z$.

4. Ist $U = V$, so wird der Algorithmus beendet. Andernfalls gehe zu Schritt 2.

Die Menge $U \subseteq V$ umfasst in jedem Zeitpunkt des Algorithmus jene Knoten $v \in V$, für die der kürzeste Weg von v_0 schon bekannt ist, wobei $l(v) = d(v_0, v)$ ist. Für $v \in V \setminus U$ ist hingegen $l(v)$ die minimale Länge einer Kantenfolge, die mit Ausnahme von v nur Knoten aus U enthält, und kann sich im Verlauf des Algorithmus noch ändern. $p(v)$ ist jeweils der Vorgängerknoten von v auf einer minimalen Kantenfolge von v_0 nach v. Aus diesen Bedingungen ist klar, dass der in Schritt 3. ausgewählte Knoten z in U aufgenommen werden kann.

Endet der Algorithmus nicht mit $U = V$, sondern mit der Abbruchbedingung $l(v) = \infty$ für alle $v \in V \setminus U$, so ist G nicht zusammenhängend, und U umfasst genau jene Knoten, die von v_0 aus erreichbar sind.

Ein wesentlicher Aspekt des Dijkstra-Algorithmus ist, dass auch die Distanz $d(v_0, v_1)$ zu einem vorgegebenem Zielknoten $v_1 \in V$ bestimmt werden kann, ohne dass möglicherweise alle anderen Distanzen $d(v_0, v)$ bestimmt werden müssen. Man bricht den Algorithmus im Schritt 4. ab, sobald $u = v_1$ ist, da dieser Knoten zuvor in U aufgenommen wurde und somit die Distanz $d(v_0, v_1)$ bereits ermittelt worden ist.

Übrigens kann für alle Knoten $v \in U$ durch $v, p(v), p(p(v)), \ldots, v_0$ eine Kantenfolge von v_0 nach v von kleinstmöglicher Länge rückverfolgt werden.

Beispiel 2.39 Im gerichteten Netzwerk, das in Abb. 2.17 dargestellt wird, sollen alle Distanzen $d(v_0, v)$ mit Hilfe des Dijkstra-Algorithmus bestimmt werden.

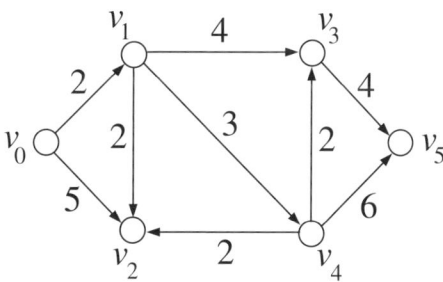

Abbildung 2.17 Netzwerk zum Dijkstra-Algorithmus

Im ersten Durchlauf des Algorithmus werden folgende Operationen durchgeführt:

1. $l(v_0) = 0$ und $l(v_1) = l(v_2) = l(v_3) = l(v_4) = l(v_5) = \infty$, $U = \{v_0\}$ und $u = v_0$.

2. $l(v_1) = \min\{\infty, 0 + 2\} = 2$, $p(v_1) = v_0$; $l(v_2) = \min\{\infty, 0 + 5\} = 5$, $p(v_2) = v_0$.

3. $m = 2$, $z = v_1$, $U = \{v_0, v_1\}$, $u = v_1$.

4. Fortsetzung bei Schritt 2.

Beim zweiten Durchlauf, der gleich mit dem 2. Schritt beginnt, geschieht dann folgendes:

2. $l(v_2) = \min\{5, 2+2\} = 4$, $p(v_2) = v_1$; $l(v_3) = \min\{\infty, 2+4\} = 6$, $p(v_3) = v_1$; $l(v_4) = \min\{\infty, 2+3\} = 5$, $p(v_4) = v_1$.

3. $m = 4$, $z = v_2$, $U = \{v_0, v_1, v_2\}$, $u = v_2$.

4. Fortsetzung bei Schritt 2.

Zur besseren Übersicht ist es günstig, eine Tabelle anzulegen:

	v_0	v_1	v_2	v_3	v_4	v_5	Auswahl	Vorgänger
0	$\boxed{0}$	∞	∞	∞	∞	∞	v_0	
1		$\boxed{2}$	5	∞	∞	∞	v_1	v_0
2			$\boxed{4}$	6	5	∞	v_2	v_1
3				6	$\boxed{5}$	∞	v_4	v_1
4				$\boxed{6}$		11	v_3	v_1
5						$\boxed{10}$	v_5	v_3

Der kürzeste Weg von v_0 nach v_5 ist daher $l(v_5) = 10$, und von hinten nach vorne sind die Knoten v_5, $p(v_5) = v_3$, $p(v_3) = v_1$, $p(v_1) = v_0$. In richtiger Reihenfolge muss man also die Knoten v_0, v_1, v_3, v_5 durchlaufen.

Da alle Distanzen $d(v_0, v)$ berechnet wurden, kann man auch den so genannten **Entfernungsbaum** (siehe Abb. 2.18) bestimmen, aus dem die kürzesten Wege bzw. Bahnen von v_0 zu allen Endknoten v abgelesen werden können. △

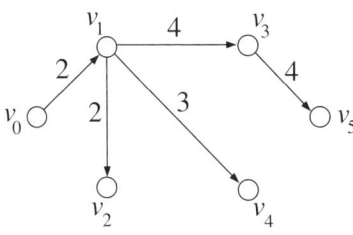

Abbildung 2.18 Entfernungsbaum bezüglich v_0 in einem Netzwerk

2.3 Algebraische Strukturen

Wir haben bereits in Abschnitt 1.1 einige Rechenregeln (Kommutativgesetz, Assoziativgesetz etc.) kennengelent, die sowohl für die Addition als auch für die Multiplikation in $\mathbb{R}$ oder $\mathbb{C}$

gelten. In diesem Abschnitt werden sowohl Rechenoperationen (wie die Addition und die Multiplikation) als auch Rechenregeln in einem allgemeinen Kontext betrachtet. Diese abstrakten algebraischen Strukturen werden in der Informatik in verschiedenen Anwendungen benötigt, z.B. bei formalen Sprachen oder in der Codierungstheorie.

1. Binäre Operationen

Wir beginnen mit der Definition einer allgemeinen algebraischen Struktur mit einer binären Operation.

Definition 2.40 Sei A eine nichtleere Menge. Eine **binäre Operation** $\circ$ auf A ist eine Abbildung $A \times A \to A$, d.h., je zwei Elementen $a, b \in A$ wird ein Element $a \circ b$ zugeordnet. Das Paar $(A, \circ)$ heißt dann **binäre algebraische Struktur** oder **Gruppoid**.

Beispiel 2.41 Die Addition $+$ bildet auf den üblichen Zahlmengen eine algebraische Struktur:

$$(\mathbb{N}, +), \ (\mathbb{Z}, +), \ (\mathbb{Q}, +), \ (\mathbb{R}, +), \ (\mathbb{C}, +).$$

Dasselbe gilt für die Multiplikation:

$$(\mathbb{N}, \cdot), \ (\mathbb{Z}, \cdot), \ (\mathbb{Q}, \cdot), \ (\mathbb{R}, \cdot), \ (\mathbb{C}, \cdot). \qquad \triangle$$

Es tritt öfters die Situation ein, dass eine binäre Operation $\circ$ auf einer Menge A nur für Elemente a, b in einer Teilmenge $B \subseteq A$ betrachtet wird. Dafür muss aber gewährleistet sein, dass für alle $a, b \in B$ das Element $a \circ b$ wieder in B liegt, also $\circ$ auch eine binäre Operation auf B ist. Diese Eigenschaft nennt man **Abgeschlossenheit** der Operation $\circ$ auf B. Diese Bedingung ist jedenfalls sicherzustellen, da sonst keine algebraische Struktur vorliegt.

Wir verallgemeinern nun einige Rechenregeln, die wir in Abschnitt 1.1 für die Addition und die Multipikation kennengelernt haben.

Definition 2.42 Die folgenden Gesetzmäßigkeiten können für eine algebraische Struktur $(A, \circ)$ zusätzlich definiert werden.

(i) **Assoziativgesetz**: Für alle $a, b, c \in A$ gilt

$$(a \circ b) \circ c = a \circ (b \circ c).$$

(ii) **Existenz eines neutrales Elements**: Es gibt ein $e \in A$ mit der Eigenschaft, dass für alle $a \in A$ gilt

$$e \circ a = a \circ e = a.$$

(iii) **Existenz inverser Elemente**: Für alle $a \in A$ gibt es ein $a' \in A$ mit

$$a \circ a' = a' \circ a = e,$$

wobei e das neutrale Element aus (ii) bezeichnet.

(iv) **Kommutativgesetz**: Für alle $a, b \in A$ gilt

$$a \circ b = b \circ a.$$

Benützt man für das binäre Operationssymbol das Malzeichen $\cdot$, so schreibt man für das inverse Element von a auch a^{-1}, verwendet man hingegen das Pluszeichen $+$, so bezeichnet man das inverse Element von a durch $-a$.

Beispiel 2.43 In der algebraischen Struktur $(\mathbb{N}, +)$ gilt das Assoziativgesetz und das Kommutativgesetz, das (additive) neutrale Element ist $e = 0$, aber es gibt (außer zu 0) zu keiner natürlichen Zahl ein (additives) inverses Element. In $(\mathbb{Z}, +)$ können aber uneingeschränkt inverse Elemente gebildet werden.

Entsprechend gilt in $(\mathbb{Z}, \cdot)$ das Assoziativgesetz und das Kommutativgesetz, das (multiplikative) neutrale Element ist $e = 1$. Allerdings gibt es (außer für ± 1) keine (multiplikativen) inversen Elemente. Interessanterweise kann man nicht einmal in $(\mathbb{Q}, \cdot)$ uneingeschränkt (multiplikative) inverse Elemente finden, 0 hat kein inverses Element. Erst, wenn man 0 ausschließt, also $(\mathbb{Q} \setminus \{0\}, \cdot)$ betrachtet, sind alle vier Eigenschaften erfüllt. $\triangle$

Satz 2.44 *In einer algebraischen Struktur $(A, \circ)$ gibt es höchstens ein neutrales Element, und in jeder assoziativen algebraischen Struktur gibt es zu jedem Element höchstens ein inverses Element.*

Es wird daher im Folgenden nur mehr vom neutralen Element e bzw. vom inversen Element a^{-1} gesprochen werden, sofern diese existieren.

Beweis. Wären e_1 und e_2 zwei neutrale Elemente in A, so gilt $e_1 \circ e_2 = e_1$, da e_2 neutrales Element ist, aber auch $e_1 \circ e_2 = e_2$, da e_1 neutrales Element ist. Also: $e_1 = e_1 \circ e_2 = e_2$.

Wären in einer assoziativen algebraischen Struktur a' und a'' zu a invers, so gilt

$$a' = a' \circ e = a' \circ (a \circ a'') = (a' \circ a) \circ a'' = e \circ a'' = a'',$$

a' und a'' müssen also übereinstimmen. $\square$

2. Gruppen

Gruppen gehören zu den wichtigsten algebraischen Strukturen und werden daher etwas näher untersucht. Die folgende Definition beschreibt neben Gruppen auch so genannte Halbgruppen und Monoide, die nicht alle Gruppeneigenschaften erfüllen.

Definition 2.45 Eine algebraische Struktur $(A, \circ)$ heißt

   (i) **Halbgruppe**, wenn sie assoziativ ist, also (i) aus Definition 2.42 erfüllt,
  (ii) **Monoid**, wenn sie assoziativ ist und ein neutrales Element besitzt, also (i) und (ii) aus Definition 2.42 erfüllt, und
 (iii) **Gruppe**, wenn sie assoziativ ist, ein neutrales Element und zu jedem Element ein Inverses besitzt, also (i), (ii) und (iii) aus Definition 2.42 erfüllt.

Erfüllt eine der Strukturen Gruppoid, Halbgruppe, Monoid bzw. Gruppe auch das Kommutativgesetz (iv), so heißt sie **kommutative(s)** Gruppoid, Halbgruppe, Monoid bzw. Gruppe.

Kommutative Gruppen werden auch als **abelsche Gruppen**[4] bezeichnet.

---

[4]im Andenken an den Mathematiker Niels Henrik Abel

Beispiel 2.46

(a) $(A, \circ)$ mit $A = \mathbb{N} \setminus \{0\}$ und $a \circ b = a^b$ ist ein Gruppoid.

(b) $(\mathbb{N} \setminus \{0\}, +)$ ist eine Halbgruppe, $(\mathbb{N}, +)$ und $(\mathbb{N}, \cdot)$ sind Monoide, aber keine Gruppen.

(c) Sei Σ eine Menge, genannt Alphabet, und bezeichne Σ^* die Menge aller endlichen Wörter über Σ, das sind alle endlichen Folgen $x_1 x_2 \ldots x_k$ mit $x_j \in \Sigma$ ($1 \le j \le k$) ergänzt um das leere Wort ε. Sind $w_1 = x_1 x_2 \ldots x_k$ und $w_2 = y_1 y_2 \ldots y_l$ zwei Wörter in Σ^*, so definiert man

$$w_1 \circ w_2 = x_1 x_2 \ldots x_k y_1 y_2 \ldots y_l \in \Sigma^*.$$

$(\Sigma^*, \circ)$ ist damit ein Monoid mit neutralem Element ε. Man bezeichnet Σ^* auch als **freies Monoid** über dem Alphabet Σ. △

Beispiel 2.47

(a) $(\mathbb{Z}, +), (\mathbb{Q}, +), (\mathbb{Q} \setminus \{0\}, \cdot), (\mathbb{R}, +), (\mathbb{R} \setminus \{0\}, \cdot)$ etc. sind abelsche Gruppen.

(b) Die Menge aller $n \times n$–Matrizen $\mathbb{R}^{n \times n}$ mit Koeffizienten aus $\mathbb{R}$ bildet mit der Matrizenaddition eine Gruppe. Außerdem bilden jene $n \times n$–Matrizen A mit $\det(A) \neq 0$ bezüglich der Matrizenmultiplikation eine Gruppe. Diese ist für $n \ge 2$ nicht kommutativ (vergleiche mit Kapitel 3).

(c) Sei M eine beliebige Menge. Dann bildet $(\mathbf{P}(M), \Delta)$, d.h. alle Teilmengen von M mit der symmetrischen Mengendifferenz, eine Gruppe. Das neutrale Element ist $\emptyset$, und jedes Element ist zu sich selbst invers. △

Beispiel 2.48

(a) Die Menge $\mathbf{S}_n$ der Permutationen der Zahlen $\{1, 2, \ldots, n\}$ ist die Menge der bijektiven Abbildungen $\pi : \{1, 2, \ldots, n\} \to \{1, 2, \ldots, n\}$. Führt man zwei bijektive Abbildungen hintereinander aus, erhält man wieder eine bijektive Abbildung. $(\mathbf{S}_n, \circ)$ bildet die so genannte **symmetrische Gruppe**. Die identische Abbildung $\mathrm{id}(j) = j$ ist das neutrale Element.

(b) Die **Symmetriegruppe** eines gleichseitigen Dreiecks besteht aus allen Isometrien (das sind längen- und winkeltreue Abbildungen) der Ebene, die ein gleichseitiges Dreieck auf sich selbst abbilden. Da ein Dreieck durch seine Eckpunkte eindeutig gegeben ist, reicht es aus, die Auswirkung solcher Isometrien auf die Eckpunkte zu betrachten. Es entstehen gewisse Permutationen der Eckpunkte $\{1, 2, 3\}$. Bei den Drehungen um $0°$, $120°$ und $240°$ werden die Eckpunkte zyklisch vertauscht, und bei den Spiegelungen an den drei Höhen werden jeweils zwei Eckpunkte miteinander vertauscht. Insgesamt erhält man also sechs verschiedene Symmetrien, die bezüglich Hintereinanderausführung eine Gruppe bilden. In diesem speziellen Fall eines gleichseitigen Dreiecks ist die Symmetriegruppe nichts anderes als die symmetrische Gruppe auf den drei Eckpunkten. △

Beispiel 2.49 Kleine algebraische Strukturen kann man auch durch so genannte **Operationstafeln** definieren. Um dies zu demonstrieren, werden (bis auf Isomorphie) alle Möglichkeiten von Gruppen mit höchstens 6 Elementen aufgelistet. (Dabei bezeichnet e immer das neutrale Element.)

$\circ$	e
e	e

$\circ$	e	a
e	e	a
a	a	e

$\circ$	e	a	b
e	e	a	b
a	a	b	e
b	b	e	a

$\circ$	e	a	b	c
e	e	a	b	c
a	a	b	c	e
b	b	c	e	a
c	c	e	a	b

$\circ$	e	a	b	c
e	e	a	b	c
a	a	e	c	b
b	b	c	e	a
c	c	b	a	e

$\circ$	e	a	b	c	d
e	e	a	b	c	d
a	a	b	c	d	e
b	b	c	d	e	a
c	c	d	e	a	b
d	d	e	a	b	c

$\circ$	e	a	b	c	d	f
e	e	a	b	c	d	f
a	a	b	c	d	f	e
b	b	c	d	f	e	a
c	c	d	f	e	a	b
d	d	f	e	a	b	c
f	f	e	a	b	c	d

$\circ$	e	a	b	c	d	f
e	e	a	b	c	d	f
a	a	e	d	f	b	c
b	b	f	e	d	c	a
c	c	d	f	e	a	b
d	d	c	a	b	f	e
f	f	b	c	a	e	d

$\triangle$

Als nächstes betrachten wir Teilmengen von Gruppen, die ihrerseits wieder Gruppen sind.

Definition 2.50 Eine (nichtleere) Teilmenge $U \subseteq G$ einer Gruppe $(G, \circ)$ heißt **Untergruppe** von G, wenn $(U, \circ)$ selbst eine Gruppe ist. Man schreibt dafür auch $(U, \circ) \leq (G, \circ)$ oder nur $U \leq G$.

Man beachte, dass es immer zwei so genannte **triviale Untergruppen** gibt: $\{e\} \leq G$ und $G \leq G$.

Beispiel 2.51 Für $m \in \mathbb{N}$ bilden die Mengen $m\mathbb{Z} = \{0, \pm m, \pm 2m, \pm 3m, \ldots\}$ Untergruppen von $(\mathbb{Z}, +)$. $\triangle$

Es ist relativ leicht zu überprüfen, ob eine nichtleere Teilmenge U von G eine Untergruppe bildet. Beispielsweise muss das Assoziativgesetz nicht überprüft werden, da es in ganz G gilt. Es muss nur untersucht werden, ob für je zwei Elemente $a, b \in U$ auch $a \circ b \in U$ und $a^{-1} \in U$ liegen. Das neutrale Element von G liegt dann sicher auch in U. Ist nämlich $a \in U$, dann auch a^{-1} und folglich $e = a \circ a^{-1}$. Gleichzeitig wurde damit gezeigt, dass das neutrale Element von G auch das neutrale Element von U sein muss.

In der Zahlentheorie haben wir bereits – ohne sie so zu benennen – die Untergruppe $(m\mathbb{Z}, +)$ von $(\mathbb{Z}, +)$ betrachtet, nämlich beim Rechnen modulo m. Die Untergruppe $m\mathbb{Z}$ ist gerade die Restklasse $\bar{0}$ modulo m. Neben dieser Restklasse wurden dort auch weitere Restklassen $\bar{a} = a + m\mathbb{Z}$ betrachtet. Vom Standpunkt der Gruppentheorie können diese Restklassen auch als „verschobene Untergruppen" bezeichnet werden. Dies motiviert die allgemeine Definition einer Nebenklasse einer Untergruppe.

Definition 2.52 Sei $(G, \circ)$ Gruppe, U Untergruppe von G und $a \in G$. Dann heißt

$$a \circ U = \{a \circ u \,|\, u \in U\}$$

Linksnebenklasse von U in G und

$$U \circ a = \{u \circ a \,|\, u \in U\}$$

Rechtsnebenklasse von U in G.

Wie die Restklassen $\overline{a} = a + m\mathbb{Z}$ in der Zahlentheorie bilden die Links- bzw. die Rechtsnebenklassen stets eine Zerlegung von G (vergleiche mit Übungsaufgabe 2.33). Die Relation $a \sim b \Longleftrightarrow a \circ U = b \circ U$ ist die entsprechende Äquivalenzrelation für die Linksnebenklassen, Analoges gilt für die Rechtsnebenklassen. Wir werden uns gleich davon überzeugen, dass es immer gleich viele Links- wie Rechtsnebenklassen gibt. So können wir den Index einer Untergruppe definieren.

Definition 2.53 Sei $(G, \circ)$ eine endliche Gruppe und $U \leq G$. Die Anzahl der Links- bzw. Rechtsnebenklassen von U in G wird als **Index** $|G : U|$ von G nach U bezeichnet. Die Anzahl $|G|$ der Elemente einer Gruppe wird als **Ordnung** von G bezeichnet.

Satz 2.54 (Satz von Lagrange) *Ist $(G, \circ)$ endliche Gruppe, so ist die Ordnung $|U|$ einer Untergruppe $U \leq G$ stets Teiler der Gruppenordnung $|G|$, und es gilt $|G : U| = |G|/|U|$.*

Beweis. Die Abbildung $U \to a \circ U, x \mapsto a \circ x$ ist wegen der Gruppeneigenschaften eine bijektive Abbildung. Es gilt daher bei einer endlichen Gruppe immer $|a \circ U| = |U|$, d.h., die Linksnebenklassenzerlegung zerlegt die Gruppe G in $m = |G : U|$ gleich große Teilmengen. Offensichtlich folgt dann $|G| = m \,|U|$. Für Rechtsnebenklassen ist die Überlegung ganz analog, insbesondere ist die Anzahl der Linksnebenklassen gleich der Anzahl der Rechtsnebenklassen.

$\qquad\qquad\qquad\qquad\qquad\qquad\qquad\qquad\qquad\qquad\qquad\qquad\qquad\qquad\qquad\qquad\qquad\square$

Definition 2.55 Sei $(G, \circ)$ Gruppe mit neutralem Element e. Für $a \in G$ werden die **Potenzen** a^n von a mit $n \in \mathbb{Z}$ folgendermaßen definiert:

$$a^n = \begin{cases} e & \text{für } n = 0, \\ a & \text{für } n = 1, \\ a^{n-1} \circ a & \text{rekursiv für } n > 1, \\ (a^{-1})^{-n} & \text{für } n < 0. \end{cases}$$

Wird das Operationssymbol $+$ verwendet, so schreibt man statt a^n auch $n\,a$, z.B. $3\,a$ für $a + a + a$. Mit Hilfe der Beweismethode der vollständigen Induktion folgt für alle ganzen Zahlen n, m

$$a^{n+m} = a^n \circ a^m \quad \text{und} \quad (a^m)^n = a^{mn}.$$

Aus der ersten Regel $a^{n+m} = a^n \circ a^m$ folgt, dass die Menge der Potenzen $\langle a \rangle = \{a^n \,|\, n \in \mathbb{Z}\}$ eine Untergruppe von G, die von a **erzeugte Untergruppe**, bildet. Diese Untergruppe ist immer kommutativ, auch wenn G nicht kommutativ ist.

Sind alle Potenzen a^n $(n \in \mathbb{Z})$ voneinander verschieden, so bildet diese Untergruppe eine Teilmenge von G, die als Kopie der ganzen Zahlen $\mathbb{Z}$ gesehen werden kann (falls man jede

Potenz a^n mit ihrem Exponenten n identifiziert). Es muss aber nicht sein, dass alle Potenzen a^n voneinander verschieden sind. Es sei also z.B. $a^m = a^n$ für ganze Zahlen $m < n$. Multipliziert man diese Beziehung mit a^{-m}, so erhält man $a^{n-m} = e$. Es gibt daher eine ganze Zahl $k > 0$ mit $a^k = e$. Dies motiviert die folgende Definition.

Definition 2.56 Sei $(G, \circ)$ Gruppe und $a \in G$. Sind alle Potenzen a^n ($n \in \mathbb{Z}$) voneinander verschieden, so hat a **unendliche Ordnung** $\mathrm{ord}_G(a) = \infty$. Andernfalls bezeichnet man

$$\mathrm{ord}_G(a) = \min\{k > 0 \,|\, a^k = e\}$$

als **Ordnung** von a. Das Element a hat dann **endliche Ordnung**.

Hat $a \in G$ unendliche Ordnung, so ist auch die von a erzeugte Untergruppe $\langle a \rangle = \{a^n \,|\, n \in \mathbb{Z}\}$ unendlich. Bei endlicher Ordnung $\mathrm{ord}_G(a)$ ist

$$\langle a \rangle = \{a^n \,|\, 0 \leq n < \mathrm{ord}_G(a)\}$$

die von a erzeugte Untergruppe, da die Potenzen a^n wegen $a^{n+\mathrm{ord}_G(a)} = a^n$ zyklisch bzw. periodisch mit Periode $\mathrm{ord}_G(a)$ wieder auftreten. Man beachte, dass in allen Fällen

$$|\langle a \rangle| = \mathrm{ord}_G(a)$$

gilt. Insbesondere ist daher $\mathrm{ord}_G(a)$ ein Teiler der Gruppenordnung $|G|$. Daraus leitet sich der kleine Fermat'sche Satz der Gruppentheorie ab (vergleiche mit Satz 1.35).

Satz 2.57 (Kleiner Fermat'scher Satz) *Für jedes Element* $a \in G$ *einer endlichen Gruppe* $(G, \circ)$ *gilt* $a^{|G|} = e$.

Beweis. Es bezeichne $U = \langle a \rangle$, $k = \mathrm{ord}_G(a) = |\langle a \rangle|$ und $m = |G : U|$. Dann gilt $km = |G|$. Aus $a^k = e$ erhält man nun direkt $a^{|G|} = (a^k)^m = e^m = e$. $\qquad\square$

Gruppen bzw. Untergruppen der Form $\langle a \rangle$ spielen in der Gruppentheorie trotz ihrer Einfachheit eine besondere Rolle. Man bezeichnet eine Gruppe G als **zyklische Gruppe**, wenn es ein $a \in G$ mit $G = \langle a \rangle$ gibt, d.h. wenn G von a erzeugt wird.

Eine weitere wichtige Klasse von Untergruppen sind die so genannten Normalteiler.

Definition 2.58 Eine Untergruppe N einer Gruppe G heißt **Normalteiler**, wenn die Links- und Rechtsnebenklassen übereinstimmen. Man schreibt dafür kurz $N \trianglelefteq G$.

Offensichtlich ist jede Untergruppe einer kommutativen Gruppe G ein Normalteiler. Weiters ist jede Untergruppe N mit Index $|G : N| = 2$ Normalteiler, da es in diesem Fall nur zwei Links- bzw. Rechtsnebenklassen gibt. Die eine ist $e \circ N = N \circ e = N$ und die andere $G \setminus N$.

Die wesentliche Eigenschaft von Normalteilern ist, dass man mit ihnen in derselben Weise wie mit Restklassen $\bar{a} = a + m\mathbb{Z}$ rechnen kann. Es seien $a \circ N = N \circ a$ und $b \circ N = N \circ b$ zwei Nebenklassen von N und $a_2 \in a \circ N$ und $b_2 \in b \circ N$. Dann liegt das Produkt $a_2 \circ b_2 \in (a \circ N) \circ (b \circ N)$. Wegen der Normalteilereigenschaft gilt aber

$$
\begin{aligned}
(a \circ N) \circ (b \circ N) &= (N \circ a) \circ (b \circ N) \\
&= (N \circ (a \circ b)) \circ N \\
&= (a \circ b) \circ (N \circ N) \\
&= (a \circ b) \circ N,
\end{aligned}
$$

d.h., das Produkt $a_2 \circ b_2$ liegt wieder in einer Nebenklasse, nämlich $(a \circ b) \circ N$, und diese ist nicht von der Wahl von a_2 und b_2 abhängig. Mit Hilfe dieser Eigenschaft von Normalteilern kann auch auf der Menge der Nebenklassen eine Gruppenoperation definiert werden.

Definition 2.59 Sei N Normalteiler einer Gruppe G und bezeichne G/N die Menge der Nebenklassen von G nach N. Dann wird durch die Operation

$$(a \circ N) \circ (b \circ N) = (a \circ b) \circ N$$

eine Gruppenoperation auf G/N definiert. Die Gruppe $(G/N, \circ)$ heißt **Faktorgruppe** von G nach N.

Die Gruppeneigenschaften sind leicht nachzurechnen. Übrigens ist $e \circ N = N$ das neutrale Element und $a^{-1} \circ N$ die inverse Nebenklasse von $a \circ N$.

Beispiel 2.60 Sei $G = \mathbb{Z}$ (mit der Addition $+$) und $N = m\mathbb{Z}$ (mit $m \in \mathbb{N}$). Dann besteht $\mathbb{Z}/m\mathbb{Z} = \mathbb{Z}_m$ aus m Nebenklassen $\overline{0} = 0 + m\mathbb{Z} = m\mathbb{Z}, \overline{1} = 1 + m\mathbb{Z}, \ldots, \overline{m-1} = (m-1) + m\mathbb{Z}$, den schon bekannten Restklassen modulo m. Das Rechnen in der Faktorgruppe $\mathbb{Z}_m = \mathbb{Z}/m\mathbb{Z}$ ist nichts anderes als das Addieren von Restklassen bzw. das Addieren modulo m (vergleiche mit (1.4)).

Übrigens ist $(\mathbb{Z}_m, +)$ eine endliche zyklische Gruppe, sie wird etwa von $\overline{1} = 1 + m\mathbb{Z}$ erzeugt. $\triangle$

Definition 2.61 Eine Abbildung $\varphi : G \to H$ zwischen zwei Gruppen $(G, \circ)$ und $(H, \star)$ heißt **Homomorphismus** (oder **Gruppenhomomorphismus**), wenn für alle $a, b \in G$ gilt

$$\varphi(a \circ b) = \varphi(a) \star \varphi(b).$$

Ist φ bijektiv, so heißt φ **Isomorphismus**. Die inverse Abbildung $\varphi^{-1} : H \to G$ ist dann auch ein Isomorphismus. Existiert zwischen zwei Gruppen G, H ein Isomorphismus, so heißen G und H **isomorph**, und man schreibt dafür $G \cong H$.

Beispiel 2.62 Sei G Gruppe und $a \in G$. Dann ist die Abbildung $\varphi : \mathbb{Z} \to \langle a \rangle, n \mapsto a^n$ ein Gruppenhomomorphismus. Sind alle Potenzen a^n voneinander verschieden, so ist φ bijektiv, also ein Isomorphismus, d.h. in diesem Fall gilt $\langle a \rangle \cong \mathbb{Z}$. $\triangle$

Satz 2.63 *Ist $\varphi : G \to H$ ein Gruppenhomomorphismus, so wird das neutrale Element e_G von G auf das neutrale Element e_H von H abgebildet, d.h. $\varphi(e_G) = e_H$. Weiters gilt $\varphi(a^{-1}) = \varphi(a)^{-1}$ für alle $a \in G$.*

Beweis. Aus $e_G \circ e_G = e_G$ folgt $\varphi(e_G) \star \varphi(e_G) = \varphi(e_G)$ und nach Multiplikation mit $\varphi(e_G)^{-1}$ schließlich $\varphi(e_G) = e_H$. Weiters folgt aus $a \circ a^{-1} = a^{-1} \circ a = e_G$, dass $\varphi(a) \star \varphi(a^{-1}) = \varphi(a^{-1}) \star \varphi(a) = e_H$ und damit $\varphi(a^{-1}) = \varphi(a)^{-1}$. $\square$

Definition 2.64 Sei $\varphi : G \to H$ ein Gruppenhomomorphismus. Das Urbild $\varphi^{-1}(\{e_H\})$ des neutralen Elements e_H wird als **Kern** von φ bezeichnet:

$$\ker(\varphi) = \{a \in G \,|\, \varphi(a) = e_H\}.$$

Weiters nennt man

$$\varphi(G) = \{b \in H \,|\, \exists\, a \in G : \varphi(a) = b\}$$

Bild von G unter φ.

Satz 2.65 *Sei $\varphi : G \to H$ ein Gruppenhomomorphismus. Dann ist $\ker(\varphi)$ ein Normalteiler von G und $\varphi(G)$ eine Untergruppe von H.*

Beweis. e_G ist sicher in $\ker(\varphi)$ enthalten, also ist der Kern nie leer. Sind nun $a, b \in \ker(\varphi)$, so gilt $\varphi(a \circ b) = \varphi(a) \star \varphi(b) = e_H \star e_H = e_H$ und $\varphi(a^{-1}) = \varphi(a)^{-1} = e_H$. Daher ist $\ker(\varphi)$ eine Untergruppe von G.

Sei nun $a \in \ker(\varphi)$ und $c \in G$. Dann ist wegen $\varphi(c^{-1} \circ a \circ c) = \varphi(c)^{-1} \star \varphi(a) \star \varphi(c) = \varphi(c)^{-1} \star \varphi(c) = e_H$ auch $c^{-1} \circ a \circ c \in \ker(\varphi)$. Also gilt $c^{-1} \circ \ker(\varphi) \circ c \subseteq \ker(\varphi)$ oder $\ker(\varphi) \circ c \subseteq c \circ \ker(\varphi)$. Vertauscht man nun die Rollen von c und c^{-1}, so erhält man auch $c \circ \ker(\varphi) \subseteq \ker(\varphi) \circ c$ und schließlich $c \circ \ker(\varphi) = \ker(\varphi) \circ c$. Also ist $\ker(\varphi)$ Normalteiler von G.

Der Nachweis der Eigenschaft, dass $\varphi(G)$ eine Untergruppe von H ist, sei dem Leser überlassen (vergleiche mit Übungsaufgabe 2.36). $\qquad\square$

Ein wichtiger Satz der Gruppentheorie ist der Homomorphiesatz.

Satz 2.66 (Homomorphiesatz) *Sei $\varphi : G \to H$ ein Gruppenhomomorphismus. Dann ist die Faktorgruppe $G/\ker(\varphi)$ zum Bild $\varphi(G)$ isomorph:*

$$G/\ker(\varphi) \cong \varphi(G).$$

Die Nebenklasse $a \circ \ker(\varphi) \in G/\ker(\varphi)$ entspricht dem Element $\varphi(a) \in \varphi(G)$.

Beweis. Man muss sich zunächst überlegen, dass die Abbildung $\psi : G/\ker(\varphi) \to \varphi(G)$ mit $a \circ \ker(\varphi) \mapsto \varphi(a)$ wohldefiniert ist. Ist nämlich $a \circ \ker(\varphi) = b \circ \ker(\varphi)$, d.h. gibt es $c, d \in \ker(\varphi)$ mit $a \circ c = b \circ d$, so folgt $\varphi(a) = \varphi(a) \star e_H = \varphi(a \circ c) = \varphi(b \circ d) = \varphi(b) \star e_H = \varphi(b)$.

Die Abbildung ψ ist surjektiv, da jedes Element $\varphi(a) \in \varphi(G)$ als Bild von $a \circ \ker(\varphi)$ auftritt. Die Abbildung ψ ist auch injektiv. Ist nämlich $\varphi(a) = \varphi(b)$, so folgt $\varphi(a \circ b^{-1}) = e_H$, also $a \circ b^{-1} \in \ker(\varphi)$. Das wiederum impliziert $a \in b \circ \ker(\varphi)$ und $a \circ \ker(\varphi) \subseteq b \circ \ker(\varphi)$. Vertauscht man nun die Rollen von a und b, so erhält man auch die umgekehrte Inklusion und schließlich Gleichheit: $a \circ \ker(\varphi) = b \circ \ker(\varphi)$.

Die Homomorphieeigenschaft $\psi((a \circ \ker(\varphi)) \circ (b \circ \ker(\varphi))) = \Psi(a \circ \ker(\varphi)) \star \Psi(b \circ \ker(\varphi))$ ist nichts anderes als $\varphi(a \circ b) = \varphi(a) \star \varphi(b)$. Damit ist alles gezeigt. $\qquad\square$

Beispiel 2.67 Sei $G = \mathbb{Z}$ die Gruppe der ganzen Zahlen mit der Addition und $H = \{1, \zeta_m, \zeta_m^2, \dots, \zeta_m^{m-1}\}$ die endliche (multiplikative) zyklische Gruppe der m-ten Einheitswurzeln ($\zeta_m = e^{2\pi i/m}$). Dann ist $\varphi : G \to H$, $n \mapsto \zeta_m^n$ ein surjektiver Homomorphismus mit $\ker(\varphi) = m\mathbb{Z}$, da $\varphi(n) = \zeta_m^n = e^{2\pi i n/m} = 1$ genau dann gilt, wenn n/m eine ganze Zahl, also n ein ganzzahliges Vielfaches von m ist. Nach dem Homomorphiesatz gilt daher $\mathbb{Z}_m = \mathbb{Z}/m\mathbb{Z} \cong H = \langle \zeta_m \rangle$. Die Restklasse $\bar{a}$ entspricht der a-ten Potenz ζ_m^a. $\qquad\triangle$

Wir betrachten wieder die symmetrische Gruppe S_n aller $n!$ Permutationen der Zahlen $\{1, 2, \ldots, n\}$, also alle bijektiven Funktionen $\pi : \{1, 2, \ldots, n\} \to \{1, 2, \ldots, n\}$. Es gibt verschiedene Darstellungen von Permutationen. Üblich ist vor allem die **zweizeilige Darstellung**. Hier wird $\pi \in S_n$ durch eine zweizeilige Matrix

$$\pi = \begin{pmatrix} 1 & 2 & 3 & \cdots & n-1 & n \\ \pi(1) & \pi(2) & \pi(3) & \cdots & \pi(n-1) & \pi(n) \end{pmatrix}$$

dargestellt, also z.B. durch

$$\pi = \begin{pmatrix} 1 & 2 & 3 & 4 & 5 \\ 3 & 5 & 4 & 1 & 2 \end{pmatrix}.$$

In dieser Darstellung kann man die Gruppenoperationen leicht realisieren. Die inverse Permutation π^{-1} erhält man etwa dadurch, dass man die beiden Zeilen (in der zweizeiligen Darstellung von π) vertauscht und dann spaltenweise ordnet:

$$\pi^{-1} = \begin{pmatrix} 3 & 5 & 4 & 1 & 2 \\ 1 & 2 & 3 & 4 & 5 \end{pmatrix} = \begin{pmatrix} 1 & 2 & 3 & 4 & 5 \\ 4 & 5 & 1 & 3 & 2 \end{pmatrix}.$$

Ist $\sigma = \begin{pmatrix} 1 & 2 & 3 & 4 & 5 \\ 4 & 2 & 5 & 1 & 3 \end{pmatrix}$ eine weitere Permutation, so bestimmt sich

$$\sigma \circ \pi = \begin{pmatrix} 1 & 2 & 3 & 4 & 5 \\ 4 & 2 & 5 & 1 & 3 \end{pmatrix} \circ \begin{pmatrix} 1 & 2 & 3 & 4 & 5 \\ 3 & 5 & 4 & 1 & 2 \end{pmatrix} = \begin{pmatrix} 1 & 2 & 3 & 4 & 5 \\ 5 & 3 & 1 & 4 & 2 \end{pmatrix},$$

durch Hintereinanderausführen: z.B. ist $\pi(1) = 3$ und $\sigma(3) = 5$, also $\sigma \circ \pi(1) = 5$.

Man kann eine Permutation $\pi \in S_n$ aber auch als gerichteten Graphen darstellen. Die Zahlen $\{1, 2, \ldots, n\}$ werden als Punkte (Knoten) dargestellt, und ist $j = \pi(i)$, so verläuft eine gerichtete Kante von i nach j (siehe Abbildung 2.19 für das obige Beispiel). Man beachte,

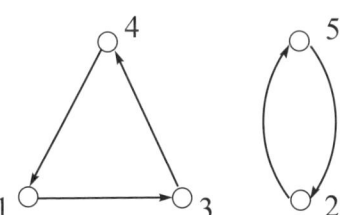

Abbildung 2.19 Grafische Darstellung einer Permutation

dass von jedem Punkt genau eine Kante wegführt und zu jedem Punkt genau eine Kante hinführt. Der Graph muss daher in **Zyklen** zerfallen. Im obigen Beispiel sind dies die Zyklen $1, \pi(1) = 3, \pi(3) = 4, \pi(3) = 1$ und $2, \pi(2) = 5, \pi(5) = 2$. Die Graphen von Permutationen haben daher eine sehr einfache Struktur. Sie bilden eine Menge von Zyklen, wobei natürlich auch **Schlingen** auftreten können, und zwar genau dann, wenn ein $j \in \{1, 2, \ldots, n\}$ auf sich selbst abgebildet wird, d.h. $\pi(j) = j$. Solche Punkte heißen auch **Fixpunkte**.

Dies führt uns direkt zur **Zyklendarstellung** einer Permutation. Da jede Permutation $\pi \in S_n$ in eine Menge von Zyklen zerfällt, genügt es, einfach diese anzugeben. Ist etwa

$1, \pi(1), \pi(\pi(1)), \pi(\pi(\pi(1))) = \pi^3(1), \ldots, \pi^{k-1}(1), \pi^k(1) = 1$ der erste Zyklus, so stellt man diesen durch

$$(1\ \pi(1)\ \pi^2(1)\ \cdots\ \pi^{k-1}(1))$$

dar. Im obigen Beispiel gibt es also die Zyklen $(1\,3\,4)$ und $(2\,5)$. Schreibt man nun alle Zyklen von π hintereinander an, so erhält man die Zyklendarstellung von π:

$$\pi = (1\,3\,4)\,(2\,5).$$

Schreibt man die Zyklen in einer anderen Reihenfolge an, bzw. vertauscht man innerhalb eines Zyklus die Elemente zyklisch, so erhält man auch eine Zyklendarstellung dieser Permutation, also z.B.

$$\pi = (5\,2)\,(3\,4\,1),$$

die Menge der Zyklen wird dadurch ja nicht verändert. Man beachte auch, dass damit $\pi = (5\,2)\circ (3\,4\,1)$ auch als Produkt der zyklischen Permutationen $(5\,2)$ und $(3\,4\,1)$ dargestellt wird. (Man bezeichnet eine Permutation als zyklisch, wenn ihre Zyklendarstellung nur aus einem einzigen Zyklus besteht.) Jede Permutation kann deshalb auch als Produkt von zyklischen Permutationen dargestellt werden.

Wir definieren nun das **Signum** (bzw. Vorzeichen) von $\pi \in \mathbf{S}_n$ durch

$$\operatorname{sgn}(\pi) := \prod_{1 \le i < j \le n} \frac{\pi(j) - \pi(i)}{j - i}. \tag{2.13}$$

Da π bijektiv ist, treten bis auf die Reihenfolge und bis auf das Vorzeichen im Zähler dieselben Faktoren auf wie im Nenner. Daher ist $\operatorname{sgn}(\pi)$ entweder 1 oder -1. Man nennt eine Permutation auch **gerade**, wenn das Signum 1 ist und **ungerade**, wenn das Signum -1 ist. Es gibt übrigens immer gerade und ungerade Permutationen (falls $n \ge 2$ ist). Beispielsweise ist $\operatorname{sgn}(id) = 1$ und $\operatorname{sgn}((1\,2)) = -1$. Man kann das Signum übrigens auch mit Hilfe der Fehlstände von π berechnen. Ein Fehlstand von π ist ein Paar (i, j) mit $i < j$ und $\pi(i) > \pi(j)$. Aus der Definition von sgn ergibt sich direkt, dass bei einer geraden Anzahl von Fehlständen das Signum $+1$ ist, also π gerade ist, und bei einer ungeraden Anzahl den Wert -1 hat.

Die wichtigste Eigenschaft des Signums ist, dass für zwei Permutationen $\pi, \sigma \in \mathbf{S}_n$ die folgende Beziehung gilt:

$$
\begin{aligned}
\operatorname{sgn}(\pi \circ \sigma) &= \prod_{1 \le i < j \le n} \frac{(\pi \circ \sigma)(j) - (\pi \circ \sigma)(i)}{j - i} \\
&= \prod_{1 \le i < j \le n} \frac{\pi(\sigma(j)) - \pi(\sigma(i))}{\sigma(j) - \sigma(i)} \cdot \prod_{1 \le i < j \le n} \frac{\sigma(j) - \sigma(i)}{j - i} \\
&= \operatorname{sgn}(\pi) \cdot \operatorname{sgn}(\sigma).
\end{aligned}
$$

Die Abbildung sgn ist daher ein Gruppenhomomorphismus zwischen der symmetrischen Gruppe $(\mathbf{S}_n, \circ)$ und der zwei-elementigen Gruppe $(\{1, -1\}, \cdot)$. Für $n \ge 2$ ist dieser Homomorphismus auch surjektiv. Der Kern von sgn

$$\ker(\operatorname{sgn}) = \{\pi \in \mathbf{S}_n \mid \operatorname{sgn}(\pi) = 1\} =: \mathbf{A}_n$$

wird auch als **alternierende Gruppe** A_n bezeichnet und umfasst alle geraden Permutationen. Aus dem Homomorphiesatz folgt, dass die Nebenklassenzerlegung von A_n (für $n \geq 2$) aus zwei Nebenklassen besteht, nämlich aus A_n, den geraden Permutationen, und aus $S_n \setminus A_n$, den ungeraden Permutationen. A_n ist daher eine Untergruppe vom Index $|S_n : A_n| = 2$, A_n und auch $S_n \setminus A_n$ bestehen jeweils aus $n!/2$ Elementen. Es gibt daher genauso viele gerade wie ungerade Permutationen.

3. Ringe und Körper

In den ganzen Zahlen $\mathbb{Z}$ verwendet man (wenigstens) zwei verschiedene binäre Operationen, die Addition und die Multiplikation. Bezüglich der Addition ist $\mathbb{Z}$ eine Gruppe und bezüglich der Multiplikation ein Monoid. Man erfasst aber die Struktur der ganzen Zahlen $\mathbb{Z}$ (bezüglich Addition und Multiplikation) nicht vollständig, wenn man die Stukturen $(\mathbb{Z}, +)$ und $(\mathbb{Z}, \cdot)$ nur getrennt betrachtet. Es gelten auch Rechenregeln wie das **Distributivgesetz**

$$a \cdot (b + c) = (a \cdot b) + (a \cdot c),$$

wo Addition und Multiplikation gemeinsam auftreten.

Im Folgenden werden daher algebraische Strukturen $(A, +, \cdot)$ mit zwei binären Operationen behandelt. Aus notationstechnischen Gründen werden wir diese immer mit + (plus) und · (mal) bezeichnen, auch wenn sie mit der gewöhnlichen Addition und Multiplikation nichts zu tun haben. Entsprechend bezeichnet man das neutrale Element von +, sofern eines existiert, mit 0 (Null) und das von · mit 1 (Eins). Das additive inverse Element von a bezeichnet man immer mit $-a$ und das multiplikative mit a^{-1}. Schließlich wird, um Klammern zu sparen, wie üblich die Multiplikation vor der Addition ausgeführt.

Definition 2.68 Eine **algebraische Struktur** $(R, +, \cdot)$ mit zwei binären Operation heißt **Ring**, wenn die folgenden drei Eigenschaften erfüllt sind:

(i) $(R, +)$ ist eine kommutative Gruppe (mit neutralem Element 0),
(ii) $(R, \cdot)$ ist eine Halbgruppe, und
(iii) es gelten die **Distributivgesetze**:

$$\begin{aligned} a \cdot (b + c) &= a \cdot b + a \cdot c \\ (a + b) \cdot c &= a \cdot c + b \cdot c \end{aligned} \quad \text{für alle } a, b, c \in R.$$

Besitzt R bezüglich · ein neutrales Element (siehe oben), so nennt man R **Ring mit Einselement**, und ist R bezüglich · kommutativ, so nennt man R **kommutativen Ring**.

Beispiel 2.69

(a) $(\mathbb{Z}, +, \cdot)$ und $(\mathbb{Z}_m, +, \cdot)$ $(m \geq 1)$ sind kommutative Ringe mit Einselement. (Die Rechenoperationen + und · in $\mathbb{Z}_m$ wurden bereits in (1.4) definiert: $\overline{a} + \overline{b} = \overline{a + b}$, und $\overline{a} \cdot \overline{b} = \overline{a \cdot b}$.)

(b) Die Menge aller $n \times n$-Matrizen $A = (a_{ij})_{1 \leq i,j \leq n}$ mit Eintragungen a_{ij} aus einem Ring R bildet mit der Matrizenaddition und -multiplikation wieder einen Ring (vergleiche mit Kapitel 3). $\triangle$

Beispiel 2.70 Polynome in der Unbestimmten x über einem Ring R sind formale Summen der Form $p(x) = a_0 + a_1 x + a_2 x^2 + \cdots + a_k x^k$ mit **Koeffizienten** $a_0, a_1, \ldots, a_k \in R$. Die Menge aller dieser Polynome wird mit $R[x]$ bezeichnet. Aus notationstechnischen Gründen schreibt man Polynome oft auch als (formal) unendliche Summen $p(x) = \sum_{k=0}^{\infty} a_k x^k$, wobei immer vorausgesetzt wird, dass ab einem Index k_0 alle Koeffizienten verschwinden: $a_{k_0+1} = a_{k_0+2} = \cdots = 0$, also tatsächlich nur endlich viele Summanden auftreten. Ist $p(x)$ ungleich dem Nullpolynom, so nennt man das maximale k mit $a_k \neq 0$ den **Grad** von $p(x)$, in Zeichen $\mathrm{grad}(p(x))$. (Beispielsweise hat $p(x) = 1 + x^2 = 1x^0 + 0x + 1x^2 + 0x^3 + 0x^4 + \cdots$ den Grad 2.) Man beachte auch, dass x kein Element aus R ist, sondern wirklich als „Unbestimmte" zu sehen ist. Im Speziellen sind zwei Polynome nur dann gleich, wenn alle Koeffizienten gleich sind.

Sind nun $p(x) = \sum_{k=0}^{\infty} a_k x^k$, $q(x) = \sum_{k=0}^{\infty} b_k x^k$ zwei Polynome über R, so definiert man Summe $p(x) + q(x)$ und Produkt $p(x) \cdot q(x)$ durch

$$p(x) + q(x) = \sum_{k=0}^{\infty} (a_k + b_k) x^k \quad \text{und} \quad p(x) \cdot q(x) = \sum_{k=0}^{\infty} \left(\sum_{j=0}^{k} a_j \cdot b_{k-j} \right) x^k.$$

Die algebraische Struktur $(R[x], +, \cdot)$ ist, wie man leicht nachrechnen kann, wieder ein Ring, der **Polynomring über** R.

Es fällt auf, dass die Definition von $p(x) + q(x)$ und $p(x) \cdot q(x)$ auch für (formal) unendliche Summen verwendet werden kann. Man betrachtet daher die Menge $R[[x]]$ der **formalen Potenzreihen** $\sum_{k=0}^{\infty} a_k x^k$ mit Koeffizienten $a_k \in R$ (ohne jede Einschränkung), sie bildet mit $+$ und $\cdot$ den **Ring der formalen Potenzreihen über** R. $\triangle$

Man beachte, dass in jedem Ring R die Rechenregel $a \cdot 0 = 0 \cdot a = 0$ gilt; ist also in einem Produkt ein Faktor 0, so ist auch das Produkt 0. Aus $0 + 0 = 0$ folgt nämlich $a \cdot 0 = a \cdot (0 + 0) = a \cdot 0 + a \cdot 0$ und nach Addition mit $-(a \cdot 0)$ die Beziehung $a \cdot 0 = 0$.[5] In ähnlicher Weise zeigt man $0 \cdot a = 0$, aber auch $-(a \cdot b) = (-a) \cdot b = a \cdot (-b)$.

In einem Ring kann das Produkt zweier von 0 verschiedener Elemente dennoch 0 sein. Z.B. gilt in $\mathbb{Z}_6$ die Beziehung $\overline{2} \cdot \overline{3} = \overline{6} = \overline{0}$. Man nennt i. Allg. ein Element $a \neq 0$ eines Ringes R **Nullteiler**, wenn es ein $b \neq 0$ aus R gibt, so dass $a \cdot b = 0$ oder $b \cdot a = 0$ ist. (Dieses b ist damit natürlich auch ein Nullteiler.) Ringe ohne Nullteiler werden gesondert betrachtet.

Definition 2.71 Ein kommutativer Ring mit Einselement ohne Nullteiler heißt **Integritätsring**.

Beispiel 2.72 Der Ring $(\mathbb{Z}, +, \cdot)$ ist ein Integritätsring, $(\mathbb{Z}_m, +, \cdot)$ $(m \geq 1)$ ist aber nur dann ein Integritätsring, wenn m eine Primzahl ist. Ist m zusammengesetzt, so besitzt $\mathbb{Z}_m$ Nullteiler.

Weiters sind der Polynomring $R[x]$ und der Ring der formalen Potenzreihen $R[[x]]$ über einem Integritätsring R wieder Integritätsringe. $\triangle$

Ein wesentlicher Vorteil, in einem Integritätsring zu arbeiten, ist es, dass die **Kürzungsregel** gilt. Ist $a \neq 0$ und $a \cdot b = a \cdot c$, so folgt $a \cdot (b - c) = 0$ und damit auch $b - c = 0$ bzw. $b = c$, also

$$a \cdot b = a \cdot c \wedge a \neq 0 \implies b = c.$$

---

[5]In dieser Gleichung liegt auch die Unmöglichkeit der Existenz eines Inversen von 0 und damit die Unmöglichkeit der Division durch 0 begründet.

In einem beliebigen Ring R kann man stets durch Elemente $a \in R$ kürzen, die ein multiplikatives Inverses a^{-1} besitzen. Solche Elemente heißen auch **Einheiten**. Es ist direkt nachzurechnen, dass die Menge aller Einheiten R^* von R eine (multiplikative) Gruppe bildet, die so genannte **Einheitengruppe** von R. Beispielsweise ist $\mathbb{Z}^* = \{-1, 1\}$.

In Abschnitt 1.2 (siehe Satz 1.30) wurde bereits gezeigt, dass $\mathbb{Z}_m^*$ genau aus jenen Restklassen $\bar{a}$ besteht, welche die Eigenschaft $\mathrm{ggT}(a, m) = 1$ erfüllen. Außerdem gilt $|\mathbb{Z}_m^*| = \varphi(m)$, wobei $\varphi(m)$ die Euler'sche φ-Funktion bezeichnet (siehe Definition 1.33). Man beachte insbesondere, dass für eine Primzahl $p \in \mathbb{P}$ die Beziehung $\varphi(p) = p - 1$ gilt, d.h., alle Elemente aus $\mathbb{Z}_p$ außer $\bar{0}$ sind Einheiten. Diese Beobachtung führt uns zu einer weiteren zentralen algebraischen Struktur.

Definition 2.73 Ein kommutativer Ring $(K, +, \cdot)$ mit Einselement $1 \neq 0$, in dem jedes Element $a \neq 0$ eine Einheit ist, also ein multiplikatives Inverses besitzt, heißt ein **Körper**.

Eine algebraische Struktur $(K, +, \cdot)$ ist also genau dann ein Körper, wenn $(K, +)$ und $(K \setminus \{0\}, \cdot)$ kommutative Gruppen sind und die Distributivgesetze gelten.

Beispiel 2.74 Die Strukturen $(\mathbb{Q}, +, \cdot)$, $(\mathbb{R}, +, \cdot)$ und $(\mathbb{C}, +, \cdot)$, aber auch $(\mathbb{Z}_p, +, \cdot)$ $(p \in \mathbb{P})$ sind Körper. Ist $m \in \mathbb{Z}$ keine Primzahl, so ist $(\mathbb{Z}_m, +, \cdot)$ kein Körper. Stellt man nämlich m durch $m = k \cdot \ell$ mit $1 < k < m$ und $1 < \ell < m$ dar, so haben die Restklassen $\bar{k}$ und $\bar{\ell}$ kein multiplikatives Inverses. $\triangle$

Wie man bereits aus der Definition sieht, besteht ein enger Zusammenhang zwischen Integritätsringen und Körpern, allerdings sind, wie das Beispiel der ganzen Zahlen $\mathbb{Z}$ zeigt, die Begriffe sicherlich verschieden. Allgemein gilt der folgende Satz.

Satz 2.75 *Jeder Körper ist ein Integritätsring, und jeder endliche Integritätsring ist ein Körper.*

Beweis. Jeder Körper K ist definitionsgemäß ein kommutativer Ring mit Einselement. Angenommen, es gäbe $a, b \in K \setminus \{0\}$ mit $a \cdot b = 0$, so folgt nach Multiplikation mit a^{-1} die widersprüchliche Beziehung $b = a^{-1} \cdot 0 = 0$. Daher gibt es in einem Körper keine Nullteiler, er ist also auch ein Integritätsring.

Sei nun umgekehrt $R = \{r_0, r_1, \ldots, r_{n-1}\}$ ein endlicher Integritätsring und $a \in R \setminus \{0\}$. Wegen der Kürzungsregel sind die Elemente $a \cdot r_0, a \cdot r_1, \ldots, a \cdot r_{n-1}$ alle paarweise verschieden. Es muss daher $\{a \cdot r_0, a \cdot r_1, \ldots, a \cdot r_{n-1}\} = R$ gelten. Insbesondere muss es ein j mit $a \cdot r_j = 1$ geben. Es sind demnach alle Elemente $a \neq 0$ invertierbar, also ist R ein Körper. $\square$

Beispiel 2.76 Wir betrachten die Polynome vom Grad ≤ 1 über dem Körper $\mathbb{Z}_2$, also die Menge $F = \{\bar{0}, \bar{1}, x, \bar{1} + x\}$, und definieren folgende Operationen:

$+$	$\bar{0}$	$\bar{1}$	x	$\bar{1}+x$
$\bar{0}$	$\bar{0}$	$\bar{1}$	x	$\bar{1}+x$
$\bar{1}$	$\bar{1}$	$\bar{0}$	$\bar{1}+x$	x
x	x	$\bar{1}+x$	$\bar{0}$	$\bar{1}$
$\bar{1}+x$	$\bar{1}+x$	x	$\bar{1}$	$\bar{0}$

$\cdot$	$\bar{0}$	$\bar{1}$	x	$\bar{1}+x$
$\bar{0}$	$\bar{0}$	$\bar{0}$	$\bar{0}$	$\bar{0}$
$\bar{1}$	$\bar{0}$	$\bar{1}$	x	$\bar{1}+x$
x	$\bar{0}$	x	$\bar{1}+x$	$\bar{1}$
$\bar{1}+x$	$\bar{0}$	$\bar{1}+x$	$\bar{1}$	x

Wie man nachrechnet, ist $(F, +, \cdot)$ ein Körper mit 4 Elementen. $\triangle$

Allgemein lässt sich zeigen, dass es nur für Primzahlpotenzen p^m ($m \geq 1$) endliche Körper mit p^m Elementen gibt. Es gibt also keinen Körper mit 6 Elementen, aber einen mit 8 und einen mit 9. Wir deuten nun abschließend an, wie man endliche Körper dieser Art, die in der Kodierungstheorie und der Kryptografie von großer Bedeutung sind, konstruieren kann. Ausgangspunkt ist die Division mit Rest von Polynomen über einem Körper.

Satz 2.77 *Seien $a(x)$ und $b(x)$ zwei Polynome mit Koeffizienten aus einem Körper K, und sei $b(x) \neq 0$. Dann gibt es Polynome $q(x), r(x) \in K[x]$ mit*

$$a(x) = b(x)q(x) + r(x),$$

wobei $r(x)$ entweder das Nullpolynom ist oder $\mathrm{grad}(r(x)) < \mathrm{grad}(b(x))$.

Damit kann man wie in den ganzen Zahlen mit Hilfe einer Divisionskette den größten gemeinsamen Teiler zweier Polynome bestimmen. Dabei heißt ein Polynom $d(x) \in K[x]$ größter gemeinsamer Teiler der Polynome $a(x), b(x) \in K[x]$, wenn $d(x)$ ein gemeinsamer Teiler von $a(x)$ und $b(x)$ ist und jeder gemeinsame Teiler $t(x) \in K[x]$ von $a(x)$ und $b(x)$ ein Teiler von $d(x)$ ist. Schließlich gelingt es mit demselben Verfahren wie bei den ganzen Zahlen, zwei Polynome $e(x)$ und $f(x)$ mit $a(x)e(x) + b(x)f(x) = d(x)$ zu finden.

Es sei nun $q(x) \in K[x]$ ein festes Polynom (ungleich dem Nullpolynom). Die polynomiellen Vielfachen $q(x)K[x]$ dieses Polynoms bilden einen (additiven) Normalteiler von $K[x]$. Auf der (additiven) Faktorgruppe $K[x]/q(x)K[x]$ kann (wie in $\mathbb{Z}/m\mathbb{Z}$) in natürlicher Weise eine Multiplikation definiert werden, nämlich $\overline{a(x)} \cdot \overline{b(x)} = \overline{a(x)b(x)}$, und $K[x]/q(x)K[x]$ wird dadurch wieder zu einem Ring (dabei haben wir für $p(x) \in K[x]$ die Bezeichnung $\overline{p(x)} = p(x) + q(x)K[x]$ verwendet). Das Rechnen in diesem Faktorring ist – grob gesprochen – das Rechnen in $K[x]$ modulo dem Polynom $q(x)$. Ähnlich wie in den ganzen Zahlen gilt der folgende Satz.

Satz 2.78 *Sei K ein Körper, ferner sei $q(x) \in K[x]$ ein Polynom mit Koeffizienten aus K und $\mathrm{grad}(q(x)) \geq 1$. Dann ist der Faktorring $(K[x]/q(x)K[x], +, \cdot)$ genau dann ein Körper, wenn das Polynom $q(x)$ **irreduzibel** über K ist, d.h., wenn $q(x)$ nicht als Produkt zweier Polynome $a(x), b(x) \in K[x]$ mit kleinerem Grad (als $q(x)$) dargestellt werden kann.*

Ist $q(x)$ ein irreduzibles Polynom vom Grad $k \geq 1$ über $\mathbb{Z}_p$ (mit einer Primzahl p), so ist $F = \mathbb{Z}_p[x]/q(x)\mathbb{Z}_p[x]$ ein endlicher Körper. Jede Restklasse in F kann wegen Satz 2.77 eindeutig durch ein Polynom vom Grad $< k$ repräsentiert werden. Daher hat F genau p^k Elemente. Beispielsweise führt das über $\mathbb{Z}_2$ irreduzible Polynom $p(x) = x^2 + x + 1$ auf den in Beispiel 2.76 angegebenen Körper F mit 4 Elementen.

Das soeben beschriebene Verfahren wird auch benützt, einen Körper K um Nullstellen von Polynomen zu erweitern.

Beispiel 2.79 Das Polynom $q(x) = x^2 + 1$ ist irreduzibel über $\mathbb{R}$. Daher ist der Faktorring $F = \mathbb{R}[x]/(x^2 + 1)\mathbb{R}[x]$ ein Körper. Die Nebenklasse $I = x + (x^2 + 1)\mathbb{R}[x]$ hat die Eigenschaft $I \cdot I = x^2 + (x^2 + 1)\mathbb{R}[x] = -1 + (x^2 + 1)\mathbb{R}[x]$. Es ist leicht einzusehen, dass F nichts anderes als die komplexen Zahlen $\mathbb{C}$ repräsentiert. Die imaginäre Einheit i, die Nullstelle von $q(x) = x^2 + 1$, muss nur mit $I = x + (x^2 + 1)\mathbb{R}[x]$ identifiziert werden.   △

4. Verbände und Boolesche Algebren

In der Logik, aber auch in der Theorie der Halbordnungen spielt eine weitere Klasse von algebraischen Strukturen mit zwei Operationen eine Rolle, nämlich Verbände.

Definition 2.80 Eine algebraische Struktur $(M, \wedge, \vee)$ heißt **Verband**, wenn folgende Eigenschaften erfüllt sind:

(i) $(M, \wedge)$ ist eine kommutative Halbgruppe,

(ii) $(M, \vee)$ ist eine kommutative Halbgruppe, und

(iii) es gelten die **Verschmelzungsgesetze**

$$a = a \wedge (a \vee b),$$
$$a = a \vee (a \wedge b)$$

für alle $a, b \in M$.

Die Verschmelzungsgesetze erscheinen etwas künstlich gewählt und vermitteln keine direkte Intuition. Sie haben aber weit reichende Folgerungen. Beispielsweise folgt daraus

$$a \wedge a = a \wedge (a \vee (a \wedge b)) = a$$

und ebenso $a \vee a = a$.

Beispiel 2.81

(a) $(\mathbf{P}(A), \cap, \cup)$ ist für jede Menge A ein Verband.

(b) $M = \mathbb{N}$ mit $a \wedge b = \min(a, b)$ und $a \vee b = \max(a, b)$ ist ein Verband.

(c) $M = \mathbb{N} \setminus \{0\}$ mit $a \wedge b = \text{ggT}(a, b)$ und $a \vee b = \text{kgV}(a, b)$ ist ein Verband. △

Beispiel 2.82 $B = \{0, 1\}$ mit den Operationen $\wedge, \vee$ ist ein Verband.

$\wedge$	0	1
0	0	0
1	0	1

$\vee$	0	1
0	0	1
1	1	1

Ebenso ist $B^n = \{(x_1, x_2, \ldots, x_n) \mid x_j \in B \ (1 \leq j \leq n)\}$, wobei $\wedge$ und $\vee$ komponentenweise durchgeführt werden, ein Verband.

$(B^n, \wedge, \vee)$ ist übrigens zu $(\mathbf{P}(A), \cap, \cup)$ isomorph, wobei A eine endliche Menge mit n Elementen, etwa $A = \{a_1, a_2, \ldots, a_n\}$ bezeichnet. Eine Teilmenge $B \subseteq A$ wird wie im Beispiel 2.2 mit einer 0-1-Folge der Länge n identifiziert. △

Es besteht ein enger Zusammenhang zwischen Verbänden und (speziellen) Halbordnungen, nämlich solchen, die zu je zwei Elementen a, b ein **Infimum** $\inf(a, b)$ und ein **Supremum** $\sup(a, b)$ besitzen.

Ein Element c einer Halbordnung heißt **Infimum** zweier Elemente a, b (und wird mit $\inf(a, b)$ bezeichnet), wenn $c \leq a$ und $c \leq b$ ist und für jedes Element d mit $d \leq a$ und $d \leq b$ auch $d \leq c$ gilt. Entsprechend heißt ein Element $\bar{c}$ **Supremum** zweier Elemente $a, b \in M$ (und wird mit

$\sup(a, b)$ bezeichnet), wenn $a \leq \overline{c}$ und $b \leq \overline{c}$ ist und für jedes Element $\overline{d}$ mit $a \leq \overline{d}$ und $b \leq \overline{d}$ auch $\overline{c} \leq \overline{d}$ gilt. Man beachte, dass aus der Antisymmetrie-Eigenschaft einer Halbordnung folgt, dass ein $\inf(a, b)$ bzw. ein $\sup(a, b)$, falls es existiert, eindeutig bestimmt ist.

Satz 2.83 *Sei* $(M, \wedge, \vee)$ *ein Verband. Dann wird durch*

$$a \leq b \quad \Longleftrightarrow \quad a = a \wedge b$$

auf M *eine Halbordnung definiert. In dieser Halbordnung gibt es zu je zwei Elementen ein Infimum, nämlich* $\inf(a, b) = a \wedge b$, *und ein Supremum* $\sup(a, b) = a \vee b$.

Ist umgekehrt $\leq$ *eine Halbordnung auf* M *mit der Eigenschaft, dass es zu je zwei Elementen ein Infimum und ein Supremum gibt, so ist* M *mit den Operationen* $a \wedge b = \inf(a, b)$ *und* $a \vee b = \sup(a, b)$ *ein Verband.*

Beweis. Wegen $a \wedge a = a$ gilt zunächst $a \leq a$. Ist weiters $a \leq b$ und $b \leq a$, so folgt $a = a \wedge b = b \wedge a = b$. Damit ist $\leq$ reflexiv und antisymmetrisch.

Es sei nun $a \leq b$ und $b \leq c$, also $a \wedge b = a$ und $b \wedge c = b$. Aus dem Assoziativgesetz folgt dann $a \wedge c = (a \wedge b) \wedge c = a \wedge (b \wedge c) = a \wedge b = a$. Also gilt auch $a \leq c$, womit die Transitivität von $\leq$ nachgewiesen ist.

Setzt man nun $c = a \wedge b$, so gilt sicherlich $c \leq a$, da $c \wedge a = (a \wedge b) \wedge a = a \wedge b = c$ ist. Ebenso gilt $c \leq b$. Ist nun $d \leq a$ und $d \leq b$, also $d \wedge a = d$ und $d \wedge b = d$, so folgt $d = d \wedge d = (d \wedge a) \wedge (d \wedge b) = d \wedge (a \wedge b)$, also $d \leq c = a \wedge b$. Daher ist $c = a \wedge b = \inf(a, b)$. Aus den Verschmelzungsgesetzen erhält man unmittelbar $a \wedge b = a \Longleftrightarrow a \vee b = b$, also $a \leq b \Longleftrightarrow a \vee b = b$. Daraus ergibt sich mit analogen Überlegungen wie zuvor $\sup(a, b) = a \vee b$.

Die Relation $\leq$ erfüllt daher alle geforderten Eigenschaften. Ist nun umgekehrt $(H, \leq)$ eine solche Halbordnung, so überlegt man leicht, dass die Operationen $\wedge = \inf$ und $\vee = \sup$ alle Eigenschaften eines Verbandes haben. Beispielsweise muss $\inf(a, \sup(a, b)) = a$ nachgeprüft werden. Dies ist aber aus der Definition von $\inf$ und $\sup$ direkt ersichtlich. Die Details werden dem Leser überlassen. $\qquad\square$

Da jede (endliche) Halbordnung durch ein **Hassediagramm** dargestellt werden kann, ist es auch möglich, einen Verband durch das Hassediagramm der entsprechenden Halbordnung zu repräsentieren.

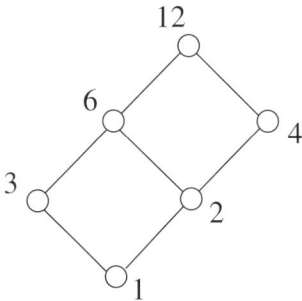

Abbildung 2.20 Teilerverband

Beispiel 2.84 $M = \{1, 2, 3, 4, 6, 12\}$ mit $a \wedge b = \mathrm{ggT}(a, b)$ und $a \vee b = \mathrm{kgV}(a, b)$ ist ein Verband. Sein Hassediagramm ist in der Abb. 2.20 angegeben. △

Beispiel 2.85 Das in der Abb. 2.21 angegebene Beispiel einer Halbordnung zeigt, dass es auch Halbordnungen auf sehr kleinen Mengen gibt, wo nicht für alle Paare ein Infimum bzw. Supremum existiert. Diese Halbordnung repräsentiert daher keinen Verband. △

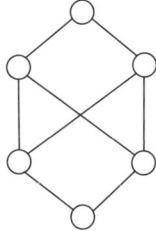

Abbildung 2.21 Hassediagramm einer Halbordnung, die kein Verband ist

Definition 2.86 Ein Verband $(M, \wedge, \vee)$ heißt **distributiver Verband**, wenn die **Distributivgesetze**

$$
\begin{aligned}
a \wedge (b \vee c) &= (a \wedge b) \vee (a \wedge c), \\
a \vee (b \wedge c) &= (a \vee b) \wedge (a \vee c)
\end{aligned}
$$

für alle $a, b, c \in M$ gelten.

Beispiel 2.87 Der durch das in Abb. 2.22 gegebene Hassediagramm definierte Verband ist nicht distributiv. Es gilt $a \wedge (b \vee c) = a \wedge 1 = a$, aber $(a \wedge b) \vee (a \wedge c) = 0 \vee 0 = 0$. △

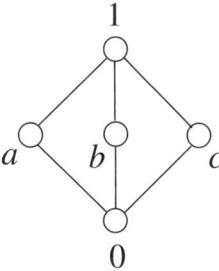

Abbildung 2.22 Nicht-distributiver Verband

Gewisse Verbände haben außer den Distributivgesetzen noch weitere Eigenschaften. Beispielsweise hat der Verband $(\mathbf{P}(A), \cap, \cup)$ aus Beispiel 2.81 (a) die ganze Menge A als **gemeinsame obere Schranke** und die leere Menge $\emptyset$ als **gemeinsame untere Schranke**. Diese Elemente sind dann natürlich neutrale Elemente für $\cap$ und $\cup$. Weiters gibt es zu jeder Menge

$B \in \mathbf{P}(A)$ das **Komplement** $B' = A \setminus B$ mit den Eigenschaften $\inf(B, B') = B \cap B' = \emptyset$ und $\sup(B, B') = B \cup B' = A$. Der Verband $(\mathbf{P}(A), \cap, \cup)$ bildet eine so genannte **Boole'sche Algebra**.

Definition 2.88 Ein distributiver Verband $(M, \wedge, \vee)$ heißt **Boole'sche Algebra**, wenn er die folgenden beiden zusätzlichen Eigenschaften besitzt:

(i) Es gibt ein neutrales Element $1 \in M$ bezüglich $\wedge$, und es gibt ein neutrales Element $0 \in M$ bezüglich $\vee$, d.h. $(M, \wedge)$ und $(M, \vee)$ sind Monoide.

(ii) Zu jedem $a \in M$ gibt es ein Komplement $a' \in M$ mit

$$a \vee a' = 1 \quad \text{und} \quad a \wedge a' = 0.$$

Satz 2.89 *Eine Boole'sche Algebra* $(M, \wedge, \vee)$ *hat die folgenden Eigenschaften:*

(i) *Für alle* $a \in M$ *gilt* $a \vee 1 = 1$ *und* $a \wedge 0 = 0$.

(ii) *Gelten für ein* $b \in M$ *die Beziehungen* $a \vee b = 1$ *und* $a \wedge b = 0$, *so ist* $a' = b$.

(iii) *Für alle* $a \in M$ *gilt* $(a')' = a$.

(iv) *Für alle* $a, b \in M$ *gelten die* **DeMorgan'schen Regeln**

$$
\begin{aligned}
(a \wedge b)' &= a' \vee b', \\
(a \vee b)' &= a' \wedge b'.
\end{aligned}
$$

Beweis. Es folgt aus den Verschmelzungsgesetzen: $a \vee 1 = (a \wedge 1) \vee 1 = 1$ und $a \wedge 0 = (a \vee 0) \wedge 0 = 0$.

Es sei nun $b \in M$ mit $a \vee b = 1$ und $a \wedge b = 0$. Weiters bezeichne $\leq$ die zu M gehörige Halbordnung. Aus

$$a' = a' \wedge 1 = a' \wedge (a \vee b) = (a' \wedge a) \vee (a' \wedge b) = 0 \vee (a' \wedge b) = a' \wedge b$$

folgt $a' \leq b$. Analog ergibt sich $b = b \wedge a'$, also $b \leq a'$. Insgesamt folgt $a' = b$. Diese Eigenschaft impliziert aber auch $(a')' = a$.

Schließlich rechnet man mit Hilfe des Distributivgesetzes nach, dass $(a' \vee b') \vee (a \wedge b) = 1$ und $(a' \vee b') \wedge (a \wedge b) = 0$ gilt. Daraus folgt $(a \wedge b)' = a' \vee b'$. In analoger Weise zeigt man $(a \vee b)' = a' \wedge b'$. $\qquad\square$

Beispiel 2.90 $(B^n, \wedge, \vee)$ ist für jedes $n \in \mathbb{N}$ eine Boole'sche Algebra. $\qquad\triangle$

Interessanterweise sind dies (bis auf Isomorphie) alle endlichen Boole'schen Algebren, wie der folgende Satz, den wir ohne Beweis angeben, besagt.

Satz 2.91 *Jede endliche Boole'sche Algebra ist zu* $(B^n, \wedge, \vee)$ *für ein* $n \in \mathbb{N}$ *isomorph, d.h., es gibt nur endliche Boole'sche Algebren der Ordnung* 2^n $(n \in \mathbb{N})$.

2.4 Übungsaufgaben

2.1 Jemand wirft $2n$-mal eine Münze. Wieviele verschiedene Spielverläufe gibt es, wenn gleich oft Kopf wie Adler auftreten soll?

2.2 Wie viele Möglichkeiten gibt es, drei (voneinander unterscheidbare) Würfel so zu werfen, dass genau zwei dieselbe Augenzahl zeigen?

2.3 Man bestimme die Anzahl der möglichen Tototipps $(1, 2, x)$ bei 12 Spielen und die Anzahl der möglichen richtigen Zehner (d. h. die Anzahl derjenigen Tipps, die mit einer vorgegebenen Kolonne an genau 10 der 12 Stellen übereinstimmen).

2.4 Man berechne:
(a) Wie viele „Wörter" der Länge 28 gibt es, bei denen genau 5-mal der Buchstabe a, 14-mal b, 5-mal c, 3-mal d vorkommen und genau einmal e vorkommt?
(b) Wie viele „Wörter" der Länge 28 aus den Buchstaben a, b gibt es, die genau 5-mal a enthalten und zwischen je zwei a mindestens 3-mal den Buchstaben b?

2.5 Wie viele Möglichkeiten gibt es, 23 verschieden große Kugeln so zu färben, dass 9 rot, 5 schwarz, 4 blau, 4 grün sind und eine weiß ist?

2.6 Wie viele Möglichkeiten gibt es, aus einem 32-bändigen Lexikon genau 7 Bücher auszuwählen, wobei zwischen zwei ausgewählten Bänden immer mindestens einer im Regal stehen bleiben soll?

2.7 Man beantworte folgende Fragen für das „6 aus 45"-Lotto:
(a) Wie groß ist die Anzahl der möglichen richtigen Fünfer (d. h. die Anzahl derjenigen 6-elementigen Teilmengen von $\{1, 2, \ldots, 45\}$, die mit einer vorgegebenen 6-elementigen Teilmenge genau 5 Elemente gemeinsam haben)?
(b) Wie groß ist die Anzahl der möglichen richtigen Fünfer mit Zusatzzahl (d. h. die Anzahl derjenigen 6-elementigen Teilmengen von $\{1, 2, \ldots, 45\}$, die mit einer vorgegebenen 6-elementigen Teilmenge genau 5 Elemente gemeinsam haben und deren sechstes Element einen vorgegebenen Wert außerhalb der 6-elementigen Menge hat)?
(c) Wie viele verschiedene Tipps müssen beim Lotto „6 aus 45" abgegeben werden, um sicher einen Sechser zu erzielen? Wie viele verschiedene Tipps sind nötig, um mit Sicherheit mindestens einmal in den Gewinnrängen (d.h. Dreier oder besser) zu sein? Bei wie vielen möglichen Tipps stimmt mindestens eine Zahl, bei wie vielen sind alle Zahlen falsch?

2.8 Wie viele natürliche Zahlen $n < 100\,000$ enthalten in ihrer Dezimalentwicklung (a) genau dreimal die Ziffer drei bzw. (b) genau viermal die Ziffer zwei?

2.9 Man beweise die Formel

$$\binom{2n}{n} = \sum_{k=0}^{n} \binom{n}{k}^2 = \sum_{k=0}^{n} \binom{n}{k} \binom{n}{n-k}.$$

(Hinweis: Man betrachte die Koeffizienten von x^n in der Identität $(1+x)^n (1+x)^n = (1+x)^{2n}$.)

2.10 Man beweise die Beziehung $\binom{n+1}{k+1} = \binom{n}{k+1} + \binom{n}{k}$ durch Interpretation von $\binom{n}{k}$ als Anzahl der k-elementigen Teilmengen einer n-elementigen Menge.

2.11 Die folgenden Aufgaben sollen mit dem Inklusions-Exklusions-Prinzip bearbeitet werden.
(a) In einer Menge von n Personen können 10 Personen Deutsch, 7 Englisch, 5 Französisch, 6 Deutsch und Englisch, 4 Deutsch und Französisch, 3 Englisch und Französisch, 3 alle drei Sprachen und niemand keine der drei Sprachen. Wie groß ist n?

(b) Wie viele natürliche Zahlen n mit $1 \le n \le 10^6$ gibt es, die weder Quadrat, noch dritte, vierte oder fünfte Potenz einer natürlichen Zahl sind?

(c) Wie viele natürliche Zahlen n mit $1 \le n \le 10^3$ gibt es, die durch 3 und 5, aber weder durch 9 noch durch 11 teilbar sind?

(d) Wie viele natürliche Zahlen n mit $1 \le n \le 10^6$ gibt es, die weder durch 2 teilbar noch Quadratzahlen, noch dritte, noch vierte Potenzen natürlicher Zahlen sind?

(e) Man bestimme die Anzahl aller Anordnungen (Permutationen) der Buchstaben a, b, c, d, e, f, g, in denen weder der Block „$abcd$" noch der Block „fa" vorkommt. (Hinweis: Die Anzahl der Permutationen einer n-elementigen Menge ist $n!$.)

(f) Auf wie viele Arten können 8 Türme auf ein Schachbrett gestellt werden derart, dass sie einander nicht schlagen und die weiße Diagonale frei bleibt? (Ein Turm schlägt eine andere Figur, die horizontal oder vertikal auf gleicher Höhe steht, sofern keine weitere Figur dazwischen steht.)

2.12 Gegeben sei der ungerichtete schlichte Graph $G = (V, E)$ mit $V = \{a, b, c, d, e\}$ und $E = \{ab, ac, ae, bc, bd, ce\}$. Man veranschauliche G graphisch, bestimme seine Adjazenzmatrix sowie alle Knotengrade und zeige, dass die Anzahl der Knoten, die einen ungeraden Knotengrad besitzen, gerade ist. Gilt diese Aussage in jedem ungerichteten Graphen?

2.13 Ein schlichter Graph $G = (V, E)$ heißt kubisch, wenn jeder Knoten $v \in V$ Knotengrad $d(v) = 3$ hat.

(a) Geben Sie ein Beispiel für einen kubischen Graphen mit $\alpha_0(G) = 6$ an.

(b) Gibt es einen kubischen Graphen mit ungerader Knotenanzahl $\alpha_0(G)$?

(c) Zeigen Sie, dass es zu jedem $n \ge 2$ einen kubischen Graphen mit $\alpha_0(G) = 2n$ gibt.

2.14 Man beweise Satz 2.16.

2.15 Man beweise Satz 2.17.

2.16 Welche der nachstehenden Adjazenzmatrizen stellt einen Baum dar?

$$
A = \begin{pmatrix}
0 & 0 & 0 & 0 & 0 & 1 \\
0 & 0 & 0 & 1 & 0 & 1 \\
0 & 0 & 0 & 0 & 1 & 1 \\
0 & 1 & 0 & 0 & 1 & 0 \\
0 & 0 & 1 & 1 & 0 & 0 \\
1 & 1 & 1 & 0 & 0 & 0
\end{pmatrix}, \qquad
B = \begin{pmatrix}
0 & 0 & 0 & 0 & 0 & 1 \\
0 & 0 & 1 & 0 & 0 & 0 \\
0 & 1 & 0 & 1 & 0 & 1 \\
0 & 0 & 1 & 0 & 1 & 0 \\
0 & 0 & 0 & 1 & 0 & 0 \\
1 & 0 & 1 & 0 & 0 & 0
\end{pmatrix}
$$

2.17 Unter n Mannschaften wird ein Turnier ausgetragen, und es haben insgesamt schon $n + 1$ Spiele stattgefunden. Man zeige, dass mindestens eine Mannschaft dann bereits an mindestens 3 Spielen teilgenommen hat.

2.18 Man zeige, dass es in einem ungerichteten Graphen $G = (V, E)$ mit $0 < |E| < |V|$ immer einen Knoten $v \in V(G)$ mit $d(v) \le 1$ gibt.

2.19 Man zeige mit Hilfe eines geeigneten graphentheoretischen Modells, dass es in jeder Stadt mindestens zwei Bewohner mit der gleichen Anzahl von Nachbarn gibt.

2.20 Sei $G = (V, E)$ ein schlichter ungerichteter Graph mit $|V| > 4$. Man zeige, dass dann entweder G oder G^κ einen Kreis enthält. (G^κ ist der komplementäre Graph zu G, d.h., G^κ enthält dieselben Knoten wie G und alle Kanten vw zwischen Knoten $v, w \in V(G)$, $v \neq w$, die nicht in $E(G)$ enthalten sind.)

2.21 Man zeige, dass jeder Baum ein paarer Graph ist. (Ein ungerichteter Graph G ist ein **paarer** oder **bipartiter Graph**, wenn die Knotenmenge $V(G)$ in zwei disjunkte, nichtleere Teilmengen V_1, V_2 zerlegt werden kann, so dass es nur Kanten $(v_1, v_2) \in E(G)$ mit $v_1 \in V_1$ und $v_2 \in V_2$ gibt.)

2.22 Man zeige, dass ein ungerichteter schlichter Graph G genau dann ein paarer Graph ist, wenn jeder Kreis in G gerade Länge hat.

2.23 Man bestimme die Komponenten des starken Zusammenhangs des gerichteten Graphen aus Abb. 2.23.

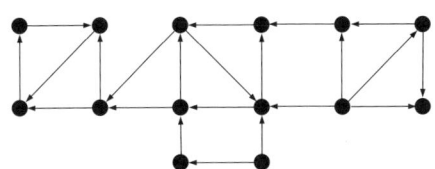 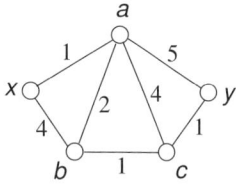

Abbildung 2.23 Gerichteter Graph und Netzwerk

2.24 Man beweise, dass es in einem Baum T mit $|E(T)| \geq 2$ immer wenigstens zwei Endknoten, also Knoten mit Knotengrad 1 gibt.

2.25 Sei G ein schlichter, ungerichteter Graph. Dann wird der **line graph** G^l zu G folgendermaßen definiert: $V(G^l) = E(G)$, und $ef \in E(G^l)$ genau dann, wenn im Graphen G die Kanten e und f einen gemeinsamen Knoten haben. Man zeige: Ist G ein schlichter, ungerichteter Euler'scher Graph (in dem Sinn, dass eine geschlossene Euler'sche Linie existiert), so ist der line graph G^l Hamilton'sch und Euler'sch.

2.26 Gegeben seien ein zusammenhängender bewerteter Graph G mit $V(G) = \{a, b, c, d, e, f, g, h,$ $i, j, k, l\}$ und Kantenbewertungen

$w(ab) = 3$, $w(ac) = 2$, $w(ad) = 7$, $w(ae) = 2$, $w(bd) = 4$, $w(bf) = 8$, $w(bk) = 6$, $w(bl) = 1$, $w(cf) = 2$, $w(ck) = 5$, $w(de) = 1$, $w(df) = 6$, $w(dg) = 9$, $w(dh) = 6$, $w(dj) = 1$, $w(ef) = 2$, $w(ei) = 1$, $w(fg) = 2$, $w(gh) = 4$, $w(fk) = 6$, $w(gi) = 6$, $w(hk) = 7$.

(a) Man gebe drei verschiedene Gerüste von G an.

(b) Man bestimme ein Minimalgerüst von G und dessen Gesamtlänge.

2.27 Man bestimme im Netzwerk aus Abb. 2.16 mit Hilfe des Kruskal-Algorithmus einen maximalen spannenden Baum.

2.28 Bestimmen Sie mit dem Algorithmus von Dijkstra einen kürzesten Weg zwischen den Knoten x und y des Netzwerkes aus Abb. 2.23.

2.29 Gegeben seien die folgenden binären Operationen $\circ$ in der Menge A. Welche sind assoziativ, welche kommutativ?

(a) $A = \mathbb{N}$, $a \circ b = 2^{a \cdot b}$,

(b) $A = \mathbb{Q}$, $a \circ b = ab + 1$,

(c) $A = \mathbb{R}$, $a \circ b = |a + b|$,

(d) $A \neq \emptyset$, $a \circ b = a$.

2.30 Man zeige, dass $(\mathbb{Z}, \bullet)$ mit der Operation $a \bullet b = a + b - ab$ eine Halbgruppe ist. Gibt es ein neutrales Element? Wenn ja, welche Elemente haben Inverse?

2.31 Untersuchen Sie, ob die Menge A mit der binären Operation $\circ$ eine Halbgruppe, ein Monoid bzw. eine Gruppe ist:

(a) $A = \{0, 1, 2\}$, $m \circ n = \min(m + n, 2)$,

(b) $A = \{z \in \mathbb{C} \mid |z| = 2\}$, $z_1 \circ z_2 = \frac{z_1 z_2}{2}$,

(c) $A = \mathbf{P}(M)$, $B \circ C = B \cup C$,

(d) $A = \mathbf{P}(M)$, $B \circ C = B \triangle C$,

(e) $A = \mathbb{Q} \setminus \{1\}, a \circ b = a + b - ab$, (f) $A = \mathbb{N}, a \circ b = \max\{a, b\}$.

2.32 Man zeige: Gilt für ein Element a einer Gruppe $(G, *)$, dass $a * a = a$, dann ist a das neutrale Element von G.

2.33 Es sei U eine Untergruppe der Gruppe G. Man zeige, dass die Relation $a \sim b \iff a \circ U = b \circ U$ eine Äquivalenzrelation auf G ist und dass die Äquivalenzklassen von $\sim$ die Linksnebenklassen von U in G sind.

2.34 Man bestimme alle Untergruppen einer zyklischen Gruppe G der Ordnung 6, d. h. von $G = \{e, a, a^2, a^3, a^4, a^5\}$.

2.35 $\mathbb{Z}_m$ bezeichnet die Restklassen in $\mathbb{Z}$ modulo m.

(a) Man bestimme alle Untergruppen von $(\mathbb{Z}_{18}, +)$.

(b) Man zeige, dass die von $\bar{3}$ erzeugte Untergruppe U von $(\mathbb{Z}_{18}, +)$ ein Normalteiler von $(\mathbb{Z}_{18}, +)$ ist, und bestimme die Gruppentafel der Faktorgruppe $\mathbb{Z}_{18}/U$.

(c) Man bestimme die „primen" Restklassen modulo 18, d. h. alle Restklassen $\bar{a}$ mit $\text{ggT}(a, 18) = 1$. Man zeige, dass die Menge $\mathbb{Z}_{18}^*$ dieser primen Restklassen bezüglich der Restklassenmultiplikation eine Gruppe bildet.

(d) Sei $(\mathbb{Z}_{18}^*, \cdot)$ die eben betrachtete Gruppe. Man bestimme die vom Element $\bar{7}$ erzeugte Untergruppe U^* sowie deren Nebenklassen in $\mathbb{Z}_{18}^*$.

2.36 Sei $\varphi : G \to H$ ein Gruppenhomomorphismus. Man zeige, dass $\varphi(G)$ eine Untergruppe von H ist.

2.37 Seien $\varphi : G \to H$ und $\psi : H \to K$ Gruppenhomomorphismen. Man zeige, dass dann $\psi \circ \varphi : G \to K$ auch ein Gruppenhomomorphismus ist.

2.38 Man untersuche, ob die folgenden Strukturen Ringe, Integritätsringe bzw. Körper sind:

(a) $M = \{0, 1\}$ mit der Addition modulo 2 und dem Produkt $a \cdot b = 0$ für alle $a, b \in M$.

(b) $M = \{0, 1, 2\}$ mit der Addition modulo 3 und dem Produkt $a \cdot b = 1$ für alle $a, b \in M$.

(c) $M = \mathbb{Q}[\sqrt{5}] = \{a + b\sqrt{5} \,|\, a, b \in \mathbb{Q}\}$ mit der Addition und Multiplikation aus $\mathbb{R}$.

(d) $M = \{0, 1\}$ mit der Addition $0 + 0 = 0, 0 + 1 = 1 + 0 = 1, 1 + 1 = 1$ und der gewöhnlichen Multiplikation.

2.39 Beweisen Sie, dass die angegebene Identität in einem Ring R für alle $a, b \in R$ gilt (dabei bezeichnet $-c$ das additive Inverse zu c):

(a) $(-a) \cdot b = -(a \cdot b)$, (b) $a \cdot (-b) = -(a \cdot b)$, (c) $(-a) \cdot (-b) = a \cdot b$.

2.40 Sei $(R, +, \cdot)$ ein Ring. Man zeige, dass dann auch $R \times R$ mit den Operationen

$$(a, b) + (c, d) = (a + c, b + d) \quad \text{und} \quad (a, b) \cdot (c, d) = (a \cdot c, b \cdot d)$$

ein Ring ist.

2.41 Man beweise Satz 2.77.

2.42 Man zeige, dass die folgenden algebraischen Strukturen Verbände sind. Welche sind außerdem distributiv, und welche sind Boole'sche Algebren?

(a) $(\mathbb{R}, \min, \max)$, (b) $(\mathbb{N}, \text{ggT}, \text{kgV})$,

(c) $(\mathbf{P}(A), \cap, \cup)$. (d) $(\{U \,|\, U \leq G\}, \cap, \langle \cdot \cup \cdot \rangle), G$ Gruppe.

Kapitel 3

Lineare Algebra

Das Rechnen mit Vektoren und Matrizen ist ein unverzichtbares Hilfsmittel in fast allen exakten Wissenschaften. So werden z.B. in der Physik gerichtete Größen (Kraft, Feldstärke, Geschwindigkeit, etc.) als Vektoren dargestellt. Weiters wird in der analytischen Geometrie die Vektorrechnung als Hilfsmittel verwendet, um geometrische Objekte (Geraden, Ebenen) rechnerisch zu erfassen, u.v.a. mehr. Lineare Gleichungssysteme treten etwa in fast jedem Anwendungsbereich auf.

Die **Lineare Algebra** ist jener mathematische Teil, der alle diese Objekte von einem gemeinsamen Blickwinkel beschreibt.

Beispiel 3.1 Wir beginnen mit der Berechnung eines einfachen elektrischen Netzwerkes mit 4 Widerständen und 2 Spannungsquellen, das in Abb. 3.1 dargestellt ist. Wir interessieren uns für

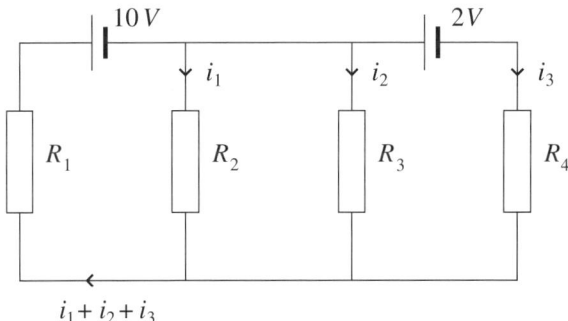

Abbildung 3.1 Elektrisches Netzwerk

die Stromverteilung i_1, i_2, i_3. Aus den Kirchhoff'schen Gesetzen[1] und dem Ohm'schen Gesetz[2] ergeben sich die folgenden Beziehungen:

$$
\begin{aligned}
R_2 i_1 + R_1(i_1 + i_2 + i_3) &= 10\,V, \\
R_3 i_2 - R_2 i_1 &= 0\,V, \\
R_4 i_3 - R_3 i_2 &= 2\,V.
\end{aligned}
$$

---

[1]Die Summe der bei einem Knoten zufließenden Ströme ist gleich der Summe der abfließenden, und die Summe der Spannungen entlang einer *Masche* ist Null.

[2]Die Spannung u an einem Widerstand R, durch den der Strom i fließt, beträgt $u = R \cdot i$.

Wir erhalten also ein so genanntes lineares Gleichungssystem in den unbekannten Strömen i_1, i_2, i_3. Setzten wir nun konkret $R_1 = 1.5\,\Omega$, $R_2 = R_3 = 4\,\Omega$ und $R_4 = 3\,\Omega$, so erhält man (jetzt ohne Einheiten)

$$
\begin{aligned}
5.5\,i_1 + 1.5\,i_2 + 1.5\,i_3 &= 10, \\
-4\,i_1 + 4\,i_2 &= 0, \\
-4\,i_2 + 3\,i_3 &= 2.
\end{aligned}
$$

Aus der zweiten Gleichung folgt $i_1 = i_2$ und aus der dritten $i_3 = 2/3 + 4/3 i_2$. Setzt man diese Beziehungen in die erste Gleichung ein, so verbleibt dort nur mehr i_2 als einzige Unbekannte und ermittelt sich zu $i_2 = 1\,A$. Daraus erhält man dann direkt $i_1 = 1\,A$ und $i_3 = 2\,A$. Die Spannung am Widerstand R_1 beträgt daher $R_1(i_1 + i_2 + i_3) = 6V$, an den Widerständen R_2 und R_3 beträgt sie $R_2 i_1 = R_3 i_2 = 4V$ und am Widerstand R_4 schließlich $R_4 i_3 = 6V$.

Die hier gewählte Vorgangsweise zur Lösung dieses Gleichungssystems ist noch ziemlich unsystematisch. Wir werden später sehen, wie man i. Allg. günstig (und auch systematisch) vorgehen kann. Insbesondere empfiehlt es sich, die unbekannten Größen i_1, i_2, i_3 zu einem Vektor (i_1, i_2, i_3) zusammenzufassen. Entsprechend fasst man die Koeffizienten auf der linken Seite zu einer 3×3-Matrix zusammen und kann das lineare Gleichungssystem in Matrizenform prägnant formulieren:

$$
\begin{pmatrix} 5.5 & 1.5 & 1.5 \\ -4 & 4 & 0 \\ 0 & -4 & 3 \end{pmatrix} \cdot \begin{pmatrix} i_1 \\ i_2 \\ i_3 \end{pmatrix} = \begin{pmatrix} 10 \\ 0 \\ 2 \end{pmatrix}.
$$

Wir werden daher zunächst Vektoren und Matrizen genauer studieren. $\triangle$

3.1   Vektoren

1. Vektorräume

Ein **(Spalten-)Vektor** x im n-dimensionalen (reellen) Raum $\mathbb{R}^n$ hat die Form

$$
x = \begin{pmatrix} x_1 \\ x_2 \\ \vdots \\ x_n \end{pmatrix}
$$

mit n Eintragungen (bzw. Koordinaten) von reellen Zahlen $x_1, x_2, \ldots, x_n \in \mathbb{R}$. Etwas allgemeiner betrachtet man für einen gegebenen Körper K (z.B. $K = \mathbb{C}$, $K = \mathbb{Z}_2$) den n-dimensionalen Raum K^n von Vektoren x mit Eintragungen $x_1, x_2, \ldots, x_n \in K$. Der Körper K heißt auch **Skalarkörper**, und die Elemente aus K heißen **Skalare**.

So beschreiben z.B.

$$
\mathbb{R}^2 = \left\{ x = \begin{pmatrix} x_1 \\ x_2 \end{pmatrix} \,\middle|\, x_1, x_2 \in \mathbb{R} \right\} \quad \text{und} \quad \mathbb{R}^3 = \left\{ x = \begin{pmatrix} x_1 \\ x_2 \\ x_3 \end{pmatrix} \,\middle|\, x_1, x_2, x_3 \in \mathbb{R} \right\}
$$

die Ebene und den 3-dimensionalen Anschauungsraum.

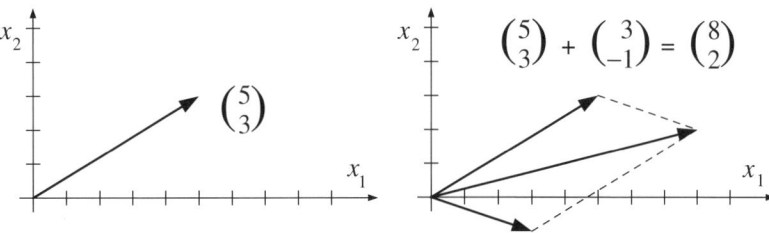

Abbildung 3.2 Vektor und Vektoraddition in der Ebene

Zwei Vektoren $x, y \in K^n$ werden koordinatenweise addiert:

$$x + y = \begin{pmatrix} x_1 \\ x_2 \\ \vdots \\ x_n \end{pmatrix} + \begin{pmatrix} y_1 \\ y_2 \\ \vdots \\ y_n \end{pmatrix} = \begin{pmatrix} x_1 + y_1 \\ x_2 + y_2 \\ \vdots \\ x_n + y_n \end{pmatrix}.$$

Geometrisch entspricht die Vektoraddition der aus der Physik bekannten **Parallelogrammregel** für die Addition von Kräften (vergleiche mit Abb. 3.2).

Weiters können Vektoren mit einem beliebigen Faktor $\lambda \in K$ (also einem Skalar) multipliziert werden:

$$\lambda \cdot x = \lambda \cdot \begin{pmatrix} x_1 \\ x_2 \\ \vdots \\ x_n \end{pmatrix} = \begin{pmatrix} \lambda x_1 \\ \lambda x_2 \\ \vdots \\ \lambda x_n \end{pmatrix}.$$

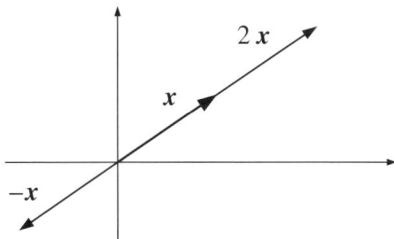

Abbildung 3.3 Skalarmultiplikation

Spezielle Vektoren sind der Nullvektor $\mathbf{0}$ und der additiv inverse Vektor $-x$:

$$\mathbf{0} = \begin{pmatrix} 0 \\ 0 \\ \vdots \\ 0 \end{pmatrix}, \qquad -x = (-1) \cdot x = \begin{pmatrix} -x_1 \\ -x_2 \\ \vdots \\ -x_n \end{pmatrix}.$$

Mit diesen Begriffsbildungen ist es leicht nachzurechnen, dass die algebraische Struktur $(K^n, +)$ eine abelsche Gruppe bildet. Das neutrale Element der Addition ist dabei der Nullvektor $\mathbf{0}$, und das additiv inverse Element von $\boldsymbol{x}$ ist $-\boldsymbol{x}$.

Außerdem erfüllt die Skalarmultiplikation in K^n noch weitere Rechenregeln (nämlich (i)–(iv) in der folgenden Defintion 3.2). K^n bildet daher einen so genannten Vektorraum, der gleich allgemein definiert wird.

Definition 3.2 Sei K ein Körper und $(V, +)$ eine abelsche Gruppe. Weiters werde jedem $\lambda \in K$ und $\boldsymbol{x} \in V$ ein Produkt $\lambda \cdot \boldsymbol{x} \in V$ zugeordnet.

Die algebraische Struktur $(V, +, K)$ heißt **Vektorraum** oder **linearer Raum** über K, wenn die folgenden Eigenschaften (für alle $\lambda, \mu \in K$ und $\boldsymbol{x}, \boldsymbol{y} \in V$) erfüllt sind:

(i) $\lambda \cdot (\boldsymbol{x} + \boldsymbol{y}) = \lambda \cdot \boldsymbol{x} + \lambda \cdot \boldsymbol{y}$,
(ii) $(\lambda + \mu) \cdot \boldsymbol{x} = \lambda \cdot \boldsymbol{x} + \mu \cdot \boldsymbol{x}$,
(iii) $(\lambda\mu) \cdot \boldsymbol{x} = \lambda \cdot (\mu \cdot \boldsymbol{x})$,
(iv) $1 \cdot \boldsymbol{x} = \boldsymbol{x}$.

Wie gesagt, ist insbesondere K^n ein Vektorraum über K. Der eigentliche Grund, warum der Begriff „Vektorraum" eigens ausgezeichnet wird, ist dadurch gegeben, dass diese Struktur in der Mathematik an vielen verschiedenen Stellen auftritt. In diesem Kapitel beschränken wir uns auf Teilmengen von K^n.

Beispiel 3.3 Es sei $V = \mathbb{R}^2$ die Ebene und

$$W = \left\{ \boldsymbol{x} = \begin{pmatrix} x_1 \\ x_2 \end{pmatrix} \in \mathbb{R}^2 \mid x_1 = x_2 \right\}$$

die so genannte **erste Mediane** (siehe Abb. 3.4). Man erkennt sofort, dass W die Eigenschaften

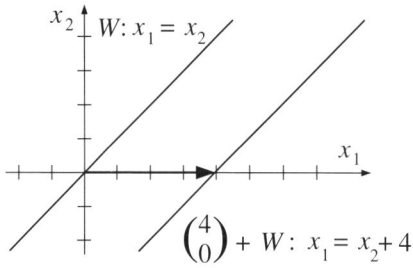

Abbildung 3.4 Erste Mediane W und dazu parallele Gerade

eines Vektorraums hat. Man muss im Wesentlichen nur nachrechnen, dass man in W uneingeschränkt addieren und mit Skalaren multiplizieren darf. (Alle Rechenregeln vererben sich von $V = \mathbb{R}^2$.) Sind $\boldsymbol{x}$ und $\boldsymbol{y}$ in W, also $x_1 = x_2$ und $y_1 = y_2$, dann gilt auch $x_1 + y_1 = x_2 + y_2$ und $\lambda x_1 = \lambda x_2$. Daher sind $\boldsymbol{x} + \boldsymbol{y}$ und $\lambda \cdot \boldsymbol{x}$ in W enthalten. $\triangle$

Beispiel 3.4 Es sei nun $V = \mathbb{R}^3$ und $U = \{x \in \mathbb{R}^3 \mid x_1 + x_2 + x_3 = 0\}$. Geometrisch ist U eine Ebene durch den Ursprung (siehe Abb. 3.5). Auch in U kann man uneingeschränkt addieren

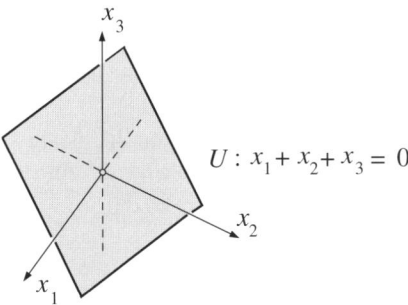

Abbildung 3.5 Unterraum im $\mathbb{R}^3$

und mit Skalaren multiplizieren, ohne dass man U verlässt. Sind x und y in U, so folgt aus $x_1 + x_2 + x_3 = 0$ und $y_1 + y_2 + y_3 = 0$ auch $(x_1 + y_1) + (x_2 + y_2) + (x_3 + y_3) = 0$. Daher ist $x + y$ in U. Entsprechend ist $\lambda x_1 + \lambda x_2 + \lambda x_3 = 0$ und daher $\lambda \cdot x$ ebenfalls in U. Die Teilmenge U bildet also einen Vektorraum. $\triangle$

Diese beiden Beispiele zeigen, dass gewisse Teilmengen (Geraden und Ebenen, die den Nullvektor 0 enthalten) von $\mathbb{R}^2$ bzw. $\mathbb{R}^3$ auch Vektorräume sind. Sie bilden so genannte Unter- oder Teilräume.

Definition 3.5 Sei $(V, +, K)$ ein Vektorraum und U eine nichtleere Teilmenge von V. Bildet $(U, +, K)$ wieder einen Vektorraum, dann heißt U **Unterraum** oder **Teilraum** von V.

Wie in den Beispielen 3.3 und 3.4 bereits angedeutet, muss man zur Überprüfung, ob eine nichtleere Teilmenge U von V einen Unterraum bildet, nur untersuchen, ob zu je zwei Vektoren $x, y \in U$ und $\lambda \in K$ auch $x + y$ und $\lambda \cdot x$ in U liegen (siehe Übungsaufgabe 3.4).

Als vereinfachte Schreibweise verwendet man $U \leq V$ für die Eigenschaft, dass U Unterraum von V ist. Man beachte, dass der ganze Raum V und die Menge $\{0\}$, die nur aus dem Nullvektor besteht, immer Unterräume von V sind:

$$V \leq V \quad \text{und} \quad \{0\} \leq V.$$

In den Beispielen 3.3 und 3.4 wurden Unterräume durch die Beziehungen $x_1 = x_2$ bzw. durch $x_1 + x_2 + x_3 = 0$, also durch so genannte lineare Gleichungen, beschrieben. Es stellt sich daher in natürlicher Weise die Frage, welche Menge etwa durch die Gleichung $x_1 = x_2 + 4$ in $\mathbb{R}^2$ oder $x_1 + x_2 + x_3 = 5$ in $\mathbb{R}^3$ beschrieben wird. Die Antwort ist überraschend einfach. Es sind **verschobene Unterräume**, also Nebenklassen, die auch **Nebenräume** genannt werden (vergleiche mit Abb. 3.4):

$$\{x \in \mathbb{R}^2 \mid x_1 = x_2 + 4\} = \begin{pmatrix} 4 \\ 0 \end{pmatrix} + W$$

und

$$\{x \in \mathbb{R}^3 \mid x_1 + x_2 + x_3 = 5\} = \begin{pmatrix} 5 \\ 0 \\ 0 \end{pmatrix} + U.$$

> **Definition 3.6** Sei U ein Unterraum eines Vektorraums V und x_0 ein Vektor aus V. Die Menge
> $$N = x_0 + U = \{x_0 + u \mid u \in U\}$$
> heißt **Nebenraum** von U.

Wir werden später sehen, dass die Lösungsmenge eines linearen Gleichungssystems immer einen Nebenraum bildet.

Unter- und Nebenräume können aber nicht nur durch lineare Gleichungen (oder lineare Gleichungssysteme) beschrieben werden. Es sei nun $v \in \mathbb{R}^3$ ein (vom Nullvektor verschiedener) Vektor. Dann bilden die skalaren Vielfachen von v, d.h.

$$[v] = \{\lambda \cdot v \mid \lambda \in \mathbb{R}\}$$

eine Gerade, die vom Vektor v „aufgespannt" wird (siehe Abb. 3.6). Wegen $\lambda_1 \cdot v + \lambda_2 \cdot v = (\lambda_1 + \lambda_2) \cdot v$ und $\lambda \cdot (\lambda_1 \cdot v) = (\lambda \lambda_1) \cdot v$ ist diese Gerade ein Unterraum von V. Die Menge $[v]$ ist übrigens der (bezüglich der mengentheoretischen Inklusion) kleinste Unterraum von V, der den Vektor v enthält, man bezeichnet ihn auch als den von v **erzeugten** (oder **aufgespannten**) **Unterraum**. Verschiebt man diese (durch den Ursprung gehende) Gerade um einen Vektor x_0, so erhält man eine allgemeine Gerade

$$g = x_0 + [v] = \{x = x_0 + \lambda \cdot v \mid \lambda \in \mathbb{R}\}.$$

Sie geht durch die Spitze des Vektors x_0 und ist parallel zur ursprünglichen Geraden $[v]$. Der Vektor x_0 wird in diesem Zusammenhang auch **Ortsvektor** genannt, und v heißt **Richtungsvektor**. Die Darstellung der Vektoren auf g in der Form $x = x_0 + \lambda \cdot v$ ist eine **Parameterdarstellung** von g (siehe Abb. 3.4).

In ähnlicher Weise kann man auch eine Ebene

$$\varepsilon = \{x = x_0 + \lambda_1 \cdot v_1 + \lambda_2 \cdot v_2 \mid \lambda_1, \lambda_2 \in \mathbb{R}\}$$

in Parameterdarstellung angeben. Dabei ist x_0 wieder ein Ortsvektor. Die Vektoren v_1 und v_2 spannen einen Unterraum

$$[v_1, v_2] = \{\lambda_1 \cdot v_1 + \lambda_2 \cdot v_2 \mid \lambda_1, \lambda_2 \in \mathbb{R}\}$$

auf, und zwar eine Ebene, welche die Vektoren v_1 und v_2 enthält (v_1 und v_2 müssen dabei verschieden vom Nullvektor sein, und v_2 darf kein Vielfaches von v_1 sein, siehe Abb. 3.6). Man beachte, dass $[v_1, v_2]$ der (bezüglich der mengentheoretischen Inklusion) kleinste Unterraum von U ist, der v_1 und v_2 enthält.

Diese einfachen Beispiele zeigen, dass man geometrische Objekte (wie Geraden und Ebenen) mit Hilfe von Nebenräumen beschreiben kann. Dies ist die Grundlage der **analytischen Geometrie**. Punkte können übrigens auch durch Nebenräume beschrieben werden. Sie werden als Nebenräume des Unterraums $\{0\}$ interpretiert.

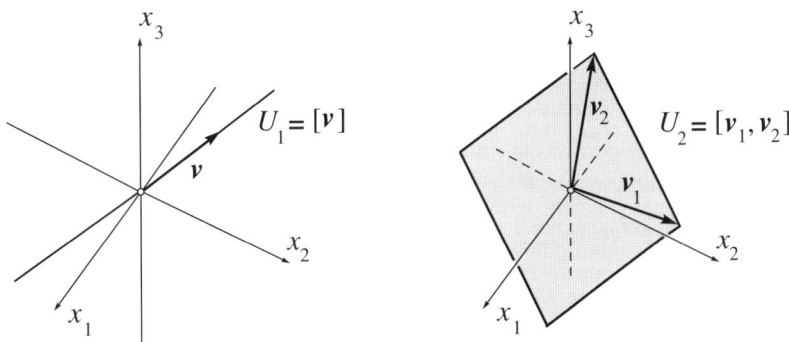

Abbildung 3.6 Von Vektoren erzeugte Unterräume im $\mathbb{R}^3$

Bei der Beschreibung einer Geraden bzw. Ebene wurden Vielfache $\lambda \cdot v$ eines Vektors bzw. Summen $\lambda_1 \cdot v_1 + \lambda_2 \cdot v_2$ von Vielfachen von zwei Vektoren verwendet. Solche Objekte spielen in der linearen Algebra eine wichtige Rolle.

Definition 3.7 Es seien $v_1, v_2, \ldots, v_n$ Elemente eines Vektorraums V (über dem Körper K) und $\lambda_1, \lambda_2, \ldots, \lambda_n \in K$. Dann heißt die Summe

$$\lambda_1 \cdot v_1 + \lambda_2 \cdot v_2 + \cdots + \lambda_n \cdot v_n = \sum_{i=1}^{n} \lambda_i \cdot v_i$$

Linearkombination der Vektoren $v_1, v_2, \ldots, v_n$. Die Skalare $\lambda_1, \lambda_2, \ldots, \lambda_n \in K$ heißen **Koeffizienten** der Linearkombination. Eine Linearkombination heißt **trivial**, wenn alle Koeffizienten $\lambda_i = 0$ sind ($1 \leq i \leq n$). Andernfalls heißt sie **nichttrivial**.

Die **lineare Hülle** $[M]$ einer nichtleeren Teilmenge M von V ist die Menge aller Vektoren, die durch Linearkombinationen von (endlich vielen) Vektoren aus M gebildet werden können. Weiters setzt man $[\emptyset] = \{0\}$.

Beispielsweise ist $[v] = \{\lambda \cdot v \mid \lambda \in K\}$ die lineare Hülle eines Vektors v und $[v_1, v_2] = \{\lambda_1 \cdot v_1 + \lambda_2 \cdot v_2 \mid \lambda_1, \lambda_2 \in K\}$ die lineare Hülle von zwei Vektoren v_1, v_2. [3]

Satz 3.8 *Sei M eine Teilmenge eines Vektorraums V. Dann ist die lineare Hülle $[M]$ ein Unterraum von V, und zwar der (bezüglich der mengentheoretischen Inklusion) kleinste Unterraum, der alle Vektoren von M enthält.*

Beweis. Ist $M = \emptyset$, so ist $[M] = \{0\}$ ein Unterraum von V. Andernfalls beobachtet man, dass die Summe von zwei Linearkombinationen, aber auch ein skalares Vielfaches einer Linearkombination wieder eine Linearkombination von Vektoren aus M ist. Damit ist die lineare Hülle $[M]$ ein Unterraum. Weiters muss ein Unterraum, der alle Vektoren von M enthält, auch alle Linearkombinationen von Vektoren aus M enthalten. Demnach ist die lineare Hülle $[M]$ der kleinste Unterraum, der alle Vektoren aus M enthält. $\qquad\square$

---

[3]Genauer müsste man $[\{v\}]$ bzw. $[\{v_1, v_2\}]$ schreiben, da die lineare Hülle nur für eine Menge von Vektoren definiert wurde. Wir verwenden aber der Einfachheit halber die „falsche" Schreibweise $[v]$ bzw. $[v_1, v_2]$ und sagen dafür auch „lineare Hülle eines Vektors" bzw. „lineare Hülle von zwei Vektoren."

2. Linare Unabhängigkeit und Basen

Wir haben oben gesehen, dass zwei Vektoren v_1, v_2 ($\neq 0$) genau dann eine Ebene aufspannen, wenn v_2 kein Vielfaches von v_1 ist, bzw. wenn $v_2 \notin [v_1]$. Mann nennt diese Eigenschaft auch linear unabhängig. Dieser Begriff ist ein zentraler Begriff der linearen Algebra.

> **Definition 3.9** Eine Menge M von Vektoren heißt **linear unabhängig**, wenn kein Vektor aus M als Linearkombination der anderen Vektoren aus M dargestellt werden kann, also für alle $v \in M$ gilt
> $$v \notin [M \setminus \{v\}].$$
>
> Andererseits heißt eine Menge M von Vektoren **linear abhängig**, wenn es möglich ist, einen Vektor aus M als Linearkombination von anderen Vektoren aus M darzustellen, wenn es also einen Vektor $v \in M$ gibt mit
> $$v \in [M \setminus \{v\}].$$

Anstelle von Mengen von Vektoren betrachtet man in der linearen Algebra auch „Listen von Vektoren" $v_1, v_2, \ldots, v_n$ (die nicht unbedingt paarweise verschieden sein müssen) und sagt, dass eine Liste von Vektoren linear unabhängig ist, wenn es nicht möglich ist, einen dieser Vektoren als Linearkombination der anderen darzustellen. Entsprechend sagt man, dass eine Liste von Vektoren linear abhängig ist, wenn einer dieser Vektoren als Linearkombination der anderen darstellbar ist, also wenn sie nicht linear unabhängig sind.

Man beachte, dass eine Liste von Vektoren $v_1, v_2, \ldots, v_n$ genau dann linear unabhängig ist, wenn alle Vektoren voneinander verschieden sind und die Menge $M = \{v_1, v_2, \ldots, v_n\}$ linear unabhängig ist. Man unterscheidet daher nicht streng zwischen linear unabhängigen Mengen und linear unabhängigen Listen. Bei linear abhängigen Listen muss man vorsichtiger sein. Hier ist z.B. die Liste der Vektoren v_1, v_1 (mit $v_1 \neq 0$) linear abhängig, aber die dazu gehörige Menge $M = \{v_1\}$ linear unabhängig. Nur wenn die Vektoren in der Liste paarweise verschieden sind, ist die Liste genau dann linear abhängig, wenn die Menge dieser Vektoren linear abhängig ist.

Beispiel 3.10 Die Vektoren (bzw. die Menge der Vektoren)

$$e_1 = \begin{pmatrix} 1 \\ 0 \\ 0 \\ \vdots \\ 0 \end{pmatrix}, \ e_2 = \begin{pmatrix} 0 \\ 1 \\ 0 \\ \vdots \\ 0 \end{pmatrix}, \ \ldots, \ e_n = \begin{pmatrix} 0 \\ 0 \\ 0 \\ \vdots \\ 1 \end{pmatrix} \in K^n$$

sind (ist) linear unabhängig. Beispielsweise ist bei jeder Linearkombination von $e_2, e_3, \ldots, e_n$ die erste Koordinate 0, also kann e_1 nicht als Linearkombination von $e_2, e_3, \ldots, e_n$ dargestellt werden.

Die Vektoren $e_1, e_2, \ldots, e_n$ bilden auch die (so genannte) **kanonische Basis** $E = \{e_1, e_2, \ldots, e_n\}$ von K^n. $\triangle$

Beispiel 3.11 Die drei Vektoren (und auch die Menge der drei Vektoren)

$$v_1 = \begin{pmatrix} 1 \\ 3 \\ 4 \end{pmatrix}, \ v_2 = \begin{pmatrix} 1 \\ 2 \\ 2 \end{pmatrix}, \ v_3 = \begin{pmatrix} -1 \\ 0 \\ 2 \end{pmatrix}$$

sind (ist) linear abhängig. Es gilt nämlich

$$v_3 = 2 \cdot v_1 - 3 \cdot v_2.$$

$\triangle$

Die beiden Beispiele vermitteln den Eindruck, dass es ziemlich umständlich ist, zu überprüfen, ob eine Menge oder Liste von Vektoren linear unabhängig ist oder nicht. Tatsächlich kann man dies relativ einfach überprüfen. Die drei Vektoren im Beispiel 3.11 sind linear abhängig, es gilt ja $v_3 = 2 \cdot v_1 - 3 \cdot v_2$. Anders angeschrieben bedeutet das, dass es möglich ist, den Nullvektor als nichttriviale Linearkombination darzustellen:

$$2 \cdot v_1 - 3 \cdot v_2 - v_3 = 0.$$

Diese Eigenschaft ist äquivalent zur linearen Abhängigkeit. Gibt es nämlich eine nichttriviale Linearkombination der Form

$$\lambda_1 \cdot v_1 + \lambda_2 \cdot v_2 + \lambda_3 \cdot v_3 = 0,$$

wobei z.B. $\lambda_3 \neq 0$ ist, so erhält man

$$v_3 = -\frac{\lambda_1}{\lambda_3} \cdot v_1 - \frac{\lambda_2}{\lambda_3} \cdot v_2.$$

Es lässt sich also einer der Vektoren als Linearkombination der anderen darstellen. Da die lineare Unabhängigkeit das Gegenteil der linearen Abhängigkeit ist, haben wir folgende alternative Beschreibung nachgewiesen.

Satz 3.12 *Eine Menge $M = \{v_1, v_2, \ldots, v_n\}$ von Elementen eines Vektorraums V ist genau dann linear unabhängig, wenn nur die triviale Linearkombination den Nullvektor darstellt:*

$$\lambda_1 \cdot v_1 + \lambda_2 \cdot v_2 + \cdots + \lambda_n \cdot v_n = 0 \quad \Longrightarrow \quad \lambda_1 = \lambda_2 = \cdots = \lambda_n = 0.$$

M ist genau dann linear abhängig, wenn es eine nichttriviale Linearkombination gibt, die den Nullvektor darstellt:

$$\exists\, (\lambda_1, \lambda_2, \ldots, \lambda_n) \neq (0, 0, \ldots, 0) \quad mit \quad \lambda_1 \cdot v_1 + \lambda_2 \cdot v_2 + \cdots + \lambda_n \cdot v_n = 0.$$

Man beachte, dass dieser Satz wortwörtlich auch für Listen von Vektoren gilt.

Beispiel 3.13 Wir möchten nochmals untersuchen, ob die drei Vektoren v_1, v_2, v_3 bzw. die Menge $M = \{v_1, v_2, v_3\}$ der Vektoren aus Beispiel 3.11 linear unabhängig oder linear abhängig sind. Dazu betrachten wir

$$\lambda_1 \cdot \begin{pmatrix} 1 \\ 3 \\ 4 \end{pmatrix} + \lambda_2 \cdot \begin{pmatrix} 1 \\ 2 \\ 2 \end{pmatrix} + \lambda_3 \cdot \begin{pmatrix} -1 \\ 0 \\ 2 \end{pmatrix} = \begin{pmatrix} 0 \\ 0 \\ 0 \end{pmatrix}.$$

Anders angeschrieben ist dies ein lineares Gleichungssystem:

$$\begin{aligned} 1\lambda_1 + 1\lambda_2 - 1\lambda_3 &= 0, \\ 3\lambda_1 + 2\lambda_2 + 0\lambda_3 &= 0, \\ 4\lambda_1 + 2\lambda_2 + 2\lambda_3 &= 0. \end{aligned}$$

Dieses Gleichungssystem hat z.B. die nichttriviale Lösung $\lambda_1 = 2, \lambda_2 = -3, \lambda_3 = -1$. Die Vektoren sind also (wie wir bereits aus Beispiel 3.11 wissen) linear abhängig. $\triangle$

Beispiel 3.14 Die drei Vektoren

$$
v_1 = \begin{pmatrix} 1 \\ -2 \\ 3 \\ 0 \end{pmatrix}, \; v_2 = \begin{pmatrix} 0 \\ 3 \\ -2 \\ 1 \end{pmatrix}, \; v_3 = \begin{pmatrix} 0 \\ 0 \\ 2 \\ -5 \end{pmatrix}
$$

sind linear unabhängig. Betrachtet man nämlich in der Linearkombination $\lambda_1 \cdot v_1 + \lambda_2 \cdot v_2 + \lambda_3 \cdot v_3 = 0$ die erste Koordinate, so folgt sofort $\lambda_1 = 0$. Im nächsten Schritt folgt aus $\lambda_2 \cdot v_2 + \lambda_3 \cdot v_3 = 0$ durch Betrachtung der zweiten Koordinate $\lambda_2 = 0$ und damit auch $\lambda_3 = 0$.

Fasst man diese drei Vektoren zu eine Matrix

$$
\begin{pmatrix} 1 & 0 & 0 \\ -2 & 3 & 0 \\ 3 & -2 & 2 \\ 0 & 1 & -5 \end{pmatrix}
$$

zusammen (vergleiche mit Definition 3.20), dann bildet diese eine so genannte **Halbdiagonalform**, d.h., alle Eintragungen oberhalb (bzw. unterhalb) der Diagonale[4] sind 0. Offensichtlich sind in einer solchen Situation, wo zusätzlich die Diagonalelemente nicht verschwinden, die (Spalten-)Vektoren immer linear unabhängig.   △

Nun wollen wir Linearkombinationen von linear unabhängigen Vektoren $v_1, v_2, \ldots, v_n$ betrachten. Ist etwa der Vektor x in der linearen Hülle dieser Vektoren enthalten, also

$$
x = \lambda_1 \cdot v_1 + \lambda_2 \cdot v_2 + \cdots + \lambda_n \cdot v_n,
$$

so sind die Koeffizienten $\lambda_1, \lambda_2, \ldots, \lambda_n$ eindeutig bestimmt. Wäre es nämlich möglich, x in der Form

$$
x = \mu_1 \cdot v_1 + \mu_2 \cdot v_2 + \cdots + \mu_n \cdot v_n
$$

mit möglicherweise anderen Koeffizienten $\mu_1, \mu_2, \ldots, \mu_n$ zu schreiben, so erhalten wir nach Differenzbildung

$$
x - x = (\lambda_1 - \mu_1) \cdot v_1 + (\lambda_2 - \mu_2) \cdot v_2 + \cdots + (\lambda_n - \mu_n) \cdot v_n = 0,
$$

also eine nichttriviale Linearkombination von $v_1, v_2, \ldots, v_n$, die den Nullvektor darstellt. Dies ist aber wegen der vorausgesetzten linearen Unabhängigkeit nicht möglich.

Diese Überlegungen führen uns zu einem der wichtigsten Begriffe im Zusammenhang von Vektorräumen, zum Begriff einer Basis.

Definition 3.15 Eine Teilmenge B eines Vektorraums V heißt **Basis** von V, wenn sie linear unabhängig ist und ihre lineare Hülle $[B]$ gleich V ist.

Jeder Vektor x aus V lässt sich eindeutig als Linearkombination von Vektoren der Basis darstellen. Die Koeffizienten dieser Linearkombination heißen **Koordinaten** von x bezüglich der Basis B.

Eine wichtige Eigenschaft von Vektorräumen ist, dass jede Basis gleich viele Elemente hat. Dies wird mit Hilfe der folgenden Eigenschaft nachgewiesen:

---

[4]Die „Diagonale" einer Matrix $A = (a_{ij})$ bilden die Elemente $a_{11}, a_{22}, \ldots$, d.h., die Diagonale verläuft von „links oben" nach „rechts unten".

Satz 3.16 (Austauschlemma) *Es sei* $M = \{v_1, v_2, \ldots, v_n\}$ *eine Menge von Vektoren und* $a = \mu_1 \cdot v_1 + \cdots + \mu_n \cdot v_n$ *eine Linearkombination dieser Vektoren. Weiter sei* $M' = (M \setminus \{v_j\}) \cup \{a\} = \{v_1, \ldots, v_{j-1}, a, v_{j+1}, \ldots, v_n\}$ *für ein* j *mit* $\mu_j \neq 0$. *Dann ist* M *genau dann linear unabhängig, wenn* M' *linear unabhängig ist, und es gilt immer* $[M'] = [M]$.

Beweis. Wir betrachten eine Linearkombination der Vektoren aus M':

$$
\begin{aligned}
&\lambda_1 \cdot v_1 + \cdots + \lambda_{j-1} \cdot v_{j-1} + \lambda_j \cdot a + \lambda_{j+1} \cdot v_{j+1} + \cdots + \lambda_n \cdot v_n \\
&= \lambda_1 \cdot v_1 + \cdots + \lambda_{j-1} \cdot v_{j-1} + \lambda_j \cdot (\mu_1 \cdot v_1 + \cdots + \mu_n \cdot v_n) + \lambda_{j+1} \cdot v_{j+1} + \cdots + \lambda_n \cdot v_n \\
&= (\lambda_1 + \lambda_j \mu_1) \cdot v_1 + \cdots + (\lambda_{j-1} + \lambda_j \mu_{j-1}) \cdot v_{j-1} + \lambda_j \mu_j \cdot v_j \\
&\quad + (\lambda_{j+1} + \lambda_j \mu_{j+1}) \cdot v_{j+1} + \cdots + (\lambda_n + \lambda_j \mu_n) \cdot v_n.
\end{aligned} \tag{3.1}
$$

Setzt man nun voraus, dass M linear unabhängig ist, und nimmt man an, dass diese Linearkombination der Vektoren aus M' den Nullvektor darstellt, so folgt zunächst (wegen $\mu_j \neq 0$), dass $\lambda_j = 0$ ist, also

$$
\lambda_1 \cdot v_1 + \cdots + \lambda_{j-1} \cdot v_{j-1} + \lambda_{j+1} \cdot v_{j+1} + \cdots + \lambda_n \cdot v_n = 0.
$$

Daraus folgt aber auch $\lambda_1 = \cdots = \lambda_{j-1} = \lambda_{j+1} = \cdots = \lambda_n = 0$ und schließlich, dass M' linear unabhängig ist.

Man beachte nun, dass v_j als Linearkombination

$$
v_j = -\frac{\mu_1}{\mu_j} \cdot v_1 - \cdots - \frac{\mu_{j-1}}{\mu_j} \cdot v_{j-1} + \frac{1}{\mu_j} \cdot a - \frac{\mu_{j+1}}{\mu_j} \cdot v_{j+1} - \cdots - \frac{\mu_n}{\mu_j} \cdot v_n \tag{3.2}
$$

der Vektoren aus M' dargestellt werden kann, wobei der Koeffizient $1/\mu_j \neq 0$ ist. Aus denselben Überlegungen wie vorhin folgt nun, dass M linear unabhängig sein muss, wenn man voraussetzt, dass M' linear unabhängig ist.

Weiters folgt aus der obigen Darstellung (3.1), dass in jedem Fall $[M'] \subseteq [M]$ ist, da jede Linearkombination von Vektoren aus M' als Linearkombination von Vektoren aus M dargestellt werden kann. Wegen (3.2) gilt auch die umgekehrte Inklusion, also insgesamt $[M'] = [M]$. $\square$

Wir nehmen nun an, dass $B = \{b_1, b_2, \ldots, b_n\}$ eine (endliche) Basis eines Vektorraums V ist, und $C = \{c_1, c_2\}$ sei eine linear unabhängige Menge. Wir wollen jetzt versuchen, nicht nur einen Vektor aus B (wie in Satz 3.16) auszutauschen, sondern zwei. (Aus Gründen der Einfachheit betrachten wir zunächst nur zwei Elemente.) Wir gehen schrittweise vor. Wegen $c_1 \neq 0$ sind in der Darstellung von c_1 als Linearkombination der Vektoren aus B nicht alle Koeffizienten 0. Wir nehmen o.B.d.A. an, der Koeffizient von b_1 wäre ungleich 0. Dann folgt aus dem Austauschlemma, dass $B' = \{c_1, b_2, \ldots, b_n\}$ wieder eine Basis von V ist. Im zweiten Schritt wollen wir c_2 gegen einen Vektor aus B' austauschen. Dazu betrachten wir jene Linearkombination von Vektoren aus B', die c_2 darstellt. Angenommen, alle Koeffizienten der Vektoren $b_2, \ldots, b_n$ wären 0, dann wäre c_2 ein Vielfaches von c_1. Dies ist jedoch ausgeschlossen, da wir vorausgesetzt haben, dass die Vektoren c_1, c_2 linear unabhängig sind. Wir können daher (wieder o.B.d.A.) annehmen, dass der Koeffizient von b_2 von 0 verschieden ist, und es folgt aus dem Austauschlemma, dass $B'' = \{c_1, c_2, b_3, \ldots, b_n\} = (B \setminus \{b_1, b_2\}) \cup C$ eine Basis ist.

Dieselbe Überlegung funktioniert für jede linear unabhängige Menge C. Es gibt in B eine Teilmenge D mit $|D| = |C|$, so dass $(B \setminus D) \cup C$ wieder eine Basis ist. Insbesondere kann

C nicht unendlich sein, und es muss $|C| \leq |B|$ gelten. Wendet man diese Überlegung für eine Basis C an und vertauscht man in einem zweiten Schritt die Rollen von B und C, so folgt auch $|B| \leq |C|$ und schließlich $|B| = |C|$. Wir haben daher – wie angekündigt – nachgewiesen, dass zwei (endliche) Basen desselben Vektorraums immer gleich viele Elemente haben. Dies begründet den Begriff der Dimension.

Definition 3.17 Besitzt ein Vektorraum V eine endliche Basis B, so ist die **Dimension** dim V gleich der Anzahl $|B|$ der Vektoren von B. Besitzt V keine endliche Basis, so heißt er **unend-lichdimensional**.

Beispiel 3.18 Die Vektoren $e_1, e_2, \ldots, e_n$ aus Beispiel 3.10 sind nicht nur linear unabhängig, sondern spannen wegen

$$x = \begin{pmatrix} x_1 \\ x_2 \\ \vdots \\ x_n \end{pmatrix} = x_1 \cdot \begin{pmatrix} 1 \\ 0 \\ \vdots \\ 0 \end{pmatrix} + x_2 \cdot \begin{pmatrix} 0 \\ 1 \\ \vdots \\ 0 \end{pmatrix} + \cdots + x_n \cdot \begin{pmatrix} 0 \\ 0 \\ \vdots \\ 1 \end{pmatrix} = x_1 \cdot e_1 + x_2 \cdot e_2 + \cdots + x_n \cdot e_n$$

auch alle Vektoren aus K^n auf. Sie bilden daher eine Basis, die so genannte **kanonische Basis** $E = \{e_1, e_2, \ldots, e_n\}$ von K^n. Die (üblichen) Koordinaten $x_1, x_2, \ldots, x_n$ eines Vektors $x \in K^n$ sind gleichzeitig die Koordinaten bezüglich E. Insbesondere gilt dim $K^n = n$. $\triangle$

Beispiel 3.19 Die **Polynome** $p(x) = a_0 + a_1 x + \cdots + a_n x^n$ mit reellen Koeffizienten $a_j \in \mathbb{R}$ bilden einen Vektorraum über $\mathbb{R}$. Offensichtlich ist die Menge $B = \{1, x, x^2, x^3, \ldots\}$ der Monome eine Basis der Polynome. Damit ist $(\mathbb{R}[x], +, \mathbb{R})$ ein unendlichdimensionaler Vektorraum. $\triangle$

Im Folgenden wollen wir uns auf endlichdimensionale Vektorräume beschränken. Es sei nun V ein allgemeiner Vektorraum (über dem Körper K) der Dimension n und $B = \{b_1, b_2, \ldots, b_n\}$ eine Basis von V. Jeder Vektor $x \in V$ lässt sich eindeutig als Linearkombination der Basisvektoren darstellen:

$$x = \lambda_1 \cdot b_1 + \lambda_2 \cdot b_2 + \cdots + \lambda_n \cdot b_n.$$

Man nennt die Abbildung $\Phi_B : V \to K^n$, die einem Vektor $x \in V$ die Koordinaten

$$\Phi_B(x) = \begin{pmatrix} \lambda_1 \\ \lambda_2 \\ \vdots \\ \lambda_n \end{pmatrix}$$

zuordnet, die **Koordinatenabbildung** bezüglich der Basis B.

Wegen der Eindeutigkeit der Darstellung als Linearkombination einer Basis ist die Koordinatenabbildung Φ_B bijektiv und erfüllt die Eigenschaften

$$\Phi_B(x + y) = \Phi_B(x) + \Phi_B(y) \quad \text{und} \quad \Phi(\lambda \cdot x) = \lambda \cdot \Phi_B(x)$$

für alle $x, y \in V$ und $\lambda \in K$. Man kann daher auf der Ebene der Koordinaten alle Rechnungen in V auch im Vektorraum K^n durchführen. V und K^n haben daher dieselbe Struktur, man nennt sie auch **isomorph**. Der Vektorraum K^n ist daher in diesem Sinn der „einzige" Vektorraum der Dimension n. Dies rechtfertig auch die eingangs gewählte Beschränkung auf den K^n.

    Abschließend bemerken wir noch, dass die Dimension von Teilräumen $U \leq V$ nie größer sein kann als die von V:

$$U \leq V \quad \Longrightarrow \quad \dim U \leq \dim V.$$

Für den trivialen Nullraum gilt $\dim\{0\} = 0$.

3.2 Matrizen

1. Rechnen mit Matrizen

Matrizen sind grob gesprochen rechteckige Schemata (oder Tabellen) mit Eintragungen. Sie sind uns schon an verschiedenen Stellen begegnet, z.B. als Adjazenzmatrizen von Graphen oder als Koeffizentenmatrix des linearen Gleichungssystems aus dem einleitenden Beispiel 3.1.

Definition 3.20 Unter einer $m \times n$-**Matrix** $A = (a_{ij})$ mit Koeffizienten aus einem Körper K versteht man ein rechteckiges Schema

$$A = \begin{pmatrix} a_{11} & a_{12} & \cdots & a_{1n} \\ a_{21} & a_{22} & \cdots & a_{2n} \\ \vdots & \vdots & & \vdots \\ a_{m1} & a_{m2} & \cdots & a_{mn} \end{pmatrix}$$

aus m Zeilen und n Spalten mit Eintragungen $a_{ij} \in K$. Die Menge aller $m \times n$-Matrizen mit Eintragungen aus K wird mit $K^{m \times n}$ bezeichnet. Eine Matrix $A \in K^{n \times n}$ mit gleicher Spalten- und Zeilenanzahl heißt **quadratisch**.

    Beispielsweise ist

$$A_1 = \begin{pmatrix} 1 & 5 & 2 \\ 3 & 2 & 1 \\ 0 & 1 & 2 \end{pmatrix} \quad \text{bzw.} \quad A_2 = \begin{pmatrix} 1 & 2 \\ 5 & 7 \\ 0 & 2 \end{pmatrix}$$

eine (quadratische) 3×3-Matrix und eine (nicht quadratische) 3×2-Matrix.

    Übrigens können die **Spaltenvektoren** als einspaltige Matrizen aus $K^{m \times 1}$ gesehen werden (wofür wir einfachheitshalber auch K^m schreiben). Entsprechend bezeichnet man einzeilige Matrizen aus $K^{1 \times n}$ als **Zeilenvektoren**. Wir werden eine $m \times n$-Matrix auch als „Aufreihung" ihrer Spalten $a_1, a_2, \ldots, a_n$ betrachten:

$$A = \begin{pmatrix} a_1 & a_2 & \cdots & a_n \end{pmatrix}.$$

Definition 3.21 Ist $A \in K^{m \times n}$ eine $m \times n$-Matrix, so bezeichnen wir mit A^T die zu A **transponierte Matrix**. Sie ist eine $n \times m$-Matrix und geht aus A dadurch hervor, dass Zeilen und Spalten vertauscht werden, d.h., die erste Spalte von A ist die erste Zeile von A^T, usw. Eine quadratische Matrix $A = (a_{ij}) \in K^{n \times n}$ heißt **symmetrisch**, wenn

$$A^T = A$$

ist, d.h., wenn $a_{ij} = a_{ji}$ für alle $1 \leq i, j \leq n$ gilt.

Beispielsweise ist

$$A_2^T = \begin{pmatrix} 1 & 2 \\ 5 & 7 \\ 0 & 2 \end{pmatrix}^T = \begin{pmatrix} 1 & 5 & 0 \\ 2 & 7 & 2 \end{pmatrix},$$

und die Matrix

$$A_3 = \begin{pmatrix} 1 & 0 & 2 \\ 0 & -2 & 1 \\ 2 & 1 & 3 \end{pmatrix}$$

ist symmetrisch.

Mit Matrizen kann man wie mit Vektoren rechnen. So wird die Summe $A + B$ von zwei Matrizen $A = (a_{ij}), B = (b_{ij}) \in K^{m \times n}$ elementweise gebildet: $A + B = (a_{ij} + b_{ij})$. Beispielsweise ist

$$\begin{pmatrix} 1 & 2 \\ 5 & 7 \\ 0 & 2 \end{pmatrix} + \begin{pmatrix} -2 & 1 \\ 3 & 0 \\ 1 & -2 \end{pmatrix} = \begin{pmatrix} -1 & 3 \\ 8 & 7 \\ 1 & 0 \end{pmatrix}.$$

Ebenso kann man das Vielfache $\lambda \cdot A = (\lambda\, a_{ij})$ bestimmen. So ist etwa

$$3 \cdot \begin{pmatrix} 1 & 2 \\ 5 & 7 \\ 0 & 2 \end{pmatrix} = \begin{pmatrix} 3 & 6 \\ 15 & 21 \\ 0 & 6 \end{pmatrix}.$$

Man sieht sofort, dass die algebraische Struktur $(K^{m \times n}, +, K)$ einen Vektorraum der Dimension $m \cdot n$ bildet.

Noch interessanter ist das Produkt von Matrizen.

Definition 3.22 Sind $A = (a_{ij}) \in K^{m \times n}$ und $B = (b_{jk}) \in K^{n \times q}$ zwei Matrizen, wobei die Anzahl der Spalten der ersten gleich der Anzahl der Zeilen der zweiten ist, so wird durch

$$c_{ik} = a_{i1}b_{1k} + a_{i2}b_{2k} + \cdots + a_{in}b_{nk} = \sum_{j=1}^{n} a_{ij}b_{jk}$$

eine Matrix in $K^{m \times q}$ definiert, die als **Produkt** $A \cdot B = (c_{ik})$ der Matrizen A und B bezeichnet wird.

Wir illustrieren diese formale Definition an einem einfachen Beispiel:

$$\begin{aligned} A_1 \cdot A_2 &= \begin{pmatrix} 1 & 5 & 2 \\ 3 & 2 & 1 \\ 0 & 1 & 2 \end{pmatrix} \cdot \begin{pmatrix} 1 & 2 \\ 5 & 7 \\ 0 & 2 \end{pmatrix} \\ &= \begin{pmatrix} 1 \cdot 1 + 5 \cdot 5 + 2 \cdot 0 & 1 \cdot 2 + 5 \cdot 7 + 2 \cdot 2 \\ 3 \cdot 1 + 2 \cdot 5 + 1 \cdot 0 & 3 \cdot 2 + 2 \cdot 7 + 1 \cdot 2 \\ 0 \cdot 1 + 1 \cdot 5 + 2 \cdot 0 & 0 \cdot 2 + 1 \cdot 7 + 2 \cdot 2 \end{pmatrix} = \begin{pmatrix} 26 & 41 \\ 13 & 22 \\ 5 & 11 \end{pmatrix}. \end{aligned}$$

Man beachte, dass das Element c_{ik} durch ein so genanntes **Skalarprodukt** der i-ten Zeile von A und der k-ten Spalte von B gebildet wird. Ein Skalarprodukt von einem Zeilenvektor x und einem Spaltenvektor $\boldsymbol{y}$ ist dabei durch

$$\boldsymbol{x} \cdot \boldsymbol{y} = \begin{pmatrix} x_1 & x_2 & \cdots & x_n \end{pmatrix} \cdot \begin{pmatrix} y_1 \\ y_2 \\ \vdots \\ y_n \end{pmatrix} = x_1 y_1 + x_2 y_2 + \cdots + x_n y_n$$

gegeben. Wir werden später dieses (und noch allgemeinere) Skalarprodukt(e) genauer behandeln.

Die Matrizenmultiplikation folgt, wie wir gleich sehen werden, zahlreichen Rechenregeln (siehe Satz 3.24). Allerdings sind (wenigstens) zwei gewohnte Eigenschaften nicht erfüllt. Erstens ist die Matrizenmultiplikation nicht kommutativ, d.h., i. Allg. gilt

$$A \cdot B \neq B \cdot A,$$

und zweitens kann das Produkt zweier Matrizen Null ergeben, auch wenn beide Faktoren von Null verschieden sind. Beispielsweise ist

$$\begin{pmatrix} 0 & 1 \\ 0 & 0 \end{pmatrix} \cdot \begin{pmatrix} 0 & 1 \\ 0 & 0 \end{pmatrix} = \begin{pmatrix} 0 & 0 \\ 0 & 0 \end{pmatrix}.$$

Bevor wir die schon angekündigten Eigenschaften der Matrizenmultiplikation besprechen, führen wir noch eine spezielle quadratische Matrix ein.

Definition 3.23 Sei $n \geq 1$ eine ganze Zahl. Unter der n-dimensionalen **Einheitsmatrix** $I_n \in K^{n \times n}$ versteht man die Matrix

$$I_n = \begin{pmatrix} 1 & 0 & 0 & \cdots & 0 & 0 \\ 0 & 1 & 0 & \cdots & 0 & 0 \\ 0 & 0 & 1 & \cdots & 0 & 0 \\ \vdots & \vdots & & \ddots & \ddots & \vdots & \vdots \\ 0 & 0 & \cdots & & 0 & 1 & 0 \\ 0 & 0 & \cdots & & 0 & 0 & 1 \end{pmatrix},$$

d.h., die Spalten von I_n sind die Vektoren $\boldsymbol{e}_1, \boldsymbol{e}_2, \ldots, \boldsymbol{e}_n$ der kanonische Basis.

Die Einheitsmatrix hat auch die Eigenschaft, dass nur in der **Diagonale** Elemente stehen, die von Null verschieden sind. Allgemein betrachtet man so genannte **Diagonalmatrizen**

$$\mathrm{diag}(\lambda_1, \lambda_2, \ldots, \lambda_n) = \begin{pmatrix} \lambda_1 & 0 & 0 & \cdots & 0 & 0 \\ 0 & \lambda_2 & 0 & \cdots & 0 & 0 \\ 0 & 0 & \lambda_3 & \cdots & 0 & 0 \\ \vdots & \vdots & & \ddots & \ddots & \vdots & \vdots \\ 0 & 0 & \cdots & 0 & \lambda_{n-1} & 0 \\ 0 & 0 & \cdots & 0 & 0 & \lambda_n \end{pmatrix}.$$

Entsprechend spricht man von **oberen** bzw. **unteren Dreiecksmatrizen**, wenn alle Elemente unterhalb bzw. oberhalb der Diagonale 0 sind.

Im folgenden Satz listen wir einige Eigenschaften von Matrizen auf.

Satz 3.24 *A, B, C bezeichnen Matrizen, I die Einheitsmatrix (jeweils in passender Dimension) und λ einen Skalar. Dann gelten die folgenden Rechenregeln:*

(i) $A \cdot I = I \cdot A = A$,

(ii) $(A \cdot B) \cdot C = A \cdot (B \cdot C)$,

(iii) $(A + B) \cdot C = A \cdot C + B \cdot C$,

(iv) $A \cdot (B + C) = A \cdot B + A \cdot C$,

(v) $(\lambda \cdot A) \cdot B = A \cdot (\lambda \cdot B) = \lambda \cdot (A \cdot B)$,

(vi) $(A + B)^T = A^T + B^T$,

(vii) $(A \cdot B)^T = B^T \cdot A^T$,

(viii) $(\lambda \cdot A)^T = \lambda \cdot A^T$.

Alle Eigenschaften sind leicht nachzurechnen. Wir greifen die zweite heraus. Ist $A = (a_{ij})$, $B = (b_{jk})$ und $C = (c_{kl})$, so bestimmt sich das Element von $(A \cdot B) \cdot C$ an der Stelle (i, l) durch

$$\sum_k \left(\sum_j a_{ij} b_{jk} \right) c_{kl}$$

und das entsprechende Element von $A \cdot (B \cdot C)$ durch

$$\sum_j a_{ij} \left(\sum_k b_{jk} c_{kl} \right).$$

Diese beiden Doppelsummen sind jedoch wegen der Rechengesetze für Addition und Multiplikation in K gleich.

2. Invertierbare Matrizen

Die erste Eigenschaft von Satz 3.24 besagt, dass die Einheitsmatrix ein neutrales Element der Matrizenmultiplikation ist. Dies führt uns direkt zum Begriff einer inversen Matrix.

Definition 3.25 Sei $A \in K^{n \times n}$ eine quadratische Matrix. Sie heißt **invertierbar** oder **regulär**, wenn es eine Matrix $A^{-1} \in K^{n \times n}$ gibt mit

$$A \cdot A^{-1} = A^{-1} \cdot A = I_n.$$

Die Matrix A^{-1} heißt dann die zu A **inverse Matrix**. Nicht invertierbare Matrizen werden auch als **singulär** bezeichnet.

Satz 3.26 *Es seien A und B zwei invertierbare Matrizen in $K^{n \times n}$. Dann sind $A \cdot B$ und A^T ebenfalls invertierbar, und es gilt*

(i) $(A \cdot B)^{-1} = B^{-1} \cdot A^{-1}$,

(ii) $(A^T)^{-1} = (A^{-1})^T$.

Wir werden später noch ausführlich besprechen, wie man entscheiden kann, ob eine Matrix invertierbar ist, und wie man die inverse Matrix gegebenenfalls berechnen kann.

Wir geben als nächstes eine natürliche Interpretation der Matrizenmultiplikation mit Hilfe von Linearkombinationen. Dazu betrachten wir zunächst die Multiplikation einer $m \times n$-Matrix A und eines n-dimensionalen Spaltenvektors: $A \cdot x$. Bezeichnet man mit $a_1, a_2, \ldots, a_n$ die Spalten von A und mit $x_1, x_2, \ldots, x_n$ die Koordinaten von x, so gilt

$$A \cdot x = \begin{pmatrix} a_1 & a_2 & \cdots & a_n \end{pmatrix} \cdot x = x_1 \cdot a_1 + x_2 \cdot a_2 + \cdots + x_n \cdot a_n.$$

Das Produkt einer Matrix mit einem (Spalten-)Vektor ist also nichts anderes als eine Linearkombination der Spalten von A, wobei die Koeffizienten die Koordinaten von x sind. Daraus folgt etwa

$$A \cdot e_j = a_j,$$

das Produkt einer Matrix A mit dem j-ten kanonischen Basisvektor ist die j-te Spalte von A.

Ist nun B eine $n \times q$-Matrix mit Spalten $b_1, b_2, \ldots, b_q$, dann ist die j-te Spalte des Matrizenprodukts $A \cdot B$ das Produkt von A mit b_j:

$$A \cdot B = \begin{pmatrix} A \cdot b_1 & A \cdot b_2 & \cdots & A \cdot b_q \end{pmatrix}.$$

Anders ausgedrückt, die Spalten von $A \cdot B$ sind Linearkombinationen der Spalten von A, wobei die Koeffizienten dieser Linearkombinationen in den entsprechenden Spalten von B stehen. Offensichtlich kann man damit

$$A \cdot I_n = A \cdot \begin{pmatrix} e_1 & e_2 & \cdots & e_n \end{pmatrix} = \begin{pmatrix} a_1 & a_2 & \cdots & a_n \end{pmatrix} = A$$

direkt überprüfen.

Eine andere Interpretation der Multiplikation einer Matrix mit einem Spaltenvektor beruht auf dem Zusammenhang mit **linearen Gleichungssystemen** (siehe Abschnitt 3.4). Ein einfaches Beispiel eines linearen Gleichungssystems ist etwa:

$$\begin{aligned} 2x_1 + 3x_2 &= 5, \\ 7x_1 - 5x_2 &= 2. \end{aligned}$$

Offensichtlich lässt sich dieses in der Form

$$\begin{pmatrix} 2 & 3 \\ 7 & -5 \end{pmatrix} \cdot \begin{pmatrix} x_1 \\ x_2 \end{pmatrix} = \begin{pmatrix} 5 \\ 2 \end{pmatrix}$$

schreiben.

Diese Interpretationen des Matrizenprodukts können genützt werden, invertierbare Matrizen zu charakterisieren.

Satz 3.27 *Eine quadratische Matrix $A \in K^{n \times n}$ ist genau dann invertierbar, wenn ihre Spalten (oder Zeilen) linear unabhängig sind, also eine Basis von K^n bilden.*

Beweis. Wenn eine Matrix invertierbar ist, so ist die Matrizengleichung $A \cdot X = I_n$ (mit der Unbekannten X) lösbar. Das bedeutet aber, dass die kanonischen Basisvektoren $e_1, e_2, \ldots, e_n$ – das sind die Spalten von I_n – als Linearkombinationen der Spalten von A dargestellt werden können. Das gelingt aber genau dann, wenn die Spalten von A linear unabhängig sind, also eine Basis von K^n bilden. Entsprechendes gilt für die Zeilen. $\square$

Eine Matrix ist also genau dann invertierbar, wenn die lineare Hülle der Spalten von A ganz K^n ist. Die lineare Hülle der Spalten einer Matrix ist aber nicht nur bei invertierbaren Matrizen von Interesse, wie der folgende Abschnitt zeigt.

3. Rang einer Matrix und elementare Umformungen

Definition 3.28 Der **Spaltenrang** $\mathrm{rg}(A)$ einer Matrix $A \in K^{m \times n}$ ist die Dimension der linearen Hülle der Spalten von A. Der **Zeilenrang** einer Matrix $A \in K^{m \times n}$ ist die Dimension der linearen Hülle der Zeilen von A, also der Spaltenrang von A^T.

Interessanterweise stimmen Spaltenrang und Zeilenrang immer überein, wie wir im Rahmen des Beispiels 3.32 zeigen werden. Man spricht daher allgemein vom **Rang einer Matrix**.

Satz 3.29 *Für jede Matrix $A \in K^{m \times n}$ stimmen Spalten- und Zeilenrang überein, also*

$$\mathrm{rg}(A) = \mathrm{rg}(A^T).$$

Bei einer quadratischen Matrix $A \in K^{n \times n}$ sind daher die Spalten genau dann linear unabhängig, wenn die Zeilen linear unabhängig sind.

Den Rang einer Matrix kann man leicht mit Hilfe elementarer Spalten- und Zeilenumformungen ermitteln. Diese Umformungen spielen aber auch beim Lösen von linearen Gleichungssystemen (und vielen anderen Anwendungen der Matrizenrechnung) eine wichtige Rolle.

Definition 3.30 Sei $A \in K^{m \times n}$ eine Matrix mit den Spalten $\boldsymbol{a}_1, \ldots, \boldsymbol{a}_n \in K^m$. Die drei Operationen

(i) Multiplikation einer Spalte $\boldsymbol{a}_j$ ($1 \leq j \leq n$) mit einem Skalar $\lambda \in K \setminus \{0\}$,
(ii) Addieren eines Vielfachen einer Spalte $\boldsymbol{a}_i$ ($1 \leq i \leq n$) zu einer Spalte $\boldsymbol{a}_j$ ($1 \leq j \leq n$, $i \neq j$), d.h. Ersetzen der Spalte $\boldsymbol{a}_j$ durch $\lambda \cdot \boldsymbol{a}_i + \boldsymbol{a}_j$ mit $\lambda \in K$ und $i \neq j$,
(iii) Vertauschen zweier Spalten $\boldsymbol{a}_i, \boldsymbol{a}_j$ ($1 \leq i, j \leq n, i \neq j$)

heißen **elementare Spaltenumformungen** der Matrix A.

Sind $\tilde{\boldsymbol{a}}_1, \ldots, \tilde{\boldsymbol{a}}_m \in K^{1 \times n}$ die Zeilen einer Matrix $A \in K^{m \times n}$, dann heißen die drei Operationen

(i) Multiplikation einer Zeile $\tilde{\boldsymbol{a}}_j$ ($1 \leq j \leq m$) mit einem Skalar $\lambda \in K \setminus \{0\}$,
(ii) Addieren eines Vielfachen einer Zeile $\tilde{\boldsymbol{a}}_i$ ($1 \leq i \leq m$) zu einer Zeile $\tilde{\boldsymbol{a}}_j$ ($1 \leq j \leq m$, $i \neq j$), d.h. Ersetzen der Zeile $\tilde{\boldsymbol{a}}_j$ durch $\lambda \cdot \tilde{\boldsymbol{a}}_i + \tilde{\boldsymbol{a}}_j$ mit $\lambda \in K$ und $i \neq j$,
(iii) Vertauschen zweier Zeilen $\tilde{\boldsymbol{a}}_i, \tilde{\boldsymbol{a}}_j$ ($1 \leq i, j \leq m, i \neq j$)

elementare Zeilenumformungen der Matrix A.

Satz 3.31 *Sei $A' \in K^{m \times n}$ eine Matrix, die aus der Matrix $A \in K^{m \times n}$ durch eine Folge von elementaren Spalten- und Zeilenumformungen hervorgeht, dann gilt*

$$\mathrm{rg}(A) = \mathrm{rg}(A').$$

Eine entsprechende Aussage gilt für den Zeilenrang.

Beweis. Durch Multiplikation einer Spalte mit einem Skalar $\neq 0$ bzw. durch das Vertauschen zweier Spalten bleibt die lineare Hülle der Spaltenvektoren unverändert. Weiters folgt aus dem Austauschlemma (Satz 3.16), dass auch bei Addieren eines Vielfachen einer Spalte zu einer anderen die lineare Hülle nicht verändert wird. In allen Fällen bleibt also der Spaltenrang gleich.

Wir interpretieren nun die Spalten $a_1, \ldots, a_n$ von A als Koordinaten von Vektoren $v_1, \ldots, v_n$ bezüglich einer Basis $B = \{b_1, \ldots, b_m\}$. Man betrachte eine (elementare) Zeilenumformung der Matrix A, es wird also z.B. der j-te Zeilenvektor $\tilde{a}_j$ durch $\lambda \cdot \tilde{a}_i + \tilde{a}_j$ ersetzt. Die entstehende Matrix wird wieder mit A' bezeichnet. Wir wenden nun die entsprechende inverse Umformung auf die Basis B an, also z.B. würde der Vektor b_j durch $-\lambda \cdot b_i + b_j$ ersetzt werden. Aus dem Austauschlemma (Satz 3.16) folgt, dass die resultierende Menge B' von Vektoren wieder eine Basis ist. Außerdem sind die Koordinaten der Vektoren $v_1, \ldots, v_n$ bezüglich B' gerade die Spalten von A'. Die lineare Hülle der Spalten von A bzw. von A' entspricht daher der linearen Hülle der Vektoren $v_1, \ldots, v_n$. Der Spaltenrang bleibt daher bei Zeilenumformungen unverändert. $\qquad\Box$

Beispiel 3.32 Wir benützen Satz 3.31, um den (Spalten-)Rang einer Matrix zu bestimmen. Ziel ist es, die Matrix mit geeigneten Spalten- und Zeilenumformungen in Halbdiagonalform überzuführen, da man den Rang einer Matrix dieser Gestalt direkt ablesen kann (vergleiche mit Beispiel 3.14). Es sei

$$A = \begin{pmatrix} 1 & 2 & -3 & 0 \\ 2 & 5 & 1 & 8 \\ -1 & -2 & 4 & 1 \\ 4 & 0 & 2 & 6 \end{pmatrix}.$$

Die Spalten von A bezeichnen wir mit a_1, a_2, a_3, a_4. Wir erzeugen oberhalb bzw. rechts von der Diagonale Nullen. Dazu ersetzen wir zunächst die zweite Spalte a_2 durch $a_2 - 2a_1$ und die dritte durch $a_3 + 3a_1$:

$$A' = \begin{pmatrix} 1 & 0 & 0 & 0 \\ 2 & 1 & 7 & 8 \\ -1 & 0 & 1 & 1 \\ 4 & -8 & 14 & 6 \end{pmatrix}.$$

In dieser Matrix ersetzen wir die dritte Spalte durch $a_3' - 7a_2'$ und die vierte durch $a_4' - 8a_2'$:

$$A'' = \begin{pmatrix} 1 & 0 & 0 & 0 \\ 2 & 1 & 0 & 0 \\ -1 & 0 & 1 & 1 \\ 4 & -8 & 70 & 70 \end{pmatrix}.$$

Schließlich ersetzen wir hier die vierte Spalte durch $a_4'' - a_3''$ und erhalten eine Matrix der Form

$$A''' = \begin{pmatrix} 1 & 0 & 0 & 0 \\ 2 & 1 & 0 & 0 \\ -1 & 0 & 1 & 0 \\ 4 & -8 & 70 & 0 \end{pmatrix}. \tag{3.3}$$

Offensichtlich hat diese Matrix $\mathrm{rg}(A''') = 3$, da die ersten drei Spalten linear unabhängig sind (vergleiche mit Beispiel 3.14). Die ursprüngliche Matrix hat demnach ebenfalls $\mathrm{rg}(A) = 3$, d.h., die Spalten von A sind linear abhängig und spannen einen dreidimensionalen Unterraum von $K^{4 \times 1}$ auf.

In diesem Beispiel sind die Diagonalelemente der ersten drei Spalten gleich 1. Wären sie von 1 verschieden (und $\neq 0$), so könnte man durch Multiplikation mit den jeweiligen Kehrwerten die Spalten so skalieren, dass die Diagonalelemente schließlich alle gleich 1 sind. Entscheidend für das Gelingen des gerade beschriebenen Verfahrens ist auch, dass die auftretenden Diagonalelemente von 0 verschieden sind. Angenommen, es wäre bereits im ersten Schritt $a_{11} = 0$, so kann man, wenn die Matrix nicht nur aus Nullen besteht, allein durch Spalten- bzw. Zeilenvertauschen erreichen, dass das Element an der Stelle $(1, 1)$ von 0 verschieden ist. Entsprechend verfährt man in den folgenden Schritten, wobei man aber immer nur mit Spalten, die weiter rechts stehen, bzw. mit Zeilen, die weiter unten stehen, tauschen darf. Ist das nicht mehr möglich, so bricht das Verfahren ab. In unserem Beispiel ist das Element der Matrix A''' an der Stelle $(4, 4)$ gleich 0. Dieser Eintrag kann nicht mehr durch Spalten- oder Zeilenvertauschungen der beschriebenen Art verändert werden. Das Verfahren wurde daher auch an dieser Stelle abgebrochen. Insgesamt kann in dieser Weise durch Spaltenumformungen (und gegebenenfalls durch Zeilenvertauschungen) immer eine Matrix der in Abb. 3.7 angegebenen Form gefunden

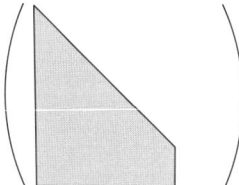

Abbildung 3.7 Spaltenumformungen zur Rangbestimmung

werden.[5]

Bisher wurden nur Nullen oberhalb bzw. rechts der Diagonale erzeugt. Man kann aber mit demselben Prinzip auch links der Diagonale Nullen erzeugen. Im konkreten Beispiel ersetzt man etwa a_1''' durch $a_1''' - 2a_2''' + a_3'''$ und erhält die Matrix

$$A'''' = \begin{pmatrix} 1 & 0 & 0 & 0 \\ 0 & 1 & 0 & 0 \\ 0 & 0 & 1 & 0 \\ 90 & -8 & 70 & 0 \end{pmatrix}. \tag{3.4}$$

Mit geeigneten Zeilenumformungen kann die Matrix noch weiter vereinfacht werden. Subtrahiert man das 90-fache der ersten Zeile von der vierten, usw., so erhält man die Matrix

$$A''''' = \begin{pmatrix} 1 & 0 & 0 & 0 \\ 0 & 1 & 0 & 0 \\ 0 & 0 & 1 & 0 \\ 0 & 0 & 0 & 0 \end{pmatrix}.$$

[5]Eine analoge Eigenschaft gilt auch, wenn man mit Zeilenumformungen beginnt, also unterhalb der Diagonale Nullen erzeugt. Dieses Prinzip werden wir beim Gauß'schen Eliminationsverfahren, das wir später besprechen werden, verwenden.

In dieser Matrix sind Spalten- und Zeilenrang gleich 3. Aus Satz 3.31 folgt daher, dass der Zeilenrang von A gleich 3 ist.

Die gerade angestellte Überlegung kann für jede Matrix A durchgeführt werden. Nach geeigneten Spalten- und Zeilenumformungen entsteht eine Matrix, die sozusagen aus einer Einheitsmatrix I_r und lauter Nullen besteht, wobei r gleichzeitig Spalten- und Zeilenrang ist. Es folgt also allgemein $\text{rg}(A) = \text{rg}(A^T)$. △

Elementare Spaltenumformungen von A können auch durch das Multiplizieren der Matrix A mit geeigneten Transformationsmatrizen realisiert werden. Eine so genannte **Elementarmatrix** ist eine Matrix, die aus der Einheitsmatrix I_n nach Anwendung einer elementaren Spalten- bzw. Zeilenumformung hervorgeht. So sind etwa

$$T' = \begin{pmatrix} 1 & 0 & 0 \\ 0 & 1 & \lambda \\ 0 & 0 & 1 \end{pmatrix} \quad \text{und} \quad T'' = \begin{pmatrix} 0 & 1 & 0 \\ 1 & 0 & 0 \\ 0 & 0 & 1 \end{pmatrix}$$

Elementarmatrizen. Bei T' wurde das λ-fache der 2. Spalte von I_3 zur 3. Spalte addiert (oder das λ-fache der 3. Zeile zur 2. Zeile addiert), und bei T'' wurden die ersten beiden Zeilen (oder Spalten) von I_3 vertauscht. Multipliziert man nun beispielsweise eine beliebige 3-spaltige Matrix A von rechts mit der Elementarmatrix T', so entsteht eine Matrix A', die aus A durch dieselben Spaltenumformungen entsteht wie T' aus I_3:

$$A \cdot T' = \begin{pmatrix} a_1 & a_2 & a_3 \end{pmatrix} \cdot \begin{pmatrix} 1 & 0 & 0 \\ 0 & 1 & \lambda \\ 0 & 0 & 1 \end{pmatrix} = \begin{pmatrix} a_1 & a_2 & \lambda a_2 + a_3 \end{pmatrix}.$$

Man beachte insbesondere, dass Elementarmatrizen invertierbar sind. Beispielsweise ist

$$(T')^{-1} = \begin{pmatrix} 1 & 0 & 0 \\ 0 & 1 & \lambda \\ 0 & 0 & 1 \end{pmatrix}^{-1} = \begin{pmatrix} 1 & 0 & 0 \\ 0 & 1 & -\lambda \\ 0 & 0 & 1 \end{pmatrix}.$$

Das Umformen einer Matrix A in eine Matrix A' mittels elementarer Spaltenumformungen entspricht also der Multiplikation mit einer invertierbaren Matrix T,

$$A' = A \cdot T,$$

wobei T Produkt geeigneter Elementarmatrizen ist. Entsprechendes gilt natürlich auch für Zeilenumformungen, die einer Multiplikation mit einer invertierbaren Matrix $\tilde{T}$ von links entsprechen: $A'' = \tilde{T} \cdot A$.

Diese Eigenschaft kann auch zur Berechnung der inversen Matrix A^{-1} verwendet werden. Ist A invertierbar, dann sind nach Satz 3.27 die Spalten linear unabhängig. Es ist daher allein durch Spaltenumformungen möglich, A in die Einheitsmatrix $A' = I_n$ umzuformen, also $A \cdot T = I_n$. Die Matrix T ist daher gleich der inversen Matrix A^{-1}. Aus der obigen Überlegung folgt, dass T auch als jene Matrix gesehen werden kann, die aus der Einheitsmatrix dadurch hervorgeht, dass man darauf dieselben Spaltenumformungen wie auf A ausführt. Dies kann folgendermaßen explizit durchgeführt werden.

Beispiel 3.33 Es soll die inverse Matrix A^{-1} von

$$A = \begin{pmatrix} 1 & 2 & 0 \\ 0 & 2 & 1 \\ 3 & 5 & 0 \end{pmatrix}$$

bestimmt werden. Durch elementare Spaltenumformungen erhält man

$$\begin{pmatrix} 1 & 2 & 0 \\ 0 & 2 & 1 \\ 3 & 5 & 0 \\ \hline 1 & 0 & 0 \\ 0 & 1 & 0 \\ 0 & 0 & 1 \end{pmatrix} \rightarrow \begin{pmatrix} 1 & 0 & 0 \\ 0 & 2 & 1 \\ 3 & -1 & 0 \\ \hline 1 & -2 & 0 \\ 0 & 1 & 0 \\ 0 & 0 & 1 \end{pmatrix} \rightarrow \begin{pmatrix} 1 & 0 & 0 \\ 0 & 1 & 2 \\ 3 & 0 & -1 \\ \hline 1 & 0 & -2 \\ 0 & 0 & 1 \\ 0 & 1 & 0 \end{pmatrix} \rightarrow \begin{pmatrix} 1 & 0 & 0 \\ 0 & 1 & 0 \\ 3 & 0 & -1 \\ \hline 1 & 0 & -2 \\ 0 & 0 & 1 \\ 0 & 1 & -2 \end{pmatrix}$$

$$\rightarrow \begin{pmatrix} 1 & 0 & 0 \\ 0 & 1 & 0 \\ 3 & 0 & 1 \\ \hline 1 & 0 & 2 \\ 0 & 0 & -1 \\ 0 & 1 & 2 \end{pmatrix} \rightarrow \begin{pmatrix} 1 & 0 & 0 \\ 0 & 1 & 0 \\ 0 & 0 & 1 \\ \hline -5 & 0 & 2 \\ 3 & 0 & -1 \\ -6 & 1 & 2 \end{pmatrix}.$$

Die inverse Matrix A^{-1} ist also

$$A^{-1} = \begin{pmatrix} -5 & 0 & 2 \\ 3 & 0 & -1 \\ -6 & 1 & 2 \end{pmatrix}.$$

In ganz analoger Weise kann man mit der Matrix

$$\begin{pmatrix} 1 & 2 & 0 & | & 1 & 0 & 0 \\ 0 & 2 & 1 & | & 0 & 1 & 0 \\ 3 & 5 & 0 & | & 0 & 0 & 1 \end{pmatrix}$$

beginnen und mit Hilfe von Zeilenumformungen die linke Hälfte in die Einheitsmatrix überführen. Dann steht auf der rechten Seite wieder die inverse Matrix A^{-1}. △

3.3 Lineare Abbildungen

Wir betrachten zunächst eine Matrix $A \in K^{m \times n}$ und die Zuordnung

$$\boldsymbol{x} \in K^n \mapsto f(\boldsymbol{x}) = A \cdot \boldsymbol{x} \in K^m.$$

Diese Abbildung $f : K^n \rightarrow K^m$ hat folgende zwei Eigenschaften:

(i) $f(\boldsymbol{x} + \boldsymbol{y}) = A \cdot (\boldsymbol{x} + \boldsymbol{y}) = A \cdot \boldsymbol{x} + A \cdot \boldsymbol{y} = f(\boldsymbol{x}) + f(\boldsymbol{y}),$

(ii) $f(\lambda \cdot \boldsymbol{x}) = A \cdot (\lambda \cdot \boldsymbol{x}) = \lambda \cdot (A \cdot \boldsymbol{x}) = \lambda \cdot f(\boldsymbol{x}).$

Abbildungen, die diese Eigenschaften haben, werden als linear bezeichnet und treten in der einen oder anderen Form in vielen Bereichen der Mathematik auf.

Definition 3.34 Eine Abbildung $f : V \to W$ zwischen zwei Vektorräumen V und W (über demselben Körper K) ist **linear**, wenn sie die folgenden beiden Eigenschaften (für $\boldsymbol{x}, \boldsymbol{y} \in V$ und $\lambda \in K$) hat:

(i) $f(\boldsymbol{x} + \boldsymbol{y}) = f(\boldsymbol{x}) + f(\boldsymbol{y})$,
(ii) $f(\lambda \cdot \boldsymbol{x}) = \lambda \cdot f(\boldsymbol{x})$.

Beispielsweise sind Drehungen und Spiegelungen, aber auch Projektionen linear. Eine einfache Eigenschaft linearer Abbildungen ist, dass Linearkombinationen auf Linearkombinationen abgebildet werden:

$$f(\lambda_1 \cdot \boldsymbol{x}_1 + \lambda_2 \cdot \boldsymbol{x}_2 + \cdots + \lambda_k \cdot \boldsymbol{x}_k) = \lambda_1 \cdot f(\boldsymbol{x}_1) + \lambda_2 \cdot f(\boldsymbol{x}_2) + \cdots + \lambda_k \cdot f(\boldsymbol{x}_k).$$

Dies führt sofort zu folgender Beobachtung.

Satz 3.35 (Fortsetzungssatz) *Es sei V ein n-dimensionaler Vektorraum und die Menge $B = \{\boldsymbol{b}_1, \boldsymbol{b}_2, \ldots, \boldsymbol{b}_n\}$ eine Basis von V. Weiters sei W ein Vektorraum, $f : V \to W$ linear, und $\boldsymbol{c}_j = f(\boldsymbol{b}_j)$, $1 \leq j \leq n$, bezeichnen die Bilder der Basisvektoren.*
Ist $\boldsymbol{x} = x_1 \cdot \boldsymbol{b}_1 + x_2 \cdot \boldsymbol{b}_2 + \cdots + x_n \cdot \boldsymbol{b}_n$, d.h., hat $\boldsymbol{x}$ die Koordinaten $x_1, x_2, \ldots, x_n \in K$, so gilt

$$f(\boldsymbol{x}) = x_1 \cdot f(\boldsymbol{b}_1) + x_2 \cdot f(\boldsymbol{b}_2) + \cdots + x_n \cdot f(\boldsymbol{b}_n) = x_1 \cdot \boldsymbol{c}_1 + x_2 \cdot \boldsymbol{c}_2 + \cdots + x_n \cdot \boldsymbol{c}_n.$$

Umgekehrt vermittelt diese Formel bei beliebiger Wahl von $\boldsymbol{c}_j \in W$ stets eine lineare Abbildung $f : V \to W$.

Um eine lineare Abbildung $f : V \to W$ zu charakterisieren, ist es also ausreichend, die Bilder einer Basis zu kennen. Alles Weitere ergibt sich aus der Linearität.

Dieses Prinzip ist bei linearen Abbildungen der Form $f(\boldsymbol{x}) = A \cdot \boldsymbol{x}$ noch deutlicher zu sehen. Hier geht man von der kanonischen Basis $E = \{\boldsymbol{e}_1, \boldsymbol{e}_2, \ldots, \boldsymbol{e}_n\}$ aus und bildet

$$f(\boldsymbol{e}_j) = A \cdot \boldsymbol{e}_j = \boldsymbol{a}_j.$$

Das Bild des j-ten kanonischen Basisvektors ist also die j-te Spalte von A.

Umgekehrt kann einer linearen Abbildung eine Matrix zugeordnet werden, indem man die Bilder der kanonischen Basis bestimmt und zu einer Matrix zusammenfasst. Ist also $f : K^n \to K^m$ eine lineare Abbildung und

$$A = \left(\ f(\boldsymbol{e}_1) \quad f(\boldsymbol{e}_2) \quad \cdots \quad f(\boldsymbol{e}_n) \ \right),$$

so gilt für alle $\boldsymbol{x} \in K^n$

$$f(\boldsymbol{x}) = A \cdot \boldsymbol{x}.$$

Wir hatten früher schon beobachtet, dass das Produkt einer Matrix A mit einem Vektor $\boldsymbol{x}$ nichts anderes ist als die Linearkombination der Spalten von A, wobei die Koeffizienten die Koordinaten von $\boldsymbol{x}$ sind. Dies entspricht hier genau der Beobachtung von Satz 3.35.

Beispiel 3.36

(a) Sei $f : \mathbb{R}^2 \to \mathbb{R}^2$ die Drehung um den Winkel φ gegen den Uhrzeigersinn. Dann ist

$$A = \left(\begin{array}{cc} f(\boldsymbol{e}_1) & f(\boldsymbol{e}_2) \end{array} \right) = \left(\begin{array}{cc} \cos\varphi & -\sin\varphi \\ \sin\varphi & \cos\varphi \end{array} \right)$$

die dazu gehörige Matrix, d.h., $A \cdot \boldsymbol{x}$ ist der um den Winkel φ gedrehte Vekotor $\boldsymbol{x}$ (vergleiche mit Abb. 3.8).

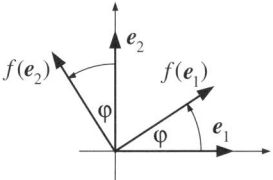

Abbildung 3.8 Drehung um den Winkel φ

(b) Die Matrix $S = \left(\begin{array}{cc} 1 & 0 \\ 0 & -1 \end{array} \right)$ entspricht der Spiegelung an der x_1-Achse.

(c) Die Matrix $P = \left(\begin{array}{cc} 1/2 & 1/2 \\ 1/2 & 1/2 \end{array} \right)$ projiziert auf die erste Mediane.

$\triangle$

Offensichtlich ist die **Hintereinanderausführung** $h = g \circ f$ zweier linearer Abbildungen f und g wieder eine lineare Abbildung. Ist insbesonder $f(\boldsymbol{x}) = A \cdot \boldsymbol{x}$ und $g(\boldsymbol{y}) = B \cdot \boldsymbol{y}$, so ist

$$h(\boldsymbol{x}) = g(f(\boldsymbol{x})) = g(A \cdot \boldsymbol{x}) = B \cdot (A \cdot \boldsymbol{x}) = (B \cdot A) \cdot \boldsymbol{x} = C \cdot \boldsymbol{x}$$

jene lineare Abbildung, die durch das Produkt $C = B \cdot A$ der beiden Matrizen B und A gebildet wird. Das Matrizenprodukt entspricht daher der Hintereinanderausführung von linearen Abbildungen.

Der **Koordinatenwechsel** zwischen zwei verschiedenen Basen $B = \{\boldsymbol{b}_1, \boldsymbol{b}_2, \ldots, \boldsymbol{b}_n\}$ und $C = \{\boldsymbol{c}_1, \boldsymbol{c}_2, \ldots, \boldsymbol{c}_n\}$ eines n-dimensionalen Vektorraums V, also die Frage, wie man die Koordinaten $\Phi_B(\boldsymbol{x})$ in die Koordinaten $\Phi_C(\boldsymbol{x})$ umrechnet, kann ebenfalls mit Hilfe einer Matrizenmultiplikation gelöst werden. Formal geschieht der Koordinatenwechsel einfach durch die lineare Abbildung $\Phi_C \circ \Phi_B^{-1} : K^n \to K^n$. Diese kann aber durch eine Matrix

$$T_{B,C} = \left(\begin{array}{cccc} \Phi_C(\boldsymbol{b}_1) & \Phi_C(\boldsymbol{b}_2) & \cdots & \Phi_C(\boldsymbol{b}_n) \end{array} \right)$$

mit den Spalten $(\Phi_C \circ \Phi_B^{-1})(\boldsymbol{e}_j) = \Phi_C(\boldsymbol{b}_j)$ realisiert werden. Es gilt daher

$$T_{B,C} \cdot \Phi_B(\boldsymbol{x}) = \Phi_C(\boldsymbol{x}).$$

Abschließend definieren wir zwei wichtige Kenngrößen von linearen Abbildungen.

Definition 3.37 Es sei $f : V \to W$ eine lineare Abbildung. Die Mengen

$$\ker(f) = \{x \in V \mid f(x) = 0\} \quad \text{und} \quad f(V) = \{f(x) \mid x \in V\}$$

heißen **Kern** und **Bild** von f. Die Dimension des Kerns und des Bilds sind der **Defekt** und der **Rang** von f:

$$\operatorname{def}(f) = \dim(\ker(f)) \quad \text{und} \quad \operatorname{rg}(f) = \dim(f(V)).$$

Es ist leicht zu sehen, dass $\ker(f)$ und $f(V)$ Teilräume von V bzw. W sind, Defekt und Rang sind daher immer wohldefiniert. Außerdem entspricht der Rang einer linearen Abbildung der Form $f(x) = A \cdot x$ genau dem Rang der Matrix A, da die Spalten von A die Bilder der kanonischen Basisvektoren sind und daher alle möglichen Bildvektoren aufspannen:

$$\operatorname{rg}(A) = \operatorname{rg}(f).$$

Rang und Defekt einer linearen Abbildung erfüllen eine einfache Beziehung (siehe Übungsaufgabe 3.16).

Satz 3.38 (Rangformel) *Es sei V ein endlichdimensionaler Vektorraum und $f : V \to W$ eine lineare Abbildung. Dann gilt*

$$\operatorname{rg}(f) + \operatorname{def}(f) = \dim V.$$

Beispiel 3.39 Eine lineare Abbildung $f : \mathbb{R}^2 \to \mathbb{R}^2$ sei durch Angabe der zugehörigen Matrix

$$A = \begin{pmatrix} 1 & 2 \\ 2 & 4 \end{pmatrix}$$

gegeben. Der Raum $\ker(f)$ bestimmt sich durch die Gleichung $f(x) = A \cdot x = 0$, und $f(\mathbb{R}^2)$ ist die lineare Hülle der Spalten von A. Nach kurzer Rechnung erhält man

$$\ker(f) = \left[\begin{pmatrix} 2 \\ -1 \end{pmatrix} \right] \quad \text{und} \quad f(\mathbb{R}^2) = \left[\begin{pmatrix} 1 \\ 2 \end{pmatrix} \right].$$

Beide Räume haben Dimension 1, also $\operatorname{def}(f) = \operatorname{rg}(f) = 1$. Offensichtlich ist die Rangformel erfüllt: $1 + 1 = 2$. $\triangle$

3.4 Lineare Gleichungssysteme

1. Lösbarkeit von linearen Gleichungssystemen

Lineare Gleichungssysteme spielen – wie einleitend erwähnt – in vielen Anwendungsbereichen der Mathematik eine große Rolle. In Beispiel 3.1 wurde z.B. ein elektrisches Netzwerk berechnet. Wir werden im folgenden zeigen, wie man lineare Gleichungssysteme mit Methoden der linearen Algebra systematisch behandeln kann.

Definition 3.40 Seien $m, n \geq 1$ ganze Zahlen und K ein Körper. Weiters seien Elemente $a_{ij} \in K$ $(1 \leq i \leq m, 1 \leq j \leq n)$ und $b_i \in K$ $(1 \leq i \leq m)$ gegeben. Dann heißt ein System der Form

$$
\begin{array}{ccccccc}
a_{11}x_1 & + & \cdots & + & a_{1n}x_n & = & b_1 \\
a_{21}x_1 & + & \cdots & + & a_{2n}x_n & = & b_2 \\
\vdots & & \vdots & & \vdots & & \vdots \\
a_{m1}x_1 & + & \cdots & + & a_{mn}x_n & = & b_m
\end{array}
\tag{3.5}
$$

lineares Gleichungssystem in den Unbekannten $x_1, x_2 \ldots, x_n \in K$. Sind alle $b_1 = b_2 = \cdots = b_m = 0$, so heißt das lineare Gleichungssystem **homogen**, sonst **inhomogen**.

Es besteht nun die Aufgabe, ein lineares Gleichungssystem vollständig zu lösen, d.h. alle n-Tupel $(x_1, x_2, \ldots, x_n) \in K^n$ anzugeben, die das obige Gleichungssystem erfüllen. Fasst man die Koeffizienten a_{ij} zu einer Matrix $A = (a_{ij}) \in K^{m \times n}$ zusammen und entsprechend auch die rechte Seite $b_1, b_2, \ldots, b_m$ zu einem Spaltenvektor $\boldsymbol{b} \in K^m$ sowie die Unbekannten $x_1, x_2, \ldots, x_n$ zu einem Spaltenvektor $\boldsymbol{x} \in K^n$, so lässt sich ein lineares Gleichungssystem folgendermaßen darstellen:

$$A \cdot \boldsymbol{x} = \boldsymbol{b}.$$

Das bedeutet aber, dass es genau dann eine Lösung $\boldsymbol{x}$ gibt, wenn $\boldsymbol{b}$ Linearkombination der Spalten von A ist. Daraus ergibt sich das folgende Lösbarkeitskriterium.

Satz 3.41 (Satz von Kronecker-Capelli) *Sei $A \in K^{m \times n}$ und $\boldsymbol{b} \in K^m$. Dann ist das lineare Gleichungssystem $A\boldsymbol{x} = \boldsymbol{b}$ genau dann lösbar, wenn*

$$\mathrm{rg}(A) = \mathrm{rg}(A\,\boldsymbol{b}).$$

Die Matrix $(A\,\boldsymbol{b})$ bezeichnet man auch als **erweiterte Systemmatrix** des linearen Gleichungssystems $A \cdot \boldsymbol{x} = \boldsymbol{b}$.

Um alle Lösungen eines linearen Gleichungssystems beschreiben zu können, verwenden wir die Interpretation der Matrizenmultiplikation als lineare Abbildung: $f(\boldsymbol{x}) = A \cdot \boldsymbol{x}$. Wir setzen voraus, dass das lineare Gleichungssystem $f(\boldsymbol{x}) = A \cdot \boldsymbol{x} = \boldsymbol{b}$ eine Lösung $\boldsymbol{x}_0$ hat. Ist nun $\boldsymbol{x}$ irgend eine andere Lösung, so folgt aus $f(\boldsymbol{x}_0) = f(\boldsymbol{x}) = \boldsymbol{b}$ auch

$$f(\boldsymbol{x} - \boldsymbol{x}_0) = A \cdot (\boldsymbol{x} - \boldsymbol{x}_0) = \boldsymbol{0}.$$

Daher liegt $\boldsymbol{x} - \boldsymbol{x}_0$ im Kern von f, und alle Lösungen L des linearen Gleichungssystem können durch

$$L = \boldsymbol{x}_0 + \mathrm{ker}(f),$$

also durch einen Nebenraum des Kerns von f beschrieben werden. Aus der Rangformel (Satz 3.38) folgt $\dim(\mathrm{ker}(f)) = n - \mathrm{rg}(f) = n - \mathrm{rg}(A)$. Daher kann man die Lösungsmenge L auch folgendermaßen angeben:

Satz 3.42 *Sei $A \in K^{m \times n}$ und $\boldsymbol{b} \in K^m$. Ist das lineare Gleichungssystem $A\boldsymbol{x} = \boldsymbol{b}$ lösbar, so gibt es $s = n - \mathrm{rg}(A)$ linear unabhängige Vektoren $\boldsymbol{x}_1, \ldots, \boldsymbol{x}_s \in \mathrm{ker}(f) \subseteq K^n$, d.h. Lösungen des homogenen linearen Gleichungssystems $A \cdot \boldsymbol{x} = \boldsymbol{0}$, so dass alle Lösungen von $A \cdot \boldsymbol{x} = \boldsymbol{b}$ durch die Menge*

$$\{\boldsymbol{x}_0 + t_1\boldsymbol{x}_1 + \cdots + t_s\boldsymbol{x}_s \,|\, t_1, \ldots, t_s \in K\}$$

gegeben sind, wobei $\boldsymbol{x}_0$ eine beliebige, aber fest gewählte Lösung von $A \cdot \boldsymbol{x} = \boldsymbol{b}$ ist.

Man beachte, dass die Vektoren $x_1, \ldots, x_s$, die ja eine Basis des Kerns von f, also Lösungen des homogenen linearen Gleichungssystems $A \cdot x = 0$ sind, nicht von der rechten Seite b abhängen. Diese müssen jedenfalls bestimmt werden. Zu jeder rechten Seite b reicht es dann, noch eine Lösung x_0 des inhomogenen linearen Gleichungssystems $A \cdot x = b$ zu finden. Die Gesamtlösung L wird dann aus x_0 und Linearkombinationen von $x_1, \ldots, x_s$ zusammengesetzt.

Aus der Interpretation eines linearen Gleichungssystems $A \cdot x = b$ in der Form $f(x) = b$ ergibt sich auch der nächste Satz.

Satz 3.43 *Sei $A \in K^{m \times n}$, $f(x) = A \cdot x$ und $b \in K^m$.*

Ist f surjektiv, d.h. $\mathrm{rg}(f) = \mathrm{rg}(A) = m$, so ist das lineare Gleichungssystem $A \cdot x = b$ für alle rechten Seiten $b \in K^m$ lösbar.

Ist f injektiv, d.h. $\mathrm{rg}(f) = \mathrm{rg}(A) = n$, so ist $\ker(f) = \{0\}$, und das lineare Gleichungssystem $A \cdot x = b$ hat höchstens eine Lösung.

Ein wichtiger Spezialfall ist jener, wo die Matrix $A \in K^{n \times n}$ quadratisch ist. Ist A zusätzlich regulär, also invertierbar, so ist das lineare Gleichungssystem $A \cdot x = b$ für jede rechte Seite $b \in K^n$ eindeutig lösbar, und die Lösung ist gegeben durch

$$x = A^{-1} \cdot b.$$

Insbesondere ist für $b = 0$ (also in einem homogenen System) die Lösung $x = A^{-1} \cdot 0 = 0$. Übrigens hat ein homogenes System $A \cdot x = 0$ immer den Nullvektor als Lösung. Nur wenn A invertierbar ist, ist der Nullvektor die einzige Lösung. Anders ausgedrückt bedeutet das, dass ein System $A \cdot x = 0$ mit quadratischer Matrix A genau dann eine Lösung $x \neq 0$ hat, wenn A singulär, also nicht invertierbar, ist.

Das Lösen eines linearen Gleichungssystems ist besonders einfach, wenn die Matrix A von spezieller Gestalt ist.

Satz 3.44 *Sei $A \in K^{m \times n}$ $(n \geq m)$ eine Matrix der Gestalt*

$$A = \begin{pmatrix} 1 & 0 & \cdots & 0 & a_{1,m+1} & \cdots & a_{1,n} \\ 0 & 1 & \cdots & 0 & a_{2,m+1} & \cdots & a_{2,n} \\ \vdots & \ddots & \ddots & \vdots & \vdots & \vdots & \vdots \\ 0 & \cdots & 0 & 1 & a_{m,m+1} & \cdots & a_{m,n} \end{pmatrix} = (I_m \ A') \tag{3.6}$$

(mit $A' \in K^{m \times (n-m)}$), so sind alle Lösungen $x = (x_1, \ldots, x_n)^T \in K^n$ des Gleichungssystems $Ax = b$ (mit $b \in K^m$) gegeben durch

$$x = \begin{pmatrix} b \\ 0 \end{pmatrix} + \begin{pmatrix} -A' \\ I_{n-m} \end{pmatrix} \begin{pmatrix} t_1 \\ \vdots \\ t_{n-m} \end{pmatrix}$$

bzw.

$$\begin{pmatrix} x_1 \\ \vdots \\ x_m \\ x_{m+1} \\ \vdots \\ x_n \end{pmatrix} = \begin{pmatrix} b \\ 0 \end{pmatrix} + t_1 \begin{pmatrix} -a_{m+1} \\ e_1 \end{pmatrix} + t_2 \begin{pmatrix} -a_{m+2} \\ e_2 \end{pmatrix} + \cdots + t_{n-m} \begin{pmatrix} -a_n \\ e_{n-m} \end{pmatrix} \tag{3.7}$$

mit $t_1, t_2, \ldots, t_{n-m} \in K$. Dabei bezeichnen $\mathbf{a}_{m+1}, \ldots, \mathbf{a}_n$ die Spalten von A', $\mathbf{0}$ den Nullvektor in K^{n-m} und $\mathbf{e}_1, \ldots, \mathbf{e}_{n-m}$ die Vektoren der kanonischen Basis von K^{n-m}.

Beweis. Die Formel (3.7) ist offensichtlich, wenn man das Gleichungssystem in der Koordinatenschreibweise (3.5) betrachtet und $t_1 = x_{m+1}, \ldots, t_{n-m} = x_n$ setzt. Die übrigen Koordinaten $x_1, \ldots, x_m$ ergeben sich dann direkt: $x_i = b_i - x_{m+1} a_{i,m+1} - \cdots - x_n a_{i,n} = b_i - t_1 a_{i,m+1} - \cdots - t_{n-m} a_{i,n}$ (für $1 \leq i \leq m$). $\qquad\square$

Das gerade angegeben Verfahren funktioniert auch, wenn die Matrix $A \in K^{m \times n}$ ($n \geq m$) eine so genannte Dreiecksgestalt mit nichtverschwindender Diagonale hat:

$$A = \begin{pmatrix} a_{1,1} & a_{1,2} & \cdots & a_{1,m} & a_{1,m+1} & \cdots & a_{1,n} \\ 0 & a_{2,2} & \cdots & a_{2,m} & a_{2,m+1} & \cdots & a_{2,n} \\ \vdots & \ddots & \ddots & \vdots & \vdots & \vdots & \vdots \\ 0 & \cdots & 0 & a_{m,m} & a_{m,m+1} & \cdots & a_{m,n} \end{pmatrix} \tag{3.8}$$

mit $a_{1,1} \neq 0, a_{2,2} \neq 0, \ldots, a_{m,m} \neq 0$. Wie vorhin setzen wir $x_{m+1} = t_1, \ldots, x_n = t_{n-m}$. Dann ermittelt man

$$\begin{aligned} x_m &= a_{m,m}^{-1}(b_m - t_1 a_{m,m+1} - \cdots - t_{n-m} a_{m,n}) \\ &= b'_m + t_1 a'_{1,m} + \cdots + t_{n-m} a'_{n-m,m}. \end{aligned}$$

Mit dieser Kenntnis errechnet man als nächstes

$$\begin{aligned} x_{m-1} &= a_{m-1,m-1}^{-1}(b_{m-1} - a_{m-1,m} x_m - t_1 a_{m-1,m+1} - \cdots - t_{n-m} a_{m-1,n}) \\ &= b'_{m-1} + t_1 a'_{1,m-1} + \cdots + t_{n-m} a'_{n-m,m-1} \end{aligned}$$

und danach rekursiv $x_{m-2}, x_{m-3}, \ldots, x_1$. Die Lösungen haben daher wieder die Form (3.7). Wir illustrieren dieses Verfahren an einem kleinen Beispiel.

Beispiel 3.45 Wir betrachten das lineare Gleichungssystem

$$\begin{pmatrix} 2 & 3 & -1 \\ 0 & 1 & 2 \end{pmatrix} \cdot \begin{pmatrix} x_1 \\ x_2 \\ x_3 \end{pmatrix} = \begin{pmatrix} 4 \\ 3 \end{pmatrix} \quad \text{bzw.} \quad \begin{array}{rcrcrcl} 2x_1 & + & 3x_2 & - & x_3 & = & 4 \\ & & x_2 & + & 2x_3 & = & 3. \end{array}$$

Setzt man $x_3 = t$, so folgt aus der 2. Gleichung $x_2 = 3 - 2x_3 = 3 - 2t$ und schließlich aus der 1. Gleichung $2x_1 = 4 - 3x_2 + x_3 = 4 - 3(3 - 2t) + t$ bzw. $x_1 = -\frac{5}{2} + \frac{7}{2}t$. Insgesamt also

$$\begin{pmatrix} x_1 \\ x_2 \\ x_3 \end{pmatrix} = \begin{pmatrix} -\frac{5}{2} \\ 3 \\ 0 \end{pmatrix} + t \begin{pmatrix} \frac{7}{2} \\ -2 \\ 1 \end{pmatrix}.$$

$\triangle$

2. Gauß'sches Eliminationsverfahren

Das nächste Ziel ist es, ein beliebiges Gleichungssystem $A \cdot x = b$ in ein System überzuführen, wo die Koeffizientenmatrix A von der Form (3.6) oder (3.8) ist. Dies wird (im Wesentlichen) durch Zeilenumformungen der erweiterten Systemmatrix $(A \, b)$ erreicht. Man rechnet also nicht mit dem Gleichungssystem, sondern nur mit den Koeffizienten, die in $(A \, b)$ zusammengefasst werden. Elementare Zeilenumformungen von $(A \, b)$ haben eine direkte Interpretation im dazu gehörigen Gleichungssystem (3.5). Die Multiplikation der i-ten Zeile mit einem Skalar $\lambda \neq 0$ entspricht der Multiplikation der i-ten Gleichung mit λ, usw. Wir erinnern nun daran, dass eine elementare Zeilenumformung der Multiplikation mit einer invertierbaren Matrix $U \in K^{m \times m}$ von links entspricht. Das lineare Gleichungssystem $A \cdot x = b$ wird also durch das System $(U A) \cdot x = U b$ ersetzt. Offensichtlich gilt $A \cdot x = b$ genau dann, wenn $(U A) \cdot x = U b$ gilt. Eine elementare Zeilenumformung auf $(A \, b)$ verändert daher die Lösungen nicht. Man kann weiters Spalten von A vertauschen. Dies entspricht einfach einer Umnummerierung der Unbekannten $x_1, x_2, \ldots, x_n$. Wie wir bereits bemerkt haben, kann man mit Hilfe von elementaren Zeilenumformungen (und Spaltenvertauschungen) jede erweiterte Matrix $(A \, b)$ in die Form (3.6) bzw. (3.8) bringen. (Man vergleiche mit Beispiel 3.32, wo eine entsprechende Überlegung mit Spaltenumformungen gemacht wurde, und mit der anschließenden Bemerkung.) Zusammengefasst erhält man damit ein Verfahren zum Lösen eines linearen Gleichungssystems, das **Gauß'sche Eliminationsverfahren**. Wir illustrieren die gerade angestellten Überlegungen an einem Beispiel.

Beispiel 3.46 Es soll das lineare Gleichungssystem

$$
\begin{array}{rcrcrcrcr}
x_1 & + & 2x_2 & - & 2x_3 & + & 3x_4 & = & 3 \\
2x_1 & + & 5x_2 & & & + & x_4 & = & 4 \\
3x_1 & + & 8x_2 & + & 2x_3 & - & x_4 & = & 5 \\
x_1 & + & 4x_2 & + & 6x_3 & - & 7x_4 & = & -1
\end{array}
\tag{3.9}
$$

über einem Körper K vollständig gelöst werden. Die Koeffizientenmatrix A und die rechte Seite b sind

$$
A = \begin{pmatrix} 1 & 2 & -2 & 3 \\ 2 & 5 & 0 & 1 \\ 3 & 8 & 2 & -1 \\ 1 & 4 & 6 & -7 \end{pmatrix} \quad \text{und} \quad b = \begin{pmatrix} 3 \\ 4 \\ 5 \\ -1 \end{pmatrix}.
$$

Durch elementare Zeilenumformungen der erweiterten Matrix $(A \, b)$ erhält man eine Matrix der Form (3.8):

$$
\left(\begin{array}{cccc|c} 1 & 2 & -2 & 3 & 3 \\ 2 & 5 & 0 & 1 & 4 \\ 3 & 8 & 2 & -1 & 5 \\ 1 & 4 & 6 & -7 & -1 \end{array} \right) \rightarrow \left(\begin{array}{cccc|c} 1 & 2 & -2 & 3 & 3 \\ 0 & 1 & 4 & -5 & -2 \\ 0 & 2 & 8 & -10 & -4 \\ 0 & 2 & 8 & -10 & -4 \end{array} \right) \rightarrow \left(\begin{array}{cccc|c} 1 & 2 & -2 & 3 & 3 \\ 0 & 1 & 4 & -5 & -2 \\ 0 & 0 & 0 & 0 & 0 \\ 0 & 0 & 0 & 0 & 0 \end{array} \right).
$$

Im ersten Schritt wird das (-2)-fache der ersten Zeile zur zweiten Zeile addiert, etc. Ziel ist es, in der jeweiligen Spalte unterhalb des Diagonalelements „Nullen zu erzeugen". (Man kann die entsprechenden Rechnungen auch im Gleichungssystem (3.9) durchführen. Im ersten Schritt wird dabei in der 2., 3. und 4. Gleichung die Unbekannte x_1 „eliminiert.")

Das ursprüngliche lineare Gleichungssystem ist daher äquivalent zu

$$
\begin{aligned}
x_1 + 2x_2 - 2x_3 + 3x_4 &= 3 \\
x_2 + 4x_3 - 5x_4 &= -2
\end{aligned}
$$

und wegen das Satzes von Kronecker-Capelli (Satz 3.41) auch lösbar. Setzt man $x_3 = t_1$ und $x_4 = t_2$, so errechnet man

$$
\begin{aligned}
x_2 &= -2 - 4x_3 + 5x_4 \\
&= -2 - 4t_1 + 5t_2, \\
x_1 &= 3 - 2x_2 + 2x_3 - 3x_4 \\
&= 7 + 10t_1 - 13t_2.
\end{aligned}
$$

Alle Lösungen sind daher durch

$$
\begin{pmatrix} x_1 \\ x_2 \\ x_3 \\ x_4 \end{pmatrix} = \begin{pmatrix} 7 \\ -2 \\ 0 \\ 0 \end{pmatrix} + t_1 \begin{pmatrix} 10 \\ -4 \\ 1 \\ 0 \end{pmatrix} + t_2 \begin{pmatrix} -13 \\ 5 \\ 0 \\ 1 \end{pmatrix} \tag{3.10}
$$

mit $t_1, t_2 \in K$ gegeben.

Selbstverständlich hätte man mit einer weiteren Zeilenumformung auch zu einer Matrix der Form (3.6) umformen können:

$$
\left(\begin{array}{cccc|c} 1 & 2 & -2 & 3 & 3 \\ 0 & 1 & 4 & -5 & -2 \\ 0 & 0 & 0 & 0 & 0 \\ 0 & 0 & 0 & 0 & 0 \end{array} \right) \rightarrow \left(\begin{array}{cccc|c} 1 & 0 & -10 & 13 & 7 \\ 0 & 1 & 4 & -5 & -2 \\ 0 & 0 & 0 & 0 & 0 \\ 0 & 0 & 0 & 0 & 0 \end{array} \right).
$$

Die Lösung (3.10) erhält man dann ohne weitere Rechung aus Satz 3.44.   △

Wir formulieren nun das **Gauß'sche Eliminationsverfahren**. Es sei also $A \cdot x = b$ ($A \in K^{m \times n}, b \in K^m$) ein lineares Gleichungssystem, wobei wir voraussetzen, dass A nicht die Nullmatrix ist.[6] Man bildet die erweiterte Systemmatrix $(A\ b)$ und führt folgende Zeilenumformungen durch:

(i) Durch etwaiges Zeilenvertauschen in $(A\ b)$ bzw. Spaltenvertauschen in A erreicht man, dass $a_{11} \neq 0$ ist.[7] Danach ersetzt man die j-te Zeile $(\tilde{a}_j\ b_j)$ von $(A\ b)$ (für $2 \leq j \leq m$) durch $(\tilde{a}_j\ b_j) - a_{11}^{-1}a_{j1}(\tilde{a}_1\ b_1)$ und erhält eine Matrix der Form[8]

$$
\left(\begin{array}{cccc|c} a_{11} & a_{12} & \cdots & a_{1n} & b_1 \\ 0 & a_{22} & \cdots & a_{2n} & b_2 \\ \vdots & \vdots & & \vdots & \vdots \\ 0 & a_{m2} & \cdots & a_{mn} & b_m \end{array} \right),
$$

d.h., in der ersten Spalte ist nur das erste Element a_{11} ungleich 0.

---

[6]In diesem Fall ist bei $b \neq 0$ die Lösungsmenge leer und bei $b = 0$ die Lösungsmenge ganz K^n.

[7]Für das prinzipielle Verfahren ist es vollkommen irrelevant, welches Element $\neq 0$ als **Pivotelement** a_{11} verwendet wird. Bei der numerischen Behandlung linearer Gleichungssysteme erweist es sich jedoch günstig, das betragsmäßig größte Element als Pivot zu nehmen (**Pivotisierung**), um Rundungsfehler möglichst klein zu halten. Wir werden das in Abschnitt 9.3 noch ausführlich besprechen.

[8]Zur Vereinfachung der Notation werden die Elemente der transformierten Matrix mit denselben Buchstaben bezeichnet.

(ii) Daraufhin betrachtet man die Untermatrix

$$\left(\begin{array}{ccc|c} a_{22} & \cdots & a_{2n} & b_2 \\ a_{32} & \cdots & a_{3n} & b_3 \\ \vdots & & \vdots & \vdots \\ a_{m2} & \cdots & a_{mn} & b_m \end{array}\right) = (A'\ \boldsymbol{b'})$$

und wendet darauf dasselbe Verfahren an wie in (i) auf $(A\ \boldsymbol{b})$.[9] Man beachte, dass diese Matrix einem linearen Gleichungssystem entspricht, in dem die Unbekannte x_1 nicht mehr vorkommt. Sie wurde **eliminiert**. Dies erklärt auch den Namen „Eliminationsverfahren". Insgesamt erhält man dabei eine Matrix der Gestalt

$$\left(\begin{array}{ccccc|c} a_{11} & a_{12} & a_{13} & \cdots & a_{1n} & b_1 \\ 0 & a_{22} & a_{23} & \cdots & a_{2n} & b_2 \\ 0 & 0 & a_{33} & \cdots & a_{3n} & b_3 \\ \vdots & \vdots & \vdots & & \vdots & \vdots \\ 0 & 0 & a_{m3} & \cdots & a_{mn} & b_m \end{array}\right)$$

mit $a_{11} \neq 0$ und $a_{22} \neq 0$.

(iii) Das soeben beschriebene Verfahren wird so lange wie möglich iterativ fortgesetzt. Man gewinnt schließlich eine Matrix der Form

$$\left(\begin{array}{ccccccc|c} a_{11} & a_{12} & \cdots & a_{1r} & a_{1,r+1} & \cdots & a_{1n} & b_1 \\ 0 & a_{22} & \cdots & a_{2r} & a_{2,r+1} & \cdots & a_{2n} & b_2 \\ \vdots & \ddots & \ddots & \vdots & \vdots & & \vdots & \vdots \\ 0 & \cdots & 0 & a_{rr} & a_{r,r+1} & \cdots & a_{rn} & b_r \\ 0 & \cdots & 0 & 0 & 0 & \cdots & 0 & b_{r+1} \\ \vdots & & \vdots & \vdots & \vdots & & \vdots & \vdots \\ 0 & \cdots & 0 & 0 & 0 & \cdots & 0 & b_m \end{array}\right) = (A^*\ \boldsymbol{b^*})$$

mit $a_{11} \neq 0, a_{22} \neq 0, \ldots, a_{rr} \neq 0$. Dabei ist r der Rang der Matrix A. Diese Transformation wurde durch sukzessive elementare Zeilenumformungen der ursprünglichen erweiterten Matrix $(A\ \boldsymbol{b})$ (und gegebenenfalls durch Spaltenvertauschungen von A) gewonnen. Es gibt daher eine reguläre Matrix $U \in K^{m\times m}$ (und eine Spaltentransformationsmatrix $T \in K^{n\times n}$, die nur Spalten vertauscht), so dass[10]

$$A^* = UAT \quad \text{und} \quad \boldsymbol{b^*} = U\boldsymbol{b}.$$

---

[9]Dies funktioniert natürlich nur dann, wenn es ein Element $a_{ij} \neq 0$ mit $2 \leq i \leq m$, $2 \leq j \leq n$, gibt. Ist es dabei nötig, zwei Spalten von A' zu vertauschen, so müssen die entsprechenden Elemente der ersten Zeile von A auch vertauscht werden.

[10]Man beachte, dass die Transformationen $A^* = UAT$ und $\boldsymbol{b^*} = U\boldsymbol{b}$ mit regulären Matrizen als Basiswechsel interpretiert werden können. Das ursprüngliche lineare Gleichungssystem $A\boldsymbol{x} = \boldsymbol{b}$ ist ja die Koordinatendarstellung von $f(\boldsymbol{x}) = \boldsymbol{b}$ mit einer linearen Abbildung $f : K^n \to K^m$, wobei jeweils die kanonischen Basen zugrundegelegt werden. Die Matrix T entspricht nun einem Basiswechsel in K^n, wobei aber nur die Reihenfolge der Basisvektoren vertauscht wird. Die Matrix U vermittelt einen Basiswechsel in K^m, der bewirkt, dass die Koordinatendarstellung von f bezüglich dieser neuen Basis in K^m einer Matrix entspricht, aus der die Lösung von $f(\boldsymbol{x}) = \boldsymbol{b}$, d.h. das Finden des Urbilds $f^{-1}(\{\boldsymbol{b}\})$, einfacher abgelesen werden kann.

Weiters können wir alle vollständigen Nullzeilen von $(A^*\, b^*)$ weglassen, ohne die Lösung zu verändern, d.h., wir streichen alle Zeilen mit Index j $(r < j \le m)$ und $b_j = 0$.

(iv) Man unterscheidet nun drei Fälle.

1. Ist $r < m$ und gibt es ein Element $b_j \neq 0$, $r < j \le m$, so ist $\mathrm{rg}(A^*\, b^*) > \mathrm{rg}(A^*)$ und somit das ursprüngliche lineare Gleichungssystem $Ax = b$ **unlösbar**. Diese Situation entspricht dem ersten Bild der Abb. 3.9.

2. Ist nach dem Streichen der Nullzeilen $r = n$, so gibt es eine **eindeutige Lösung**. Die Unbekannte x_n kann direkt bestimmt werden, darauf x_{n-1} usw. Dieser Fall entspricht dem mittleren Bild von Abb. 3.9.

3. Ist nach dem Streichen der Nullzeilen $r < n$, so gibt es (im Fall eines unendlichen Körpers K) unendlich viele Lösungen. Dieser Fall entspricht dem dritten Bild von Abb. 3.9. Hier ist $\mathrm{rg}(A^*\, b^*) = \mathrm{rg}(A^*)$, und das ursprüngliche lineare Gleichungssystem $A \cdot x = b$ ist lösbar. Es hat (bis auf etwaige Koordinatenvertauschungen, die in T kodiert sind) dieselben Lösungen wie $A^* \cdot x = b^*$. Wir erhalten eine **mehrdeutige Lösung** der Form (3.7) mit $s = n - r$ Parametern $t_1, \ldots, t_s$.

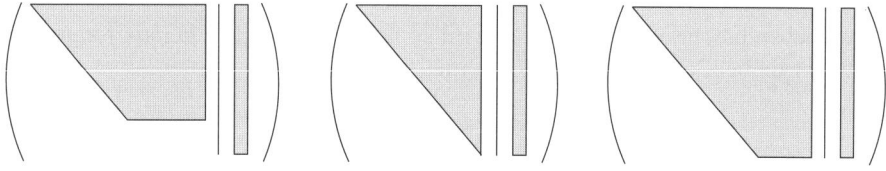

Abbildung 3.9 Gauß'sches Eleminationsverfahren

Wir haben bereits zwei Beispiele (3.45 und 3.46) zum 3. Fall, wo es mehrdeutige Lösungen mit Parametern $t_1, \ldots, t_s$ gibt, besprochen. Die beiden abschließenden Beispiele behandeln die Fälle 1 und 2.

Beispiel 3.47

(a) Wir betrachten das lineare Gleichungssystem mit seiner erweiterten Systemmatrix:

$$
\begin{array}{rcrcrcr}
x_1 & & & + & x_3 & = & 1 \\
2x_1 & + & x_2 & - & 2x_3 & = & 0 \\
3x_1 & + & x_2 & - & x_3 & = & -1
\end{array}
\qquad \rightarrow \qquad
\left(\begin{array}{ccc|c}
1 & 0 & 1 & 1 \\
2 & 1 & -2 & 0 \\
3 & 1 & -1 & -1
\end{array}\right).
$$

Nach kurzer Umformung erhalten wir die Matrix

$$
\rightarrow
\left(\begin{array}{ccc|c}
1 & 0 & 1 & 1 \\
0 & 1 & -4 & -2 \\
0 & 1 & -4 & -4
\end{array}\right)
\rightarrow
\left(\begin{array}{ccc|c}
1 & 0 & 1 & 1 \\
0 & 1 & -4 & -2 \\
0 & 0 & 0 & -2
\end{array}\right).
$$

Wir sind also im Fall 1, wo es keine Lösung gibt. Anschaulich gesprochen widersprechen einander in diesem Fall die Gleichungen des Systems. So besagt etwa die der dritten Zeile (der letzten Matrix) entsprechende Gleichung $0x_1 + 0x_2 + 0x_3 = -2$, also $0 = -2$. Es kann keine Lösung geben.

(b) Wir betrachten nun das leicht veränderte lineare Gleichungssystem:

$$
\begin{array}{rcrcrcl}
x_1 & & & + & x_3 & = & 1 \\
2x_1 & + & x_2 & - & 2x_3 & = & 0 \\
3x_1 & + & x_2 & & & = & 1
\end{array}
\quad \rightarrow \quad
\left(\begin{array}{ccc|c}
1 & 0 & 1 & 1 \\
2 & 1 & -2 & 0 \\
3 & 1 & 0 & 1
\end{array} \right).
$$

Hier erhalten wir die Matrix

$$
\rightarrow
\left(\begin{array}{ccc|c}
1 & 0 & 1 & 1 \\
0 & 1 & -4 & -2 \\
0 & 1 & -3 & -2
\end{array} \right)
\rightarrow
\left(\begin{array}{ccc|c}
1 & 0 & 1 & 1 \\
0 & 1 & -4 & -2 \\
0 & 0 & 1 & 0
\end{array} \right).
$$

Das entspricht dem 2. Fall. Es gibt eine eindeutige Lösung. Aus der letzten Zeile folgt $x_3 = 0$. Damit erhalten wir aus der zweiten Zeile $x_2 - 4x_3 = -2$ die Lösung $x_2 = -2$ und schließlich aus der ersten Zeile $x_1 + x_3 = 1$ die erste Lösungskoordinate $x_1 = 1$.

$\triangle$

3.5 Gruppen- und Linearcodes

1. Allgemeines

Eine wichtige Anwendung der linearen Algebra ist die Codierungstheorie, insbesondere bei fehlerkorrigierenden Codes. Die Aufgabe ist dabei wie folgt: Ein Sender möchte Nachrichten an einen Empfänger schicken. Dieser soll dann die Nachrichten lesen oder gegebenenfalls erkennen können, dass eine Nachricht fehlerhaft ist. Diese Fehler sollen dann vom Empfänger korrigiert werden können.

Der Sender muss dafür zunächst seine Nachrichten in eine übertragbare Form bringen (Digitalisierung). Danach erfolgt die **Kanalcodierung**: Durch Hinzufügen von Redundanz wird es möglich, Fehler zu erkennen bzw. zu korrigieren.

> **Definition 3.48** Sei A eine Menge von digitalisierten Informationen und B eine beliebige Menge. Ein **Code** ist eine injektive Abbildung $f : A \to B$. Die Bildmenge $C = f(A)$ wird als **Menge der kodierten Nachrichten**, **Menge der Codewörter** oder manchmal ebenfalls als **Code** bezeichnet.

Mit obiger Definition lässt sich die Zielmenge in der Form $B = C \cup K \cup U$ schreiben, wobei $K \cup U$ die Menge der fehlerhaften Nachrichten beschreibt, K die Menge der korrigierbaren Nachrichten und U die Menge der unkorrigierbaren Nachrichten. Ein **Korrekturschema** ist ein Verfahren zur Korrektur aller Nachrichten aus K. Von einem Korrekturschema verlangt man im Wesentlichen zwei Eigenschaften: Es muss leicht umsetzbar sein und die physischen Eigenschaften der Übertragung berücksichtigen. Leichte Umsetzbarkeit bedeutet, dass die Berechnung und Erstellung einfach ist. Dies wird erreicht, indem man die Mengen A und B sowie die Abbildung f mit möglichst viel (mathematischer) Struktur ausstattet, welche dann ausgenützt werden kann. Berücksichtigung der physischen Eigenschaften kann beispielsweise folgendes heißen: Bei einem guten Übertragungsmedium werden Fehler eher selten vorkommen. Wenn also eine fehlerhafte Nachricht durch Ändern eines Bits in ein Codewort oder durch Ändern mehrerer Bits in ein anderes Codewort verwandelt werden kann, so soll das Korrekturschema die erste Möglichkeit wählen und ein Bit korrigieren. Denn es ist wesentlich wahrscheinlicher, dass nur ein Bit fehlerhaft übertragen wurde.

2. Gruppencodes

Bei Gruppencodes wählen wir als Zielmenge eine abelsche Gruppe $(B, +)$. Die Abbildung f sei so beschaffen, dass $f(A)$ eine Untergruppe, und damit auch ein Normalteiler, von B ist. Der Code erfüllt also

$$C = \{0, c_1, c_2, \ldots, c_n\} \trianglelefteq B.$$

Das bedeutet aber, dass B durch C in Nebenklassen zerlegt wird. Jede Nebenklasse entsteht durch „Verschieben" von C um ein Element $x \in B$, d.h. die Nebenklasse sind genau die Mengen der Form $x + C = \{x + c | c \in C\} = \{x, x + c_1, x + c_2, \ldots, x + c_n\}$. Für $x \notin C$ ist kein Element von $x + C$ ein Codewort. Der Repräsentant x kann also als Fehlerwort interpretiert werden und heißt **Nebenklassenanführer**.

Nebenklasse						
$0 + C = C$	0	c_1	c_2	c_3	$\cdots$	c_n
$x_1 + C$	x_1	$x_1 + c_1$	$x_1 + c_2$	$x_1 + c_3$	$\cdots$	$x_1 + c_n$
$x_2 + C$	x_2	$x_2 + c_1$	$x_2 + c_2$	$x_2 + c_3$	$\cdots$	$x_2 + c_n$
$\vdots$	$\vdots$	$\vdots$	$\vdots$	$\vdots$	$\vdots$	$\vdots$
$x_m + C$	x_m	$x_m + c_1$	$x_m + c_2$	$x_m + c_3$	$\cdots$	$x_m + c_n$

Abbildung 3.10 Korrekturschema mit den Nebenklassenanführern $x_1, x_2, \ldots, x_m$.

Wie leistungsfähig ist so ein Code, d.h. wie viele Fehler können erkannt bzw. korrigiert werden? Um das zu beschreiben führen wir eine Abstandsfunktion ein:

Definition 3.49 Sei A eine beliebige Menge. Eine Abbildung $d : A \times A \to \mathbb{R}$ heißt **Metrik**, wenn sie die folgenden drei Eigenschaften besitzt:
   (a) Für alle $x, y \in A$ gilt $d(x, y) \geq 0$. Gleichheit gilt dann und nur dann, wenn $x = y$.
   (b) Für alle $x, y \in A$ gilt $d(x, y) = d(y, x)$.
   (c) Es gilt die Dreiecksungleichung, d.h. für alle $x, y, z \in A$ gilt $d(x, y) \leq d(x, z) + d(z, y)$.

Eine Menge A mit einer Metrik d, also (A, d), heißt **metrischer Raum**.

Wir betrachten Wörter als nahe beieinander, wenn sie sich nur in wenigen Bits unterscheiden, also größtenteils übereinstimmen: Seien $x = (x_1, \ldots, x_n)$ und $y = (y_1, \ldots, y_n)$ zwei Wörter in B. Dann ist die Funktion $d : B \times B \to \mathbb{R}$, definiert durch

$$d(x, y) = \#\{i : x_i \neq y_i, i = 1, \ldots, n\},$$

eine Metrik auf B, die sogenannte **Hammingdistanz**.

Wenn sich zwei Codewörter nur in einem Bit unterscheiden, kann ein Codewort durch einen einzigen Fehler in ein anderes übergehen. Eine Fehlerkorrektur ist in diesem Fall nicht möglich. Sind umgekehrt je zwei Codewörter weit voneinander entfernt, so müssen schon viele Fehler auftreten, damit ein Codewort in ein anderes übergeht. Ein fehlerhaftes Wort kann dann korrigiert werden, indem man es durch das bzgl. der Hammingdistanz nächste Codewort ersetzt.

Satz 3.50 *Sei $C = f(A)$, $f : A \to B$, ein Code und d die Hammingdistanz auf B. Weiters bezeichne $\delta(C) = \min\limits_{x, y \in C, \, x \neq y} d(x, y)$ die Minimaldistanz von C. Dann sind Nachrichtenwörter mit weniger als $\delta(C)$ Fehlern als fehlerhaft erkennbar. Falls weniger als $\delta(C)/2$ Fehler auftreten, können diese korrigiert werden.*

Beweis. Da der Abstand zwischen je zwei verschiedenen Codewörtern mindestens $\delta(C)$ beträgt, kann ein Codewort bei Auftreten von weniger als $\delta(C)$ Fehlern nicht in ein anderes Codewort übergehen.

Sei x ein fehlerhaftes Wort, das aus dem Codewort c durch weniger als $\delta(C)/2$ Fehler hervorgegangen ist. Es gilt dann $d(x, c) < \delta(C)/2$. Sei $\bar{c}$ ein anderes Codewort. Dann folgt aus der Dreiecksungleichung

$$d(\bar{c}, x) \geq d(\bar{c}, c) - d(x, c) > \delta(C) - \delta(C)/2 = \delta(C)/2.$$

Der Abstand von x zu allen Codewörtern mit Ausnahme von c ist größer als $\delta(C)/2$. Da laut Voraussetzung weniger als $\delta(C)/2$ aufgetreten sind, ist das Codewort c eindeutig identifizierbar und die Fehler können daher korrigiert werden. $\qquad\square$

Beispiel 3.51 Der Wiederholungscode der Länge ℓ über dem Alphabet A ist definiert durch $C = f(A)$ mit $f : A \rightarrow A^\ell$, $x \mapsto \underbrace{(x, x, \ldots, x)}_{\ell \text{ mal}}$. Für $x \neq y$ gilt klarerweise $d(x, y) \geq 1$ und daher $d(f(x), f(y)) \geq \ell$. Offensichtlich gilt auch $\delta(C) = \ell$. $\qquad\triangle$

Definition 3.52 Eine injektive Abbildung $f : A^k \rightarrow A^n$, $k \leq n$, heißt **Blockcode**.
Ein Blockcode heißt **systematisch**, falls für alle $v = v_1 v_2 \cdots v_k \in A$ gilt, dass $f(v) = v_1 v_2 \cdots v_k v_{k+1} \cdots v_n$, d.h. die ersten k Stellen des Bildworts $f(v)$ stimmen mit dem Ausgangswort v überein.

Bemerkung: 1. Alle Wörter eines Blockcodes sind gleich lang. Falls $A = X^k$ und $f : X^k \rightarrow X^{k\ell}$ den Wiederholungscode der Länge ℓ über A bezeichnet, dann ist f (bzw. $f(X^k)$) ein Blockcode.

2. Die Paritätsprüfung (Anhängen eines Prüfbits, parity check) ist ein systematischer Blockcode, der zur Erkennung einfacher Fehler geeignet ist. Das Anhängen einer fixen Anzahl von Prüfbits kann zum Konstruieren eines leistungsfähigeren systematischen Blockcodes verwendet werden.

Sei A ein Alphabet und $(A, +)$ eine abelsche Gruppe. Dann ist auch $(A^k, +)$ eine abelsche Gruppe. Als Code wählen wir einen injektiven Gruppenhomomorphismus $f : (A^k, +) \rightarrow (A^n, +)$. Dann gilt $C = f(A) \trianglelefteq A^n$. Sei nun d die Hammingdistanz auf A^n. Man beachte, dass dann immer $d(x, y) = d(x + z, y + z)$ und insbesondere $d(x, y) = d(0, x - y) =: w(x - y)$ gilt. Die Hammingdistanz zwischen zwei Wörtern ändert sich beim „Verschieben" nicht. Insbesondere sind also die Distanzen in jeder Nebenklasse $x + C$ genauso verteilt wie im Code C selbst. Die Größe $w(x, y)$ ist nichts anderes als Anzahl der Stellen in $x - y$, die verschieden von 0 sind, und wird **Gewicht** von $x - y$ genannt. Als Folgerung erhalten wir $\delta(C) = w_{\min}(c) := \min_{c \in C \setminus \{0\}} w(c)$, denn wegen $w(c) = d(c, 0)$ muss $w_{\min}(c) \geq \delta(C)$ gelten. Andererseits gibt es $x, y \in C$ mit $\delta(C) = d(x, y) = w(x - y) \geq w_{\min}(C)$. Die Minimaldistanz $\delta(C)$ eines Codes wird daher auch oft als **Minimalgewicht** von C bezeichnet.

Abschließend noch ein paar Bemerkungen zur Wahl der Nebenklassenanführer. Wir haben bereits gesehen, dass der Repräsentant einer Nebenklasse als Fehlerwort interpretiert werden kann. Man beachte, dass jedes Element einer Nebenklasse diese repräsentieren kann, dass also für $y \in x + C$ immer $x + C = y + C$ gilt. Die Wahl des Fehlerworts ist also keineswegs eindeutig. Da nach unserer Annahme Wörter mit wenigen Fehlern wahrscheinlicher sind als solche mit vielen Fehlern, sollte man also als Nebenklassenanführer ein Wort mit möglichst geringem Gewicht wählen.

3. Linearcodes

Linearcodes sind eine Verfeinerung von Gruppencodes. Die Mengen A und B tragen jetzt nicht nur eine Gruppenstruktur, sondern sind darüber hinaus Vektorräume über einem endlichen Skalarkörper.

Definition 3.53 Ein (n, k)-**Linearcode** (mit $k \leq n$) über einem endlichen Körper F mit $|F| = q$ Elementen ist eine injektive lineare Abbildung $f : F^k \to F^n$.

Da jede lineare Abbildung durch eine Matrix beschrieben werden kann, lässt sich ein Linearcode durch Angabe einer **Generatormatrix** $G \in F^{k \times n}$ mit $\mathrm{rg}(G) = k$ vollständig definieren:[11]

$$f : F^k \to F^n, \quad \boldsymbol{a} = a_1 a_2 \cdots a_k \mapsto \boldsymbol{c} = c_1 c_2 \cdots c_n = \boldsymbol{a} \cdot G.$$

Die Menge der Codewörter $C = f(F^k)$ eines (n, k)-Linearcodes ist ein k-dimensionaler Unterraum von F^n. Es werden also nur $|C| = q^k$ von $|F^n| = q^n$ möglichen Wörtern „verwendet." Die Zeilen von G sind übrigens auch Codewörter, sie bilden sogar eine Basis aller Codewörter. Treten etwa beim Übertragen (oder Speichern) Fehler auf, so wird üblicherweise ein Codewort $\boldsymbol{c} \in C$ so verändert, dass das Resultat $\tilde{\boldsymbol{c}}$ nicht mehr in C liegt. Linearcodes gehören ebenfalls zur Klasse der Blockcodes und deshalb trachtet man bei der Konstruktion so eines Codes danach, dass sich je zwei Codewörter an möglichst vielen Stellen unterscheiden, so dass Fehler an wenigen Stellen nicht nur erkannt, sondern auch korrigiert werden können. Die Fehlerkorrektur wird wieder mit Hilfe eines Korrekturschemas durchgeführt, welches die Nebenklassenzerlegung von F^n bezüglich C ausnützt. Die Verträglichkeit der Gruppenstruktur mit der Hammingdistanz lässt wieder die Interpretation der Nebenklassen als durch ein einziges Fehlerwort verschobener Code zu. Der große Vorteil der Linearcodes liegt aber darin, dass Kodierung und Fehlererkennung mit Hilfe der Matrizenrechnung durchgeführt werden können.

Bevor wir das an einem konkreten Beispiel demonstrieren, führen wir noch einen Begriff ein. Zu einer Generatormatrix G gibt es immer eine so genannte **Kontrollmatrix** $H \in F^{(n-k) \times n}$ vom Rang $\mathrm{rg}(H) = n - k$ mit der Beziehung $G \cdot H^T = (0)$. (Die Spalten von H^T können als Basis des Kerns der linearen Abbildung $\boldsymbol{x} \mapsto G \cdot \boldsymbol{x}$ interpretiert werden. Wegen der Rangformel hat der Kern die Dimension $n - \mathrm{rg}(G) = n - k$.)

Beispielsweise sind

$$G = \begin{pmatrix} 1 & 0 & 1 & 1 & 0 \\ 0 & 1 & 1 & 0 & 1 \end{pmatrix} \quad \text{und} \quad H = \begin{pmatrix} 1 & 1 & 1 & 0 & 0 \\ 1 & 0 & 0 & 1 & 0 \\ 0 & 1 & 0 & 0 & 1 \end{pmatrix}$$

Generator- und Kontrollmatrix eines $(5, 2)$-Linearcodes über $\mathbb{Z}_2$. Der Code C besteht in diesem Beispiel aus $q^k = 2^2 = 4$ Elementen, nämlich aus den Wörtern

$$C = \{00000, 10110, 01101, 11011\},$$

der linearen Hülle der Zeilen von G. Man beachte, dass sich je zwei Codewörter an wenigstens drei Stellen unterscheiden. Man kann daher Fehler, die an maximal zwei Stellen auftreten, erkennen und Fehler an einer Stelle sogar eindeutig korrigieren.

---

[11]In diesem Zusammenhang ist es üblich, die lineare Abbildung f nicht durch „Matrix mal Spaltenvektor", $\boldsymbol{x} \mapsto G \cdot \boldsymbol{x}$, sondern durch „Zeilenvektor mal Matrix" anzugeben. F^k bzw. F^n bezeichnen also hier die k- bzw. n-dimensionalen Zeilenvektoren mit Einträgen aus F, die auch als Wörter der Länge k bzw. n aus Buchstaben des Alphabets F gesehen werden können.

Zur systematischen Fehlerkorrektur betrachtet man die so genannten Syndrome $S_H(v) = v \cdot H^T$. Nach Konstruktion gilt $S_H(v) = 0$ genau dann, wenn $v \in C$ ist. Man kann also durch Berechnung des Syndroms entscheiden, ob das übertragene (oder gespeicherte) Wort $v \in K^n$ ein Codewort ist oder nicht. Weiters entspricht jedem möglichen Syndrom s genau ein Nebenraum $w + C$ von C in F^n, nämlich die Lösungsmenge des linearen Gleichungssystems $x \cdot H^T = s$. Beispielsweise haben alle Wörter des Nebenraums $N = 01000 + C = \{01000, 11110, 00101, 10011\}$ das Syndrom $S_H(01000) = 101$. Man beachte, dass sich alle Wörter aus N genau an einer Stelle – nämlich an der zweiten – von einem Codewort in C unterscheiden. Man wird daher, falls ein Wort w aus N empfangen wird, es an der zweiten Stelle korrigieren. Formal geschieht dies folgendermaßen. Empfängt man ein Wort w mit Syndrom $S_H(w) = 101$, so korrigiert man es zu $w - 01000$ und erhält ein Codewort. D.h., zu jedem möglichen Syndrom $s \in F^{n-k}$ ermittelt man (ein für alle mal) ein Korrekturwort $\tilde{w} = \tilde{w}(s)$. Ist nun das Syndrom von $w \in F^n$ gleich $S_H(w) = w \cdot H^T = s$, so korrigiert man w zu $c = w - \tilde{w}(s) \in C$. Für unser Beispiel könnte das Korrekturschema folgendermaßen aussehen:

s	000	001	010	011	100	101	110	111
$\tilde{w}(s)$	00000	00001	00010	00011	00100	01000	10000	01010

Das Korrekturschema ist nur zum Teil eindeutig, bei den Syndromen 011 und 111 gibt es mehrere mögliche Korrekturwörter mit einer minimalen Zahl von Koordinaten 1.

3.6 Determinanten

Determinanten von Matrizen sind ein wichtiges Hilfsmittel in vielen Bereichen der Mathematik. Wir beschränken uns hier auf die wichtigsten Eigenschaften von Determinanten und verzichten weitgehend auf Beweise.

Definition 3.54 Die **Determinante** einer quadratischen Matrix $A = (a_{ij}) \in K^{n \times n}$ ist durch

$$\det A = \sum_{\pi \in S_n} \operatorname{sgn}(\pi)\, a_{\pi(1)1}\, a_{\pi(2)2} \cdots a_{\pi(n)n}$$

gegeben. (S_n bezeichnet die Menge aller Permutationen der Zahlen $1, 2, \ldots, n$ und $\operatorname{sgn}(\pi)$ das Vorzeichen einer Permutation π, vergleiche mit Beispiel 2.13.)

In der Darstellung als quadratisches Schema schreibt man anstelle von $\det A = \det(a_{ij})$ auch

$$\det A = \begin{vmatrix} a_{11} & a_{12} & \cdots & a_{1n} \\ a_{21} & a_{22} & \cdots & a_{2n} \\ \vdots & \vdots & \vdots & \vdots \\ a_{n1} & a_{n2} & \cdots & a_{nn} \end{vmatrix}.$$

Beispiel 3.55 Für $n = 2$ gibt es zwei Permutationen, die identische Permutation id mit $\mathrm{id}(1) = 1$ und $\mathrm{id}(2) = 2$ und die Transposition π_{12} mit $\pi_{12}(1) = 2$ und $\pi_{12}(2) = 1$. Weiters ist $\operatorname{sgn}(\mathrm{id}) = 1$ und $\operatorname{sgn}(\pi_{12}) = -1$. Die Determinante hat daher die Form

$$\begin{vmatrix} a_{11} & a_{12} \\ a_{21} & a_{22} \end{vmatrix} = a_{11}a_{22} - a_{12}a_{21}. \tag{3.11}$$

Für $n = 3$ gibt es $3! = 6$ Permutationen. Nach kurzer Rechnung erhält man die Form

$$\begin{vmatrix} a_{11} & a_{12} & a_{13} \\ a_{21} & a_{22} & a_{23} \\ a_{31} & a_{32} & a_{33} \end{vmatrix} = \begin{array}{l} a_{11}a_{22}a_{33} + a_{12}a_{23}a_{31} + a_{13}a_{21}a_{32} \\ -a_{13}a_{22}a_{31} - a_{12}a_{21}a_{33} - a_{11}a_{23}a_{32}. \end{array} \tag{3.12}$$

die so genannte **Regel von Sarrus**:   △

Wir werden später noch den Laplace'schen Entwicklungssatz (Satz 3.62) kennenlernen, der es ermöglicht, die Determinante einer $n \times n$-Matrix auf Determinanten von $(n - 1) \times (n - 1)$-Matrizen zurückzuführen. Es ist daher nicht notwendig, aufwändige Formeln für Determinanten größerer Matrizen explizit anzugeben.

Man beachte aber, dass für eine obere Dreiecksmatrix

$$A_{\triangle} = \begin{pmatrix} a_{11} & a_{12} & \cdots & a_{1n} \\ 0 & a_{22} & \cdots & a_{2n} \\ \vdots & \ddots & \ddots & \vdots \\ 0 & \cdots & 0 & a_{nn} \end{pmatrix}$$

die Determinante leicht zu berechnen ist, da in der Definition 3.54 nur ein einziger Summand, nämlich jener, der zur identischen Permutation gehört, von 0 verschieden sein kann:

$$\det A_{\triangle} = a_{11} \, a_{22} \cdots a_{nn}.$$

Man muss also nur die Diagonalelemente miteinander multiplizieren. Dasselbe gilt für untere Dreiecksmatrizen.

Die Determinante hat im Reellen eine interessante geometrische Interpretation. Das Volumen des von den Spalten von $A \in \mathbb{R}^{n \times n}$ aufgespannten „Parallelepipeds"

$$P = \{t_1 \boldsymbol{a}_1 + \cdots + t_n \boldsymbol{a}_n \,|\, 0 \leq t_1, \ldots, t_n \leq 1\}$$

ist der Betrag der Determinante von A: $\text{Vol}(P) = |\det A|$. Offensichtlich hat P nur dann positives Volumen, wenn die Spalten von A linear unabhängig sind, also wenn A invertierbar ist.

Satz 3.56 *Eine Matrix $A \in K^{n \times n}$ ist genau dann invertierbar, wenn*

$$\det A \neq 0.$$

Sind also die Spalten oder Zeilen von A linear abhängig oder sind zwei Spalten oder Zeilen sogar gleich, so ist $\det A = 0$.

Die folgenden beiden Sätze geben weitere Eigenschaften der Determinante an. Insbesondere ist Satz 3.58 für die praktische Berechnung einer Determinante von Bedeutung.

Satz 3.57

(i) *Für beliebige Matrizen $A, B \in K^{n \times n}$ gilt*

$$\det(A \cdot B) = \det A \cdot \det B.$$

(ii) *Ist $A \in K^{n \times n}$ invertierbar, so berechnet sich die Determinante der inversen Matrix durch*

$$\det(A^{-1}) = (\det A)^{-1}.$$

(iii) *Für $A \in K^{n \times n}$ gilt*

$$\det(A^T) = \det A.$$

Satz 3.58

(i) *Multipliziert man eine Spalte/Zeile einer Matrix A mit einem Faktor $\lambda \in K$, so ist die Determinante der neuen Matrix $\det A' = \lambda \det A$.*

(ii) *Addiert man zu einer Spalte/Zeile einer Matrix das Vielfache einer anderen Spalte/Zeile, so verändert sich der Wert der Determinante nicht.*

(iii) *Vertauscht man in einer Matrix A zwei Spalten/Zeilen, so ist die Determinante der neuen Matrix $\det A' = -\det A$.*

Mit elementaren Spalten- und Zeilenumformungen kann jede Matrix in eine obere Dreiecksmatrix umgeformt werden. Wegen Satz 3.58 verändert sich dabei der Wert der Determinante in kontrollierter Art und Weise. Damit kann jede Determinante (auch ohne explizite Kenntnis von S_n) berechnet werden.

Beispiel 3.59 Die Determinante der Matrix

$$A = \begin{pmatrix} 1 & 2 & 3 \\ 4 & 5 & 6 \\ 7 & 8 & 9 \end{pmatrix}$$

berechnet sich nach geeigneten elementaren Zeilenumformungen zu

$$\begin{vmatrix} 1 & 2 & 3 \\ 4 & 5 & 6 \\ 7 & 8 & 9 \end{vmatrix} = \begin{vmatrix} 1 & 2 & 3 \\ 0 & -3 & -6 \\ 0 & -6 & -12 \end{vmatrix} = \begin{vmatrix} 1 & 2 & 3 \\ 0 & -3 & -6 \\ 0 & 0 & 0 \end{vmatrix} = 0.$$

$\triangle$

Definition 3.60 Sei $A \in K^{n \times n}$. Unter dem **Kofaktor** A_{ij} $(1 \leq i, j \leq n)$ versteht man die Determinante jener Matrix, die dadurch hervorgeht, dass man die j-te Spalte durch den Vektor e_i der kanonischen Basis ersetzt.

Addiert man entsprechende Vielfache von e_i zu den Spalten $a_1, \ldots, a_{j-1}, a_{j+1}, \ldots, a_n$ von A, so kann man erreichen, dass in der i-ten Zeile dieser Spalten nur mehr 0 steht. Es gilt daher auch

$$A_{ij} = \begin{vmatrix} a_{11} & \cdots & a_{1,j-1} & 0 & a_{1,j+1} & \cdots & a_{1n} \\ \vdots & & \vdots & \vdots & \vdots & & \vdots \\ a_{i-1,1} & \cdots & a_{i-1,j-1} & 0 & a_{i-1,j+1} & \cdots & a_{i-1,n} \\ 0 & \cdots & 0 & 1 & 0 \ldots & & 0 \\ a_{i+1,1} & \cdots & a_{i+1,j-1} & 0 & a_{i+1,j+1} & \cdots & a_{i+1,n} \\ \vdots & & \vdots & \vdots & \vdots & & \vdots \\ a_{n1} & \cdots & a_{n,j-1} & 0 & a_{n,j+1} & \cdots & a_{nn} \end{vmatrix}.$$

In dieser Determinante sind sozusagen die Informationen, welche die i-te Zeile und die j-te Spalte enthalten, „gelöscht" worden. Tatsächlich besteht ein enger Zusammenhang zwischen A_{ij} und jener Matrix, wo die i-te Zeile und die j-te Spalte tatsächlich gestrichen werden.

Satz 3.61 *Sei D_{ij} $(1 \leq i, j \leq n)$ die Determinante jener Matrix aus $K^{(n-1) \times (n-1)}$, die aus $A \in K^{n \times n}$ dadurch hervorgeht, dass die i-te Zeile und die j-te Spalte gestrichen werden. Dann gilt*

$$A_{ij} = (-1)^{i+j} D_{ij}.$$

Satz 3.62 (Laplace'scher Entwicklungssatz) *Sei* $A = (a_{ij}) \in K^{n \times n}$.

(i) *Entwicklung nach der i-ten Zeile: Für jedes i $(1 \leq i \leq n)$ gilt*

$$\det A = \sum_{j=1}^{n} a_{ij} A_{ij} = \sum_{j=1}^{n} (-1)^{i+j} a_{ij} D_{ij}.$$

(ii) *Entwicklung nach der j-ten Spalte: Für jedes j $(1 \leq j \leq n)$ gilt*

$$\det A = \sum_{i=1}^{n} a_{ij} A_{ij} = \sum_{i=1}^{n} (-1)^{i+j} a_{ij} D_{ij}.$$

Mit Hilfe dieses Satzes kann das Berechnen der Determinante einer $n \times n$-Matrix auf das Berechnen von n Determinanten von $(n-1) \times (n-1)$-Matrizen zurückgeführt werden. Dabei kann die Determinante nach jeder beliebigen Zeile oder Spalte entwickelt werden.

Beispiel 3.63 Entwickelt man die Determinante

$$\begin{vmatrix} 1 & 2 & 3 \\ 4 & 5 & 6 \\ 7 & 8 & 9 \end{vmatrix}$$

nach der 1. Zeile, so ergibt sich

$$\begin{vmatrix} 1 & 2 & 3 \\ 4 & 5 & 6 \\ 7 & 8 & 9 \end{vmatrix} = 1 \cdot \begin{vmatrix} 5 & 6 \\ 8 & 9 \end{vmatrix} - 2 \cdot \begin{vmatrix} 4 & 6 \\ 7 & 9 \end{vmatrix} + 3 \cdot \begin{vmatrix} 4 & 5 \\ 7 & 8 \end{vmatrix}$$

$$= (5 \cdot 9 - 6 \cdot 8) - 2 \cdot (4 \cdot 9 - 6 \cdot 7) + 3 \cdot (4 \cdot 8 - 5 \cdot 7) = 0.$$

Allgemein kann man mit diesem Prinzip direkt die Formel (3.12) aus (3.11) ableiten. $\triangle$

Satz 3.64 *Sei $A \in K^{n \times n}$ und bezeichne $\hat{A} = (A_{ij}) \in K^{n \times n}$ die Matrix der Kofaktoren von A. Dann gilt*

$$A \cdot \hat{A}^T = (\det A)\, I_n.$$

Insbesondere gilt für reguläre Matrizen $A \in K^{n \times n}$

$$A^{-1} = \frac{1}{\det A} \hat{A}^T = \left(\frac{A_{ji}}{\det A} \right)_{1 \leq i,j \leq n}.$$

Beispiel 3.65 Die inverse Matrix einer regulären 2×2-Matrix hat die folgende Form:

$$\begin{pmatrix} a_{11} & a_{12} \\ a_{21} & a_{22} \end{pmatrix}^{-1} = \frac{1}{a_{11}a_{22} - a_{12}a_{21}} \begin{pmatrix} a_{22} & -a_{12} \\ -a_{21} & a_{11} \end{pmatrix}.$$
$\triangle$

Sei $A \in K^{n \times n}$ eine reguläre Matrix und $b \in K^n$. Dann kann das lineare Gleichungssystem $A \cdot x = b$ immer eindeutig gelöst werden. Die einzige Lösung ist durch

$$x = A^{-1} \cdot b$$

gegeben. Da A^{-1} durch Determinanten explizit berechnet werden kann, ist damit die Lösung $x = A^{-1} \cdot b$ auch explizit anzugeben. Dieses Verfahren kann aber noch abgekürzt werden.

Satz 3.66 (Cramer'sche Regel) *Sei $A \in K^{n \times n}$ eine reguläre Matrix und $\boldsymbol{b} \in K^n$. Bezeichnet man mit A_j ($1 \leq j \leq n$) jene Matrix, die aus A dadurch hervorgeht, dass man die j-te Spalte durch $\boldsymbol{b}$ ersetzt, so ist die einzige Lösung des linearen Gleichungssystems $A\boldsymbol{x} = \boldsymbol{b}$ durch*

$$\boldsymbol{x} = \frac{1}{\det A} \begin{pmatrix} \det A_1 \\ \vdots \\ \det A_n \end{pmatrix}$$

gegeben.

Man kann also durch $x_j = \dfrac{\det A_j}{\det A}$ jede Koordinate der Lösung einzeln berechnen.

Beispiel 3.67 Die eindeutige Lösung (x_1, x_2) eines regulären linearen Gleichungssystems

$$\begin{array}{rcrcl} a_{11}x_1 & + & a_{12}x_2 & = & b_1 \\ a_{21}x_1 & + & a_{22}x_2 & = & b_2 \end{array}$$

ist gegeben durch

$$x_1 = \frac{\begin{vmatrix} b_1 & a_{12} \\ b_2 & a_{22} \end{vmatrix}}{\begin{vmatrix} a_{11} & a_{12} \\ a_{21} & a_{22} \end{vmatrix}} = \frac{b_1 a_{22} - b_2 a_{12}}{a_{11}a_{22} - a_{12}a_{21}} \quad \text{und} \quad x_2 = \frac{\begin{vmatrix} a_{11} & b_1 \\ a_{21} & b_2 \end{vmatrix}}{\begin{vmatrix} a_{11} & a_{12} \\ a_{21} & a_{22} \end{vmatrix}} = \frac{-b_1 a_{21} + b_2 a_{11}}{a_{11}a_{22} - a_{12}a_{21}}.$$

$\triangle$

3.7 Eigenwerte und Eigenvektoren

Wir beginnen mit der Definition von Eigenwerten und Eigenvektoren, die für lineare Abbildungen fast gleich lautend ist wie für Matrizen.

Definition 3.68 Sei $f : V \to V$ eine lineare Abbildung. Ein Skalar $\lambda \in K$ heißt **Eigenwert** von f, wenn es einen Vektor $\boldsymbol{x} \in V \setminus \{\boldsymbol{0}\}$ mit

$$f(\boldsymbol{x}) = \lambda \cdot \boldsymbol{x}$$

gibt. Die Vektoren $\boldsymbol{x} \in V \setminus \{\boldsymbol{0}\}$ mit $f(\boldsymbol{x}) = \lambda \cdot \boldsymbol{x}$ heißen die zum Eigenwert λ gehörigen **Eigenvektoren**.

Sei $A \in K^{n \times n}$ eine quadratische Matrix. Ein Skalar $\lambda \in K$ heißt **Eigenwert** von A, wenn es einen Vektor $\boldsymbol{x} \in K^n \setminus \{\boldsymbol{0}\}$ mit

$$A \cdot \boldsymbol{x} = \lambda \cdot \boldsymbol{x}$$

gibt. Die Vektoren $\boldsymbol{x} \in K^n \setminus \{\boldsymbol{0}\}$ mit $A \cdot \boldsymbol{x} = \lambda \cdot \boldsymbol{x}$ heißen die zum Eigenwert λ gehörigen **Eigenvektoren**.

Eigenwerte und Eigenvektoren spielen in vielen Anwendungen der Mathematik eine große Rolle. Weniger bekannt ist, dass sie auch bei Suchmaschinen in Internet eingesetzt werden.

Beispiel 3.69 Es geht um das Problem, die „Wichtigkeit" einer Internetseite zu bewerten. Ein Ansatz dafür ist, anzunehmen, dass die Wichtigkeit x_i der i-ten Internetseite proportional zur Summe der Wichtigkeiten jener Seiten ist, die einen Link zur i-ten Seite haben. Man bekommt daher ein Gleichungssystem der Form

$$x_i = K \sum_{j=1}^{n} a_{ij} x_j \quad (1 \leq i \leq n),$$

wobei n die Anzahl der Internetseiten ist und $a_{ij} = 1$ ist, wenn die Seite j eine Link zur Seite i hat; sonst ist $a_{ij} = 0$. Das ist nichts anderes als ein Eigenwertproblem mit einer gigantisch großen Matrix $A = (a_{ij})$.

Tatsächlich verwendet die Suchmaschine „Google" eine Variante dieser Idee, um die Wichtigkeit einer großen Zahl von Seiten zu reihen, siehe [5].   △

Wir beschäftigen uns zunächst einmal damit, wie man Eigenwerte von Matrizen bestimmen kann.

Satz 3.70 *Sei $A \in K^{n \times n}$ eine quadratische Matrix. Ein Skalar $\lambda \in K$ ist genau dann Eigenwert von A, wenn*

$$\det(\lambda \cdot I_n - A) = 0.$$

Beweis. Die Existenz eines Vektors $x \neq 0$ mit $A \cdot x = \lambda \cdot x$ ist gleichbedeutend mit der Existenz eines Vektors $x \neq 0$ mit

$$(\lambda \cdot I_n - A) \cdot x = 0.$$

Das heißt, dass das homogene lineare Gleichungssystem mit Koeffizientenmatrix $\lambda \cdot I_n - A$ eine nichttriviale Lösung hat. Dies ist aber genau dann der Fall, wenn $\lambda \cdot I_n - A$ singulär ist, also wenn $\det(\lambda \cdot I_n - A) = 0$ gilt.   □

Beispiel 3.71 Zur Bestimmung der Eigenwerte der Matrix

$$A = \begin{pmatrix} 1 & 2 \\ 3 & 2 \end{pmatrix} \in \mathbb{R}^{2 \times 2}$$

ermittelt man zunächst

$$\lambda \cdot I_2 - A = \begin{pmatrix} \lambda & 0 \\ 0 & \lambda \end{pmatrix} - \begin{pmatrix} 1 & 2 \\ 3 & 2 \end{pmatrix} = \begin{pmatrix} \lambda - 1 & -2 \\ -3 & \lambda - 2 \end{pmatrix}$$

und die Determinante

$$\det(\lambda \cdot I_2 - A) = \begin{vmatrix} \lambda - 1 & -2 \\ -3 & \lambda - 2 \end{vmatrix} = \lambda^2 - 3\lambda - 4.$$

Dieses quadratische Polynom hat genau 2 Nullstellen

$$\lambda_1 = 4, \ \lambda_2 = -1.$$

Diese sind die 2 Eigenwerte von A.

Als nächstes bestimmen wir die Eigenvektoren zum Eigenwert $\lambda_1 = 4$. Dazu muss man das homogene lineare Gleichungssystem

$$(4 \cdot I_2 - A) \cdot \boldsymbol{x} = \begin{pmatrix} 3 & -2 \\ -3 & 2 \end{pmatrix} \cdot \boldsymbol{x} = 0$$

lösen. Man sieht sofort, dass alle Eigenvektoren skalare Vielfache ($\neq 0$) des Vektors

$$\boldsymbol{x}_1 = \begin{pmatrix} 2 \\ 3 \end{pmatrix}$$

sind. Die Menge aller Eigenvektoren zum Eigenwert $\lambda_1 = 4$ (einschließlich des Nullvektors) bildet daher einen eindimensionalen Unterraum von $\mathbb{R}^2$.

Entsprechend kann man auch zum Eigenwert $\lambda_2 = -1$ alle Eigenvektoren bestimmen. Es sind dies alle skalaren Vielfachen ($\neq 0$) des Vektors

$$\boldsymbol{x}_2 = \begin{pmatrix} 1 \\ -1 \end{pmatrix}.$$

Man beachte, dass die beiden Eigenvektoren $\boldsymbol{x}_1, \boldsymbol{x}_2$ linear unabhängig sind. Bildet man damit die (reguläre) Matrix $T = (\boldsymbol{x}_1 \ \boldsymbol{x}_2) \in \mathbb{R}^{2 \times 2}$, so kann man die Beziehungen $A \cdot \boldsymbol{x}_1 = 4 \cdot \boldsymbol{x}_1$, $A \cdot \boldsymbol{x}_2 = -1 \cdot \boldsymbol{x}_2$ in Matrixform auch folgendermaßen darstellen:

$$\begin{pmatrix} 1 & 2 \\ 3 & 2 \end{pmatrix} \cdot \begin{pmatrix} 2 & 1 \\ 3 & -1 \end{pmatrix} = \begin{pmatrix} 2 & 1 \\ 3 & -1 \end{pmatrix} \cdot \begin{pmatrix} 4 & 0 \\ 0 & -1 \end{pmatrix}$$

bzw.

$$A \cdot T = T \cdot \begin{pmatrix} \lambda_1 & 0 \\ 0 & \lambda_2 \end{pmatrix} \quad \text{oder} \quad A = T \cdot \begin{pmatrix} \lambda_1 & 0 \\ 0 & \lambda_2 \end{pmatrix} \cdot T^{-1}. \qquad \triangle$$

In diesem Beispiel fallen zwei Punkte auf. Zunächst tritt ein Polynom auf, das so genannte charakteristische Polynom.

Definition 3.72 Das **charakteristische Polynom** einer quadratische Matrix $A \in K^{n \times n}$ ist die Determinante
$$\chi_A(\lambda) = \det(\lambda \cdot I_n - A).$$

Man beachte, dass das charakteristische Polynom Grad n und Führungskoeffizient 1 hat. Eigenwerte sind jetzt nichts anderes als Nullstellen von $\chi_A(\lambda)$. Da ein Polynom vom Grad n (über einem Körper K) höchstens n verschiedene Nullstellen haben kann, hat eine $n \times n$-Matrix A höchstens n verschiedene Eigenwerte.

Die zweite Beobachtung ist, dass man (unter gewissen Voraussetzungen) mit Hilfe von Eigenwerten und Eigenvektoren eine Matrix diagonalisieren kann.

Satz 3.73 *Sind die Vektoren $\boldsymbol{x}_1, \boldsymbol{x}_2, \ldots, \boldsymbol{x}_n \in K^n$ linear unabhängig und Eigenvektoren einer Matrix $A \in K^{n \times n}$ zu den Eigenwerten $\lambda_1, \lambda_2, \ldots, \lambda_n \in K$, so gilt mit $T = (\boldsymbol{x}_1 \ \boldsymbol{x}_2 \ \cdots \ \boldsymbol{x}_n)$*

$$A = T \cdot \operatorname{diag}(\lambda_1, \lambda_2, \ldots, \lambda_n) \cdot T^{-1}.$$

*Man bezeichnet die Matrix A in diesem Fall als **diagonalisierbar**.*

Mit diagonalisierbaren Matrizen kann i. Allg. einfacher gerechnet werden. Beispielsweise gilt für die Potenzen dieser Matrizen

$$A^k = T \cdot \operatorname{diag}(\lambda_1^k, \lambda_2^k, \ldots, \lambda_n^k) \cdot T^{-1}.$$

3.8   Skalarprodukte

Im folgenden beschränken wir uns auf den reellen Körper $K = \mathbb{R}$.

Definition 3.74 Das **gewöhnliche Skalarprodukt** $\langle x, y \rangle$ zweier Vektoren

$$x = \begin{pmatrix} x_1 \\ x_2 \\ \vdots \\ x_n \end{pmatrix}, \quad y = \begin{pmatrix} y_1 \\ y_2 \\ \vdots \\ y_n \end{pmatrix} \in \mathbb{R}^n$$

ist gegeben durch

$$\langle x, y \rangle = x_1 y_1 + x_2 y_2 + \cdots + x_n y_n.$$

Die Vektoren x, y heißen **orthogonal** (d.h., sie schließen einen rechten Winkel ein), wenn das Skalarprodukt verschwindet:

$$\langle x, y \rangle = 0.$$

Satz 3.75 *Das Skalarprodukt hat die folgenden Eigenschaften:*

(i) $\langle x, y \rangle = \langle y, x \rangle$,

(ii) $\langle x, y_1 + y_2 \rangle = \langle x, y_1 \rangle + \langle x, y_2 \rangle$, $\langle x_1 + x_2, y \rangle = \langle x_1, y \rangle + \langle x_2, y \rangle$,

(iii) $\langle x, \lambda \cdot y \rangle = \lambda \cdot \langle x, y \rangle$, $\langle \lambda \cdot x, y \rangle = \lambda \cdot \langle x, y \rangle$,

(iv) $\langle x, x \rangle \geq 0$, $\langle x, x \rangle = 0 \iff x = 0$.

Alle Eigenschaften sind leicht nachzurechnen. Die letzte motiviert den üblichen Längenbegriff von Vektoren.

Definition 3.76 Die **Länge** eines $x \in \mathbb{R}^n$ ist gegeben durch

$$\|x\| = \sqrt{\langle x, x \rangle} = \sqrt{x_1^2 + x_2^2 + \cdots + x_n^2}.$$

Ein Vektor x heißt **normiert**, wenn er die Länge 1 hat: $\|x\| = 1$.

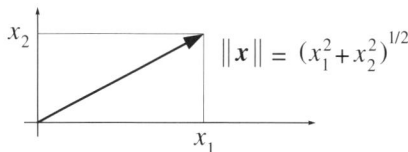

Abbildung 3.11 Länge eines Vektors im $\mathbb{R}^2$

Satz 3.77 *Die Länge $\|x\|$ von Vektoren $x \in \mathbb{R}^n$ hat folgende Eigenschaften:*

(i) $\|x\| \geq 0$, $\|x\| = 0 \iff x = 0$,

(ii) $\|\lambda x\| = |\lambda| \cdot \|x\|$,

(iii) $\|x + y\| \leq \|x\| + \|y\|$.

Die ersten beiden Eigenschaften ergeben sich direkt aus der Definition. Die dritte Eigenschaft heißt auch **Dreiecksungleichung**. Sie kann aus der Cauchy-Schwarz'schen Ungleichung abgeleitet werden, wie wir gleich sehen werden. Die geometrische Interpretation (Abb. 3.12) erkärt die Namensgebung.

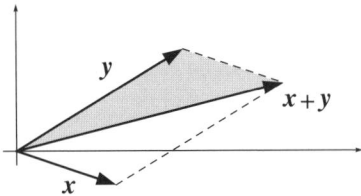

Abbildung 3.12 Dreiecksungleichung

Satz 3.78 (Cauchy-Schwarz'sche Ungleichung) *Für zwei Vektoren* $x, y \in \mathbb{R}^n$ *gilt*

$$|\langle x, y \rangle| \leq \|x\| \cdot \|y\|.$$

Außerdem gilt in dieser Ungleichung nur dann Gleichheit, wenn x, y *linear abhängig sind.*

Beweis. Man betrachte die Länge des Vektors $x - \lambda \cdot y$:

$$0 \leq \|x - \lambda \cdot y\|^2$$
$$= \langle x - \lambda \cdot y, x - \lambda \cdot y \rangle$$
$$= \|x\|^2 - 2\lambda \cdot \langle x, y \rangle + \lambda^2 \cdot \|y\|^2.$$

Setzt man nun $\lambda = \langle x, y \rangle / \|y\|^2$, so ergibt sich sofort die Ungleichung $|\langle x, y \rangle| \leq \|x\| \cdot \|y\|$. Außerdem kann nur Gleichheit gelten, wenn $x - \lambda \cdot y = 0$ ist, also wenn x, y linear abhängig sind. $\square$

Aufgrund der Cauchy-Schwarz'schen Ungleichung ist es möglich, den Winkel φ zwischen zwei Vektoren $x, y \neq 0$ zu definieren:

$$\cos \varphi = \frac{\langle x, y \rangle}{\|x\| \cdot \|y\|}.$$

Im Zweidimensionalen kann mit Hilfe der Matrix aus Beispiel 3.36 (a) diese Beziehung direkt nachgerechnet werden. Mit dieser Festlegung wird daher der Winkelbegriff auf beliebige Dimensionen verallgemeinert.

Wie bereits angedeutet, kann aus der Cauchy-Schwarz'schen Ungleichung die Dreiecksungleichung leicht abgeleitet werden:

$$\begin{aligned}
\|x + y\|^2 &= \langle x + y, x + y \rangle \\
&= \|x\|^2 + 2 \cdot \langle x, y \rangle + \|y\|^2 \\
&\leq \|x\|^2 + 2\|x\| \cdot \|y\| + \|y\|^2 = (\|x\| + \|y\|)^2.
\end{aligned} \tag{3.13}$$

In diesem Zusammenhang ist auch der Pythagoräische Lehrsatz zu nennen.

Satz 3.79 (Pythagoräischer Lehrsatz) *Sind x und y orthogonal, so gilt*

$$\|x + y\|^2 = \|x\|^2 + \|y\|^2.$$

Beweis. Man muss in der Gleichung (3.13) nur beachten, dass orthogonale Vektoren durch die Eigenschaft $\langle x, y \rangle = 0$ charakterisiert werden. □

Als nächstes betrachten wir so genannte Orthonormalbasen. Diese spielen u.a. in der Theorie der Fourierreihen eine bedeutende Rolle (siehe Kapitel 8).

Definition 3.80 Eine Basis $B = \{b_1, b_2, \ldots, b_n\}$ des $\mathbb{R}^n$ heißt **Orthonormalbasis** (ONB), wenn die Basisvektoren $b_1, b_2, \ldots, b_n$ normiert und paarweise orthogonal sind:

$$\langle b_i, b_j \rangle = \begin{cases} 1 & \text{für } i = j, \\ 0 & \text{für } i \neq j. \end{cases} \tag{3.14}$$

Beispielsweise ist die kanonische Basis $E = \{e_1, e_2, \ldots, e_n\}$ eine ONB im $\mathbb{R}^n$.

Satz 3.81 *Ist $B = \{b_1, b_2, \ldots, b_n\}$ eine ONB des $\mathbb{R}^n$, so gilt für jeden Vektor $x \in \mathbb{R}^n$*

$$x = \sum_{i=1}^{n} \langle x, b_i \rangle \cdot b_i,$$

d.h., die Koordinaten bezüglich B können mit Hilfe des Skalarprodukts bestimmt werden.

Beweis. Jeder Vektor $x \in \mathbb{R}^n$ hat eine eindeutige Darstellung $x = \sum_{i=1}^{n} \mu_i\, b_i$ mit Koordinaten $\mu_i \in \mathbb{R}$. Betrachtet man nun das Skalarprodukt

$$\langle x, b_j \rangle = \langle \sum_{i=1}^{n} \mu_i\, b_i, b_j \rangle = \sum_{i=1}^{n} \mu_i \langle b_i, b_j \rangle$$

und wendet die Eigenschaft (3.14) an, so verbleibt in der Summe nur ein einziger Summand, nämlich $\mu_j \langle b_j, b_j \rangle = \mu_j$. Es gilt also $\mu_j = \langle x, b_j \rangle$. □

Definition 3.82 Eine Matrix $P \in \mathbb{R}^{n \times n}$ heißt **orthogonale Matrix**, wenn die Spalten von P eine ONB des $\mathbb{R}^n$ bilden.

Orthogonale Matrizen können auch auf verschiedene andere Arten charakterisiert werden. Aus der Definition folgt z.B. direkt

$$P^T \cdot P = I_n.$$

Also muss die inverse Matrix $P^{-1} = P^T$ sein. Demnach gilt auch $P \cdot P^T = I_n$, was nichts anderes bedeutet, als dass die Zeilen von P eine ONB bilden.

Orthogonale Matrizen treten auch als Abbildungsmatrizen in prominenter Weise auf. Beispielsweise sind die Matrizen von **Drehungen** und **Spiegelungen** orthogonale Matrizen. Bei Drehungen und Spiegelungen wird die kanonische Basis – die ja eine ONB ist – in eine ONB übergeführt, und die Bilder der kanonischen Basis bilden ja die Spalten der entsprechenden Abbildungsmatrizen. So ist etwa die Matrix

$$A = \begin{pmatrix} \cos\varphi & -\sin\varphi \\ \sin\varphi & \cos\varphi \end{pmatrix}$$

aus Beispiel 3.36 (a) eine orthogonale Matrix. Sie repräsentiert die Drehung um den Winkel φ in der Ebene.

Satz 3.73 charakterisiert diagonalisierbare Matrizen dadurch, dass es eine Basis aus Eigenvektoren gibt. Der folgende Satz, den wir ohne Beweis angeben, zeigt, dass reelle symmetrische Matrizen sogar eine ONB aus Eigenvektoren besitzen.

Satz 3.83 (Spektralsatz) *Sei $A \in \mathbb{R}^{n \times n}$ eine symmetrische Matrix. Dann sind alle Eigenwerte $\lambda_1, \lambda_2, \ldots, \lambda_n$ reell, und es gibt eine dazugehörige ONB aus Eigenvektoren.*

Fasst man die ONB aus Eigenvektoren von A in einer orthogonalen Matrix P (spaltenweise) zusammen, so gilt

$$A = P \cdot \operatorname{diag}(\lambda_1, \lambda_2, \ldots, \lambda_n) \cdot P^{-1}.$$

Eine reelle symmetrische Matrix ist also immer diagonalisierbar.

Abschließend betrachten wir noch allgemeine Skalarprodukte auf dem Vektorraum $\mathbb{R}^n$. Wir definieren dazu:

Definition 3.84 Eine symmetrische Matrix $G = (g_{ij}) \in \mathbb{R}^{n \times n}$ heißt **positiv definit**, wenn für alle Vektoren $x \in \mathbb{R}^n \setminus \{0\}$

$$x^T \cdot G \cdot x > 0$$

gilt, und G heißt **negativ definit**, wenn für alle Vektoren $x \in \mathbb{R}^n \setminus \{0\}$

$$x^T \cdot G \cdot x < 0$$

gilt. Symmetrische Matrizen, die weder positiv noch negativ definit sind, heißen **indefinit**.

Beispielsweise sind Diagonalmatrizen mit positiven Diagonalelementen positiv definit (und mit negativen Diagonalelementen negativ definit).

Aus dem Spektralsatz folgt sofort, dass eine symmetrische Matrix G genau dann positiv (negativ) definit ist, wenn alle Eigenwerte positiv (negativ) sind. Ein anderes Kriterium ist das **Hauptminorenkriterium**, das wir ohne Beweis angeben.

Satz 3.85 (Hauptminorenkriterium) *Eine symmetrische Matrix $G = (g_{ij}) \in \mathbb{R}^{n \times n}$ ist genau dann positiv definit, wenn alle **Hauptminoren***

$$M_k = \begin{vmatrix} g_{11} & \cdots & g_{1k} \\ \vdots & & \vdots \\ g_{k1} & \cdots & g_{kk} \end{vmatrix} \qquad (1 \leq k \leq n)$$

positiv sind. G ist genau dann negativ definit, wenn M_k für gerades k positiv und für ungerades k negativ ist.

Eine 2×2-Matrix ist daher genau dann positiv definit, falls

$$g_{11} > 0 \quad \text{und} \quad g_{11}g_{22} - g_{12}^2 > 0,$$

und genau dann negativ definit, falls

$$g_{11} < 0 \quad \text{und} \quad g_{11}g_{22} - g_{12}^2 > 0.$$

Wir werden das Hauptminorenkriterium u.a. dafür nützen, um den Charakter relativer Extrema von differenzierbaren Funktionen in mehreren Veränderlichen zu bestimmen (siehe Kapitel 6).

Mit Hilfe positiv definiter Matrizen kann man allgemeine Skalarprodukte definieren.

Definition 3.86 Sei $G \in \mathbb{R}^{n \times n}$ eine positiv definite Matrix. Dann ist durch

$$\langle \boldsymbol{x}, \boldsymbol{y} \rangle_G = \boldsymbol{x}^T \cdot G \cdot \boldsymbol{y}$$

das Skalarprodukt von $\boldsymbol{x}$ und $\boldsymbol{y} \in \mathbb{R}^n$ bezüglich G definiert.

Man beachte, dass dieses Skalarprodukt $\langle \boldsymbol{x}, \boldsymbol{y} \rangle_G$ dieselben Eigenschaften hat wie das gewöhnliche Skalarprodukt. Es ist übrigens ein Spezialfall des allgemeinen Skalarprodukts, wenn man für G die Einheitsmatrix I_n verwendet:

$$\langle \boldsymbol{x}, \boldsymbol{y} \rangle = \boldsymbol{x}^T \cdot \boldsymbol{y} = \langle \boldsymbol{x}, \boldsymbol{y} \rangle_{I_n}.$$

Insbesondere gelten die Cauchy-Schwarz'sche Ungleichung und die Dreiecksungleichung auch im allgemeinen Fall.

3.9 Tensoren

In diesem Abschnitt werden wir kurz eine Verallgemeinerung von Skalaren, Vektoren und Matrizen betrachten, sogenannte Tensoren. Tensoren kommen ursprünglich aus der Physik und wurden in der Kontinuumsmechanik eingesetzt. Mittlerweile hat die Tensorrechnung auch Eingang in die Informatik gefunden: Quantencomputer werden mit sogenannten Qubits realisiert, deren Zustände durch einen Vektor in einem zweidimensionalen Vektorraum beschrieben werden. Computer aus mehreren Qubits können dann durch ein Tensorprodukt beschrieben werden.

Betrachten wir einen n-dimensionalen Vektorraum V über $\mathbb{R}$. Der Skalarkörper $\mathbb{R}$ kann als eindimensionaler Vektorraum (über sich selbst als Skalarkörper) aufgefasst werden. Jede lineare Abbildung $f : V \to \mathbb{R}$ kann daher durch eine einzeilige Matrix beschrieben werden.

Definition 3.87 Sei V ein n-dimensionaler Vektorraum über $\mathbb{R}$. Eine lineare Abbildung $f : V \to \mathbb{R}$ wird **Linearform** genannt. Die Menge V^* aller Linearformen bildet mit der Funktionsaddition und der skalaren Multiplikation einen Vektorraum. Dieser wird der **Dualraum** von V genannt.

Im letzten Abschnitt haben wir mit dem allgemeinen Skalarprodukt gesehen, dass Matrizen auch dazu verwendet werden können, Abbildungen mit zwei Argumenten zu beschreiben, die in beiden Argumenten linear sind. Konkret sind das Abbildungen $f : V \times V \to \mathbb{R}$ mit der Eigenschaft, dass für jeden Vektor $\mathbf{v} \in V$ die Abbildungen $\mathbf{x} \mapsto f(\mathbf{x}, \mathbf{v})$ und $\mathbf{x} \mapsto f(\mathbf{v}, \mathbf{x})$ linear sind. Die Zielmenge der Abbildung ist der Skalarkörper. Solche Abbildungen heißen Bilinearformen und können durch eine Matrix A beschrieben werden: Es gilt dann $f(\mathbf{x}, \mathbf{y}) = \mathbf{x}^T A \mathbf{y}$. Linearformen und Bilinearformen sind also Abbildungen in den Skalarkörper, die in einem bzw. zwei Argumenten linear sind. In analoger Weise lassen sich „Formen" definieren, die in mehreren Argumenten linear sind. Eine solche **Multilinearform** haben wir bereits kennen gelernt: Die Determinante einer $n \times n$-Matrix A kann als Abbildung der Spaltenvektoren in den Skalarkörper aufgefasst werden. Aus den Rechenregeln für Determinanten folgt, dass die Abbildungen $\mathbf{x} \mapsto \det(\mathbf{a}_1, \ldots, \mathbf{a}_{s-1}, \mathbf{x}, \mathbf{a}_{s+1}, \ldots, \mathbf{a}_n)$ linear sind.

Analog zu linearen Abbildung gilt auch für Multilinearformen ein Fortsetzungssatz: Ist V ein n-dimensionaler Vektorraum mit einer Basis $B = (\mathbf{b}_1, \ldots, \mathbf{b}_n)$ und $f : V^m \to \mathbb{R}$ eine Multilinearform, dann ist f durch die Bilder $f(\mathbf{b}_{i_1}, \ldots, \mathbf{b}_{i_m})$, wobei die Indizes $i_1, \ldots, i_m$ alle Zahlen $1, 2, \ldots, n$ durchlaufen, bereits eindeutig bestimmt.

Definition 3.88 Sei V ein n-dimensionaler Vektorraum, $B = (\mathbf{b}_1, \ldots, \mathbf{b}_n)$ eine Basis von V und $f : V^m \to \mathbb{R}$ eine Multilinearform. Dann heißt das m-dimensionale Zahlenschema, gebildet aus den Zahlen

$$t^{i_1, i_2, \ldots, i_m} := f(\mathbf{b}_{i_1}, \ldots, \mathbf{b}_{i_m})$$

mit $(i_1, \ldots, i_m) \in \{1, 2, \ldots, n\}^m$, ein **kontravarianter Tensor m-ter Stufe**

Bemerkung: 1. Wir merken an, dass in der Theorie der Tensoren andere Notationen üblich sind. Insbesondere werden Indizes manchmal (im kontravarianten Fall, siehe weiter unten) als obere Indizes geschrieben.

2. Kontravariante Tensoren erster Stufe sind einfach Spaltenvektoren, Tensoren zweiter Stufe Matrizen, interpretiert als Abbildungsmatrizen von Bilinearformen. Skalare sind Tensoren nullter Stufe.

Wir führen noch eine weitere in der Tensorrechnung übliche Schreibweise ein:

Definition 3.89 (Einstein-Konvention) Wir schreiben Spaltenvektoren $(x^1, x^2, \ldots, x^n)^T$ kurz als x^i, Zeilenvektoren $(x_1, x_2, \ldots, x_n)$ als x_i.
In Ausdrücken, in denen obere und untere Indizes vorkommen, wird über jeden Index summiert, der einmal als oberer und einmal als unterer Index vorkommt. Ein mehrmaliges Auftreten als oberer bzw. unterer ist nicht erlaubt.

Beispiel 3.90

(a) Ein Ausdruck der Form $x_i a^i_j$ ist als $\sum_{i=1}^n x_i a^i_j$ zu lesen. Analog gilt die Festsetzung

$$a_{ij} x^i x^j := \sum_{i=1}^n \sum_{j=1}^n a_{ij} x^i x^j.$$

(b) Die Spur einer quadratischen Matrix (a^j_i) lässt sich als a^i_i schreiben.

(c) Wenn wir einen Basiswechsel von $B = (\mathbf{b}_1, \ldots, \mathbf{b}_n)$ zu $C = (\mathbf{c}_1, \ldots, \mathbf{c}_n)$ durchführen und $\Phi_C(\mathbf{b}_j) = (b^1_j, \ldots, b^n_j)$ für $j = 1, \ldots, n$, dann lautet die Transformationsmatrix $T_{BC} = (b^i_j)_{i,j=1,\ldots,n}$. D.h. unter Verwendung der Einstein-Konvention haben wir dann $\mathbf{b}_j = b^i_j \mathbf{c}_i$. Man beachte, dass die neuen Basisvektoren auf der rechten Seite stehen. Ein Vektor, der bezüglich B die Koordinaten x^i und bezüglich C die Koordinaten y^i besitzt, erfüllt die Transformationsgleichung $y^i = b^i_j x^j$. Hier stehen die neuen Koordinaten auf der linken Seiten. Das bezeichnet man als **kontravariantes Transformationsverhalten**. Sei $M = (t^{i,j})$ die Matrix einer Bilinearform bezüglich der Basis B. Beim Basiswechsel geht M in die Matrix $N = (u^{ij})$ über, welche die Gleichung $N = T_{BC} M T_{BC}^{-1} = T_{BC} M T_{CB}$ erfüllt. In Einstein-Notation ergibt das $u^{ij} = b^i_k b^j_\ell t^{k\ell}$. Analog zeigt man für kontravariante Tensoren m-ter Stufe:

$$u^{i_1 i_2 \cdots i_m} = b^{i_1}_{j_1} b^{i_2}_{j_2} \cdots b^{i_m}_{j_m} t^{j_1 j_2 \cdots j_m}$$

(d) Sei u_i die einzeilige Matrix einer Linearform ℓ bezüglich der Basis B. Die selbe Linearform habe bezüglich C die Koordinatenmatrix w_i. Analog sei $\mathbf{v}$ ein Vektor mit $\Phi_B(\mathbf{v}) = x^i$ und $\Phi_C(\mathbf{v}) = y^i$. Da $\ell(\mathbf{v})$ nicht von der Basis abhängt, muss gelten: $w_i y^i = u_i x^i$ und daher $w_i y^i = w_i b_j^i x^j = u_j x^j$, also $u_j = b_j^i w_i$. Nun stehen, analog zur Basistransformation, die neuen Koordinaten auf der rechten Seite der Gleichung. Das wird als **kovariantes Transformationsverhalten** bezeichnet.

$\triangle$

Definition 3.91 Ein m-dimensionales Zahlenschema $t_{i_1,i_2,\dots,i_m}$, das beim Basiswechsel von B auf C mit $T_{BC} = (b_j^i)_{i,j=1,\dots,n}$ und $T_{BC} = (c_j^i)_{i,j=1,\dots,n}$ das Transformationsverhalten

$$u_{i_1 i_2 \cdots i_m} = c_{i_1}^{j_1} c_{i_2}^{j_2} \cdots c_{i_m}^{j_m} t_{j_1 j_2 \cdots j_m}$$

bzw. umgekehrt

$$t_{i_1 i_2 \cdots i_m} = b_{i_1}^{j_1} b_{i_2}^{j_2} \cdots b_{i_m}^{j_m} u^{j_1 j_2 \cdots j_m}$$

zeigt, heißt **kovarianter Tensor m-ter Stufe**. Einen Tensor mit dem Transformationsverhalten

$$u_{j_1 j_2 \cdots j_q}^{i_1 i_2 \cdots i_p} = b_{k_1}^{i_1} b_{k_2}^{i_2} \cdots b_{k_p}^{i_p} b_{j_1}^{\ell_1} b_{j_2}^{\ell_2} \cdots b_{j_q}^{\ell_q} t_{\ell_1 \ell_2 \cdots \ell_q}^{k_1 k_2 \cdots k_p}$$

nennt man **gemischten Tensor m-ter Stufe**.

Definition 3.92 Tensoraddition: Analog zu Matrizen werden gleichartige Tensoren komponentenweise addiert.
Tensorprodukt: Zwei Tensoren werden multipliziert, indem jede Koordinate des einen mit jeder Koordinate des anderen Tensors multipliziert wird:

$$u_{j_1 j_2 \cdots j_q}^{i_1 i_2 \cdots i_p} v_{\ell_1 \ell_2 \cdots \ell_s}^{k_1 k_2 \cdots k_r} = t_{j_1 j_2 \cdots j_q \ell_1 \ell_2 \cdots \ell_s}^{i_1 i_2 \cdots i_p k_1 k_2 \cdots k_r}$$

Bemerkung: Man kann weiters Tensorprodukte von Vektorräumen definieren, die dem oben definierten Tensorprodukt entsprechen. Diese Tensorprodukte sind bis auf eindeutige Isomorphie eindeutig bestimmt, d.h. der Unterschied zweier Tensorprodukte der selben Vektorräume entspricht einem eindeutig bestimmten Isomorphismus. Das bedeutet, dass auch für die Theorie der multilinearen Abbildungen letztendlich die gewöhnliche lineare Algebra und mit ihr die leistungsfähige Matrizenrechnung zur Verfügung steht. Die zugrunde liegenden Vektorräume werden aber größer und komplizierter.

3.10 Übungsaufgaben

3.1 Bildet $\mathbb{R}^2$ mit den angegebenen Operationen einen Vektorraum über $\mathbb{R}$?

(a) $(x_1, x_2) + (y_1, y_2) = (x_1 + y_1, 0)$, $\lambda(x_1, x_2) = (\lambda x_1, 0)$

(b) $(x_1, x_2) + (y_1, y_2) = (x_1 + y_2, x_2 + y_1)$, $\lambda(x_1, x_2) = (\lambda x_1, \lambda x_2)$

(c) $(x_1, x_2) + (y_1, y_2) = (x_1 + y_1, 0)$, $\lambda(x_1, x_2) = (\lambda x_1, x_2)$

3.2 Man zeige, dass die folgenden Eigenschaften in jedem Vektorraum $(V, +, K)$ gelten:

(a) $\lambda \cdot \mathbf{0} = \mathbf{0}$ (b) $0 \cdot \mathbf{v} = \mathbf{0}$

(c) $(-\lambda) \cdot \mathbf{v} = -(\lambda \cdot \mathbf{v})$ (d) $\lambda \cdot (-\mathbf{v}) = -(\lambda \cdot \mathbf{v})$

3.3 Untersuchen Sie, ob W Teilraum des Vektorraums $V = \mathbb{R}^3$ über $\mathbb{R}$ ist, und beschreiben Sie die Menge W geometrisch:

(a) $W = \{(x, y, z) \in V \mid x = 2y\}$ 　　　　　(b) $W = \{(x, y, z) \in V \mid y = -z\}$

(c) $W = \{(x, y, z) \mid x + y + z \le 0\}$ 　　　　　(d) $W = \{(x, y, z) \in V \mid xy = 0\}$

3.4 Es sei U eine nichtleere Teilmenge eines Vektorraums V mit der Eigenschaft, dass für je zwei Vektoren $x, y \in U$ auch $x + y$ und $\lambda \cdot x$ (für $\lambda \in K$) in U liegen. Man zeige, dass U dann einen Unterraum von V bildet.

3.5 Es sei V der Vektorraum aller Funktionen $f : \mathbb{R} \to \mathbb{R}$ über $K = \mathbb{R}$. Untersuchen Sie, ob W Teilraum von V ist:

(a) W ist die Menge aller ungeraden Funktionen in V, d. h. aller Funktionen f, für die gilt $f(x) = -f(-x)$.

(b) W ist die Menge aller geraden Funktionen in V, d. h. aller Funktionen f, für die gilt $f(x) = f(-x)$.

3.6 Sei U Teilraum eines endlichdimensionalen Vektorraums V mit $\dim U = \dim V$. Was kann über U ausgesagt werden?

3.7 Man zeige, dass die Vektoren v_1, v_2, v_3 eines Vektorraumes genau dann linear unabhängig sind, wenn $v_1 + v_2, v_2 + v_3, v_3$ linear unabhängig sind.

3.8 Man zeige, dass die Vektoren $b_1 = \binom{2}{1}, b_2 = \binom{5}{2}$ eine Basis von $\mathbb{R}^2$ bilden. Wie lauten die Koordinaten eines Vektors $x = \binom{x_1}{x_2}$ bezüglich der Basis $B = \{b_1, b_2\}$?

3.9 Man zeige, dass $B = \{(1, 2, 4)^T, (2, 4, 1)^T, (4, 2, 1)^T\}$ eine Basis von $\mathbb{R}^3$ ist.

3.10 Für die Matrizen

$$A - \begin{pmatrix} -1 & 3 & 2 \\ -2 & 1 & 6 \\ 1 & -2 & 2 \end{pmatrix}, \qquad B = \begin{pmatrix} -1 & 3 & 2 \\ 2 & -4 & 6 \\ 1 & -2 & 2 \end{pmatrix}$$

bestimme man $\mathrm{rg}(A)$, $\mathrm{rg}(B)$ sowie die Produkte $A \cdot B$ und $B \cdot A$.

3.11 Bestimmen Sie die inverse Matrix A^{-1} und die Matrix A^3 zur Matrix

(a) $A = \begin{pmatrix} -1 & 3 & 2 \\ -2 & 4 & 6 \\ 1 & -2 & 2 \end{pmatrix}$, 　　　　　(b) $A = \begin{pmatrix} 1 & 3 & 2 \\ 2 & 4 & 6 \\ -1 & -2 & 2 \end{pmatrix}$.

3.12 Man zeige für $\lambda_1, \lambda_2, \ldots, \lambda_n \ne 0$:

$$\mathrm{diag}(\lambda_1, \lambda_2, \ldots, \lambda_n)^{-1} = \mathrm{diag}(\lambda_1^{-1}, \lambda_2^{-1}, \ldots, \lambda_n^{-1}).$$

3.13 Sei $A(G)$ die Adjazenzmatrix eines Graphen (siehe Defintion 2.18). Man zeige, dass die Eintragungen $a_{ij}^{[k]}$ der Potenzen $A(G)^k = (a_{ij}^{[k]})_{1 \le i,j \le n}$ die Anzahlen der Kantenfolgen der Länge k von v_i nach v_j sind.

3.14 Sei $n \ge 1$. Bestimmen Sie den Rang der folgenden Matrix über $\mathbb{R}$:

$$\begin{pmatrix} 2 & 5 & 8 & \ldots & 3n-1 \\ 5 & 8 & 11 & \ldots & 3n+2 \\ \vdots & \vdots & \vdots & \ddots & \vdots \\ 3n-1 & 3n+2 & 3n+5 & \ldots & 6n-4 \end{pmatrix}.$$

3.15 Sei $f : \mathbb{R}^2 \to \mathbb{R}^2$ die lineare Abbildung mit

(a) $f\begin{pmatrix} 1 \\ 0 \end{pmatrix} = f\begin{pmatrix} 2 \\ 3 \end{pmatrix} = \begin{pmatrix} 1 \\ -2 \end{pmatrix}$,   (b) $f\begin{pmatrix} 1 \\ 1 \end{pmatrix} = \begin{pmatrix} 1 \\ 0 \end{pmatrix}$, $f\begin{pmatrix} 2 \\ 1 \end{pmatrix} = \begin{pmatrix} 0 \\ 1 \end{pmatrix}$.

Bestimmen Sie $\ker(f)$ sowie $f(\mathbb{R}^2)$ und verifizieren Sie die Beziehung $\mathrm{rg}(f) + \mathrm{def}(f) = \dim \mathbb{R}^2$. Bestimmen Sie weiters jene Matrix $A \in \mathbb{R}^{2 \times 2}$ mit $f(\boldsymbol{x}) = A \cdot \boldsymbol{x}$.

3.16 Man beweise die Rangformel $\mathrm{rg}(f) + \mathrm{def}(f) = \dim V$ (Satz 3.38).

3.17 Ein Produzent verarbeitet die Rohstoffe R_1, R_2, R_3, welche bei einem von zwei Lieferanten L_1, L_2 bezogen werden sollen. Der Verbrauch der Rohstoffe während vier Wochen eines Monats sowie die Rohstoffpreise der Lieferanten sind in nachstehender Tabelle angegeben:

Woche / Rohstoff	R_1	R_2	R_3
1. Woche	8	4	12
2. Woche	10	6	5
3. Woche	7	8	5
4. Woche	11	7	9

Rohstoff / Lieferant	L_1	L_2
R_1	8	4
R_2	10	6
R_3	7	8

Man vergleiche die Rohstoffkosten für alle vier Wochen. Soll der Produzent beim Lieferanten L_1 oder L_2 bestellen?

3.18 Bestimmen Sie mit dem Gauß'schen Eliminationsverfahren die Lösung des Gleichungssystems über dem Körper K:

(a) $\begin{aligned} 3x_1 + x_2 - 2x_3 + x_4 &= 2 \\ x_1 + x_2 - x_3 - x_4 &= 1 \\ 5x_1 + x_2 - 3x_3 + 3x_4 &= 1 \end{aligned}$ $K = \mathbb{R}$, $K = \mathbb{Z}_2$,

(b) $\begin{aligned} -3x_1 + x_2 + 2x_3 + x_4 &= 2 \\ -x_1 + x_2 + x_3 - x_4 &= 1 \\ -5x_1 + x_2 + 3x_3 + 3x_4 &= 1 \end{aligned}$ $K = \mathbb{R}$, $K = \mathbb{Z}_2$,

(c) $\begin{aligned} 2x_1 + x_2 + x_3 &= 1 \\ x_1 \quad\;\; + x_3 &= 1 \\ 7x_1 \quad\;\; + x_3 &= 7 \end{aligned}$ $K = \mathbb{Q}$, $K = \mathbb{Z}_3$,

(d) $\begin{aligned} 2x_1 + x_2 + x_3 &= 0 \\ x_1 \quad\;\; + x_3 &= 1 \\ 4x_1 \quad\;\; + x_3 &= 4 \end{aligned}$ $K = \mathbb{Q}$, $K = \mathbb{Z}_3$,

(e) $\begin{aligned} 2x_1 + 5x_2 - 2x_3 &= 5 \\ 3x_1 \quad\;\; + x_3 &= 4 \\ - x_2 + 2x_3 &= 1 \end{aligned}$ $K = \mathbb{Q}$, $K = \mathbb{Z}_{11}$,

(f) $\begin{aligned} x_1 + 2x_2 - x_3 + x_4 &= 2 \\ 3x_1 + x_2 - 2x_3 + 4x_4 &= 2 \\ -x_1 + 4x_2 + 3x_3 - 3x_4 &= 2 \\ 2x_1 + 4x_2 \quad\quad\;\; + x_4 &= 1 \end{aligned}$ $K = \mathbb{C}$, $K = \mathbb{Z}_7$.

3.19 Man berechne die folgenden Determinanten:

(a) $\begin{vmatrix} 2 & 4 & -1 & 3 \\ 1 & 2 & 0 & -1 \\ 1 & 2 & 7 & 4 \\ 4 & 5 & 6 & 6 \end{vmatrix}$ (b) $\begin{vmatrix} 1 & 3 & -1 & 5 \\ 2 & 7 & 0 & 2 \\ -1 & -2 & 4 & 0 \\ 0 & 2 & 1 & -3 \end{vmatrix}$

3.20 Man überprüfe für die Matrizen aus Übungsaufgabe 3.10 die Formel $\det(A \cdot B) = \det(A) \cdot \det(B)$.

3.21 Für welche $x \in \mathbb{Q}$ ist die Matrix A singulär?

(a) $A = \begin{pmatrix} x & 2 & 2 \\ 1 & 1 & x \\ 1 & x & -1 \end{pmatrix}$ (b) $A = \begin{pmatrix} 3 & x & 1 \\ 0 & 1 & x \\ x & -1 & 0 \end{pmatrix}$

3.22 Über welchem Körper $\mathbb{Z}_p$ (p Primzahl) ist die Matrix A singulär?

(a) $A = \begin{pmatrix} \overline{6} & \overline{3} & \overline{7} \\ \overline{8} & \overline{5} & \overline{9} \\ \overline{9} & \overline{3} & \overline{10} \end{pmatrix}$ (b) $A = \begin{pmatrix} \overline{2} & \overline{2} & \overline{0} \\ \overline{4} & \overline{1} & \overline{1} \\ \overline{0} & \overline{1} & \overline{2} \end{pmatrix}$

3.23 Man bestimme für die Matrizen aus Übungsaufgabe 3.11 die inversen Matrizen mit Hilfe von Satz 3.64.

3.24 Man löse das lineare Gleichungssystem aus Übungsaufgabe 3.18 (e) für $K = \mathbb{R}$ mit Hilfe der Cramer'schen Regel.

3.25 Man bestimme die Eigenwerte der Matrix A:

(a) $A = \begin{pmatrix} 3 & -1 \\ -1 & 3 \end{pmatrix}$
$\qquad$
(b) $A = \begin{pmatrix} 1 & -1 \\ -1 & 1 \end{pmatrix}$

(c) $A = \begin{pmatrix} 0 & \frac{1}{2} & \frac{1}{2} \\ \frac{1}{2} & 0 & \frac{1}{2} \\ \frac{1}{2} & \frac{1}{2} & 0 \end{pmatrix}$
$\qquad$
(d) $A = \begin{pmatrix} 5 & -8 & 10 \\ -8 & 11 & 2 \\ 10 & 2 & 2 \end{pmatrix}$

3.26 Für die Vektoren $x = (1, 2, 3)^T$, $y = (3, -1, 2)^T$ und $z = (2, 2, 1)^T$ berechne man

(a) die Längen von x, y und z,

(b) den Winkel φ zwischen x und y,

(c) das Volumen des von x, y und z aufgespannten Parallelepipeds.

3.27 Für $a \in \mathbb{Z}$ ist eine (so genannte) quadratische Form $q_a : \mathbb{R}^2 \to \mathbb{R}$ durch $q_a(x, y) = 3x^2 + axy + 2xz + 2y^2 + 2yz + 2z^2$ gegeben. Man bestimme eine symmetrische Matrix $G_a \in \mathbb{R}^{2 \times 2}$ mit $q_a(x, y) = (x, y) \cdot G_a \cdot (x, y)^T$. Weiters bestimme man ein $a \in \mathbb{Z}$, so dass G_a (und somit auch die quadratische Form q_a) positiv definit ist.

Kapitel 4

Folgen, Reihen und Funktionen

Der Grenzwertbegriff, d.h. der Übergang vom Endlichen zum Unendlichen, ist in der Mathematik von zentraler Bedeutung. Viele physikalische Zusammenhänge lassen sich einfacher verstehen, wenn statt diskreter Objekte kontinuierliche verwendet werden. Anfänge der Bildung von Grenzwerten finden sich bereits in der Antike, z.B. bei den Babyloniern (Approximation irrationaler Zahlen im Zusammenhang mit dem Lösen von quadratischen Gleichungen) und etwas später bei den Griechen (Exhaustionsmethode, d.h. Approximation krummlinig begrenzter Bereiche durch Vielecke). Der Umgang mit Grenzwerten blieb jedoch bis ins 19. Jahrhundert sehr intuitiv. Erst in der zweiten Hälfte des 19. Jahrhunderts gelang es Weierstraß, den Grenzwertbegriff mathematisch exakt zu fassen.

In den folgenden Abschnitten werden wir diesen Begriff für Folgen, Reihen und Funktionen entwickeln. Er dient als Grundlage eines der leistungsfähigsten Werkzeuge der Mathematik, nämlich der Differential- und Integralrechnung, die wir im nächsten Kapitel kennenlernen werden.

4.1 Folgen reeller Zahlen

1. Definition und Grenzwert

Beispiel 4.1 Betrachten wir die Zahlen $a_0 = 3$, $a_1 = 3.1$, $a_2 = 3.14$, $a_3 = 3.141$, $a_4 = 3.1415$, $a_5 = 3.14159$, $a_6 = 3.141592, \ldots$ Allgemein sei a_n die Dezimalentwicklung von π bis zur n-ten Nachkommastelle. Je größer n ist, desto besser wird π von a_n approximiert, d.h., der Abstand $|a_n - \pi|$ wird mit wachsendem n immer kleiner. Dabei wird π sogar beliebig genau approximiert: Legt man zu Beginn eine erlaubte Abweichung fest (z.B. höchstens 10^{-m}), so wird diese Vorgabe von allen a_n mit hinreichend großem Index (in diesem Fall $n \geq m$) auch erfüllt. Dies ist die Grundidee des Grenzwertbegriffs. $\triangle$

Definition 4.2 Unter einer reellen **Folge** versteht man eine Anordnung von reellen Zahlen $a_0, a_1, a_2, \ldots$ Eine andere Schreibweise ist $(a_n)_{n \geq 0}$. Folgen können auch als Funktionen $a : \mathbb{N} \to \mathbb{R}$ aufgefasst werden. In diesem Fall gilt $a(n) = a_n$. Die Zahlen a_n, aus denen die Folge aufgebaut ist, nennt man die Glieder der Folge, und n heißt Index des Folgenglieds a_n.

Bei Bedarf kann der Index auch mit 1 oder einer anderen natürlichen Zahl k beginnen, d.h. man betrachtet dann Folgen der Gestalt $(a_n)_{n \geq 1}$ bzw. $(a_n)_{n \geq k}$.

Natürlich kann man Folgen nicht nur über $\mathbb{R}$ betrachten, sondern über beliebigen Mengen X, d.h., $a_n \in X$ für alle $n \in \mathbb{N}$. Wir werden später etwa Folgen über $\mathbb{C}$ benötigen. Da die Theorie aber völlig analog ist, werden wir uns in diesem Kapitel weitgehend auf reelle Folgen beschränken.

Beispiel 4.3 Im Folgenden geben wir einige Beispiele für Folgen.

(a) $a_n = \frac{1}{n^2}, n \geq 1 : 1, \frac{1}{4}, \frac{1}{9}, \frac{1}{16}, \ldots$

(b) Mit $a_n = 2$ erhalten wir die Folge $2, 2, 2, 2, \ldots$. Diese Folge ist eine konstante Folge.

(c) Die arithmetischen Folgen sind durch $a_n = a_0 + dn$ gegeben. Die Differenz von je zwei aufeinander folgenden Gliedern ist konstant, d.h., die Gleichung $a_n - a_{n-1} = d$ ist für alle $n \geq 1$ erfüllt. Beispiel: $1, 3, 5, 7, 9, \ldots$

(d) Geometrische Folgen sind Folgen der Form $a_n = a_0 q^n$, d.h., der Quotient von je zwei aufeinander folgenden Gliedern ist konstant, also $\frac{a_n}{a_{n-1}} = q$. Beispiel: $1, 3, 9, 27, 81, \ldots$

(e) Folgen können auch rekursiv definiert werden, d.h., das n-te Folgenglied ist durch eine Funktion der vorher gehenden Folgenglieder bestimmt. Z.B. beschreibt $a_0 = 1, a_1 = 1,$ $a_n = a_{n-1} + a_{n-2}$ die Folge $1, 1, 2, 3, 5, 8, 13, 21, \ldots$

$\triangle$

Bevor wir nun den Grenzwertbegriff für Folgen definieren, führen wir noch einige Sprechweisen ein. Man sagt, eine Aussage gilt für **fast alle** $n \in \mathbb{N}$, wenn sie für alle bis auf endlich viele Ausnahmen gilt. Weiters bezeichnen wir das Intervall

$$U_\varepsilon(a) = (a - \varepsilon, a + \varepsilon) = \{x \in \mathbb{R} | \, |x - a| < \varepsilon\}$$

als ε-**Umgebung** von a.

Definition 4.4 Eine reelle Zahl a heißt **Grenzwert** (oder **Limes**) der Folge $(a_n)_{n \geq 0}$, falls in jeder ε-Umgebung von a fast alle Folgenglieder a_n liegen, d.h., falls

$$\forall \varepsilon > 0 \; \exists N(\varepsilon) \in \mathbb{N} \; \forall n > N(\varepsilon) : |a_n - a| < \varepsilon$$

gilt.
Eine Folge $(a_n)_{n \geq 0}$ heißt **konvergent**, falls sie einen Grenzwert a besitzt (siehe auch Abb. 4.1). In diesem Falle konvergiert die Folge gegen a, und man schreibt

$$\lim_{n \to \infty} a_n = a \text{ oder } a_n \longrightarrow a.$$

Besitzt die Folge $(a_n)_{n \geq 0}$ keinen Grenzwert, so heißt sie **divergent**. Eine Folge, die 0 als Grenzwert besitzt, nennt man auch **Nullfolge**.
Eine Folge $(a_n)_{n \geq 0}$, deren Glieder beliebig groß werden, d.h., für die gilt

$$\forall K > 0 \; \exists N(K) \in \mathbb{N} \; \forall n > N(K) : a_n > K,$$

heißt **uneigentlich konvergent**, und man schreibt $\lim_{n \to \infty} a_n = \infty$. Analog definiert man $\lim_{n \to \infty} a_n = -\infty$ und nennt solche Folgen ebenfalls uneigentlich konvergent. Der Wert $+\infty$ bzw. $-\infty$ wird dann als **uneigentlicher Grenzwert** bezeichnet.

Wenn in jeder ε-Umgebung von a unendlich viele Folgenglieder liegen, so ist a ein **Häufungspunkt** (oder **Häufungswert**) von $(a_n)_{n \geq 0}$. Analog zum uneigentlichen Grenzwert werden **uneigentliche Häufungspunkte** definiert. Der größte Häufungspunkt (uneigentliche mit eingeschlossen) heißt **Limes superior** (man schreibt: $\limsup_{n \to \infty} a_n$), der kleinste Häufungspunkt **Limes inferior** ($\liminf_{n \to \infty} a_n$).

Eine Zahl a ist somit Grenzwert einer Folge, wenn folgendes gilt: Gibt man einen Abstand $\varepsilon > 0$ vor, so lässt sich ein Index N derart finden, dass ab diesem N alle Folgenglieder einen Abstand von a haben, der kleiner als ε ist. So ein N muss es für jedes ε geben, egal wie klein ε gewählt war. Findet man eine ε-Umgebung von a, die unendlich viele Folgenglieder nicht enthält, so kann a nicht Grenzwert der Folge sein.

$$a_0 \qquad\qquad\qquad a_1 \quad a_2 \dots \qquad a$$

Abbildung 4.1 Konvergenz von Folgen

Für einen Häufungspunkt a ist hingegen nur verlangt, dass bei beliebig aber fest vorgegebenem Abstand ε unendlich viele Folgenglieder diesen Abstand von a unterschreiten. Die Anzahl der Folgenglieder mit größerem Abstand kann endlich, aber auch unendlich sein. Der Limes superior und der Limes inferior existieren im Gegensatz zum Grenzwert (siehe Beispiel 4.5) für jede Folge (eigentlich oder uneigentlich).

Wie man leicht sieht, ist jeder Grenzwert einer Folge $(a_n)_{n \geq 0}$ auch ein Häufungspunkt dieser Folge. Die Umkehrung ist aber nicht richtig. Falls a und b zwei verschiedene Häufungspunkte von $(a_n)_{n \geq 0}$ sind (vgl. dazu Beispiel 4.5b), so gilt für $\varepsilon < \frac{1}{2}|a - b|$, dass $U_\varepsilon(a) \cap U_\varepsilon(b) = \emptyset$. Daher können nicht fast alle a_n sowohl in $U_\varepsilon(a)$ als auch in $U_\varepsilon(b)$ liegen. Aus dieser Überlegung folgt auch die Eindeutigkeit des Grenzwerts: Da in jeder Umgebung des Grenzwerts fast alle Folgenglieder liegen, kann eine konvergente Folge nur einen Häufungspunkt besitzen. Im Falle der Konvergenz gilt also $\lim_{n \to \infty} a_n = \limsup_{n \to \infty} a_n = \liminf_{n \to \infty} a_n$.

Beispiel 4.5

(a) Gegeben sei die Folge $\left(\frac{1}{n^2}\right)_{n \geq 1} = \left(1, \frac{1}{4}, \frac{1}{9}, \frac{1}{16}, \dots\right)$ und ein $\varepsilon > 0$. Dann gilt $0 < a_n < \varepsilon$, falls $n > N(\varepsilon) = \lfloor \frac{1}{\sqrt{\varepsilon}} \rfloor$. Somit ist 0 Grenzwert dieser Folge.

(b) Sei $a_n = (-1)^n$, also $(a_n) = (1, -1, 1, -1, 1, -1, \dots)$. Diese Folge ist divergent. Es liegen jeweils unendlich viele Folgenglieder in jeder ε-Umgebung $U_\varepsilon(1)$ und $U_\varepsilon(-1)$. Also sind -1 und 1 Häufungspunkte der Folge. Daher besitzt diese Folge keinen Grenzwert.

(c) Die Folge $a_n = (n^2)_{n \in \mathbb{N}} = (0, 1, 4, 9, 16, \dots)$ ist uneigentlich konvergent gegen $+\infty$, da für jede beliebig vorgegebene Zahl $K > 0$ eine Quadratzahl existiert, die größer als K ist.

$\triangle$

2. Monotonie und Beschränktheit

Wir wollen nun einige Begriffe zur qualitativen Beschreibung von Folgen vorstellen.

Definition 4.6 Eine Folge $(a_n)_{n\geq 0}$ heißt **monoton fallend**, wenn $a_{n+1} \leq a_n$ für alle $n \in \mathbb{N}$. Gilt sogar die strikte Ungleichung $a_{n+1} < a_n$, so spricht man von einer **streng monoton fallenden** Folge. Falls $a_{n+1} \geq a_n$ bzw. $a_{n+1} > a_n$ für alle $n \in \mathbb{N}$, so heißt die Folge **monoton wachsend** bzw. **streng monoton wachsend**.

Beispiel 4.7 Die Folge $\left(\frac{1}{n^2}\right)_{n\geq 1}$ ist streng monoton fallend, da wegen $(n+1)^2 > n^2$ die Ungleichung $\frac{1}{(n+1)^2} < \frac{1}{n^2}$ gilt. Konstante Folgen sind sowohl monoton fallend als auch monoton wachsend, jedoch in keinem Sinne streng monoton. $\triangle$

Definition 4.8 Eine Folge $(a_n)_{n\geq 0}$ heißt **nach oben beschränkt**, wenn es eine reelle Zahl S gibt, so dass $a_n \leq S$ für alle $n \in \mathbb{N}$. Jede solche Zahl S heißt **obere Schranke** von $(a_n)_{n\geq 0}$. Die kleinste obere Schranke wird das **Supremum** genannt. Das Supremum $\sup a_n$ ist somit jene reelle Zahl S_0, welche die folgenden Bedingungen erfüllt:

(i) Es gilt $a_n \leq S_0$ für alle $n \in \mathbb{N}$.

(ii) Aus $a_n \leq S$ für alle $n \in \mathbb{N}$ folgt $S_0 \leq S$.

Analog definiert man Beschränktheit nach unten und untere Schranken. Die größte untere Schranke wird **Infimum** genannt und $\inf a_n$ geschrieben. Falls die Folge nicht nach oben bzw. unten beschränkt ist, setzt man $\sup a_n = \infty$ bzw. $\inf a_n = -\infty$.

In analoger Weise lassen sich Schranken (und infolge dessen auch Supremum und Infimum) für Mengen von reellen Zahlen definieren. Sei $M \subseteq \mathbb{R}$. Da reelle Zahlen Dezimalentwicklungen besitzen, haben alle $x \in \mathbb{R}$ die Form $x_0.x_1x_2\ldots$ mit $x_0 \in \mathbb{Z}$ und $x_i \in \{0, 1, \ldots, 9\}$ für $i \geq 1$. Falls M nach oben beschränkt und nicht leer ist, so lässt sich das Supremum auf folgende Weise finden. Zunächst bestimmt man die kleinste ganze Zahl, die eine obere Schranke von M ist, und nennt diese a_0. Danach sucht man die kleinste Zahl der Form $x = x_0.x_1$, die eine obere Schranke von M ist, und nennt diese a_1. Das Verfahren setzt man sukzessive für alle Dezimalstellen fort. So erhält man eine monoton fallende Folge von oberen Schranken von M. Es lässt sich zeigen, dass diese Folge konvergiert. Der Grenzwert ist das Supremum von M und wird mit $\sup M$ bezeichnet. Analog bestimmt man das Infimum einer nach unten beschränkten (nicht leeren) Menge M, $\inf M$. Falls M nicht nach oben bzw. unten beschränkt ist, setzt man $\sup M = \infty$ bzw. $\inf M = -\infty$.

Das Supremum (Infimum) einer Folge ist aber nichts anderes als das Supremum (Infimum) der Menge ihrer Folgenglieder. Die obigen Betrachtungen können wir im folgenden Satz zusammenfassen.

Satz 4.9 (Vollständigkeitssatz für die reellen Zahlen) *Jede nach oben (unten) beschränkte nicht leere Teilmenge von $\mathbb{R}$ besitzt ein Supremum (Infimum). Jede nach oben (unten) beschränkte reelle Folge besitzt ein Supremum (Infimum).*

Beispiel 4.10 Betrachten wir wieder die Folge $\left(\frac{1}{n^2}\right)_{n\geq 1}$. Da die Folge streng monoton fällt, ist das erste Folgenglied $a_1 = 1$ das größte und daher eine obere Schranke: es gilt $a_n \leq 1$ für alle $n \geq 1$. Offensichtlich ist 1 auch das Supremum der Folge.

Sei $S > 0$. Dann gibt es ein $n \in \mathbb{N}$ derart, dass $a_n < S$, da 0 der Grenzwert dieser Folge ist. Daher kann S keine untere Schranke sein. Da alle Folgenglieder positiv sind, ist 0 eine untere

Schranke und daher das Infimum dieser Folge. Zu bemerken ist, dass das Infimum 0 kein Glied der Folge ist. Supremum und Infimum müssen also nicht selbst Folgenglieder sein. $\triangle$

Auch für Mengen gilt, dass deren Supremum und Infimum nicht in der Menge selbst enthalten sein müssen. Man nehme z.B. das offene Intervall $I = (0,1)$. Dann gilt $\inf I = 0 \notin I$ und $\sup I = 1 \notin I$. Falls Supremum und Infimum einer Menge M in M enthalten sind, werden sie auch **Maximum** und **Minimum** genannt. Man verwendet dafür die Notation $\max M$ bzw. $\min M$

Wir werden jetzt und im folgenden Abschnitt einige Sätze vorstellen, die für Konvergenzuntersuchungen und das Rechnen mit Grenzwerten von Nutzen sind.

Satz 4.11 *Jede konvergente Folge ist beschränkt.*

Beweis. Sei $(a_n)_{n \geq 0}$ eine Folge mit $\lim_{n \to \infty} a_n = a$ und $\varepsilon > 0$. Dann liegen fast alle a_n in $U_\varepsilon(a)$. Die Folgenglieder mit $a_n \notin U_\varepsilon(a)$ seien $a_{n_1}, a_{n_2}, \dots, a_{n_k}$. Sei $\bar{\varepsilon} > \max_{i=1,\dots,k} |a - a_{n_i}|$ (bzw. $\bar{\varepsilon} = \varepsilon$ im Fall $k = 0$). Dann gilt insbesondere $\bar{\varepsilon} \geq \varepsilon$, und daher liegen alle Folgenglieder in $U_{\bar{\varepsilon}}(a)$. Die Intervallgrenzen $a - \bar{\varepsilon}$ bzw. $a + \bar{\varepsilon}$ sind dann untere bzw. obere Schranke von $(a_n)_{n \geq 0}$. $\square$

Satz 4.12 (Hauptsatz über monotone Folgen) *Eine monotone Folge ist genau dann konvergent, wenn sie beschränkt ist.*

Beweis. O.B.d.A. sei $(a_n)_{n \geq 0}$ eine monoton wachsende Folge. Aus der Konvergenz folgt nach dem vorigen Satz die Beschränktheit. Wir müssen daher nur noch zeigen, dass Beschränktheit hinreichend für Konvergenz ist. Nach Satz 4.9 besitzt $(a_n)_{n \geq 0}$ ein Supremum. Sei $a = \sup a_n$ und $\varepsilon > 0$. Da $a - \varepsilon$ keine obere Schranke von $(a_n)_{n \geq 0}$ ist, existiert ein $N(\varepsilon)$ mit $a_{N(\varepsilon)} > a - \varepsilon$. Aufgrund der Monotonie muss $a_n > a - \varepsilon$ auch für alle $n > N(\varepsilon)$ gelten. Daher liegen fast alle a_n in $U_\varepsilon(a)$. Da ε beliebig gewählt werden kann, gilt $\lim_{n \to \infty} a_n = a$. $\square$

Beispiel 4.13 Arithmetische Folgen: $a_n = a_0 + nd$. Es ist leicht zu sehen, dass $(a_n)_{n \geq 0}$ nur für $d = 0$ konvergent ist. In diesem Fall ist $(a_n)_{n \geq 0}$ eine konstante Folge und $\lim_{n \to \infty} a_n = a_0$. Im Fall $d \neq 0$ ist $(a_n)_{n \geq 0}$ uneigentlich konvergent gegen $\pm \infty$, wobei das Vorzeichen mit jenem von d übereinstimmt. $\triangle$

3. Rechnen mit Grenzwerten

Wir stellen nun einige Rechenregeln für konvergente Folgen vor.

Satz 4.14 *Seien $(a_n)_{n \geq 0}$ und $(b_n)_{n \geq 0}$ konvergente Folgen mit $\lim_{n \to \infty} a_n = a$ und $\lim_{n \to \infty} b_n = b$. Dann gilt*

(i) $\lim_{n \to \infty} (a_n \pm b_n) = a \pm b$,

(ii) $\lim_{n \to \infty} (\lambda a_n) = \lambda a$ *für* $\lambda \in \mathbb{R}$,

(iii) $\lim_{n \to \infty} (a_n b_n) = ab$,

(iv) $\lim_{n \to \infty} \dfrac{a_n}{b_n} = \dfrac{a}{b}$ *falls* $b_n \neq 0$, *für alle* $n \in \mathbb{N}$, *und* $b \neq 0$.

Beweis. Wir begnügen uns mit dem Beweis der ersten Identität und überlassen den Rest als Übungsaufgabe. Es gelte also $a_n \to a$ und $b_n \to b$. Für gegebenes $\varepsilon > 0$ gibt es daher N_1 und N_2, so dass $|a_n - a| < \varepsilon/2$ für $n > N_1$ und $|b_n - b| < \varepsilon/2$ für $n > N_2$ gilt. Daraus folgt, dass $|a_n \pm b_n - (a \pm b)| \leq |a_n - a| + |b_n - b| < \varepsilon$ für alle $n > \max(N_1, N_2)$. $\square$

Zu bemerken ist, dass die ersten beiden Rechenregeln aus Satz 4.14 implizieren, dass die Menge F aller konvergenten Folgen zusammen mit der Folgenaddition und der Multiplikation mit einem Skalar aus $\mathbb{R}$ einen Vektorraum bildet. Diese beiden Rechenregeln zeigen nämlich, dass man in F uneingeschränkt addieren und multiplizieren kann. Daher ist F ein Unterraum des Vektorraums aller Funktionen $f : \mathbb{N} \to \mathbb{R}$.

Vorsicht ist geboten beim Rechnen mit uneigentlichen Grenzwerten. Die Rechenregeln für konvergente Folgen lassen sich nicht übertragen, da die rechten Seiten der obigen Gleichungen nicht definiert sind. Die Addition und die Multiplikation sind ja für unendliche Größen nicht erklärt.

Beispiel 4.15 (Uneigentlich konvergente Folgen) Betrachten wir die Folgen $a_n = n$ und $b_n = n + c_n$, $c_n \geq 0$. Beide Folgen sind uneigentlich konvergent gegen $+\infty$. Über die Differenz $a_n - b_n = c_n$ kann jedoch a priori keine Aussage gemacht werden. Ihr Verhalten hängt von der Folge c_n ab. Ähnlich verhält es sich bei Quotienten zweier uneigentlich konvergenten Folgen oder bei Quotienten zweier Nullfolgen: Es gilt beispielsweise

$$\frac{n}{n^2} \to 0, \quad \frac{n^2}{n} \to \infty, \quad \frac{2n}{n} \to 2.$$

$\triangle$

Diese Beispiele zeigen, dass man Ausdrücken wie $\infty - \infty$, $\frac{\infty}{\infty}$ oder $\frac{0}{0}$ keinen sinnvollen Wert zuweisen kann. Solche Ausdrücke heißen auch **unbestimmte Formen**. Wir werden uns in Abschnitt 5.2 näher damit befassen. Auch 1^{∞}, ∞^0 und 0^0 zählen zu den unbestimmten Formen (siehe Beispiel 4.19).

Die im vorigen Satz beschriebenen Rechenregeln für Grenzwerte sind mit bestimmten Einschränkungen dennoch auch für uneigentliche Grenzwerte gültig.

Satz 4.16 *Sei* $(a_n)_{n \geq 0}$ *eine uneigentlich konvergente Folge und* $\lambda \in \mathbb{R}$. *Es gelte* $\lim\limits_{n \to \infty} a_n = \infty$ *und* $\lim\limits_{n \to \infty} b_n = b$. *Dann gilt*

(i) $\lim\limits_{n \to \infty} (a_n + b_n) = \infty$, *falls* $b \in \mathbb{R}$ *oder* $b = \infty$,

(ii) $\lim\limits_{n \to \infty} (\lambda a_n) = \begin{cases} \infty, & \textit{falls } \lambda > 0, \\ -\infty, & \textit{falls } \lambda < 0, \end{cases}$

(iii) $\lim\limits_{n \to \infty} (a_n b_n) = \infty$, *falls* $b > 0$,

(iv) $\lim\limits_{n \to \infty} \dfrac{b_n}{a_n} = 0$, *falls* $b \in \mathbb{R}$.

Beispiel 4.17 $a_n = \frac{n^2 + n - 1}{3n^2 - 11}$. Bei dieser Folge sind Zähler und Nenner uneigentlich konvergente Folgen, so dass die Sätze 4.14 und 4.16 nicht direkt anwendbar sind. Herausheben der höchsten Potenz und anschließendes Kürzen macht aber Satz 4.14 anwendbar und liefert

$$\lim_{n \to \infty} a_n = \lim_{n \to \infty} \frac{1 + \frac{1}{n} - \frac{1}{n^2}}{3 - \frac{11}{n^2}} = \frac{1 + 0 - 0}{3 - 0} = \frac{1}{3}.$$

$\triangle$

Beispiel 4.18 Für die geometrische Folge $a_n = q^n$ gilt

$$\lim_{n \to \infty} q^n = \begin{cases} 0 & \text{falls } |q| < 1, \\ 1 & \text{falls } q = 1, \\ \infty & \text{falls } q > 1. \end{cases}$$

Um das zu zeigen, sei zunächst $q = 1 + p > 1$. Dann gilt

$$q^n = (1+p)^n = 1 + np + \binom{n}{2}p^2 + \cdots + \binom{n}{n}p^n \geq 1 + np \to \infty$$

(vgl. dazu auch Satz 4.20). Für $0 < q < 1$ gilt $\frac{1}{q} > 1$ und daher $\frac{1}{q^n} \to \infty$. Daraus folgt aber $q^n \to 0$, denn setzt man in Satz 4.16 $a_n = \frac{1}{q^n}$ und $b_n = 1$, so folgt $q^n = \frac{b_n}{a_n} \to 0$. Der Fall $-1 < q < 0$ funktioniert analog, und die Fälle $q = 0$ und $q = 1$ sind trivial. Für $q \leq -1$ ist $(q^n)_{n \geq 0}$ divergent. Ähnlich lässt sich auch für $q \in \mathbb{C}$ argumentieren. Geometrische Folgen im Komplexen konvergieren also für q innerhalb des Einheitskreises sowie für $q = 1$ und divergieren für alle anderen Werte von q. $\triangle$

Beispiel 4.19 (Uneigentlich konvergente Folgen und Potenzbildung) Sei $a_n = 1 + \frac{1}{n}$ und $b_n = n$. Es ist offensichtlich $\lim_{n \to \infty} a_n = 1$ und $\lim_{n \to \infty} b_n = \infty$. Der Schluss $\lim_{n \to \infty} a_n^{b_n} = 1^\infty = 1$ ist aber falsch! Denn mit Hilfe des binomischen Lehrsatzes bekommen wir (ähnlich wie in Beispiel 4.18)

$$a_n^{b_n} = \left(1 + \frac{1}{n}\right)^n = \sum_{k=0}^{n} \binom{n}{k}\left(\frac{1}{n}\right)^k \geq 1 + \binom{n}{1}\frac{1}{n} = 2. \tag{4.1}$$

$a_n^{b_n}$ kann somit nicht gegen 1 konvergieren. $\triangle$

Wir wollen die Folge aus Beispiel 4.19 näher untersuchen, benötigen dazu aber ein weiteres Resultat.

Satz 4.20 (Bernoulli'sche Ungleichung) *Sei $n \in \mathbb{N}$ mit $n \geq 2$ und $x \geq -1$ mit $x \neq 0$. Dann gilt*

$$(1+x)^n > 1 + nx.$$

Beweis. Für $x = -1$ ist die Ungleichung trivial. Sei also $x > -1$. Wir führen den Beweis mit vollständiger Induktion. Für $n = 2$ haben wir $(1+x)^2 = 1 + 2x + x^2 > 1 + 2x$, da $x^2 > 0$. Es gelte also $(1+x)^n > 1 + nx$. Multiplikation mit $1 + x$ liefert

$$(1+x)^{n+1} > (1+nx)(1+x) = 1 + (n+1)x + nx^2 > 1 + (n+1)x,$$

wie behauptet. $\square$

Beispiel 4.21 (Fortsetzung von 4.19) Mit Hilfe der Bernoulli'schen Ungleichung lässt sich zeigen, dass $\left(1 + \frac{1}{n}\right)^n$ eine monoton wachsende Folge ist. Es gilt

$$\frac{\left(1 + \frac{1}{n+1}\right)^{n+1}}{\left(1 + \frac{1}{n}\right)^n} = \left(1 + \frac{1}{n}\right)\left(\frac{1 + \frac{1}{n+1}}{1 + \frac{1}{n}}\right)^{n+1} = \left(1 + \frac{1}{n}\right)\left(1 - \frac{1}{(n+1)^2}\right)^{n+1}$$

$$> \left(1 + \frac{1}{n}\right)\left(1 - \frac{1}{n+1}\right) = \frac{n+1}{n} \cdot \frac{n}{n+1} = 1.$$

Daraus folgt, dass $\left(1 + \frac{1}{n}\right)^n$ streng monoton wächst. Weiters erhalten wir mit Hilfe des binomischen Lehrsatzes

$$\left(1 + \frac{1}{n}\right)^n = 1 + \binom{n}{1}\frac{1}{n} + \binom{n}{2}\frac{1}{n^2} + \binom{n}{3}\frac{1}{n^3} + \cdots + \binom{n}{n}\frac{1}{n^n}$$

$$< 1 + 1 + \frac{1}{2} + \frac{1}{2^2} + \cdots + \frac{1}{2^{n-1}} < 3.$$

Die Folge ist daher nicht nur monoton wachsend, sondern überdies noch nach oben beschränkt und daher nach Satz 4.12 konvergent. Den Grenzwert $e = 2,7182818\ldots$ nennt man die **Euler'sche Zahl**. $\triangle$

4. Konvergenzuntersuchungen

Wir haben mit Satz 4.12 bereits ein Konvergenzkriterium für monotone Folgen kennengelernt. Wir untersuchen nun die Konvergenz von allgemeinen Folgen und beginnen mit einer einfachen hinreichenden Bedingung für Konvergenz.

Satz 4.22 (Sandwich-Theorem) *Seien $(a_n)_{n\geq 0}$ und $(b_n)_{n\geq 0}$ konvergente Folgen, deren Grenzwerte übereinstimmen, also $\lim_{n\to\infty} a_n = \lim_{n\to\infty} b_n = a$. Sei $(c_n)_{n\geq 0}$ eine Folge mit $a_n \leq c_n \leq b_n$ für fast alle $n \in \mathbb{N}$. Dann folgt die Konvergenz von $(c_n)_{n\geq 0}$, und es gilt $\lim_{n\to\infty} c_n = a$.*

Beweis. Für $\varepsilon > 0$ gilt $a_n \in U_\varepsilon(a)$, falls $n > N_1$, und $b_n \in U_\varepsilon(a)$, falls $n > N_2$. Daraus folgt $c_n \in U_\varepsilon(a)$, falls $n > \max(N_1, N_2)$. $\square$

Beispiel 4.23 Sei $\alpha > 0$. Gilt für eine Folge $\frac{1}{n^\alpha} \leq a_n \leq n^\alpha$, dann folgt $\lim \sqrt[n]{a_n} = 1$. Zum Beweis benützen wir $\sqrt[n]{n} \to 1$ (siehe Übungsaufgaben). Daraus folgt $\lim_{n\to\infty} \frac{1}{\sqrt[n]{n^\alpha}} = \lim_{n\to\infty} \sqrt[n]{n^\alpha} = 1$. Anwendung des Sandwich-Theorems liefert nun die Behauptung. $\triangle$

Definition 4.24 Seien $(a_n)_{n\geq 0}$ eine Folge reeller Zahlen und $n_0 < n_1 < n_2 < \ldots$ natürliche Zahlen. Dann nennt man die Folge $(a_{n_m})_{m\in\mathbb{N}} = (a_{n_0}, a_{n_1}, a_{n_2}, \ldots)$ eine **Teilfolge** von $(a_n)_{n\geq 0}$.

Beispiel 4.25

(a) Die Folge der Quadratzahlen $(n^2)_{n\geq 1} = (1, 4, 9, 16\ldots)$ ist eine Teilfolge der Folge $(n)_{n\geq 1} = (\underline{1}, 2, 3, \underline{4}, 5, 6, 7, 8, \underline{9}, 10, \ldots)$.

(b) Sei $(a_n)_{n\geq 0} = (1, -1, 1, -1, 1, -1, \ldots)$. Diese Folge ist divergent. Nimmt man nur die geraden Indizes, so erhält man als Teilfolge die konstante Folge $(1, 1, 1, \ldots)$, also eine konvergente Folge. $\triangle$

Satz 4.26 *Sei $(a_n)_{n\geq 0}$ eine Folge, die den Häufungspunkt a besitzt. Dann gibt es eine gegen a konvergierende Teilfolge. Falls umgekehrt $(a_n)_{n\geq 0}$ eine konvergente Teilfolge mit Grenzwert a enthält, so ist a ein Häufungspunkt von $(a_n)_{n\geq 0}$.*

Beweis. Zu einem Häufungspunkt a der Folge $(a_n)_{n\geq 0}$ lässt sich auf folgende Weise eine konvergente Teilfolge konstruieren. Wir geben uns eine monoton fallende Nullfolge $(\varepsilon_n)_{n\in\mathbb{N}}$ mit $\varepsilon_n > 0$ (z.B. $\varepsilon_0 = 1$, $\varepsilon_n = 1/n$ für $n \geq 1$) vor. Dann gibt es in $U_{\varepsilon_0}(a)$ unendlich viele

Folgenglieder von $(a_n)_{n \geq 0}$. Wir wählen eines aus, beispielsweise a_{n_0}. Danach wählen wir ein $a_{n_1} \in U_{\varepsilon_1}(a)$ mit $n_1 > n_0$, usw. Dann ist $(a_{n_k})_{k \in \mathbb{N}}$ eine gegen a konvergente Teilfolge von $(a_n)_{n \geq 0}$. Denn bei Vorgabe eines $\varepsilon > 0$ gibt es ein k_0, so dass $\varepsilon \geq \varepsilon_{k_0} \geq \varepsilon_{k_0+1} \geq \cdots > 0$. Für alle $k \geq k_0$ gilt daher $|a_{n_k} - a| < \varepsilon$.

Sei umgekehrt eine konvergente Teilfolge gegeben. Dann ist ihr Grenzwert a ein Häufungspunkt von $(a_n)_{n \geq 0}$, denn in jeder ε-Umgebung von a liegen fast alle Glieder der Teilfolge, also insbesondere unendlich viele Folgenglieder von $(a_n)_{n \geq 0}$. $\square$

Satz 4.27 (Satz von Bolzano-Weierstraß) *Jede beschränkte Folge $(a_n)_{n \geq 0}$ enthält einen Häufungspunkt.*

Beweis. Die Aussage des Satzes ist nach Satz 4.26 äquivalent zur Existenz einer konvergenten Teilfolge. Aufgrund der Beschränktheit von $(a_n)_{n \geq 0}$ und des Hauptsatzes über monotone Folgen genügt es, die Existenz einer monotonen Teilfolge nachzuweisen.

Wir definieren zunächst eine Menge M gemäß $M = \{k \in \mathbb{N} \mid \forall m > k : a_m < a_k\}$, d.h., $k \in M$ ist gleichbedeutend damit, dass a_k größer ist als sämtliche Folgenglieder mit größerem Index. Wir konstruieren nun eine monotone Folge, wobei wir unterscheiden müssen, ob M unendlich ist oder nicht. Falls M unendlich viele Elemente enthält, so ist $(a_k)_{k \in M}$ bereits eine monoton fallende Teilfolge von $(a_n)_{n \geq 0}$. Denn wenn $k_1, k_2 \in M$ mit $k_1 < k_2$, dann ist a_{k_1} laut Definition von M größer als alle nachfolgenden Folgenglieder, also insbesondere größer als a_{k_2}.

Falls M endlich ist, so bekommen wir mit der oben beschriebenen Vorgangsweise nur endlich viele Elemente und somit keine Teilfolge. In diesem Fall kann man aber eine monoton wachsende Teilfolge konstruieren. Da M beschränkt ist, existiert ein $n_1 \in \mathbb{N}$, mit $n_1 > k$ für alle $k \in M$. Dann ist a_{n_1} nicht größer als alle nachfolgenden Folgenglieder, weil sonst n_1 ja in M enthalten wäre. Es gibt also ein mindestens ebenso großes Folgenglied a_{n_2} mit $n_2 > n_1$. Da auch $n_2 \notin M$, muss a_{n_3} mit $n_3 > n_2$ und $a_{n_3} \geq a_{n_2}$ existieren. Diesen Prozess setzen wir ad infinitum fort und erhalten auf diese Art eine monoton wachsende Teilfolge von $(a_n)_{n \geq 0}$. $\square$

Definition 4.28 Eine reelle Folge heißt **Cauchyfolge**, wenn für alle $\varepsilon > 0$ ein $N(\varepsilon)$ existiert, so dass $|a_n - a_m| < \varepsilon$ für alle $n, m > N(\varepsilon)$.

Anschaulich bedeutet dies, dass Cauchyfolgen genau jene Folgen sind, für welche die Glieder mit großem Index nahe beieinander liegen.

Satz 4.29 (Cauchykriterium) *Eine reelle Folge $(a_n)_{n \geq 0}$ ist genau dann konvergent, wenn sie eine Cauchyfolge ist.*

Bemerkung: Man beachte, dass das Cauchykriterium in $\mathbb{Q}$ nicht gilt. Nehmen wir irgend eine Folge rationaler Zahlen, die gegen eine irrationale Zahl konvergiert, z.B. die durch die Dezimalentwicklung von $\sqrt{2}$ bestimmte Folge $(1, 1.4, 1.41, 1.414, 1.4142, \ldots)$. Diese Folge ist in $\mathbb{R}$ konvergent und daher nach dem obigen Kriterium eine Cauchyfolge (was übrigens auch direkt leicht zu sehen ist). Da der Grenzwert aber keine rationale Zahl ist, ist diese Folge in $\mathbb{Q}$ nicht konvergent. [1]

---

[1] In der Mathematik werden auch abstraktere Mengen untersucht, in denen Abstände zwischen Elementen definiert sind. Solche Mengen werden metrische Räume genannt. Ein metrischer Raum X heißt vollständig, falls jede Cauchyfolge in X konvergiert. Spezielle vollständige metrische Räume, so genannte Hilberträume, spielen in vielen Teilen der Mathematik sowie beispielsweise in der Quantenphysik eine große Rolle.

Beweis. Sei $(a_n)_{n \geq 0}$ konvergent und $\varepsilon > 0$. Den Grenzwert von $(a_n)_{n \geq 0}$ nennen wir a. Dann existiert $N(\varepsilon)$ derart, dass $|a_n - a| < \varepsilon$, falls $n > N(\varepsilon)$. Seien nun $n, m > N(\varepsilon)$. Dann gilt $|a_n - a_m| = |a_n - a - (a_m - a)| \leq |a_n - a| + |a_m - a| < \varepsilon + \varepsilon = 2\varepsilon$. Die Folge $(a_n)_{n \geq 0}$ ist daher eine Cauchyfolge.

Umkehrung: Gelte für ein $\varepsilon > 0$, dass $|a_n - a_m| < \varepsilon$ für alle $n, m > N(\varepsilon)$. Dann ist $(a_n)_{n \geq 0}$ beschränkt, denn für $m > N = N(\varepsilon)$ folgt aus $|a_m| - |a_{N+1}| \leq |a_m - a_{N+1}| < \varepsilon$, dass $|a_m| < |a_{N+1}| + \varepsilon$. Somit ist die Folge $(|a_{N+1}|, |a_{N+2}|, \dots)$ durch $|a_{N+1}| + \varepsilon$ nach oben beschränkt. Folglich ist $S = \max(|a_0|, |a_1|, \dots, |a_N|, |a_{N+1}| + \varepsilon)$ eine obere Schranke von $(|a_n|)_{n \in \mathbb{N}}$. Die Folge $(a_n)_{n \geq 0}$ ist daher durch S nach oben und durch $-S$ nach unten beschränkt. Nach dem Satz von Bolzano-Weierstraß existiert dann ein Häufungspunkt a und infolge dessen eine Teilfolge $(a_{n_k})_{k \in \mathbb{N}}$ mit $a_{n_k} \to a$. Das bedeutet aber, dass für hinreichend große k, z.B. $k > K = K(\varepsilon)$, $|a_{n_k} - a| < \varepsilon$ folgt. Sei nun $n > N$ und $k > \max(K, N)$, so dass also auch $n_k > N$ gilt. Dann folgt $|a_n - a| \leq |a_n - a_{n_k}| + |a_{n_k} - a| < 2\varepsilon$ und daher $a_n \to a$. □

Beispiel 4.30 Gegeben ist die rekursiv definierte Folge $a_{n+1} = \frac{2+a_n}{1+a_n}$ mit $a_0 = 1$. Die ersten Glieder der Folge sind $1, \frac{3}{2}, \frac{7}{5}, \frac{17}{12}, \frac{41}{29}, \dots$ Die dadurch aufkommende Vermutung $1 \leq a_n \leq 2$ lässt sich leicht mit vollständiger Induktion beweisen. Sei nun $n > m$. Dann gilt

$$
\begin{aligned}
|a_n - a_m| &= \left| \frac{2 + a_{n-1}}{1 + a_{n-1}} - \frac{2 + a_{m-1}}{1 + a_{m-1}} \right| \\
&= \left| \frac{(2 + a_{n-1})(1 + a_{m-1}) - (2 + a_{m-1})(1 + a_{n-1})}{(1 + a_{n-1})(1 + a_{m-1})} \right| \\
&= \left| \frac{a_{m-1} - a_{n-1}}{(1 + a_{n-1})(1 + a_{m-1})} \right|.
\end{aligned}
$$

Wegen $a_n \geq 1$ ist der Nenner des obigen Ausdrucks größer oder gleich 4. Daraus folgt $|a_n - a_m| \leq \frac{1}{4}|a_{n-1} - a_{m-1}|$. Iteriert man diese Vorgangsweise, so erhält man $|a_n - a_m| \leq \frac{1}{4^m}|a_0 - a_{n-m}| \leq \frac{1}{4^{m-1}}$, wobei die letzte Ungleichung aus der Abschätzung $a_n \leq 2$ und der Dreiecksungleichung folgt. Die Folge $(a_n)_{n \geq 0}$ ist daher eine Cauchyfolge und somit konvergent. Sei $a = \lim_{n \to \infty} a_n$. Führt man in der definierenden Rekursion den Grenzübergang für $n \to \infty$ durch, so ergibt sich $a = \frac{2+a}{1+a}$. Lösen dieser Gleichung unter Berücksichtung von $1 \leq a_n \leq 2$ ergibt $a = \sqrt{2}$. △

4.2 Unendliche Reihen

Wir wenden uns nun Folgen zu, die eine spezielle Darstellung aufweisen, so genannten Reihen. Dies sind Folgen, deren Glieder endliche Summen sind, die aus einer anderen Folge gebildet werden.

Beispiel 4.31 (Dezimalentwicklungen) Reelle Zahlen lassen sich bekanntlich als Dezimalentwicklungen schreiben. Wie im vorigen Abschnitt besprochen, kann man sie aber auch als Grenzwerte von Folgen interpretieren, indem man aus der Dezimalentwicklung eine Folge konstruiert. Die Folgenglieder lassen sich auch als Summen von Zehnerpotenzen auffassen:

$$
\frac{1}{9} = 0,111 \cdots = \sum_{k \geq 1} \frac{1}{10^k} = \frac{1}{10} + \frac{1}{100} + \frac{1}{1000} + \cdots.
$$

△

Beispiel 4.32 (Zinseszinsrechnung) Es werden über einen Zeitraum gleich hohe Beträge in regelmäßigen Abständen auf ein Sparbuch eingezahlt. Wir interessieren uns für den Wert K_n des auf dem Sparbuch liegenden Kapitals nach n Einzahlungen. Sei b die Höhe der Ratenzahlung, T der zeitliche Abstand zwischen zwei Einzahlungen und q der Verzinsungsfaktor für die Zeit T. Die n-te Einzahlung erfolgt daher zum Zeitpunkt $(n-1)T$. Folglich wird die erste Rate (Zeitpunkt 0) $n-1$ mal verzinst, die zweite Rate $n-2$ mal, usw. Wir erhalten

$$K_n = bq^{n-1} + bq^{n-2} + \cdots + bq + b = b(1 + q + q^2 + \cdots + q^{n-1}).$$

Die Folge K_n besteht also (bis auf den Faktor b) aus Summen von q-Potenzen.   △

Beispiel 4.33 Bereits Leibniz entdeckte die folgenden Identitäten:

$$1 - \frac{1}{3} + \frac{1}{5} - \frac{1}{7} + \frac{1}{9} - + \ldots = \frac{\pi}{4},$$
$$1 - \frac{1}{2} + \frac{1}{3} - \frac{1}{4} + \frac{1}{5} - + \ldots = \ln 2.$$

△

1. Der Begriff der unendlichen Reihe

Man beachte, dass der Wert von endlichen Summen aufgrund der Kommutativität und der Assoziativität der Addition in $\mathbb{R}$ und $\mathbb{C}$ unabhängig von der Reihenfolge und der Art des Zusammenfassens von Gliedern stets wohl definiert ist. Für unendliche Summen ist das im Allgemeinen nicht der Fall. Man kann etwa zeigen, dass die Summen aus Beispiel 4.33 jeden beliebigen Wert annehmen können, wenn die Summationsreihenfolge geeignet abgeändert wird. Dies führt auf folgende Definition.

Definition 4.34 Unter einer unendlichen **Reihe** versteht man eine (formale) unendliche Summe $\sum_{n=0}^{\infty} a_n$. Dabei ist $(a_n)_{n\geq 0}$ die Folge der Reihenglieder. Die Folge $(s_n)_{n\geq 0}$ mit

$$s_n = \sum_{k=0}^{n} a_k$$

heißt Folge der **Partialsummen** der Reihe. Unter dem **Grenzwert** (oder der **Summe**) der Reihe versteht man den Grenzwert ihrer Partialsummenfolge. Ist die Folge $(s_n)_{n\geq 0}$ konvergent bzw. divergent, so heißt auch die Reihe **konvergent** bzw. **divergent**.

Satz 4.35 *Falls die Reihe $\sum_{n\geq 0} a_n$ konvergiert, so ist die Folge der Reihenglieder eine Nullfolge, d.h., $a_n \to 0$.*

Beweis. Laut Voraussetzung gilt $\sum_{n\geq 0} a_n = \lim_{n\to\infty} s_n = s \in \mathbb{R}$. Die Reihenglieder lassen sich aber mit Hilfe der Partialsummenfolge durch $a_n = s_n - s_{n-1}$ beschreiben. Übergang zum Grenzwert ergibt $\lim_{n\to\infty} a_n = \lim_{n\to\infty} s_n - \lim_{n\to\infty} s_{n-1} = s - s = 0$.   □

Beispiel 4.36 Die **harmonische Reihe** ist definiert durch

$$\sum_{n\geq 1} \frac{1}{n} = 1 + \frac{1}{2} + \frac{1}{3} + \frac{1}{4} + \frac{1}{5} + \frac{1}{6} + \frac{1}{7} + \frac{1}{8} + \ldots$$

Es gilt offensichtlich

$$\sum_{n \geq 1} \frac{1}{n} \geq 1 + \frac{1}{2} + \underbrace{\left(\frac{1}{4} + \frac{1}{4}\right)}_{\frac{1}{2}} + \underbrace{\left(\frac{1}{8} + \frac{1}{8} + \frac{1}{8} + \frac{1}{8}\right)}_{\frac{1}{2}} + \cdots$$

$$= 1 + \frac{1}{2} + \frac{1}{2} + \frac{1}{2} + \cdots$$

Die Partialsummenfolge $(s_n)_{n \geq 0}$ ist also monoton wachsend, und nach den obigen Überlegungen gilt $s_{2^n} \geq 1 + \frac{n}{2} \to \infty$. Die harmonische Reihe ist somit divergent. Dies zeigt, dass die Umkehrung des vorigen Satzes nicht richtig ist: Aus $a_n \to 0$ folgt im Allgemeinen nicht die Konvergenz der Reihe $\sum_{n \geq 0} a_n$. $\triangle$

Beispiel 4.37 Unter einer **geometrischen Reihe** versteht man eine Reihe der Form

$$\sum_{n \geq 0} q^n = 1 + q + q^2 + q^3 + \cdots .$$

Die Partialsummenfolge $(s_n)_{n \geq 0}$ der geometrischen Reihe ist daher $s_n = 1 + q + q^2 + \cdots + q^n$. Folglich gilt

$$
\begin{array}{rl}
s_n &= 1 + q + q^2 + \cdots + q^n \\
qs_n &= \phantom{1 + {}} q + q^2 + \cdots + q^n + q^{n+1} \\
\hline
(1-q)s_n &= 1 - q^{n+1}
\end{array}
$$

und für $q \neq 1$ erhalten wir

$$s_n = \frac{1 - q^{n+1}}{1 - q}.$$

Im Fall $|q| < 1$ folgt daraus die Konvergenz der geometrischen Reihe:

$$\sum_{n \geq 0} q^n = \frac{1}{1 - q}.$$

Für $|q| \geq 1$ ist die geometrische Reihe divergent, da die Folge der Summanden, also $(q^n)_{n \in \mathbb{N}}$, keine Nullfolge ist. $\triangle$

Beispiel 4.38 Gegeben ist die Reihe $\sum_{n \geq 1} \frac{1}{n(n+1)}$. Die Partialsummenfolge ist somit

$$
\begin{aligned}
s_n &= \sum_{k=1}^{n} \frac{1}{k(k+1)} = \sum_{k=1}^{n} \left(\frac{1}{k} - \frac{1}{k+1}\right) \\
&= \left(1 - \frac{1}{2}\right) + \left(\frac{1}{2} - \frac{1}{3}\right) + \left(\frac{1}{3} - \frac{1}{4}\right) + \cdots + \left(\frac{1}{n} - \frac{1}{n+1}\right) \qquad (4.2) \\
&= 1 - \frac{1}{n+1}.
\end{aligned}
$$

Nach der Definition der Summe einer Reihe gilt

$$\sum_{n=1}^{\infty} \frac{1}{n(n+1)} = \lim_{n \to \infty} s_n = \lim_{n \to \infty} \left(1 - \frac{1}{n+1}\right) = 1.$$

Summen, bei denen Auslöschungen wie in (4.2) auftreten, nennt man **Teleskopsummen**. $\triangle$

2. Konvergenzkriterien

Als nächstes wollen wir einige Kriterien für die Konvergenz von Reihen finden. Das Cauchy-kriterium für Folgen (Satz 4.29) lässt sich direkt auf Reihen übertragen, indem man es auf die Partialsummenfolge anwendet.

Satz 4.39 (Cauchykriterium) *Eine Reihe $\sum_{n\geq0} a_n$ ist genau dann konvergent, wenn für alle $\varepsilon > 0$ ein $N(\varepsilon)$ existiert, so dass $|\sum_{k=n}^{m} a_k| < \varepsilon$ für alle $m \geq n > N(\varepsilon)$.*

Definition 4.40 Eine Reihe $\sum_{n\geq0} a_n$ heißt **alternierend**, wenn die Glieder a_n abwechselnd positiv und negativ sind.

Alternierende Reihen sind etwa jene aus Beispiel 4.33.

Satz 4.41 (Konvergenzkriterium von Leibniz) *Eine alternierende Reihe $\sum_{n\geq0}(-1)^n a_n$, für die $(a_n)_{n\geq0}$ eine monoton fallende Nullfolge ist, ist konvergent.*

Beweis. Wir betrachten die Teilfolgen $(s_{2n})_{n\geq0}$ und $(s_{2n+1})_{n\geq0}$ der Partialsummenfolge. Da a_n monoton fällt, ist

$$s_{2n+1} = (a_0 - a_1) + (a_2 - a_3) + \cdots + (a_{2n} - a_{2n+1})$$

eine monoton wachsende Folge, da $a_{2k} - a_{2k+1} \geq 0$. Aus demselben Grund ist

$$s_{2n} = a_0 - (a_1 - a_2) - (a_3 - a_4) - \cdots - (a_{2n-1} - a_{2n})$$

monoton fallend. Weiters gilt $0 \leq s_{2n+1} \leq s_{2n} \leq a_0$. Daraus folgt, dass $(s_{2n+1})_{n\geq0}$ und $(s_{2n})_{n\geq0}$ beschränkt und daher wegen Satz 4.12 konvergent sind. Sei $a = \lim_{n\to\infty} s_{2n+1}$ und $b = \lim_{n\to\infty} s_{2n}$. Dann gilt auch $0 \leq s_{2n} - s_{2n+1} = a_{2n+1} \to 0$, also ist $a = b = \lim_{n\to\infty} s_n$. $\square$

Beispiel 4.42 Die alternierende Reihe $\sum_{n\geq1} \frac{(-1)^n}{n}$ erfüllt die Voraussetzungen von Satz 4.41, denn in diesem Fall ist $a_n = \frac{1}{n}$ offensichtlich eine monoton fallende Nullfolge. Daher ist die Reihe konvergent. $\triangle$

Beispiel 4.42 illustriert den Fall, dass eine Reihe $\sum a_n$ konvergiert, die Reihe $\sum |a_n|$ der Beträge der Glieder aber divergiert. Denn $\sum |a_n|$ ist in diesem Fall nichts anderes als die harmonische Reihe aus Beispiel 4.36. Dies führt zu folgendem Begriff.

Definition 4.43 Eine Reihe $\sum_{n\geq0} a_n$ heißt **absolut konvergent**, wenn $\sum_{n\geq0} |a_n|$ konvergent ist. Eine konvergente Reihe, welche nicht absolut konvergent ist, nennt man **bedingt konvergent**.

Satz 4.44 *Eine absolut konvergente Reihe ist auch konvergent.*

Beweis. Sei $\sum_n a_n$ absolut konvergent. Aus dem Cauchykriterium (Satz 4.39) folgt, dass für gegebenes $\varepsilon > 0$ ein N existiert, so dass für alle $m \geq n > N$

$$|a_n| + |a_{n+1}| + \cdots + |a_m| < \varepsilon.$$

Eine Anwendung der Dreiecksungleichung ergibt

$$|a_n + a_{n+1} + \cdots + a_m| \leq |a_n| + |a_{n+1}| + \cdots + |a_m| < \varepsilon,$$

und daraus folgt nach nochmaliger Anwendung von Satz 4.39 die Konvergenz von $\sum_n a_n$. $\square$

Beispiel 4.45 Betrachten wir nochmals die Reihe aus Beispiel 4.42. Wir haben bereits gesehen, dass es sich um eine konvergente Reihe handelt. Die aus den Beträgen ihrer Summanden gebildete Reihe ist aber die harmonische Reihe $\sum_{n \geq 1} \frac{1}{n}$, deren Divergenz wir in Beispiel 4.36 gezeigt haben. Diese Reihe ist daher ein Beispiel einer bedingt konvergenten Reihe. $\triangle$

Man kann zeigen, dass jede Umordnung (Änderung der Summationsreihenfolge) einer absolut konvergenten Reihe gegen denselben Grenzwert konvergiert. Man spricht daher auch von unbedingt konvergenten Reihen. Für bedingt konvergente Reihen ist dies nicht der Fall. Es gilt nämlich der folgende Satz, den wir ohne Beweis anführen.

Satz 4.46 (Riemann'scher Umordnungssatz) *Eine bedingt konvergente Reihe lässt sich so umordnen, dass sie gegen eine beliebige Zahl $\alpha \in \mathbb{R} \cup \{-\infty, +\infty\}$ (uneigentlich) konvergiert.*

Satz 4.47 (Majorantenkriterium) *Seien $\sum_n a_n$ und $\sum_n b_n$ zwei Reihen mit $|a_n| \leq b_n$ für fast alle n. Falls $\sum_n b_n$ konvergent ist, so ist $\sum_n a_n$ absolut konvergent. In diesem Fall nennt man die Reihe $\sum_n b_n$ eine* **Majorante** *von $\sum_n a_n$.*

Beweis. Anwendung des Cauchykriteriums: Für alle $\varepsilon > 0$ gibt es ein $N \in \mathbb{N}$, so dass

$$\sum_{k=n}^{m} |a_k| \leq \sum_{k=n}^{m} b_k < \varepsilon$$

für alle $m \geq n > N$. Daraus folgt die absolute Konvergenz von $\sum_n a_n$. $\square$

Analog zum Konvergenzbeweis mittels Abschätzung nach oben durch konvergente Majoranten lässt sich auch ein Divergenzbeweis mittels Abschätzung nach unten durch divergente Minoranten durchführen. Man erhält

Satz 4.48 (Minorantenkriterium) *Seien $\sum_n a_n$ und $\sum_n b_n$ zwei Reihen, so dass $0 \leq a_n \leq b_n$ für fast alle n. Falls $\sum_n a_n$ divergent ist, so ist auch die Reihe $\sum_n b_n$ divergent.*

Beweis. Übungsaufgabe. $\square$

Beispiel 4.49 Da $\frac{1}{n^2}$ eine monotone Nullfolge ist, folgt mit Hilfe des Leibnizkriteriums die Konvergenz von $\sum_{n \geq 1} \frac{(-1)^n}{n^2}$. Wir wollen nun zeigen, dass diese Reihe auch absolut konvergent ist. Dazu benutzen wir die Abschätzung $\frac{1}{n^2} \leq \frac{1}{n(n-1)}$ für $n \geq 2$. Wir wissen aus Beispiel 4.38, dass

$$\sum_{n \geq 2} \frac{1}{n(n-1)} = 1.$$

Die Voraussetzungen des Majorantenkriteriums sind somit erfüllt, und daher konvergiert die Reihe $\sum_{n \geq 1} \frac{1}{n^2}$. Über den Grenzwert sagt das Majorantenkriterium nichts aus. Man kann aber zeigen, dass

$$\sum_{n \geq 1} \frac{1}{n^2} = \frac{\pi^2}{6}.$$

Es gilt weiters $\frac{1}{n^\alpha} \leq \frac{1}{n^2}$ für $\alpha \geq 2$. Infolge dessen ist die Reihe

$$\sum_{n \geq 1} \frac{1}{n^\alpha} \tag{4.3}$$

für alle $\alpha \geq 2$ konvergent. Man kann zeigen (siehe Abschnitt 5.5), dass dies sogar für alle $\alpha > 1$ gilt. Für $\alpha = 1$ erhalten wir die harmonische Reihe, die bekanntlich divergent ist. Reihen der Bauart (4.3) nennt man **hyperharmonische Reihen**.

Hyperharmonische Reihen sind also konvergent für $\alpha > 1$. Für $\alpha \leq 1$ sind sie divergent, wie man durch Anwendung des Minorantenkriteriums (Abschätzung nach unten durch die harmonische Reihe) leicht sieht.   △

Satz 4.50 (Wurzelkriterium) *Falls es eine Zahl q gibt, so dass*

$$\sqrt[n]{|a_n|} \leq q < 1 \text{ für fast alle } n, \tag{4.4}$$

dann ist $\sum_n a_n$ absolut konvergent. Falls hingegen

$$\sqrt[n]{|a_n|} \geq 1 \text{ für unendlich viele } n, \tag{4.5}$$

so ist $\sum_n a_n$ divergent.

Bemerkung: Man beachte, dass die Konstante q in der ersten Ungleichung wesentlich ist. Die Bedingung

$$\sqrt[n]{|a_n|} \leq 1 \tag{4.6}$$

reicht nicht aus, wie das folgende Beispiel zeigt: Für die divergente harmonische Reihe ist $\sqrt[n]{|a_n|} = 1/\sqrt[n]{n}$. D.h., die Bedingung (4.6) ist erfüllt. Ferner gilt $\sqrt[n]{n} \to 1$. Somit konvergiert auch $\sqrt[n]{|a_n|}$ gegen 1, also muss die Folge jede a priori vorgegebene Schranke $q < 1$ überschreiten. Die Bedingung (4.4) des Wurzelkriteriums ist somit verletzt.

Zu beachten ist aber, dass in diesem Fall auch (4.5) nicht erfüllt ist. Mit Hilfe des Wurzelkriteriums kann also nicht für jede Reihe eine Entscheidung über Konvergenz bzw. Divergenz getroffen werden.

Beweis. Aus (4.4) folgt, dass $|a_n| \leq q^n$ für fast alle n. Daher ist die geometrische Reihe $\sum_{n \geq 0} q^n$ eine konvergente Majorante, woraus die absolute Konvergenz von $\sum_n a_n$ folgt.

Bedingung (4.5) impliziert, dass $|a_n| \geq 1$ für unendlich viele n. Somit kann $(a_n)_{n \geq 0}$ keine Nullfolge sein und daher $\sum_n a_n$ nicht konvergieren.   □

Eine leicht abgeschwächte, jedoch oft einfacher handhabbare Formulierung des Wurzelkriteriums ist die folgende.

Satz 4.51 (Limesform des Wurzelkriteriums) *Aus $\limsup_{n \to \infty} \sqrt[n]{|a_n|} < 1$ folgt die absolute Konvergenz der Reihe $\sum_n a_n$ und aus $\limsup_{n \to \infty} \sqrt[n]{|a_n|} > 1$ deren Divergenz.*

Im Fall $\limsup_{n \to \infty} \sqrt[n]{|a_n|} = 1$ ist wieder keine Aussage über das Konvergenzverhalten der Reihe möglich.

Bemerkung: Dass Satz 4.51 tatsächlich eine Abschwächung von Satz 4.50 ist, zeigt das triviale Beispiel $a_n = 1$ für alle $n \in \mathbb{N}$. In diesem Fall ist (4.5) anwendbar, aber $\limsup_{n \to \infty} \sqrt[n]{|a_n|} = 1$, weshalb Satz 4.51 keine Aussage liefert.

Beweis. Es ist leicht zu sehen, dass die Aussage (4.4) äquivalent zu $\limsup_{n \to \infty} \sqrt[n]{|a_n|} < 1$ ist. Falls $\limsup_{n \to \infty} \sqrt[n]{|a_n|} > 1$, so gilt sicherlich (4.5).   □

Satz 4.52 (Quotientenkriterium) *Es sei $a_n \neq 0$ für alle $n \in \mathbb{N}$. Falls eine Zahl q existiert, so dass*

$$\left| \frac{a_{n+1}}{a_n} \right| \leq q < 1 \text{ für fast alle } n,$$

so ist $\sum_n a_n$ absolut konvergent. Gilt hingegen

$$\left| \frac{a_{n+1}}{a_n} \right| \geq 1 \text{ für fast alle } n,$$

so divergiert die Reihe $\sum_n a_n$.

Beweis. Im ersten Fall gilt für einen Index N und alle $n \geq N$ die Ungleichung $|a_{n+1}| \leq q|a_n|$ und daher $|a_n| \leq q^{n-N} a_N$. Daher ist die geometrische Reihe $\sum_n |a_N| q^{n-N}$ eine konvergente Majorante.

Im Fall $\left| \frac{a_{n+1}}{a_n} \right| \geq 1$ für fast alle n ist $|a_n|$ eine ab einem gewissen Index N monoton wachsende Folge positiver Zahlen und damit sicherlich keine Nullfolge. $\qquad\square$

Auch beim Quotientenkriterium kann der Fall eintreten, dass keine der beiden Bedingungen zutrifft und daher keine Aussage über das Konvergenzverhalten der Reihe gemacht werden kann. Die harmonische Reihe ist etwa ein Beispiel, wo das Quotientenkriterium versagt.

Satz 4.53 (Limesform des Quotientenkriteriums) *Aus $\limsup_{n\to\infty} |a_{n+1}/a_n| < 1$ folgt die absolute Konvergenz der Reihe $\sum_n a_n$ und aus $\liminf_{n\to\infty} |a_{n+1}/a_n| > 1$ deren Divergenz.*

Beweis. Übungsaufgabe. $\qquad\square$

Beispiel 4.54

(a) Wir untersuchen die Exponentialreihe

$$\sum_{n \geq 0} \frac{x^n}{n!} = 1 + x + \frac{x^2}{2!} + \frac{x^3}{3!} + \dots$$

für festes $x \in \mathbb{R}$. Es gilt

$$\left| \frac{a_{n+1}}{a_n} \right| = \left| \frac{\frac{x^{n+1}}{(n+1)!}}{\frac{x^n}{n!}} \right| = \frac{|x|}{n+1} \leq \frac{1}{2} < 1$$

für hinreichend große n, da $\frac{|x|}{n+1}$ eine Nullfolge ist. Das Quotientenkriterium sagt uns nun, dass $\sum_{n \geq 0} \frac{x^n}{n!}$ für alle $x \in \mathbb{R}$ konvergiert.

(b) Gegeben sei die Reihe $\sum_{n \geq 1} \frac{n!}{n^n}$. Wieder führt das Quotientenkriterium zum Ziel: Wegen (4.1) gilt

$$\left| \frac{a_{n+1}}{a_n} \right| = \frac{(n+1)n^n}{(n+1)^{n+1}} = \left(1 + \frac{1}{n} \right)^{-n} \leq \frac{1}{2} < 1 \text{ für } n \geq 1,$$

und daher ist die Reihe konvergent.

(c) Sei $a_{2n} = \frac{1}{4^n}$ und $a_{2n+1} = \frac{1}{4^{n-1}}$. Dann ist

$$\frac{a_{n+1}}{a_n} = \begin{cases} 4 & \text{falls } n \text{ gerade,} \\ \frac{1}{16} & \text{falls } n \text{ ungerade.} \end{cases}$$

Daher gilt $\limsup_{n\to\infty} a_{n+1}/a_n = 4$ und $\liminf_{n\to\infty} a_{n+1}/a_n = 1/16$. Das Quotienten-kriterium liefert daher keine Aussage. Der Versuch mit dem Wurzelkriterium erweist sich jedoch als zielführend, denn

$$\sqrt[2n]{\frac{1}{4^n}} = \frac{1}{2}, \quad \sqrt[2n+1]{\frac{1}{4^{n-1}}} = \sqrt[2n+1]{\frac{2^3}{2^{2n+1}}} = \sqrt[2n+1]{8} \cdot \frac{1}{2} \to \frac{1}{2} \text{ für } n \to \infty,$$

und daraus folgt die Konvergenz von $\sum_n a_n$.

Allgemein lässt sich zeigen, dass das Wurzelkriterium leistungsfähiger ist als das Quotientenkriterium. Letzteres ist jedoch in vielen Fällen einfacher zu handhaben. $\triangle$

3. Das Cauchyprodukt und Potenzreihen

Die Tatsache, dass die Summe einer konvergenten Reihe als Grenzwert einer Folge (nämlich ihrer Partialsummenfolge) definiert ist, erlaubt es, die Rechenregeln für Grenzwerte von Folgen (Satz 4.14) direkt auf Reihen zu übertragen bzw. algebraische Operationen für Reihen zu definieren. Aufgrund der Vektorraumeigenschaft des Raums der konvergenten Folgen können konvergente Reihen addiert und mit Skalaren multipliziert werden. Für konvergente Reihen $\sum_n a_n$ und $\sum_n b_n$ gilt demnach

$$\sum_n (a_n + b_n) = \sum_n a_n + \sum_n b_n, \quad \text{und} \quad \sum_n (\lambda a_n) = \lambda \sum_n a_n \quad \text{für } \lambda \in \mathbb{R}.$$

Das Produkt von Reihen lässt sich nicht so direkt bilden. Betrachtet man die Partialsummenfolgen so ergibt sich

$$(a_0 + a_1 + \cdots + a_n)(b_0 + b_1 + \cdots + b_n) = \sum_{i=0}^{n} \sum_{j=0}^{n} a_i b_j$$

$$= \sum_{k=0}^{2n} \sum_{\ell=\max(0,k-n)}^{\min(k,n)} a_\ell b_{k-\ell}.$$

Die letzte Umformung erhalten wir durch Umordnen gemäß dem folgenden Schema (die Diagonalen bilden jeweils die inneren Summen):

$$
\begin{array}{llll}
a_0 b_0 & a_0 b_1 & a_0 b_2 & a_0 b_3 \quad \ldots \\[1em]
a_1 b_0 & a_1 b_1 & a_1 b_2 & a_1 b_3 \quad \ldots \\[1em]
a_2 b_0 & a_2 b_1 & a_2 b_2 & a_2 b_3 \quad \ldots \\[1em]
a_3 b_0 & a_3 b_1 & a_3 b_2 & a_3 b_3 \quad \ldots \\
\vdots
\end{array}
$$

Dies legt die folgende Definition nahe.

Definition 4.55 Seien $\sum_{n\geq 0} a_n$ und $\sum_{n\geq 0} b_n$ zwei Reihen. Unter dem **Cauchyprodukt** dieser beiden Reihen versteht man die Reihe $\sum_{n\geq 0} \left(\sum_{k=0}^{n} a_k b_{n-k} \right)$.

Satz 4.56 *Falls $\sum_{n\geq 0} a_n = a$ und $\sum_{n\geq 0} b_n = b$ und beide Reihen absolut konvergieren, dann ist auch deren Cauchyprodukt absolut konvergent, und es gilt $\sum_{n\geq 0} \left(\sum_{k=0}^{n} a_k b_{n-k} \right) = ab$.*

Ohne Beweis.

Im Gegensatz zur Addition von Reihen reicht die Konvergenz alleine nicht für die Konvergenz des Cauchyproduktes aus. Wenn das Cauchyprodukt zweier konvergenter Reihen ebenfalls konvergiert, so ist seine Summe jedoch stets gleich dem Produkt der beiden einzelnen Summen.

Das Cauchyprodukt wird z.B. zur Multiplikation von Potenzreihen benutzt. Potenzreihen sind eine sehr wichtige Klasse von Reihen, die uns in den nächsten Abschnitten noch öfter begegnen werden. Vorab begnügen wir uns aber mit ein paar Grundlagen.

Definition 4.57 Unter einer **Potenzreihe** versteht man eine Reihe der Bauart $\sum_{n\geq 0} a_n (x-x_0)^n$.

Die Faktoren a_n heißen die Koeffizienten der Potenzreihe, x_0 ist der **Entwicklungspunkt** oder die **Anschlussstelle**.

Das Cauchyprodukt von Potenzreihen entspricht dem Ausmultiplizieren und dem anschließenden Ordnen nach Potenzen bei Polynomen, denn es gilt

$$\sum_{n\geq 0} a_n (x-x_0)^n \sum_{n\geq 0} b_n (x-x_0)^n = \sum_{n\geq 0} \left(\sum_{k=0}^{n} a_k (x-x_0)^k b_{n-k} (x-x_0)^{n-k} \right)$$

$$= \sum_{n\geq 0} \left(\sum_{k=0}^{n} a_k b_{n-k} \right) (x-x_0)^n.$$

Wie man anhand der obigen Definition sieht, hängen Potenzreihen von einer Unbestimmten x ab und erinnern in ihrer Gestalt sehr stark an Polynome. Es handelt sich tatsächlich um mathematisch sehr einfach handhabbare Funktionen (natürlich nur, falls sie konvergent sind), weshalb sie auch zur Darstellung komplizierterer Funktionen verwendet werden.

Bemerkung: Bisher haben wir nur Folgen und Reihen über $\mathbb{R}$ behandelt. Bei Potenzreihen können wir x, x_0 und die Koeffizienten a_n auch aus $\mathbb{C}$ wählen. Die Resultate dieses Abschnitts sind nämlich auch in $\mathbb{C}$ in unveränderter Form gültig.

Beispiel 4.58

(a) Wir betrachten die Reihe $\sum_{n\geq 0} x^n$, eine Potenzreihe mit Anschlussstelle 0 und allen Koeffizienten gleich 1. Diese Reihe ist bekanntlich eine geometrische Reihe. Sie konvergiert für alle $x \in \mathbb{C}$ mit $|x| < 1$ und divergiert für $|x| \geq 1$. Ihr Konvergenzbereich ist somit das Innere des Einheitskreises der Gauß'schen Zahlenebene.

(b) Die **binomische Reihe** ist definiert durch $\sum_{n\geq 0} \binom{\alpha}{n} x^n$ für $\alpha \in \mathbb{R}$, wobei

$$\binom{\alpha}{n} = \frac{\alpha(\alpha-1)(\alpha-2)\cdots(\alpha-n+1)}{n!}.$$

Das Quotientenkriterium (in Limesform) liefert für $a_n = \binom{\alpha}{n} x^n$ und $\alpha \notin \mathbb{N}$:

$$\frac{a_{n+1}}{a_n} = \frac{\binom{\alpha}{n+1} x}{\binom{\alpha}{n}} = \frac{(\alpha - n)x}{n+1} \to -x \text{ für } n \to \infty.$$

Im Fall $\alpha \notin \mathbb{N}$ ist diese Reihe daher für $|x| < 1$ konvergent und für $|x| > 1$ divergent. Wie im vorigen Beispiel ist auch hier der Rand des Konvergenzbereichs ein Kreis.

Für $\alpha \in \mathbb{N}$ besteht die Reihe nur aus endlich vielen Gliedern und konvergiert daher trivialerweise in ganz $\mathbb{C}$. Aus dem binomischen Lehrsatz erhalten wir in diesem Fall

$$\sum_{n \geq 0} \binom{\alpha}{n} x^n = (1+x)^\alpha.$$

In Kapitel 5 werden wir sehen, dass dies auch für $\alpha \notin \mathbb{N}$ zutrifft.

$\triangle$

Satz 4.59 *Sei $\sum_{n \geq 0} a_n (x - x_0)^n$ eine Potenzreihe. Dann existiert ein R mit $0 \leq R \leq \infty$, so dass die Reihe für alle $x \in \mathbb{C}$ mit $|x - x_0| < R$ absolut konvergent und für alle $x \in \mathbb{C}$ mit $|x - x_0| > R$ divergent ist. Der Konvergenzbereich der Potenzreihe ist somit ein Kreis in der Gauß'schen Zahlenebene mit dem Radius R. Die Zahl R heißt **Konvergenzradius** der Reihe und kann mit der Formel*

$$R = \frac{1}{\limsup_{n \to \infty} \sqrt[n]{|a_n|}}$$

berechnet werden.

Bemerkung: 1. Falls $\limsup_{n \to \infty} \sqrt[n]{|a_n|} = \infty$, so ist $R = 0$ zu setzen. Die Potenzreihe konvergiert dann nur für $x = 0$. Im Fall $\limsup_{n \to \infty} \sqrt[n]{|a_n|} = 0$ gilt $R = \infty$, d.h., das Konvergenzgebiet ist dann die gesamte Gauß'sche Zahlenebene.

2. Wie bereits in einigen voran gehenden Beispielen (4.54a, 4.58) kann der Konvergenzradius in vielen Fällen sehr einfach (auch) mit dem Quotientenkriterium in Limesform berechnet werden.

Beweis. Setzen wir

$$R = \frac{1}{\limsup_{n \to \infty} \sqrt[n]{|a_n|}}$$

und betrachten zunächst den Fall $|x - x_0| < R$. Dann gilt

$$\limsup_{n \to \infty} \sqrt[n]{|a_n||x - x_0|^n} = |x - x_0| \limsup_{n \to \infty} \sqrt[n]{|a_n|} < R \cdot \limsup_{n \to \infty} \sqrt[n]{|a_n|} = 1.$$

Die Konvergenz der Reihe folgt nun aus dem Wurzelkriterium. Im Fall $|x - x_0| > R$ argumentiert man analog. $\qquad\square$

Eine einfache Folgerung aus diesem Satz ist, dass eine Potenzreihe in jeder konzentrischen abgeschlossenen Kreisscheibe, die innerhalb des Konvergenzkreises liegt, eine geometrische Reihe als Majorante besitzt.

Satz 4.60 *Sei $\sum_{n \geq 0} a_n (x - x_0)^n$ eine Potenzreihe mit dem Konvergenzradius R. Sei weiters $0 < r < R$. Dann existieren Konstanten $c > 0$ und $0 < q < 1$, so dass $|a_n(x - x_0)^n| \leq cq^n$ für alle x mit $|x - x_0| \leq r$.*

Beweis. Wegen $r < R$ sind alle s mit $r < s < R$ immer noch innerhalb des Konvergenzkreises. Wir wählen ein solches s und setzen $q = r/s$. Dann folgt $|a_n(x - x_0)^n| \leq |a_n|r^n = |a_n|s^n q^n \leq cq^n$ für alle x mit $|x - x_0| \leq r$. Die Existenz von c in der letzten Ungleichung folgt daraus, dass $|a_n|s^n$ aufgrund der Konvergenz der Reihe eine Nullfolge und daher beschränkt sein muss. $\square$

4.3 Asymptotischer Vergleich von Folgen

Folgen werden beispielsweise in der Performance-Analyse von Algorithmen zur Beschreibung der Laufzeit verwendet. Die Algorithmen operieren auf Datenstrukturen der Größe n, z.B., wenn n Zahlen ihrer Größe nach sortiert werden sollen. Mit a_n bezeichnen wir die benötigte Laufzeit. Eine Angabe in Sekunden ist dabei natürlich nicht zweckmäßig, da diese von der Hardware, aber auch von der konkreten Implementierung abhängig ist und daher über die Qualität des Algorithmus nichts aussagt. Ein sinnvolles Maß für die Komplexität eines Algorithmus ist die Anzahl der benötigten Operationen, wobei unter einer Operation ein elementarer Schritt des Algorithmus (eine Addition, eine Multiplikation, ein Vergleich, etc.) zu verstehen ist. Man unterscheidet dann zwischen **Average-Case-Analyse** und **Worst-Case-Analyse**. Im ersten Fall ist a_n die mittlere Anzahl der Operationen, die zum Bearbeiten eines Datensatzes der Größe n notwendig ist. Bei der Worst-Case-Analyse ist a_n die maximale Anzahl von Operationen, die der Algorithmus für Datensätze der Größe n benötigt.

Beispiel 4.61 Sortieren von n Zahlen $z_1, \ldots, z_n$ mittels Bubblesort. Der Algorithmus vergleicht der Reihe nach je zwei benachbarte Elemente und vertauscht diese, falls sie nicht in der richtigen Reihenfolge angeordnet sind. Dieses Verfahren wird so lange wiederholt, bis die n Zahlen sortiert sind. Es sollen z.B. die Zahlen $65, 8, 58, 97, 3$ sortiert werden. In der folgenden Tabelle werden jeweils die unterstrichenen Zahlen verglichen:

1. Durchlauf	$\underline{65, 8}, 58, 97, 3$	$\longrightarrow$ $8, 65, 58, 97, 3$
	$8, \underline{65, 58}, 97, 3$	$\longrightarrow$ $8, 58, 65, 97, 3$
	$8, 58, \underline{65, 97}, 3$	
	$8, 58, 65, \underline{97, 3}$	$\longrightarrow$ $8, 58, 65, 3, 97$
2. Durchlauf	$\underline{8, 58}, 65, 3, 97$	
	$8, \underline{58, 65}, 3, 97$	
	$8, 58, \underline{65, 3}, 97$	$\longrightarrow$ $8, 58, 3, 65, 97$
3. Durchlauf	$\underline{8, 58}, 3, 65, 97$	
	$8, \underline{58, 3}, 65, 97$	$\longrightarrow$ $8, 3, 58, 65, 97$
4. Durchlauf	$\underline{8, 3}, 58, 65, 97$	$\longrightarrow$ $3, 8, 58, 65, 97$
Fertig!		

Bezeichnen wir mit a_n die Anzahl der Vergleiche, die Bubblesort benötigt, um n Zahlen zu sortieren, so gilt offensichtlich $a_n = \frac{n(n-1)}{2}$. $\triangle$

Beim Vergleich von Algorithmen interessiert man sich für die Größenordnung der mittleren Laufzeit. Es ist nicht so wichtig, ob ein Algorithmus doppelt oder dreimal so lange braucht wie ein anderer, solange es sich für alle n um denselben konstanten Faktor handelt. Braucht aber ein Algorithmus n, ein anderer Algorithmus hingegen n^2 Schritte, so ist der zweite Algorithmus der schlechtere.

Definition 4.62 (Landau-Symbole) Seien $(a_n)_{n \geq 0}$ und $(b_n)_{n \geq 0}$ Folgen. Dann schreibt man:

(i) $a_n = O(b_n)$ für $n \to \infty$ (gesprochen: „ a_n ist groß O von b_n"), falls es eine Konstante $C > 0$ gibt, so dass

$$\left| \frac{a_n}{b_n} \right| \leq C \text{ für fast alle } n \in \mathbb{N}$$

gilt.

(ii) $a_n = o(b_n)$ für $n \to \infty$ (gesprochen: „ a_n ist klein O von b_n"), falls $\lim_{n \to \infty} a_n/b_n = 0$ gilt.

(iii) $a_n \sim b_n$ (gesprochen: „ a_n ist asymptotisch gleich b_n"), falls $\lim_{n \to \infty} a_n/b_n = 1$ gilt.

(iv) $a_n = \Omega(b_n)$ für $n \to \infty$ (gesprochen: „ a_n ist Omega von b_n"), falls es eine Konstante $C > 0$ gibt, so dass

$$\left| \frac{b_n}{a_n} \right| \leq C \text{ für fast alle } n \in \mathbb{N}$$

gilt. Weiters gilt: $a_n = \Omega(b_n)$ genau dann, wenn $b_n = O(a_n)$.

(v) $a_n = \Theta(b_n)$ für $n \to \infty$ (gesprochen: „ a_n ist Theta von b_n"), falls es positive Konstanten C_1 und C_2 gibt, so dass

$$C_1 |b_n| \leq |a_n| \leq C_2 |b_n| \text{ für fast alle } n \in \mathbb{N}$$

gilt, d.h. $a_n = \Theta(b_n)$ genau dann, wenn sowohl $a_n = O(b_n)$ als auch $a_n = \Omega(b_n)$ zutrifft.

Bemerkung: Es genügt in (i), die Ungleichung für fast alle $n \in \mathbb{N}$ zu fordern. Denn da es dann nur endlich viele Ausnahmen gibt, kann man durch Wahl einer entsprechend größeren Konstanten die Gültigkeit der Ungleichung für alle $n \geq 0$ erreichen. Weiters beachte man, dass durch die obige Definition nicht der isolierte Ausdruck $O(b_n)$ definiert wird, sondern nur die Bedeutung der Formel $a_n = O(b_n)$ als ganzes. Offensichtlich kann man keine formale Definition für $O(b_n)$ so angeben, dass $a_n = O(b_n)$ äquivalent zur Existenz einer Konstanten C mit $\left| \frac{a_n}{b_n} \right| \leq C$ ist. Der Grund liegt darin, dass hier das Gleichheitszeichen „=" nicht in der üblichen Bedeutung verwendet wird. Für $n \to \infty$ gilt beispielsweise, dass jede Folge, die durch Cn^2 beschränkt ist, auch durch $C'n^3$ beschränkt ist, da n^3 ja noch schneller wächst. Jede Folge a_n mit $a_n = O(n^2)$ erfüllt also auch $a_n = O(n^3)$. Umgekehrt sind Folgen a_n mit $a_n = O(n^3)$ nicht notwendigerweise durch einen Ausdruck der Form Cn^2 beschränkt, wie das Beispiel $a_n = n^3$ sofort zeigt. In der mathematischen Literatur werden die Landau-Symbole auch als Stellvertreter für konkrete Folgen oder Funktionen verwendet, d.h., mit $O(n)$ ist eine durch Cn beschränkte Folge gemeint. Konkret ist die folgende Schreibweise üblich: Die „Gleichung" $O(n^2) = O(n^3)$ ist eine wahre Aussage, $O(n^3) = O(n^2)$ ist hingegen falsch. Korrekter wäre daher, $a_n \in O(b_n)$ anstelle von $a_n = O(b_n)$ zu schreiben (und folglich $O(n^2) \subseteq O(n^3)$). Aber dies ist in der Mathematik unüblich und außerdem beim Rechnen mit Termen, die Landau-Symbole enthalten (wie z.B. $a_n + O(b_n)$), eher unpraktisch.

Beispiel 4.63 Es folgen einige Beispiele zur Landau'schen Notation.

(a) $\frac{n(n-1)}{2} = \frac{n^2-n}{2} = O(n^2)$, da $\frac{n(n-1)}{2} < n^2$ und daher $C = 1$ gewählt werden kann.

(b) $\frac{n(n-1)}{2} = o(n^3) = o(2^n)$, denn

$$\frac{\frac{n(n-1)}{2}}{n^3} = \frac{1}{2n} - \frac{1}{2n^2} \to 0 \quad \text{für } n \to \infty.$$

Außerdem gilt $n^3/2^n \to 0$, weshalb die zweite Gleichung ebenfalls richtig ist.

(c) $\frac{n(n-1)}{2} \sim \frac{n^2}{2}$, denn

$$\frac{\frac{n(n-1)}{2}}{\frac{n^2}{2}} = 1 - \frac{1}{n} \to 1.$$

Für große n ist der relative Unterschied der beiden Folgen gering, ihr Verhalten somit gleich. Der absolute Unterschied kann durch die genauere Approximation $\frac{n(n-1)}{2} = \frac{n^2}{2} + O(n)$ beschrieben werden.

(d) Die **Stirling'sche Formel** $n! \sim \left(\frac{n}{e}\right)^n \sqrt{2\pi n}$ gibt die Größenordnung von $n!$ an. Der Fehler lässt sich auch quantifizieren, denn es gilt $n! = \left(\frac{n}{e}\right)^n \sqrt{2\pi n} \cdot \left(1 + O\left(\frac{1}{n}\right)\right).$ $\triangle$

Bezogen auf die Laufzeiten von Algorithmen sind folgende Sprechweisen üblich. Ein Algorithmus mit der Laufzeit $O(n)$ ist linear, d.h., verdoppelt man die Größe des Datensatzes, so benötigt der Algorithmus doppelt so lange. Von quadratischer Laufzeit spricht man bei $O(n^2)$, von polynomialer Laufzeit bei $O(n^k)$ mit einer Konstanten $k \geq 1$ (wobei k unabhängig von n). Mit exponentieller Laufzeit sind Größenordnungen der Form $O(a^n)$ mit einer Konstanten $a > 0$ gemeint. Der Algorithmus Bubblesort hat beispielsweise eine mittlere Laufzeit von $O(n^2)$, Quicksort (siehe Kapitel 7) dagegen eine mittlere Laufzeit von $O(n \log n)$, im ungünstigsten Fall jedoch auch einen Aufwand von $O(n^2)$. Generell lässt sich zeigen, dass Sortieralgorithmen, die auf paarweisem Vergleichen der zu sortierenden Elemente beruhen, immer eine mittlere Laufzeit von $\Omega(n \log n)$ haben. Quicksort hat also hinsichtlich der mittleren Laufzeit die höchstmögliche Effizienz. Es sei hier noch erwähnt, dass es auch Algorithmen gibt, die noch bessere Laufzeiten aufweisen. Diese sind aber nur unter bestimmten Voraussetzungen an die Daten anwendbar, benötigen deutlich mehr Speicherplatz und erreichen ihr Ziel nicht ausschließlich durch paarweises Vergleichen der Daten.

4.4 Elementare Funktionen

In diesem Abschnitt beschäftigen wir uns mit Funktionen $f : D \to \mathbb{R}$, deren Definitionsbereich D in $\mathbb{R}$ liegt.

1. Beispiele und einfache Eigenschaften

Beispiel 4.64

(a) **Polynomfunktionen** sind Funktionen $f : \mathbb{R} \to \mathbb{R}$ der Gestalt

$$f(x) = a_n x^n + a_{n-1} x^{n-1} + \cdots + a_1 x + a_0$$

mit $a_0, \ldots, a_n \in \mathbb{R}$, d.h., die Abbildungsvorschrift ist ein Polynom vom Grad n mit reellen Koeffizienten. Die Graphen einiger Beispiele finden sich in Abb. 4.2.

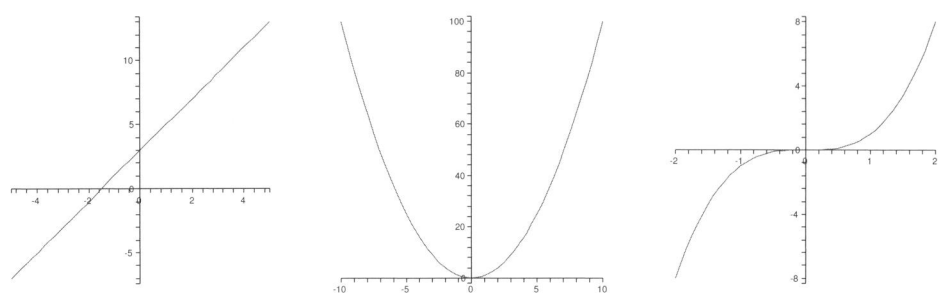

Abbildung 4.2 Polynomfunktionen: links: $f(x) = 2x + 3$, Mitte: $f(x) = x^2$, rechts: $f(x) = x^3$

(b) **Rationale Funktionen** sind Funktionen $f : D \to \mathbb{R}$ der Form $f(x) = \frac{p(x)}{q(x)}$, wobei $p(x)$ und $q(x)$ Polynomfunktionen sind und $D = \mathbb{R} \setminus \{x \in \mathbb{R} | \ q(x) = 0\}$. Zum Beispiel ist $f(x) = \frac{x}{x^2-4}$ (siehe Abb. 4.3, links) eine rationale Funktion mit dem Definitionsbereich $\mathbb{R} \setminus \{-2, 2\}$.

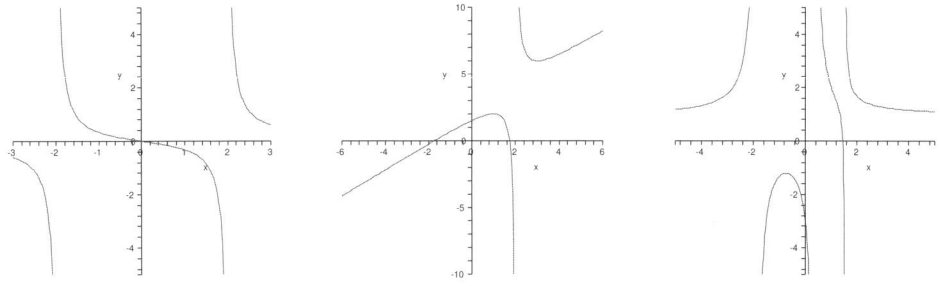

Abbildung 4.3 Rationale Funktionen: links: $f(x) = \frac{x}{x^2-4}$, Mitte: $f(x) = \frac{(x+2)(x^2-3)}{x^2-4}$, rechts: $f(x) = \frac{x^3-3}{x^3-3x+1}$

$\triangle$

Definition 4.65 Sei $f : D \to \mathbb{R}$ eine Funktion und $I \subset D$ ein Intervall. Dann heißt f auf I **streng monoton wachsend**, falls für $x, y \in I$ mit $x < y$ immer $f(x) < f(y)$ erfüllt ist. Analog heißt f auf I **streng monoton fallend**, falls aus $x < y$ die Ungleichung $f(x) > f(y)$ folgt.

Bemerkung: Man beachte, dass aus der Bedingung $x < y \implies f(x) < f(y)$ auch die Umkehrung folgt, d.h., für streng monoton wachsende Funktionen sind die Aussagen $x < y$ und $f(x) < f(y)$ äquivalent. Analoges gilt für streng monoton fallende Funktionen.

Satz 4.66 *Jede auf einem Intervall I streng monotone Funktion $f : I \to f(I)$ ist bijektiv und lässt sich daher umkehren. Die Umkehrung ist im gleichen Sinne monoton wie f selbst.*

Beweis. O.B.d.A. sei f auf I streng monoton wachsend. Weiters sei $x \neq y$, es gelte etwa $x < y$. Dann ist $f(x) < f(y)$, insbesondere sind also die Bilder von x und y unter f verschieden, und f ist daher injektiv. Da die Zielmenge $f(I)$ ist, ist f trivialerweise surjektiv und somit bijektiv.

Zum Beweis der zweiten Aussage müssen wir zeigen, dass $x < y \implies f^{-1}(x) < f^{-1}(y)$. Setzen wir $u = f^{-1}(x)$ und $v = f^{-1}(y)$, dann gilt $x = f(u)$ und $y = f(v)$. Da f monoton wächst, folgt $u < v$, was zu zeigen war. $\qquad\square$

Polynomfunktionen sind auf ganz $\mathbb{R}$ definiert und stückweise monoton, im Allgemeinen jedoch weder injektiv noch surjektiv.

2. Potenzen mit reellen Exponenten

Das Potenzieren mit natürlichem Exponenten, also die Berechnung von x^n mit $n \in \mathbb{N}$, ist elementar über die Multiplikation erklärt. Diese Definition ist aber nicht mehr anwendbar, wenn n keine natürliche Zahl ist. In diesem Abschnitt werden wir uns überlegen, wie man das Potenzieren auf nicht natürliche Exponenten verallgemeinern kann.

Satz 4.67 *Die Funktion $f_n : \mathbb{R}^+ \to \mathbb{R}^+$ mit $f_n(x) = x^n$ und Exponenten $n \in \mathbb{N} \setminus \{0\}$ ist bijektiv.*

Bemerkung: Dieser Satz garantiert die Existenz der n-ten Wurzel und hängt eng mit der Stetigkeit der Potenzfunktion (siehe nächster Abschnitt) und dem Zwischenwertsatz (Satz 4.89) zusammen.

Beweis. Die Funktion f_n ist auf ganz $\mathbb{R}^+$ streng monoton wachsend und daher injektiv. Um auch die Surjektivität zu zeigen, müssen wir für eine beliebige Zahl $y \in \mathbb{R}^+$ die Existenz einer Zahl $x \in \mathbb{R}^+$ mit $x^n = y$ beweisen. Wir betrachten die Menge $M = \{x \in \mathbb{R}^+ \mid x^n < y\}$ und zeigen, dass diese Menge ein Supremum besitzt, welches das Gewünschte leistet. Für $y \in \mathbb{R}^+$ gilt offensichtlich $1 + y > 1$. Alle $x \in M$ erfüllen daher $x^n < y < 1 + y < (1 + y)^n$, woraus aufgrund der Monotonie von f_n die Ungleichung $x < 1 + y$ folgt. Die Menge M ist also durch $1 + y$ nach oben beschränkt und besitzt daher ein Supremum $m = \sup M$.

Nehmen wir nun $m^n < y$ an. Für $0 < \varepsilon < 1$ gilt dann

$$(m + \varepsilon)^n = m^n + \sum_{i=1}^{n} \binom{n}{i} m^{n-i} \varepsilon^i$$

$$< m^n + \varepsilon \sum_{i=1}^{n} \binom{n}{i} m^{n-i} < m^n + \varepsilon(m + 1)^n.$$

Für hinreichend kleine ε gilt dann $m^n + \varepsilon(m+1)^n < y$. Zusammen mit der obigen Ungleichung folgt daraus $m + \varepsilon \in M$, was jedoch $m = \sup M$ widerspricht.

Würde umgekehrt $m^n > y$ gelten, dann folgt für $\varepsilon > 0$ aus der Bernoulli'schen Ungleichung (Satz 4.20)

$$(m - \varepsilon)^n = m^n \left(1 - \frac{\varepsilon}{m}\right)^n \geq m^n \left(1 - \frac{n}{m} \varepsilon\right) = m^n - \varepsilon \cdot nm^{n-1}.$$

Falls ε hinreichend klein ist, gilt $m^n - \varepsilon \cdot nm^{n-1} > y$. Also ist dann $(m - \varepsilon)^n > y$, somit $m - \varepsilon$ eine obere Schranke von M, und wir erhalten nochmals einen Widerspruch. Es muss also $f_n(m) = m^n = y$ gelten. $\qquad\square$

Aus Satz 4.67 folgt, dass die Funktion f_n eine Umkehrfunktion $f_n^{-1} : \mathbb{R}^+ \to \mathbb{R}^+$ besitzt. Auf diese Art lässt sich das Potenzieren mit rationalen Exponenten erklären: Sei $n \in \mathbb{N}$. Wir setzen zunächst $x^{-n} = \left(\frac{1}{x}\right)^n$, womit die Potenz für alle ganzzahligen Exponenten definiert ist. Für $n \in \mathbb{N} \setminus \{0\}$ und rationale Zahlen p/q mit $p \in \mathbb{Z}$ und $q \in \mathbb{N} \setminus \{0\}$ definieren wir

$$x^{\frac{1}{n}} = f_n^{-1}(x), \qquad x^{\frac{p}{q}} = \left(x^{\frac{1}{q}}\right)^p.$$

Die Zahl $x^{\frac{1}{n}}$ wird die n-**te Wurzel** von x genannt und oft als $\sqrt[n]{x}$ geschrieben.

Aus dieser Definition erhält man leicht die bekannten Rechenregeln $x^r x^s = x^{r+s}$, $x^r / x^s = x^{r-s}$, $(x^r)^s = x^{rs}$ und $(xy)^r = x^r y^r$ für rationale Zahlen r, s. Weiters erhalten wir unmittelbar die folgenden Monotonieeigenschaften.

Satz 4.68 *Seien $x, y > 0$ und $r \in \mathbb{Q}^+$. Dann ist $x < y$ äquivalent zu $x^r < y^r$.*

Beweis. Übung.   □

Satz 4.69 *Sei $x > 0$ und $r, s \in \mathbb{Q}$ mit $r < s$. Dann ist $x^r < x^s$, falls $x > 1$ (bzw. $x^r > x^s$, falls $x < 1$).*

Beweis. O.B.d.A. sei $x > 1$. Dann folgt aus Satz 4.68, dass $x^s / x^r = x^{s-r} > 1^{s-r} = 1$ und daraus direkt die Behauptung.   □

Die Erweiterung des Potenzierens auf irrationale Exponenten ist nicht ganz so einfach. Es genügt, sich hier auf positive Zahlen zu beschränken, da man mit der Regel $x^{-n} = \left(\frac{1}{x}\right)^n$ dann auch die Potenzen für negative irrationale Zahlen definieren kann. Jede reelle Zahl $\alpha > 0$ lässt sich durch die Folge $(a_n)_{n \geq 0}$ von rationalen Zahlen, die man durch Abbrechen der Dezimalentwicklung von α nach n Stellen erhält, approximieren. Dann ist $(a_n)_{n \geq 0}$ monoton wachsend und $a_n \to \alpha$. Ebenso ist wegen Satz 4.69 die Folge x^{a_n} für $x > 1$ monoton wachsend und beschränkt durch x^K, wobei $K \in \mathbb{Q}$ eine beliebige obere Schranke von a_n ist. Daher ist x^{a_n} konvergent. Nun könnten wir x^α definieren als $\lim_{n \to \infty} x^{b_n}$, für eine Folge b_n mit $\lim_{n \to \infty} b_n = \alpha$. Wir müssen aber noch zeigen, dass dieser Grenzwert für allgemeine Folgen ebenfalls existiert und nicht von der Wahl der Folge abhängt.

Satz 4.70 *Sei $(a_n)_{n \geq 0}$ eine Nullfolge rationaler Zahlen und $x > 0$ eine fest vorgegebene Zahl. Dann gilt $\lim_{n \to \infty} x^{a_n} = 1$.*

Beweis. Der Fall $x = 1$ ist trivial. Im Fall $x < 1$ ist $1/x > 1$ und $x^{a_n} = (1/x)^{-a_n}$, wobei $-a_n$ natürlich ebenfalls eine Nullfolge rationaler Zahlen ist. Wir können also o.B.d.A. $x > 1$ annehmen. Für hinreichend große n ist dann offensichtlich $x < n$ und daher wegen Satz 4.68 $1 < \sqrt[n]{x} < \sqrt[n]{n}$. Nun gilt aber $\sqrt[n]{n} \to 1$ für $n \to \infty$ (vgl. Aufgabe 4.8), weshalb schließlich aus dem Sandwich-Theorem (Satz 4.22) $\sqrt[n]{x} \to 1$ folgt. Genauso gilt auch $x^{-1/n} \to 1$.

Sei nun $\varepsilon > 0$ beliebig vorgegebenen. Dann gibt es ein $m \in \mathbb{N}$ mit $1 - \varepsilon < x^{-1/m} < 1 < x^{1/m} < 1 + \varepsilon$. Da $(a_n)_{n \geq 0}$ eine Nullfolge ist, gilt $|a_n| < 1/m$ für hinreichend große n. Aus Satz 4.69 folgt nun $1 - \varepsilon < x^{a_n} < 1 + \varepsilon$.   □

Eine unmittelbare Folgerung dieses Satzes ist

Satz 4.71 *Gegeben seien zwei konvergente Folgen* $(a_n)_{n\geq 0}$ *und* $(b_n)_{n\geq 0}$ *rationaler Zahlen mit* $\lim_{n\to\infty} a_n = \lim_{n\to\infty} b_n$. *Dann existieren für alle* $x > 0$ *die Grenzwerte* $\lim_{n\to\infty} x^{a_n}$ *und* $\lim_{n\to\infty} x^{b_n}$, *und es gilt* $\lim_{n\to\infty} x^{a_n} = \lim_{n\to\infty} x^{b_n}$.

Beweis. Wir setzen $\alpha = \lim_{n\to\infty} a_n = \lim_{n\to\infty} b_n$. Sei zunächst $(a_n)_{n\geq 0}$ die Folge, die man durch Abbrechen der Dezimalentwicklung von α nach n Stellen erhält. Offensichtlich ist $b_n - a_n$ eine Nullfolge. Daher ist $1 = \lim_{n\to\infty} x^{b_n-a_n}$. Nach den obigen Überlegungen ist jedenfalls x^{a_n} konvergent, und damit gilt

$$\lim_{n\to\infty} x^{b_n} = \lim_{n\to\infty} x^{b_n-a_n} \cdot \lim_{n\to\infty} x^{a_n} = \lim_{n\to\infty} x^{a_n},$$

woraus unmittelbar die Behauptung folgt. □

Mit Hilfe dieses Satzes lässt sich nun das Potenzieren mit reellen Exponenten α als $x^\alpha = \lim_{n\to\infty} x^{a_n}$, wobei $a_n \to \alpha$, erklären. Die Rechenregeln für das Potenzieren mit rationalen Exponenten übertragen sich nun unmittelbar auf das Potenzieren mit reellen Exponenten.

3. Exponentialfunktion und Logarithmus

In diesem Abschnitt stellen wir die Exponentialfunktion vor, eine der wichtigsten Funktionen der Analysis, und ihre Umkehrfunktion, den Logarithmus.

Definition 4.72 Die **natürliche Exponentialfunktion** ist definiert durch $\exp(x) = e^x$, wobei e die Euler'sche Zahl $2.71828\ldots$ aus Beispiel 4.21 ist. Die **allgemeine Exponentialfunktion** lautet $f(x) = a^x$ mit $a \in \mathbb{R}^+$.

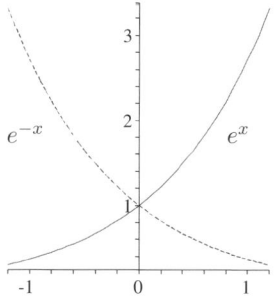

Abbildung 4.4 Die Graphen von e^x und e^{-x}

Man kann die Exponentialfunktion natürlich auch mit anderen Funktionen $g(x)$ zusammensetzen und erhält dann $e^{g(x)}$. Ein besonders wichtiges Beispiel dieser Art ist die Funktion $f(x) = e^{-x^2/2}$, die in der Wahrscheinlichkeitsrechnung und Statistik eine zentrale Rolle spielt und auch als **Gauß'sche Glockenkurve** bekannt ist (vgl. Abb 4.5).

Satz 4.73 *Die Exponentialfunktion bildet* $\mathbb{R}$ *auf* $\mathbb{R}^+$ *bijektiv ab.*

Bemerkung: In Abschnitt 4.5 werden wir den Begriff der Stetigkeit vorstellen. Die Exponentialfunktion ist eine stetige Funktion (Satz 4.78). Daher folgt der obige Satz auch unmittelbar aus dem Zwischenwertsatz (Satz 4.89).

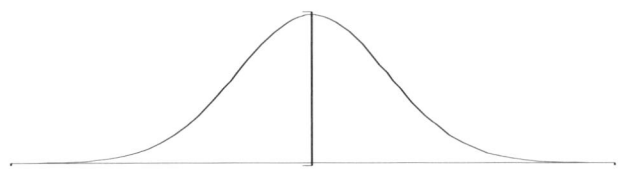

Abbildung 4.5 Die Gauß'sche Glockenkurve $e^{-x^2/2}$

Beweis. Aus Satz 4.69 (der nach den obigen Überlegungen auch für irrationale Exponenten gilt) folgt, dass die Exponentialfunktion auf ganz $\mathbb{R}$ streng monoton wachsend und infolge dessen eine injektive Funktion ist.

Zum Beweis der Surjektivität betrachtet man die Folgen $(e^{-n})_{n\in\mathbb{N}}$ und $(e^{n})_{n\in\mathbb{N}}$. Erstere ist eine Nullfolge, letztere konvergiert uneigentlich gegen ∞. Aufgrund dessen gibt es zu gegebenem $y \in \mathbb{R}^{+}$ ein $n \in \mathbb{N}$ mit $e^{-n} < y \leq e^{n}$. Wir setzen $a_0 = -n$ und $b_0 = n$. Halbieren des Intervalls $[a_0, b_0]$ liefert den Punkt $c = (a_0 + b_0)/2$. Falls c die Ungleichung $e^{c} < y$ erfüllt, dann setzen wir $a_1 = c$ und $b_1 = b_0$, andernfalls $a_1 = a_0$ und $b_1 = c$. Es gilt dann $e^{a_1} < y \leq e^{b_1}$. Das Intervall $[a_1, b_1]$ wird wieder halbiert, und in analoger Weise definieren wir a_2 und b_2. So entstehen eine monoton wachsende Folge $(a_n)_{n\geq 0}$ und eine monoton fallende Folge $(b_n)_{n\geq 0}$ (vgl. Intervallschachtelungen aus Abschnitt 1.1). Für alle $n \in \mathbb{N}$ gilt $a_0 \leq a_n \leq b_n \leq b_0$. Daher sind diese beiden Folgen konvergent. Die Differenz $b_n - a_n$ ist die Länge des n-ten Intervalls. Deshalb bilden die Differenzen eine Nullfolge. Es folgt somit $\lim_{n\to\infty} a_n = \lim_{n\to\infty} b_n = \alpha$, also $\lim_{n\to\infty} e^{a_n} = \lim_{n\to\infty} e^{b_n} = e^{\alpha}$. Wegen $e^{a_n} < y \leq e^{b_n}$ gilt $e^{\alpha} = y$, womit die Surjektivität der Exponentialfunktion gezeigt ist. $\square$

Die Exponentialfunktion $\exp : \mathbb{R} \to \mathbb{R}^{+}$ besitzt also eine Umkehrfunktion. Diese wird **natürlicher Logarithmus** (oder logarithmus naturalis) genannt und mit dem Symbol ln bezeichnet. Damit ist $y = \ln x$ gleichbedeutend mit $x = e^{y}$, und aus den Rechenregeln für Potenzen folgen unmittelbar einige Rechenregeln für den Logarithmus:

$$\ln(ab) = \ln a + \ln b, \quad \ln(a^{b}) = b \ln a, \quad \ln\left(\frac{a}{b}\right) = \ln a - \ln b.$$

Auch die allgemeine Exponentialfunktion zur Basis $a > 0$ besitzt eine Umkehrfunktion, den **Logarithmus zur Basis** a, $f(x) = \log_a x$. Dabei können die allgemeine Exponentialfunktion und der allgemeine Logarithmus, wie man leicht zeigen kann, direkt auf die natürliche Exponentialfunktion bzw. den natürlichen Logarithmus zurück geführt werden. Es gilt $a^{x} = e^{x \ln a}$ und $\log_a x = \frac{\ln x}{\ln a}$.

4. Darstellungen der Exponentialfunktion[2]

Ziel dieses Abschnitts ist es, die folgenden Eigenschaften der Exponentialfunktion zu zeigen.

Satz 4.74 *Die natürliche Exponentialfunktion e^{x} besitzt die folgenden Eigenschaften.*

---

[2]In diesem Abschnitt werden wichtige Eigenschaften der Exponentialfunktion hergeleitet. Diese sind in Satz 4.74 zusammengefasst. Der gesamte Abschnitt ist dem Beweis dieses Satzes gewidmet. Dieser Beweis ist für interessierte Leser gedacht und kann übersprungen werden, ohne dass das Verständnis der nachfolgenden Abschnitte und Kapitel darunter leidet.

(i) *Darstellung als Grenzwert einer Folge:*

$$e^x = \lim_{n \to \infty} \left(1 + \frac{x}{n}\right)^n. \tag{4.7}$$

(ii) *Darstellung durch eine Potenzreihe:*

$$e^x = 1 + x + \frac{x^2}{2!} + \frac{x^3}{3!} + \cdots = \sum_{n \geq 0} \frac{x^n}{n!}. \tag{4.8}$$

(iii) *Funktionalgleichung:*

$$e^x \cdot e^y = e^{x+y}. \tag{4.9}$$

Bemerkung: Für $x = 1$ ergibt sich dann insbesondere

$$e = 1 + 1 + \frac{1}{2!} + \frac{1}{3!} + \ldots$$

Die Funktionalgleichung (4.9) folgt direkt aus der Definition als Potenz der Euler'schen Zahl e. Um die anderen Eigenschaften zu zeigen, wollen wir zunächst die Funktion $E(x) = \lim_{n \to \infty} \left(1 + \frac{x}{n}\right)^n$ (Existenz dieses Grenzwerts: Aufgabe 4.14) und ihren Zusammenhang zur Exponentialfunktion studieren. Wir wissen ja bereits aus Beispiel 4.21, dass $E(1) = e$.

Satz 4.75 *Für alle $x \in \mathbb{R}$ gilt $E(x)E(-x) = 1$.*

Beweis. Es gilt einerseits

$$\left(1 + \frac{x}{n}\right)^n \left(1 - \frac{x}{n}\right)^n = \left(1 - \frac{x^2}{n^2}\right)^n < 1$$

und wegen der Bernoulli'schen Ungleichung (Satz 4.20) andererseits

$$\left(1 - \frac{x^2}{n^2}\right)^n \geq 1 - \frac{x^2}{n}.$$

Übergang zum Grenzwert für $n \to \infty$ ergibt nun die Behauptung. $\qquad \square$

Satz 4.76 *Es gelte $\lim_{n \to \infty} a_n = a$. Dann folgt $\lim_{n \to \infty} \left(1 + \frac{a_n}{n}\right)^n = E(a)$.*

Bemerkung: Man beachte, dass daraus noch nicht $\lim_{n \to \infty} E(a_n) = E(a)$ folgt, denn $\lim_{n \to \infty} E(a_n) = \lim_{n \to \infty} \lim_{m \to \infty} \left(1 + \frac{a_n}{m}\right)^m$, und wir wissen noch nicht, ob die beiden Grenzwerte vertauschbar sind. Dass das in diesem Fall tatsächlich erlaubt ist, wird weiter unten gezeigt.

Beweis. Wir betrachten zunächst den Fall $a = 0$. Die Bernoulli'sche Ungleichung (Satz 4.20) liefert

$$\left(1 + \frac{a_n}{n}\right)^n \geq 1 + a_n$$

und

$$\frac{1}{\left(1 + \frac{a_n}{n}\right)^n} = \left(\frac{n}{n + a_n}\right)^n = \left(1 - \frac{a_n}{n + a_n}\right)^n \geq 1 - \frac{n a_n}{n + a_n}$$

für n so groß, dass $a_n/n > -1$ und $a_n/(n+a_n) > -1$ gelten. Insgesamt ergibt sich somit

$$\frac{1}{1 - \frac{na_n}{n+a_n}} \geq \left(1 + \frac{a_n}{n}\right)^n \geq 1 + a_n.$$

Da die beiden äußeren Terme wegen $a_n \to 0$ gegen 1 konvergieren, folgt $\lim_{n\to\infty} \left(1 + \frac{a_n}{n}\right)^n = 1 = E(0)$.

Sei nun a beliebig. Dann gilt

$$\left(1 + \frac{a_n}{n}\right)^n \left(1 - \frac{a}{n}\right)^n = \left(1 + \frac{a_n - a - \frac{a_n a}{n}}{n}\right)^n.$$

Da $\lim_{n\to\infty} \left(1 - \frac{a}{n}\right)^n = E(-a)$ und $a_n - a - \frac{a_n a}{n}$ eine Nullfolge ist, folgt aus Satz 4.75 die Behauptung.   □

Satz 4.77 *$E(x)$ erfüllt die gleiche Funktionalgleichung wie die Exponentialfunktion, d.h., für alle reellen Zahlen x, y gilt $E(x)E(y) = E(x+y)$.*

Beweis. Wir haben

$$E(x)E(y) = \lim_{n\to\infty} \left(1 + \frac{x}{n}\right)^n \left(1 + \frac{y}{n}\right)^n = \lim_{n\to\infty} \left(1 + \frac{x+y+\frac{xy}{n}}{n}\right)^n = E(x+y),$$

wobei die letzte Gleichung aus $x + y + \frac{xy}{n} \to x + y$ folgt.   □

Als Folgerung dieses Satzes und der Gleichung $E(1) = e$ ist $e^x = E(x)$ für $x \in \mathbb{Q}$. Weiters folgt auch die strikte Monotonie der Funktion $E(x)$. Denn für $a < b$ liefert die Bernoulli'sche Ungleichung $E(b-a) > 1$. Setzt man dies in die Funktionalgleichung $E(b) = E(a)E(b-a)$ ein, so erhält man $E(a) < E(b)$.

Satz 4.78 *Falls $\lim_{n\to\infty} a_n = a$, dann gilt $\lim_{n\to\infty} E(a_n) = E(a)$.*

Beweis. Aus den Sätzen 4.75 und 4.20 (Bernoulli'sche Ungleichung) erhalten wir

$$1 + x \leq E(x) = \frac{1}{E(-x)} = \frac{1}{\lim_{n\to\infty} \left(1 - \frac{x}{n}\right)^n} \leq \frac{1}{1-x}.$$

Dies impliziert nun

$$1 + a_n - a \leq E(a_n - a) = \frac{E(a_n)}{E(a)} \leq \frac{1}{1 - (a_n - a)},$$

und wegen $a_n - a \to 0$ müssen die ganz linke sowie die ganz rechte Seite gegen 1 konvergieren.
                                                                                                                       □

Nun wählen wir eine Folge $(x_n)_{n\in\mathbb{N}}$ rationaler Zahlen mit $x_n \to x$. Dann folgt aus $E(x) = \lim_{n\to\infty} E(x_n) = \lim_{n\to\infty} e^{x_n} = e^x$ unmittelbar (4.7).

Wir wenden uns nun der Darstellung der Exponentialfunktion als Potenzreihe zu. Unser Ziel ist es also, die Identität (4.8) zu zeigen. Mit Hilfe des Quotientenkriteriums lässt sich leicht zeigen, dass die Reihe (4.8) in ganz $\mathbb{C}$ absolut konvergent ist (vgl. Beispiel 4.54). Damit kann die Exponentialfunktion sogar in den Bereich der komplexen Zahlen fortgesetzt werden. Die Gültigkeit der Funktionalgleichung (4.9) erhält man durch Multiplikation (Cauchyprodukt) der entsprechenden Potenzreihen. Auch die Darstellung (4.7) lässt sich ins Komplexe übertragen.

Im Folgenden sei $x \in \mathbb{R}$ beliebig aber fest gewählt. Aus dem binomischen Lehrsatz folgt

$$\left(1 + \frac{x}{n}\right)^n = 1 + x + \binom{n}{2}\frac{x^2}{n^2} + \cdots + \binom{n}{n}\frac{x^n}{n^n}$$
$$< 1 + x + \frac{x^2}{2} + \cdots + \frac{x^n}{n!}.$$

Bilden wir nun den Limes für $n \to \infty$, so ergibt sich

$$e^x \leq \sum_{n \geq 0} \frac{x^n}{n!}.$$

Um die entgegen gesetzte Ungleichung zu zeigen, definieren wir die Folge

$$y_k(x) = 1 + x + \frac{x^2}{2!} + \cdots + \frac{x^k}{k!}.$$

Es gilt

$$\left(1 + \frac{x}{n}\right)^n = 1 + x + \frac{x^2}{2}\left(1 - \frac{1}{n}\right) + \frac{x^3}{6}\left(1 - \frac{1}{n}\right)\left(1 - \frac{2}{n}\right) + \ldots$$
$$+ \frac{x^n}{n!}\left(1 - \frac{1}{n}\right)\left(1 - \frac{2}{n}\right)\cdots\left(1 - \frac{n-1}{n}\right)$$
$$\geq 1 + x + \frac{x^2}{2}\left(1 - \frac{1}{n}\right) + \cdots + \frac{x^k}{k!}\left(1 - \frac{1}{n}\right)\left(1 - \frac{2}{n}\right)\cdots\left(1 - \frac{k-1}{n}\right)$$

für $k \leq n$. Wir führen wieder den Grenzübergang für $n \to \infty$ durch, k bleibt aber fest. Dann erhalten wir $e^x \geq y_k(x)$. Da diese Ungleichung für jedes $k \in \mathbb{N}$ gilt, folgt

$$e^x \geq \lim_{k \to \infty} y_k(x) = \sum_{n \geq 0} \frac{x^n}{n!},$$

womit (4.8) gezeigt und Satz 4.74 schließlich bewiesen ist.

5. Winkelfunktionen und Arcusfunktionen

Die Funktionen **Sinus** (kurz: sin) und **Cosinus** (kurz: cos) sind definiert als x- bzw. y-Koordinate jenes Punktes X am Einheitskreis (vgl. auch Kapitel 1), dessen zugehöriger Bogen die Länge x hat (siehe Abb. 4.6). Wie Abb. 4.6 illustriert, hängen diese Funktionen eng mit dem Winkel zusammen, weshalb sie auch **Winkelfunktionen** genannt werden. Für $x \notin [0, 2\pi)$ definiert man $\sin x$ und $\cos x$ durch periodische Fortsetzung, also durch die Gleichungen

$$\sin(x + 2k\pi) = \sin x, \quad \cos(x + 2k\pi) = \cos x, \text{ für } k \in \mathbb{Z}.$$

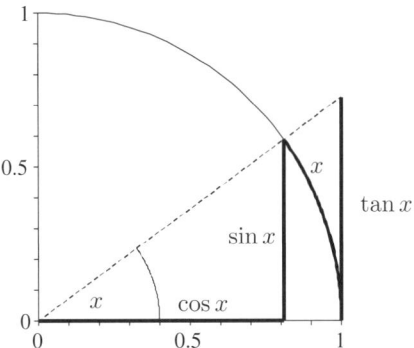

Abbildung 4.6 Definition der trigonometrischen Funktionen $\sin x$, $\cos x$ und $\tan x$. Der Winkel x (im Bogenmaß) ist identisch mit der Bogenlänge x.

Mit Hilfe der Differentialrechnung (siehe Kapitel 5) kann man zeigen, dass $\sin$ und $\cos$ die Reihendarstellungen

$$\sin x = x - \frac{x^3}{3!} + \frac{x^5}{5!} - + \cdots = \sum_{n \geq 0} (-1)^n \frac{x^{2n+1}}{(2n+1)!} \quad \text{und}$$

$$\cos x = 1 - \frac{x^2}{2!} + \frac{x^4}{4!} - + \cdots = \sum_{n \geq 0} (-1)^n \frac{x^{2n}}{(2n)!}$$

besitzen. Diese Reihen sind für alle $x \in \mathbb{C}$ absolut konvergent. Eine weitere wichtige trigonometrische Funktion ist der **Tangens** $\tan x = \frac{\sin x}{\cos x}$. Dieser ist als Quotient zweier Funktionen selbst wieder eine Funktion, außer an jenen Stellen, wo der Nenner verschwindet. Der Definitionsbereich von $\tan x$ ist somit $\mathbb{R} \setminus \{\pm\frac{\pi}{2}, \pm\frac{3\pi}{2}, \pm\frac{5\pi}{2}, \dots\}$ (siehe Abb. 4.7).

Betrachten wir die Funktion e^{ix}, so ergibt sich mit Hilfe der Reihendarstellung

$$e^{ix} = 1 + (ix) + \frac{(ix)^2}{2!} + \frac{(ix)^3}{3!} + \frac{(ix)^4}{4!} + \dots$$

$$= \left(1 - \frac{x^2}{2!} + \frac{x^4}{4!} - + \dots\right) + i\left(x - \frac{x^3}{3!} + \frac{x^5}{5!} - + \dots\right),$$

und wir erhalten schließlich die **Euler'sche Formel**

$$e^{ix} = \cos x + i \sin x. \tag{4.10}$$

Daraus lassen sich $\cos x = \frac{e^{ix} + e^{-ix}}{2}$ und $\sin x = \frac{e^{ix} - e^{-ix}}{2i}$ folgern. Auch weitere Formeln über Winkelfunktionen lassen sich aus der Darstellung (4.10) gewinnen. Zum Beispiel folgt aus $e^{ix} e^{-ix} = 1$ sofort die Identität

$$\cos^2 x + \sin^2 x = 1.$$

Wir erhalten somit diese Identität nur aus der Kenntnis der Reihendarstellung von $\cos x$ und $\sin x$, obgleich sie auch aufgrund der geometrischen Definition der Winkelfunktionen evident ist (Lehrsatz des Pythagoras). Die ebenfalls wichtigen Additionstheoreme

$$\cos(x + y) = \cos x \cos y - \sin x \sin y \quad \text{und} \quad \sin(x + y) = \sin x \cos y + \cos x \sin y \tag{4.11}$$

folgen unmittelbar aus $e^{i(x+y)} = e^{ix}e^{iy}$.

Die Formel (4.10) bildet auch die Grundlage für die Darstellung der komplexen Zahlen in der Form $z = r(\cos\varphi + i\sin\varphi) = re^{i\varphi}$, die wir bereits in Kapitel 1 kennen gelernt haben. Für $x = \pi$ ergibt sich die Euler'sche Identität $e^{i\pi} = -1$.

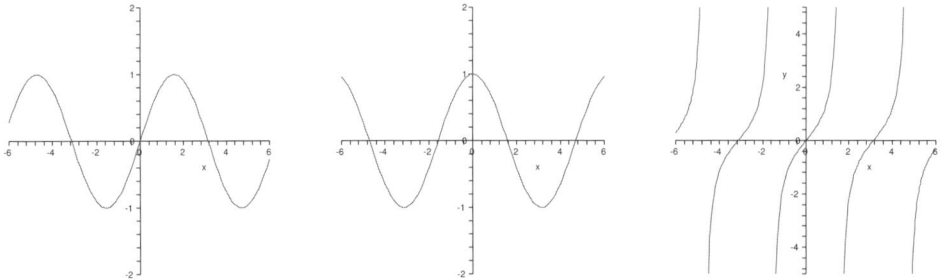

Abbildung 4.7 Die Graphen der trigonometrischen Funktionen $\sin x$, $\cos x$ und $\tan x$

Da $\sin : [-\pi/2, \pi/2] \to [-1, 1]$ eine streng monoton wachsende und bijektive Funktion ist (siehe Abb. 4.7, vgl. auch Satz 4.89), existiert die Umkehrfunktion $\arcsin : [-1, 1] \to [-\pi/2, \pi/2]$, die (Hauptzweig des) **Arcussinus** genannt wird.[3]

In analoger Weise lässt sich $\cos : [0, \pi] \to [-1, 1]$ umkehren. Wir erhalten den (Hauptzweig des) **Arcuscosinus** $\arccos : [-1, 1] \to [0, \pi]$. Die Funktion $\tan x$ ist bijektiv, wenn man die Einschränkung auf $(-\pi/2, \pi/2)$ betrachtet. Die Umkehrung führt zum (Hauptzweig des) **Arcustangens**, $\arctan : \mathbb{R} \to (-\pi/2, \pi/2)$. Abb. 4.8 zeigt die Graphen der Arcusfunktionen.

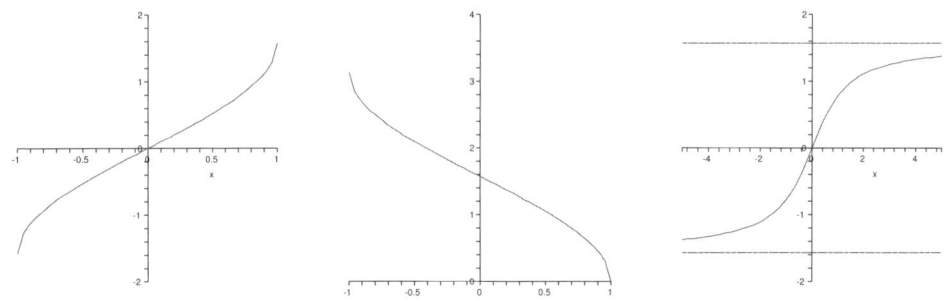

Abbildung 4.8 Die Funktionen $\arcsin x$, $\arccos x$ und $\arctan x$

Definition 4.79 Funktionen, die nur aus Polynomfunktionen, Logarithmus-, Exponential- und Winkelfunktionen, Arcusfunktionen, den Grundrechnungsarten, sowie Funktionskompositionen aufgebaut sind, heißen **elementare Funktionen**.

Bemerkung: Man beachte, dass mit den Exponentialfunktionen auch Potenzfunktionen wie $\sqrt{x}$ und $\sqrt[3]{x}$ zu den elementaren Funktionen gehören, denn es ist $\sqrt{x} = \exp\left(\frac{1}{2}\ln x\right)$ und $\sqrt[3]{x} = \exp\left(\frac{1}{3}\ln x\right)$. Allgemein gilt $x^\alpha = \exp(\alpha \ln x)$.

---

[3]Der Arcussinus besitzt unendlich viele Zweige, da $\sin x$ nicht nur als Funktion auf dem Intervall $[-\pi/2, \pi/2]$ streng monoton wachsend und daher umkehrbar ist, sondern auch auf jedem Intervall der Form $[-\pi/2+2k\pi, \pi/2+2k\pi]$ mit $k \in \mathbb{Z}$.

Beispiel 4.80 Eine elementare Funktion ist etwa

$$f(x) = \sqrt{1 + \frac{1}{\cos^2 x^3}} - \sin x \cdot \ln \frac{\arccos x}{1 + e^{-x^2}}.$$

△

4.5 Grenzwerte von Funktionen und Stetigkeit

In diesem Abschnitt wird der Grenzwertbegriff für Folgen auf Funktionen übertragen. Dies ermöglicht eine genaue Beschreibung des lokalen Verhaltens von Funktionen bzw. deren Graphen. Anschaulich gesprochen, werden wir untersuchen, wann der Graph einer Funktion in einem einzigen Linienzug, also ohne absetzen zu müssen, gezeichnet werden kann. Solche Funktionen werden wir stetig nennen. Für den mathematischen Umgang mit Funktionen ist diese anschauliche Definition aber viel zu ungenau.

Grenzwerte von Funktionen sind ferner die Grundlage der Differentialrechnung, wo das Änderungsverhalten von Funktionen studiert wird.

1. Definition und Beispiele

Wir beginnen mit zwei einfachen Beispielen.

Beispiel 4.81

(a) Betrachten wir die Funktion

$$f : \mathbb{R} \setminus \{0\} \to \mathbb{R}, \quad f(x) = \frac{\sin x}{x}.$$

Den Graphen der Funktion zeigt Abb. 4.9. Offensichtlich ist $f(x)$ an der Stelle $x = 0$ nicht definiert, da wir bei Einsetzen von 0 den unbestimmten Ausdruck $\frac{0}{0}$ erhalten. Es gibt aber offensichtlich einen Grenzwert: Wenn x sich 0 nähert, so strebt $\frac{\sin x}{x}$ gegen 1. Auch Abb. 4.6 zeigt, dass für kleine Werte von x die Bogenlänge ungefähr so groß ist wie $\sin x$. Es scheint also natürlich, die Funktion $f(x)$ auf ganz $\mathbb{R}$ mittels der Definition $f(0) = 1$ fortzusetzen.

(b) Anders geartet ist die Funktion (siehe Abb. 4.9, rechts)

$$g : \mathbb{R} \setminus \{0\} \to \mathbb{R}, \quad g(x) = \begin{cases} 1 & \text{falls } x > 0, \\ -1 & \text{falls } x < 0. \end{cases}$$

Hier ist eine stetige Fortsetzung der Funktion an der Stelle $x_0 = 0$ offenbar nicht möglich, da der Grenzwert $\lim_{x \to 0} g(x)$ davon abhängt, von welcher Seite wir uns der Stelle x_0 nähern. Die einseitigen Grenzwerte sind $\lim_{x \to 0-} g(x) = -1$ und $\lim_{x \to 0+} g(x) = 1$.

△

Die obigen Betrachtungen legen den folgenden Begriff nahe.

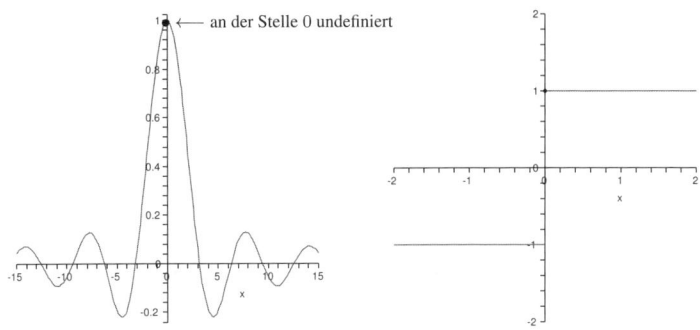

Abbildung 4.9 Die Funktionen $f(x) = \frac{\sin x}{x}$ und $g(x)$ (siehe Beispiel 4.81)

Definition 4.82 Eine Funktion $f : D \to \mathbb{R}$ mit $D \subseteq \mathbb{R}$ besitzt an der Stelle x_0 den **Grenzwert** c ($c \in \mathbb{R}$), wenn für jede Folge $(x_n)_{n \geq 1}$ ($x_n \in D$) mit $x_n \neq x_0$ und $\lim_{n \to \infty} x_n = x_0$ folgt, dass $\lim_{n \to \infty} f(x_n) = c$. Man schreibt dann $\lim_{x \to x_0} f(x) = c$. Falls aus $x_n \to \infty$ folgt, dass $f(x_n) \to c$, dann ist $\lim_{x \to \infty} f(x) = c$. In Fällen $c = -\infty$ und $c = +\infty$ spricht man von einem **uneigentlichen Grenzwert** an der Stelle x_0.
Eine Funktion f besitzt an der Stelle x_0 den **rechtsseitigen Grenzwert** c, wenn für jede Folge (x_n) mit $x_n > x_0$ und $\lim_{n \to \infty} x_n = x_0$ folgt, dass $\lim_{n \to \infty} f(x_n) = c$. Man schreibt auch: $\lim_{x \to x_0+} f(x) = c$.
Analog sind der **linksseitige Grenzwert** $\lim_{x \to x_0-} f(x)$ sowie uneigentliche einseitige Grenzwerte definiert.

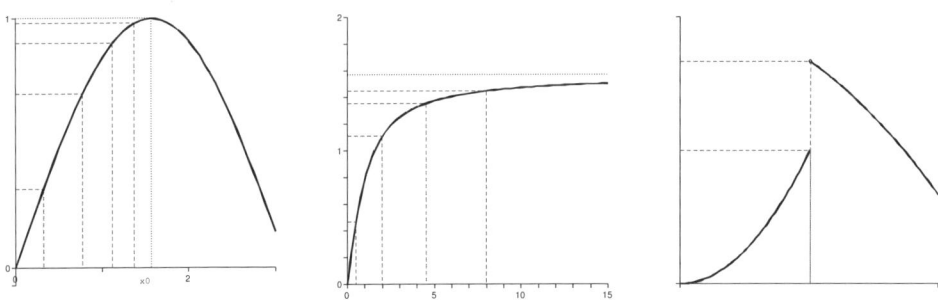

Abbildung 4.10 links: $\lim_{x \to \pi/2} \sin x = 1$, Mitte: $\lim_{x \to \infty} \arctan x = \frac{\pi}{2}$, rechts: einseitige Grenzwerte

Beispiel 4.83 (Grenzwerte von Funktionen)

(a) Gesucht ist $\lim_{x \to 1} \frac{3x+1}{x+1}$. Einsetzen einer beliebigen Folge (x_n) mit $x_n \to 1$ ergibt:

$$\lim_{n \to \infty} \frac{3x_n + 1}{x_n + 1} = \frac{\lim_{n \to \infty}(3x_n + 1)}{\lim_{n \to \infty}(x_n + 1)} = \frac{4}{2} = 2.$$

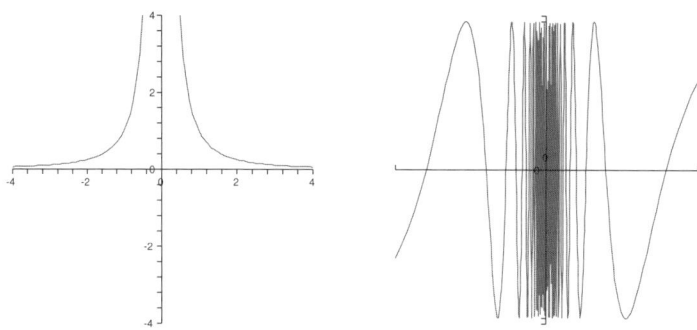

Abbildung 4.11 links: uneigentlicher Grenzwert $\lim_{x\to 0}\frac{1}{x^2}$, rechts: Grenzwert $\lim_{x\to 0}\sin\frac{1}{x}$ existiert nicht

(b) Analog bestimmt man

$$\lim_{x\to\infty}\frac{3x+1}{x+1} = \lim_{x\to\infty}\frac{3+\frac{1}{x}}{1+\frac{1}{x}} = \frac{3}{1} = 3.$$

Man beachte, dass wir hier nicht mehr mit Folgen argumentieren müssen, sondern direkt Grenzwerte von Funktionen bestimmen können. Da Grenzwerte von Funktionen über Grenzwerte von Folgen definiert werden, sind nämlich auch alle Rechenregeln für letztere (Satz 4.14 und 4.16) direkt übertragbar.

(c) Der Grenzwert $\lim_{x\to 0}\frac{\sin x}{x}$ lässt sich z.B. mit Hilfe der Reihendarstellung (siehe Abschnitt 4.4 und Beispiel 5.22a) bestimmen:

$$\lim_{x\to 0}\frac{\sin x}{x} = \lim_{x\to 0}\frac{1}{x}\left(x - \frac{x^3}{3!} + \frac{x^5}{5!} - +\ldots\right) = \lim_{x\to 0}\left(1 - \frac{x^2}{3!} + \frac{x^4}{5!} - +\ldots\right) = 1.$$
$$(4.12)$$

Hier ist aber zu beachten, dass zwei Grenzübergänge durchgeführt werden, nämlich der Grenzwert für $x\to 0$ und das Aufsummieren der Reihe (Grenzwert der Partialsummenfolge). Das kann zu Problemen führen, da das Vertauschen zweier Grenzübergänge manchmal nicht zum selben Ergebnis führt. Man kann aber zeigen, dass man hier (ebenso wie allgemein im Konvergenzbereich jeder Potenzreihe) diese beiden Grenzübergänge uneingeschränkt vertauschen kann, was diesen Ansatz rechtfertigt.

Auf völlig analoge Weise lässt sich zeigen, dass

$$\lim_{x\to 0}\frac{\cos x - 1}{x} = 0.$$
$$(4.13)$$

(d) Sei $f(x) = 1/(1+9\sin\frac{1}{x})$. Für $x\to\infty$ konvergiert $1/x$ gegen 0 und daher $\sin\frac{1}{x}$ ebenso (vgl. auch Abb. 4.10, linkes Bild). Das impliziert

$$\lim_{x\to\infty}\frac{1}{1+9\sin\frac{1}{x}} = \frac{1}{1+9\lim_{x\to\infty}\sin\frac{1}{x}} = 1.$$
$$\triangle$$

Man erkennt anhand der betrachteten Beispiele, dass es Funktionen gibt, deren Graph „durchgehend gezeichnet" werden kann, d.h., dass die Funktion keine Sprünge aufweist (also links- und rechtsseitiger Grenzwert übereinstimmen) und „durchgehend definiert" (also ohne Lücken) ist. Dies führt auf folgende

Definition 4.84 Eine Funktion $f : D \to \mathbb{R}$ heißt **stetig** an der Stelle $x_0 \in D$, wenn $f(x_0) = \lim_{x \to x_0} f(x)$. Die Funktion f heißt **stetig in** D, wenn f an jeder Stelle $x_0 \in D$ stetig ist.

Bemerkung: Stetigkeit bedeutet also nichts anderes, als dass man Grenzwertbildung und Funktionsauswertung miteinander vertauschen kann. Eine Funktion ist genau dann stetig an der Stelle x_0, wenn $\lim_{x \to x_0} f(x) = f(\lim_{x \to x_0} x)$ gilt.

Wir haben den Grenzwert von Funktionen (und damit auch die Stetigkeit) über den Grenzwert von Folgen definiert. Im Folgenden stellen wir eine äquivalente Definition der Stetigkeit vor.

Definition 4.85 Eine Funktion $f : D \to \mathbb{R}$ heißt **stetig** an der Stelle $x_0 \in D$, wenn

$$\forall \varepsilon > 0 \; \exists \delta = \delta(\varepsilon) > 0 : (|x - x_0| < \delta \implies |f(x) - f(x_0)| < \varepsilon).$$

Diese Definition besagt anschaulich folgendes: Betrachten wir die Funktion $f(x)$ lokal um die Stelle x_0. Wir geben uns eine Toleranz $\varepsilon > 0$ beliebig vor und erlauben der Funktion $f(x)$, sich innerhalb des Intervalls $I_1 = (f(x_0) - \varepsilon, f(x_0) + \varepsilon)$ zu bewegen. Genau dann, wenn die Funktion stetig ist, lässt sich immer (d.h. für jedes $\varepsilon > 0$) ein Intervall $I_0 = (x_0 - \delta, x_0 + \delta)$ finden, so dass die Funktion das Intervall I_1 nicht verlässt, solange das Argument x im Intervall I_0 bleibt (siehe Abb. 4.12). Der Funktionswert einer stetigen Funktion verändert sich also nur wenig, wenn das Argument nur wenig verändert wird.

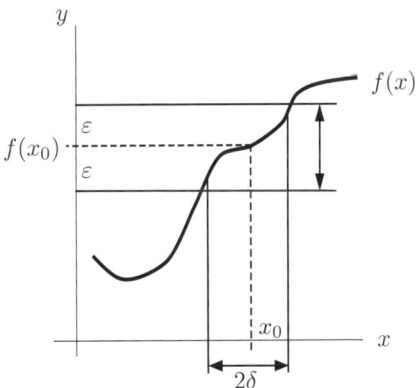

Abbildung 4.12 Zur ε-δ-Definition der Stetigkeit

Eine wichtige Klasse von stetigen Funktionen sind die Potenzreihen.

Satz 4.86 *Sei $f(x) = \sum_{n \geq 0} a_n (x - x_0)^n$ eine (reelle oder komplexe) Potenzreihe mit Entwicklungspunkt x_0. Der Konvergenzradius der Potenzreihe sei R. Dann ist f im Konvergenzkreis $|x - x_0| < R$ stetig.*

Beweis. O.B.d.A. setzen wir $x_0 = 0$. Sei $|x| < R$ und $(x_n)_{n \in \mathbb{N}}$ eine Folge mit $x_n \to x$. Ferner bezeichne r eine Konstante mit $|x| < r < R$. Für hinreichend große n gilt dann $|x_n| \leq r$. Unter diesen Bedingungen gilt nun

$$|f(x_n) - f(x)| = \left| \sum_{m \geq 0} a_m x_n^m - \sum_{m \geq 0} a_m x^m \right|$$

$$\leq \sum_{m=0}^{N} |a_m||x_n^m - x^m| + \sum_{m>N} (|a_m x_n^m| + |a_m x^m|). \tag{4.14}$$

Da $|x_n| \leq r < R$ und $|x| < r < R$ können wir nach Satz 4.60 den in (4.14) auftretenden Reihenrest durch eine geometrische Reihe abschätzen. Es gibt also $c > 0$ und $0 < q < 1$ mit

$$|f(x_n) - f(x)| \leq \sum_{m=0}^{N} |a_m||x_n^m - x^m| + c\frac{q^{N+1}}{1-q}.$$

Geben wir nun ein $\varepsilon > 0$ vor, dann gibt es ein N, so dass der zweite Summand kleiner $\varepsilon/2$ ist. Da wegen $x_n \to x$ auch $x_n^m \to x^m$ gilt, ist auch der erste Summand für hinreichend große n kleiner als $\varepsilon/2$, womit das ε-δ-Kriterium für f (Definition 4.85) bewiesen ist. $\qquad\square$

2. Eigenschaften stetiger Funktionen

Eine direkte Konsequenz der Stetigkeit ist die Vorzeichenbeständigkeit.

Satz 4.87 *Für jede stetige Funktion f mit $f(x_0) > 0$ gibt es eine δ-Umgebung $U_\delta(x_0)$, so dass $f(x) > 0$, für alle $x \in U_\delta(x_0)$. Für $f(x_0) < 0$ gilt eine analoge Aussage.*

Beweis. Wir setzen $\varepsilon = f(x_0)/2$. Dann gibt es aufgrund der Stetigkeit von f ein δ, so dass $|f(x) - f(x_0)| < \varepsilon$ für $|x - x_0| < \delta$. Daraus folgt

$$f(x) > f(x_0) - \varepsilon = \frac{f(x_0)}{2} > 0,$$

für $|x - x_0| < \delta$. $\qquad\square$

Satz 4.88 (Nullstellensatz von Bolzano) *Sei $f : [a,b] \to \mathbb{R}$ eine auf dem ganzen Intervall $[a,b]$ stetige Funktion mit $f(a) < 0$ und $f(b) > 0$. Dann besitzt f auf $[a,b]$ mindestens eine Nullstelle, d.h., es gibt ein $c \in [a,b]$ mit $f(c) = 0$.*

Beweis. Zum Beweis konstruieren wir zwei Folgen $(a_n)_{n\geq 0}$ und $(b_n)_{n\geq 0}$ nach folgendem Algorithmus: Sei $a_0 = a$ und $b_0 = b$. Die Werte a_1 und b_1 werden in Abhängigkeit von $f_0 = f\left(\frac{a_0+b_0}{2}\right)$ bestimmt:

$\quad$ $f_0 < 0$: Dann setzen wir $a_1 = \frac{a_0+b_0}{2}$ und $b_1 = b_0$.

$\quad$ $f_0 > 0$: Dann setzen wir $a_1 = a_0$ und $b_1 = \frac{a_0+b_0}{2}$.

$\quad$ $f_0 = 0$: Dann haben wir die gewünschte Nullstelle und sind fertig.

Falls wir noch keine Nullstelle gefunden haben, wenden wir das obige Verfahren auf $[a_1, b_1]$ an, usw.

$\quad$ Auf diese Weise erhält man entweder nach endlich vielen Schritten eine Nullstelle oder zwei Folgen $(a_n)_{n\geq 0}$ und $(b_n)_{n\geq 0}$. Aufgrund der Konstruktion ist offensichtlich, dass $f(a_n) < 0$ und

$f(b_n) > 0$. Darüber hinaus sind die Folgen $(a_n)_{n \geq 0}$ und $(b_n)_{n \geq 0}$ beschränkt, erstere ist monoton wachsend und letztere monoton fallend. Wegen $|a_n - b_n| = |a - b| \cdot 2^{-n}$ konvergieren sowohl $(a_n)_{n \geq 0}$ als auch $(b_n)_{n \geq 0}$ gegen denselben Grenzwert c. Aus $\lim_{n \to \infty} a_n = \lim_{n \to \infty} b_n = c$ folgt nun aufgrund der Stetigkeit von f, dass $\lim_{n \to \infty} f(a_n) = \lim_{n \to \infty} f(b_n) = f(c)$. Wegen $f(a_n) < 0$ muss jedoch $\lim_{n \to \infty} f(a_n) \leq 0$ gelten. Analog gilt $\lim_{n \to \infty} f(b_n) \geq 0$ und folglich $f(c) = 0$. $\qquad \square$

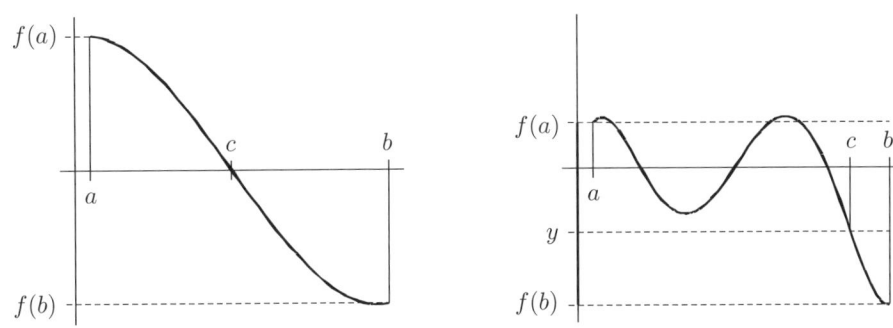

Abbildung 4.13 Nullstellen- und Zwischenwertsatz

Satz 4.89 (Zwischenwertsatz) *Sei* $f : [a, b] \to \mathbb{R}$ *stetig. Dann nimmt* f *auf* $[a, b]$ *jeden Wert zwischen* $f(a)$ *und* $f(b)$ *mindestens einmal an.*

Beweis. Im Fall $f(a) = f(b)$ ist nichts zu beweisen. Sei o.B.d.A. $f(a) < f(b)$. Ferner sei y beliebig mit $f(a) < y < f(b)$. Nun setzen wir $g(x) = f(x) - y$. Dann gilt $g(a) < 0$ und $g(b) > 0$. Aus Satz 4.88 folgt nun die Existenz einer Nullstelle c von $g(x)$. Dieses c leistet aber bereits das Gewünschte, denn $f(c) = y$ (vgl. Abb. 4.13). $\qquad \square$

Satz 4.90 *Sei* $I \subseteq \mathbb{R}$ *ein abgeschlossenes Intervall und* $f : I \to \mathbb{R}$ *eine stetige Funktion. Dann ist* $f(I)$ *ebenfalls ein abgeschlossenes Intervall.*

Beweis. Für $x, y \in I$ gilt nach Satz 4.89, dass alle Werte zwischen $f(x)$ und $f(y)$ in $f(I)$ liegen. $f(I)$ ist also ein Intervall.

Sei $A = \sup f(I)$. Dann existiert eine Folge $(b_n)_{n \geq 0}$ mit $b_n \to A$. Wegen $b_n \in f(I)$ existieren a_n mit $f(a_n) = b_n$. Da $(a_n)_{n \geq 0}$ beschränkt ist, existiert nach Satz 4.27 eine konvergente Teilfolge $(a_{n_k})_{k \geq 0}$. Sei $a = \lim_{k \to \infty} a_{n_k}$. Dann folgt aufgrund der Stetigkeit von f, dass $f(a) = A$. Analoge Argumente für $\inf f(I)$ ergeben schließlich die Abgeschlossenheit von $f(I)$. $\qquad \square$

Der vorige Satz beinhaltet auch Folgendes: Eine auf einem abgeschlossenen Intervall I stetige Funktion nimmt auf I ein Maximum und ein Minimum an.

Satz 4.91 *Sei* $I = [a, b]$ *ein Intervall und* $f : I \to \mathbb{R}$ *eine streng monotone und stetige Funktion. Dann existiert die Umkehrfunktion* $f^{-1} : f(I) \to I$ *und ist ebenfalls stetig.*

Beweis. O.B.d.A. sei f streng monoton wachsend. Wegen des Zwischenwertsatzes (Satz 4.89) nimmt f auf I alle Werte zwischen $f(a)$ und $f(b)$ an, also ist $f(I) = [f(a), f(b)]$. Aufgrund der strengen Monotonie lässt sich f umkehren, und f^{-1} ist ebenfalls streng monoton wachsend. Sei $y \in f(I)$, wobei wir uns auf den Fall $y \neq f(a)$ und $y \neq f(b)$ beschränken. Dann gilt $x = f^{-1}(y) \in (a, b)$. Die anderen Fälle (y am Rand des Intervalls) lassen sich ähnlich behandeln.

Wir müssen zeigen, dass f^{-1} stetig an der Stelle y ist, also dass

$$\forall \varepsilon > 0 \; \exists \delta > 0 \; : \; |\bar{y} - y| < \delta \implies |f^{-1}(\bar{y}) - x| < \varepsilon$$

gilt. Dazu geben wir uns $\varepsilon > 0$ so vor, dass $[x - \varepsilon, x + \varepsilon] \subseteq [a, b]$. Dann gilt $f(x - \varepsilon) < y < f(x + \varepsilon)$, und daher existiert ein $\delta > 0$, so dass $f(x - \varepsilon) < y - \delta < y < y + \delta < f(x + \varepsilon)$. Aus $|\bar{y} - y| < \delta$ folgt nun $f(x - \varepsilon) < \bar{y} < f(x + \varepsilon)$ und daraus wegen der Monotonie von f^{-1} schließlich $x - \varepsilon < f^{-1}(\bar{y}) < x + \varepsilon$, was zu zeigen war. $\qquad\square$

Zum Abschluss dieses Abschnitts stellen wir noch eine große Klasse von stetigen Funktionen sowie einige Beispiele für unstetige Funktionen vor.

Satz 4.92 *Seien $f(x)$ und $g(x)$ stetige Funktionen. Dann sind die folgenden Funktionen – auf geeigneten Definitionsbereichen – ebenfalls stetig: $f(x) \pm g(x)$, $f(x)g(x)$, $\frac{f(x)}{g(x)}$ (falls $g(x) \neq 0$), $f(g(x))$. Da Polynome, Winkelfunktionen, Arcusfunktionen, Exponentialfunktionen und Logarithmen stetig sind, folgt daraus, dass alle elementaren Funktionen in ihrem Definitionsbereich stetig sind.*

Bemerkung: Die obigen Aussagen gelten selbstverständlich nur dann, wenn die betreffenden Funktionen einen geeigneten Definitionsbereich haben. So ist z.B. $f + g$ nur dort definiert, wo sowohl f als auch g definiert sind.

Die Beweise lassen sich sehr einfach auf die Rechenregeln für Grenzwerte von Folgen (Satz 4.14) zurückführen und werden daher dem Leser überlassen. Die Stetigkeit von Polynomen, Winkel- und Exponentialfunktionen folgt unmittelbar aus Satz 4.86, die der Arcusfunktionen und Logarithmen aus Satz 4.91.

Beispiel 4.93 (Unstetigkeiten)

(a) Die Funktion $f(x) = \lfloor x \rfloor = \max\{n \in \mathbb{Z} \mid n \leq x\}$ (siehe Abb. 4.14) ist unstetig an allen Stellen $x \in \mathbb{Z}$ und überall sonst stetig.

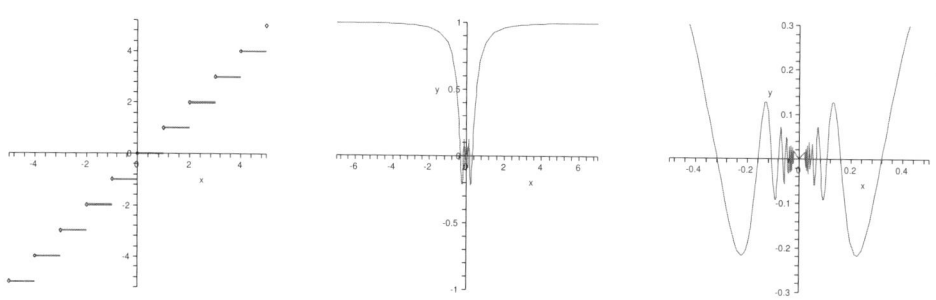

Abbildung 4.14 links: $f(x) = \lfloor x \rfloor$, Mitte und rechts: $f(x) = x \sin \frac{1}{x}$

(b) $f(x) = \sin \frac{1}{x}$ (vgl. Abb. 4.11) ist im gesamten Definitionsbereich $\mathbb{R} \setminus \{0\}$ stetig und im Punkt $x = 0$ nicht definiert. Setzen wir die Funktion auf $x = 0$ fort, z.B. mittels

$$g(x) = \begin{cases} \sin \frac{1}{x} & \text{für } x \neq 0, \\ 0 & \text{für } x = 0, \end{cases}$$

so hat $g(x)$ eine Unstetigkeitsstelle bei $x = 0$.

(c) Wie im vorigen Beispiel ist auch die Funktion $f(x) = x \sin \frac{1}{x}$ an der Stelle $x = 0$ nicht definiert. Es handelt sich aber um eine so genannte hebbare Unstetigkeit, da man durch Erweitern des Definitionsbereichs um 0 und Definieren von $f(0) = 0$ eine stetige Funktion erhält.

(d) $f : \mathbb{R} \to \mathbb{R}$ mit

$$f(x) = \begin{cases} 1 & \text{für } x \in \mathbb{Q} \\ 0 & \text{für } x \notin \mathbb{Q} \end{cases}$$

ist nirgends stetig, denn in jeder Umgebung einer rationalen Zahl x, wo $f(x) = 1$ gilt, liegen auch irrationale Zahlen, also Zahlen y mit $f(y) = 0$. Umgekehrt gibt es in jeder Umgebung einer irrationalen Zahl auch rationale Zahlen.

$\triangle$

4.6 Übungsaufgaben

4.1 Zeigen Sie, dass die Folge $(a_n)_{n \geq 0}$ konvergiert, indem Sie zu beliebig vorgegebenem $\varepsilon > 0$ ein passendes $N(\varepsilon)$ angeben.

(a) $a_n = \dfrac{\sin n + \cos n}{\sqrt{n}}$

(b) $a_n = \dfrac{\sin n}{\sqrt[4]{n}}$

(c) $a_n = \dfrac{n^2}{1 + n^2}$

(d) $a_n = \dfrac{1 + (-1)^n}{n^2}$

4.2 Gibt es eine Folge reeller Zahlen, so dass die Menge ihrer Häufungspunkte genau $\mathbb{Q}$ ist?

4.3 Bestimmen Sie alle Häufungspunkte der Folge $a_n = (-1)^n + \cos \frac{n\pi}{2}$ ($n \geq 0$).

4.4 Bestimmen Sie alle Häufungspunkte der Folge $a_n = \sin \frac{n\pi}{2} + (-1)^{n(n+1)/2}$ ($n \geq 0$).

4.5 Zeigen Sie, dass die Folge

$$a_n = \frac{\sin n + \cos n}{\sqrt{n}} \quad (n \geq 1)$$

nur 0 als Häufungspunkt hat.

4.6 Man untersuche die rekursiv gegebenen Folgen $(a_n)_{n \geq 0}$ (mit Hilfe vollständiger Induktion) auf Monotonie und Beschränktheit und bestimme gegebenenfalls den Grenzwert $\lim_{n \to \infty} a_n$.

(a) $a_0 = 3$, $a_{n+1} = \sqrt{2a_n - 1}$ für alle $n \geq 0$.   (b) $a_0 = 4$, $a_{n+1} = \sqrt{6a_n - 9}$ für alle $n \geq 0$.

(c) $a_0 = 2$, $a_{n+1} = \sqrt{a_n + 1}$ für alle $n \geq 0$.   (d) $a_0 = 2$, $a_{n+1} = 2\sqrt{a_n - 1}$ für alle $n \geq 0$.

4.7 Gegeben sei die rekursiv definierte Folge $(a_n)_{n \geq 0}$ mit $a_0 = 3$ und $a_{n+1} = (a_n + 6/a_n)/2$ für alle $n \geq 0$. Man berechne die Folgenglieder a_n für $n = 0, 1, \ldots, 10$, untersuche die Folge in Bezug auf Monotonie, Beschränktheit sowie Konvergenz und berechne gegebenenfalls den Grenzwert.

4.8 Zeigen Sie, dass $a_n = \sqrt[n]{n} - 1$ eine Nullfolge ist. Hinweis: Man entwickle $n = (1 + a_n)^n$ mit Hilfe des binomischen Lehrsatzes und zeige damit die Ungleichung $a_n \leq \sqrt{2/n}$.

4.9 Seien P_1 und P_2 beliebige Punkte der Zahlengeraden. Man halbiere fortgesetzt die Strecke $\overline{P_1 P_2}$ in P_3, die Strecke $\overline{P_2 P_3}$ in P_4, $\overline{P_3 P_4}$ in P_5, usw. und bestimme die Lage von P_n für $n \to \infty$.

4.10 Man vervollständige den Beweis von Satz 4.14

4.11 Man untersuche nachstehende Folgen in Hinblick auf Monotonie, Beschränktheit und mögliche Grenzwerte. Ferner veranschauliche man die Folgen auf der reellen Zahlengeraden:

(a) $(a_n) = 0, 1, \frac{1}{2}, 3, \frac{1}{4}, 5, \frac{1}{6}, \ldots, n, \frac{1}{n+1}, \ldots$

(b) (b_n) mit $b_n = \frac{n+4}{n-1}$ für $n \geq 2$

(c) (c_n) mit $c_n = (-1)^n \frac{n+1}{n}$ für $n \geq 1$

4.12 Untersuchen Sie die Folge $(a_n)_{n \geq 0}$ auf Konvergenz und bestimmen Sie gegebenenfalls den Grenzwert.

(a) $a_n = \dfrac{2n^3 + 2n - 3}{4n^3 + n^2 + 5}$

(b) $a_n = \dfrac{4n^2 + 5n - 3}{2n^3 + 3n^2 - n + 7}$

(c) $a_n = \dfrac{3n^2 - 5n + 7}{3n^3 - 5n + 7}$

(d) $a_n = \dfrac{2n^3 - 5n^2 + 7}{2n^3 - 5n + 7}$

(e) $a_n = \dfrac{2n^2 - 5n^{\frac{9}{4}} + 7}{7n^3 + 2n^{-\frac{3}{2}} + 1}$

(f) $a_n = \dfrac{3n^2 - 4n^{\frac{11}{3}} + n^{-1}}{2n^4 + 2n^{-\frac{3}{2}} + 1}$

(g) $a_n = \sqrt{n+1} - \sqrt{n}$

(h) $a_n = \sqrt{n + \sqrt{n}} - \sqrt{n}$

(i) $a_n = \dfrac{n!}{n^n}$

(j) $a_n = \dfrac{\sqrt{n+2} - \sqrt{n}}{\sqrt[3]{\frac{1}{n}}}$

(k) $a_n = n q^n$ $(-1 < q < 0)$

(l) $a_n = \dfrac{q^n}{n}$ $(q > 1)$

(m) $a_n = \sqrt[n^2]{n^5 + 1}$

(n) $a_n = \sqrt[n^2]{n^3 + n^2}$

Hinweis zu den letzten beiden Aufgaben: Benützen Sie Aufgabe 4.8.

4.13 Untersuchen Sie die Folge $(a_n)_{n \geq 0}$ auf Konvergenz und bestimmen Sie gegebenenfalls mit Hilfe des Sandwich-Theorems (Satz 4.22) den Grenzwert.

(a) $a_n = \displaystyle\sum_{k=1}^{n} \dfrac{1}{n^2 + k}$

(b) $a_n = \displaystyle\sum_{k=1}^{n} \dfrac{1}{(n+k)^2}$

(c) $a_n = \displaystyle\sum_{k=1}^{n} \dfrac{1}{\sqrt{n^2 + k}}$

(d) $a_n = \displaystyle\sum_{k=1}^{n} \dfrac{n^2 + k}{n^3 + k}$

4.14 Beweisen Sie mit Hilfe von Beispiel 4.21, dass für $\alpha \in \mathbb{R}$ gilt: $\lim_{n\to\infty} \left(1 + \frac{\alpha}{n}\right)^n = e^\alpha$.

4.15 Es sei $\lim_{n\to\infty} a_n = a$. Man bestimme den Grenzwert der beiden Reihen $\sum_{n\geq 0}(a_{n+1} - a_n)$ und $\sum_{n\geq 0}(a_{n+2} - a_n)$.

4.16 Es sei $\lim_{n\to\infty} a_n = 0$. Man bestimme den Grenzwert der Reihe $\sum_{n\geq 0}(-1)^n(a_{n+1} + a_n)$.

4.17 Bestimmen Sie den Grenzwert der folgenden Reihen.

(a) $\sum_{n=1}^{\infty} \frac{3}{n(n+2)}$
(b) $\sum_{n=1}^{\infty} \frac{1}{n(n+1)}$

(c) $\sum_{n=1}^{\infty} \frac{n}{(n+1)!}$
(d) $\sum_{n=1}^{\infty} \frac{n+1}{(n+2)!}$

4.18 Zeigen Sie durch Angabe eines konkreten Beispiels, dass die Monotoniebedingung in Satz 4.41 nicht notwendig ist, d.h., dass die Umkehrung des Leibnizkriteriums nicht richtig ist.

4.19 Beweisen Sie das Minorantenkriterium (Satz 4.48).

4.20 Untersuchen Sie die folgenden Reihen auf Konvergenz.

(a) $\sum_{n\geq 0} \frac{3n^2 + 1}{5n^3 - 2}$
(b) $\sum_{n\geq 0} \frac{n-2}{2n^3 + 5n - 3}$

(c) $\sum_{n\geq 0} \frac{n+2}{6^n}$
(d) $\sum_{n\geq 1} \frac{n!}{n^n}$
Hinweis: Man benütze (4.1).

(e) $\sum_{n\geq 0} \frac{2n^2 + 1}{n^4 + 2}$
(f) $\sum_{n\geq 0} \frac{n+3}{7n^2 - 2n + 1}$

(g) $\sum_{n\geq 0} \frac{n-1}{3^n}$
(h) $\sum_{n\geq 1} \frac{n^{n-1}}{n!}$

(i) $\sum_{n\geq 0} \frac{(-1)^n}{\sqrt{n^2 + 2}}$
(j) $\sum_{n\geq 0} \frac{(-1)^n}{n^{3/2} + 5n}$

(k) $\sum_{n\geq 0} \frac{(-1)^n}{\sqrt[3]{n+2}}$
(l) $\sum_{n\geq 0} \frac{(-1)^n}{(n+3)^{4/3}}$

4.21 Man zeige mit Hilfe des Quotientenkriteriums, dass die Folge $\left(\frac{a^n}{n!}\right)_{n\in\mathbb{N}}$ für alle $a \in \mathbb{R}$ eine Nullfolge ist.

4.22 Sei $a_n \geq 0$ und die Reihe $\sum_{n\geq 0} a_n$ konvergent. Man zeige, dass dann auch die Reihe $\sum_{n\geq 0} a_n^2$ konvergiert. Gilt dies auch ohne die Voraussetzung $a_n \geq 0$? (Beweis oder Gegenbeispiel!)

4.23 Für welche $x \in \mathbb{R}$ bzw. $z \in \mathbb{C}$ konvergieren die folgenden Reihen

(a) $\sum_{n\geq 0} \binom{\frac{1}{2}}{n} x^n$
(b) $\sum_{n\geq 0} \binom{2n}{n} x^n$

(c) $\sum_{n=1}^{\infty} \frac{1}{2n-1}(x-1)^n$
(d) $\sum_{n=1}^{\infty} \frac{n}{n^2 + 1}(x+1)^n$

(e) $\sum_{n\geq 0} \frac{z^{2n+1}}{(2n+1)!}$
(f) $\sum_{n\geq 0} \frac{z^{2n}}{(2n)!}$

4.24 Man zeige:

$$\sum_{n=0}^{\infty} \frac{a^n}{n!} \sum_{n=0}^{\infty} \frac{b^n}{n!} = \sum_{n=0}^{\infty} \frac{(a+b)^n}{n!}, \qquad a, b \in \mathbb{R}.$$

4.25 Zeigen Sie mit Hilfe eines geeigneten Konvergenzkriteriums für Reihen, dass die Potenzreihe der Exponentialfunktion (4.8) in ganz $\mathbb{C}$ absolut konvergiert.

4.26 Man berechne unter Benützung der – aus der Euler'schen Formel (4.10) folgenden – Moivre'schen Formel $(\cos x + i \sin x)^n = \cos(nx) + i \sin(nx)$ den Grenzwert der Reihe:

(a) $\displaystyle\sum_{n \geq 0} \frac{\sin \frac{n\pi}{3}}{2^n}$

(b) $\displaystyle\sum_{n \geq 0} \frac{\cos \frac{n\pi}{3}}{2^n}$

4.27 Untersuchen Sie, welche o-, O- und $\sim$-Beziehungen zwischen den Folgen a_n, b_n und c_n bestehen.

(a) $a_n = 2n$, $b_n = \frac{n^2}{2}$, $c_n = \frac{3n^4}{6n^2+1}$.

(b) $a_n = \frac{2}{n}$, $b_n = \frac{1}{n^2}$, $c_n = \frac{8n^2}{4n^3+1}$.

4.28 Man bestimme die Größenordnungen von

(a) $2.7n^2 - 0.5n + 1$,

(b) $0.35 \cdot 2^n + 5n^5$,

(c) $\sqrt{1 + 1.1n^2}$.

Ferner zeige man, dass

(d) $a_n = O(1) \Leftrightarrow (a_n)$ beschränkt, und

(e) $a_n = o(1) \Leftrightarrow (a_n)$ Nullfolge.

4.29 Zeigen Sie die folgenden asymptotischen Beziehungen für festes k und $n \to \infty$:

(a) $\dbinom{n}{k} \sim \dfrac{n^k}{k!}$

(b) $\dbinom{n+k-1}{k} \sim \dfrac{n^k}{k!}$

4.30 Zeigen Sie die folgende asymptotische Beziehung für die Anzahl der Variationen ohne Wiederholungen für festes k und $n \to \infty$:

$$[n]_k = n(n-1) \cdots (n-k+1) = n^k + O(n^{k-1}).$$

4.31 Zeigen Sie mit Hilfe der Stirling'schen Approximationsformel $n! \sim n^n e^{-n} \sqrt{2\pi n}$ (siehe Beispiel 4.63d):

(a) $\dbinom{2n}{n} \sim \dfrac{4^n}{\sqrt{\pi n}}$

(b) $\dbinom{3n}{n} \sim \left(\dfrac{27}{4}\right)^n \sqrt{\dfrac{3}{4\pi n}}$

4.32 Beweisen Sie Satz 4.68.

4.33 Zeigen Sie, dass eine Funktion $E(x)$, die $E(1) = e$ und die Funktionalgleichung aus Satz 4.77 erfüllt, für $x \in \mathbb{Q}$ mit e^x übereinstimmen muss.

4.34 Die Abbildungen $\sinh, \cosh : \mathbb{R} \to \mathbb{R}$ sind definiert durch: $\sinh(x) = \frac{1}{2}(e^x - e^{-x})$, $\cosh(x) = \frac{1}{2}(e^x + e^{-x})$. Bestimmen Sie die Potenzreihenentwicklung von $\cosh(x)$ und $\sinh(x)$ an der Stelle $x_0 = 0$.

4.35 Beweisen Sie die Formeln $\cosh(x+y) = \cosh(x)\cosh(y) + \sinh(x)\sinh(y)$ und $\sinh(x+y) = \sinh(x)\cosh(y) + \cosh(x)\sinh(y)$.

4.36 Man bestimme die Potenzreihenentwicklung von $f(x) = (x^2+1)\sin x$ an der Stelle $x_0 = 0$ durch Produktbildung zweier Potenzreihen.

4.37 Man bestimme die Potenzreihenentwicklung von $f(x) = (1-x^2)\cos x$ an der Stelle $x_0 = 0$ durch Produktbildung zweier Potenzreihen.

4.38 Die Signumfunktion ist definiert durch

$$\text{sgn}(x) = \begin{cases} 1 & \text{für } x > 0, \\ -1 & \text{für } x < 0, \\ 0 & \text{für } x = 0. \end{cases}$$

Zeichnen Sie den Graphen nachstehender Funktion $f(x)$ und bestimmen Sie alle Stellen, an denen $f(x)$ stetig ist.

(a) $f(x) = (x - \pi/2)\,\text{sgn}(\cos x)$

(b) $f(x) = (x^2 - 1)\,\text{sgn}(\sin(\pi x))$

(c) $f(x) = x\,\text{sgn}(\sin x)$

(d) $f(x) = x \sin\left(\frac{\pi}{3}\text{sgn}(x)\right)$

4.39 Man zeige, dass die folgenden Funktionen $f(x)$ stetige Umkehrfunktionen haben, und bestimme diese:

(a) $f(x) = \dfrac{1 - x^3}{x^3}, \quad D_f = (1, \infty)$

(b) $f(x) = \dfrac{1 - x^7}{x^7}, \quad D_f = (1, \infty)$

(c) $f(x) = (1 + \sqrt{x})^7, \quad D_f = (0, \infty)$

(d) $f(x) = (1 + \sqrt{x})^5, \quad D_f = (0, \infty)$

4.40 Sei $f : [0, a] \to \mathbb{R}$ stetig, $f(0) = 0$, $f(a) > a$ und $f(x) \neq x$ für $0 < x < a$. Man zeige, dass dann auch $f(x) > x$ für $0 < x < a$ gilt.

4.41 Man zeige, dass es zu jeder stetigen Funktion $f : [a, b] \to [a, b]$ wenigstens ein $x_0 \in [a, b]$ mit $f(x_0) = x_0$ gibt.

4.42 Skizzieren Sie den Verlauf der Funktion $f : \mathbb{R} \setminus \{0\} \to \mathbb{R}$, $f(x) = \sin(1/x)$, und beweisen Sie, dass $f(x)$ an der Stelle $x_0 = 0$ keinen Grenzwert besitzt.
Hinweis: Man betrachte die beiden Folgen $x_n = 1/(n\pi)$ und $x_n = 1/(2n\pi + \pi/2)$.

4.43 Man berechne die folgenden Grenzwerte:

(a) $\lim\limits_{x \to 1} \left(\dfrac{2}{1 - x^2} - \dfrac{3}{1 - x^3} \right)$

(b) $\lim\limits_{x \to \infty} \dfrac{17x^2 + 4x - 1}{x^3 - 12x^2 + 1}$

(c) $\lim\limits_{x \to 0} \dfrac{1 - \cos x}{x}$

(d) $\lim\limits_{x \to \pi} \dfrac{x \cos x - \pi(\pi - x)}{(\ln x - \ln \pi)^2}$

Kapitel 5

Differential- und Integralrechnung in einer Variablen

Am Beginn der Differentialrechnung steht die Frage nach der Änderung einer Funktion in einem Punkt. Diese Größe ist für viele Anwendungen von Bedeutung. So hängt zum Beispiel der Ort eines physikalischen Objekts, aufgefasst als Funktion der Zeit, mit der Geschwindigkeit dieses Objekts über die Differentialrechnung (genauer: den Differentialquotienten) zusammen. Ähnlich verhält es sich mit den physikalischen Größen Arbeit und Kraft. Auch zahlreiche Optimierungsaufgaben, wo eine Funktion minimiert oder maximiert werden soll, können als Aufgaben der Differentialrechnung formuliert werden. Dynamische Systeme (radioaktiver Zerfall, Bevölkerungsentwicklung, Klimamodelle), wo die momentane Änderung einer Größe vom aktuellen Wert abhängt, also eine Rückkopplung stattfindet, werden durch so genannte Differentialgleichungen beschrieben.

Die Differentialrechnung ermöglicht es weiters, komplizierte Funktionen durch einfachere zu approximieren und die dabei gemachten Fehler zu quantifizieren. Dies ist z.B. bei rechenintensiven Simulationen von komplexen Modellen von Bedeutung. Auch numerische Verfahren wie z.B. das Newtonverfahren zur näherungsweisen Bestimmung von Nullstellen (siehe Kapitel 9) basieren auf Ideen der Differentialrechnung.

Schon die Griechen der Antike haben sich eingehend mit der Berechnung von Flächen beschäftigt. Die Integralrechnung dient u.a. dazu, Flächen, die durch Funktionen begrenzt sind, oder Volumina von Rotationskörpern zu berechnen. Integrieren kann aber auch als Umkehrung des Differenzierens aufgefasst werden. Deshalb ist die Integralrechnung so wie die Differentialrechnung aufs Engste mit zahlreichen physikalischen, technischen oder ökonomischen Problemen verbunden.

Die Differential- und Integralrechnung wurde im 17. Jahrhundert unabhängig von Leibniz und Newton entwickelt und ist sicherlich eine der wichtigsten Grundlagen der modernen Naturwissenschaft. Sie war anfangs eng mit dem Begriff der Bewegung verknüpft. In den darauf folgenden Jahrhunderten wurde sie weiter entwickelt, und erst im 19. Jahrhundert, als der exakte Grenzwertbegriff von Weierstraß und die Arbeiten von Peano und Jordan zum Flächen- und Kurvenbegriff zur Verfügung standen, nahm die Differential- und Integralrechnung ihre heutige Gestalt an. Dennoch gibt es selbst im 20. Jahrhundert noch Weiterentwicklungen, die für die moderne Wahrscheinlichkeitstheorie und die in der Quantenphysik vielfach angewendete Funktionalanalysis grundlegend sind.

In den folgenden Abschnitten werden wir die Differentialrechnung entwickeln und zur Approximation von Funktionen sowie auf Extremwertaufgaben anwenden. Danach präsentieren wir die Integralrechnung, zunächst als Umkehrung der Differentialrechnung, dann von der Flächenberechnung ausgehend, und werden so zum unbestimmten bzw. bestimmten Integral geführt.

5.1   Die Ableitung

Wir betrachten eine Funktion f und untersuchen das Problem, an einen Punkt des Graphen von f eine Tangente zu legen. Welche Aussage lässt sich über die Lage der Tangente, insbesondere über deren Anstieg machen?

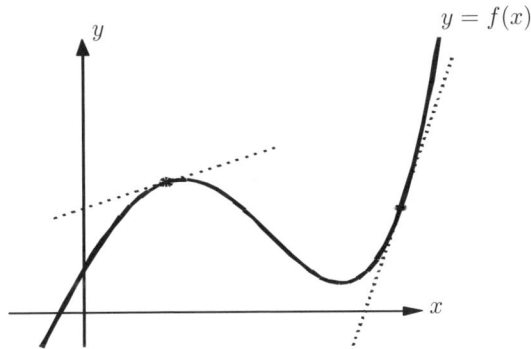

Abbildung 5.1 Eine flache Tangente bedeutet, dass sich der Funktionswert lokal nicht stark verändert, wohingegen bei einer steilen Tangente eine starke Änderung des Funktionswerts vorliegt.

Der Anstieg der Tangente ist ein Maß für die Änderung der Funktion an der gegebenen Stelle. Verläuft der Funktionsgraph steil, was gleichbedeutend mit einer steilen Tangente ist, so ändert sich die Funktion schnell. Eine geringfügige Änderung im Argument bewirkt eine starke Änderung des Funktionswertes (siehe Abb. 5.1). Ist der Funktionsgraph hingegen flach, so verändert sich der Funktionswert kaum, wenn das Argument ein wenig abgeändert wird. Funktionsänderungen sind in vielen physikalischen Anwendung von Bedeutung. Beschreibt z.B. $f(t)$ den Ort eines bewegten Objekts als Funktion der Zeit, dann ist die Änderung von $f(t)$ die Geschwindigkeit des Objekts (siehe unten).

Eine weitere Bedeutung der Tangente tritt bei der Approximation von Funktionen auf. Betrachtet man eine Funktion lokal um einen Punkt, so sieht der Funktionsgraph, wenn man nur weit genug „hinein zoomt", annähernd wie eine Gerade aus. Für viele Anwendungen ist so eine Approximation ausreichend. Der Vorteil besteht darin, dass eine Gerade (die Tangente) im Allgemeinen eine wesentlich einfachere Funktion darstellt.

1. Definition und Ableitung einfacher Funktionen

Um den Anstieg der Tangente an den Graph einer Funktion $f(x)$ im Punkt x_0 zu ermitteln, betrachten wir zunächst zwei Punkte x_0 und x_1 und die verbindende Sekante (siehe Abb 5.2)

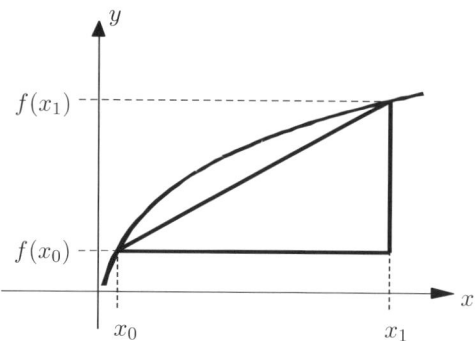

Abbildung 5.2 Der Differenzenquotient $\frac{f(x_1)-f(x_0)}{x_1-x_0}$ gibt den Anstieg der Hypotenuse des oben abgebildeten Dreiecks an.

Der Anstieg der Sekante ist dann gegeben durch

$$\frac{\Delta f}{\Delta x} = \frac{f(x_1) - f(x_0)}{x_1 - x_0}.$$

Das ist die mittlere Änderung von $f(x)$ im Intervall $[x_0, x_1]$ und wird **Differenzenquotient** genannt. Um den Anstieg der Tangente zu erhalten, lassen wir nun Δx gegen 0 gehen und berechnen den Grenzwert

$$\frac{df}{dx} = \lim_{\Delta x \to 0} \frac{\Delta f}{\Delta x} = \lim_{x_1 \to x_0} \frac{f(x_1) - f(x_0)}{x_1 - x_0}.$$

Diese Größe heißt, falls der Grenzwert existiert, **Differentialquotient**.[1]

Definition 5.1 Eine Funktion $f : D \to \mathbb{R}$ heißt **differenzierbar** im Punkt x_0, falls der Grenzwert $\lim_{x \to x_0} \frac{f(x)-f(x_0)}{x-x_0}$ existiert. Dieser Grenzwert wird dann die **Ableitung** von f an der Stelle x_0 genannt und mit $f'(x_0)$ bezeichnet. Falls f für alle $x \in D$ differenzierbar ist, so heißt die Funktion $f'(x)$ die Ableitung von f.

Andere Schreibweisen für die Ableitung sind z.B. die Leibniz'sche Schreibweise $\frac{df}{dx}$ (gesprochen: „df nach dx").

Zur physikalischen Deutung: Beschreibt eine Funktion $f(t)$ den Ort eines sich bewegenden Objekts zum Zeitpunkt t, so gilt aufgrund des physikalischen Gesetzes *Geschwindigkeit* $= \frac{Weg}{Zeit}$, dass

$$\frac{\Delta f}{\Delta t} = \frac{f(t_1) - f(t_0)}{t_1 - t_0}$$

---

[1]Man beachte, dass es sich hier nicht um einen Quotienten im üblichen Sinne handelt. Es wird bloß der Limes des Differenzenquotienten gebildet. Bei stetigen Funktionen konvergieren aber sowohl Nenner als auch Zähler gegen 0. Die Bezeichnung Differentialquotient hat historische Gründe und geht auf Leibniz zurück, der den Differentialquotienten als Quotienten von unendlich kleinen Größen df und dx, den so genannten Differentialen, definierte. Aus heutiger Sicht ist das jedoch insofern nicht korrekt, als es keine unendlich kleinen reellen Zahlen gibt. Die Schreibweise $\frac{df}{dx}$ ist dennoch gebräuchlich und kann – nach Einführung entsprechender Begriffe – auch als Quotient interpretiert werden.

die mittlere Geschwindigkeit des Objekts im Zeitintervall $[t_0, t_1]$ beschreibt. Die Ableitung[2] $f'(t_0)$ ist somit die Momentangeschwindigkeit zum Zeitpunkt t_0.

Beispiel 5.2 (Ableitungen einfacher Funktionen)

(a) Konstante Funktionen $f(x) = c$. Es gilt $f'(x_0) = \lim_{x \to x_0} \frac{c-c}{x-x_0} = 0$ für alle x_0. Daher folgt aus $f(x) = c$, dass $f'(x) = 0$.

(b) Lineare Funktionen $f(x) = ax + b$. Die Ableitung ist gegeben durch

$$f'(x_0) = \lim_{x \to x_0} \frac{ax + b - ax_0 - b}{x - x_0} = \lim_{x \to x_0} \frac{a(x - x_0)}{x - x_0} = a.$$

Es gilt also $f'(x) = a$. Die Ableitung von linearen Funktionen ist konstant.

(c) Für $f(x) = 2x^2 + 1$ folgt

$$f'(x_0) = \lim_{x \to x_0} \frac{2x^2 + 1 - 2x_0^2 - 1}{x - x_0} = \lim_{x \to x_0} \frac{2(x - x_0)(x + x_0)}{x - x_0} = \lim_{x \to x_0} 2(x + x_0) = 4x_0.$$

(d) Für Potenzfunktionen $f(x) = x^n$ mit $n \in \mathbb{N}$ gilt

$$f'(x_0) = \lim_{x \to x_0} \frac{x^n - x_0^n}{x - x_0} = \lim_{x \to x_0} \frac{(x - x_0)(x^{n-1} + x^{n-2}x_0 + \cdots + xx_0^{n-2} + x_0^{n-1})}{x - x_0}$$
$$= \lim_{x \to x_0} (x^{n-1} + x^{n-2}x_0 + \cdots + xx_0^{n-2} + x_0^{n-1}) = nx_0^{n-1}.$$

In ähnlicher Weise kann man zeigen, dass die analoge Aussage auch für negative ganzzahlige Exponenten gilt (siehe Übungsaufgaben)

(e) Die Betragsfunktion $f(x) = |x|$ erfüllt

$$f(x) = \begin{cases} x & \text{für } x \geq 0, \\ -x & \text{für } x < 0. \end{cases}$$

Daher gilt zunächst

$$f'(x_0) = \begin{cases} 1 & \text{für } x_0 > 0, \\ -1 & \text{für } x_0 < 0. \end{cases}$$

Interessant ist aber der Fall $x_0 = 0$. Es gilt

$$\lim_{x \to 0} \frac{|x| - |0|}{x - 0} = \lim_{x \to 0} \frac{|x|}{x}.$$

Da $\frac{|x|}{x}$ in jeder Umgebung um $x = 0$ sowohl die Werte -1 als auch 1 annimmt, kann der Grenzwert nicht existieren. Die Funktion $f(x) = |x|$ ist daher an der Stelle $x = 0$ zwar stetig, jedoch nicht differenzierbar.

$\triangle$

---

[2]In der Physik wird die Ableitung nach der Zeit meist als $\dot{f}(t_0)$ geschrieben.

2. Eigenschaften und Ableitungsregeln

Das letzte Beispiel zeigt, dass eine stetige Funktion nicht notwendigerweise auch differenzierbar sein muss. Die Umkehrung ist jedoch richtig, wie der folgende Satz zeigt.

Satz 5.3 *Eine Funktion, die in x_0 differenzierbar ist, ist dort auch stetig.*

Beweis. Sei $f(x)$ in x_0 differenzierbar. Dann gilt

$$\lim_{x \to x_0} (f(x) - f(x_0)) = \lim_{x \to x_0} \frac{f(x) - f(x_0)}{x - x_0}(x - x_0) = \underbrace{\lim_{x \to x_0} \frac{f(x) - f(x_0)}{x - x_0}}_{f'(x_0)} \cdot \underbrace{\lim_{x \to x_0} (x - x_0)}_{0} = 0.$$

Daher ist $\lim_{x \to x_0} f(x) = f(x_0)$, d.h., f ist stetig in x_0. □

Beispiel 5.4 (Ableitungen elementarer Funktionen)

(a) $f(x) = \sin x$: Mit Hilfe des Additionstheorems (4.11) für die Sinusfunktion, $\sin(x+y) = \sin x \cos y + \sin y \cos x$, bekommen wir

$$\begin{aligned}
f'(x_0) &= \lim_{x \to x_0} \frac{\sin x - \sin x_0}{x - x_0} = \lim_{x \to x_0} \frac{\sin(x_0 + (x - x_0)) - \sin x_0}{x - x_0} \\
&= \lim_{x \to x_0} \frac{\sin x_0 \cos(x - x_0) + \sin(x - x_0) \cos x_0 - \sin x_0}{x - x_0} \\
&= \sin x_0 \underbrace{\lim_{x \to x_0} \frac{\cos(x - x_0) - 1}{x - x_0}}_{0 \text{ wegen (4.13)}} + \cos x_0 \underbrace{\lim_{x \to x_0} \frac{\sin(x - x_0)}{x - x_0}}_{1 \text{ wegen (4.12)}} \\
&= \cos x_0.
\end{aligned}$$

Wir erhalten daher $(\sin x)' = \cos x$. Analog zeigt man $(\cos x)' = -\sin x$.

(b) Differenziert man die Exponentialfunktion $f(x) = e^x$, so erhält man

$$f'(x_0) = \lim_{x \to x_0} \frac{e^x - e^{x_0}}{x - x_0} = e^{x_0} \cdot \lim_{x \to x_0} \frac{e^{x - x_0} - 1}{x - x_0}. \tag{5.1}$$

Durch Einsetzen der Exponentialreihe kann man $\frac{e^{x - x_0} - 1}{x - x_0}$ weiter umformen zu

$$\begin{aligned}
\frac{e^{x - x_0} - 1}{x - x_0} &= \frac{\left(1 + (x - x_0) + \frac{(x - x_0)^2}{2!} + \frac{(x - x_0)^3}{3!} + \dots\right) - 1}{x - x_0} \\
&= \left(1 + \frac{(x - x_0)}{2!} + \frac{(x - x_0)^2}{3!} + \dots\right).
\end{aligned}$$

Diese Reihe hat Konvergenzradius $R = \infty$ und daher folgt wegen der Stetigkeit von Potenzreihen (siehe Satz 4.86) $\lim_{x \to x_0} \frac{e^{x - x_0} - 1}{x - x_0} = 1$ und damit $(e^x)' = e^x$. △

Um auch Ableitungen von $\ln x$ oder zusammengesetzten Funktionen wie $\tan x = \frac{\sin x}{\cos x}$ bestimmen zu können, benötigen wir ein paar Ableitungsregeln.

Satz 5.5 (Ableitungsregeln) *Seien $f(x)$ und $g(x)$ zwei differenzierbare Funktionen. Dann gilt*

(i) *Für alle $c \in \mathbb{R}$ gilt: $(cf(x))' = cf'(x)$.*

(ii) *$(f(x) \pm g(x))' = f'(x) \pm g'(x)$. Diese Regel gemeinsam mit (i) besagt, dass die Differentiation eine lineare Abbildung ist.*

(iii) *$(f(x)g(x))' = f'(x)g(x) + f(x)g'(x)$.* **(Produktregel)**

(iv) *Falls $g(x) \neq 0$, dann gilt*

$$\left(\frac{f(x)}{g(x)} \right)' = \frac{f'(x)g(x) - f(x)g'(x)}{g(x)^2}. \qquad \textbf{(Quotientenregel)}$$

(v) *Sei $F(x) = f(g(x))$ eine zusammengesetzte Funktion. Dann gilt*

$$F'(x) = f'(g(x))g'(x). \qquad \textbf{(Kettenregel)}$$

Hier wird f als äußere Funktion, g als innere Funktion bezeichnet. Die Kettenregel besagt demnach: Äußere Funktion ableiten und mit der inneren Ableitung (genauer: der Ableitung der inneren Funktion) multiplizieren.

In der Leibniz'schen Schreibweise lässt sich diese Regel besonders kurz schreiben: Fasst man nämlich $g(x)$ als Argument von f auf, dann erhält man

$$\frac{df}{dx} = \frac{df}{dg} \cdot \frac{dg}{dx}.$$

(vi) *Falls $f : D \to f(D)$ invertierbar ist und die Ableitung f' keine Nullstellen besitzt, dann gilt für alle $y \in f(D)$*

$$(f^{-1})'(y) = \frac{1}{f'(f^{-1}(y))}.$$

In der Leibniz'schen Schreibweise ist diese Regel besonders einprägsam: Gilt $f(x) = y$, so lässt sich $f'(x)$ als $\frac{dy}{dx}$ schreiben. Für die Umkehrfunktion gilt aber $x = f^{-1}(y)$ und bei Differentiation nach y schreibt man dann $\frac{dx}{dy} = (f^{-1})'(y)$. Die obige Regel lautet nun

$$\frac{dx}{dy} = \frac{1}{\frac{dy}{dx}}.$$

Beweis. Die ersten beiden Gleichungen sind trivial, weshalb wir uns gleich der Produktregel zuwenden. Es gilt

$$(f \cdot g)'(x_0) = \lim_{x \to x_0} \frac{f(x)g(x) - f(x_0)g(x_0)}{x - x_0}$$

$$= \lim_{x \to x_0} \frac{f(x)g(x) - f(x_0)g(x) + f(x_0)g(x) - f(x_0)g(x_0)}{x - x_0}$$

$$= \lim_{x \to x_0} \frac{f(x) - f(x_0)}{x - x_0} g(x) + \lim_{x \to x_0} f(x_0) \frac{g(x) - g(x_0)}{x - x_0}$$

$$= \underbrace{\lim_{x \to x_0} \frac{f(x) - f(x_0)}{x - x_0}}_{f'(x_0)} \underbrace{\lim_{x \to x_0} g(x)}_{g(x_0)} + f(x_0) \underbrace{\lim_{x \to x_0} \frac{g(x) - g(x_0)}{x - x_0}}_{g'(x_0)}.$$

Zum Beweis der Kettenregel betrachten wir

$$\lim_{x\to x_0} \frac{f(g(x)) - f(g(x_0))}{x - x_0} = \lim_{x\to x_0} \frac{f(g(x)) - f(g(x_0))}{g(x) - g(x_0)} \lim_{x\to x_0} \frac{g(x) - g(x_0)}{x - x_0}. \qquad (5.2)$$

Der zweite Faktor ist definitionsgemäß $g'(x_0)$. Da g differenzierbar und folglich auch stetig ist, folgt $\lim_{x\to x_0} g(x) = g(x_0)$. Daher ist der erste Faktor gleich $f'(g(x_0))$ wie behauptet. Zu beachten ist, dass diese Herleitung $g(x) \neq g(x_0)$ voraussetzt. Im Fall $g(x) = g(x_0)$ verschwindet aber der Differenzenquotient in (5.2), so dass diese Fälle bei der Grenzwertbildung in (5.2) keine Rolle spielen.

Die Quotientenregel beweist man durch Anwendung der Produktregel auf $f(x)\frac{1}{g(x)}$, wobei auf den zweiten Faktor die Kettenregel angewendet werden muss (mit $\frac{1}{g(x)} = h(g(x))$ und $h(x) = \frac{1}{x}$, siehe auch Beispiel 5.2d).

Um (vi) zu beweisen, setzen wir $f(x) = y$ und $f(x_0) = y_0$. Nun rufen wir uns in Erinnerung, dass f stetig ist (wegen Satz 5.3) und daher f^{-1} ebenso (wegen Satz 4.91). Somit gilt: Wenn y gegen y_0 konvergiert, dann auch $x \to x_0$. Das impliziert

$$\lim_{y\to y_0} \frac{f^{-1}(y) - f^{-1}(y_0)}{y - y_0} = \lim_{x\to x_0} \frac{x - x_0}{f(x) - f(x_0)} = \frac{1}{f'(x_0)} = \frac{1}{f'(f^{-1}(y_0))}.$$

Eine Beweisführung mit Hilfe der Kettenregel (Differentiation beider Seiten der Gleichung $f(f^{-1}(y)) = y$ nach y) setzt die Differenzierbarkeit von f^{-1} voraus, die man dann gesondert beweisen müsste. $\qquad\qquad\square$

Beispiel 5.6 (Ableitungen elementarer Funktionen, Fortsetzung)

(a) Aus $f(x) = x^5 + 3x^3 + 3x + 5$ folgt nach Anwendung der Ableitungsregel (ii) und Ableiten der Potenzfunktionen $f'(x) = 5x^4 + 9x^2 + 3$.

(b) $f(x) = (1 + x^2)e^x$. Anwendung der Produktregel ergibt $f'(x) = 2xe^x + (1 + x^2)e^x = (1 + 2x + x^2)e^x = (1 + x)^2 e^x$.

(c) $f(x) = \tan x = \frac{\sin x}{\cos x}$. Die Quotientenregel liefert

$$f'(x) = \frac{\cos^2 x + \sin^2 x}{\cos^2 x} = \frac{1}{\cos^2 x}$$

oder

$$f'(x) = \frac{\cos^2 x + \sin^2 x}{\cos^2 x} = 1 + \frac{\sin^2 x}{\cos^2 x} = 1 + \tan^2 x.$$

(d) Der natürliche Logarithmus $f(x) = \ln x$ ist die Umkehrfunktion der Exponentialfunktion e^x. Mit Ableitungsregel (vi) und $(e^x)' = e^x$ erhalten wir

$$(\ln x)' = \frac{1}{e^{\ln x}} = \frac{1}{x}.$$

(e) Potenzfunktionen $f(x) = x^\alpha$ mit $\alpha \notin \mathbb{Z}$. Hier lässt sich die Funktion umschreiben zu $f(x) = e^{\alpha \ln x}$ und nun nach der Kettenregel ableiten:

$$f'(x) = e^{\alpha \ln x}(\alpha \ln x)' = e^{\alpha \ln x} \cdot \frac{\alpha}{x} = x^\alpha \cdot \frac{\alpha}{x} = \alpha x^{\alpha - 1}.$$

Die bereits bekannte Ableitungsregel für Potenzfunktionen mit ganzzahligem Exponenten ist also für alle Exponenten gültig.

(f) Die Funktion $f(x) = \sin\left(\sqrt{1+x^2}\right)$ ist mehrfach geschachtelt. Es gilt $f(x) = f_1(f_2(f_3(x)))$ mit $f_1(x) = \sin x$, $f_2(x) = \sqrt{x} = x^{1/2}$ und $f_3(x) = 1 + x^2$. Folglich haben wir $f_1'(x) = \cos x$, $f_2'(x) = \frac{1}{2}x^{-1/2} = \frac{1}{2\sqrt{x}}$ und $f_3'(x) = 2x$. Die Ableitung von f ermittelt man nun mit Hilfe der Kettenregel:

$$f'(x) = f_1'((f_2 \circ f_3)(x)) \cdot (f_2 \circ f_3)'(x) = f_1'(f_2(f_3(x))) \cdot f_2'(f_3(x)) \cdot f_3'(x).$$

Das ergibt

$$f'(x) = \cos\left(\sqrt{1+x^2}\right)\frac{1}{2\sqrt{1+x^2}} \cdot 2x = \frac{x}{\sqrt{1+x^2}}\cos\left(\sqrt{1+x^2}\right).$$

(g) $f(x) = \arctan x$. Setzen wir $y = f(x)$, dann folgt $x = \tan y$. Weiters gilt

$$f'(x) = \frac{dy}{dx} = \frac{1}{\frac{dx}{dy}} = \frac{1}{1 + \tan^2 y} = \frac{1}{1 + x^2}.$$

$\triangle$

Bis jetzt haben wir in diesem Abschnitt nur erste Ableitungen betrachtet. Falls jedoch die Ableitung einer Funktion wiederum differenzierbar ist, so lassen sich auch höhere Ableitungen bestimmen.

Definition 5.7 Eine Funktion $f(x)$ heißt an einer Stelle x_0 n-mal differenzierbar, wenn die n-**te Ableitung** $f^{(n)}(x_0)$ existiert, die rekursiv durch

$$f^{(n)}(x) = \frac{d}{dx}f^{(n-1)}(x) \text{ und } f^{(1)}(x) = f'(x)$$

definiert ist. Ist $f^{(n)}$ auch stetig in x_0, dann heißt $f(x)$ n-mal **stetig differenzierbar** in x_0.

Falls die n-te Ableitung existiert, so existieren natürlich auch alle Ableitungen niedrigerer Ordnung, $f', f'', f''', \dots, f^{(n-1)}$. In Leibniz'scher Schreibweise werden diese Ableitungen mit $\frac{df}{dx}$, $\frac{d^2f}{dx^2}$ (gesprochen: „d zwei f nach d x^2"), $\frac{d^3f}{dx^3}$, usw. bezeichnet.

Beispiel 5.8 Sei $f(x) = \ln x$. Dann sind die Ableitungen gegeben durch $f'(x) = \frac{1}{x}$, $f''(x) = -\frac{1}{x^2}$, $f'''(x) = \frac{2}{x^3}, \dots$ Allgemein: $f^{(n)}(x) = (-1)^{n-1}\frac{(n-1)!}{x^n}$ für $n \geq 1$. Der Logarithmus $\ln x$ ist also für $x > 0$ n-mal stetig differenzierbar (für beliebiges $n \in \mathbb{N}$). $\triangle$

Beispiel 5.9 Eine differenzierbare Funktion muss keine höheren Ableitungen besitzen. Sei zum Beispiel $f(x) = x \cdot |x|$ (siehe Abb. 5.3). Man rechnet leicht nach (Übungsaufgabe), dass $f'(x) = 2|x|$. Diese Funktion ist aber an der Stelle 0 nicht differenzierbar. $\triangle$

5.2 Die Taylor'sche Formel und der Mittelwertsatz

1. Der Mittelwertsatz

Die Differentialrechnung wird auch verwendet, um qualitative Aussagen über die Gestalt des Graphen einer Funktion zu gewinnen. Obwohl man eine konkrete Funktion mit Hilfe von Formelmanipulationssystemen sehr einfach plotten kann, ist ein Verständnis des Zusammenhangs

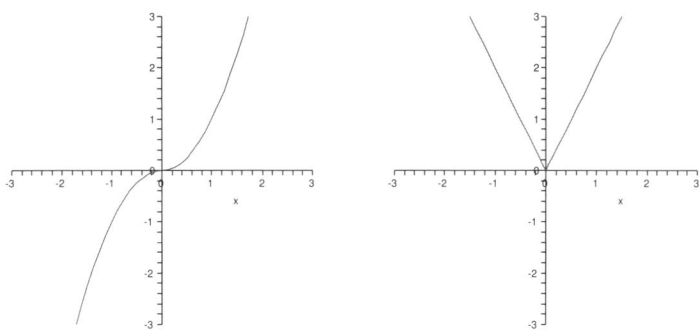

Abbildung 5.3 Die Funktion $f(x) = x \cdot |x|$ und ihre Ableitung $f'(x) = 2|x|$

zwischen Ableitungen und der Gestalt von Funktionsgraphen dennoch wichtig, z.B., wenn eine Funktion aus einer Klasse bestimmt werden soll, die vorgegebene Eigenschaften besitzt.

Definition 5.10 Eine Funktion $f : D \to \mathbb{R}$ besitzt an der Stelle $x_0 \in D$ ein **relatives Maximum** (oder **lokales Maximum**), wenn es eine Umgebung $U_\varepsilon(x_0)$ gibt, so dass $f(x) \leq f(x_0)$ für alle $x \in U_\varepsilon(x_0) \cap D$ gilt. Die Stelle x_0 heißt **absolutes Maximum**, wenn $f(x) \leq f(x_0)$ für alle x in D gilt. Analog sind **relative** und **absolute Minima** definiert. Minima und Maxima nennt man auch Extrema oder Extremwerte von f.

Falls eine differenzierbare Funktion ein lokales Extremum besitzt, welches nicht am Rand des Definitionsbereichs liegt, so ist die Tangente in diesem Punkt waagrecht, wie das linke Bild von Abb. 5.4 illustriert. Der folgende Satz zeigt, dass die Ableitung einer differenzierbaren Funktion f tatsächlich an den Extremalstellen von f verschwindet. Vorab benötigen wir noch einen Begriff.

Definition 5.11 Sei $I = [a, b]$ ein abgeschlossenes Intervall. Dann nennt man das offene Intervall (a, b) das **Innere** von I. Dieses wird mit $\overset{\circ}{I}$ bezeichnet. Analog definiert man das Innere einer Menge, die Vereinigung von disjunkten Intervallen ist. Die Elemente von $\overset{\circ}{I}$ heißen **innere Punkte**.

Satz 5.12 *Sei $f : D \to \mathbb{R}$ eine differenzierbare Funktion und x_0 ein relatives Extremum im Inneren von D. Dann gilt $f'(x_0) = 0$.*

Bemerkung: Man beachte, dass Satz 5.12 für Extrema am Rand des Definitionsbereichs D natürlich nicht anwendbar ist, da dort die Ableitung gar nicht definiert ist (es kann ja nur der einseitige Grenzwert existieren). Bei der Suche nach absoluten Extrema muss man somit nicht nur die Punkte bestimmen, an denen die Ableitung verschwindet, sondern den Rand von D gesondert untersuchen.

Beweis. O.B.d.A. sei x_0 ein lokales Minimum. Es gilt also $f(x) - f(x_0) \geq 0$ für alle x in einer Umgebung $U_\varepsilon(x_0) \subseteq D$. Aus der Differenzierbarkeit von $f(x)$ folgt, dass die einseitigen Grenzwerte für $x \to x_0+$ und $x \to x_0-$ existieren und übereinstimmen. Daher haben wir

einerseits
$$f'(x_0) = \lim_{x \to x_0+} \frac{f(x) - f(x_0)}{x - x_0} \geq 0$$
und andererseits
$$f'(x_0) = \lim_{x \to x_0-} \frac{f(x) - f(x_0)}{x - x_0} \leq 0,$$
woraus die Behauptung folgt. ☐

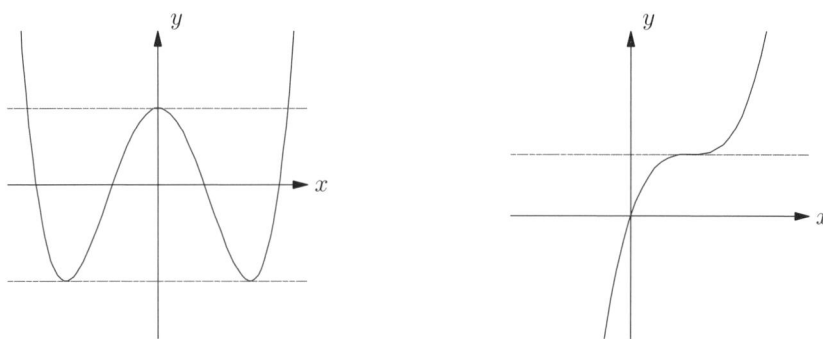

Abbildung 5.4 links: Extrema von Funktionen, rechts: Die Umkehrung von Satz 5.12 gilt nicht.

Sei nun $f(x)$ eine differenzierbare Funktion. In x_0 existiert die Tangente, deren Anstieg durch $f'(x_0)$ gegeben ist. Die Funktion kann lokal, d.h. in einer Umgebung von x_0, durch ihre Tangente angenähert werden: lokal um x_0 gilt

$$f(x) \approx f(x_0) + f'(x_0)(x - x_0).$$

Der Fehler $R(x) = f(x) - f(x_0) - f'(x_0)(x - x_0)$ erfüllt $R(x) = o(x - x_0)$ für $x \to x_0$, denn

$$\lim_{x \to x_0} \frac{R(x)}{x - x_0} = \lim_{x \to x_0} \frac{f(x) - f(x_0)}{x - x_0} - f'(x_0) = 0.$$

Umgekehrt gilt aber, dass eine Funktion, die durch ihre Tangente mit einem Fehler $R(x) = o(x - x_0)$ für $x \to x_0$ angenähert werden kann, differenzierbar ist, da in diesem Fall der Grenzwert des Differenzenquotienten existiert. Zusammenfassend gilt also:

Satz 5.13 *Eine Funktion $f(x)$ ist genau dann differenzierbar in x_0, wenn sie auf folgende Weise linear approximierbar ist:*

$$f(x) - f(x_0) = f'(x_0)(x - x_0) + R(x) \qquad \textit{mit } R(x) = o(x - x_0). \tag{5.3}$$

Bemerkung: Man beachte den Unterschied zur Stetigkeit, wo bloß $f(x) - f(x_0) \to 0$ verlangt wird.

Damit kommen wir zu einem zentralen Satz der Differentialrechnung, dem Mittelwertsatz. Die Ableitung beschreibt die lokale Änderung einer Funktion, der Differenzenquotient $\frac{f(b) - f(a)}{b - a}$ die mittlere Änderung im Intervall $[a, b]$, also das globale Änderungsverhalten der Funktion. Der Mittelwertsatz besagt anschaulich, dass in jedem Intervall $[a, b]$ eine Stelle existiert, wo die lokale Änderung (die Ableitung) mit der mittleren Änderung im Intervall $[a, b]$ übereinstimmt. Dieser Sachverhalt wird in Abb. 5.5 illustriert.

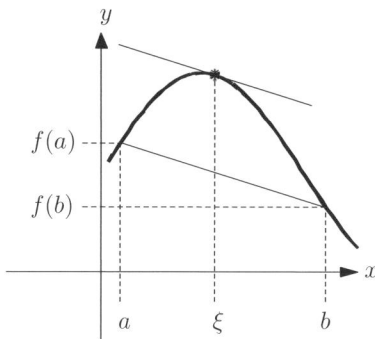

Abbildung 5.5 Mittelwertsatz: Es gibt eine Stelle ξ, wo die Tangente parallel zur Geraden ist, die $(a, f(a))$ mit $(b, f(b))$ verbindet.

Satz 5.14 (Mittelwertsatz der Differentialrechnung) *Sei f auf dem abgeschlossenen Intervall $[a, b]$ stetig und auf dem offenen Intervall (a, b) differenzierbar. Dann gibt es einen Punkt $\xi \in (a, b)$, so dass*

$$f'(\xi) = \frac{f(b) - f(a)}{b - a}.$$

Beweis. Falls f eine lineare Funktion $f(x) = cx + d$ ist (der Graph also eine Gerade ist), dann ist die Behauptung trivial. Andernfalls ist die Funktion

$$F(x) = f(x) - \frac{f(b) - f(a)}{b - a}(x - a)$$

nicht konstant, aber offensichtlich stetig in $[a, b]$. Daher besitzt sie nach Satz 4.90 ein Maximum und ein Minimum in $[a, b]$. Wegen $F(a) = F(b) = f(a)$ muss eines dieser beiden Extrema im Inneren des Intervalls liegen. Wir nennen die entsprechende Stelle ξ. Aus Satz 5.12 folgt nun, dass $F'(\xi) = 0$. Anwendung der Differentiationsregeln (Satz 5.5) ergibt

$$F'(\xi) = f'(\xi) - \frac{f(b) - f(a)}{b - a} = 0.$$

Dies ist äquivalent zur Behauptung.   □

Der Sonderfall $f(a) = f(b)$ ist auch als Satz von Rolle[3] bekannt.

Satz 5.15 (Satz von Rolle) *Sei f stetig auf $[a, b]$ und differenzierbar auf (a, b). Weiters gelte $f(a) = f(b)$. Dann gibt es ein $\xi \in (a, b)$ mit $f'(\xi) = 0$.*

Beweis. Die Behauptung folgt unmittelbar aus dem Mittelwertsatz.   □

Satz 5.16 *Seien f und g zwei auf einem Intervall I stetige und in dessen Innerem $\overset{\circ}{I}$ differenzierbare Funktionen mit $f'(x) = g'(x)$ für alle $x \in I$. Dann ist die Differenz $f(x) - g(x)$ auf I konstant, d.h., f und g unterscheiden sich nur um eine additive Konstante.*

---

[3]Michel Rolle (1652–1719), frz. Mathematiker

Beweis. Wir zeichnen einen Punkt $x_0 \in I$ aus und setzen $F(x) = f(x) - g(x)$. Dann lässt sich wegen des Mittelwertsatzes für jedes $x \in I$ ein $\xi \in \overset{\circ}{I}$ finden, so dass $F(x) = F(x_0) + F'(\xi)(x - x_0)$. Daher folgt aus $F'(x) = f'(x) - g'(x) = 0$, dass $F(x) = F(x_0)$, also F konstant ist. $\qquad\square$

2. Taylorreihen

Die Gleichung (5.3) besagt, dass die Tangente die beste lineare Approximation der Funktion $f(x)$ in der Nähe von x_0 ist. Gibt es bessere Approximationen? Diese können dann selbstverständlich nicht mehr linear sein. Da eine Approximation einer Funktion der Vereinfachung dient, suchen wir nach möglichst einfachen Funktionen, die $f(x)$ approximieren. Lineare Funktionen, die zur Approximation (5.3) verwendet wurden, sind Polynome erster Ordnung. Die Wahl von Polynomen höherer Ordnung ist daher naheliegend.

Nehmen wir der Einfachheit halber zunächst an, dass $f(x) = \sum_{k=0}^{n} b_k x^k$ selbst ein Polynom vom Grad n ist. Dann lässt sich $f(x)$ für beliebiges x_0 auch in der Form $\sum_{k=0}^{n} a_k(x - x_0)^k$ darstellen. Die Koeffizienten a_k gewinnt man zum Beispiel durch Lösen eines linearen Gleichungssystems. Eine andere Möglichkeit ist die Anwendung der Differentialrechnung. Durch fortgesetztes Differenzieren erhält man

$$f(x) = a_0 + a_1(x - x_0) + a_2(x - x_0)^2 + a_3(x - x_0)^3 + a_4(x - x_0)^4 + \ldots,$$
$$f'(x) = a_1 + 2a_2(x - x_0) + 3a_3(x - x_0)^2 + 4a_4(x - x_0)^3 + \ldots,$$
$$f''(x) = 2a_2 + 6a_3(x - x_0) + 12a_4(x - x_0)^2 + \ldots,$$
$$f'''(x) = 6a_3 + 24a_4(x - x_0) + \ldots,$$

woraus nach Einsetzen von $x = x_0$ und Umformen

$$a_0 = f(x_0), \quad a_1 = f'(x_0), \quad a_2 = \frac{f''(x_0)}{2}, \quad a_3 = \frac{f'''(x_0)}{3!}, \quad \ldots, \quad a_n = \frac{f^{(n)}(x_0)}{n!}$$

folgt.

Bei Funktionen, die eine Darstellung als Potenzreihe besitzen, können wir in ähnlicher Weise vorgehen.

Satz 5.17 *Sei $f(x) = \sum_{n \geq 0} a_n(x - x_0)^n$ eine Potenzreihe mit Konvergenzradius R. Dann ist $f(x)$ im Konvergenzbereich differenzierbar. Die Ableitung erhält man durch gliedweises Differenzieren, d.h., für alle x mit $|x - x_0| < R$ gilt*

$$f'(x) = \sum_{n \geq 1} n a_n(x - x_0)^{n-1}. \tag{5.4}$$

Der Konvergenzradius der abgeleiteten Reihe ist ebenfalls R.

Beweis. O.B.d.A. setzen wir $x_0 = 0$ (andernfalls setzt man $\bar{x} = x - x_0$ und benützt die Kettenregel). Seien nun $|x|, |y| < R$. Dann gilt

$$\frac{f(y) - f(x)}{y - x} = \sum_{n \geq 0} a_n \frac{y^n - x^n}{y - x}$$
$$= \sum_{n \geq 0} a_n(y^{n-1} + y^{n-2}x + \cdots + yx^{n-2} + x^{n-1}). \tag{5.5}$$

Da die Reihe auf der rechten Seite von (5.4) und die Reihe von $f(x)$ denselben Konvergenz-radius haben, folgt aus dem Cauchy'schen Konvergenzkriterium für Reihen und der Tatsa-che, dass Potenzreihen im Konvergenzbereich absolut konvergieren, dass es zu jedem $\varepsilon > 0$ ein $N > 0$ gibt, so dass $\sum_{n>N} n|a_n| \cdot |x|^n < \varepsilon/2$. Aufgrund der Stetigkeit der Funkti-on $g(x) = \sum_{n\geq 0} n|a_n| \cdot |x|^n$ (siehe Satz 4.86) gilt auch $\sum_{n>N} n|a_n| \cdot |y|^n < \varepsilon$ für alle $y \in U_\delta(x)$ (mit $\bar\delta$ hinreichend klein). Daher spalten wir die Summe (5.5) auf und bekommen (für $y \in U_\delta(x)$)

$$\frac{f(y) - f(x)}{y - x} = \sum_{n=0}^{N} a_n(y^{n-1} + y^{n-2}x + \cdots + yx^{n-2} + x^{n-1})$$
$$+ \sum_{n>N} a_n(y^{n-1} + y^{n-2}x + \cdots + yx^{n-2} + x^{n-1}),$$

wobei

$$\left| \sum_{n>N} a_n(y^{n-1} + y^{n-2}x + \cdots + yx^{n-2} + x^{n-1}) \right| \leq \sum_{n>N} na_n \max(|x|^n, |y|^n) < \varepsilon.$$

Daher liefert der Grenzübergang $y \to x$ schließlich

$$f'(x) = \sum_{n=0}^{N} na_n x^{n-1} + R_N$$

mit $|R_N| \leq \varepsilon$.   □

Bei Potenzreihen sind also Summation und Differentiation vertauschbar. Das bedeutet, dass für Funktionen $f(x)$, die eine Reihendarstellung der Form $\sum_{n\geq 0} a_n(x - x_0)^n$ besitzen, die obigen Überlegungen für Polynome direkt übertragbar sind. Die Koeffizienten der Reihe können daher durch die Ableitungen von f ausgedrückt werden. Wir erhalten somit den folgenden Satz.

Satz 5.18 (Eindeutigkeitssatz für Potenzreihen) *Besitzt die Funktion $f(x)$ in einer ε-Umge-bung von x_0 eine Darstellung als Potenzreihe, d.h., gilt $f(x) = \sum_{n\geq 0} a_n(x - x_0)^n$ für alle $x \in U_\varepsilon(x_0)$, so folgt $a_n = \frac{f^{(n)}(x_0)}{n!}$, für alle $n \in \mathbb{N}$. Die Potenzreihendarstellung einer Funktion ist, sofern sie existiert, eindeutig bestimmt.*

Ohne Beweis sei noch ein weiterer Satz über Funktionen und deren Potenzreihen angeführt.

Satz 5.19 (Abel'scher Grenzwertsatz) *Sei $f(x) = \sum_{n\geq 0} a_n(x - x_0)^n$ die Summenfunktion einer Potenzreihe mit Konvergenzradius R. Weiters sei $\sum_{n\geq 0} a_n R^n$ konvergent. Dann existiert der Grenzwert $\lim_{x\to R-} f(x)$, und es gilt*

$$\lim_{x\to R-} f(x) = \sum_{n\geq 0} a_n R^n.$$

Natürlich lassen sich nicht alle Funktionen in eine Potenzreihe entwickeln. Eine notwendige Bedingung, die so eine Funktion f erfüllen muss, ist offenbar, dass f unendlich oft stetig dif-ferenzierbar ist. Wir wollen aber auch andere Funktionen durch Polynome approximieren und führen daher die folgenden Begriffe ein.

Definition 5.20 Die Reihe

$$f(x_0) + f'(x_0)(x - x_0) + \frac{f''(x_0)}{2}(x - x_0)^2 + \frac{f'''(x_0)}{3!}(x - x_0)^3 + \ldots$$

$$= \sum_{n \geq 0} \frac{f^{(n)}(x_0)}{n!}(x - x_0)^n$$

heißt **Taylorreihe** von $f(x)$ im Entwicklungspunkt (mit Anschlussstelle) x_0. Der Sonderfall $x_0 = 0$ wird auch **McLaurinreihe** genannt.

Bricht man die Taylorreihe nach n Gliedern ab, so erhält man

$$f(x) = \sum_{k=0}^{n} \frac{f^{(k)}(x_0)}{k!}(x - x_0)^k + R_n.$$

Dies nennt man die **Taylor'sche Formel** mit Restglied R_n. Die Summe vor dem Restglied wird **Taylorpolynom** n-ter Ordnung genannt. R_n ist der Abbruchfehler und selbstverständlich von n, x und x_0 abhängig.

Ohne Beweis sei der folgende Satz angeführt.

Satz 5.21 (Satz von Taylor) *Sei f auf dem Intervall $I = [x_0, x]$ (bzw. $[x, x_0]$) n-mal stetig differenzierbar und im Inneren $\overset{\circ}{I}$ von I $(n + 1)$-mal differenzierbar. Dann existiert eine Zahl $\xi \in \overset{\circ}{I}$, so dass*

$$f(x) = \sum_{k=0}^{n} \frac{f^{(k)}(x_0)}{k!}(x - x_0)^k + \frac{f^{(n+1)}(\xi)}{(n + 1)!}(x - x_0)^{n+1}.$$

*Der Term $R_n = \frac{f^{(n+1)}(\xi)}{(n+1)!}(x - x_0)^{n+1}$ heißt **Restglied von Lagrange**. Falls f unendlich oft stetig differenzierbar ist, so ist auch die Taylorreihe von f definiert. Die Taylorreihe stimmt genau dann mit der Funktion $f(x)$ überein, wenn $\lim_{n \to \infty} R_n = 0$.*

Mit Hilfe dieses Satzes lassen sich Funktionen, die unendlich oft stetig differenzierbar sind und deren Ableitungen nicht zu schnell wachsen, beliebig genau durch Polynome approximieren.

Beispiel 5.22 Beispiele für Taylorentwicklungen.

(a) Gegeben sei die Funktion $f(x) = e^x$ mit der Anschlussstelle $x_0 = 0$. Es gilt $f^{(n)}(x) = e^x$ für alle n. Daher erhalten wir wegen $e^0 = 1$ die Exponentialreihe

$$e^x = 1 + x + \frac{1}{2!}x^2 + \frac{1}{3!}x^3 + \ldots$$

Analog lassen sich die Reihen für $\sin x$ und $\cos x$ bestimmen. Abbrechen der Exponentialreihe nach dem n-ten Glied führt auf das Restglied $R_n = \frac{e^\xi}{(n+1)!}x^{n+1}$ mit $0 < \xi < x$. Der Fehler ist also durch $\frac{e^x}{(n+1)!}|x|^{n+1}$ beschränkt. Für jedes feste x gilt somit $\lim_{n \to \infty} R_n = 0$ (vgl. Aufgabe 4.21), d.h., die Exponentialreihe konvergiert für alle $x \in \mathbb{R}$.

(b) Gegeben sei die Funktion $f(x) = \ln(1 + x)$ mit der Anschlussstelle $x_0 = 0$. Wir wissen bereits, dass $f^{(n)}(x) = (-1)^{n-1}\frac{(n-1)!}{(1+x)^n}$. Daraus folgt $f^{(n)}(0) = (-1)^{n-1}(n-1)!$, und Einsetzen in die Taylor'sche Formel ergibt

$$\ln(1 + x) = \sum_{k=1}^{n} \frac{(-1)^{k-1}}{k} x^k + (-1)^n \frac{x^{n+1}}{(n+1)(1+\xi)^{n+1}}$$

mit $0 < \xi < x$. Das Restglied lässt sich für $0 \leq x \leq 1$ durch

$$\left| (-1)^n \frac{x^{n+1}}{(n+1)(1+\xi)^{n+1}} \right| \leq \frac{1}{n+1}$$

abschätzen. Man kann zeigen, dass das Restglied sogar für alle $x \in \mathbb{C}$ mit $|x| < 1$, also im gesamten komplexen Konvergenzbereich der Reihe, gegen 0 konvergiert. Dazu sind aber andere Darstellungen des Restglieds (z.B. das so genannte Cauchy'sche Restglied) nötig, die wir in diesem Buch nicht behandeln. Die Konvergenz der Taylorreihe gegen $f(x)$ lässt sich auch folgendermaßen zeigen: Sei $g(x) = \sum_{n\geq 1}(-1)^{n-1}x^n/n$. Nach dem Quotientenkriterium konvergiert diese Potenzreihe für $|x| < 1$, und Anwendung von Satz 5.17 ergibt (unter Benützung der Formel für die Summe der geometrischen Reihe aus Beispiel 4.37)

$$g'(x) = \sum_{n\geq 0}(-1)^n x^n = \frac{1}{1+x} = f'(x).$$

Aus Satz 5.16 folgt nun, dass $f(x) - g(x) = c$. Die Konstante c kann man ganz leicht berechnen: Da $f(0) - g(0) = c$ gelten muss, folgt $c = 0$.
Zusammenfassend gilt also für $|x| < 1$ und wegen des Abel'schen Grenzwertsatzes (Satz 5.19) auch für $x = 1$

$$\ln(1 + x) = \sum_{n\geq 1}(-1)^{n-1}\frac{x^n}{n}.$$

Für $x = 1$ erhält man die bereits in Kapitel 4 (Beispiel 4.33) erwähnte Reihe

$$\ln 2 = 1 - \frac{1}{2} + \frac{1}{3} - \frac{1}{4} + - \ldots$$

(c) Approximation mit Hilfe der Taylor'schen Formel (siehe auch Abb. 5.6): $f(x) = \sqrt{1+x}$, $x_0 = 0$. Dann ist $f(0) = 1$ das Taylorpolynom 0-ter Ordnung T_0. Bezeichne im Folgenden T_n das Taylorpolynom n-ter Ordnung. Aus $f'(x) = \frac{1}{2\sqrt{1+x}}$ folgt $f'(0) = \frac{1}{2}$ und $T_1 = 1 + \frac{x}{2}$. Weiteres Differenzieren liefert $f''(x) = -\frac{1}{4(1+x)^{3/2}}$ und $f''(0) = -\frac{1}{4}$. Daher ist $T_2 = 1 + \frac{x}{2} - \frac{x^2}{8}$. Mit $f'''(x) = \frac{3}{8(1+x)^{5/2}}$ und $f'''(0) = \frac{3}{8}$ bekommen wir $T_3 = 1 + \frac{x}{2} - \frac{x^2}{8} + \frac{x^3}{16}$.

(d) Allgemein stellt die binomische Reihe (siehe Beispiel 4.58) die Funktion $f(x) = (1+x)^\alpha$, $\alpha \in \mathbb{R}$, dar. Differenzieren ergibt nämlich $f^{(n)}(x) = \alpha(\alpha - 1)\cdots(\alpha - n + 1)(1+x)^{\alpha-n}$. Auch hier lässt sich zeigen, dass das Restglied $R_n(x) = \binom{\alpha}{n+1}(1+\xi)^{\alpha-n-1}x^{n+1}$ auf dem gesamten Konvergenzbereich der binomischen Reihe gegen 0 konvergiert. Damit gilt für $|x| < 1$ die Darstellung

$$(1 + x)^\alpha = \sum_{n\geq 0}\binom{\alpha}{n}x^n.$$

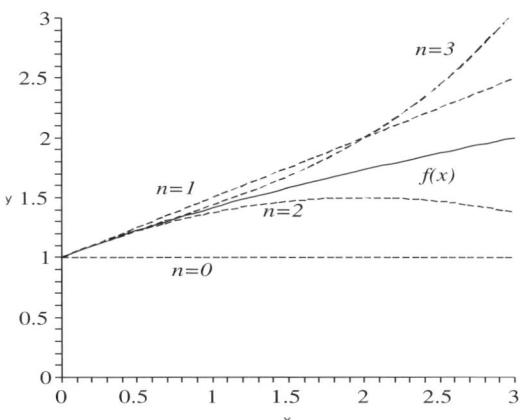

Abbildung 5.6 Die Funktion $f(x) = \sqrt{1+x}$ und ihre Taylorpolynome T_n bis zur Ordnung $n = 3$

(e) Nicht jede Funktion, die unendlich oft differenzierbar ist, besitzt eine Potenzreihendarstellung. Ohne Beweis sei mitgeteilt, dass die Funktion

$$f(x) = \begin{cases} e^{-1/x^2} & \text{für } x \neq 0 \\ 0 & \text{für } x = 0 \end{cases}$$

unendlich oft stetig differenzierbar ist und alle Ableitungen an der Stelle 0 verschwinden. Die Taylorreihe mit Entwicklungspunkt 0 lautet daher $0 + 0 \cdot x + 0 \cdot x^2 + \dots$ und stimmt offensichtlich nur im Punkt $x = 0$ mit $f(x)$ überein.

$\triangle$

3. Monotonie und die erste Ableitung

Mit Hilfe des Mittelwertsatzes und des Taylor'schen Satzes lassen sich weitere Sätze über die Gestalt des Graphen einer Funktion herleiten.

Satz 5.23 *Für eine auf einem Intervall I differenzierbare Funktion $f : I \to \mathbb{R}$ gilt: $f(x)$ ist genau dann monoton wachsend (fallend) auf I, wenn $f'(x) \geq 0$ ($f'(x) \leq 0$) für alle $x \in I$. Falls die Ableitung auf I die strikte Ungleichung erfüllt, so ist $f(x)$ auf I streng monoton.*

Beweis. Da beide Fälle analog zu beweisen sind, sei o.B.d.A. $f(x)$ monoton wachsend. Dann gilt für $x < y$ definitionsgemäß $f(x) \leq f(y)$. Sei nun $x_0 \in I$.

Aufgrund der Differenzierbarkeit von f genügt es, den rechtsseitigen Grenzwert $x \to x_0+$ zu betrachten. Hier ist $x > x_0$. Daher gilt

$$f'(x_0) = \lim_{x \to x_0+} \frac{f(x) - f(x_0)}{x - x_0} \geq 0,$$

da sowohl Zähler als auch Nenner des Differenzenquotienten positiv sind.

Umkehrung: Gelte nun $f'(x) \geq 0$ für alle $x \in I$. Wir wählen $x, y \in I$ beliebig, so dass $x < y$. Dann folgt aus dem Mittelwertsatz die Existenz einer Zahl ξ mit $x < \xi < y$, die

$$0 \leq f'(\xi) = \frac{f(y) - f(x)}{y - x}$$

erfüllt. Daraus folgt aber $f(x) \leq f(y)$ und im Falle der strikten Ungleichung sogar $f(x) < f(y)$.   □

Die Umkehrung des zweiten Teils von Satz 5.23 ist nicht richtig. Die Funktion $f(x) = x^3$ (siehe Abb. 4.2) ist streng monoton wachsend: Aus $x < y$ folgt $x^3 < y^3$, für alle $x, y \in \mathbb{R}$. Aber die Ableitung $f'(x) = 3x^2$ ist nicht überall positiv, denn sie hat eine Nullstelle bei $x = 0$.

Beispiel 5.24 Sei $f(x) = x^2 e^x$. Differentiation ergibt $f'(x) = x(2 + x)e^x$. Daraus folgt

$$f'(x) \begin{cases} < 0 & \text{falls } -2 < x < 0, \\ = 0 & \text{falls } x = 0 \text{ oder } x = -2, \\ > 0 & \text{sonst.} \end{cases}$$

Daraus ergibt sich, dass $f(x)$ auf den Intervallen $(-\infty, -2)$ und $(0, \infty)$ streng monoton wächst und dazwischen (auf dem Intervall $(-2, 0)$) streng monoton fällt (siehe Abb. 5.7).   △

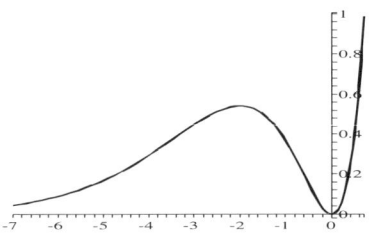

Abbildung 5.7 Die Funktion $f(x) = x^2 e^x$

Wir haben mit dem Satz 5.12 bereits eine notwendige Bedingung für relative Extrema kennengelernt. Der folgende Satz liefert eine hinreichende Bedingung.

Satz 5.25 *Sei f zweimal stetig differenzierbar und $f'(x_0) = 0$. Dann gilt: $f(x)$ besitzt an der Stelle x_0 ein relatives Maximum, falls $f''(x_0) < 0$, und ein relatives Minimum, falls $f''(x_0) > 0$.*

Beweis. Sei $f''(x_0) < 0$. Ein relatives Maximum liegt vor, wenn für x in einer hinreichend kleinen ε-Umgebung $U_\varepsilon(x_0)$ von x_0 gilt: $f(x) \leq f(x_0)$. Wir approximieren $f(x)$ in $U_\varepsilon(x_0)$ mit Hilfe des Satzes von Taylor. Da $f''(x_0) < 0$ und f'' stetig ist, folgt aus Satz 4.87, dass ε so klein gewählt werden kann, dass $f''(\xi) < 0$ für alle $\xi \in U_\varepsilon(x_0)$ gültig ist. Für $x \in U_\varepsilon(x_0)$ und ξ zwischen x_0 und x folgt daraus

$$f(x) = f(x_0) + \underbrace{f'(x_0)}_{= 0}(x - x_0) + \underbrace{\frac{f''(\xi)}{2!}}_{< 0}\underbrace{(x - x_0)^2}_{\geq 0} \leq f(x_0),$$

wie behauptet.   □

Beispiel 5.26 (Fortsetzung von 5.24) Wir betrachten wieder $f(x) = x^2 e^x$. Extrema dieser Funktion müssen $f'(x) = 0$ erfüllen. Wie wir oben gesehen haben, gilt dies ausschließlich für $x = 0$ und $x = -2$. Diese beiden Punkte sind somit die einzigen Kandidaten für relative Extrema. Prüfen der zweiten Ableitung ergibt

$$f''(x) = (x^2 + 4x + 2)e^x \implies f''(0) = 2 > 0 \text{ und } f''(-2) = -2e^{-2} < 0.$$

Daraus folgt, dass an der Stelle 0 ein relatives Minimum und bei -2 ein relatives Maximum vorliegt. $\triangle$

Die Bedingung des vorigen Satzes ist zwar hinreichend, aber nicht notwendig. Beispielsweise besitzt die Funktion $f(x) = x^4$ bei $x = 0$ ein Minimum, da $f(x) > 0$ für alle $x \neq 0$. Es gilt aber $f''(x) = 12x^2$ und daher $f''(0) = 0$.

Auch die Funktion $g(x) = x^3$ erfüllt $g'(0) = g''(0) = 0$. Für alle $x, y \in \mathbb{R}$ mit $x < y$ folgt aber $x^3 < y^3$, d.h., die Funktion $g(x)$ ist streng monoton wachsend. Daher kann an der Stelle $x_0 = 0$ kein lokales Extremum liegen.

Wie die beiden Funktion x^3 und x^4 zeigen, kann im Fall $f'(x) = f''(0) = 0$ also ein Extremum der Funktion vorliegen oder auch nicht. Was lässt sich nun über das lokale Verhalten einer Funktion aussagen, wenn nicht nur die erste sondern auch die zweite Ableitung verschwindet? Man kann die Beweisidee des Satzes 5.25 verwenden, um die Frage nach lokalen Extrema weitgehend zu klären.

Satz 5.27 *Gegeben sei eine n-mal stetig differenzierbare Funktion f, deren Ableitungen genau bis zur Ordnung $n - 1$ an der Stelle x_0 verschwinden. Es gelte also $f'(x_0) = f''(x_0) = \cdots = f^{(n-1)}(x_0) = 0$ und $f^{(n)}(x_0) \neq 0$. Dann gilt:*

(i) *Falls n gerade ist, so besitzt f in x_0 ein relatives Maximum, wenn $f^{(n)}(x_0) < 0$, und ein relatives Minimum anderenfalls.*

(ii) *Falls n ungerade ist, so existiert eine ε-Umgebung U von x_0, so dass f in U streng monoton ist, und zwar streng monoton fallend im Fall $f^{(n)}(x_0) < 0$ und streng monoton wachsend anderenfalls.*

Beweis. Es genügt, den Fall $f^{(n)}(x_0) > 0$ zu betrachten. Den anderen Fall behandelt man analog.

Sei zunächst n gerade. Dann gilt für geeignetes $\varepsilon > 0$ und $x \in U_\varepsilon(x_0)$ nach dem Satz von Taylor

$$f(x) = f(x_0) + \underbrace{\sum_{k=1}^{n-1} \frac{f^{(k)}(x_0)}{k!}(x - x_0)^k}_{= 0} + \underbrace{\frac{f^{(n)}(\xi)}{n!}}_{> 0} \underbrace{(x - x_0)^n}_{\geq 0} \geq f(x_0) \qquad (5.6)$$

und daher liegt in x_0 ein lokales Minimum von f.

Nun zum Fall n ungerade. Wir betrachten die Taylorentwicklung wie in (5.6). Auch in diesem Fall reduziert sich das Taylorpolynom auf $f(x_0)$. Im Restglied findet jedoch ein Vorzeichenwechsel statt. Für $x < x_0$ ist es wegen $(x - x_0)^n < 0$ und $f^{(n)}(\xi) > 0$ negativ, während es im Fall $x > x_0$ positiv ist. Deshalb ist die Funktion f lokal, also in einer Umgebung von $U_\varepsilon(x_0)$, streng monoton wachsend. $\square$

4. Die zweite Ableitung

Ebenso wie die erste Ableitung geometrisch als Steigung interpretiert werden kann, besitzt auch die zweite Ableitung eine geometrische Deutung. Sie ist ein Maß für die Krümmung des Funktionsgraphen.

Definition 5.28 Eine Funktion f heißt auf einem Intervall I **konvex** , wenn für alle $x, y \in I$ und alle λ mit $0 < \lambda < 1$ gilt: $f(x + \lambda(y - x)) \leq f(x) + \lambda(f(y) - f(x))$. Gilt sogar $f(x + \lambda(y - x)) < f(x) + \lambda(f(y) - f(x))$, so heißt f **strikt konvex**. Falls $f(x + \lambda(y - x)) \geq f(x) + \lambda(f(y) - f(x))$ (bzw. die strikte Ungleichung) für $0 < \lambda < 1$ gilt, so nennt man f **konkav** (bzw. **strikt konkav**).

Bemerkung: Man rufe sich die Form von konvexen optischen Linsen in Erinnerung. Eine Funktion ist konvex, wenn ihr Graph bei Betrachtung von unten konvex aussieht.

Anschaulich bedeutet Konvexität, dass die Verbindungstrecke zweier Punkte auf dem Funktionsgraphen über dem Graphen liegt (siehe Abb. 5.8).

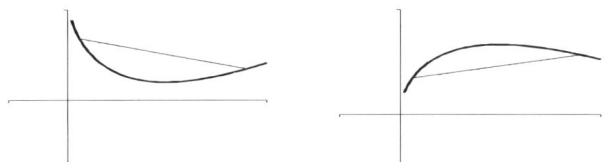

Abbildung 5.8 Konvexe (links) und konkave Funktion (rechts)

Satz 5.29 *Sei f auf dem Intervall I stetig und im Inneren $\overset{\circ}{I}$ differenzierbar. Dann ist f genau dann konvex (bzw. konkav) auf I, wenn f' auf $\overset{\circ}{I}$ monoton wachsend (bzw. fallend) ist. Strikte Konvexität (bzw. Konkavität) gilt genau dann, wenn f' streng monoton wachsend (bzw. fallend) ist.*

Beweis. Da f genau dann konkav ist, wenn $-f$ konvex ist, genügt es, den Satz hinsichtlich der Konvexität von f zu zeigen. Nehmen wir zunächst an, dass f' monoton wachsend sei. Seien $x, y \in I$ mit $x < y$, $0 < \lambda < 1$ und $z = x + \lambda(y - x) = (1 - \lambda)x + \lambda y$. Wir müssen zeigen, dass $f(z) \leq f(x) + \lambda(f(y) - f(x))$. Diese Ungleichung lässt sich umschreiben zu

$$f(z) = (1 - \lambda)f(z) + \lambda f(z) \leq (1 - \lambda)f(x) + \lambda f(y)$$
$$\Longleftrightarrow (1 - \lambda)(f(z) - f(x)) \leq \lambda(f(y) - f(z)). \tag{5.7}$$

Nach dem Mittelwertsatz existieren ξ und η mit $f(z) - f(x) = (z - x)f'(\xi)$ und $f(y) - f(z) = (y - z)f'(\eta)$, wobei $x < \xi < z < \eta < y$. Damit ist (5.7) äquivalent zu $(1 - \lambda)(z - x)f'(\xi) \leq \lambda(y - z)f'(\eta)$. Es gilt nun

$$(1 - \lambda)(z - x) = (1 - \lambda)\lambda(y - x) = \lambda(y - z)$$

und überdies wegen $\xi < \eta$ und der Monotonie von f' auch $f'(\xi) \leq f'(\eta)$. Damit ist die Konvexität von f nachgewiesen. Im Fall $f'(\xi) < f'(\eta)$ folgt unmittelbar die strikte Konvexität.

Sei umgekehrt f konvex und x, y, z, λ wie oben. Einerseits gilt

$$f'(x) = \lim_{z \to x} \frac{f(z) - f(x)}{z - x} = \lim_{\lambda \to 0} \frac{f(x + \lambda(y - x)) - f(x)}{\lambda(y - x)},$$

andererseits aufgrund der Konvexität von f

$$\frac{f(x + \lambda(y - x)) - f(x)}{\lambda(y - x)} \leq \frac{f(y) - f(x)}{y - x}.$$

Dies impliziert $f'(x) \leq \frac{f(y)-f(x)}{y-x}$. Indem man nun den Fall $\lambda \to 1$ betrachtet, gewinnt man in analoger Weise die Abschätzung $f'(y) \geq \frac{f(y)-f(x)}{y-x}$ und damit $f'(x) \leq f'(y)$. Dass strikte Konvexität die strenge Monotonie von f' zur Folge hat, ist nun offensichtlich. □

Eine unmittelbare Folgerung dieses Satzes (unter Benützung von Satz 5.23) ist die Beschreibung von Konvexität mit Hilfe der zweiten Ableitung.

Satz 5.30 *Sei f auf einem Intervall I stetig und in dessen Innerem $\overset{\circ}{I}$ zweimal differenzierbar. Dann ist f genau dann konvex (bzw. konkav) auf I, wenn $f''(x) \geq 0$ (bzw. $f''(x) \leq 0$) für alle $x \in \overset{\circ}{I}$. Strikte Konvexität bzw. Konkavität folgt aus den entsprechenden strikten Ungleichungen $f''(x) > 0$ bzw. $f''(x) < 0$.*

Dass die Umkehrung des zweiten Teils von Satz 5.30 nicht richtig ist, d.h., dass strikte Konvexität auf einem Intervall I nicht $f''(x) > 0$ für alle $x \in I$ impliziert, sieht man anhand des einfachen Beispiels $f(x) = x^4$. Die Ableitung $f'(x) = 4x^3$ ist auf ganz $\mathbb{R}$ streng monoton und f daher dort nach Satz 5.29 strikt konvex. Es ist aber $f''(0) = 0$.

Definition 5.31 Sei f differenzierbar. Eine Stelle x heißt **Wendepunkt**, wenn f' in x ein relatives Extremum besitzt.

Satz 5.32 *Sei $f : D \to \mathbb{R}$ dreimal differenzierbar und $x \in D$. Falls $f''(x) = 0$ und $f'''(x) \neq 0$, so besitzt f einen Wendepunkt an der Stelle x.*

Beweis. Folgt aus Satz 5.25. □

Die Betrachtungen über Extrema im vorigen Abschnitt (Satz 5.27) erlauben natürlich auch hier eine Charakterisierung der Wendepunkte: Ein Punkt x ist genau dann Wendepunkt von f, wenn $f''(x) = 0$ und die erste nicht verschwindende Ableitung höherer Ordnung an der Stelle x von ungerader Ordnung ist.

Anschaulich sind Wendepunkte Stellen x_0, wo es einen Übergang von Konvexität zu Konkavität oder umgekehrt gibt (siehe Abb. 5.9). In diesem Fall wechselt daher der Funktionsgraph von der einen Seite der Tangente in x_0 auf die andere.

Beispiel 5.33 (Fortsetzung von 5.26) Wir betrachten wieder das Beispiel $f(x) = x^2 e^x$. Dreimaliges Differenzieren ergibt $f'(x) = x(x + 2)e^x$, $f''(x) = (x^2 + 4x + 2)e^x$ und $f'''(x) = (x^2 + 6x + 6)e^x$. Mögliche Wendepunkte liegen an den Nullstellen der zweiten Ableitung, was gleich bedeutend mit den Nullstellen des Polynoms $x^2 + 4x + 2$ ist. Wir erhalten die beiden Nullstellen $x_1 = -2 - \sqrt{2}$ und $x_2 = -2 + \sqrt{2}$. Einsetzen in die dritte Ableitung zeigt $f'''(x_i) \neq 0$ für $i = 1, 2$.   △

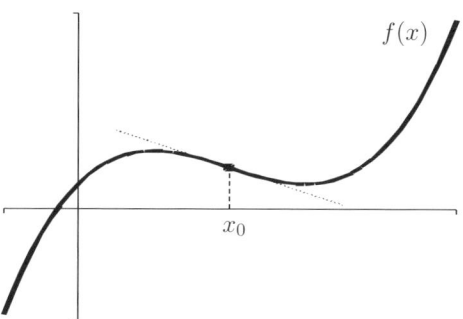

Abbildung 5.9 Wendepunkt und Wendetangente

5. Der verallgemeinerte Mittelwertsatz und die Regel von de l'Hospital

Die Regel von de l'Hospital[4] dient der Berechnung von Grenzwerten der Form $\lim_{x \to x_0} \frac{f(x)}{g(x)}$ mit $\lim_{x \to x_0} f(x) = \lim_{x \to x_0} g(x) = 0$ oder $\lim_{x \to x_0} f(x) = \lim_{x \to x_0} g(x) = \infty$. Solche Grenzwerte liefern also bei direkter Anwendung der Rechenregeln für Grenzwerte (Satz 4.14 und Beispiel 4.83, vgl. auch Satz 4.92) eine unbestimmte Form, nämlich $\frac{0}{0}$ bzw. $\frac{\infty}{\infty}$. Auch das Auftreten anderer unbestimmter Formen, wie $0 \cdot \infty$, $\infty - \infty$, 1^∞ oder 0^0 kann auf diese Fälle zurück geführt werden. Die Grundlage für die Regel von de l'Hospital liefert die folgende Verallgemeinerung des Mittelwertsatzes.

Satz 5.34 *Gegeben seien zwei auf dem Intervall $[a, b]$ stetige Funktionen f und g, die auf (a, b) differenzierbar sind. Weiters gelte $g'(x) \neq 0$ für alle $x \in (a, b)$. Dann existiert eine Zwischenstelle $\xi \in (a, b)$, so dass*

$$\frac{f'(\xi)}{g'(\xi)} = \frac{f(b) - f(a)}{g(b) - g(a)}.$$

Bemerkung: Man beachte, dass nach dem Mittelwertsatz (getrennt angewendet auf f und g) folgt, dass ξ_1 und ξ_2 existieren mit $f'(\xi_1) = \frac{f(b)-f(a)}{b-a}$, $g'(\xi_2) = \frac{g(b)-g(a)}{b-a}$ und folglich $\frac{f'(\xi_1)}{g'(\xi_2)} = \frac{f(b)-f(a)}{g(b)-g(a)}$. Satz 5.34 besagt, dass man in der letzten Gleichung ein gemeinsames $\xi = \xi_1 = \xi_2$ wählen kann.

Beweis. Nach dem Mittelwertsatz gibt es $\xi \in (a, b)$ mit $g'(\xi) = \frac{g(b)-g(a)}{b-a}$. Deshalb folgt aus $g'(x) \neq 0$ auf ganz (a, b), dass $g(b) - g(a) \neq 0$ gelten muss. Daraus folgt weiters, dass die Funktion

$$F(x) = f(x) - f(a) - \frac{f(b) - f(a)}{g(b) - g(a)}(g(x) - g(a))$$

auf (a, b) differenzierbar ist. Wegen $F(a) = F(b) = 0$ gibt es ein $\xi \in (a, b)$ mit $F'(\xi) = 0$. Aus

$$F'(\xi) = f'(\xi) - \frac{f(b) - f(a)}{g(b) - g(a)} g'(\xi)$$

folgt schließlich die Behauptung.   □

---

[4]Marquis de l'Hospital (1661-1704)

Wie wir bereits bei Folgen gesehen haben, lässt sich dem Ausdruck $\frac{0}{0}$ a priori kein vernünftiger Wert zuordnen. Dies verhält sich im Falle von Funktionen natürlich genauso. Zur Illustration betrachten wir die folgenden Grenzwerte, die alle auf die unbestimmte Form $\frac{0}{0}$ führen:

$$\lim_{x \to 0} \frac{\sin x}{x} = 1, \quad \lim_{x \to 0} \frac{\sqrt{x}}{x} = \infty, \quad \lim_{x \to 0} \frac{x^2}{x} = 0, \quad \lim_{x \to 0} \frac{\sin 3x}{x} = 3.$$

Satz 5.35 (Regel von de l'Hospital) *Seien die Funktionen f und g stetig auf $[a, b]$ und differenzierbar im Inneren (a, b). Weiters sei $x_0 \in [a, b]$ und gelte $f(x_0) = g(x_0) = 0$. Ferner sei vorausgesetzt, dass der Grenzwert $\lim_{x \to x_0} \frac{f'(x)}{g'(x)}$ existiert (bzw. der einseitige Grenzwert, falls $x_0 = a$ oder $x_0 = b$). Dann gilt*

$$\lim_{x \to x_0} \frac{f(x)}{g(x)} = \lim_{x \to x_0} \frac{f'(x)}{g'(x)}. \tag{5.8}$$

Beweis. Die Aussage folgt fast unmittelbar aus dem verallgemeinerten Mittelwertsatz. Es gilt

$$\frac{f(x)}{g(x)} = \frac{f(x) - f(x_0)}{g(x) - g(x_0)} = \frac{f'(\xi)}{g'(\xi)}$$

mit $x_0 < \xi < x$ (bzw. $x < \xi < x_0$). Setzen wir $\xi = \xi(x)$, dann folgt aus $x \to x_0$ auch $\xi \to x_0$. Daher gilt

$$\lim_{x \to x_0} \frac{f(x)}{g(x)} = \lim_{x \to x_0} \frac{f'(\xi(x))}{g'(\xi(x))} = \lim_{x \to x_0} \frac{f'(x)}{g'(x)},$$

und das entspricht genau der Behauptung. $\qquad\square$

Bemerkung: Ohne Beweis sei mitgeteilt, dass die Regel von de l'Hospital auch in noch allgemeineren Situationen gültig ist. Weiters gelten analoge Aussagen zu Satz 5.35 für $\lim_{x \to x_0} f(x) = \lim_{x \to x_0} g(x) = \infty$ und für $x_0 = \pm\infty$.

Beispiel 5.36 (Anwendung der Regel von de l'Hospital)

(a) $\lim_{x \to 0} \frac{\sin x}{x}$: Hier erhalten wir zunächst die unbestimmte Form $\frac{0}{0}$. Daher ist (5.8) anwendbar. Differentiation von Zähler und Nenner führt auf $\lim_{x \to 0} \frac{\sin x}{x} = \lim_{x \to 0} \frac{\cos x}{1} = 1$.

(b) $\lim_{x \to 0} \frac{1 - \cos x}{x^2}$: Hier kann die Regel von de l'Hospital zweimal hintereinander angewendet werden. Wir erhalten $\lim_{x \to 0} \frac{1 - \cos x}{x^2} = \lim_{x \to 0} \frac{\sin x}{2x} = \lim_{x \to 0} \frac{\cos x}{2} = \frac{1}{2}$.

(c) $\lim_{x \to \infty} \frac{x^n}{e^x}$: Hier erhalten wir die unbestimmte Form $\frac{\infty}{\infty}$. Eine hinreichend häufige Anwendung von (5.8) liefert

$$\lim_{x \to \infty} \frac{x^n}{e^x} = \lim_{x \to \infty} \frac{n x^{n-1}}{e^x} = \cdots = \lim_{x \to \infty} \frac{n! x^0}{e^x} = 0.$$

Die Exponentialfunktion wächst also (für $x \to \infty$) stärker als jede Potenz von x.

(d) $\lim_{x \to \infty} \frac{\ln x}{x^\alpha}$ mit $\alpha > 0$: Anwendung von (5.8) ergibt

$$\lim_{x \to \infty} \frac{\ln x}{x^\alpha} = \lim_{x \to \infty} \frac{\frac{1}{x}}{\alpha x^{\alpha - 1}} = \lim_{x \to \infty} \frac{1}{\alpha} \cdot x^{-\alpha} = 0.$$

Dies zeigt, dass der Logarithmus für $x \to \infty$ schwächer wächst als jede positive Potenz von x.

(e) $\lim_{x \to 0} x^\alpha \ln x = \lim_{x \to 0} \frac{\ln x}{x^{-\alpha}}$ mit $\alpha > 0$: Nach (5.8) gilt

$$\lim_{x \to 0} \frac{\ln x}{x^{-\alpha}} = \lim_{x \to 0} \frac{\frac{1}{x}}{-\alpha x^{-\alpha-1}} = \lim_{x \to 0} \left(-\frac{1}{\alpha} \cdot x^\alpha \right) = 0.$$

Auch für $x \to 0$ ist der Logarithmus schwächer als jede positive Potenz von x.

(f) $\lim_{x \to 1} (\ln x)^{x-1}$: Dieser Grenzwert führt auf die unbestimmte Form 0^0. Denn es gilt $(\ln x)^{x-1} = \exp((x-1) \ln \ln x)$, und der Exponent kann nun mit der Regel von de l'Hospital behandelt werden:

$$\lim_{x \to 1} (x-1) \ln \ln x = \lim_{x \to 1} \frac{\ln \ln x}{\frac{1}{x-1}} = \lim_{x \to 1} \frac{\frac{1}{\ln x} \cdot \frac{1}{x}}{-\frac{1}{(x-1)^2}},$$

wobei im letzten Schritt die Kettenregel zur Anwendung kam. Nun löst man den Doppelbruch auf und erhält nach abermaliger Anwendung der Regel von de l'Hospital das Ergebnis

$$\lim_{x \to 1} \frac{-(x-1)^2}{x \ln x} = \lim_{x \to 1} \frac{-2(x-1)}{\ln x + x \cdot \frac{1}{x}} = \frac{0}{0+1} = 0.$$

Aufgrund der Stetigkeit von e^x gilt nun

$$\lim_{x \to 1} \exp((x-1) \ln \ln x) = \exp(\lim_{x \to 1} (x-1) \ln \ln x) = e^0 = 1.$$

(g) Eine falsche Anwendung der Regel von de l'Hospital: Wir „berechnen"

$$\lim_{x \to 1} \frac{x^3 - x^2 + x - 1}{x^2 + 3x - 4} = \lim_{x \to 1} \frac{3x^2 - 2x + 1}{2x + 3} = \lim_{x \to 1} \frac{6x - 2}{2} = 2.$$

Der Fehler dieser Rechnung liegt darin, dass die Regel von de l'Hospital nur anwendbar ist, wenn wir beim Grenzübergang in Zähler und Nenner eine unbestimmte Form erhalten. Dies ist beim zweiten Grenzwert nicht der Fall. Denn hier können wir $x = 1$ einsetzen, da ja ein Quotient stetiger Funktionen vorliegt und die Nennerfunktion keine Nullstelle hat. Die zweite Anwendung der Regel von de l'Hospital ist also hier falsch. Es gilt vielmehr

$$\lim_{x \to 1} \frac{x^3 - x^2 + x - 1}{x^2 + 3x - 4} = \lim_{x \to 1} \frac{3x^2 - 2x + 1}{2x + 3} = \frac{2}{5}.$$

$\triangle$

5.3   Das unbestimmte Integral

Beispiel 5.37 (Gleichmäßig beschleunigte Bewegung) Unter gleichmäßig beschleunigter Bewegung versteht man eine Bewegung mit konstanter, also zeitunabhängiger Beschleunigung, wie etwa den freien Fall im Vakuum. Sei a die Beschleunigung und $v = v(t)$ die Geschwindigkeit zum Zeitpunkt t, dann gilt $v(t) = at$. Frage: Wie groß ist der zurückgelegte Weg $s = s(t)$ zum Zeitpunkt t. Die Momentangeschwindigkeit lässt sich bekanntlich durch Differentiation des Weges ermitteln: $v(t) = at = \frac{ds}{dt}$. Wir suchen also eine Funktion $s(t)$, deren Ableitung at ist, z.B. $s(t) = \frac{a}{2} t^2$. Aber auch die Funktion $\frac{a}{2} t^2 + 100$ hat die Ableitung at. $\triangle$

1. Integration als Umkehrung der Differentiation

Die Umkehrung der Differentiation nennt man Integration. Das Problem, vor das wir gestellt sind, ist also, aus der Kenntnis der Ableitung f' die ursprüngliche Funktion f wieder zu gewinnen. Wie das vorige Beispiel zeigt, ist dieses Umkehrproblem nicht eindeutig lösbar.

Definition 5.38 Sei I ein Intervall und $f : I \to \mathbb{R}$. Jede Funktion $F : I \to \mathbb{R}$ mit $F'(x) = f(x)$ für alle $x \in I$ heißt **Stammfunktion** oder **unbestimmtes Integral** von f und wird mit dem Symbol

$$\int f(x)\, dx$$

bezeichnet. Die Funktion f nennt man in diesem Zusammenhang den **Integrand** und x die **Integrationsvariable**.

Aus Satz 5.16 folgt direkt, dass die Menge der Stammfunktionen einer Funktion f eine sehr einfache Struktur hat.

Satz 5.39 *Ist $F(x)$ eine Stammfunktion von f, dann sind alle Stammfunktionen von f von der Gestalt $F(x) + c$ mit einer Konstanten c, d.h., es gilt*

$$G(x) = F(x) + c \Longleftrightarrow G'(x) = f(x).$$

Man schreibt daher auch $\int f(x)\, dx = F(x) + c$. Da das unbestimmte Integral die Umkehrung der Differentiation ist, erhält man aus jeder Differentiationsregel sofort eine Integrationsregel. Insbesondere liefern die Ableitungen der elementaren Funktionen Beispiele für Grundintegrale.

Beispiel 5.40 (Grundintegrale) Sei im Folgenden $c \in \mathbb{R}$ beliebig.

(a) Potenzfunktionen:

$$\int x^{\alpha}\, dx = \frac{x^{\alpha+1}}{\alpha+1} + c \quad \text{für } \alpha \in \mathbb{R} \setminus \{-1\}.$$

Hier muss der Definitionsbereich entsprechend eingeschränkt werden, falls $\alpha \notin \mathbb{N}$. Für negative ganze Zahlen α muss $x = 0$ ausgeschlossen werden, für nicht ganzzahlige α zusätzlich noch $x < 0$.

(b) Die Funktion x^{-1}: Wir wissen, dass $(\ln x)' = \frac{1}{x}$. Der Logarithmus ist jedoch für $x \leq 0$ nicht definiert. Sei $x < 0$. Dann gilt $\ln(-x)' = \frac{1}{-x} \cdot (-1) = \frac{1}{x}$. Zusammenfassend ergibt sich demnach

$$\int \frac{dx}{x} = \begin{cases} \ln x + c_1 & \text{für } x > 0, \\ \ln(-x) + c_2 & \text{für } x < 0. \end{cases}$$

Man schreibt dafür meist (etwas unkorrekt)

$$\int \frac{dx}{x} = \ln |x| + c.$$

(c) Die Exponentialfunktion: $\int e^x\, dx = e^x + c.$

(d) Winkel- und Arcusfunktionen:

$$\int \sin x \, dx = -\cos x + c, \quad \int \cos x \, dx = \sin x + c,$$

$$\int \frac{dx}{\cos^2 x} = \int (1 + \tan^2 x) \, dx = \tan x + c \text{ für } -\frac{\pi}{2} < x < \frac{\pi}{2},$$

$$\int \frac{dx}{1 + x^2} = \arctan x + c, \quad \int \frac{dx}{\sqrt{1 - x^2}} = \arcsin x + c \text{ für } -1 < x < 1. \qquad \triangle$$

2. Technik des Integrierens

Die Ableitungsregeln aus Satz 5.5 liefern entsprechende Integrationsregeln.

Satz 5.41 (Integrationsregeln)

(i) *Das Integral ist linear, d.h., es gilt* $\int (f(x) + g(x)) \, dx = \int f(x) \, dx + \int g(x) \, dx$ *und* $\int K f(x) \, dx = K \int f(x) \, dx$ *für Konstanten* K.

(ii) *Partielle Integration*:

$$\int f(x)g'(x) \, dx = f(x)g(x) - \int f'(x)g(x) \, dx.$$

(iii) *Substitutionsregel: Bezeichne F eine Stammfunktion von f. Dann gilt*

$$\int f(g(x))g'(x) \, dx = F(g(x)). \qquad (5.9)$$

Beweis. (i) folgt direkt aus der Linearität der Differentiation.

Die Regel (ii) lässt sich mit Hilfe von (i) umschreiben in

$$f(x)g(x) = \int (f'(x)g(x) + f(x)g'(x)) \, dx.$$

Durch Differenzieren dieser Gleichung sieht man sofort die Äquivalenz zur Produktregel der Differentiation.

Die Substitutionsregel (5.9) erhält man unmittelbar aus der Kettenregel. $\qquad \square$

Die Gleichung (5.9) ist die Basis für eine äußerst nützliche Integrationsmethode. Falls g eine Umkehrfunktion g^{-1} besitzt, dann kann man $g(x)$ in der rechten Seite von (5.9) durch $u = g(x)$ substituieren. Schreibt man weiters $F(u) = \int f(u) \, du$, dann lautet die Substitutionsregel

$$\int f(g(x))g'(x) \, dx = \int f(u) \, du.$$

Die Leibniz'sche Schreibweise ist bei dieser Form der Substitutionsregel besonders zweckmäßig. Es gilt

$$u = g(x) \implies \frac{du}{dx} = g'(x) \implies du = g'(x) \, dx$$

und daher

$$\int \underbrace{f(g(x))}_{f(u)} \underbrace{g'(x) \, dx}_{du} = \int f(u) \, du.$$

Beispiel 5.42

(a) $x \cos x$: Lösen mittels partieller Integration führt zum Ziel.

$$\int \underbrace{x}_{f} \underbrace{\cos x}_{g'} \, dx = x \sin x - \int 1 \cdot \sin x \, dx = x \sin x + \cos x + c.$$

(b) $\ln x$: Auch hier lässt sich die Methode der partiellen Integration erfolgreich anwenden.

$$\int \ln x \, dx = \int \underbrace{1}_{g'} \cdot \underbrace{\ln x}_{f} \, dx = x \ln x - \int x \cdot \frac{1}{x} \, dx = x \ln x - x + c.$$

(c) $x^2 e^x$: Iterierte Anwendung der partiellen Integration führt zur Lösung:

$$\int \underbrace{x^2}_{f} \underbrace{e^x}_{g'} \, dx = x^2 e^x - 2 \int \underbrace{x}_{\bar{f}} \underbrace{e^x}_{\bar{g}'} \, dx$$

$$= x^2 e^x - 2 \left(x e^x - \int e^x \, dx \right) = (x^2 - 2x + 2) e^x + c.$$

(d) Allgemeine Exponentialfunktionen der Form a^x: Die Substitution $u = x \ln a$, $du = \ln a \, dx$ leistet das Gewünschte, nämlich

$$\int a^x \, dx = \int e^{x \ln a} \, dx = \frac{1}{\ln a} \int e^u \, du = \frac{a^x}{\ln a} + c.$$

(e) $\tan x$: Es gilt $\int \tan x \, dx = \int \frac{\sin x}{\cos x} \, dx$. Wir substituieren $u = \cos x$ und daher $du = -\sin x \, dx$. Dies führt zu

$$\int \frac{\sin x \, dx}{\cos x} = \int \frac{-du}{u} = -\ln|u| + c = -\ln|\cos x| + c$$

(f) $\frac{1}{x^2+4}$: Die Funktion erinnert an das Grundintegral $\int \frac{dx}{x^2+1} = \arctan x + c$. Daher wird die Umformung

$$\int \frac{dx}{x^2 + 4} = \frac{1}{4} \int \frac{dx}{\frac{x^2}{4} + 1}$$

nahe gelegt. Nun substituieren wir $y = \frac{x}{2}$, $dy = \frac{dx}{2}$, d.h. $dx = 2dy$. Dann bekommen wir

$$\frac{1}{4} \int \frac{2dy}{y^2 + 1} = \frac{1}{2} \arctan y + c = \frac{1}{2} \arctan \frac{x}{2} + c.$$

(g) $\frac{1}{x^2+4x+10}$: Auch das Integral über diese Funktion lässt sich auf das Grundintegral $\int \frac{dx}{x^2+1} = \arctan x$ zurückführen. Der Nenner kann in der Form $x^2 + 4x + 10 = (x+2)^2 + 6$ geschrieben werden. Wir erhalten dann

$$\int \frac{dx}{(x+2)^2 + 6} = \frac{1}{6} \int \frac{dx}{\frac{(x+2)^2}{6} + 1} = \frac{1}{\sqrt{6}} \arctan \frac{x+2}{\sqrt{6}} + c,$$

wobei der letzte Schritt analog zum vorigen Beispiel durchgeführt wurde (mit der Substitution $y = \frac{x+2}{\sqrt{6}}$).

(h) $\frac{1}{ax+b}$: Man substituiert $u = ax + b$, $dx = \frac{du}{a}$ und erhält

$$\int \frac{dx}{ax + b} = \frac{1}{a} \int \frac{du}{u} = \frac{1}{a} \ln |u| + c = \frac{1}{a} \ln |ax + b| + c.$$

$\triangle$

Die Integration rationaler Funktionen $\frac{P(x)}{Q(x)}$ (mit Polynomen $P(x)$ und $Q(x)$) lässt sich mit Hilfe einer **Partialbruchzerlegung** bewerkstelligen. Der Bruch $\frac{P(x)}{Q(x)}$ lässt sich immer in der Form $A(x) + \frac{R(x)}{Q(x)}$ (mit Polynomen $A(x)$ und $R(x)$) anschreiben, so dass $R(x)$ ein Polynom kleineren Grades als $Q(x)$ ist. Ferner lässt sich $Q(x)$ (über $\mathbb{R}$) in ein Produkt von linearen und quadratischen Faktoren zerlegen. Denn nach dem Fundamentalsatz der Algebra (Satz 1.12) zerfällt jedes Polynom über $\mathbb{C}$ in Linearfaktoren. Weiters folgt aus der Tatsache, dass das Konjugium $^{-} : \mathbb{C} \to \mathbb{C}$ mit $x \mapsto \bar{x}$ (siehe Abschnitt 1.2) ein Körperisomorphismus ist, dass ein reelles Polynom mit einer komplexen Nullstelle x auch deren konjugierte Zahl $\bar{x}$ als Nullstelle besitzen muss. Ausgestattet mit diesen Informationen führt nun ein unbestimmter Ansatz und anschließendes Lösen eines Gleichungssystems zum Ziel: Falls $Q(x) = \prod_{i=1}^{m}(x - \lambda_i)^{k_i} \prod_{j=1}^{n} Q_j(x)^{\ell_j}$, wobei $\lambda_i \in \mathbb{R}$ und $Q_j(x)$ quadratische Polynome sind (k_i und ℓ_j bezeichnen die jeweiligen Vielfachheiten), dann lautet der Ansatz

$$\frac{R(x)}{Q(x)} = \sum_{i=1}^{m} \sum_{\mu=1}^{k_i} \frac{A_{i,\mu}}{(x - \lambda_i)^{\mu}} + \sum_{j=1}^{n} \sum_{\nu=1}^{\ell_i} \frac{B_{j,\nu} x + C_{j,\nu}}{Q_j(x)^{\nu}} \tag{5.10}$$

mit den unbestimmten Koeffizienten $A_{i,\mu}$, $B_{j,\nu}$ und $C_{j,\nu}$. Multiplikation mit dem gemeinsamen Nenner $Q(x)$ und Koeffizientenvergleich führt auf ein lineares Gleichungssystem in den Variablen $A_{i,\mu}$, $B_{j,\nu}$ und $C_{j,\nu}$, das stets lösbar ist. Danach hat man es nur mehr mit Integralen zu tun, die sich nach mehr oder weniger einfachen Substitutionen auf Grundintegrale zurück führen lassen.

Beispiel 5.43

(a) Gesucht ist $\int f(x) \, dx$ mit

$$f(x) = \frac{x^2 + 1}{x^3 - x^2 - x + 1} = \frac{x^2 + 1}{(x - 1)^2 (x + 1)}.$$

Der Ansatz gemäß (5.10) lautet (mit vereinfachter Bezeichnung der Koeffizienten)

$$f(x) = \frac{A}{x - 1} + \frac{B}{(x - 1)^2} + \frac{C}{x + 1}.$$

Daraus folgt

$$x^2 + 1 = A(x - 1)(x + 1) + B(x + 1) + C(x - 1)^2,$$
$$1 \cdot x^2 + 0 \cdot x + 1 \cdot x^0 = (A + C)x^2 + (B - 2C)x + (-A + B + C)x^0.$$

Ein Koeffizientenvergleich liefert die Gleichungen $A + C = 1$, $B - 2C = 0$ und $-A + B + C = 1$. Löst man dieses System, so ergibt sich $A = \frac{1}{2}$, $B = 1$ und $C = \frac{1}{2}$, also

$$f(x) = \frac{1}{2(x - 1)} + \frac{1}{(x - 1)^2} + \frac{1}{2(x + 1)}.$$

und in weiterer Folge

$$\int f(x)\,dx = \frac{1}{2}\ln|x-1| - \frac{1}{x-1} + \frac{1}{2}\ln|x+1| + c.$$

(b) Wir wollen

$$f(x) = \frac{3x^2 + 2x}{x^3 + 3x^2 + 4x + 2} = \frac{3x^2 + 2x}{(x^2 + 2x + 2)(x+1)}$$

integrieren. Mit Hilfe des Ansatzes

$$f(x) = \frac{A}{x+1} + \frac{Bx + C}{x^2 + 2x + 2}$$

gemäß (5.10) und der Vorgangsweise analog zum vorigen Beispiel erhalten wir

$$f(x) = \frac{1}{x+1} + \frac{2x - 2}{x^2 + 2x + 2}$$

und

$$\begin{aligned}
\int f(x)\,dx &= \ln|x+1| + \int \frac{2x-2}{x^2+2x+2}\,dx \\
&= \ln|x+1| + \int \frac{2(x+1)}{(x+1)^2+1}\,dx - 4\int \frac{dx}{(x+1)^2+1} \\
&= \ln|x+1| + \ln|x^2+2x+2| - 4\arctan(x+1) + c,
\end{aligned}$$

wobei im letzten Schritt die Substitutionen $u = (x+1)^2 + 1$ im ersten Summanden und $u = x + 1$ im zweiten Summanden verwendet wurden.

$\triangle$

Alle in den voran gegangenen Beispielen betrachteten Funktionen sind elementar integrierbar, d.h., ihre Stammfunktion ist eine elementare Funktion. Es gibt jedoch auch nicht elementar integrierbare Funktionen, wie etwa e^{-x^2} oder $\frac{\sin x}{x}$.

5.4 Das bestimmte Integral

1. Die Fläche unter einer Kurve

Gegeben sei eine beschränkte Funktion f auf einem Intervall $[a, b]$. Unser Ziel ist es, die Fläche, die vom Funktionsgraphen und der x-Achse begrenzt wird, zu bestimmen. Dazu zerlegen wir das Intervall $[a, b]$ in n Teilintervalle $[x_0, x_1], \ldots, [x_{n-1}, x_n]$ mit

$$a = x_0 < x_1 < \cdots < x_{n-1} < x_n = b. \tag{5.11}$$

Dann werten wir die Funktion f in jedem Intervall an einer Zwischenstelle $\xi_i \in [x_{i-1}, x_i]$ aus und bilden die Summe

$$S_n = \sum_{i=1}^{n} f(\xi_i)(x_i - x_{i-1}), \tag{5.12}$$

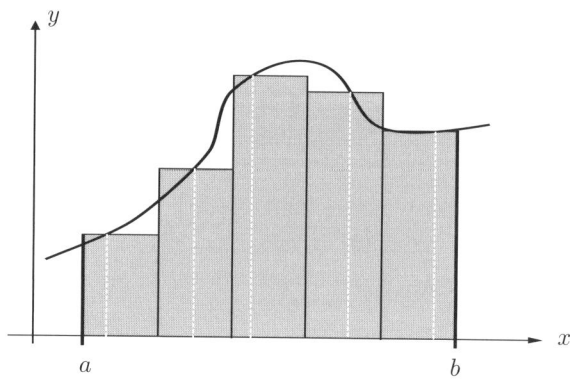

Abbildung 5.10 Fläche unter der Kurve mittels Riemannsumme

was der in Abb 5.10 dargestellten Fläche entspricht. Aufgrund der Abbildung wird man erwarten, dass S_n gegen die gesuchte Fläche konvergiert, sofern die Funktion f nicht allzu „bösartig" ist. Wir präzisieren nun diese Überlegungen.

Definition 5.44 Sei $I = [a, b]$ ein Intervall. Jede Wahl von Unterteilungspunkten gemäß (5.11) definiert eine **Zerlegung** des Intervalls in die Teilintervalle $[x_0, x_1], \ldots, [x_{n-1}, x_n]$. Die Länge des längsten Teilintervalls einer Zerlegung Z heißt **Feinheit** $\mathcal{F}(Z)$ der Zerlegung Z. Die einer Zerlegung und einer Auswahl von Zwischenstellen entsprechende Summe (5.12) heißt **Riemann'sche Zwischensumme**.

Definition 5.45 Sei $I = [a, b]$ ein Intervall und $f : I \to \mathbb{R}$. Falls jede Folge $(S_n)_{n \in \mathbb{N}}$ von Zwischensummen, deren zugehörige Zerlegungsfolge $\lim_{n \to \infty} \mathcal{F}(Z_n) = 0$ erfüllt, gegen denselben Grenzwert konvergiert, so nennt man diesen Grenzwert das **bestimmte Integral** von f auf dem Intervall $[a, b]$ und schreibt $\int_a^b f(x)\,dx$. Funktionen, die ein bestimmtes Integral besitzen, heißen **integrierbar**. Dabei heißen a und b **Integrationsgrenzen** und x **Integrationsvariable**. Falls die obere Integrationsgrenze nicht größer als die untere ist, so definiert man:

$$\int_a^b f(x)\,dx = -\int_b^a f(x)\,dx, \text{ falls } a > b, \text{ und } \int_a^a f(x)\,dx = 0.$$

Bemerkung: Das bestimmte Integral von f entspricht also genau der Fläche, die der Graph mit der x-Achse einschließt, wobei Gebiete, die unterhalb der x-Achse liegen, negativ gewichtet werden.

Beispiel 5.46 Eine nicht integrierbare Funktion ist die so genannte Dirichlet'sche Sprungfunktion $f : \mathbb{R} \to [0, 1]$, definiert durch

$$f(x) = \begin{cases} 1 & \text{falls } x \in \mathbb{Q}, \\ 0 & \text{falls } x \notin \mathbb{Q}. \end{cases}$$

Da jedes Teilintervall $[x_i, x_{i+1}]$ einer Zerlegung von $[0, 1]$ sowohl rationale als auch irrationale Zahlen enthält, lassen sich sämtliche Zwischenstellen ξ_i rational bzw. irrational wählen. Im ersteren Fall ergibt die Zwischensumme (5.12) den Wert $S_n = 1$, während im letzteren Fall $S_n = 0$ gilt. Somit ist f nicht integrierbar. $\triangle$

Wählt man die Zwischenstellen $\xi_1, \ldots, \xi_n$ der Riemann'schen Zwischensumme einer Funktion f derart, dass f dort jeweils das Maximum bzw. Minimum im entsprechenden Teilintervall annimmt, d.h., dass $f(\xi_i) = \max_{x \in [x_{i-1}, x_i]} f(x)$ bzw. $f(\xi_i) = \min_{x \in [x_{i-1}, x_i]} f(x)$ für $i = 1, \ldots, n$ gilt, dann heißen die entsprechenden Zwischensummen **Obersumme** bzw. **Untersumme**. Man kann die Integrierbarkeit von f mit Hilfe der Ober- und Untersummen charakterisieren, wie das folgende Kriterium zeigt, welches wir ohne Beweis angeben.

Satz 5.47 (Riemann'sches Integrabilitätskriterium) *Eine auf dem Intervall $[a, b]$ beschränkte Funktion f ist genau dann integrierbar, wenn es zu jedem $\varepsilon > 0$ eine Zerlegung Z von $[a, b]$ gibt, so dass die zugehörige Obersumme $O_Z(f)$ und Untersumme $U_Z(f)$ die Ungleichung $O_Z(f) - U_Z(f) < \varepsilon$ erfüllen.*

Bemerkung: Die Beweisidee ist relativ einfach: Da es sich bei der Ober- und Untersumme im Wesentlichen [5] nur um spezielle Zwischensummen handelt, konvergieren diese – sofern f integrierbar ist – ebenfalls gegen das Integral $\int_a^b f(x)\,dx$, wenn die Feinheit der Zerlegung gegen 0 geht.

Umkehrung: Da f beschränkt ist, sind auch die Menge aller Obersummen und die Menge aller Untersummen beschränkt. Aus der für jede Zerlegung Z geltenden Ungleichung

$$U_Z(f) \le I_* = \sup_{\tilde{Z}\ \text{Zerlegung von } [a,b]} U_{\tilde{Z}}(f) \le I^* = \inf_{\tilde{Z}\ \text{Zerlegung von } [a,b]} O_{\tilde{Z}}(f) \le O_Z(f)$$

folgt unter der Voraussetzung des obigen Satzes $I_* = I^*$. Man kann darüber hinaus zeigen, dass

$$\lim_{\mathcal{F}(Z_n) \to 0} U_{Z_n}(f) = I_* \quad \text{und} \quad \lim_{\mathcal{F}(Z_n) \to 0} O_{Z_n}(f) = I^*$$

gilt. Da alle Zwischensummen zur Zerlegung Z im Intervall $[U_Z(f), O_Z(f)]$ liegen, folgt schließlich $I_* = \int_a^b f(x)\,dx = I^*$.

Die nächsten beiden Sätze stellen zwei große Klassen von integrierbaren Funktionen vor.

Satz 5.48 *Jede auf $[a, b]$ definierte monotone Funktion ist integrierbar.*

Beweis. Es genügt, den Fall einer monoton wachsenden Funktion f zu betrachten. Eine solche Funktion f ist durch $f(a)$ nach unten und durch $f(b)$ nach oben beschränkt. Die Behauptung folgt nun direkt aus Satz 5.47: Wir geben uns eine Zerlegung $a = x_0 < x_1 < \cdots < x_n = b$ vor. Dann gilt offensichtlich $\min_{x_{i-1} \le x \le x_i} f(x) = f(x_{i-1})$ und $\max_{x_{i-1} \le x \le x_i} f(x) = f(x_i)$. Daraus folgt

$$O_Z(f) - U_Z(f) = \sum_{i=1}^n (f(x_i) - f(x_{i-1}))(x_i - x_{i-1})$$

$$\le \mathcal{F}(Z) \sum_{i=1}^n (f(x_i) - f(x_{i-1})) = \mathcal{F}(Z)(f(b) - f(a)),$$

und dieser Wert kann beliebig klein gemacht werden, indem man eine Zerlegung mit hinreichend kleiner Feinheit wählt. $\qquad \square$

---

[5] Das Supremum und das Infimum von f in einem Teilintervall der Zerlegung muss von f nicht angenommen werden.

Definition 5.49 Eine Funktion heißt **stückweise stetig** im Intervall $[a, b]$, wenn sie dort beschränkt sowie mit Ausnahme von höchstens endlich vielen Stellen stetig ist und an jeder Unstetigkeitsstelle beide einseitigen Grenzwerte existieren.

Satz 5.50 *Jede auf $[a, b]$ stückweise stetige Funktion ist integrierbar.*

Ohne Beweis.

Satz 5.51 *Für jede integrierbare Funktion $f : [a, b] \to \mathbb{R}$ ist auch $|f|$ integrierbar.*

Beweis. Wir betrachten ein Teilintervall $I_k = [x_{k-1}, x_k]$ einer Zerlegung von $[a, b]$. Sei $m_k = \min_{x \in I_k} f(x)$ und $M_k = \max_{x \in I_k} f(x)$ sowie $\bar{m}_k = \min_{x \in I_k} |f(x)|$ und $\bar{M}_k = \max_{x \in I_k} |f(x)|$. Für alle $x, y \in I_k$ gilt dann

$$||f(x)| - |f(y)|| \leq |f(x) - f(y)| \leq M_k - m_k$$

und daher insbesondere $\bar{M}_k - \bar{m}_k \leq M_k - m_k$. Da f integrierbar ist, gibt es zu jedem $\varepsilon > 0$ eine Zerlegung Z mit $O_Z(f) - U_Z(f) < \varepsilon$. So eine Zerlegung erfüllt aber auch

$$O_Z(|f|) - U_Z(|f|) \leq \sum_{k=1}^{n} (\bar{M}_k - \bar{m}_k)(x_i - x_{i-1})$$

$$\leq \sum_{k=1}^{n} (M_k - m_k)(x_i - x_{i-1}) = O_Z(f) - U_Z(f) < \varepsilon,$$

und daher ist nach Satz 5.47 auch $|f|$ integrierbar. $\qquad\qquad\qquad\qquad\qquad \square$

Der nächste Satz listet ein paar elementare Eigenschaften von bestimmten Integralen auf. Die meisten sind anschaulich leicht zu interpretieren.

Satz 5.52 *Seien f und g integrierbar auf $[a, b]$. Dann folgt:*

(i) *Die Funktion $f \mapsto \int_a^b f(x)\, dx$ ist linear, d.h., es gelten die beiden Identitäten*

$$\int_a^b K f(x)\, dx = K \int_a^b f(x)\, dx$$

für alle Konstanten $K \in \mathbb{R}$, und

$$\int_a^b (f(x) + g(x))\, dx = \int_a^b f(x)\, dx + \int_a^b g(x)\, dx.$$

(ii) *Sei $a \leq c \leq b$, dann ist (siehe Abb. 5.11, links)*

$$\int_a^b f(x)\, dx = \int_a^c f(x)\, dx + \int_c^b f(x)\, dx. \tag{5.13}$$

(iii) *Aus $f(x) \leq g(x)$ für alle $x \in [a, b]$ folgt $\int_a^b f(x)\, dx \leq \int_a^b g(x)\, dx$.*

(iv) *Für $a < b$ gelten die Ungleichungen*

$$\left| \int_a^b f(x)\, dx \right| \le \int_a^b |f(x)|\, dx \le (b-a) \sup_{x \in [a,b]} |f(x)| \tag{5.14}$$

und

$$(b-a) \inf_{x \in [a,b]} f(x) \le \int_a^b f(x)\, dx \le (b-a) \sup_{x \in [a,b]} f(x).$$

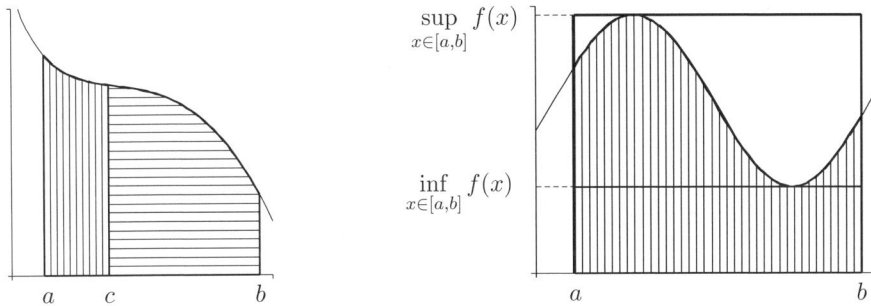

Abbildung 5.11 Regeln für bestimmte Integrale

Beweis. Da f und g integrierbar sind, erhält man deren Integrale, indem man bei Zwischensummen $S_n(f) = \sum_{i=1}^n f(\xi_i)(x_i - x_{i-1})$ und $S_n(g) = \sum_{i-1}^n g(\xi_i)(x_i - x_{i-1})$ den Grenzwert für $n \to \infty$ bildet, ohne die konkrete Gestalt der Zerlegungen oder die Wahl der Zwischenstellen berücksichtigen zu müssen. Die einzige Bedingung für die zugehörige Zerlegungsfolge $(Z_n)_{n\in\mathbb{N}}$ ist, dass $\lim_{n\to\infty} \mathfrak{F}(Z_n) = 0$. Die Linearität folgt nun aus den Rechenregeln für Folgen (Satz 4.14), angewendet auf $S_n(f)$ und $S_n(g)$.

Behauptung (5.13) folgt daraus, dass eine Zerlegung von $[a, c]$ und eine Zerlegung von $[c, b]$ insgesamt eine Zerlegung von $[a, b]$ ergeben, falls $c \in [a, b]$.

Aus $f(x) \le g(x)$ folgt $S_n(f) \le S_n(g)$ und daher $\int_a^b f(x)\, dx = \lim_{n\to\infty} S_n(f) \le \lim_{n\to\infty} S_n(g) = \int_a^b g(x)\, dx$.

Zum Beweis von (5.14) wende man die Dreiecksungleichung auf die Zwischensummen an und bilde danach den Grenzwert. Der zweite Teil folgt direkt aus $|f| \le \sup |f|$ und (iii).

Die letzte Ungleichung folgt ebenfalls unmittelbar aus (iii) und $\inf_{x\in[a,b]} f(x) \le f(x) \le \sup_{x\in[a,b]} f(x)$. $\qquad \square$

2. Der Hauptsatz der Differential- und Integralrechnung

Satz 5.53 (Mittelwertsatz der Integralrechnung) *Sei f stetig auf dem Intervall $[a, b]$. Dann gibt es ein $\xi \in [a, b]$, so dass $\int_a^b f(x)\, dx = f(\xi)(b - a)$.*

Beweis. Der Satz besagt, dass die Fläche unter dem Funktionsgraphen durch ein flächengleiches Rechteck dargestellt werden kann, dessen Höhe ein „Mittelwert" der im Intervall $[a, b]$

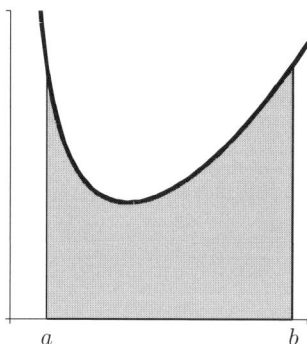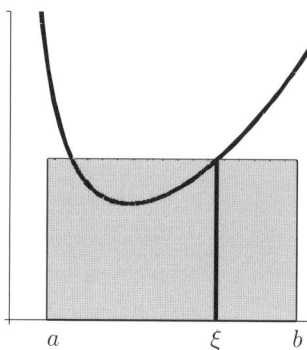

Abbildung 5.12 Die Fläche unterhalb des Funktionsgraphen ist genauso groß wie jene des Rechtecks rechts. Die Rechteckshöhe tritt als Funktionswert an der Stelle ξ auf. Die Stelle ξ ist in diesem Fall nicht eindeutig bestimmt.

auftretenden Funktionswerte ist (siehe Abb. 5.12). Dieser Mittelwert muss aufgrund der Stetigkeit von f auch als Funktionswert auftreten.

Diese Idee kann leicht umgesetzt werden: Da f eine stetige Funktion ist, besitzt sie nach Satz 4.90 auf $[a, b]$ ein Maximum M und ein Minimum m. Damit erhalten wir wegen Satz 5.52

$$m \leq \frac{1}{b-a} \int_a^b f(x)\,dx \leq M,$$

was laut Zwischenwertsatz (Satz 4.89) die Existenz einer Zahl ξ mit $f(\xi) = \frac{1}{b-a} \int_a^b f(x)\,dx$ impliziert. $\qquad\square$

Der Mittelwertsatz der Integralrechnung erinnert nicht nur hinsichtlich des Namens stark an den Mittelwertsatz der Differentialrechnung. Er folgt sofort aus letzterem, wenn es eine Stammfunktion F gibt, so dass $F(b) - F(a)$ mit dem bestimmten Integral übereinstimmt. Dass tatsächlich so eine Stammfunktion existiert, werden wir später mit dem Hauptsatz der Differential- und Integralrechnung zeigen, dessen Beweis jedoch umgekehrt den Mittelwertsatz der Integralrechnung als Grundlage hat. Zunächst präsentieren wir aber noch ein Beispiel aus der Physik.

Beispiel 5.54 Gegeben sei ein physikalischer Körper, der sich zum Zeitpunkt t mit der Momentangeschwindigkeit $v(t) = 6t^2 - 4t$ bewegt. Der Weg, den dieser Körper im Zeitintervall $[a, b] = [0, 3]$ zurück legt, kann durch die Differenz des Orts $s(t) = 2t^3 - 2t^2$ am Anfangs- und Endpunkt des Zeitintervalls beschrieben werden, also $s(3) - s(0) = 36$. Andererseits lässt sich das Zeitintervall $[0, 3]$ in viele so kleine Zeitintervalle zerlegen, dass die Geschwindigkeit während eines solchen Teilintervalls fast konstant ist. Berechnet man den gesamten Weg als Summe der während der Teilintervalle zurück gelegten Wege, so erhält man eine Riemann'sche Zwischensumme. Diese heuristische Überlegung legt daher nahe, dass der Weg $s(3) - s(0)$ auch durch das Integral $\int_0^3 (6t^2 - 4t)\,dt$ beschrieben werden kann. Die mittlere Geschwindigkeit $\bar{v}$ ist der Quotient aus zurück gelegtem Weg und benötigter Zeit, allgemein

$$\bar{v} - \frac{s(b) - s(a)}{b-a} - \frac{1}{b-a} \int_a^b v(t)\,dt.$$

Der Mittelwertsatz der Integralrechnung sagt also, dass die mittlere Geschwindigkeit zu irgendeinem Zeitpunkt des betrachteten Zeitintervalls auch tatsächlich angenommen wird. $\qquad\triangle$

Im obigen Beispiel beobachten wir aufgrund eines heuristischen Arguments die Beziehung $\int_a^b v(t)\,dt = s(b) - s(a)$. Weiters wissen wir aus Abschnitt 5.1 und Beispiel 5.37, dass $s(t)$ eine Stammfunktion von $v(t)$ ist. Wie bereits angekündigt, zeigen wir im folgenden Satz, dass dies allgemein gilt.

Satz 5.55 (Hauptsatz der Differential- und Integralrechnung) *Sei f eine auf dem Intervall $[a, b]$ stetige Funktion. Dann ist $F(x) = \int_a^x f(t)\,dt$ eine Stammfunktion von f. Jede beliebige Stammfunktion F von f erfüllt*

$$\int_a^b f(x)\,dx = F(b) - F(a).$$

Bemerkung: Statt $F(b) - F(a)$ schreibt man kürzer auch $F(x)\Big|_a^b$.

Beweis. Wir zeigen zunächst, dass F eine Stammfunktion von f ist. Es gilt

$$\frac{F(x) - F(x_0)}{x - x_0} = \frac{1}{x - x_0}\left(\int_a^x f(t)\,dt - \int_a^{x_0} f(t)\,dt\right) = \frac{1}{x - x_0}\int_{x_0}^x f(t)\,dt = f(\xi),$$

für ein ξ mit $x_0 \leq \xi \leq x$, wobei die letzte Gleichung aus dem Mittelwertsatz der Integralrechnung folgt. Der Grenzübergang $x \to x_0$, der auch $\xi \to x_0$ impliziert, liefert schließlich $F'(x_0) = \lim_{\xi \to x_0} f(\xi) = f(x_0)$.

Sei nun F eine beliebige Stammfunktion von f. Dann gilt nach Satz 5.39 $F(x) = \int_a^x f(t)\,dt + c$. Daraus folgt

$$F(b) - F(a) = \int_a^b f(t)\,dt + c - \left(\int_a^a f(t)\,dt + c\right) = \int_a^b f(t)\,dt.$$

$\square$

Bemerkung: Dieser Satz ist – wie der Name sagt – einer der grundlegendsten Sätze der Analysis. Das bestimmte Integral haben wir anfänglich zur Berechnung von Flächen definiert. Diese Definition ist zunächst völlig unabhängig von der Differentialrechnung und damit vom unbestimmten Integral. Der Hauptsatz der Differential- und Integralrechnung zeigt jedoch die enge Beziehung zwischen bestimmtem und unbestimmtem Integral und rechtfertigt im Nachhinein die ähnlich gewählten Bezeichnungen für beide.

Satz 5.56 (Substitutionsregel für bestimmte Integrale) *Sei f stetig auf $[a, b]$ und ferner sei $g : [c, d] \to [a, b]$ stetig differenzierbar mit $g(c) = a$ und $g(d) = b$. Dann gilt*

$$\int_a^b f(u)\,du = \int_c^d f(g(x))g'(x)\,dx, \tag{5.15}$$

d.h., bei der Substitution in bestimmten Integralen müssen auch die Grenzen substituiert werden.

Beweis. Die Behauptung folgt aus der Tatsache, dass für jede Stammfunktion F von f die Funktion $F(g(x))$ eine Stammfunktion des Integranden auf der rechten Seite von (5.15) ist. Einsetzen der Grenzen ergibt in beiden Fällen $F(b) - F(a)$ und daher (5.15). $\square$

Beispiel 5.57

(a) Seien $a, b > 0$. Die Fläche über dem Intervall $[a, b]$ und unter der Funktion $\frac{1}{x}$ (siehe Abb 5.13 links) kann mit Hilfe der Integralrechnung einfach berechnet werden. Es gilt $\int_a^b \frac{dx}{x} = \ln x \Big|_a^b = \ln b - \ln a = \ln \frac{b}{a}$.

(b) Mit Hilfe des vorigen Beispiels können wir nun die folgende Abschätzung machen (siehe auch Abb 5.13):

$$\frac{1}{2} + \frac{1}{3} + \cdots + \frac{1}{n} \leq \int_1^n \frac{dx}{x} = \ln n \leq 1 + \frac{1}{2} + \cdots + \frac{1}{n-1}. \tag{5.16}$$

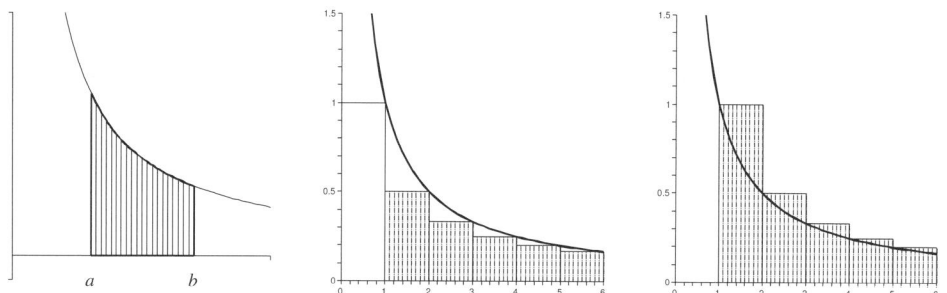

Abbildung 5.13 links: $\int_a^b \frac{dx}{x}$, Mitte und rechts: linke und rechte Seite von (5.16) für $n = 6$

Daraus folgt $\ln n \leq 1 + \frac{1}{2} + \cdots + \frac{1}{n} \leq 1 + \ln n$, also

$$0 \leq a_n = 1 + \frac{1}{2} + \cdots + \frac{1}{n} - \ln n \leq 1.$$

Weiters gilt wegen $\ln\left(1 + \frac{1}{n}\right) \geq \frac{1}{n} - \frac{1}{2n^2}$ (vgl. Beispiel 5.22)

$$a_n - a_{n+1} = -\frac{1}{n+1} - \ln n + \ln(n+1) = -\frac{1}{n+1} + \ln\left(1 + \frac{1}{n}\right)$$

$$\geq -\frac{1}{n+1} + \frac{1}{n} - \frac{1}{2n^2} = \frac{1}{n^2+n} - \frac{1}{2n^2}$$

$$> 0 \text{ für } n \geq 2.$$

Die Folge $(a_n)_{n \geq 2}$ ist daher (streng) monoton fallend, nach unten durch 0 beschränkt und somit konvergent. Der Grenzwert $\lim_{n \to \infty} a_n = \gamma \approx 0.577216$ wird **Euler-Mascheroni'sche Konstante** genannt. Diese liefert eine asymptotische Formel für die Partialsummenfolge der harmonischen Reihe, die so genannten **harmonischen Zahlen**

$$H_n = \sum_{k=1}^n \frac{1}{k} \sim \ln n + \gamma,$$

die in der Analyse vieler Algorithmen (z.B. Quicksort, siehe Kapitel 7, vgl. auch [9] und [17]) auftreten.

(c) Wir berechnen die Fläche eines Halbkreises mit dem Radius $r = 1$. Jeder Punkt (x, y) des Kreises erfüllt die Gleichung $x^2 + y^2 = 1$. Im oberen Halbkreis haben wir daher $y = \sqrt{1 - x^2}$. Die Fläche des Halbkreises ist dann $\int_{-1}^{1} \sqrt{1 - x^2}\, dx$. Dieses Integral lässt sich mit der Substitution $x = \sin t$, $dx = \cos t\, dt$ berechnen, wobei auch die Grenzen substituiert werden müssen. Für $x = \pm 1$ bekommen wir daher $t = \pm \frac{\pi}{2}$. Dies ergibt nun

$$\int_{-1}^{1} \sqrt{1 - x^2}\, dx = \int_{-\frac{\pi}{2}}^{\frac{\pi}{2}} \sqrt{1 - \sin^2 t}\, \cos t\, dt$$

$$= \int_{-\frac{\pi}{2}}^{\frac{\pi}{2}} \cos^2 t\, dt = \left(\frac{t + \sin t \cos t}{2} \right) \Big|_{-\frac{\pi}{2}}^{\frac{\pi}{2}} = \frac{\pi}{2},$$

wobei das letzte Integral mittels partieller Integration gelöst werden kann (siehe Übungsaufgaben).

$\triangle$

5.5 Uneigentliche Integrale

Im vorigen Abschnitt haben bei bestimmten Integralen immer zwei Voraussetzungen zugetroffen: Einerseits waren die Funktionen im Integranden stetig oder zumindest stückweise stetig und damit beschränkt. Die zweite Voraussetzung war die Beschränktheit des Integrationsbereichs: Wir haben das bestimmte Integral nur für abgeschlossene Intervalle $[a, b]$ definiert.

In diesem Abschnitt betrachten wir Verallgemeinerungen des bestimmten Integrals, bei denen mindestens eine der oben genannten Voraussetzungen verletzt ist.

Definition 5.58 Sei f auf $[a, b)$ definiert und auf jedem Teilintervall $[a, c] \subset [a, b)$ integrierbar. Weiters sei $\lim_{x \to b-} f(x) = \infty$ (bzw. $-\infty$). Dann nennt man das Integral

$$\int_a^b f(x)\, dx = \lim_{c \to b-} \int_a^c f(x)\, dx$$

uneigentliches Integral erster Art. Man spricht von Konvergenz bzw. Divergenz des Integrals je nachdem, ob dieser Grenzwert im eigentlichen Sinn existiert oder nicht. Eine analoge Definition gilt für Intervalle $(a, b]$ mit $\lim_{x \to a+} f(x) = \pm \infty$.

Sei $a \in \mathbb{R}$ fest. Für eine auf jedem Intervall $[a, b] \subset [a, \infty)$ integrierbare Funktion f nennt man das Integral

$$\int_a^{\infty} f(x)\, dx = \lim_{b \to \infty} \int_a^b f(x)\, dx$$

uneigentliches Integral zweiter Art. Auch dieses Integral kann entweder konvergent oder divergent sein, wobei – ebenso wie zuvor – im Fall der Konvergenz der Grenzwert nicht uneigentlich sein darf. Eine analoge Definition gilt für Intervalle $(-\infty, b]$.

Beispiel 5.59 (Uneigentliche Integrale erster Art)

(a) Das Integral $\int_0^1 \frac{dx}{\sqrt{x}}$ (siehe Abb. 5.14, links) ist ein uneigentliches Integral erster Art, da für $x \to 0$ der Grenzwert des Integranden ∞ ist. Definitionsgemäß gilt

$$\int_0^1 \frac{dx}{\sqrt{x}} = \lim_{c \to 0+} \int_c^1 \frac{dx}{\sqrt{x}} = \lim_{c \to 0+} 2\sqrt{x}\Big|_c^1 = \lim_{c \to 0+} (2 - 2\sqrt{c}) = 2.$$

(b) Genau so wie im vorigen Beispiel ist das Integral $\int_0^1 \frac{dx}{x}$ uneigentlich an der Stelle 0. Hier erhalten wir jedoch

$$\int_0^1 \frac{dx}{x} = \lim_{c \to 0+} \int_c^1 \frac{dx}{x} = \lim_{c \to 0+} \ln x \Big|_c^1 = \lim_{c \to 0+} (\ln 1 - \ln c) = +\infty.$$

Dieses uneigentliche Integral ist daher divergent.

(c) Ein Integral, das sich aus zwei uneigentlichen Integralen erster Art zusammensetzt, ist $\int_{-1}^1 \frac{dx}{x^2}$. Hier ist der Integrand nicht am Rand des Integrationsbereichs unbeschränkt, sondern in dessen Innerem. Das Integral ist uneigentlich an der Stelle 0. Dass man dabei vorsichtig sein muss und nicht einfach die Stammfunktion an den Grenzen -1 und 1 (wo es ja keinerlei Probleme gibt) auswerten kann, zeigt die folgende nicht korrekte Rechnung:

$$\int_{-1}^1 \frac{dx}{x^2} = -\frac{1}{x}\Big|_{-1}^1 = -1 + (-1) = -2.$$

Dieses Ergebnis ist offensichtlich falsch, da ein Blick auf Abb. 5.14 (rechts) sofort zeigt, dass das Integral nicht negativ sein kann.

Nun richtig gerechnet:

$$\int_{-1}^1 \frac{dx}{x^2} = \int_{-1}^0 \frac{dx}{x^2} + \int_0^1 \frac{dx}{x^2} = \lim_{c \to 0+} \int_{-1}^{-c} \frac{dx}{x^2} + \lim_{c \to 0+} \int_c^1 \frac{dx}{x^2}$$

$$= \lim_{c \to 0+} \left(-\frac{1}{x}\right)\Big|_{-1}^{-c} + \lim_{c \to 0+} \left(-\frac{1}{x}\right)\Big|_c^1 = \lim_{c \to 0+} \left(\frac{1}{c} - 1\right) + \lim_{c \to 0+} \left(-1 + \frac{1}{c}\right) = \infty.$$

Das uneigentliche Integral $\int_{-1}^1 \frac{dx}{x^2}$ existiert daher nicht.

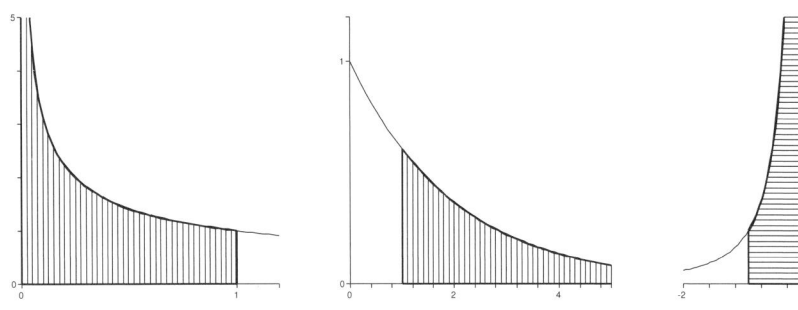

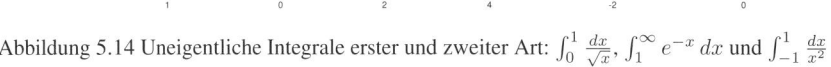

Abbildung 5.14 Uneigentliche Integrale erster und zweiter Art: $\int_0^1 \frac{dx}{\sqrt{x}}$, $\int_1^\infty e^{-x}\, dx$ und $\int_{-1}^1 \frac{dx}{x^2}$

Beispiel 5.60 (Uneigentliche Integrale zweiter Art)

(a) Radioaktive Zerfallsprozesse können mit der Exponentialfunktion $f(x) = e^{-x}$ beschrieben werden. Die Gesamtemission ist dann das Integral über den betrachteten Zeitraum. Dies führt auf $\int_1^\infty e^{-x}\, dx$, ein uneigentliches Integral zweiter Art. Einsetzen in die Definition ergibt

$$\int_1^\infty e^{-x}\, dx = \lim_{c \to \infty} \int_1^c e^{-x}\, dx = \lim_{c \to \infty} (-e^{-x})\Big|_1^c = \lim_{c \to \infty} (-e^{-c} + e^{-1}) = \frac{1}{e}.$$

(b) Die **Gammafunktion** $\Gamma(x)$ ist für $x > 0$ durch

$$\Gamma(x) = \int_0^\infty e^{-t} t^{x-1}\, dt$$

definiert. Dieses Integral ist uneigentlich bei $t = \infty$ und für $x < 1$ auch bei $t = 0$. Damit die Gammafunktion sinnvoll definiert ist, muss das Integral konvergieren. Da die Exponentialfunktion schneller wächst als jede Potenz, gibt es für jedes x eine Konstante C_x, so dass $e^{-t} \le t^{-x-1}$, also $e^{-t} \cdot t^{x-1} \le t^{-2}$ für alle $t > C_x$. Daraus folgt

$$\int_0^\infty e^{-t} t^{x-1}\, dt = \int_0^{C_x} e^{-t} t^{x-1}\, dt + \int_{C_x}^\infty e^{-t} t^{x-1}\, dt$$

$$\le \int_0^{C_x} e^{-t} t^{x-1}\, dt + \int_{C_x}^\infty t^{-2}\, dt = \int_0^{C_x} e^{-t} t^{x-1}\, dt + \frac{1}{C_x}.$$

Die Konvergenz des Integrals folgt aus Übungsaufgabe 5.34, so dass das Integral insgesamt konvergent und $\Gamma(x)$ wohl definiert ist.

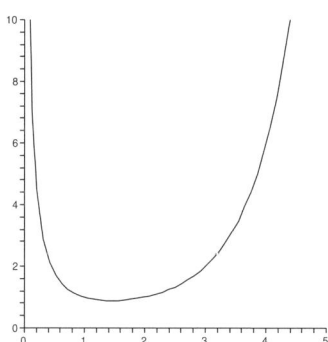

Abbildung 5.15 Der Graph der Gammafunktion $\Gamma(x)$

Mittels partieller Integration lässt sich die folgende Funktionalgleichung für die Gammafunktion herleiten. Wir verwenden die Bezeichnungsweise $\left. F(x)\right|_0^\infty = \lim_{a\to\infty} \left. F(x)\right|_0^a$:

$$\Gamma(x+1) = \int_0^\infty \underbrace{e^{-t} \cdot t^x}_{g' \cdot f}\, dt = -e^{-t} t^x \Big|_0^\infty + \int_0^\infty e^{-t} x t^{x-1}\, dt$$

$$= x \int_0^\infty e^{-t} t^{x-1}\, dt = x\Gamma(x).$$

Mit dem Startwert

$$\Gamma(1) = \int_0^\infty e^{-t} t^0\, dt = -e^{-t}\Big|_0^\infty = 1$$

erhalten wir $\Gamma(2) = 1 \cdot \Gamma(1) = 1$, $\Gamma(3) = 2 \cdot \Gamma(2) = 2 \cdot 1$, $\Gamma(4) = 3 \cdot \Gamma(3) = 3 \cdot 2 \cdot 1$ und somit allgemein $\Gamma(n+1) = n!$ für $n \in \mathbb{N}$. Die Gammafunktion ist daher eine Verallgemeinerung der Fakultät $n!$ auf nicht ganzzahlige Werte von n. $\triangle$

Im letzten Beispiel haben wir die Konvergenz des Integrals mit Abschätzungen durch geeignete konvergente Integrale gezeigt. Ganz allgemein gilt, ähnlich wie bei Reihen, ein Majorantenkriterium.

Satz 5.61 *Seien f und g stückweise stetige Funktionen auf $[0, \infty)$ und gelte $|f(x)| \leq g(x)$ für alle $x \geq 0$. Ist $\int_0^\infty g(x)\,dx$ konvergent, so ist $\int_0^\infty f(x)\,dx$ ebenfalls konvergent.*

Mit Hilfe der Theorie der uneigentlichen Integrale lässt sich ein weiteres Konvergenzkriterium für Reihen finden.

Satz 5.62 (Integralkriterium) *Sei $f : [1, \infty) \to \mathbb{R}$ eine nichtnegative und monoton fallende Funktion. Dann ist das uneigentliche Integral $\int_1^\infty f(x)\,dx$ genau dann konvergent, wenn die Reihe $\sum_{n=1}^\infty f(n)$ konvergiert.*

Beweis. Analog zu Beispiel 5.57 b (siehe Abb. 5.13) erhält man die Abschätzung

$$\sum_{k=2}^n f(k) \leq \int_1^n f(x)\,dx \leq \sum_{k=1}^{n-1} f(k)$$

und nach Grenzübergang für $n \to \infty$ die Behauptung.   □

Beispiel 5.63 Die hyperharmonische Reihe $\sum_{n \geq 1} \frac{1}{n^\alpha}$ konvergiert genau dann, wenn $\alpha > 1$. Für $\alpha \geq 2$ (bzw. $\alpha \leq 1$) haben wir die Konvergenz (bzw. Divergenz) bereits in Beispiel 4.49 gezeigt. Nach dem Integralkriterium konvergiert im Fall $\alpha > 0$ die Reihe genau dann, wenn das entsprechende Integral konvergiert. Für $\alpha \neq 1$ gilt

$$\int_1^\infty \frac{dx}{x^\alpha} = \int_1^\infty x^{-\alpha}\,dx = \lim_{c \to \infty} \left.\frac{x^{1-\alpha}}{1-\alpha}\right|_1^c = \begin{cases} \infty & \text{für } \alpha < 1, \\ \frac{1}{\alpha-1} & \text{für } \alpha > 1. \end{cases}$$

Im Fall $\alpha = 1$ liegt die harmonische Reihe vor, deren Divergenz wir bereits im vorigen Kapitel nachgewiesen haben. Man kann aber auch in diesem Fall das Integralkriterium anwenden.   △

5.6 Übungsaufgaben

5.1 Sei $n \in \mathbb{N}$ und $f(x) = 1/x^n$. Zeigen Sie direkt, d.h. analog zu Beispiel 5.2(d), dass $f'(x) = -n/x^{n+1}$.

5.2 Berechnen Sie $(\arcsin x)'$ und $(\arccos x)'$.

5.3 Berechnen Sie die Ableitung von $f(x) = x \cdot |x|$.

5.4 Untersuchen Sie, wo die Funktion

$$f(x) = \begin{cases} x^2 \sin \frac{1}{x} & \text{falls } x \neq 0 \\ 0 & \text{falls } x = 0 \end{cases}$$

differenzierbar ist, und berechnen Sie die Ableitung. Ist die Funktion stetig differenzierbar?

5.5 Man berechne die ersten 4 Ableitungen der Funktion $f(x) = (x+1)/(x-1)$ und finde einen allgemeinen Ausdruck für die n-te Ableitung.

5.6 Untersuchen Sie, wo die Funktion $f(x)$ differenzierbar ist, und bestimmen Sie dort $f'(x)$:

(a) $f(x) = \dfrac{\sqrt{x^2 - 4x + 4}}{\sqrt{x^2 - 5x + 2}}$

(b) $f(x) = \arcsin\left(\sqrt[3]{x^2 - 2}\right)$

(c) $f(x) = \dfrac{\sqrt{x^2 - 4x + 4}}{\sqrt{x^2 - 6x + 3}}$

(d) $f(x) = \arccos\left(\sqrt[4]{x^2 - 2}\right)$

(e) $f(x) = \sqrt{\dfrac{x^2 + 2x + 1}{x^2 - 4x + 3}}$

(f) $f(x) = \arctan\left(\sqrt{\dfrac{x + 1}{x - 1}}\right)$

(g) $f(x) = x^2 e^{\sqrt{x}}$

(h) $f(x) = \ln\ln x$

(i) $f(x) = \cos x \cdot e^{-x^2}$

(j) $f(x) = \sqrt{e^{(x+1)^2}}$

(k) $f(x) = \cos\left(x e^{-x^2}\right)$

(l) $f(x) = \sqrt{\sin(\cos x)}$

5.7 Zeigen Sie die **Leibniz'sche Produktregel** mit vollständiger Induktion:

$$(f(x)g(x))^{(n)} = \sum_{k=0}^{n} \binom{n}{k} f^{(k)}(x) g^{(n-k)}(x).$$

Bestimmen Sie damit $f^{(8)}(x)$ für $f(x) = x^2 e^{-2x}$.

5.8 Sei $f : [a, b] \to \mathbb{R}$ eine Funktion, die für alle $x, y \in [a, b]$ die Ungleichung $|f(x) - f(y)| \leq |x - y|^2$ erfüllt. Zeigen Sie, dass f konstant ist.

5.9 Seien f und g stetig auf $[a, b]$ und differenzierbar auf (a, b). Weiters gelte $0 \leq f'(x) < g'(x)$ und $f(a) = g(a)$. Zeigen Sie, dass dann $f(x) < g(x)$ auf $(a, b]$ gilt.

5.10 Man leite die unendlichen Reihen für $\sin x$ und $\cos x$ durch Entwicklung der beiden Funktionen in eine Taylorreihe mit dem Entwicklungspunkt $x_0 = 0$ her.

5.11 Man leite die unendlichen Reihen für $\sinh(x)$ und $\cosh(x)$ durch Entwicklung der beiden Funktionen in eine Taylorreihe mit dem Entwicklungspunkt $x_0 = 0$ her.

5.12 Man approximiere die Funktion $f(x) = 8(x + 1)^{3/2}$ in eine lineare bzw. eine quadratische Polynomfunktion im Punkt $x_0 = 0$. Wie groß ist jeweils der Fehler an der Stelle $x = 1/2$?

5.13 Zeigen Sie: Sind $g_1(x), \ldots, g_m(x)$ differenzierbar und $g_j(x) \neq 0$ für alle j, so gilt

$$\frac{\left(\prod_{j=1}^{m} g_j(x)\right)'}{\prod_{j=1}^{m} g_j(x)} = \sum_{j=1}^{m} \frac{g_j'(x)}{g_j(x)}.$$

5.14 Zeigen Sie mit Hilfe der Differentialrechnung

$$\arctan\sqrt{\frac{1 - x}{1 + x}} + \frac{1}{2}\arcsin x = \frac{\pi}{4}, \qquad x \in (-1, 1),$$

und

$$\arcsin x = \arctan\left(\frac{x}{\sqrt{1 - x^2}}\right), \qquad x \in (-1, 1).$$

5.15 Bestimmen Sie die Taylorreihe von $f(x)$ mit Anschlussstelle $x_0 = 0$, wobei

(a) $f(x) = \sqrt{1 + x}$,

(b) $f(x) = \dfrac{1}{1 - x}\ln\dfrac{1}{1 - x}$,

(c) $f(x) = \sqrt[3]{(1 + x^2)}$,

(d) $f(x) = e^{-3x}$.

5.16 Bestimmen Sie die Taylorreihe der folgenden Funktionen $f(x)$ mit den gegebenen Anschlussstellen x_0:

(a) $f(x) = \dfrac{1}{1 - 2x}$, $x_0 = 0$

(b) $f(x) = \dfrac{1}{1 - 2x}$, $x_0 = 2$

(c) $f(x) = x^2 \sin x$, $x_0 = \frac{\pi}{2}$

(d) $f(x) = 3x^3 - 7x^2 + 6x - 5$, $x_0 = 4$

5.17 Wie ist t zu wählen, damit die Funktion $f(x) = (x^2 + t)/(x - t)$ in einer Umgebung der Stelle $x_0 = 1$ streng monoton fallend ist? Machen Sie eine Skizze.

5.18 Man diskutiere die Funktion $f(x) = \sin x - \sqrt{3} \cos x$ im Intervall $I = [-\pi, \pi]$.

5.19 Sei $a < c < b$. Bestimmen Sie die lokalen und globalen Extrema der Funktion

$$f : [a, b] \to \mathbb{R} \text{ mit } f(x) = \sqrt{(x - a)^2 + (x - b)^2 + (x - c)^2}.$$

5.20 Gegeben ist ein Kreis mit Radius R. Jeder Kreissektor ist Mantelfläche eines Kreiskegels. Bestimmen Sie jenen Kreissektor, für den der so gebildete Kreiskegel maximales Volumen hat.

5.21 Man diskutiere die folgenden Funktionen:

(a) $f(x) = xe^{-1/x}$

(b) $f(x) = x^2 e^{\sqrt{x}}$

(c) $f(x) = x^x$

(d) $f(x) = (1 + x)\sqrt{1 - x^2}$

5.22 Berechnen Sie die Grenzwerte nachstehender unbestimmter Formen:

(a) $\displaystyle \lim_{x \to 1} \frac{\sqrt{x^2 - 1}}{\ln x}$

(b) $\displaystyle \lim_{x \to \infty} \frac{3x^4}{e^{4x}}$

(c) $\displaystyle \lim_{x \to 1/2} (1 - 2x) \tan(\pi x)$

(d) $\displaystyle \lim_{x \to \infty} x \ln(1 + 1/x)$

(e) $\displaystyle \lim_{x \to 1-} \ln(1 - x) \cdot \ln x$

(f) $\displaystyle \lim_{x \to 0} \frac{\cos 3x - \cos x}{x^2}$

5.23 Berechnen Sie für die folgenden Funktionen f jeweils $F(x) = \int_0^x f(t)\, dt$ und untersuchen Sie, ob $F(x)$ stetig bzw. differenzierbar ist.

(a) $f(t) = \begin{cases} -1 & (t \leq 1) \\ 1 & (t > 1) \end{cases}$

(b) $f(t) = \begin{cases} -2 & (t \leq 1) \\ 1 & (t > 1) \end{cases}$

5.24 Berechnen Sie das Integral $\int_2^3 x^2\, dx$ mit Hilfe von Untersummen bei äquidistanter Teilung. (Hinweis: $\sum_{k=1}^n k^2 = \frac{n(n+1)(2n+1)}{6}$, $\sum_{k=1}^n k = \frac{n(n+1)}{2}$.)

5.25 Berechnen Sie

$$\lim_{n \to \infty} \frac{1}{n^2} \sum_{k=1}^n \sqrt{k(n - k)}$$

durch Interpretation als Grenzwert einer Riemannschen Zwischensumme.

5.26 Beweisen Sie Satz 5.50.

5.27 Mit Hilfe der Substitutionsregel beweise man die Integrationsregel

$$\int \frac{u'(x)}{u(x)} dx = \ln |u(x)| + c$$

und berechne damit $\displaystyle \int \frac{dx}{x \ln x}$.

5.28 Berechnen Sie die folgenden unbestimmten Integrale:

(a) $\int \dfrac{(x-3)^2}{x^{-7/2}}\,dx$

(b) $\int \dfrac{x^4 + x^2 - 1}{(x-1)^2(x^2+2x+3)}\,dx$

(c) $\int \dfrac{x^6 - 6x + \sqrt{12x}}{x^2}\,dx$

(d) $\int x^2 \cos x\,dx$

(e) $\int \dfrac{dx}{x^2 + 2x + 9}$

(f) $\int \dfrac{dx}{2\sin^2 x \cos^2 x}$

(g) $\int \dfrac{e^x}{e^{2x} - e^x - 6}\,dx$

(h) $\int \arccos x\,dx$

(i) $\int x(\ln x)^2\,dx$

(j) $\int \sin x(1 + 2\cos x)^4\,dx$

(k) $\int \dfrac{\sqrt{x+1}}{x}\,dx$

(l) $\int (x^2 + 1)e^{-2x}\,dx$

(m) $\int \dfrac{x^2 + 1}{x^3 + x^2 - x - 1}\,dx$

(n) $\int \dfrac{x^2 + 3}{2x^2 + 7}\,dx$

(o) $\int \dfrac{e^x - 1}{e^{2x} + 1}\,dx$

(p) $\int \sqrt{1 + 7x^2}\,dx$

(q) $\int \dfrac{\ln^2 x - 2\ln 2}{x(\ln x + 1)}\,dx$

(r) $\int \dfrac{dx}{\sin x}$

5.29 Berechnen Sie die folgenden bestimmten Integrale:

(a) $\int_1^2 (\sqrt[4]{x(\sqrt[3]{x\sqrt{x}})})^5\,dx$

(b) $\int_0^{\frac{2\pi}{3}} (\sin^2 x + \dfrac{1}{\sqrt{1+x^2}})\,dx$

(c) $\int_1^2 (\dfrac{1}{x} - \dfrac{x}{1+x^2})\,dx$

(d) $\int_0^1 \dfrac{dx}{(1+x)\sqrt{x}}$

(e) $\int_0^{\pi/4} \tan^2 x\,dx$

(f) $\int_1^e \dfrac{dx}{x\sqrt{\ln x}}$

(g) $\int_0^\infty xe^{-x}\,dx$

(h) $\int_0^\infty xe^{-x^2}\,dx$

(i) $\int_0^\infty \dfrac{e^{-\sqrt{x}}}{2\sqrt{x}}\,dx$

(j) $\int_{-1}^1 \dfrac{dx}{\sqrt{|x|}}$

(k) $\int_{-\frac{\pi}{2}}^{\frac{\pi}{2}} \cos^2 x\,dx$

(l) $\int_{-\frac{\pi}{2}}^{\frac{\pi}{2}} \sin^2 x\,dx$

5.30 Sei $f : [a,b] \to \mathbb{R}$ eine nichtnegative stetige Funktion und $x_0 \in [a,b]$ mit $f(x_0) > 0$. Zeigen Sie, dass dann $\int_a^b f(x)\,dx > 0$.

5.31 Bestimmen Sie den Wert der Integrale

$$\int_0^1 \frac{e^{-x^2} - 1 + x^2}{x^4}\,dx \quad \text{und} \quad \int_0^{1/2} \ln\frac{1}{1-x^3}\,dx$$

näherungsweise auf 3 Dezimalstellen zunächst ohne, dann mit Computer.

Hinweis: Entwickeln Sie den Integranden in eine Taylorreihe. Wieviele Terme sind nötig, um die gewünschte Genauigkeit zu erzielen?

5.32 Gegeben ist eine stetige Funktion f auf dem Intervall $[a, b]$. Lässt man den Graphen der Funktion um die x-Achse rotieren, so entsteht ein Rotationskörper. Dieser hat das Volumen

$$V = \pi \int_a^b f(x)^2 \, dx.$$

Berechnen Sie mit Hilfe dieser Formel das Volumen eines Kreiskegels mit Radius r und Höhe h sowie das Volumen einer Kugel mit Radius r.

5.33 Bestimmen Sie Radius und Höhe jenes Zylinders mit Volumen V, der die kleinste Oberfläche hat.

5.34 Für welche Werte $\alpha \in \mathbb{R}^-$ ist das uneigentliche Integral $\int_0^1 x^\alpha \, dx$ konvergent?

5.35 Berechnen Sie $\displaystyle\int_1^\infty \frac{1}{x\sqrt{x-1}} \, dx$.

(Anleitung: Verwenden Sie die Substitution $u = \sqrt{x-1}$. Achtung: Das angegebene Integral ist sowohl bei $x = 1$ als auch bei $x = \infty$ uneigentlich.)

5.36 Untersuchen Sie mit Hilfe des Integralkriteriums, ob die folgenden Reihen konvergieren:

(a) $\displaystyle\sum_{n\geq 0} e^{-n^2}$

(b) $\displaystyle\sum_{n\geq 0} n e^{-n^2}$

(c) $\displaystyle\sum_{n\geq 1} \frac{1}{n \ln^\alpha n} \qquad (\alpha > 0)$

(d) $\displaystyle\sum_{n\geq 1} \frac{\ln^\alpha n}{n^{1+\beta}} \qquad (\alpha, \beta > 0)$

Kapitel 6

Differential- und Integralrechnung in mehreren Variablen

In den beiden vorigen Kapiteln haben wir uns eingehend mit Funktionen, die von einer Variablen abhängen, beschäftigt. Oft hängen aber Funktionen von mehr als einer Einflussgröße ab. In diesem Kapitel wollen wir uns deshalb mit Funktionen in mehreren Variablen befassen und die Differential- und Integralrechnung auf solche Funktionen übertragen.

6.1 Funktionen in mehreren Variablen

1. Beispiele und Darstellungen

Im Folgenden betrachten wir Funktionen $f : D \to \mathbb{R}$ mit einem Definitionsbereich $D \subseteq \mathbb{R}^n$.

Beispiel 6.1

(a) Der Gesamtwiderstand R_{Ges} in einem Wechselstromkreis hängt vom Ohm'schen Widerstand R, dem kapazitiven Widerstand R_C und dem induktiven Widerstand R_L wie folgt ab:
$$R_{\text{Ges}} = \sqrt{R^2 + (R_C - R_L)^2}.$$

(b) Lineare Funktionen in zwei Variablen sind gegeben durch $f : \mathbb{R}^2 \to \mathbb{R}$ mit $f(x, y) = ax + by$, wobei $a, b \in \mathbb{R}$. Sie beschreiben Ebenen durch den Ursprung[1] im $\mathbb{R}^3$. Allgemein ist eine lineare Funktion über $\mathbb{R}^n$ von der Form $f : \mathbb{R}^n \to \mathbb{R}$ mit $f(x_1, x_2, \ldots, x_n) = \sum_{i=1}^{n} a_i x_i$ und reellen Konstanten $a_1, \ldots, a_n$. Geometrisch ist der Funktionsgraph eine so genannte Hyperebene im $\mathbb{R}^{n+1}$, die durch den Ursprung geht, also ein n-dimensionaler Unterraum.

(c) Polynomfunktionen in mehreren Variablen sind Funktionen $f : \mathbb{R}^n \to \mathbb{R}$ der Bauart
$$f(x_1, \ldots, x_n) = \sum_{i_1=0}^{k_1} \sum_{i_2=0}^{k_2} \cdots \sum_{i_n=0}^{k_n} a_{i_1, i_2, \ldots, i_n} x_1^{i_1} x_2^{i_2} \cdots x_n^{i_n}$$

---

[1]In der Analysis bezeichnet man oft auch Funktionen, wo alle Variablen linear auftreten (also solche der Form $f(x, y) = ax + by + c$), als linear. Dies stimmt nicht mit der in der linearen Algebra üblichen Definition (siehe Kapitel 3) überein. Diese Funktionen beschreiben eine beliebige Ebene im dreidimensionalen Raum und werden in der linearen Algebra als affine Funktionen bezeichnet.

mit $a_{i_1,i_2,\ldots,i_n} \in \mathbb{R}$. Der Grad einer Polynomfunktion ist definiert als Exponent der höchsten auftretenden Potenz, wobei die Exponenten der einzelnen Variablen addiert werden, also als $\max\{i_1 + \cdots + i_n \mid a_{i_1,i_2,\ldots,i_n} \neq 0\}$.

(d) Elementare Funktionen in mehreren Variablen sind analog zu elementaren Funktionen in einer Variablen definiert. Funktionen in zwei Variablen mit einem Definitionsbereich $D \subseteq \mathbb{R}^2$ lassen sich auf verschiedene Arten veranschaulichen. Eine Möglichkeit ist die Darstellung als Fläche im dreidimensionalen Raum. Der Graph einer Funktion $f(x, y)$ ist die Punktmenge $\{(x, y, f(x, y)) \mid (x, y) \in D\}$ (siehe Abb. 6.1 für einige Beispiele von Graphen elementarer Funktionen in zwei Variablen).

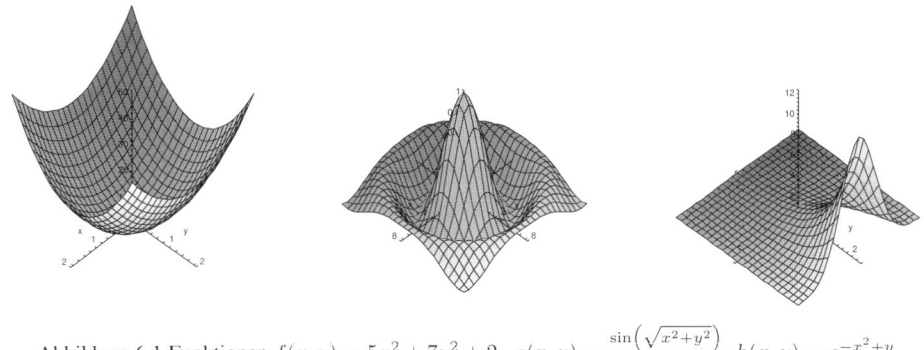

Abbildung 6.1 Funktionen $f(x, y) = 5x^2 + 7y^2 + 2$, $g(x, y) = \dfrac{\sin\left(\sqrt{x^2+y^2}\right)}{\sqrt{x^2+y^2}}$, $h(x, y) = e^{-x^2+y}$

Eine andere Möglichkeit der Darstellung von Funktionen in zwei Variablen sind **Niveaulinien** (Isohypsen). Wie die Höhenschichtlinien in Landkarten beschreiben sie jeweils eine Punktmenge, auf der die Funktion einen vorgegebenen konstanten Wert hat. Die Niveaulinie zum Niveau c der Funktion $f(x, y)$ ist also die Menge $\{(x, y) \in D \mid f(x, y) = c\}$ (siehe dazu Abb. 6.2).

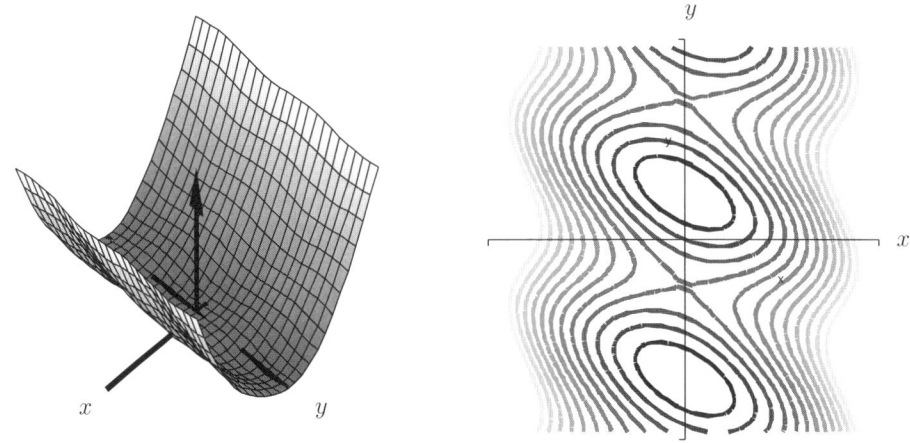

Abbildung 6.2 Graph und Niveaulinien der Funktion $f(x, y) = \sin(x + y) + x^2$

(e) Die Werte der Funktionen in den voran gegangenen Beispielen liegen alle in $\mathbb{R}$. Solche Funktionen nennt man auch **skalarwertig** oder **Skalarfelder**. **Vektorwertige Funktionen** sind hingegen Funktionen, deren Definitions- bzw. Bildbereich Teilmenge von $\mathbb{R}^n$ bzw. von $\mathbb{R}^m$ ist. Vektorwertige Funktionen mit $n = m$ nennt man auch **Vektorfelder**. Ein Beispiel für eine vektorwertige Funktion (siehe Abb. 6.3) ist

$$\mathbf{f} : \mathbb{R}^2 \to \mathbb{R}^2, \quad (x,y) \mapsto \begin{pmatrix} f_1(x,y) \\ f_2(x,y) \end{pmatrix} = \begin{pmatrix} x^2 + y^2 \\ \sin(xy) + e^y \end{pmatrix}. \tag{6.1}$$

Solche Funktionen treten zum Beispiel bei der Beschreibung von Strömungen auf (jedem Ort im $\mathbb{R}^3$ wird eine Geschwindigkeit zugeordnet, die selbst wieder als Vektor des $\mathbb{R}^3$ dargestellt ist), ebenso bei Magnet- oder Gravitationsfeldern, etc.

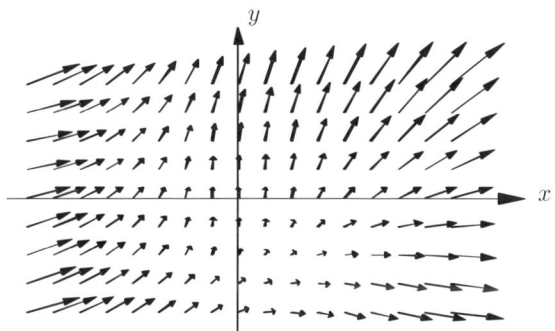

Abbildung 6.3 Das Vektorfeld aus Gleichung (6.1)

(f) Quadratische Formen sind Funktionen $q : \mathbb{R}^n \to \mathbb{R}$ der Bauart $q(\mathbf{x}) = \mathbf{x}^T A \mathbf{x}$, wobei A eine symmetrische $n \times n$-Matrix ist, d.h. $A^T = A$. Für $A = (a_{ij})_{i,j=1,\ldots,n}$ gilt $q(\mathbf{x}) = \sum_{i=1}^n \sum_{j=1}^n a_{ij} x_i x_j$. Z.B. ist die durch die Matrix $A = \begin{pmatrix} 4 & -5 \\ -5 & 9 \end{pmatrix}$ bestimmte quadratische Form

$$q(x,y) = (x,y) \begin{pmatrix} 4 & -5 \\ -5 & 9 \end{pmatrix} \begin{pmatrix} x \\ y \end{pmatrix} = 4x^2 - 10xy + 9y^2.$$

Diese quadratische Form lässt sich auch als Summe zweier Quadrate, nämlich als $q(x,y) = \left(2x - \frac{5}{2}y\right)^2 + \frac{11}{4}y^2$ schreiben und nimmt daher mit Ausnahme der Stelle $(x,y) = (0,0)$ nur positive Werte an. Quadratische Formen mit dieser Eigenschaft (und ebenso die entsprechenden Matrizen) heißen **positiv definit** (siehe Abschnitt 3.7). Analog heißt q **negativ definit**, falls $q(x,y) < 0$ für alle $(x,y) \neq (0,0)$. Falls die Ungleichung nicht strikt gilt, also $q(x,y) \geq 0$ bzw. $q(x,y) \leq 0$ für alle $(x,y) \in \mathbb{R}^2$, so spricht man von positiv bzw. negativ semidefiniten quadratischen Formen. Formen, die nicht semidefinit (und daher auch nicht definit) sind, nennt man indefinit. Ein einfaches Kriterium zur Feststellung der Definitheit einer Matrix ist das in Abschnitt 3.7 genannte Hauptminorenkriterium.

$\triangle$

2. Grenzwert und Stetigkeit

Um die Differential- und Integralrechnung für Funktionen in mehreren Variablen entwickeln zu können, müssen wir die Begriffe aus der Theorie der Funktionen in einer Variablen übertragen. Von zentraler Bedeutung ist zunächst der Begriff der Stetigkeit, der wiederum auf dem Grenzwertbegriff beruht. An die Stelle der Intervalle in $\mathbb{R}$ treten n-dimensionale Kugeln in $\mathbb{R}^n$:

Definition 6.2 Unter einer ε-Umgebung des Punktes $\mathbf{x}_0 \in \mathbb{R}^n$ versteht man die Menge

$$U_\varepsilon(\mathbf{x}_0) = \{\mathbf{x} \in \mathbb{R}^n \mid \|\mathbf{x} - \mathbf{x}_0\| < \varepsilon\},$$

also die Menge aller Vektoren in $\mathbb{R}^n$, deren Abstand von $\mathbf{x}_0$ kleiner als ε ist. Diese Menge ist für $n = 1$ ein Intervall, für $n = 2$ eine Kreisscheibe und für $n = 3$ eine Kugel.

Damit lässt sich nun die Stetigkeit analog zum Fall $n = 1$ definieren. Man muss lediglich den Abstand $|x - x_0|$ zweier Elemente des Definitionsbereichs an den höher dimensionalen Fall anpassen. Dies führt auf folgende Definition.

Definition 6.3 Sei $D \subseteq \mathbb{R}^n$ und $f : D \to \mathbb{R}$. Unter dem Grenzwert $\lim_{\mathbf{x} \to \mathbf{x}_0} f(\mathbf{x})$ versteht man jene Zahl c, die folgende Eigenschaft besitzt: Für alle $\varepsilon > 0$ existiert ein $\delta > 0$, so dass für alle $\mathbf{x} \in D$ mit $0 < \|\mathbf{x} - \mathbf{x}_0\| < \delta$ die Ungleichung $|f(\mathbf{x}) - c| < \varepsilon$ gilt.

Die Funktion f heißt stetig an der Stelle $\mathbf{x}_0 \in D$, falls $\lim_{\mathbf{x} \to \mathbf{x}_0} f(\mathbf{x}) = f(\mathbf{x}_0)$, und stetig auf D, wenn f an jeder Stelle $\mathbf{x}_0 \in D$ stetig ist.

Für vektorwertige Funktionen $\mathbf{f}(\mathbf{x}) = (f_1(\mathbf{x}), \ldots, f_m(\mathbf{x}))$ verwendet man die gleiche Idee. In der obigen Definition ist nur $|f(\mathbf{x}) - c| < \varepsilon$ durch $\|\mathbf{f}(\mathbf{x}) - \mathbf{c}\| < \varepsilon$ zu ersetzen. Die Stetigkeit von $\mathbf{f}$ ist übrigens gleichbedeutend damit, dass alle Koordinatenfunktionen $f_i(\mathbf{x})$, $i = 1, \ldots, m$ stetig sind.

Funktionen in zwei Variablen lassen sich als Flächen im dreidimensionalen Raum veranschaulichen (siehe Beispiel 6.1d und Abb. 6.1). Unstetigkeitsstellen lassen sich dabei z.B. als Risse oder Unendlichkeitsstellen so einer Funktionsfläche deuten. Es können aber auch andere Phänomene auftreten. Die Funktion

$$f(x, y) = \begin{cases} \frac{2xy}{x^2+y^2} & (x, y) \neq (0, 0), \\ 0 & (x, y) = (0, 0), \end{cases} \tag{6.2}$$

ist an der Stelle $(0,0)$ unstetig. Denn der Funktionswert ist dort 0, aber der Grenzwert $\lim_{(x,y) \to (0,0)} f(x, y)$ existiert nicht. Auf der Geraden $x = y$ gilt nämlich $f(x, y) = 1$, auf der Geraden $x = -y$ jedoch $f(x, y) = -1$ (vgl. dazu Abb. 6.4). Somit sind in jeder Umgebung des Ursprungs sowohl Punkte, wo der Funktionswert gleich 1 ist, als auch solche mit Funktionswert gleich -1.

Auch im Mehrdimensionalen lässt sich Stetigkeit mit Hilfe von Folgen untersuchen.

Definition 6.4 Sei $D \subseteq \mathbb{R}^n$. Eine Folge $(\mathbf{x}_n)_{n \in \mathbb{N}}$ mit $\mathbf{x}_n \in D$ heißt konvergent gegen den Grenzwert $\mathbf{x} \in D$, wenn für alle $\varepsilon > 0$ ein N existiert, so dass $\|\mathbf{x}_n - \mathbf{x}\| < \varepsilon$ für alle $n > N$.

Satz 6.5 *Eine Funktion $f : D \to \mathbb{R}$ mit $D \subseteq \mathbb{R}^n$ ist genau dann stetig an der Stelle $\mathbf{x} \in D$, wenn $\lim_{n \to \infty} f(\mathbf{x}_n) = f(\mathbf{x})$ für jede Folge $(\mathbf{x}_n)_{n \in \mathbb{N}}$ mit $\mathbf{x}_n \in D$ und $\lim_{n \to \infty} \mathbf{x}_n = \mathbf{x}$.*

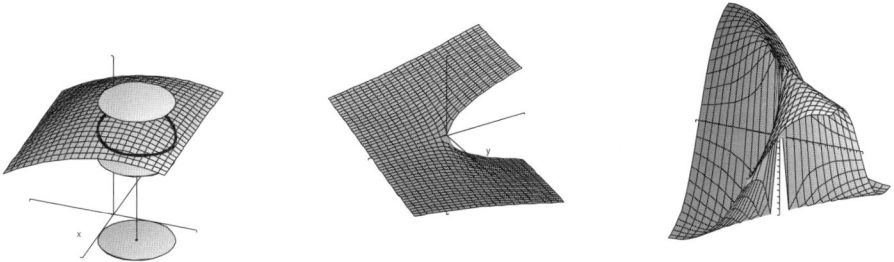

Abbildung 6.4 Links: Eine stetige Funktion. Bei vorgegebener Toleranz (ε-Umgebung U) bezüglich der z-Koordinate in einem Punkt $(x_0, y_0, f(x_0, y_0))$ lässt sich immer eine Kreisscheibe $K(x_0, y_0)$ mit Mittelpunkt (x_0, y_0) finden, so dass $f(x, y)$ für alle $(x, y) \in K(x_0, y_0)$ in U liegt. Mitte: Funktion mit Unstetigkeitsstellen. Entlang des „Risses" ist die Funktion unstetig. Rechts: Die in (6.2) definierte Funktion ist im Ursprung nicht stetig.

Der Satz von der Vorzeichenbeständigkeit ist direkt auf Funktionen in mehreren Variablen übertragbar: Stetige Funktionen ändern lokal ihr Vorzeichen nicht (außer in der Umgebung von Nullstellen). Die Regeln aus Satz 4.92 gelten sinngemäß auch für Funktionen in mehreren Variablen. Das Analogon zur Existenz von Maxima und Minima auf Intervallen gilt ebenso. Um es formulieren zu können, benötigen wir jedoch noch einen Begriff. Die folgende Definition stellt Verallgemeinerungen von offenen und abgeschlossenen Intervallen zur Verfügung, die wir auch später benötigen werden.

Definition 6.6 Eine Menge $D \subseteq \mathbb{R}^n$ heißt **offen**, wenn aus $\mathbf{x} \in D$ folgt, dass es eine Umgebung $U_\varepsilon(\mathbf{x})$ gibt mit $U_\varepsilon(\mathbf{x}) \subseteq D$. Die Menge $D \subseteq \mathbb{R}^n$ heißt **abgeschlossen**, wenn der Grenzwert jeder konvergenten Folge, deren Glieder in D liegen, selbst wieder in D liegt. Eine abgeschlossene und beschränkte Menge $D \subseteq \mathbb{R}^n$ nennt man **kompakt**.

Beispiel 6.7

(a) Offene Intervalle (a, b) sind nach obiger Definition offene Mengen in $\mathbb{R}$. Denn jeder Punkt $c \in (a, b)$ liegt in der Umgebung $\left(\frac{a+c}{2}, \frac{b+c}{2} \right)$, die selbst zur Gänze in (a, b) liegt. Analog sind Kreisscheiben ohne Rand offene Mengen im $\mathbb{R}^2$. Sie sind aber keine offenen Mengen im $\mathbb{R}^3$, da die Umgebungen im $\mathbb{R}^3$ Kugeln sind und daher niemals Teilmengen von Kreisscheiben sein können. Ob eine Menge offen ist oder nicht, hängt also nicht von der Menge selbst ab, sondern von der Struktur der Umgebungen des Raumes.[2] In Vektorräumen wie $\mathbb{R}^n$ ist diese Struktur durch die Art der Abstandsmessung (also durch das Skalarprodukt, siehe Abschnitt 3.7) bestimmt.

(b) Abgeschlossene Intervalle $[a, b]$ sowie Kreisscheiben oder Kugeln inklusive Rand sind jeweils abgeschlossene, ja sogar kompakte Mengen von $\mathbb{R}$, $\mathbb{R}^2$ bzw. $\mathbb{R}^3$.

(c) Die Menge $\mathbb{R}$ ist eine sowohl offene als auch abgeschlossene Teilmenge von sich selbst.

$\triangle$

[2]Das Teilgebiet der Mathematik, das sich unter anderem mit solchen Themen befasst, heißt Topologie. Die Gesamtheit aller offenen Mengen von $\mathbb{R}^n$ wird auch als Topologie des $\mathbb{R}^n$ bezeichnet. Allgemein kann man eine beliebige Menge X mit einer Topologie ausstatten, indem man bestimmte Teilmengen von X als offene Mengen auszeichnet. So lassen sich Begriffe wie Stetigkeit auf einen wesentlich allgemeineren Rahmen übertragen.

Stetige Funktionen in einer Variablen nehmen nach Satz 4.90 auf jedem abgeschlossenen Intervall ein Maximum und ein Minimum an. Für stetige Funktionen in mehreren Variablen gilt ein analoger Satz, den wir ohne Beweis anführen.

Satz 6.8 *Sei $D \subseteq \mathbb{R}^n$ eine kompakte Menge und $f : D \to \mathbb{R}$ eine stetige Funktion. Dann ist f auf D beschränkt und nimmt auf D ein Maximum und ein Minimum an.*

3. Partielle Ableitungen

Wir wollen nun die Differentialrechnung von Funktionen in mehreren Variablen entwickeln. Funktionen in mehr als zwei Variablen verhalten sich völlig analog zu jenen in nur zwei Variablen. Deshalb werden wir uns im Folgenden der Einfachheit halber auf Funktionen in zwei Variablen beschränken.

Wir haben die Ableitung einer Funktion in einer Variablen untersucht, um ihr Änderungsverhalten, also den Anstieg des Funktionsgraphen in einem Punkt zu studieren. Dieser Anstieg ist gleichbedeutend mit dem Anstieg der Tangente, die an Stellen, wo die Funktion differenzierbar ist, eindeutig bestimmt ist.

Für Funktionen in zwei Variablen bilden die Funktionsgraphen Flächen im $\mathbb{R}^3$. Ein Maß für das Änderungsverhalten der Funktion ist daher die Steilheit dieser Fläche in einem gegebenen Punkt. Wenn wir uns auf einem Punkt der Fläche befinden, so ist der Anstieg von der Richtung, in der wir uns bewegen, abhängig. Falls die Fläche aber so beschaffen ist, dass in dem Punkt eine eindeutig bestimmte Tangentialebene existiert, so bestimmt diese den Anstieg in jeder Richtung und somit das Änderungsverhalten der Funktion. Die Tangentialebene lässt sich bestimmen, indem man die Anstiege in x- und in y-Richtung bestimmt (siehe Abb. 6.5). Diese Anstiege sind aber genau die Ableitungen jener Funktionen in einer Variablen, die man erhält, wenn man eine Variable festhält, also die Funktionen $x \mapsto f(x, y)$ und $y \mapsto f(x, y)$ betrachtet.

Definition 6.9 Sei $D \subseteq \mathbb{R}^2$ eine offene Menge, $f : D \to \mathbb{R}$ und $(x_0, y_0) \in D$. Dann heißt f in (x_0, y_0) **partiell nach** x **differenzierbar**, falls der Grenzwert

$$f_x(x_0, y_0) = \frac{\partial f}{\partial x}(x_0, y_0) = \lim_{x \to x_0} \frac{f(x, y_0) - f(x_0, y_0)}{x - x_0}$$

existiert, und **partiell nach** y **differenzierbar**, falls der Grenzwert

$$f_y(x_0, y_0) = \frac{\partial f}{\partial y}(x_0, y_0) = \lim_{y \to y_0} \frac{f(x_0, y) - f(x_0, y_0)}{y - y_0}$$

existiert. Die beiden Grenzwerte $f_x(x_0, y_0)$ und $f_y(x_0, y_0)$ werden **partielle Ableitungen** von f nach x bzw. y genannt. Die Funktion f heißt **partiell differenzierbar**, wenn beide partiellen Ableitungen existieren, und **stetig partiell differenzierbar**, wenn beide partiellen Ableitungen überdies noch stetig sind.

Beispiel 6.10 Die Funktion $f(x, y) = x^3 + 2x^2 y - y^3 + \sin(x^2 + y) + 1$ ist in ganz $\mathbb{R}^2$ partiell differenzierbar. Die partiellen Ableitungen $f_x(x, y) = 3x^2 + 4xy + 2x \cos(x^2 + y)$ und $f_y(x, y) = 2x^2 - 3y^2 + \cos(x^2 + y)$ sind ebenfalls partiell differenzierbar. Daher können wir auch partielle

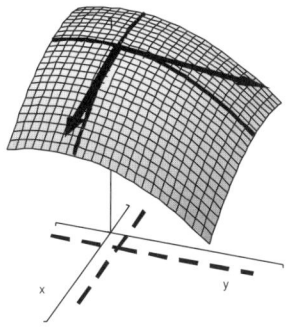

Abbildung 6.5 Die partiellen Ableitungen einer Funktion $f(x, y)$ im Punkt (x_0, y_0)

Ableitungen höherer Ordnung bilden. Die **partiellen Ableitungen zweiter Ordnung** sind

$$\frac{\partial^2 f}{\partial x^2}(x, y) = f_{xx}(x, y) = 6x + 4y + 2\cos(x^2 + y) - 4x^2 \sin(x^2 + y),$$

$$\frac{\partial^2 f}{\partial x \partial y}(x, y) = f_{xy}(x, y) = 4x - 2x \sin(x^2 + y),$$

$$\frac{\partial^2 f}{\partial y \partial x}(x, y) = f_{yx}(x, y) = 4x - 2x \sin(x^2 + y),$$

$$\frac{\partial^2 f}{\partial y^2}(x, y) = f_{yy}(x, y) - -6y - \sin(x^2 + y).$$

$\triangle$

Wie wir oben bereits festgestellt haben, legen die partiellen Ableitungen die Tangentialebene $\tau(x_0, y_0)$ im Punkt (x_0, y_0) fest, falls diese existiert. In diesem Fall ist $\tau(x_0, y_0)$ dann durch die Parameterdarstellung

$$\begin{pmatrix} x \\ y \\ z \end{pmatrix} = \begin{pmatrix} x_0 \\ y_0 \\ f(x_0, y_0) \end{pmatrix} + \lambda \begin{pmatrix} 1 \\ 0 \\ f_x(x_0, y_0) \end{pmatrix} + \mu \begin{pmatrix} 0 \\ 1 \\ f_y(x_0, y_0) \end{pmatrix}$$

bestimmt, woraus sich durch einfache Umformungen als alternative Darstellung die Gleichung

$$z = f(x_0, y_0) + f_x(x_0, y_0)(x - x_0) + f_y(x_0, y_0)(y - y_0)$$

ergibt. Dass die Tangentialebene nicht existieren muss, selbst wenn die partiellen Ableitungen existieren, zeigt das Beispiel der Funktion aus (6.2) (siehe Abb. 6.4, rechtes Bild). Es gilt nämlich

$$f_x(0, 0) = \lim_{x \to 0} \frac{f(x, 0) - f(0, 0)}{x - 0} = \lim_{x \to 0} \frac{0 - 0}{x} = 0$$

und analog $f_y(0, 0) = 0$. Die Funktion ist aber bei $(0, 0)$ nicht einmal stetig. Geometrisch bedeutet das, dass die Tangenten in x- und y-Richtung existieren, nicht aber die Tangentialebene. Die x- und y-Achse sind in diesem Fall genau die Nullstellenmenge der Funktion.

In Beispiel 6.10 fällt auf, dass die gemischten partiellen Ableitungen zweiter Ordnung, f_{xy} und f_{yx} übereinstimmen. Das muss nicht immer so sein, wie das Beispiel der Funktion

$$f(x,y) = \begin{cases} \frac{xy(x^2-y^2)}{x^2+y^2} & \text{für } (x,y) \neq (0,0), \\ 0 & \text{für } (x,y) = (0,0), \end{cases}$$

zeigt. Man kann nachrechnen, dass $f_{xy}(0,0) = -1$ und $f_{yx}(0,0) = 1$ ist.

Der folgende Satz zeigt, dass so etwas nicht auftreten kann, falls die zweiten partiellen Ableitungen in einer offenen Menge existieren und stetig sind.

Satz 6.11 (Satz von Schwarz) *Sei $D \subseteq \mathbb{R}^2$ eine offene Menge und $f : D \to \mathbb{R}$ eine Funktion, deren partielle Ableitungen f_{xy} und f_{yx} in D existieren und stetig sind. Dann gilt $f_{xy} = f_{yx}$.*

Ist f m-mal stetig partiell differenzierbar in D, so sind alle partiellen Ableitungen bis zur Ordnung m unabhängig von der Reihenfolge der Differentiationen.

Beweis. Sei $(x_0, y_0) \in D$. Da D offen ist, können wir $t > 0$ so wählen, dass das gesamte Quadrat $\{(x_0 + s_1, y_0 + s_2) \,|\, 0 \leq |s_i| \leq t, \; i = 1, 2\}$ in D liegt. Wir betrachten nun die Funktionen

$$g_1(x) = f(x, y_0 + t) - f(x, y_0), \qquad g_2(y) = f(x_0 + t, y) - f(x_0, y).$$

Diese Funktionen sind differenzierbar, denn f ist partiell differenzierbar, und daher ist $g_1'(x) = f_x(x, y_0 + t) - f_x(x, y_0)$ und $g_2'(y) = f_y(x_0 + t, y) - f_y(x_0, y)$. Nun betrachten wir die (in einer Umgebung von 0 definierte) Funktion

$$\begin{aligned} h(t) &= g_1(x_0 + t) - g_1(x_0) \\ &= f(x_0 + t, y_0 + t) - f(x_0 + t, y_0) - f(x_0, y_0 + t) + f(x_0, y_0) = g_2(y_0 + t) - g_2(y_0). \end{aligned}$$

Aufgrund der Differenzierbarkeit von g_1 können wir den Mittelwertsatz anwenden und ein $\xi_1 \in (x_0, x_0 + t)$ finden, so dass

$$g_1(x_0 + t) - g_1(x_0) = g_1'(\xi_1)t = (f_x(\xi_1, y_0 + t) - f_x(\xi_1, y_0))t = f_{xy}(\xi_1, \eta_1)t^2,$$

wobei die Existenz der Konstanten $\eta_1 \in (y_0, y_0 + t)$ aus abermaliger Anwendung des Mittelwertsatzes folgt. Nun können wir mit g_2 analog verfahren und erhalten $h(t) = f_{yx}(\xi_2, \eta_2)$ mit $\xi_2 \in (x_0, x_0 + t)$ und $\eta_2 \in (y_0, y_0 + t)$. Führen wir den Grenzübergang $t \to 0$ durch, dann folgt $\xi_i \to x_0$ und $\eta_i \to y_0$, und wegen der Stetigkeit von f_{xy} und f_{yx} erhalten wir schließlich $f_{xy}(x_0, y_0) = f_{yx}(x_0, y_0)$.

Der zweite Teil der Behauptung ergibt sich durch mehrfache Anwendung des Satzes. □

Im Falle von vektorwertigen Funktionen wird partielle Differenzierbarkeit über die Koordinatenfunktionen auf den skalarwertigen Fall zurück geführt.

Definition 6.12 Sei $D \subseteq \mathbb{R}^n$ eine offene Menge und $\mathbf{f} : D \to \mathbb{R}^m$. Die vektorwertige Funktion $\mathbf{f}$ heißt partiell differenzierbar, wenn sämtliche Koordinatenfunktionen $f_1, \ldots, f_m$ partiell differenzierbar sind. Die partielle Ableitung ist dann durch

$$\frac{\partial \mathbf{f}}{\partial x_k} = \begin{pmatrix} \frac{\partial f_1}{\partial x_k} \\ \vdots \\ \frac{\partial f_m}{\partial x_k} \end{pmatrix} \qquad \text{für } k = 1, \ldots, n$$

definiert.

6.2 Differentialrechnung in mehreren Variablen

Da die Existenz der partiellen Ableitungen einer Funktion nicht einmal deren Stetigkeit garantiert, ist partielles Differenzieren allein sicher kein brauchbares Werkzeug, um die Änderung des Funktionswertes zu studieren. Wir werden daher im folgenden Abschnitt einen umfassenderen Ableitungsbegriff entwickeln.

1. Die totale Ableitung

Am Beginn von Kapitel 5 haben wir bereits die Bedeutung der Tangente als lineare Approximation einer Funktion erwähnt. Eine differenzierbare Funktion $f(x)$ verhält sich in der Nähe einer Stelle x_0 ungefähr so wie ihre Tangente, nämlich die Gerade $t(x) = f(x_0) + f'(x_0)(x - x_0)$. „Ungefähr" bedeutet in diesem Kontext, dass der Fehler für $x \to x_0$ die Größenordnung $o(|x - x_0|)$ hat. Überträgt man diese Überlegungen auf den Fall von Funktionen in zwei Variablen, so heißt das, dass diese sich lokal wie ihre Tangentialebenen verhalten müssen. Der Fehler muss verhältnismäßig klein sein. Die lokale Änderung der Funktion ist dann eine lineare Abbildung $A : \mathbb{R}^2 \to \mathbb{R}$ und lässt sich daher als Matrix schreiben. Diese Vorgangsweise können wir auch auf den allgemeinen Fall $\mathbf{f} : \mathbb{R}^n \to \mathbb{R}^m$ anwenden.

Definition 6.13 Sei $D \subseteq \mathbb{R}^n$ offen. Eine Funktion $\mathbf{f} : D \to \mathbb{R}^m$ heißt im Punkt $\mathbf{x}_0 \in D$ **total differenzierbar**, falls eine lineare Abbildung $\mathbf{f}' : \mathbb{R}^n \to \mathbb{R}^m$ existiert, so dass

$$\mathbf{f}(\mathbf{x}) = \mathbf{f}(\mathbf{x}_0) + \mathbf{f}'(\mathbf{x} - \mathbf{x}_0) + \mathbf{R}(\mathbf{x})$$

gilt und der Rest $\mathbf{R}(\mathbf{x})$ die Bedingung

$$\lim_{\mathbf{x} \to \mathbf{x}_0} \frac{\|\mathbf{R}(\mathbf{x})\|}{\|\mathbf{x} - \mathbf{x}_0\|} = 0 \tag{6.3}$$

erfüllt. Die lineare Abbildung $\mathbf{f}'$ heißt Ableitung von $\mathbf{f}$ im Punkt $\mathbf{x}_0$, die dazu gehörige Matrix A heißt **Jacobi-Matrix** oder **Funktionalmatrix**. Setzen wir $\mathbf{x} = (x_1, \ldots, x_n)$ und $\mathbf{x}_0 = (x_{0,1}, \ldots, x_{0,n})$, so können wir die obige Gleichung ausführlicher schreiben als

$$\begin{pmatrix} f_1(x_1, \ldots, x_n) \\ \vdots \\ f_m(x_1, \ldots, x_n) \end{pmatrix} = \begin{pmatrix} f_1(x_{0,1}, \ldots, x_{0,n}) \\ \vdots \\ f_m(x_{0,1}, \ldots, x_{0,n}) \end{pmatrix} + A \begin{pmatrix} x_1 - x_{0,1} \\ \vdots \\ x_n - x_{0,n} \end{pmatrix} + \mathbf{R}(x_1, \ldots, x_n). \tag{6.4}$$

Bemerkung: Man beachte, dass die Bedingung (6.3) äquivalent zu

$$\lim_{\mathbf{x} \to \mathbf{x}_0} \frac{\mathbf{R}(\mathbf{x})}{\|\mathbf{x} - \mathbf{x}_0\|} = \mathbf{0} \tag{6.5}$$

ist, wobei der Grenzwert koordinatenweise zu verstehen ist. Wir werden im Folgenden sowohl von (6.3) als auch von (6.5) Gebrauch machen.

Wir wollen uns nun überlegen, was diese Definition im konkreten Fall von skalaren Funktionen bedeutet. Sei $f : \mathbb{R}^2 \to \mathbb{R}$ total differenzierbar im Punkt $\mathbf{x}_0 = (x_0, y_0)$. Dann gibt es eine 1×2-Matrix $A = (a, b)$ mit

$$f(x, y) = f(x_0, y_0) + (a, b) \begin{pmatrix} x - x_0 \\ y - y_0 \end{pmatrix} + R(x, y).$$

Daraus folgt insbesondere

$$f(x, y_0) = f(x_0, y_0) + (a, b) \begin{pmatrix} x - x_0 \\ 0 \end{pmatrix} + R(x, y_0) = f(x_0, y_0) + a(x - x_0) + R(x, y_0).$$

Da $\lim_{x \to x_0} \frac{R(x, y_0)}{x - x_0} = 0$ ist, folgt

$$a = \lim_{x \to x_0} \frac{f(x, y_0) - f(x_0, y_0)}{x - x_0} = f_x(x_0, y_0).$$

In analoger Weise schließen wir $b = f_y(x_0, y_0)$. Offensichtlich lassen sich diese Argumente auch auf Funktionen in n Variablen übertragen. Wir haben damit gezeigt, dass jede total differenzierbare, skalarwertige Funktion auch partiell differenzierbar ist.

Definition 6.14 Sei $D \subseteq \mathbb{R}^n$ eine offene Menge und $f : D \to \mathbb{R}$ eine total differenzierbare Funktion. Dann heißt der Vektor

$$\operatorname{grad} f = \begin{pmatrix} f_{x_1} \\ \vdots \\ f_{x_n} \end{pmatrix}$$

Gradient von f.

Nach den obigen Betrachtungen und der Tatsache, dass wir bei skalaren Funktion die einzeilige Matrix A in (6.4) auch als Spaltenvektor schreiben können, wenn wir statt dem Matrizenprodukt das Skalarprodukt verwenden, ergibt sich der folgende Satz.

Satz 6.15 *Sei $D \subseteq \mathbb{R}^n$ eine offene Menge und $f : D \to \mathbb{R}$ eine total differenzierbare Funktion. Dann ist die Matrix der Ableitung von f gleich dem Gradienten von f. Für $\mathbf{x}, \mathbf{x}_0 \in D$ gilt also*

$$f(\mathbf{x}) = f(\mathbf{x}_0) + \operatorname{grad} f(\mathbf{x}_0) \cdot (\mathbf{x} - \mathbf{x}_0) + R(\mathbf{x})$$

mit $\lim_{\mathbf{x} \to \mathbf{x}_0} R(\mathbf{x}) / \|\mathbf{x} - \mathbf{x}_0\| = 0$.

Bemerkung: In Leibniz'scher Schreibweise haben wir im eindimensionalen Fall die Ableitung als $\frac{df}{dx}$ geschrieben. Die Beziehung zwischen der Ableitung und ihrer Funktion lässt sich dann auch als $df = f'(x_0) \, dx$ schreiben. Interpretiert man dx als Änderung des Arguments x, dann heißt das, dass die zugehörige Änderung von f umso besser durch $df = f'(x_0) \, dx$ approximiert wird, je kleiner dx ist. Auch für das Rechnen mit Funktionen in mehreren Variablen lässt sich die Leibniz'sche Notation anwenden. Setzen wir

$$d\mathbf{x} = \begin{pmatrix} dx_1 \\ \vdots \\ dx_n \end{pmatrix},$$

dann übersetzt sich (6.4) (mit $m = 1$) in

$$df = \operatorname{grad} f(\mathbf{x}_0) \, d\mathbf{x} = f_{x_1}(\mathbf{x}_0) \, dx_1 + \cdots + f_{x_n}(\mathbf{x}_0) \, dx_n.$$

Der Ausdruck df wird das **vollständige Differential** von f an der Stelle $\mathbf{x}_0$ genannt. Das vollständige Differential ist eine Approximation der Änderung von f, die umso besser ist, je kleiner $\|d\mathbf{x}\|$ ist.

Beispiel 6.16 (Volumsänderung eines Kegelstumpfs) Ein Kegelstumpf ist durch den Radius $R = 6$ der Grundfläche, den Radius $r = 4$ der Deckfläche und die Höhe $h = 10$ gegebenen. Wie ändert sich das Volumen $V = \frac{\pi h}{3}(r^2 + rR + R^2)$ bei Änderung der Größen R, r und h? Die Änderung wird näherungsweise durch das vollständige Differential

$$dV = \operatorname{grad} V \, d\mathbf{x} = \begin{pmatrix} V_R \\ V_r \\ V_h \end{pmatrix} \cdot \begin{pmatrix} dR \\ dr \\ dh \end{pmatrix} = V_R \, dR + V_r \, dr + V_h \, dh$$

$$= \frac{\pi}{3} \left(h(r + 2R) \, dR + h(2r + R) \, dr + (r^2 + rR + R^2) \, dh \right)$$

angegeben. Eine Änderung der Angabe auf $R = 5.7$, $r = 4.1$ und $h = 10.2$ bewirkt eine näherungsweise Änderung des Volumens $V \approx 795.87$ um

$$\frac{160\pi}{3} \cdot (-0.3) + \frac{140\pi}{3} \cdot 0.1 + \frac{76\pi}{3} \cdot 0.2 \approx -19.7,$$

also um etwa 2.5%.   △

Im Gegensatz zur partiellen Differenzierbarkeit folgt aus der totalen Differenzierbarkeit sehr wohl die Stetigkeit.

Satz 6.17 *Jede total differenzierbare (skalar- oder vektorwertige) Funktion ist auch stetig.*

Beweis. Durchführen des Grenzübergangs in (6.4) unter Berücksichtigung der Linearität (insbesondere der Stetigkeit und $A \cdot \mathbf{0} = \mathbf{0}$) und der Bedingung für den Rest $\mathbf{R}(\mathbf{x})$ führt unmittelbar auf die Behauptung.   □

Satz 6.18 *Ist eine vektorwertige Funktion total differenzierbar, so sind es auch alle Koordinatenfunktionen. Die Einträge der Jacobi-Matrix A sind die partiellen Ableitungen der Koordinatenfunktionen, d.h., für $\mathbf{f} : \mathbb{R}^n \to \mathbb{R}^m$ gilt*

$$A = \frac{\partial \mathbf{f}}{\partial \mathbf{x}} = \begin{pmatrix} \frac{\partial f_1}{\partial x_1} & \cdots & \frac{\partial f_1}{\partial x_n} \\ \vdots & & \vdots \\ \frac{\partial f_m}{\partial x_1} & \cdots & \frac{\partial f_m}{\partial x_n} \end{pmatrix}.$$

Folgerung: Jede total differenzierbare Funktion ist auch partiell differenzierbar.

Beweis. Sei $A = (a_{ij})_{i=1,\dots,m;j=1,\dots,n}$ die Jacobi-Matrix von $\mathbf{f}$. Die i-te Zeile von (6.4) lautet dann

$$f_i(\mathbf{x}) - f_i(\mathbf{x}_0) = \sum_{j=1}^{n} a_{ij}(x_j - x_{0,j}) + R_i(\mathbf{x}).$$

Da $\mathbf{R}(\mathbf{x})$ die Bedingung (6.3) erfüllt, muss das auch für $R_i(\mathbf{x})$ zutreffen. Daraus folgt aber bereits die erste Behauptung: $f_i(\mathbf{x})$ ist total differenzierbar. Die zweite Behauptung, die konkrete Gestalt der Jacobi-Matrix, ist nun eine unmittelbare Folgerung von Satz 6.15.   □

2. Ableitungsregeln

Die einfachste Ableitungsregel, die Summenregel, überträgt sich direkt auf den mehrdimensionalen Fall, denn man muss nur die beiden Gleichungen der Form (6.4), die $\mathbf{f}$ und $\mathbf{g}$ entsprechen, addieren. Dann addieren sich natürlich auch die zu den Ableitungen $\mathbf{f}'$ und $\mathbf{g}'$ gehörigen Matrizen. Es gilt also $(\mathbf{f} + \mathbf{g})' = \mathbf{f}' + \mathbf{g}'$ (Summenregel).

Auch die Produktregel und die Kettenregel lassen sich übertragen.

Satz 6.19 (Produktregel) *Sei $D \subseteq \mathbb{R}^n$ eine offene Menge. Weiters seien f, g zwei total differenzierbare, skalarwertige Funktionen. Dann gilt für die Funktion $h(\mathbf{x}) = f(\mathbf{x})g(\mathbf{x})$ die Gleichung*

$$\operatorname{grad} h(\mathbf{x}_0) = f(\mathbf{x}_0) \cdot \operatorname{grad} g(\mathbf{x}_0) + g(\mathbf{x}_0) \cdot \operatorname{grad} f(\mathbf{x}_0).$$

Beweis. Es gilt nach Satz 6.15

$$\begin{aligned}
h(\mathbf{x}) - h(\mathbf{x}_0) &= f(\mathbf{x})g(\mathbf{x}) - f(\mathbf{x}_0)g(\mathbf{x}_0) \\
&= (f(\mathbf{x}_0) + \operatorname{grad} f(\mathbf{x}_0) \cdot (\mathbf{x} - \mathbf{x}_0) + R_1(\mathbf{x})) \\
&\quad \cdot (g(\mathbf{x}_0) + \operatorname{grad} g(\mathbf{x}_0) \cdot (\mathbf{x} - \mathbf{x}_0) + R_2(\mathbf{x})) - f(\mathbf{x}_0)g(\mathbf{x}_0) \\
&= (f(\mathbf{x}_0) \cdot \operatorname{grad} g(\mathbf{x}_0) + g(\mathbf{x}_0) \cdot \operatorname{grad} f(\mathbf{x}_0)) \cdot (\mathbf{x} - \mathbf{x}_0) + R(\mathbf{x})
\end{aligned}$$

mit

$$\begin{aligned}
R(\mathbf{x}) &= R_1(\mathbf{x})(g(\mathbf{x}_0) + \operatorname{grad} g(\mathbf{x}_0) \cdot (\mathbf{x} - \mathbf{x}_0)) + R_2(\mathbf{x})(f(\mathbf{x}_0) + \operatorname{grad} f(\mathbf{x}_0) \cdot (\mathbf{x} - \mathbf{x}_0)) \\
&\quad + (\operatorname{grad} f(\mathbf{x}_0) \cdot (\mathbf{x} - \mathbf{x}_0))(\operatorname{grad} g(\mathbf{x}_0) \cdot (\mathbf{x} - \mathbf{x}_0)) + R_1(\mathbf{x})R_2(\mathbf{x}).
\end{aligned}$$

Unter Berücksichtigung von $\lim_{\mathbf{x} \to \mathbf{x}_0} R_1(\mathbf{x})/\|\mathbf{x} - \mathbf{x}_0\| = 0$ und $\lim_{\mathbf{x} \to \mathbf{x}_0} R_2(\mathbf{x})/\|\mathbf{x} - \mathbf{x}_0\| = 0$ ist leicht nachzurechnen, dass $\lim_{\mathbf{x} \to \mathbf{x}_0} R(\mathbf{x})/\|\mathbf{x} - \mathbf{x}_0\| = 0$. Daraus folgt die Behauptung. $\square$

Satz 6.20 (Kettenregel) *Sei $D \subseteq \mathbb{R}^n$ eine offene Menge, $f : D \to \mathbb{R}$ und $\mathbf{g} : \mathbb{R} \to \mathbb{R}^n$ mit $\mathbf{g}(x) = (g_1(x), \ldots, g_n(x))$ und $\mathbf{g}(\mathbb{R}) \subseteq D$. Weiters sei $F(x) = f(\mathbf{g}(x))$. Dann gilt*

$$F'(x) = \sum_{i=1}^{n} f_{x_i}(g_1(x), \ldots, g_n(x))g_i'(x).$$

In Leibniz'scher Notation:

$$\frac{dF}{dx} = \sum_{i=1}^{n} \frac{\partial f}{\partial g_i} \cdot \frac{dg_i}{dx}.$$

Die Zusammensetzung zweier vektorwertiger Funktionen $\mathbf{f} : \mathbb{R}^m \to \mathbb{R}^p$ und $\mathbf{g} : \mathbb{R}^n \to \mathbb{R}^m$ ist durch $(\mathbf{f} \circ \mathbf{g})(\mathbf{x}) = \mathbf{f}(g_1(\mathbf{x}), \ldots, g_m(\mathbf{x}))$ definiert, wobei $\mathbf{g}(\mathbf{x}) = (g_1(\mathbf{x}), \ldots, g_m(\mathbf{x}))$. Für die entsprechenden Jacobi-Matrizen gilt

$$\frac{\partial(\mathbf{f} \circ \mathbf{g})}{\partial \mathbf{x}}(\mathbf{x}_0) = \frac{\partial \mathbf{f}}{\partial \mathbf{g}}(\mathbf{g}(\mathbf{x}_0)) \cdot \frac{\partial \mathbf{g}}{\partial \mathbf{x}}(\mathbf{x}_0).$$

Folgerung: Falls $f : \mathbb{R}^n \to \mathbb{R}^n$ total differenzierbar und bijektiv ist, dann ist die Jacobi-Matrix der Umkehrfunktion gleich der Inversen der Jacobi-Matrix von f, also

$$\frac{\partial \mathbf{f}^{-1}}{\partial \mathbf{x}}(\mathbf{y}_0) = \left(\frac{\partial \mathbf{f}}{\partial \mathbf{x}}(\mathbf{x}_0)\right)^{-1}$$

mit $\mathbf{y}_0 = \mathbf{f}(\mathbf{x}_0)$.

Beweis. Sei $A = \frac{\partial f}{\partial g}(g(x_0))$ und $B = \frac{\partial g}{\partial x}(x_0)$. Weiters sind die im Folgenden benötigten Vektoren $x, f(x)$, usw. als Spaltenvektoren aufzufassen. Dann gilt

$$f(g(x)) = f(g(x_0)) + A(g(x) - g(x_0)) + R_1(g(x)), \tag{6.6}$$

$$g(x) = g(x_0) + B(x - x_0) + R_2(x), \tag{6.7}$$

wobei $\lim_{x \to x_0} \frac{\|R_1(g(x))\|}{\|g(x) - g(x_0)\|} = \lim_{x \to x_0} \frac{\|R_2(x)\|}{\|x - x_0\|} = 0$. Aus (6.6) und (6.7) folgt

$$
\begin{aligned}
f(g(x)) - f(g(x_0)) &= A(g(x) - g(x_0)) + R_1(g(x)) \\
&= A\left(B(x - x_0) + R_2(x)\right) + R_1(g(x)) \\
&= AB(x - x_0) + R(x)
\end{aligned}
$$

mit $R(x) = AR_2(x) + R_1(g(x))$. Da $\|B(x - x_0)\|/\|x - x_0\|$ durch den größten Eigenwert von B beschränkt ist, gilt

$$
\begin{aligned}
\lim_{x \to x_0} \frac{R(x)}{\|x - x_0\|} &= \lim_{x \to x_0} \left(A \cdot \frac{R_2(x)}{\|x - x_0\|} + \frac{R_1(g(x))}{\|g(x) - g(x_0)\|} \cdot \frac{\|g(x) - g(x_0)\|}{\|x - x_0\|} \right) \\
&= \lim_{x \to x_0} \left(A \cdot \frac{R_2(x)}{\|x - x_0\|} + \frac{R_1(g(x))}{\|g(x) - g(x_0)\|} \cdot \frac{\|B(x - x_0) + R_2(x)\|}{\|x - x_0\|} \right) = 0,
\end{aligned}
$$

und daher ist die Jacobi-Matrix von $f \circ g$ gleich AB. $\qquad\square$

Beispiel 6.21 Wir betrachten eine Funktion $f : \mathbb{R}^2 \to \mathbb{R}$. Wie lässt sich die Änderung der Funktion beschreiben, wenn wir nicht in kartesischen, sondern in Polarkoordinaten rechnen. Die Transformation auf Polarkoordinaten geschieht mittels der Substitution $x = r \cos \varphi$ und $y = r \sin \varphi$. Aus der Funktion f entsteht dann die Funktion $F(r, \varphi) = f(r \cos \varphi, r \sin \varphi)$. Die partiellen Ableitungen von F ergeben sich nun aus der Kettenregel gemäß

$$
\begin{aligned}
F_r &= f_x \cos \varphi + f_y \sin \varphi, \\
F_\varphi &= -f_x r \sin \varphi + f_y r \cos \varphi,
\end{aligned}
$$

und nach Lösen dieses Gleichungssystems (in den Variablen f_x und f_y) folgt

$$
\begin{aligned}
f_x &= F_r \cos \varphi - \frac{1}{r} F_\varphi \sin \varphi, \\
f_y &= F_r \sin \varphi + \frac{1}{r} F_\varphi \cos \varphi.
\end{aligned}
$$

$\triangle$

Oft sind Funktionen implizit durch eine Gleichung $F(x, y) = 0$ gegeben. Zum Beispiel kann der Einheitskreis durch die Gleichung $x^2 + y^2 - 1 = 0$ beschrieben werden. Bei implizit gegebenen Funktionen stellt sich natürlich die Frage nach der Lösbarkeit so einer Gleichung. Gesucht ist eine reellwertige Funktion $y(x)$ mit $F(x, y(x)) = 0$. Diese Frage wird durch den folgenden Satz geklärt.

Satz 6.22 (Hauptsatz über implizite Funktionen) *Seien $D \subseteq \mathbb{R}^2$ eine offene Menge und $F : D \to \mathbb{R}$ eine stetig differenzierbare Funktion. Weiters sei $F(x_0, y_0) = 0$ und $F_y(x_0, y_0) \neq 0$. Dann gibt es eine Umgebung U von (x_0, y_0), so dass die Gleichung $F(x, y) = 0$ in U eine*

eindeutig bestimmte stetige Lösung $y(x)$ hat. Die Funktion $y(x)$ ist darüber hinaus stetig diffe-
renzierbar und erfüllt

$$y'(x) = -\frac{F_x(x, y(x))}{F_y(x, y(x))}. \tag{6.8}$$

Der Beweis dieses Satzes würde den Rahmen unseres Buches sprengen, aber die Gleichung für $y'(x)$ ist leicht zu zeigen. Man muss nur die definierende Gleichung nach der Kettenregel differenzieren. Aus $F(x, y(x)) = 0$ folgt

$$\frac{d}{dx}F(x, y(x)) = F_x(x, y(x)) + F_y(x, y(x))y'(x) = 0$$

und damit $y'(x) = -\frac{F_x(x,y(x))}{F_y(x,y(x))}$.

Beispiel 6.23

(a) Der Kreis mit Radius r und Mittelpunkt $(0, 0)$ wird durch die Gleichung $F(x, y) = x^2 + y^2 - r^2 = 0$ beschrieben. Die Lösungen dieser Gleichung sind $y_1(x) = \sqrt{r^2 - x^2}$ und $y_2(x) = -\sqrt{r^2 - x^2}$. Die partiellen Ableitungen von F sind $F_x(x, y) = 2x$ und $F_y(x, y) = 2y$, und daher ist $F_y(x, y) = 0$ genau für $y = 0$. Wenn (x_0, y_0) ein Punkt dieses Kreises ist, der nicht auf der x-Achse liegt (also $y_0 \neq 0$ und daher $F_y(x_0, y_0) \neq 0$), dann sind die Voraussetzungen des Hauptsatzes über implizite Funktionen erfüllt. Daher geht durch so einen Punkt nur eine der beiden Lösungen der Kreisgleichung. Der Anstieg der Tangente an den Kreis im Punkt (x_0, y_0) ist dann gemäß (6.8) $y'(x_0) = -x_0/y(x_0)$.

An den Schnittpunkten des Kreises mit der x-Achse sind die Voraussetzungen von Satz 6.22 verletzt. Es gehen auch tatsächlich beide Lösungen $y_1(x)$ und $y_2(x)$ durch diese beiden Punkte.

(b) Die Lösung $y(x)$ der Gleichung $F(x, y) = e^{xy} + x + y = 0$ ist keine elementare Funktion. Die Lösungskurve ist in Abb. 6.6 dargestellt. Es gilt $F_x(x, y) = ye^{xy} + 1$ und $F_y(x, y) = xe^{xy} + 1$. Obwohl die Lösungsfunktion nicht explizit durch einfache Funktionen ausgedrückt werden kann, ist es möglich, die Tangente an die Lösungsfunktion im Punkt (x_0, y_0) explizit anzugeben. Die Tangentengleichung ist nämlich durch $y = y_0 + y'(x_0)(x - x_0)$ gegeben, wobei man aus dem Hauptsatz die Darstellung

$$F_x(x_0, y_0)(x - x_0) + F_y(x_0, y_0)(y - y_0) = 0,$$

konkret also

$$(ye^{xy} + 1)(x - x_0) + (xe^{xy} + 1)(y - y_0) = 0$$

erhält.

$\triangle$

3. Die Richtungsableitung

Die partiellen Ableitungen einer Funktion $f : \mathbb{R}^2 \to \mathbb{R}$ geben den Anstieg der Funktion entlang der durch die Koordinatenachsen bestimmten Richtungen an. Sie sind also die Ableitungen von f in Richtung der Koordinatenachsen. Nun wollen wir entlang beliebiger Richtungen differenzieren.

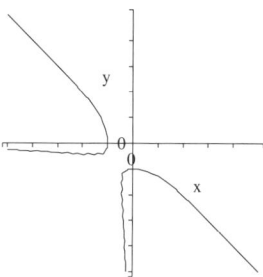

Abbildung 6.6 Die durch $e^{xy} + x + y = 0$ bestimmte ebene Kurve

Definition 6.24 Sei $D \subseteq \mathbb{R}^n$ eine offene Menge, $f : D \to \mathbb{R}$ eine skalarwertige Funktion und $v \in \mathbb{R}^n$ ein normierter Vektor, d.h. $\|v\| = 1$. Unter der **Richtungsableitung** von f an der Stelle $\mathbf{x} \in D$ nach v versteht man den Grenzwert

$$\frac{\partial f}{\partial v}(\mathbf{x}) = \lim_{t \to 0} \frac{f(\mathbf{x} + tv) - f(\mathbf{x})}{t}.$$

Satz 6.25 *Sei $D \subseteq \mathbb{R}^n$ eine offene Menge, $f : D \to \mathbb{R}$ eine an der Stelle $\mathbf{x} = (x_1, \dots, x_n) \in D$ total differenzierbare Funktion und $v = (v_1, \dots, v_n) \in \mathbb{R}^n$ ein beliebiger normierter Vektor. Dann existiert die Richtungsableitung nach v, und es gilt*

$$\frac{\partial f}{\partial v}(\mathbf{x}) = f_{x_1}(\mathbf{x})v_1 + \cdots + f_{x_n}(\mathbf{x})v_n = \operatorname{grad} f(\mathbf{x}) \cdot v.$$

Beweis. Da f total differenzierbar ist, gilt

$$\frac{f(\mathbf{x} + tv) - f(\mathbf{x})}{t} = \frac{f_{x_1}(\mathbf{x})tv_1 + \cdots + f_{x_n}(\mathbf{x})tv_n + R(\mathbf{x} + tv)}{t}$$

$$= f_{x_1}(\mathbf{x})v_1 + \cdots + f_{x_n}(\mathbf{x})v_n + \frac{R(\mathbf{x} + tv)}{t}.$$

Aus $t = \|\mathbf{x} + tv - \mathbf{x}\|$ und (6.3) folgt $\lim_{t \to 0} \frac{R(\mathbf{x} + tv)}{t} = 0$. Nach Grenzübergang für $t \to 0$ erhält man nun die Behauptung. $\qquad\square$

Beispiel 6.26 Seien D und f wie im vorigen Satz und $v = \mathbf{e}_k = (0, \dots, 0, 1, 0, \dots, 0)$ der k-te kanonische Einheitsvektor. Die Richtungsableitung von f nach $\mathbf{e}_k$ ist dann nach Satz 6.25 genau die partielle Ableitung f_{x_k}. $\qquad\triangle$

Wir wollen uns nun der folgenden Frage zuwenden: In welcher Richtung wächst bzw. fällt eine Funktion f am stärksten? Es genügt, sich auf einen der beiden Fälle zu beschränken, denn die Existenz der Richtungsableitung nach v impliziert, dass die Funktion $g(t) = f(\mathbf{x} + tv)$ an der Stelle $t = 0$ differenzierbar und daher linear approximierbar ist. Daher ändert die Richtungsableitung ihr Vorzeichen, wenn wir v durch $-v$ ersetzen. Wenn f in Richtung v am stärksten ansteigt, so ist die Richtung des stärksten Abstiegs genau $-v$.

Satz 6.27 *Seien D, f und* **x** *wie in Satz 6.25. Dann ist die Richtung des größten Anstiegs genau die Richtung des Gradienten* grad f. *Der Wert des größten Anstiegs ist* $\|\,\mathrm{grad}\,f\,\|$. *Im Fall* grad $f = 0$ *sind alle Richtungsableitungen gleich* 0.

Beweis. Wir suchen jenen Vektor v, für den die zugehörige Richtungsableitung am größten ist. Nach dem vorigen Satz ist die Richtungsableitung nach v gleich grad $f \cdot v$, und diese wird genau dann maximal, wenn v und grad f dieselbe Richtung haben. In diesem Fall gilt grad $f \cdot v = \|\,\mathrm{grad}\,f\,\|$. Falls grad $f = 0$, dann gilt für jeden Vektor v natürlich grad $f \cdot v = 0$. $\qquad\square$

Bemerkung: Es besteht ein einfacher Zusammenhang zwischen den Niveaulinien einer Funktion f, also jenen Kurven, entlang derer der Funktionswert konstant ist, und dem Gradienten von f. Es gilt: Falls grad $f(\mathbf{x}) \neq 0$, dann steht grad $f(\mathbf{x})$ normal auf die Niveaulinie, auf der $\mathbf{x}$ liegt.

Beispiel 6.28 Sei $f(x,y,z) = e^{-xy}z^2$ und $\mathbf{x}_0 = (x_0, y_0, z_0) = (2, -\ln 2, 3)$. Die Änderungen in Richtung der Koordinatenachsen sind durch die partiellen Ableitungen $f_x(x,y,z) = -yz^2e^{-xy}$, $f_y(x,y,z) = -xz^2e^{-xy}$ und $f_z(x,y,z) = 2ze^{-xy}$ gegeben. Die entsprechenden Anstiege an der Stelle $\mathbf{x}_0$ sind $36\ln 2 \approx 24.953$, -72 und 24.

Die Änderung in Richtung des Einheitsvektors $\frac{1}{3}\begin{pmatrix} 2 \\ -1 \\ 2 \end{pmatrix}$ ist gegeben durch

$$\mathrm{grad}\,f \cdot \frac{1}{3}\begin{pmatrix} 2 \\ -1 \\ 2 \end{pmatrix} = \begin{pmatrix} 36\ln 2 \\ -72 \\ 24 \end{pmatrix} \cdot \frac{1}{3}\begin{pmatrix} 2 \\ -1 \\ 2 \end{pmatrix} = 24\ln 2 + 40 \approx 56.636.$$

Die Richtung des maximalen Anstiegs ist $\begin{pmatrix} 36\ln 2 \\ -72 \\ 24 \end{pmatrix}$ und dessen Wert beträgt

$$\left\|\begin{pmatrix} 36\ln 2 \\ -72 \\ 24 \end{pmatrix}\right\| = \sqrt{36^2\ln^2 2 + 72^2 + 24^2} \approx 79.892.$$

$\triangle$

4. Taylorentwicklung

Wir beschränken uns hier wieder auf den zweidimensionalen Fall. Sei $D \subseteq \mathbb{R}^2$ eine offene Menge und $f : D \to \mathbb{R}$ eine für die folgenden Betrachtungen hinreichend oft stetig differenzierbare Funktion. Die Jacobi-Matrix von f an der Stelle $(x_0, y_0) \in D$ ist die lineare Approximation von f. Die Funktion f wird lokal durch eine Ebene, die Tangentialebene, angenähert. Für Funktionen in einer Variablen haben wir in Abschnitt 5.2 Approximationen höherer Ordnung betrachtet. Dies führte uns auf Taylorpolynome und -reihen. Wir wollen nun diese Idee auf Funktionen in zwei Variablen verallgemeinern. Dazu wählen wir (x_0, y_0) als Entwicklungspunkt und einen weiteren Punkt $(x, y) = (x_0 + h, y_0 + k)$. Wir betrachten nun f auf der Verbindungsstrecke von

(x_0, y_0) nach (x, y) und führen daher die Hilfsfunktion $F(t) = f(x_0 + th, y_0 + tk)$ ein. Diese Funktion entwickeln wir nun in eine Taylorreihe um die Anschlussstelle $t_0 = 0$:

$$F(0) + F'(0)t + \frac{F''(0)}{2}t^2 + \frac{F'''(0)}{3!}t^3 + \cdots .$$

Aus dem Satz von Taylor folgt dann für $t = 1$

$$f(x, y) = F(1) = F(0) + F'(0) + \frac{F''(0)}{2} + \frac{F'''(0)}{3!} + \cdots + \frac{F^{(n)}(0)}{n!} + \frac{F^{(n+1)}(\xi)}{(n+1)!}$$

mit $0 < \xi < 1$. Die in der Taylor'schen Formel auftretenden Ableitungen können nun aus $F(t) = f(x_0 + th, y_0 + tk)$ mit Hilfe der Kettenregel berechnet werden. Wir erhalten

$$F'(0) = f_x(x_0, y_0)h + f_y(x_0, y_0)k.$$

Das entspricht genau der ersten Näherung aus Satz 6.15 durch die Jacobi-Matrix (vgl. auch (6.4) für den allgemeineren Fall vektorwertiger Funktionen). Nochmaliges Ableiten mittels Kettenregel unter Verwendung des Satzes von Schwarz ergibt

$$F''(0) = \left[\frac{d}{dt} f_x(x_0 + th, y_0 + tk)h + \frac{d}{dt} f_y(x_0 + th, y_0 + tk)k \right]_{t=0}$$
$$= f_{xx}(x_0, y_0)h^2 + 2f_{xy}(x_0, y_0)hk + f_{yy}(x_0, y_0)k^2$$

und

$$F'''(0) = f_{xxx}(x_0, y_0)h^3 + 3f_{xxy}(x_0, y_0)h^2k + 3f_{xyy}(x_0, y_0)hk^2 + f_{yyy}(x_0, y_0)k^3.$$

Man beachte, dass die partiellen Ableitungen nach x und nach y auch als lineare Funktionen des Vektorraums der (unendlich oft) differenzierbaren Funktionen in sich selbst aufgefasst werden können. Diese Funktionen werden auch Differentialoperatoren genannt. Wir bezeichnen sie mit $D_x = \frac{\partial}{\partial x}$ und $D_y = \frac{\partial}{\partial y}$. Beim Rechnen mit Operatoren sind folgende Konventionen üblich: Die Hintereinanderausführung von Operatoren wird als Produkt oder als Potenz, wenn derselbe Operator mehrfach angewendet wird, geschrieben. Konstante Faktoren[3] in Produkten sind als entsprechende Vielfache des identischen Operators (d.i. jener Operator, der jede Funktion auf sich selbst abbildet) zu verstehen. Damit können wir die beiden vorigen Gleichungen nun wie folgt aufschreiben

$$F''(0) = h^2 D_x^2 f(x_0, y_0) + 2hk D_x D_y f(x_0, y_0) + k^2 D_y^2 f(x_0, y_0) = (hD_x + kD_y)^2 f(x_0, y_0)$$

und analog $F'''(0) = (hD_x + kD_y)^3 f(x_0, y_0)$. Das Muster, nach dem diese Ableitungen aufgebaut sind, ist nun leicht erkennbar. Mit vollständiger Induktion kann schließlich der Satz von Taylor gezeigt werden.

---

[3]Es ist auch üblich, nicht konstante Faktoren in Operatorgleichungen zu verwenden und in analoger Weise zu interpretieren. So gilt beispielsweise (im Vektorraum der unendlich oft differenzierbaren Funktionen) $D_x D_y = D_y D_x$ nach dem Satz von Schwarz. Der Operator xD_x bildet $f(x)$ auf $xf'(x)$ ab, während $D_x x$ diese Funktion auf $(xf(x))' = xf'(x) + f(x)$ abbildet; also gilt $xD_x \neq D_x x$. Wenn h und k Konstante sind, dann ist $D_x h = hD_x$, da $(D_x h)(f(x)) = (hf(x))' = hf'(x) = hD_x(f(x))$.

Satz 6.29 (Satz von Taylor für reellwertige Funktionen in zwei Variablen) *Sei $D \subseteq \mathbb{R}^2$ eine offene Menge und $f : D \to \mathbb{R}$ eine auf D $(n+1)$-mal stetig differenzierbare Funktion. Weiters seien (x_0, y_0) und $(x, y) = (x_0 + th, y_0 + tk)$ zwei Punkte in D, deren Verbindungsstrecke zur Gänze in D liegt. Dann gibt es ein $\xi \in (0, 1)$, so dass*

$$f(x, y) = f(x_0, y_0) + \sum_{\ell=1}^{n} \frac{(hD_x + kD_y)^\ell f(x_0, y_0)}{\ell!} + \frac{(hD_x + kD_y)^{n+1} f(x_0 + \xi h, y_0 + \xi k)}{(n+1)!}.$$

$$(6.9)$$

Ist f unendlich oft stetig differenzierbar, so ist die Taylorreihe von f durch

$$f(x_0, y_0) + \sum_{\ell=1}^{\infty} \frac{1}{\ell!}(hD_x + kD_y)^\ell f(x_0, y_0)$$

definiert. Sie konvergiert genau dann gegen $f(x, y)$, wenn die Folge der Restglieder eine Nullfolge ist, d.h. $\lim_{n \to \infty} \frac{1}{n!}(hD_x + kD_y)^n f(x_0 + \xi_n h, y_0 + \xi_n k) = 0$.

Beispiel 6.30

(a) Falls man beispielsweise quadratische Approximationen einer Funktion sucht, so muss man die Ableitungen bis zur Ordnung zwei bestimmen, um das Taylorpolynom zweiter Ordnung festzulegen. Dieses besitzt auch die Darstellung

$$f(x_0, y_0) + (h, k) \operatorname{grad} f(x_0, y_0) + \frac{1}{2!}(h, k) \begin{pmatrix} f_{xx}(x_0, y_0) & f_{xy}(x_0, y_0) \\ f_{yx}(x_0, y_0) & f_{yy}(x_0, y_0) \end{pmatrix} \begin{pmatrix} h \\ k \end{pmatrix}.$$

Die hier auftretende Matrix der partiellen Ableitungen zweiter Ordnung heißt **Hesse-Matrix**. Allgemein gilt für zweimal stetig differenzierbare Funktionen in n Variablen (mit den Abkürzungen $\mathbf{x} = (x_1, \ldots, x_n)$ und $\mathbf{h} = (h_1, \ldots, h_n)$)

$$f(\mathbf{x} + \mathbf{h}) = f(\mathbf{x}) + \mathbf{h} \operatorname{grad} f(\mathbf{x}) + \frac{1}{2!}\mathbf{h} \cdot H_f(\mathbf{x}) \cdot \mathbf{h}^T + R(\mathbf{x}), \qquad (6.10)$$

wobei H_f die durch

$$H_f = \begin{pmatrix} f_{x_1 x_1}(x_1, \ldots, x_n) & \cdots & f_{x_1 x_n}(x_1, \ldots, x_n) \\ \vdots & \vdots & \vdots \\ f_{x_n x_1}(x_1, \ldots, x_n) & \cdots & f_{x_n x_n}(x_1, \ldots, x_n) \end{pmatrix}$$

definierte **Hesse-Matrix** von f und $R(x_1, \ldots, x_n)$ das Restglied aus (6.9) bezeichnet.

(b) Wir suchen eine quadratische Approximation der Funktion $f(x, y) = \left(x + \frac{1}{y^2}\right)(y - 2)$ im Punkt $(0, 1)$. Die ersten partiellen Ableitungen sind

$$f_x = y - 2, \qquad f_y = x - \frac{1}{y^2} + \frac{4}{y^3},$$

die zweiten partiellen Ableitungen lauten

$$f_{xx} = 0, \qquad f_{xy} = 1, \qquad f_{yy} = \frac{2}{y^3} - \frac{12}{y^4}.$$

Daraus folgt $f(0, 1) = f_x(0, 1) = -1$, $f_y(0, 1) = 3$, $f_{xx}(0, 1) = 0$, $f_{xy}(0, 1) = 1$ und $f_{yy}(0, 1) = -10$. Daher lautet die gesuchte Approximation

$$f(x, y) \approx -1 - x + 3(y - 1) + x(y - 1) - 5(y - 1)^2.$$

$\triangle$

6.3 Bestimmung von Extrema

Für Funktionen in einer Variablen haben wir im vorigen Kapitel die geometrische Bedeutung der ersten und der zweiten Ableitung untersucht. Lokale Extrema (Minima und Maxima) lassen sich durch Bestimmung der Nullstellen der ersten Ableitung aufspüren.

In diesem Abschnitt wollen wir Minima und Maxima von Funktionen in mehreren Variablen untersuchen. Zunächst widmen wir uns der Untersuchung der Extrema des gesamten Funktionsgraphen. Danach betrachten wir Extrema mit Nebenbedingungen, also z.B. Extrema des Graphen entlang einer vorgegebenen Kurve. Abb. 6.7 zeigt die Funktion $((x-2)^2 + y^2)e^{-x^2-y^2}$ mit der Nebenbedingung $(x - 0.3)^2 + (y - 0.3)^2 = 1$. Die Nebenbedingung definiert einen Kreis C. Sie schneidet aus dem Funktionsgraphen den über dem Kreis C liegenden Abschnitt aus. Auf der Kreislinie wird nun ein Maximum und ein Minimum angenommen. Ohne Nebenbedingung liegt das Maximum der Funktion an einer anderen Stelle, ein Minimum existiert überhaupt nicht.

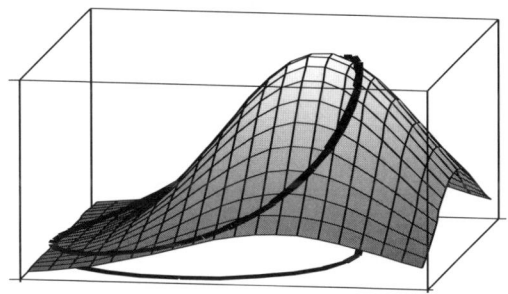

Abbildung 6.7 Extremstellen einer Funktion mit Nebenbedingung

1. Lokale Extrema

Definition 6.31 Sei $D \subseteq \mathbb{R}^n$ und $f : D \to \mathbb{R}$. Die Funktion f besitzt an der Stelle $\mathbf{x}_0 \in D$ ein relatives (oder lokales) Maximum (bzw. Minimum), wenn es eine Umgebung $U_\varepsilon(\mathbf{x}_0)$ gibt, so dass für alle $\mathbf{x} \in U_\varepsilon(\mathbf{x}_0) \cap D$ gilt: $f(\mathbf{x}) \leq f(\mathbf{x}_0)$ (bzw. $f(\mathbf{x}) \geq f(\mathbf{x}_0)$).
Eine Stelle $\mathbf{x}_0$ heißt absolutes (oder globales) Maximum (bzw. Minimum) von f, falls diese Ungleichung für alle $\mathbf{x} \in D$ gilt.

Satz 6.32 *Sei $D \subseteq \mathbb{R}^n$ eine offene Menge und $f : D \to \mathbb{R}$. Die Funktion f habe in $\mathbf{x}$ ein relatives Extremum und sei darüber hinaus in $\mathbf{x}$ partiell differenzierbar. Dann verschwinden in $\mathbf{x}$ alle partiellen Ableitungen, d.h. $\operatorname{grad} f(\mathbf{x}) = \mathbf{0}$.*

Beweis. Ein relatives Extremum $\mathbf{x} = (x_1, \ldots, x_n)$ von f ist auch relatives Extremum der Funktionen $g_k(x) = f(x_1, \ldots, x_{k-1}, x, x_{k+1}, \ldots, x_n)$. Daher ist $g'_k(x_k) = 0$. Andererseits ist aber $g'_k(x_k) = f_{x_k}(\mathbf{x})$, also ist $f_{x_k}(\mathbf{x}) = 0$ für alle k. $\qquad\square$

Für total differenzierbare Funktionen ist die Aussage des Satzes auch anschaulich einleuchtend. Denn ein relatives Maximum ist ja nichts anderes als ein „Gipfel" des Funktionsgraphen. Deshalb ist die Tangentialebene dort waagrecht. Somit sind die Anstiege in alle Richtungen, die ja durch die Richtungsableitungen beschrieben werden, gleich 0. Die Bedingung $\operatorname{grad} f(\mathbf{x}) = \mathbf{0}$ ist nur notwendig, aber nicht hinreichend, wie das unten stehende Beispiel zeigt. Punkte mit $\operatorname{grad} f(\mathbf{x}) = \mathbf{0}$ heißen **stationäre Punkte**.

Beispiel 6.33

(a) Wir betrachten die Funktion $f(x,y) = x^2 + y^2$. Für ein relatives Extremum müssen die Gleichungen $f_x(x,y) = 2x = 0$ und $f_y(x,y) = 2y = 0$ gelten. Aus diesen beiden Gleichungen folgt $x = y = 0$. Im Ursprung $(0,0)$ befindet sich auch das relative Minimum dieser Funktion (siehe Abb. 6.8, linkes Bild).

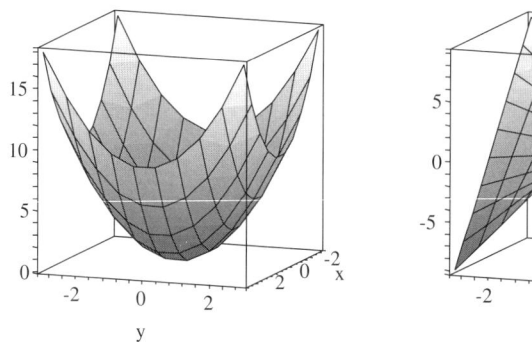 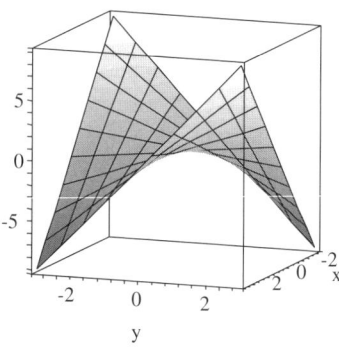

Abbildung 6.8 Links: $(0,0)$ ist relatives Minimum von $f(x,y) = x^2 + y^2$. Rechts: Der Sattelpunkt $(0,0)$ von $f(x,y) = xy$

(b) Nun betrachten wir die Funktion $f(x,y) = xy$. Wegen $f_x(x,y) = y$ und $f_y(x,y) = x$ ist die einzige Stelle, die als relatives Extremum in Frage kommt, der Ursprung $(0,0)$. Es liegen aber in jeder ε-Umgebung sowohl Punkte mit $f(x,y) > 0$ als auch Punkte mit $f(x,y) < 0$. Denn $U_\varepsilon(0,0)$ ist der Kreis mit Radius ε und Mittelpunkt $(0,0)$. Darin liegen die Punkte $(\varepsilon/2, \varepsilon/2)$ mit $f(\varepsilon/2, \varepsilon/2) = \varepsilon^2/4 > 0$ und $(\varepsilon/2, -\varepsilon/2)$ mit $f(\varepsilon/2, -\varepsilon/2) = -\varepsilon^2/4 < 0$. Die Bedingung $f_x(x,y) = 0$ und $f_y(x,y) = 0$ ist daher nur notwendig, aber nicht hinreichend für ein relatives Extremum.

△

Wir wollen nun eine hinreichende Bedingung für relative Extrema finden. Wie kann man feststellen, ob eine Stelle $\mathbf{x}$ mit $\operatorname{grad} f(\mathbf{x}) = \mathbf{0}$ ein relatives Extremum ist, und welche Art von Extremum vorliegt? Aus der Darstellung (6.10) folgt wegen $\operatorname{grad} f(\mathbf{x}) = \mathbf{0}$

$$f(\mathbf{x} + \mathbf{h}) = f(\mathbf{x}) + \mathbf{h}\operatorname{grad} f(\mathbf{x}) + \frac{1}{2!}\mathbf{h}H_f(\mathbf{x})\mathbf{h}^T + O\left(\|\mathbf{h}\|^3\right)$$

$$= f(\mathbf{x}) + \frac{1}{2!}\mathbf{h}H_f(\mathbf{x})\mathbf{h}^T + O\left(\|\mathbf{h}\|^3\right). \tag{6.11}$$

Da der Fehlerterm in (6.11) für (betragsmäßig) hinreichend kleine $\mathbf{h}$ vernachlässigbar gegenüber $\mathbf{h}H_f(\mathbf{x})\mathbf{h}^T$ ist, genügt es, das lokale Verhalten von $\mathbf{h}H_f(\mathbf{x})\mathbf{h}^T$ zu kennen. Wenn also

$\mathbf{h}H_f(\mathbf{x})\mathbf{h}^T > 0$ für hinreichend kleine $\mathbf{h}$, also für $0 < \|\mathbf{h}\| < \varepsilon$ ist (ε klein genug), dann folgt daraus $f(\mathbf{x} + \mathbf{h}) > f(\mathbf{x})$ für $0 < \|\mathbf{h}\| < \varepsilon$. Somit liegt ein relatives Minimum vor.

Der Term $\mathbf{h}H_f(\mathbf{x})\mathbf{h}^T$ ist aber eine quadratische Form (siehe Beispiel 6.1f), denn aufgrund des Satzes von Schwarz ist $H_f(\mathbf{x})$ eine symmetrische Matrix. Somit ist die Bedingung $\mathbf{h}H_f(\mathbf{x})\mathbf{h}^T > 0$ gleichbedeutend damit, dass die Hesse-Matrix $H_f(\mathbf{x})$ positiv definit ist. In analoger Weise folgt aus der negativen Definitheit von $H_f(\mathbf{x})$ das Vorliegen eines lokalen Maximums. Diese Überlegungen führen somit zum folgenden Satz.

Satz 6.34 *Sei $D \subseteq \mathbb{R}^n$ eine offene Menge und $f : D \to \mathbb{R}$. Weiters sei $\mathbf{x}_0 \in D$ ein Punkt mit* $\operatorname{grad} f(\mathbf{x}_0) = \mathbf{0}$. *Bezeichne $H(\mathbf{x})$ die Hesse-Matrix von f in $\mathbf{x}$. Falls $H(\mathbf{x}_0)$ negativ definit ist, so liegt bei $\mathbf{x}_0$ ein relatives Maximum vor. Im positiv definiten Fall liegt ein relatives Minimum vor. Ist $H(\mathbf{x}_0)$ indefinit, so ist an der Stelle $\mathbf{x}_0$ kein Extremum, sondern ein Sattelpunkt von f.*

Bemerkung: In einem relativen Minimum $\mathbf{x}$ genügt laut Definition $f(\mathbf{x} + \mathbf{h}) \geq f(\mathbf{x})$ für $\|\mathbf{h}\| < \varepsilon$. Trotzdem reicht es nicht, wenn $H_f(\mathbf{x})$ bloß positiv semidefinit ist. Denn falls $H_f(\mathbf{x})$ positiv semidefinit, aber nicht definit ist, dann könnte man $\mathbf{h}$ mit $\|\mathbf{h}\| < \varepsilon$ so wählen, dass $\mathbf{h}H_f(\mathbf{x})\mathbf{h}^T = 0$. Dann würde aber in (6.11) das Vorzeichen von $f(\mathbf{x} + \mathbf{h}) - f(\mathbf{x})$ nicht durch die Hesse-Matrix sondern durch das Verhalten der Terme dritter und höherer Ordnung bestimmt. Folglich ist dann keine Aussage über das Vorhandensein eines relativen Extremums möglich.

Beispiel 6.35

(a) Gesucht sind die relativen Extrema der Funktion $f(x, y) = x^3 + 3xy^2 - 15x - 12y$ (siehe Abb 6.9). Partielles Differenzieren liefert $f_x(x, y) = 3x^2 + 3y^2 - 15 = 0$ und $f_y(x, y) = 6xy - 12 = 0$. Wir erhalten das nichtlineare Gleichungssystem

$$x^2 + y^2 = 5, \qquad y = \frac{2}{x},$$

dessen Lösungen genau die stationären Punkte sind. Einsetzen der zweiten in die erste Gleichung führt auf die biquadratische Gleichung $x^4 - 5x^2 + 4 = 0$, die nach der Substitution $z = x^2$ in die quadratische Gleichung $z^2 - 5z + 4 = 0$ übergeht. Das führt letztendlich auf folgende Kandidaten für relative Extrema: $(1, 2)$, $(-1, -2)$, $(2, 1)$ und $(-2, -1)$. Die Hesse-Matrix

$$H_f(x, y) = \begin{pmatrix} f_{xx} & f_{xy} \\ f_{xy} & f_{yy} \end{pmatrix} = \begin{pmatrix} 6x & 6y \\ 6y & 6x \end{pmatrix}$$

ist genau dann positiv definit, wenn $f_{xx} = 6x > 0$ und $\det H_f(x, y) = 36(x^2 - y^2) > 0$, und genau dann negativ definit, wenn $6x < 0$ und $\det H_f(x, y) > 0$. Wir setzen die Punkte, die wir oben bestimmt haben, der Reihe nach ein und bekommen $\det H_f(1, 2) < 0$ und $\det H_f(-1, -2) < 0$. Die Matrix ist daher indefinit, und es liegt an diesen Stellen kein relatives Extremum vor. Wegen $\det H_f(2, 1) > 0$ und $f_{xx}(2, 1) = 12 > 0$ ist in $(2, 1)$ ein relatives Minimum von f. Und schließlich folgt aus $\det H_f(-2, -1) > 0$ und $f_{xx}(-2, -1) = -12 < 0$, dass in $(-2, -1)$ ein relatives Maximum von f liegt.

(b) Gesucht sind die relativen Extrema der Funktion $f(x, y) = x^2 + y^2 - 2xy + 1$. Die partiellen Ableitungen sind $f_x(x, y) = 2x - 2y$ und $f_y(x, y) = 2y - 2x$. Die Kandidaten

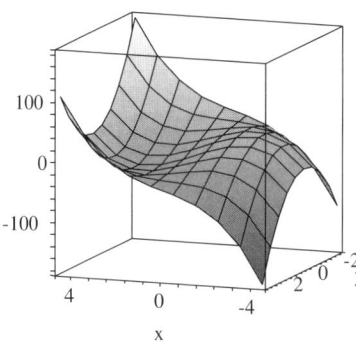 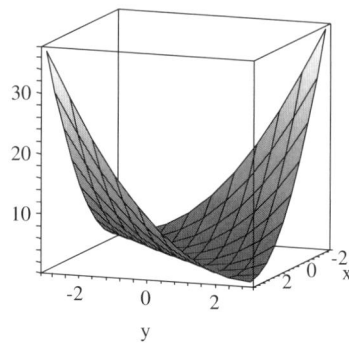

Abbildung 6.9 Die Funktionen $f(x,y) = x^3 + 3xy^2 - 15x - 12y$ und $f(x,y) = x^2 + y^2 - 2xy + 1$

für relative Extrema, also die stationären Punkte, sind daher alle Punkte der Form (a,a). Wegen

$$\det H_f(x,y) = \begin{vmatrix} 2 & -2 \\ -2 & 2 \end{vmatrix} = 0$$

ist die Hesse-Matrix an keiner Stelle definit. Das Kriterium von Satz 6.34 versagt also hier. In diesem Fall lassen sich die Extrema dennoch leicht bestimmen. Denn schreibt man f in der Form $f(x,y) = (x-y)^2 + 1$, so folgt sofort $f(x,y) \geq 1$ für alle $(x,y) \in \mathbb{R}^2$, wobei Gleichheit nur in den Punkten (a,a) mit $a \in \mathbb{R}$ gilt. Damit ist jeder der oben bestimmten Kandidaten ein Minimum, ja sogar ein globales Minimum. Da f nicht beschränkt ist (siehe Abb. 6.9), gibt es kein Maximum.

$\triangle$

Wir haben in diesem Abschnitt alle Sätze für Funktionen formuliert, deren Definitionsbereich eine offene Menge ist. Der Rand gehört in diesem Fall nicht zum Definitionsbereich. Falls man es mit Definitionsbereichen zu tun hat, die keine offenen Mengen sind, so muss man bei der Suche nach globalen Extrema wie folgt vorgehen. Zunächst müssen alle lokalen Extrema im Inneren des Definitionsbereichs – wie oben beschrieben – gefunden werden. Durch Vergleich der entsprechenden Funktionswerte findet man Maxima und Minima unter den lokalen Extrema. Es können jedoch auch am Rand des Definitionsbereichs Stellen mit noch größeren bzw. kleineren Funktionswerten existieren, die aber keine stationären Punkte sind. Deshalb müssen die Funktionswerte am Rand gesondert untersucht werden (vgl. Übungsaufgabe 6.36).

2. Extrema mit Nebenbedingungen

Beispiel 6.36 Für die Herstellung eines Produkts D sind die Zwischenprodukte A, B und C erforderlich. Aus x Einheiten von A, y Einheiten von B und z Einheiten von C lassen sich $f(x,y,z) = 12\sqrt{xyz}$ Einheiten von D herstellen. Eine Einheit von A kostet 3 Euro, eine Einheit des Produkts B 2 Euro und eine Einheit von C 5 Euro. Das Budget sei durch 60 Euro beschränkt. Mit dem vorhandenen Budget sollen nun möglichst viele Einheiten von D produziert werden. Gesucht ist also das Maximum der Produktionsfunktion $f(x,y,z) = 12\sqrt{xyz}$ unter der

Nebenbedingung[4] $3x + 2y + 5z - 60 = 0$. Eine Möglichkeit, diese Aufgabe zu lösen, ist mittels Substitution einer Variablen aus der Nebenbedingung: Man setzt z.B. $z = 12 - 3x/5 - 2y/5$ in $f(x, y, z)$ ein und bestimmt die Extrema der so gewonnenen Funktion in zwei Variablen. Das Problem ist damit auf eine Extremwertaufgabe ohne Nebenbedingung zurück geführt.   △

Die im obigen Beispiel vorgeschlagene Vorgangsweise funktioniert nur, wenn sich die Nebenbedingung nach einer Variablen auflösen lässt. Sie ist oft eher mühsam anzuwenden, es sei denn, die explizite Form der Nebenbedingung hat eine hinreichend einfache Gestalt. Deshalb werden wir im Folgenden eine in vielen Fällen elegantere Methode präsentieren, die Methode der **Lagrange'schen Multiplikatoren**.

Betrachten wir eine Funktion $f(x, y)$, deren Extrema wir unter der Nebenbedingung $g(x, y) = 0$ bestimmen wollen. Die Funktion $f(x, y)$ können wir durch ihre Niveaulinien veranschaulichen (Abb. 6.10). Die Nebenbedingung beschreibt eine Kurve C im $\mathbb{R}^2$. Bezeichnen wir mit $\tilde{f}$ die Einschränkung von f auf die Menge C. Dann sind die Extrema von f unter der gegebenen Nebenbedingung nichts anderes als die Extrema von $\tilde{f}$. Jede Niveaulinie zum Niveau c teilt die (x, y)-Ebene in zwei Gebiete, nämlich das Gebiet, auf dem $f(x, y) > c$ gilt, und jenes, wo $f(x, y) < c$ ist.

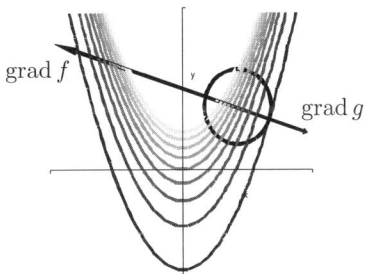

grad f

grad g

Abbildung 6.10 Niveaulinien einer Funktion f und die durch die Nebenbedingung $g(x, y) = 0$ beschriebene Kurve

An jedem Schnittpunkt der Kurve C mit einer Niveaulinie hat C mit beiden dieser Gebiete einen nichtleeren Schnitt. Daher kann hier kein Extremum von $\tilde{f}$ vorliegen. Ein Extremum von $\tilde{f}$ ist daher ein Punkt, wo sich eine Niveaulinie von f und die Kurve C nicht schneiden, sondern nur berühren. Da der Gradient von f normal auf die Niveaulinien steht und C eine Niveaulinie von g ist (jene zum Niveau 0), folgt daraus, dass die Gradienten von f und g parallel sein müssen, sofern letzterer nicht verschwindet. Ist $\mathbf{x}$ eines der gesuchten Extrema, so muss es infolge dessen ein $\lambda_0 \in \mathbb{R}$ geben mit grad $f(\mathbf{x}) = \lambda_0$ grad $g(\mathbf{x})$. Anders formuliert: Die Funktion

$$F(\mathbf{x}, \lambda) = f(\mathbf{x}) - \lambda g(\mathbf{x})$$

erfüllt an der Stelle $(\mathbf{x}_0, \lambda_0)$ die Gleichung grad $F = \mathbf{0}$. Ähnlich kann man vorgehen, wenn man mehrere Nebenbedingungen hat, deren Gradienten linear unabhängig sind. Diese Beobachtungen liefern die Grundlage des folgenden Satzes.

---

[4]Da die Produktionsfunktion $f(x, y, z)$ für $x, y, z \geq 0$ monoton in allen drei Variablen ist, wird das Maximum erzielt, wenn das vorhandene Budget voll ausgenützt wird. Andernfalls müsste die Nebenbedingung $3x + 2y + 5z - 60 \leq 0$ lauten.

Satz 6.37 (Methode der Lagrange'schen Multiplikatoren) *Sei $D \subseteq \mathbb{R}^n$ eine offene Menge, und $f : D \to \mathbb{R}$, $g_i : D \to \mathbb{R}$ ($i = 1, \ldots, m$) seien stetig differenzierbare Funktionen. f besitze in $\mathbf{x}_0$ ein lokales Extremum unter den Nebenbedingungen $g_1(\mathbf{x}) = 0, \ldots, g_m(\mathbf{x}) = 0$, und die Gradienten $\operatorname{grad} g_1(\mathbf{x}_0), \ldots, \operatorname{grad} g_m(\mathbf{x}_0)$ seien linear unabhängig. Dann existiert ein Vektor $(\lambda_{01}, \ldots, \lambda_{0m}) \in \mathbb{R}^m$, so dass die Funktion*

$$F(\mathbf{x}, \lambda_1, \ldots, \lambda_m) = f(\mathbf{x}) - \sum_{j=1}^{m} \lambda_j g_j(\mathbf{x})$$

die Gleichung

$$\operatorname{grad} F(\mathbf{x}_0, \lambda_{01}, \ldots, \lambda_{0m}) = \mathbf{0}$$

erfüllt.

Anwendung der Methode der Lagrange'schen Multiplikatoren: Wir wollen die Extrema von $f(\mathbf{x})$ unter den Nebenbedingungen $g_1(\mathbf{x}) = 0, \ldots, g_m(\mathbf{x}) = 0$ bestimmen. Dazu machen wir den Ansatz

$$F(\mathbf{x}, \lambda_1, \ldots, \lambda_m) = f(\mathbf{x}) - \lambda_1 g_1(\mathbf{x}) - \cdots - \lambda_m g_m(\mathbf{x})$$

und suchen die Lösungen der Gleichung $\operatorname{grad} F(\mathbf{x}, \lambda_1, \ldots, \lambda_m) = \mathbf{0}$. Wir erhalten die n Gleichungen

$$F_{x_i}(\mathbf{x}, \lambda_1, \ldots, \lambda_m) = f_{x_i}(\mathbf{x}) - \sum_{j=1}^{m} \lambda_j g_{x_i}(\mathbf{x}) = 0$$

sowie die m Gleichungen $F_{\lambda_i}(\mathbf{x}, \lambda_1, \ldots, \lambda_m) = g_i(\mathbf{x}) = 0$, die genau mit den Nebenbedingungen übereinstimmen. Man bestimmt nun alle Lösungen dieses Gleichungssystems und erhält auf diese Weise alle Punkte, die Lösungen der Extremwertaufgabe unter den gegebenen Nebenbedingungen sein können. Für jeden dieser Punkte muss noch gesondert geprüft werden, ob es sich um ein Extremum handelt und um welche Art von Extremum (Minimum oder Maximum).

Diese Überprüfungen sind oft schwierig. Hier können aber in manchen Fällen zusätzliche Argumente herangezogen werden. Zum Beispiel kann die Menge aller Punkte, die sämtliche Nebenbedingungen erfüllen, nämlich $C = \{\mathbf{x} \in D \mid g_i(\mathbf{x}) = 0 \text{ für } i = 1, \ldots, m\}$, kompakt sein. Wenn f stetig ist, dann besitzt f auf C ein globales Maximum und Minimum. Diese beiden Extrema sind auch lokale Extrema und lösen daher obiges Gleichungssystem.

Viele Extremwertaufgaben haben einen physikalischen oder wirtschaftlichen Hintergrund, so dass auf die Existenz eines Extremums und dessen Art aus sachlichen Überlegungen geschlossen werden kann.

Beispiel 6.38 (Fortsetzung von 6.36) Wir waren im vorigen Beispiel mit einer Produktionsfunktion $f(x, y, z) = 12\sqrt{xyz}$ und der Nebenbedingung $3x + 2y + 5z - 60 = 0$ konfrontiert. Aufgrund der Problemstellung interessieren uns nur Werte mit $x, y, z \geq 0$. Mit dieser Einschränkung beschreibt die Nebenbedingung einen beschränkten Ausschnitt einer Ebene, also eine kompakte Menge C. Am Rand von C, das sind jene Punkte, wo mindestens eine Koordinate gleich 0 ist, gilt offensichtlich $f(x, y, z) = 0$, während global die Ungleichung $f(x, y, z) \geq 0$ gilt. Deshalb gibt es in C ein Maximum. Gemäß der Methode der Lagrange'schen Multiplikatoren machen wir den Ansatz

$$F(x, y, z, \lambda) = 12\sqrt{xyz} - \lambda(3x + 2y + 5z - 60)$$

und setzen alle partiellen Ableitungen 0. Wir erhalten nach einfacher Umformung das Gleichungssystem

$$2\sqrt{\frac{yz}{x}} = \lambda, \qquad 3\sqrt{\frac{xz}{y}} = \lambda, \qquad 6\sqrt{\frac{xy}{z}} = 5\lambda.$$

Division der ersten durch die zweite Gleichung ergibt

$$\sqrt{\frac{yz}{x} \cdot \frac{y}{xz}} = \sqrt{\frac{y^2}{x^2}} = \frac{y}{x} = \frac{3}{2}.$$

Nun nimmt man statt der zweiten die dritte Gleichung und erhält

$$\frac{z}{x} = \frac{3}{5}.$$

Daraus ergibt sich mit Hilfe der Nebenbedingung schließlich

$$x = \frac{20}{3}, \; y = 10, \; z = 4 \text{ und } f(x,y,z) = 80\sqrt{6}. \qquad \triangle$$

6.4 Integralrechnung in mehreren Variablen

Wie bei Funktionen in einer Variablen wollen wir nun auch für Funktionen in mehreren Variablen die Integralrechnung entwickeln. Wieder bieten sich zwei Zugänge an. Eine Möglichkeit ist, das Integrieren als Umkehrung des Differenzierens zu betrachten, die andere, die Volumsberechnung in Analogie zur Flächenberechnung durchzuführen. Da die zweite Möglichkeit sehr ähnlich zum eindimensionalen Fall ist, beginnen wir zunächst damit.

1. Bereichsintegrale

Wir beschränken uns hier auf Funktionen in zwei Variablen. Sei also $f(x,y)$ eine stetige Funktion in zwei Variablen. Anstelle des Integrationsintervalls treten nun zweidimensionale Bereiche. Der einfachste Fall ist wohl das kartesische Produkt von zwei Intervallen, also $[a,b] \times [c,d]$. Diese Menge ist ein Rechteck in der Ebene. Das bestimmte Integral einer Funktion in einer Variablen über ein Intervall $[a,b]$ ließ sich als Grenzwert von Riemann'schen Zwischensummen interpretieren. Dabei wurde das Intervall in viele kleine Teilintervalle zerlegt und in jedem Teilintervall ein Funktionswert an einer so genannten Zwischenstelle ausgewählt. Das gleiche Verfahren funktioniert auch in zwei Dimensionen. Das Integral $\iint_{[a,b]\times[c,d]} f(x,y)\,dx\,dy$ ist das Volumen, das die Funktionsfläche mit der (x,y)-Ebene einschließt. Wir zerlegen das Intervall $[a,b]$ in viele kleine Teilintervalle und somit das Rechteck in viele kleine Streifen (siehe Abb 6.11). Das Volumen wird also scheibchenweise berechnet. Da diese Streifen sehr schmal sind, können wir jeden Streifen durch eine Linie längs dieses Streifens ersetzen. Nun ist man mit einem Integral in einer Variablen konfrontiert, das wir wieder mittels Riemann'scher Zwischensummen lösen.

Diese heuristische Überlegung kann tatsächlich exakt gemacht werden, und wir erhalten damit

$$\iint_{[a,b]\times[c,d]} f(x,y)\,dx\,dy = \int_c^d \int_a^b f(x,y)\,dx\,dy = \int_a^b \int_c^d f(x,y)\,dy\,dx.$$

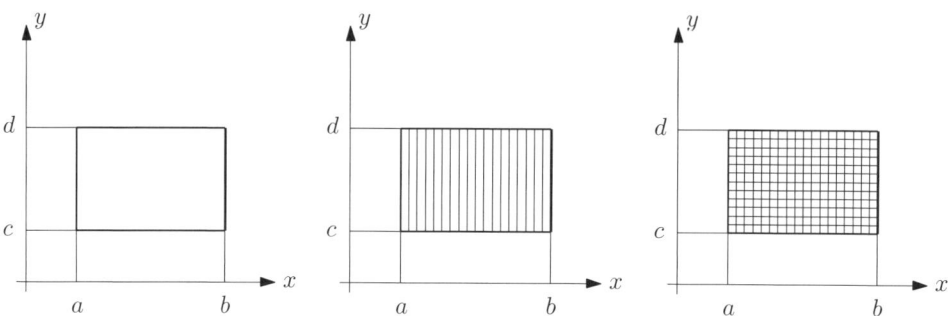

Abbildung 6.11 Sukzessive Zerlegung des Integrationsbereichs

Beispiel 6.39 Sei $B = [1, 2] \times [0, 3]$ und $f(x, y) = x^2 y^3 + x$. Wir wollen das Volumen des in Abb 6.12 dargestellten Körpers berechnen. Die obige Formel ergibt

$$\iint_B (x^2 y^3 + x)\, dx\, dy = \int_0^3 \left(\int_1^2 (x^2 y^3 + x)\, dx \right) dy = \int_0^3 \left(\frac{x^3}{3} y^3 + \frac{x^2}{2} \right) \Bigg|_1^2 dy$$

$$= \int_0^3 \left(\frac{7y^3}{3} + \frac{3}{2} \right) dy = \left(\frac{7y^4}{12} + \frac{3y}{2} \right) \Bigg|_0^3 = \frac{189}{4} + \frac{9}{2} = \frac{207}{4}.$$

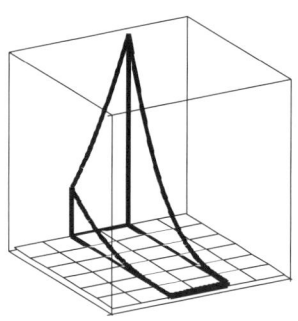

Abbildung 6.12 Volumsberechnung über dem Bereich B

$\triangle$

Für allgemeinere Bereiche kann man in analoger Weise vorgehen. Der folgende Satz wird ohne Beweis angeführt.

Satz 6.40 (Satz von Fubini) *Sei* $B = \{(x, y) \in \mathbb{R}^2 \,|\, \varphi(y) \leq x \leq \psi(y),\ c \leq y \leq d\}$, *wobei* $\varphi(y)$ *und* $\psi(y)$ *zwei stetige Funktionen sind. Dann gilt*

$$\iint_B f(x, y)\, dx\, dy = \int_c^d \int_{\varphi(y)}^{\psi(y)} f(x, y)\, dx\, dy.$$

Diese Vorgangsweise zur Berechnung des bestimmten Integrals, nämlich die Zerlegung des Rechtecks bzw. des Bereichs in Scheiben, welche parallel zur y-Achse liegen, und anschließende Zerlegung dieser Scheiben, ist von der Reihenfolge des Zerlegungsprozesses unabhängig. Mit anderen Worten, die Integrationsreihenfolge bei Bereichsintegralen hat keinen Einfluss auf das Ergebnis. Dies besagt der folgende, ohne Beweis angeführte Satz.

Satz 6.41 *Sei $B = \{(x,y) \in \mathbb{R}^2 \mid \varphi(y) \leq x \leq \psi(y), \; c \leq y \leq d\}$, wobei $\varphi(y)$ und $\psi(y)$ zwei stetige Funktionen sind. Weiters gebe es zwei stetige Funktionen $\tilde{\varphi}(x)$ und $\tilde{\psi}(x)$, sodass B die alternative Darstellung $B = \{(x,y) \in \mathbb{R}^2 \mid \tilde{\varphi}(x) \leq y \leq \tilde{\psi}(x), \; a \leq x \leq b\}$ besitzt. Dann gilt*

$$\int_c^d \int_{\varphi(y)}^{\psi(y)} f(x,y)\,dx\,dy = \int_a^b \int_{\tilde{\varphi}(x)}^{\tilde{\psi}(x)} f(x,y)\,dy\,dx.$$

Bemerkung: Falls der Bereich B keine solche Beschreibung zulässt, kann man ihn oft in Teilbereiche zerlegen, die eine solche besitzen.

Beispiel 6.42 Der Graph der Funktion $f(x,y) = \sqrt{1 - x^2 - y^2}$ ist eine Halbkugel mit Mittelpunkt im Ursprung und Radius 1 (genauer gesagt: der über der (x,y)-Ebene liegende Teil der Einheitskugel). Um das Volumen der Einheitskugel zu berechnen, müssen wir diese Funktion über den Einheitskreis integrieren. Der Bereich hat also die Form $B = \{(x,y) \in \mathbb{R}^2 \mid -1 \leq y \leq 1, -\sqrt{1-y^2} \leq x \leq \sqrt{1-y^2}\}$. Das Volumen V der Einheitskugel erfüllt demnach

$$\frac{V}{2} = \int_{-1}^{1} \int_{-\sqrt{1-y^2}}^{\sqrt{1-y^2}} \sqrt{1 - x^2 - y^2}\,dx\,dy.$$

Wir substituieren im inneren Integral $x = \sqrt{1-y^2}\sin t$ und erhalten $dx = \sqrt{1-y^2}\cos t\,dt$ sowie

$$\frac{V}{2} = \int_{-1}^{1} (1-y^2) \int_{-\pi/2}^{\pi/2} \cos^2 t\,dt\,dy$$

$$= \frac{\pi}{2} \int_{-1}^{1} (1-y^2)\,dy = \frac{2\pi}{3}.$$

Das Volumen der Einheitskugel ist daher $V = \frac{4\pi}{3}$. △

Die Substitutionsregel (5.9) bzw. (5.15) aus Abschnitt 5.3 bzw. 5.4 ist ein wertvolles Hilfsmittel zur symbolischen Berechnung von Integralen (für die numerische Berechnung siehe Abschnitt 9.5). Sei $\varphi(x)$ eine streng monotone Funktion auf $[a,b]$. Dann gilt

$$\int_{\varphi([a,b])} f(u)\,du = \int_a^b f(\varphi(x))|\varphi'(x)|\,dx,$$

wobei der Betrag $|\varphi'(x)|$ die Richtigkeit der Formel unabhängig von der Art der Monotonie von $\varphi(x)$ garantiert. Denn wenn $\varphi(x)$ streng monoton fällt, so ist $\varphi(a) > \varphi(b)$ (und daher $\varphi([a,b]) = [\varphi(b), \varphi(a)]$), und das bewirkt einen Vorzeichenwechsel in (5.15), was durch $|\varphi'(x)|$ anstelle von $\varphi'(x)$ wieder ausgeglichen wird. Eine ähnliche Regel gilt für Bereichsintegrale.

Definition 6.43 Sei $f(x_1, \ldots, x_n) = (f_1(x_1, \ldots, x_n), \ldots, f_n(x_1, \ldots, x_n))$ eine vektorwertige Funktion auf $\mathbb{R}^n$. Die Determinante der Jacobimatrix wird als **Funktionaldeterminante** bezeichnet und geschrieben als

$$\det \frac{\partial(f_1, \ldots, f_n)}{\partial(x_1, \ldots, x_n)} = \det \begin{pmatrix} \frac{\partial f_1}{\partial x_1}(x_1, \ldots, x_n) & \cdots & \frac{\partial f_1}{\partial x_n}(x_1, \ldots, x_n) \\ \vdots & & \vdots \\ \frac{\partial f_n}{\partial x_1}(x_1, \ldots, x_n) & \cdots & \frac{\partial f_n}{\partial x_n}(x_1, \ldots, x_n) \end{pmatrix}.$$

Bemerkung: Die Funktionaldeterminante einer Funktion in einer Variablen ist nichts anderes als deren Ableitung.

Satz 6.44 (Substitutionsregel für Bereichsintegrale) *Gegeben seien ein Bereich $B \subseteq \mathbb{R}^2$ und zwei stetig differenzierbare Funktionen $\varphi(x, y)$ und $\psi(x, y)$, die den Bereich B bijektiv auf*

$$B' = \{(\varphi(x, y), \psi(x, y)) \mid (x, y) \in B\} \tag{6.12}$$

abbilden. Dann gilt

$$\iint_{B'} f(u, v) \, du \, dv = \iint_B f(\varphi(x, y), \psi(x, y)) \left| \det \begin{pmatrix} \varphi_x(x, y) & \varphi_y(x, y) \\ \psi_x(x, y) & \psi_y(x, y) \end{pmatrix} \right| \, dx \, dy.$$

Bemerkung: Die Forderung, dass die Abbildung $(\varphi, \psi) : B \to B'$ bijektiv sein muss, kann abgeschwächt werden. In der Tat genügt es, dass Funktionen φ und ψ existieren, die B bijektiv gemäß (6.12) auf eine Menge $\tilde{B}$ abbilden, die sich von B' nur durch eine Menge unterscheidet, deren „Fläche" 0 ist.[5]

Beispiel 6.45

(a) Mit Hilfe der Substitutionsregel lässt sich zum Beispiel die bekannte Formel für die Fläche eines Kreises schnell herleiten. Der Kreis mit Mittelpunkt $(0, 0)$ und Radius R entspricht dem Bereich $B = \{(x, y) \mid x^2 + y^2 \leq R^2\}$. Die Substitution $x = r \cos \varphi$, $y = r \sin \varphi$ transformiert das Rechteck $B' = \{(r, \varphi) \mid 0 \leq r \leq R, 0 \leq \varphi \leq 2\pi\}$ in die Kreisscheibe B. Damit erhalten wir

$$\int\limits_{x^2+y^2\leq R^2} \int dx \, dy = \int\limits_0^R \int\limits_0^{2\pi} \left| \det \begin{pmatrix} \cos \varphi & -r \sin \varphi \\ \sin \varphi & r \cos \varphi \end{pmatrix} \right| d\varphi \, dr = \int\limits_0^R \int\limits_0^{2\pi} r \, d\varphi \, dr = R^2 \pi.$$

---

[5]Wir haben keine mathematisch saubere Definition des Begriffs der Fläche (bzw. des Inhalts für $\mathbb{R}^n$) bereit gestellt. Dazu benötigt man die so genannte Maßtheorie, einen Zweig der Mathematik, der erst im 20. Jahrhundert entstanden ist. In der Maßtheorie wird das so genannte Lebesgue'sche Maß definiert, das Teilmengen von $\mathbb{R}^2$ eine Fläche zuordnet und mit dessen Hilfe auch andere Integralbegriffe als das Riemann'sche Integral definiert werden können. Die allgemeine Version von Satz 6.44 tritt bereits bei einfachen Substitutionen wie z.B. der Transformation von kartesischen Koordinaten in Polarkoordinaten (Beispiel 6.45) auf. Da die Behandlung der Maßtheorie aber den Rahmen unseres Buches bei weitem sprengen würde, müssen wir uns an dieser Stelle mit der etwas ungenauen Formulierung zufrieden geben.

(b) Wir greifen noch einmal das Beispiel einer Kugel auf. Sei K die Kugel in $\mathbb{R}^3$ mit Radius R und Mittelpunkt im Ursprung. Ein Punkt im Inneren der Kugel kann, neben seinen kartesischen Koordinaten (x, y, z), auch durch folgende drei Angaben eindeutig beschrieben werden: Erstens den Abstand r vom Ursprung, zweitens den Winkel θ, den der Vektor (x, y, z) mit der z-Achse einschließt, und drittens den Winkel φ, den die Projektion von (x, y, z) auf die (x, y)-Ebene mit der x-Achse einschließt. Diese Größen heißen **Kugelkoordinaten** (r, θ, φ). Es gelten dann die Beziehungen

$$x = r \sin \theta \cos \varphi, \quad y = r \sin \theta \sin \varphi, \quad z = r \cos \theta.$$

Die Funktionaldeterminante dieses Koordinatenwechsels ist

$$\det \frac{\partial(x, y, z)}{\partial(r, \theta, \varphi)} = \det \begin{pmatrix} \sin \theta \cos \varphi & r \cos \theta \cos \varphi & -r \sin \theta \sin \varphi \\ \sin \theta \sin \varphi & r \cos \theta \sin \varphi & r \sin \theta \cos \varphi \\ \cos \theta & -r \sin \theta & 0 \end{pmatrix} = r^2 \sin \theta.$$

Nun können wir das Volumen der Kugel auf die folgende Art berechnen:

$$V = \iiint\limits_{x^2+y^2+z^2 \leq R^2} dx\, dy\, dz = \int_0^R \int_0^\pi \int_0^{2\pi} r^2 \sin \theta \, d\varphi \, d\theta \, dr$$

$$= \int_0^R r^2 \int_0^\pi \sin \theta \int_0^{2\pi} d\varphi \, d\theta \, dr = \frac{4\pi R^3}{3}.$$

(c) Das Integral

$$I = \int_{-\infty}^{\infty} e^{-x^2/2} \, dx = \sqrt{2\pi}$$

kann man nicht direkt berechnen, da $e^{-x^2/2}$ keine elementare Stammfunktion besitzt. Es kann aber mit Hilfe der Substitutionsregel bestimmt werden. Die gleiche Substitution wie in (a) liefert

$$I^2 = \int_{-\infty}^{\infty} e^{-x^2/2} \, dx \cdot \int_{-\infty}^{\infty} e^{-x^2/2} \, dx = \iint\limits_{\mathbb{R}^2} e^{-(x^2+y^2)/2} \, dx \, dy$$

$$= \int_0^\infty \int_0^{2\pi} e^{-r^2/2} r \, d\varphi \, dr = 2\pi \int_0^\infty e^{-r^2/2} r \, dr.$$

Das verbleibende Integral kann mit der Substitution $r^2/2 = u$ in $\int_0^\infty e^{-u} \, du = 1$ übergeführt werden, woraus $I = \sqrt{2\pi}$ folgt. Die Funktion $f(x) = \frac{1}{\sqrt{2\pi}} e^{-x^2/2}$ ist die Dichte der Normalverteilung und spielt in der Wahrscheinlichkeitsrechnung und Statistik eine große Rolle. Ihre Stammfunktion ist keine elementare Funktion und kann daher nur in der Form

$$\Phi(x) = \frac{1}{\sqrt{2\pi}} \int_{-\infty}^{x} e^{-t^2/2} \, dt$$

dargestellt werden. Sie ist die Verteilungsfunktion der Normalverteilung. Der Wert gibt die Wahrscheinlichkeit an, dass eine standardnormalverteilte Zufallsvariable einen Wert kleiner oder gleich x annimmt.

$\triangle$

2. Kurven

Gegeben ist eine Feder mit inhomogener Massenverteilung, aber bekannter linearer Massendichte[6] $\rho = \rho(x, y, z)$. Gesucht ist die Masse der Feder. Da die Masse nicht konstant ist, kann man sie nicht mit der einfachen Formel *Masse = Volumen × Dichte* berechnen, sondern als Integral. Da die lineare Massendichte bekannt ist, kann man sich die Feder als unendlich dünne Linie vorstellen. Es ergibt sich eine Kurve im Raum, die **Schraubenlinie** (siehe Abb 6.13) genannt wird. Die lineare Massendichte gibt nun die Massenverteilung entlang dieser Kurve an.

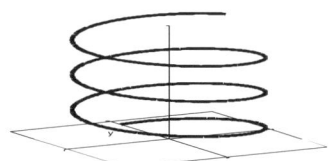

Abbildung 6.13 Schraubenlinie

   Dieses Beispiel stellt uns vor folgendes Problem: Wir müssen die Kurve mathematisch beschreiben und dann ein Integral über die Massendichte mit der Kurve als Integrationsbereich berechnen. In diesem Abschnitt führen wir daher zunächst den Begriff der Kurve ein und studieren ein paar elementare Eigenschaften von Kurven. In weiterer Folge werden wir uns dann den Kurvenintegralen zuwenden.

Definition 6.46 Unter einer **Kurve** in $\mathbb{R}^n$ versteht man eine stetige Abbildung $\mathbf{c} : [a, b] \to \mathbb{R}^n$. Die Variable wird als **Parameter** der Kurve bezeichnet.

Bemerkung: Oft spricht man von einer Kurve, wenn man nicht die Abbildung $\mathbf{c}$, also die *parametrisierte* Kurve meint, sondern die durch $\mathbf{c}$ beschriebene Punktmenge, also das *Bild* der Kurve $\mathbf{c}$. Wir werden im Folgenden ebenfalls nicht streng zwischen der parametrisierten Kurve und ihrem Bild unterscheiden und beides kurz als Kurve bezeichnen.

Beispiel 6.47

(a) Der Einheitskreis in $\mathbb{R}^2$ ist die durch $\mathbf{c}(t) = (\cos t, \sin t)$, $0 \leq t \leq 2\pi$, bestimmte Kurve. Jeder Punkt der Form $(x, y) = (\cos t, \sin t)$ liegt offensichtlich auf dem Einheitskreis, da er die Gleichung $x^2 + y^2 = 1$ erfüllt. Außerdem lassen sich die Koordinaten als Real- und Imaginärteil der komplexen Zahl e^{it} auffassen, so dass auch wirklich der gesamte Einheitskreis erfasst wird, wenn t das Intervall $[0, 2\pi]$ durchläuft.

Auch die Kurve $\tilde{\mathbf{c}}(t) = (\cos t^2, \sin t^2)$, $0 \leq t \leq \sqrt{2\pi}$ stellt den Einheitskreis dar. Zwei verschiedene Kurven können daher geometrisch dieselbe Punktmenge beschreiben. Die Parametrisierung einer Kurve ist also nicht eindeutig.

---

[6]Mit linearer Massendichte bezeichnet man in der Physik das Produkt aus Volumsmassendichte und Fläche. Stellt man sich die Feder aus lauter unendlich dünnen Kreisscheiben zusammen gesetzt vor, so gibt die lineare Massendichte die Massenverteilung längs des Drahtes an, aus dem die Feder besteht.

Vom Standpunkt der Anwendungen besteht, abgesehen von der Abbildung an sich, noch ein weiterer Unterschied. Falls t zum Beispiel als Zeit und $\mathbf{c}(t)$ bzw. $\tilde{\mathbf{c}}(t)$ als physikalischer Ort aufgefasst wird, dann wird bei $\mathbf{c}(t)$ die Kreislinie mit gleichförmiger Bewegung durchlaufen, bei $\tilde{\mathbf{c}}(t)$ hingegen nicht.

(b) Die in Abb 6.13 abgebildete Schraubenlinie besitzt die Parametrisierung

$$\mathbf{c}(t) = (c_1 \cos t, c_1 \sin t, c_2 t)$$

mit Konstanten $c_1, c_2 > 0$. Bei $c_1 < 0$ würde eine rechts gewundene Schraubenlinie entstehen. △

Integrale sind Grenzwerte von Riemann'schen Zwischensummen und diese wiederum (mit den Funktionswerten der Zwischenstellen) gewichtete Teilintervalllängen. Das Integral ist somit das Produkt aus der Länge des Integrationsintervalls und einem mittleren Funktionswert (vgl. Mittelwertsatz der Integralrechnung). Um das Integral längs einer Kurve $\mathbf{c} : [a, b] \to \mathbb{R}^n$ sinnvoll definieren zu können, müssen wir daher die Länge einer Kurve verstehen. Dazu verwenden wir die gleiche Idee wie bei Riemann'schen Zwischensummen. Wir unterteilen die Kurve und approximieren sie durch einen Polygonzug (Abb 6.14), dessen Länge sich leicht berechnen lässt. Die Unterteilung von $\mathbf{c}$ entspricht einer Zerlegung von $[a, b]$, also $a = t_0 < t_1 < \cdots < t_n = b$. Die Länge des daraus resultierenden Polygonzugs ist $\sum_{i=1}^{n} \|\mathbf{c}(t_i) - \mathbf{c}(t_{i-1})\|$. Die Länge der Kurve ist dann Grenzwert dieser Summe, wenn die Feinheit der Zerlegung gegen 0 strebt.

Abbildung 6.14 Approximation einer Kurve durch einen Polygonzug

Definition 6.48 Eine Kurve $\mathbf{c} : [a, b] \to \mathbb{R}^n$ heißt **rektifizierbar** (oder von endlicher Länge), wenn die Längen eingeschriebener Polygonzüge gegen einen Grenzwert konvergieren, falls die Feinheit $\mathcal{F}(Z)$ der den Polygonzügen entsprechenden Zerlegungen Z gegen 0 konvergiert. Die Länge der Kurve ist dann durch

$$L = \lim_{\mathcal{F}(Z) \to 0} \sum_{i=1}^{n} \|\mathbf{c}(t_i) - \mathbf{c}(t_{i-1})\|$$

gegeben und wird **Bogenlänge** genannt.

Beispiel 6.49 Nicht jede Kurve hat endliche Länge, selbst dann nicht, wenn die durch sie definierte Punktmenge beschränkt ist. Ein Beispiel ist die **Koch'sche Kurve**. Zur Konstruktion dieser Kurve starten wir mit einer beliebigen Strecke. Diese Strecke wird in drei gleich lange Teilstrecken zerlegt und über der mittleren ein gleichseitiges Dreieck konstruiert. Dann wird die Basis des gleichseitigen Dreiecks entfernt. Dieses Verfahren wird unendlich oft iteriert. Die ersten zwei Iterationen sind in Abb. 6.15 dargestellt. Wenn die Ausgangsstrecke die Länge 1 hat, so hat die nächste Kurve die Länge $\frac{4}{3}$. Nach n Iterationen erhalten wir eine Kurve der Länge $\left(\frac{4}{3}\right)^n$. Die Kurvenlängen konvergieren uneigentlich gegen ∞. Es ist aber leicht zu sehen, dass

Abbildung 6.15 Konstruktionsprinzip der Koch'schen Kurve

alle Kurven im Quadrat mit der Ausgangsstrecke als Basis liegen. Man kann darüber hinaus zeigen, dass die Kurven gegen einen Grenzwert konvergieren. Wir erhalten somit eine endliche Kurve, d.h. eine kompakte Punktmenge, mit unendlicher Länge. Die Koch'sche Kurve ist daher nicht rektifizierbar. $\triangle$

Satz 6.50 *Sei* $\mathbf{c} : [a, b] \to \mathbb{R}^n$ *eine stetig differenzierbare Kurve, d.h.,* $\mathbf{c}(t) = (c_1(t), \dots, c_n(t))$ *mit stetig differenzierbaren Funktionen* $c_1(t), \dots, c_n(t)$. *Dann kann die Bogenlänge* L *durch das Integral*

$$L = \int_a^b \|\mathbf{c}'(t)\| \, dt = \int_a^b \sqrt{c_1'(t)^2 + \cdots + c_n'(t)^2} \, dt$$

berechnet werden.

Jede stetig differenzierbare Kurve ist daher rektifizierbar.

Bemerkung: Der Vektor $\mathbf{c}'(t)$ hat auch eine sehr einfache geometrische Interpretation. Es gilt nämlich

$$\lim_{t \to t_0} \frac{1}{t - t_0}(\mathbf{c}(t) - \mathbf{c}(t_0)) = \mathbf{c}'(t_0).$$

Der Ableitungsvektor gibt somit die momentane Richtung an, entlang der man sich auf der Kurve bewegt, wenn der Parameter t das Intervall $[a, b]$ durchläuft. Er ist also ein Tangentialvektor an die Kurve im Punkt t_0. Der Betrag von $\mathbf{c}'(t_0)$ kann als Durchlaufgeschwindigkeit im Punkt t_0 interpretiert werden. Das Differential $\|\mathbf{c}'(t)\| \, dt$ wird als **Bogenelement** bezeichnet.

Beweis. Wir zeigen die Behauptung für $n = 2$ (für $n > 2$ verläuft der Beweis analog). Da $\mathbf{c}$ stetig differenzierbar ist, kann der Mittelwertsatz der Differentialrechnung angewendet werden. Es existieren also ξ_i und η_i mit

$$\|\mathbf{c}(t_i) - \mathbf{c}(t_{i-1})\| = \left\| \begin{pmatrix} c_1(t_i) - c_1(t_{i-1}) \\ c_2(t_i) - c_2(t_{i-1}) \end{pmatrix} \right\|$$

$$= \left\| \begin{pmatrix} c_1'(\xi_i)(t_i - t_{i-1}) \\ c_2'(\eta_i)(t_i - t_{i-1}) \end{pmatrix} \right\| = \left\| \begin{pmatrix} c_1'(\xi_i) \\ c_2'(\eta_i) \end{pmatrix} \right\| (t_i - t_{i-1}). \qquad (6.13)$$

Wir wollen nun die Bogenlänge als Grenzwert von Riemann'schen Zwischensummen auffassen. Es ist zu beachten, dass in (6.13) in jedem Teilintervall der Zerlegung zwei Zwischenstellen vorkommen. Man kann aber zeigen, dass für jede Wahl von Zwischenstellen $\tau_i \in [t_{i-1}, t_i]$

$$\lim_{F(Z) \to 0} \sum_{i=1}^n \left(\left\| \begin{pmatrix} c_1'(\xi_i) \\ c_2'(\eta_i) \end{pmatrix} \right\| - \left\| \begin{pmatrix} c_1'(\tau_i) \\ c_2'(\tau_i) \end{pmatrix} \right\| \right) (t_i - t_{i-1}) = 0$$

gilt. Daraus folgt gemäß Definition 6.48

$$L = \lim_{F(Z) \to 0} \sum_{i=1}^n \|\mathbf{c}(t_i) - \mathbf{c}(t_{i-1})\| = \lim_{F(Z) \to 0} \sum_{i=1}^n \left\| \begin{pmatrix} c_1'(\tau_i) \\ c_2'(\tau_i) \end{pmatrix} \right\| (t_i - t_{i-1}) = \int_a^b \|\mathbf{c}'(t)\| \, dt.$$

$\square$

Die Bogenlänge der stetig differenzierbaren Kurve bis zum Parameterwert u mit $a \leq u \leq b$ ist dann

$$\ell(u) = \int_a^u \|\mathbf{c}'(t)\| \, dt. \tag{6.14}$$

Insbesondere gilt $\ell(b) = L$. Wählen wir eine Parametrisierung derart, dass $\mathbf{c}'(t) \neq 0$ für alle $t \in [a, b]$, so ist die Funktion ℓ streng monoton wachsend und stetig differenzierbar. Sie bildet daher $[a, b]$ auf $[0, L]$ bijektiv ab und ist somit insbesondere invertierbar. Deshalb ist die Kurve $\tilde{\mathbf{c}}(s) = \mathbf{c}(\ell^{-1}(s))$, $s \in [0, L]$ geometrisch identisch mit der der Kurve $\mathbf{c}(t)$, $t \in [a, b]$. Die Bogenlänge von $\tilde{\mathbf{c}}(s)$ bis zum Parameterwert s_0 mit $0 \leq s_0 \leq L$ ist gleich der Bogenlänge von $\mathbf{c}(t)$ bis zum Parameterwert $t_0 = \ell^{-1}(s_0)$. Letztere ist aber gerade $\ell(\ell^{-1}(s_0)) = s_0$. Der Parameter von $\tilde{\mathbf{c}}(s)$ gibt also genau die Bogenlänge an. Die Kurve ist nach der Bogenlänge parametrisiert.

Ist die Kurve $\mathbf{c}(t)$ nach der Bogenlänge parametrisiert, so folgt durch Differentiation von (6.14) nach u die Beziehung $1 = \|\mathbf{c}'(u)\|$, der „Geschwindigkeitsvektor" ist also normiert. Ist umgekehrt $\|\mathbf{c}'(t)\| = 1$ für alle $t \in [a, b]$, so vereinfacht sich die Formel (6.14) für die Bogenlänge zu $\ell(u) = \int_0^u dt = u$. Somit ist der Parameter t gleich der Bogenlänge.

Beispiel 6.51

(a) Die Einheitskreislinie ist die Kurve $\mathbf{c}(t) = (\cos t, \sin t)$ mit $0 \leq t \leq 2\pi$. Die Länge des Kreisbogens zum Winkel φ ist daher

$$L_\varphi = \int_0^\varphi \left\| \begin{pmatrix} -\sin t \\ \cos t \end{pmatrix} \right\| dt = \int_0^\varphi 1 \cdot dt = \varphi.$$

(b) Wir wollen die Bogenlänge der Schraubenlinie $\mathbf{c}(t) = (\cos t, \sin t, t)$ mit $0 \leq t \leq 2\pi$ bestimmen. Die Kurve $(\cos t, \sin t)$ beschreibt einen Kreis. Dadurch entsteht, wenn t ein Intervall der Länge 2π durchläuft, genau eine Windung der Schraubenlinie $\mathbf{c}(t)$. Die Bogenlänge einer solchen Windung ist daher

$$L = \int_0^{2\pi} \|\mathbf{c}'(t)\| \, dt = \int_0^{2\pi} \sqrt{(-\sin t)^2 + (\cos t)^2 + 1^2} \, dt = 2\pi\sqrt{2}.$$

(c) Die Bogenlänge des Graphen einer stetig differenzierbaren Funktion $f(x)$ mit $a \leq x \leq b$ kann bestimmt werden, indem man den Graphen als Kurve mit der Parametrisierung $\mathbf{c}(t) = (t, f(t))$ auffasst. Dann ergibt sich als Bogenlänge des Graphen

$$L = \int_a^b \|\mathbf{c}'(t)\| \, dt = \int_a^b \sqrt{1 + f'(t)^2} \, dt.$$

Wie dieses und das vorige Beispiel sowie Formel (6.14) zeigen, ist die Bogenlänge das Integral über das Bogenelement. Geometrisch lässt sich das wie folgt interpretieren: Wenn wir ein kleines Intervall $[x, x + \Delta x]$ auf der x-Achse betrachten, so hat der über diesem Intervall liegende Teil des Funktionsgraphen ungefähr die Länge $\sqrt{1 + f'(x)^2} \cdot \Delta x$. Dies entspricht genau der linearen Approximation von f, denn deren Anstieg ist $f'(x)$, und die Bogenlänge ist dann die Länge der Hypotenuse des so gebildeten Steigungsdreiecks mit den Kathetenlängen Δx und $f'(x) \cdot \Delta x$.

(d) Mit Hilfe der geometrischen Interpretation des vorigen Beispiels lässt sich sehr einfach eine Formel zur Berechnung der Mantelflächen von Rotationskörpern begründen. Gegeben sei ein Rotationskörper, der entsteht, wenn die Kurve $f(x)$, $a \leq x \leq b$, um die x-Achse rotiert. Gesucht ist die Mantelfläche M. Zerlegen wir den Körper in Scheiben der Dicke Δx, dann ist die Mantelfläche so einer Scheibe ungefähr $2\pi f(x)\sqrt{1 + f'(x)^2}\Delta x$. Aufsummieren und Grenzübergang für $\Delta x \to 0$ (ähnlich dem Übergang von Riemann'schen Zwischensummen zum Integral, wir verzichten auf die formale Herleitung) ergibt

$$M = 2\pi \int_a^b f(x)\sqrt{1 + f'(x)^2}\,dx.$$

$\triangle$

Definition 6.52 Sei $c : [a, b] \to \mathbb{R}^n$ eine Kurve und $f : \mathbb{R}^n \to \mathbb{R}$ eine Funktion mit der Eigenschaft, dass $g(t) = f(\mathbf{c}(t))$ stückweise stetig ist. Unter dem **Kurvenintegral der skalaren Funktion** f längs $\mathbf{c}$ versteht man das Integral

$$\int_a^b f(\mathbf{c}(t))\|\mathbf{c}'(t)\|\,dt.$$

Bemerkung: Die Substitutionsregel impliziert, dass das Kurvenintegral skalarer Funktionen nicht von der Parametrisierung der Kurve abhängt.

Beispiel 6.53 Zu Beginn dieses Abschnitts haben wir eine Feder mit gegebener linearer Massendichte betrachtet. Sei die Massendichte durch die Funktion $\rho(x, y, z) = xy + z^2$ gegeben. Die Feder entspreche der in Abb. 6.13 abgebildeten Schraubenlinie $\mathbf{c}(t) = (\cos t, \sin t, t)$ mit $20/2\pi$ Windungen. Das Bogenelement dieser Schraubenlinie ist $\sqrt{2}\,dt$. Daher ist die Gesamtmasse der Feder durch das Integral

$$\int_0^{20} (\cos t \sin t + t^2)\sqrt{2}\,dt = \int_0^{20} \left(\frac{\sin 2t}{2} + t^2\right)\sqrt{2}\,dt = -\frac{\cos(2t)}{2\sqrt{2}} + \frac{t^3\sqrt{2}}{3}\Bigg|_0^{20} \approx 3771.83$$

gegeben.

$\triangle$

3. Krümmung ebener Kurven

In Abschnitt 5.2 haben wir festgestellt, dass die zweite Ableitung ein Maß für die Krümmung des Funktionsgraphen ist. Wir wollen nun ebene Kurven, also Kurven $\mathbf{c} : [a, b] \to \mathbb{R}^2$, hinsichtlich ihres Krümmungsverhaltens studieren.

Die Krümmung einer Kurve kann anschaulich als die Änderung der Richtung bezogen auf die Bogenlänge beschrieben werden. Wenn man sich ein kleines Stück längs der Kurve bewegt und die Richtung sich kaum ändert, so ist die Krümmung klein, die Kurve lokal ähnlich einer Geraden. Ändert sich die Richtung hingegen stark, so ist die Krümmung groß. Mathematisch fassbar wird dies, wenn man die Richtung als Winkel $\varphi(t)$, den der Tangentialvektor $\mathbf{c}'(t)$ mit der positiven x-Achse einschließt, deutet. Dann gilt mit $\mathbf{c}(t) = (c_1(t), c_2(t))$:

$$\tan \varphi(t) = \frac{c_2'(t)}{c_1'(t)}.$$

Die Änderung von $\varphi(t)$ bezüglich der Bogenlänge ist aber genau die Ableitung nach der Bogenlänge.

Definition 6.54 Sei $c(t)$ eine stetig differenzierbare ebene Kurve und $\ell(t) = s$ die Bogenlänge zum Parameterwert t. Dann ist die **Krümmung** der Kurve im Punkt $c(t)$ definiert als

$$\kappa(t) = \frac{d}{ds}\,\varphi(\ell^{-1}(s)).$$

Ohne Beweis sei die folgende alternative Darstellung der Krümmung angeführt.

Satz 6.55 *Sei* $c(t) = (c_1(t), c_2(t))$ *eine zweimal stetig differenzierbare ebene Kurve. Dann ist die Krümmung im Punkt* $c(t)$ *gegeben durch*

$$\kappa(t) = \frac{c_1'(t)c_2''(t) - c_1''(t)c_2'(t)}{(c_1'(t)^2 + c_2'(t)^2)^{3/2}}.$$

Falls die Kurve den Graphen einer Funktion darstellt, also $c(t) = (t, f(t))$*, so gilt*

$$\kappa(t) = \frac{f''(t)}{(1 + f'(t)^2)^{3/2}}.$$

Beispiel 6.56

(a) Kreise sind offensichtlich Kurven konstanter Krümmung. Ferner ist ein Kreis umso stärker gekrümmt, je kleiner sein Radius ist. Mit $c(t) = (R\cos t, R\sin t)$ erhalten wir aus dem obigen Satz

$$\kappa = \frac{R^2 \sin^2 t + R^2 \cos^2 t}{(R^2 \sin^2 t + R^2 \cos^2 t)^{3/2}} = \frac{1}{R}.$$

Die Krümmung eines Kreises ist also umgekehrt proportional zum Radius.

(b) Eine wichtige Anwendung findet die Krümmung von Kurven im Straßenbau oder bei der Verlegung von Eisenbahntrassen. Würde man Straßen nur aus Geradenstücken und Kreisbögen zusammensetzen, so hätte das beim Beginn einer Kurve einen sprunghaften Anstieg der Krümmung von 0 auf einen bestimmten Wert und beim Verlassen der Kurve ein ebenso sprunghaftes Abfallen auf 0 zur Folge. Das Lenkrad müsste daher am Beginn einer Kurve plötzlich so weit eingeschlagen werden, wie es die Krümmung erfordert. Weiters kommt noch hinzu, dass die Fliehkraft, der die Insassen eines Autos oder eines Zuges in einer Kurve ausgesetzt sind, mit der Krümmung zusammenhängt. In jeder Kurve würde die Fliehkraft plötzlich ansteigen und beim Verlassen der Kurve plötzlich wieder verschwinden. Der Bau solcher Kurven wäre also bei Schienenfahrzeugen zumindest unangenehm für die Fahrgäste, beim Straßenbau wegen der Schleudergfahr sogar extrem gefährlich. Deswegen werden zur Verlegung von Schienen oder zum Bau von Straßen Kurven eingesetzt, deren Krümmung bei Eintritt in die Kurve linear ansteigt und bei deren Verlassen wieder linear abfällt. Solche Kurve heißen **Klothoiden** (siehe Abb. 6.16) und erfüllen die Gleichung $\kappa(t) = c \cdot t$ (bei Parametrisierung nach der Bogenlänge). Daraus lassen sich für die Kurve $c(t) = (c_1(t), c_2(t))$ die so genannten Fresnel'schen Integrale herleiten:

$$c_1(t) = \int_0^t \cos\left(\frac{c}{2}v^2\right)\, dv, \qquad c_2(t) = \int_0^t \sin\left(\frac{c}{2}v^2\right)\, dv.$$

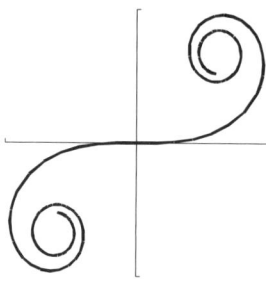

Abbildung 6.16 Klothoide

△

4. Vektorfelder und Stammfunktionen

Ein Satellit wird mit einer Trägerrakete in die Erdumlaufbahn gebracht. Wie groß ist die physikalische Arbeit, die dabei verrichtet wird? Die elementare Formel *Arbeit = Kraft × Weg* ist hier nicht direkt anwendbar. Die Kraft, die infolge der Gravitation überwunden werden muss, ändert sich ständig, da die Stärke des Gravitationsfeldes mit zunehmender Höhe abnimmt. Die Arbeit ist in diesem Fall das Integral über die Kraft entlang des zurück gelegten Weges.

Das mathematische Problem, vor das wir in diesem Beispiel gestellt sind, ist folgendes: Jedem Punkt des Raumes ist ein Vektor zugeordnet, welcher der Kraft entspricht. Der Weg selbst ist eine Kurve im Raum. Gesucht ist ein Integral entlang des Weges über eine Funktion, welche die Vektoren, die den Punkten des Weges zugeordnet sind, in geeigneter Weise berücksichtigt.

Definition 6.57 Gegeben sind eine Kurve $c : [a, b] \to \mathbb{R}^n$ und eine vektorwertige Funktion $f : \mathbb{R}^n \to \mathbb{R}^n$. Das **Kurvenintegral** des Vektorfelds f längs der Kurve c ist definiert als das Integral

$$\int_c f(x)\, dx = \int_c (f_1(x_1, \ldots, x_n)\, dx_1 + \cdots + f_n(x_1, \ldots, x_n)\, dx_n)$$

$$= \int_a^b f(c(t)) \cdot c'(t)\, dt = \int_a^b \left(\sum_{k=1}^n f_k(c(t)) c_k'(t) \right) dt,$$

wobei $x = (x_1, \ldots, x_n)$, $c(t) = (c_1(t), \ldots, c_n(t))$ und $f(x) = (f_1(x), \ldots, f_n(x))$.

Bemerkung: Man beachte, dass Kurvenintegrale von Vektorfeldern etwas grundsätzlich anderes sind als Kurvenintegrale von skalaren Funktionen gemäß Definition 6.52. Erstere sind nämlich keine Verallgemeinerungen der letzteren. Setzt man jedoch in beiden Definitionen (6.52 und 6.57) jeweils $n = 1$, so unterscheiden sich die entsprechenden Kurvenintegrale höchstens durch das Vorzeichen.

Ist f z.B. ein physikalisches Kraftfeld in $\mathbb{R}^3$ und c ein Weg durch dieses Kraftfeld, dann ist das Kurvenintegral längs c die Arbeit, die verrichtet wird, wenn eine Masse entlang des Weges c transportiert wird.

Satz 6.58 *Kurvenintegrale haben die folgenden Eigenschaften.*

(i) *Der Betrag des Kurvenintegrals hängt nur von der Kurve selbst ab, nicht von deren Parametrisierung.*

(ii) *Durchläuft man die Kurve in entgegen gesetzter Richtung, so wechselt der Wert des Kurvenintegrals das Vorzeichen.*

(iii) *Linearität bzgl. des Vektorfeldes: Für zwei Vektorfelder $\mathbf{f}_1$ und $\mathbf{f}_2$ und eine Kurve $\mathbf{c}$ (jeweils in $\mathbb{R}^n$) gilt*

$$\int_{\mathbf{c}} (\mathbf{f}_1(\mathbf{x}) + \mathbf{f}_2(\mathbf{x}))\, d\mathbf{x} = \int_{\mathbf{c}} \mathbf{f}_1(\mathbf{x})\, d\mathbf{x} + \int_{\mathbf{c}} \mathbf{f}_2(\mathbf{x})\, d\mathbf{x}.$$

(iv) *Additivität bzgl. des Weges: Für ein Vektorfeld $\mathbf{f}$ und zwei Kurven $\mathbf{c}_1 : [a,b] \to \mathbb{R}^n$ und $\mathbf{c}_2 : [c,d] \to \mathbb{R}^n$ mit $\mathbf{c}_1(b) = \mathbf{c}_2(c)$ gilt*

$$\int_{\mathbf{c}_1} \mathbf{f}(\mathbf{x})\, d\mathbf{x} + \int_{\mathbf{c}_2} \mathbf{f}(\mathbf{x})\, d\mathbf{x} = \int_{\mathbf{c}} \mathbf{f}(\mathbf{x})\, d\mathbf{x},$$

wobei $\mathbf{c}$ die Kurve bezeichnet, die durch Zusammensetzen der beiden Kurven $\mathbf{c}_1$ und $\mathbf{c}_2$ entsteht.

Das Kurvenintegral ist eine Verallgemeinerung der eindimensionalen bestimmten Integrale. Während bei letzteren der Integrationsbereich ein Intervall ist, liegt bei Kurvenintegralen eine Kurve im Raum vor. Angesichts dessen stellt sich natürlich die Frage, ob es bei der Integration über Kurven auch den zweiten Aspekt des Integrierens gibt, nämlich Integrieren als Umkehrung des Differenzierens. Dies ist in der Tat der Fall und führt uns auf den Begriff der Stammfunktion von Vektorfeldern. Es stellt sich aber heraus, dass im Gegensatz zur „gewöhnlichen" Integralrechnung nicht zu jedem Vektorfeld eine Stammfunktion existiert.

Für jedes Skalarfeld F ist durch $\mathbf{f} = \operatorname{grad} F$ ein Vektorfeld definiert. Man beachte, dass aus der Kettenregel

$$\frac{d}{dt} F(\mathbf{c}(t)) = \frac{d}{dt} F(c_1(t), \ldots, c_n(t)) = \sum_{k=1}^{n} F_{x_k} c_k'(t) = \mathbf{f}(\mathbf{c}(t)) \cdot \mathbf{c}'(t)$$

folgt. Die Funktion $F(\mathbf{c}(t))$ ist also eine Stammfunktion von $\mathbf{f}(\mathbf{c}(t)) \cdot \mathbf{c}'(t)$.

Definition 6.59 Eine Teilmenge $D \subseteq \mathbb{R}^n$ heißt **zusammenhängend**, wenn zu je zwei Punkten $\mathbf{x}_1, \mathbf{x}_2 \in D$ eine Kurve $\mathbf{c} : [a,b] \to D$ mit $\mathbf{c}(a) = \mathbf{x}_1$ und $\mathbf{c}(b) = \mathbf{x}_2$ existiert. Eine Menge D, die offen und zusammenhängend ist, heißt **Gebiet**.

Definition 6.60 Sei $D \subseteq \mathbb{R}^n$ ein Gebiet und $\mathbf{f}$ ein stetiges Vektorfeld. Man nennt $\mathbf{f}$ ein **Gradientenfeld**, wenn es ein Skalarfeld F mit $\operatorname{grad} F = \mathbf{f}$ gibt. In diesem Fall heißt F **Stammfunktion** und $-F$ **Potential** von $\mathbf{f}$.

Satz 6.61 *Ein stetig differenzierbares Gradientenfeld $\mathbf{f}$ erfüllt die so genannten **Integrabilitätsbedingungen***

$$\frac{\partial f_i}{\partial x_j} = \frac{\partial f_j}{\partial x_i}$$

für alle i, j mit $1 \leq i, j \leq n$.

Beweis. Dies ist eine unmittelbare Konsequenz des Satzes von Schwarz. Denn wegen $f_i = \partial F/\partial x_i$ gilt

$$\frac{\partial f_i}{\partial x_j} = \frac{\partial^2 F}{\partial x_i \partial x_j} = \frac{\partial f_j}{\partial x_i}.$$

$\square$

Satz 6.62 *Sei $D \subseteq \mathbb{R}^n$ ein Gebiet. In einem Vektorfeld $\mathbf{f}$ ist das Kurvenintegral von $\mathbf{f}$ längs einer stetig differenzierbaren Kurve $\mathbf{c} : [a, b] \to D$ genau dann wegunabhängig, d.h., allein durch Anfangs- und Endpunkt der Kurve bestimmt, wenn das Vektorfeld ein Gradientenfeld ist. Für diesen Fall bezeichne F eine Stammfunktion von $\mathbf{f}$. Dann gilt*

$$\int_{\mathbf{c}} \mathbf{f}(\mathbf{x})\, d\mathbf{x} = F(\mathbf{c}(b)) - F(\mathbf{c}(a)).$$

Eine Folgerung dieser Aussage ist: In einem Gradientenfeld sind Kurvenintegrale über geschlossene Kurven gleich 0. Man schreibt auch

$$\oint_{\mathbf{c}} \mathbf{f}(\mathbf{x})\, d\mathbf{x} = 0.$$

Beweis. Die eine Richtung folgt unmittelbar aus der vorher gehenden Überlegungen. Es bleibt also noch zu zeigen, dass aus der Wegunabhängigkeit des Kurvenintegrals folgt, dass das zugehörige Vektorfeld ein Gradientenfeld ist. Sei $\mathbf{x}_0 \in D$ und

$$F(\mathbf{x}) = \int_{\mathbf{x}_0}^{\mathbf{x}} \mathbf{f}(\mathbf{u})\, d\mathbf{u},$$

mit einer beliebigen Kurve, die $\mathbf{x}_0$ und $\mathbf{x}$ verbindet. Wir bezeichnen mit $\mathbf{e}_1, \ldots, \mathbf{e}_n$ die kanonischen Einheitsvektoren des $\mathbb{R}^n$. Für eine feste Koordinate i wählen wir s so klein, dass die gesamte Verbindungsstrecke von $\mathbf{x}$ nach $\mathbf{x} + s\mathbf{e}_i$ in D liegt. Bezeichne $\mathbf{c}$ die nach der Bogenlänge parametrisierte Verbindungsstrecke. Dann gilt $\mathbf{c}'(s) = \mathbf{e}_i$ und folglich

$$F(\mathbf{x} + s\mathbf{e}_i) - F(\mathbf{x}) = \int_{\mathbf{x}}^{\mathbf{x} + s\mathbf{e}_i} \mathbf{f}(\mathbf{u})\, d\mathbf{u} = \int_0^s f_i(\mathbf{c}(t))\, dt = s f_i(\mathbf{x} + \xi \mathbf{e}_i),$$

wobei im letzten Schritt der Mittelwertsatz der Integralrechnung die Existenz eines passenden Wertes $\xi \in [0, s]$ sicher stellt. Daraus folgt aber

$$\frac{\partial}{\partial x_i} F(\mathbf{x}) = \lim_{s \to 0} \frac{F(\mathbf{x} + s\mathbf{e}_i) - F(\mathbf{x})}{s} = f_i(\mathbf{x})$$

für alle i. Also gilt $\operatorname{grad} F = \mathbf{f}$ und damit die Behauptung.

Die Folgerung ergibt sich daraus, dass man in jeder geschlossenen Kurve zwei Punkte $\mathbf{x}_1$ und $\mathbf{x}_2$ auswählen kann. Dann sind die Integrale über die Teilstücke gleich groß. Durchläuft man eines in entgegen gesetzter Richtung, also z.B. einen Teil von $\mathbf{x}_1$ nach $\mathbf{x}_2$ und den anderen von $\mathbf{x}_2$ nach $\mathbf{x}_1$, dann ändert sich das Vorzeichen, und die Summe ergibt 0. $\square$

Beispiel 6.63 Gegeben sei das Vektorfeld

$$\mathbf{f}(x,y) = \begin{pmatrix} -\frac{y}{x^2+y^2} \\ \frac{x}{x^2+y^2} \end{pmatrix}.$$

Man rechnet leicht nach, dass

$$\frac{\partial f_1}{\partial y} = \frac{\partial f_2}{\partial x} = \frac{y^2 - x^2}{(x^2+y^2)^2}.$$

Doch obwohl die Integrabilitätsbedingung erfüllt ist, ist das Kurvenintegral nicht wegunabhängig. Denn dann müsste das Integral über den Einheitskreis 0 ergeben. Mit $\mathbf{c}(t) = (\cos t, \sin t)$, $0 \le t \le 2\pi$, gilt aber

$$\oint_{\mathbf{c}} \mathbf{f}(x,y)\, d(x,y) = \int_0^{2\pi} \left((-\sin t)^2 + \cos^2 t \right) dt = 2\pi.$$

Die Integrabilitätsbedingungen sind daher nur notwendige, aber keine hinreichenden Bedingungen für die Wegunabhängigkeit eines Kurvenintegrals. △

Definition 6.64 Ein Gebiet $D \subseteq \mathbb{R}^n$ heißt **einfach zusammenhängend**, wenn sich jede geschlossene Kurve in D stetig auf einen ihrer Punkte zusammenziehen lässt.

Beispiel 6.65

(a) Im $\mathbb{R}^2$ sind die einfach zusammenhängenden Gebiete genau jene, die keine „Löcher" haben. Eine geschlossene Kurve, die ein Loch einmal umfährt, kann nicht mehr stetig zusammengezogen werden.

(b) Im $\mathbb{R}^3$ ist die Sache etwas komplizierter. Einfach zusammenhängend ist z.B. eine Kugel, auch eine Hohlkugel, also eine Kugel, aus deren Innerem eine kleinere Kugel herausgenommen wurde. Nicht einfach zusammenhängend ist z.B. ein Torus (Abb 6.17), der entsteht, wenn man einen Kreis rotieren lässt. Die Kreise auf dem Torus in Abb. 6.17 lassen sich nicht auf einen Punkt zusammenziehen. △

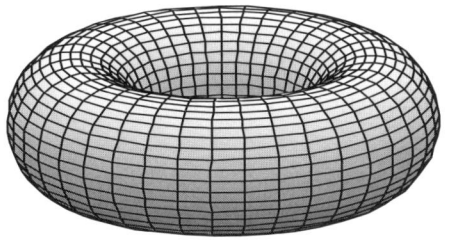

Abbildung 6.17 Torus

Satz 6.66 *Sei $D \subseteq \mathbb{R}^n$ einfach zusammenhängend und $\mathbf{f}$ ein stetig differenzierbares Vektorfeld auf D. Dann ist $\mathbf{f}$ genau dann ein Gradientenfeld, wenn $\mathbf{f}$ die Integrabilitätsbedingungen erfüllt.*

Ohne Beweis.

Beispiel 6.67

(a) Das Vektorfeld aus Beispiel 6.63 ist auf $\mathbb{R}^2 \setminus \{(0,0)\}$ definiert. Diese Menge ist nicht einfach zusammenhängend, und daher reichen die Integrabilitätsbedingungen nicht für die Wegunabhängigkeit aus.

(b) Gegeben ist das Vektorfeld

$$\mathbf{f}(x,y) = \begin{pmatrix} 3x^2 + 4xy - 3y^2 \\ 2x^2 - 6xy - 3y^2 \end{pmatrix}.$$

Dieses Vektorfeld ist auf ganz $\mathbb{R}^2$ und damit auf einem einfach zusammenhängenden Gebiet definiert. Es gilt

$$\frac{\partial f_1}{\partial y} = 4x - 6y = \frac{\partial f_2}{\partial x},$$

d.h., die Integrabilitätsbedingung ist erfüllt. Es existiert also eine Stammfunktion F mit $F_x = f_1$ und $F_y = f_2$. Aus $F_x = f_1$ folgt

$$F(x,y) = \int f_1(x,y)\,dx = \int (3x^2 + 4xy - 3y^2)\,dx = x^3 + 2x^2y - 3xy^2 + c(y).$$

Da wir nach x integrieren, ist y als Konstante zu behandeln. Das bedeutet aber auch, dass die Integrationskonstante c von y abhängen kann, also $c = c(y)$. Daraus folgt $F_y(x,y) = 2x^2 - 6xy + c'(y)$. Es gilt aber andererseits $F_y(x,y) = f_2(x,y) = 2x^2 - 6xy - 3y^2$, woraus $c'(y) = -3y^2$ und schließlich $c(y) = -\int 3y^2\,dy = -y^3 + d$ mit einer Konstanten d folgt. Da $c(y)$ nicht von x abhängt, muss d nun unabhängig von x und y sein. Alle Stammfunktionen des Vektorfeldes sind daher gegeben durch $F(x,y) = x^3 + 2x^2y - 3xy^2 - y^3 + d$ mit $d \in \mathbb{R}$.

(c) Wir suchen – falls möglich – die Stammfunktionen des Vektorfeldes

$$\mathbf{f}(x_1, x_2, x_3) = \begin{pmatrix} 2x_1 \\ 0 \\ -1 \end{pmatrix}.$$

Für $i \neq j$ gilt $\frac{\partial f_i}{\partial x_j} = 0$, daher sind wieder alle Integrabilitätsbedingungen erfüllt. Jede Stammfunktion F muss $F_{x_1} = 2x_1$, $F_{x_2} = 0$ und $F_{x_3} = -1$ erfüllen. Daraus folgt wie zuvor $F(x_1, x_2, x_3) = x_1^2 - x_3 + c$ mit $c \in \mathbb{R}$.

(d) Gesucht sind die Stammfunktionen des Vektorfeldes

$$\mathbf{f}(x,y,z) = \begin{pmatrix} y^2 + z \\ 2xy + z^3 \\ x + 3yz^2 \end{pmatrix},$$

falls diese existieren. Die Integrabilitätsbedingungen

$$\frac{\partial f_1}{\partial y} = 2y = \frac{\partial f_2}{\partial x}, \quad \frac{\partial f_1}{\partial z} = 1 = \frac{\partial f_3}{\partial x}, \quad \frac{\partial f_2}{\partial z} = 3z^2 = \frac{\partial f_3}{\partial y}$$

sind erfüllt, also besitzt $\mathbf{f}$ eine Stammfunktion F. Aus $F_x = f_1$ folgt

$$F(x,y,z) = \int (y^2 + z)\,dx = xy^2 + xz + c(y,z)$$

mit einer von y und z abhängigen Integrationskonstanten $c(y,z)$. Daraus folgt

$$2xy + z^3 = F_y(x,y,z) = 2xy + c_y(y,z),$$

daher $c_y(y,z) = z^3$ und in weiterer Folge $c(y,z) = yz^3 + d(z)$. Schließlich gilt

$$x + 3yz^2 = F_z(x,y,z) = x + c_z(y,z) = x + 3yz^2 + d'(z)$$

und folglich $d'(z) = 0$, also ist $d(z)$ konstant. Zusammenfassend folgt

$$F(x,y,z) = xy^2 + xz + yz^3 + d$$

mit $d \in \mathbb{R}$.

$\triangle$

6.5 Übungsaufgaben

6.1 Man stelle den Definitionsbereich und den Wertebereich folgender Funktionen fest und beschreibe die Niveaulinien:

$$(a) \quad f(x,y) = x^2 - y^2, \qquad (b) \quad f(x,y) = \sqrt{1 - \frac{x^2}{4} - \frac{y^2}{9}}.$$

6.2 Gegeben sei die Polynomfunktion $f(x,y) = xy^2 - 10x$. Man bestimme die Gleichungen ihrer Schnittkurven mit den senkrechten Ebenen $x = x_0$ bzw. $y = y_0$ sowie die Niveaulinien für $z = z_0$ und skizziere alle drei Kurvenscharen. Mittels eines Computeralgebrasystems ermittle man eine 3D-Darstellung der gegebenen Funktion.

6.3 Gegeben sei die quadratische Form $q(\mathbf{x}) = q(x,y) = 4x^2 + 2bxy + 25y^2$ mit $b \in \mathbb{R}$. Wie lautet die zugehörige symmetrische Matrix A, sodass $q(\mathbf{x}) = \mathbf{x}^T A\mathbf{x}$. Für welche Werte von b ist die Form positiv definit?

6.4 Eine Funktion $f(x_1, \ldots, x_n)$ heißt **homogen** vom Grad r, falls für jedes feste $\lambda > 0$ und alle $(x_1, \ldots, x_n)$ gilt

$$f(\lambda x_1, \ldots, \lambda x_n) = \lambda^r f(x_1, \ldots, x_n).$$

Man beweise, dass die beiden Produktionsfunktionen

(a) $f(x,y) = cx^\alpha y^{1-\alpha}$ \qquad\qquad (b) $g(x,y) = (cx^\alpha + dy^\alpha)^{1/\alpha}$

(x Arbeit, y Kapital, c, d, α konstant) homogene Funktionen vom Homogenitätsgrad $r = 1$ sind. Prüfen Sie ferner nach, ob

$(c) \quad f(x,y,z) = x + (yz)^{1/2}$ (für $y, z \geq 0$) \qquad $(d) \quad f(x,y) = x^2 + y$

$(e) \quad f(x,y) = ax^b y^c$ (mit $a, b, c \in \mathbb{R}$, $x, y > 0$)

homogen sind.

6.5 Man untersuche für beliebige $\alpha, \beta \in \mathbb{R}$ den Grenzwert $\lim_{t \to 0} f(\alpha t, \beta t)$ der folgenden Funktionen. Ist die Funktion $f(x, y)$ im Punkt $(0, 0)$ stetig?

(a) $f(x, y) = \dfrac{|y|}{|x|^3 + |y|}$ für $(x, y) \neq (0, 0)$ und $f(0, 0) = 1$

(b) $f(x, y) = \dfrac{2y^2}{|x| + y^2}$ für $(x, y) \neq (0, 0)$ und $f(0, 0) = 0$

6.6 Sei

$$f(x, y) = \frac{x \cos \frac{1}{x} + y \sin y}{2x - y}$$

für $0 \neq 2x \neq y$. Man untersuche und vergleiche die iterierten Grenzwerte

$$\lim_{y \to 0} \lim_{x \to 0} f(x, y) \qquad \text{und} \qquad \lim_{x \to 0} \lim_{y \to 0} f(x, y).$$

Existiert der Grenzwert $\lim_{(x,y) \to (0,0)} f(x, y)$?

6.7 Sei

$$f(x, y) = \frac{x + y \cos \frac{1}{y}}{x + y}$$

für $0 \neq y \neq -x$. Man untersuche und vergleiche die iterierten Grenzwerte

$$\lim_{y \to 0} \lim_{x \to 0} f(x, y) \qquad \text{und} \qquad \lim_{x \to 0} \lim_{y \to 0} f(x, y).$$

Existiert der Grenzwert $\lim_{(x,y) \to (0,0)} f(x, y)$?

6.8 Man untersuche die Funktion $f : \mathbb{R}^2 \to \mathbb{R}$ auf Stetigkeit (Hinweis: $a + b \geq 2\sqrt{ab}$ für $a, b \geq 0$):

(a) $f(x, y) = \dfrac{xy}{|x| + |y|}$ für $(x, y) \neq (0, 0)$ und $f(0, 0) = 0$,

(b) $f(x, y) = \dfrac{xy^2 + x^2 y}{x^2 + y^2}$ für $(x, y) \neq (0, 0)$ und $f(0, 0) = 0$.

6.9 Sei $f : \mathbb{R}^3 \to \mathbb{R}$ definiert durch $f(x, y, z) = \cos(xy) + \frac{\sin z}{1 + x^2 + y^2}$. In welchen Punkten des Definitionsbereiches ist f stetig?

6.10 Zeigen Sie: Die Komposition $g \circ f$ stetiger Funktionen $f : I \subseteq \mathbb{R} \to \mathbb{R}^n$, $g : M \subseteq \mathbb{R}^n \to \mathbb{R}^m$ mit $f(I) \subseteq M$ ist wiederum stetig.

6.11 Man untersuche die Stetigkeit der Funktion $f : \mathbb{R}^2 \to \mathbb{R}$ im Punkt $(0, 0)$:

$$f(x, y) = \begin{cases} \frac{x^2 - y^2}{x^2 + y^2} & \text{für } (x, y) \neq (0, 0) \\ 0 & \text{für } (x, y) = (0, 0) \end{cases}$$

6.12 Für die Funktion $f(x, y) = \sqrt{1 - x^2 - y^2}$ berechne man die partiellen Ableitungen f_x, f_y und die Gleichung der Tangentialebene an der Stelle $(x_0, y_0) = (0.2, 0.3)$.

6.13 Man berechne alle partiellen Ableitungen erster und zweiter Ordnung für die Funktion $f(x, y) = x^2 \sin y + \cos(x + 2y)$.

6.14 Man prüfe nach, ob die gemischten partiellen Ableitungen f_{xy} und f_{yx} für die folgenden Funktionen $f(x, y)$ übereinstimmen:

(a) $f(x, y) = \dfrac{x^2}{1 + y^2}$ (b) $f(x, y) = x^3 e^{y^2}$ (c) $f(x, y) = \sqrt{xy^3}$

6.15 Man bestimme den Definitionsbereich der folgenden Vektorfunktionen $\mathbf{f}(t)$ sowie die Ableitung, wo sie existiert:

(a) $\mathbf{f}(t) = \left(\left(\dfrac{2t}{\sqrt{1 - 3t^2}} \right)^{\frac{5}{4}}, \sin \dfrac{1}{1 + t^2} \right)$

(b) $\mathbf{f}(t) = \left(\sin(1 + \cos t), \dfrac{t^{\frac{5}{4}}}{\sqrt{1 - t^2}} \right)$

6.16 Man bestimme die partiellen Ableitungen der folgenden Funktionen:

(a) $f(x, y) = \arctan \dfrac{4x^2 y^2}{1 + x + y}$

(b) $f(x, y, z) = \dfrac{y + \sqrt{xz}}{1 + \sin^2(xyz)}$

(c) $f(x, y) = \arctan \dfrac{2x^3 y}{y - x^3}$

(d) $f(x, y, z) = \dfrac{\sqrt{x} + y^3 z^2}{1 + \cos^2(1 + x)}$

6.17 Man bestimme die Funktionalmatrix der folgenden Funktionen:

(a) $\mathbf{f}(x, y, z) = \begin{pmatrix} \sin(x + y - z) \\ \cos \frac{xy}{z} \end{pmatrix}$

(b) $\mathbf{f}(x, y, z) = \begin{pmatrix} \frac{x}{y^2 z} \\ x^y z^2 \end{pmatrix}$

(c) $\mathbf{f}(x, y, z) = \begin{pmatrix} \sqrt{\frac{x-z}{y+1}} \\ z \cdot e^{-\frac{x}{y}} \end{pmatrix}$

(d) $\mathbf{f}(x, y, z) = \begin{pmatrix} \ln(\arctan(x + y^2)) \\ x \cos(y^2 - \sqrt{x}) \cdot \tan(xyz) \end{pmatrix}$

6.18 In welcher Richtung erfolgt die maximale Änderung von

$$f(x, y, z) = x^2 \sin(yz) - y^2 \cos(yz)$$

vom Punkt $P_0(4, \frac{\pi}{4}, 2)$ aus, und wie groß ist sie annähernd?

6.19 Durch $z = \frac{xy}{x+y}$ ist eine Fläche im $\mathbb{R}^3$ gegeben. Die Beschränkung von x und y auf die Werte $x = e^t$ und $y = e^{-t}$ ($t \in \mathbb{R}$) liefert eine Kurve auf dieser Fläche. Man bestimme $\frac{dz}{dt}$ mittels Kettenregel und mache die Probe, indem man zuerst x und y in z einsetzt und anschließend nach dem Parameter t differenziert. Wo verläuft diese Kurve auf der Fläche horizontal?

6.20 Für eine Funktion $g(u, v)$ sei $g_u(u, v) = \frac{\partial}{\partial u} g(u, v) = u^2 - v$ und $g_v(u, v) = \frac{\partial}{\partial v} g(u, v) = -u + v^3$. Man bestimme $h(t) = \frac{d}{dt} g(2t, t^2 + 1)$.

6.21 Mit Hilfe der Kettenregel berechne man den Wert der partiellen Ableitung der Funktion $F(x, y) = f(g(x, y), h(x, y))$ nach y an der Stelle $(0, 0)$, wobei $f(u, v) = u^2 + v^2$, $g(x, y) = \cos x + \sin y$ und $h(x, y) = x + y + 1$ ist.

6.22 Man berechne das Taylor'sche Näherungspolynom zweiter Ordnung der Funktion $f(x, y) = e^{x-y}(x + 1) + x \sin(x^2 - y)$ an der Stelle $(x_0, y_0) = (0, \frac{\pi}{2})$.

6.23 Man berechne das Taylor'sche Näherungspolynom zweiter Ordnung der Funktion $f(x, y, z) = e^{x^2 yz}(x + yz + 1) + x \cos(x^2 - y - z)$ an der Stelle $(x_0, y_0, z_0) = (0, 0, \frac{\pi}{2})$.

6.24 Man bestimme die lineare und die quadratische Approximation der Funktion

$$f(x, y) = x^2(y - 1) + x e^{y^2}$$

im Entwicklungspunkt $(1, 0)$.

6.25 Es sei $y = y(x)$ implizit durch $x^3 - 3xy + y^3 - 1 = 0$ gegeben. Man berechne y' und y''.

6.26 Man berechne y' und y'' im Punkt $(1, 1)$ für die Kurve $x^3 + 3x^2 y - 6xy^2 + 2y^3 = 0$.

6.27 Es sei $F(x, y, z) = x^2(2x + 3z) + y^2(3x - 4z) + z^2(x - 2y) - xyz = 0$. Man berechne daraus z_x und z_y.

6.28 Man ermittle die Gleichungen der Tangenten im Punkt $(-1, 1)$ an die Hyperbel $xy = 1$.

6.29 Man bestimme die relativen Extrema und die Sattelpunkte der Funktion $f(x, y)$ im angegebenen Bereich.

(a) $f(x, y) = (x^2 + y^2)^2 - 2(x^2 - y^2)$ für $x, y \in \mathbb{R}$.

(b) $f(x, y) = 2x^3 - 5xy^2 + 3y$ für $x, y \in \mathbb{R}$.

(c) $f(x, y) = x^2 + xy + y^2 + x + y + 1$ für $x, y \in \mathbb{R}$.

(d) $f(x, y) = (x^2 + 5y^2)e^{-x^2 - y^2}$ für $x, y \in \mathbb{R}$.

(e) $f(x, y) = x^2 + 3y^2 + 3xy$ für $x, y \in \mathbb{R}$.

(f) $f(x, y) = \sin(x + y) + \sin x - \sin y$ für $0 \leq x, y \leq \pi/2$.

(g) $f(x, y) = \sin(x + y) + \sin x + \sin y$ für $0 \leq x, y \leq \pi/2$.

(h) $f(x, y) = \cos(x + y) + \sin x - \sin y$ für $0 \leq x, y \leq \pi/2$.

6.30 Man bestimme denjenigen Punkt der Ebene $z = x + y$, der von dem Punkt $(1, 0, 0)$ den kleinsten Abstand hat.

6.31 Man bestimme die extremalen Werte der Funktion $f(x, y, z) = xyz$ auf der Einheitssphäre (d.i. der Rand der Einheitskugel).

6.32 Man bestimme zu einer gegebenen Kugel mit Radius R einen eingeschriebenen Zylinder von maximaler Oberfläche.

6.33 Welcher Quader mit gegebener Oberfläche A besitzt maximales Volumen?

6.34 Für welche Werte wird $f(x, y, z) = xyz$ unter den Nebenbedingungen $xy + yz + zx = a$ und $x + y + z = b$ möglichst groß?

6.35 Man berechne die Ableitung von $f(x, y) = x^2 + 4y^2$ im Punkt $(3, 2)$

(a) in Richtung der Koordinatenachsen,

(b) in Richtung von $(-1, -1)$ sowie

(c) in Richtung von $\operatorname{grad} f$.

6.36 Gesucht ist das absolute Maximum der Funktion $f(x, y) = xy(3 - x - y)$ auf dem Definitionsbereich $D = \{(x, y) | x \geq 0, \ y \geq 0, \ y \leq 3 - x\}$.
(Anleitung: Man skizziere den Definitionsbereich D in der (x, y)-Ebene, bestimme dessen Rand und ermittle alle Funktionswerte auf dem Rand. Das absolute Maximum ist dann unter den relativen Maxima sowie unter den Funktionswerten auf dem Rand von D zu suchen.)

6.37 Mit Hilfe der Methode der Lagrange'schen Multiplikatoren berechne man die Extrema der Funktion $f(x, y) = x + y$ unter der Nebenbedingung $x^2 + y^2 = 1$.

6.38 Die Herstellung eines Produkts P unter Verwendung zweier Produktionsfaktoren A und B werde durch die Produktionsfunktion

$$y = f(x_1, x_2) = 5 - \frac{1}{\sqrt{x_1}} - \frac{1}{\sqrt{x_2}} \tag{6.15}$$

beschrieben. Der Gewinn des Produzenten sei durch

$$G(x_1, x_2, y) = yp_0 - x_1 p_1 - x_2 p_2$$

gegeben. Man maximiere den Gewinn für die Preise $p_0 = 2$, $p_1 = 1$, $p_2 = 8$ und unter Berücksichtigung der Nebenbedingung (6.15), ermittle die im Gewinnmaximum benötigten Faktormengen x_1, x_2, die Produktmenge y und den Unternehmergewinn G.

6.39 Man berechne das Bereichsintegral $\iint_B (xy + x^2 - y^2) dx dy$ über dem Rechtecksbereich, welcher durch die Eckpunkte $A(-1, 1)$, $B(5, 1)$, $C(5, 5)$ und $D(-1, 5)$ bestimmt ist.

6.40 B sei der durch $x = 4$, $y = 1$ und $x + 2y = 2$ berandete beschränkte Bereich der (x, y)-Ebene. Man berechne $\iint_B 12x^2 y^3 dx dy$.

6.41 Berechnen Sie die folgenden Bereichsintegrale:

(a) $\iint_B \sin(x + y)\, dx\, dy$, $B \subseteq \mathbb{R}^2$ ist das Quadrat mit den Eckpunkten $(0, 0), (0, \pi), (\pi, 0), (\pi, \pi)$.

(b) $\iint_B \frac{x-y}{x+y}\, dx\, dy$, $B \subseteq \mathbb{R}^2$ ist das Dreieck mit den Eckpunkten $(2, 2), (3, 2), (3, 3)$.

(c) $\iint_K (x + y)^2\, dx\, dy$, $K \subseteq \mathbb{R}^2$ ist der Kreis mit $x^2 + y^2 \leq 1$.

(d) $\iiint_Z x\, dx\, dy\, dz$, $Z \subseteq \mathbb{R}^3$ ist der Zylinder $Z = \{(x, y, z) | 1 \leq z \leq 2, 1 \leq x^2 + y^2 \leq 2\}$.

6.42 Man bestimme die Bogenlänge der Kurve

$$x(t) = \begin{pmatrix} t^2 \\ \cos t \\ \sin t \end{pmatrix}, 0 \leq t \leq 2\pi.$$

6.43 Parametrisieren Sie folgende Kurve nach der Bogenlänge:

$$x(t) = \begin{pmatrix} t^2/2 \\ \frac{1}{3}(2t + 1)^{3/2} \end{pmatrix}, t \geq 0$$

6.44 Berechnen Sie die Oberfläche einer Kugel mit dem Radius R.

6.45 Man berechne das Kurvenintegral über das Vektorfeld $\mathbf{u}(\mathbf{x}) = \begin{pmatrix} xy^2 \\ x^2 - y^2 \end{pmatrix}$ entlang des Weges $3y^2 = 4x$ von $(0, 0)$ nach $(3, 2)$ sowie entlang des Streckenzugs $(0, 0) \to (3, 0) \to (3, 2)$.

6.46 Man zeige, dass das Kurvenintegral $\int_c (\cos x\, dx + e^{-y}\, dy + z^2\, dz)$ wegunabhängig ist, und berechne es über einen Weg von $(-1, 3, 4)$ nach $(6, 9, -2)$.

6.47 Man zeige, dass das Vektorfeld $\mathbf{f}(x, y) = (y^{\alpha-1}, (\alpha - 1)xy^{\alpha-2})$ eine Stammfunktion besitzt, und berechne diese.

6.48 Welches der folgenden Vektorfelder $\mathbf{f} = (f_1, f_2, f_3)$ ist ein Gradientenfeld, und wie lautet ggf. eine zu $\mathbf{f}$ gehörende Stammfunktion?

$(a)\quad (1, 1, 1), \qquad (b)\quad (-x, -y, -z), \qquad (c)\quad (2x, 2y, 0), \qquad (d)\quad (yz, xz, x^2).$

6.49 Man überprüfe, ob das Vektorfeld $\mathbf{f} = (yz, (x - 2y)z, (x - y)y)$ eine Stammfunktion besitzt. Wenn ja, gebe man alle Stammfunktionen an.

6.50 Man bestimme, falls möglich, ein Potential des Vektorfeldes

(a) $\mathbf{u}(x, y) = \begin{pmatrix} \frac{2y}{(x+y)^2} \\ -\frac{2x}{(x+y)^2} \end{pmatrix}$,
(b) $\mathbf{u}(x, y) = \begin{pmatrix} \frac{2x}{1+(x+y)^2} \\ -\frac{1}{1+(x+y)^2} \end{pmatrix}$.

In welchen Gebieten $B \subset \mathbb{R}^2$ ist das Kurvenintegral über das Vektorfeld $\mathbf{u}(x, y)$ wegunabhängig?

6.51 Das elektrostatische Potential einer Punktladung Q im Koordinatenursprung ist durch

$$\Phi_1(x, y, z) = \frac{Q}{4\pi\varepsilon_0} \frac{1}{\sqrt{x^2 + y^2 + z^2}}$$

gegeben, für das Potential eines Dipols mit dem Dipolmoment $\vec{p} = (p, 0, 0)$ gilt:

$$\Phi_2(x, y, z) = \frac{1}{4\pi\varepsilon_0} \frac{px}{(x^2 + y^2 + z^2)^{3/2}}.$$

(Dabei sind Q, p und ε_0 Konstante.) In beiden Fällen berechne man das zugehörige elektrische Feld $\mathbf{E}$ nach der Formel $\mathbf{E} = -\operatorname{grad} \Phi_i$, $i = 1, 2$.

Kapitel 7

Differenzen- und Differentialgleichungen

Differenzen- und Differentialgleichungen zählen zum klassischen Instrumentarium der angewandten Mathematik. Sie ermöglichen u.a. eine mathematische Beschreibung des zeitlichen Ablaufs von Vorgängen in Naturwissenschaft und Technik, wie z.B. von Bewegungen, Schwingungen, chemischen Reaktionen oder Wachstumsprozessen. Differenzengleichungen eignen sich zur Beschreibung zeitdiskreter Prozesse, d.h., falls die Zeit in Tagen, Jahren oder in Generationen gemessen wird. Hierher gehören auch iterative und rekursive Algorithmen der Informatik wie z.B. Such- und Sortierverfahren. Wird die Zeit hingegen kontinuierlich gemessen, kommt der Differentialquotient zur Beschreibung des Änderungsverhaltens einer Größe ins Spiel, und das Studium kontinuierlicher Prozesse führt dann auf Differentialgleichungen. In diesem Kapitel werden wir grundlegende quantitative und qualitative Verfahren zur Behandlung von Differenzengleichungen sowie gewöhnlichen und partiellen Differentialgleichungen kennen lernen.

7.1 Differenzengleichungen – Einführung und Beispiele

In diesem Abschnitt betrachten wir Prozesse, welche in diskreten Schritten ablaufen. Beispiele für solche Prozesse sind etwa die Entwicklung von Börsenkursen in der Wirtschaft oder die Anzahl der Schritte in einem Algorithmus in der Informatik wie im folgenden Beispiel.

Beispiel 7.1 (Die Türme von Hanoi[1]) Bei diesem Spiel geht es darum, n paarweise verschieden große Scheiben, welche der Größe nach geordnet auf einem Stab übereinander gestapelt sind, auf einen benachbarten leeren Stab unter Zuhilfenahme eines dritten Stabes zu versetzen (siehe Abb. 7.1). Dabei müssen die Scheiben wieder in derselben Reihenfolge wie ursprünglich zu liegen kommen und die folgenden Regeln beim Transport der Scheiben eingehalten werden:

- Es darf immer nur eine Scheibe (nämlich die oberste) verschoben werden und
- es darf nie eine größere auf einer kleineren Scheibe zu liegen kommen.

Eine rekursive Lösungsstrategie für diese Aufgabe besteht darin, zunächst die oberen $n-1$ Scheiben vom ersten Stab auf den dritten Stab zu schaffen, dann die n-te Scheibe zu unterst

---

[1]Die Geschichte der Türme von Hanoi geht vermutlich auf den französischen Mathematiker Edouard Lucas zurück. Danach wären indische Mönche im großen Tempel von Benares, der den Mittelpunkt der Welt markiert, Tag und Nacht unablässig damit beschäftigt, einen Turm aus 64 goldenen Scheiben zu versetzen, und wenn ihnen das gelungen sei, wäre das Ende der Welt gekommen.

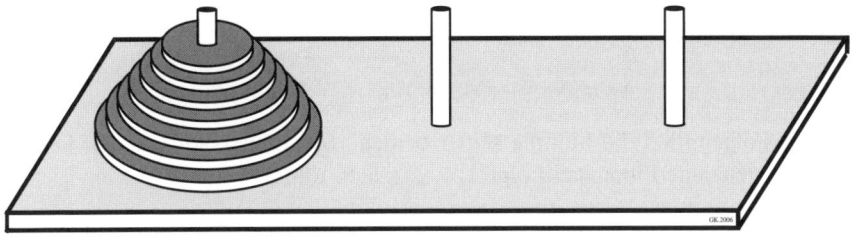

Abbildung 7.1 Die Türme von Hanoi

auf den zweiten Stab zu legen, und schließlich die verbleibenden $n - 1$ Scheiben vom dritten auf den zweiten Stab zu versetzten. Bezeichnet x_n die Anzahl der Spielzüge, die nach dieser Strategie insgesamt notwendig sind, um n Scheiben zu versetzen, so gilt offensichtlich $x_1 = 1$, $x_2 = 3$, $x_3 = 3 + 1 + 3 = 7$ und allgemein

$$x_{n+1} = x_n + 1 + x_n = 2x_n + 1 \quad \text{für} \quad n = 1, 2, 3, \ldots .$$

$\triangle$

Beispiel 7.2 (Babylonisches Wurzelziehen) Beim Babylonischen Wurzelziehen handelt es sich um ein iteratives Verfahren zur numerischen Berechnung der Quadratwurzel $\sqrt{a}$ einer positiven Zahl a. Dazu bilden wird die Folge $x_0, x_1, x_2, \ldots$ mit dem Startwert $x_0 = 1$ (für x_0 kann genauso gut jede andere positive Zahl gewählt werden) und dem Bildungsgesetz

$$x_{n+1} = \frac{1}{2}\left(x_n + \frac{a}{x_n}\right) \quad \text{für} \quad n = 0, 1, 2, \ldots .$$

Dann konvergiert die Folge (x_n) stets gegen $\sqrt{a}$. Die Konvergenz erfolgt in der Praxis schon nach wenigen Schritten und ermöglicht die näherungsweise Berechnung einer Wurzel unter ausschließlicher Verwendung der Grundrechnungsoperationen. $\triangle$

Beispiel 7.3 (Fibonacci[2]-Folge) Betrachten wir einen Nachrichtenkanal, bei dem Informationen quellencodiert als Zeichenfolgen übertragen werden, welche aus zwei Signalen S_1 und S_2 bestehen. Die Übertragung von S_1 bzw. S_2 erfordere einen Zeitaufwand von 1 bzw. 2 Zeiteinheiten. Gesucht ist die Anzahl der möglichen Nachrichtenfolgen der Dauer t.

Bezeichnen wir die gesuchte Anzahl mit N_t, $t = 0, 1, 2, \ldots$, dann gilt zunächst für kleine Werte von t:

$t = 0$	leere Folge	$N_0 = 1$
$t = 1$	S_1	$N_1 = 1$
$t = 2$	$S_1 S_1$, S_2	$N_2 = 2$
$t = 3$	$S_1 S_1 S_1$, $S_1 S_2$, $S_2 S_1$	$N_3 = 3$

---

[2]Die Fibonacci-Zahlen gehen auf den italienischen Mathematiker Fibonacci (Leonardo von Pisa) zurück, der sie in seinem Buch „Liber Abaci" aus dem Jahr 1202 zur Beschreibung der Entwicklung einer Kaninchenkolonie verwendete. Sie besitzen unzählige Anwendungen vom Goldenen Schnitt aus der Architektur bis zur modernen Zahlentheorie.

Da eine Nachrichtenfolge der Dauer $t \geq 2$ entweder mit S_1 oder S_2 enden muss, gilt für die Anzahl aller Nachrichtenfolgen der Dauer t

$$N_t = N_{t-1} + N_{t-2} \quad \text{für} \quad t = 2, 3, \ldots .$$

Also ist jedes Folgenglied die Summe seiner beiden vorhergehenden Glieder. Dieser Ansatz führt auf die so genannte Fibonacci-Folge $1, 1, 2, 3, 5, 8, 13, \ldots$.   △

Wie wir sehen, gibt es in allen drei Beispielen eine Größe x_n, welche sich in diskreten Schritten $n = 0, 1, 2, \ldots$ ändert, sowie eine Vorschrift f, welche angibt, wie man den aktuellen Wert von x aus einem oder mehreren vorhergehenden Werten von x erhalten kann. Die betrachteten Beispiele sind entweder von der Form $x_{n+1} = f(x_n)$ oder von der Form $x_{n+2} = f(x_{n+1}, x_n)$ mit $n = 0, 1, 2, \ldots$, und wir sprechen von einer **Differenzengleichung erster** bzw. **zweiter Ordnung**. Allgemein versteht man unter einer (**gewöhnlichen**) **Differenzengleichung** k-**ter Ordnung** eine Gleichung der Gestalt

$$F(n, x_n, x_{n+1}, \ldots, x_{n+k}) = 0 \quad \text{für} \quad n = 0, 1, 2, \ldots,$$

wobei F eine beliebige Funktion ist, in der jedenfalls x_n und x_{n+k} wirklich vorkommen müssen. Kann x_{n+k} aus dieser Gleichung direkt ausgedrückt werden, so erhält man die **explizite Differenzengleichung**

$$x_{n+k} = f(n, x_n, x_{n+1}, \ldots, x_{n+k-1}) \quad \text{für} \quad n = 0, 1, 2, \ldots,$$

andernfalls ist die Gleichung in impliziter Form gegeben. Ist die Funktion f linear in x_n (bzw. auch x_{n+1}, usw.), spricht man von einer **linearen**, sonst von einer **nichtlinearen Differenzengleichung**.

Differenzengleichungen eignen sich also ganz allgemein zur Beschreibung von Prozessen, die stufenförmig, d.h. in diskreten Schritten ablaufen und bei denen man angeben kann, wie die Prozessgrößen auf der n-ten Stufe aus den Größen der vorhergehenden Stufen bestimmt werden. Ziele beim Studium von Differenzengleichungen sind einerseits die Berechnung einer Lösung, also einer expliziten Formel für x_n. Darum geht es in der so genannten **quantitativen Theorie**. Von Interesse sind ferner das Auffinden von Gleichgewichtslagen und die Bestimmung deren Stabilität. Diese Fragen sind Bestandteil der **qualitativen Theorie**. Allgemein heißt jede Folge (x_n), bei der jeweils $k + 1$ aufeinander folgende Glieder die Gleichung $F(n, x_n, x_{n+1}, \ldots, x_{n+k}) = 0$ erfüllen, eine **partikuläre Lösung** der Differenzengleichung. So ist beispielsweise $x_n = 2^n - 1$ partikuläre Lösung der Gleichung $x_{n+1} = 2x_n + 1$ aus Beispiel 7.1, welche zudem die Bedingung $x_1 = 1$ erfüllt. Andererseits ist jede Folge der Form $x_n = 2^n C - 1$ mit $C \in \mathbb{R}$ eine (reelle) Lösung dieser Gleichung, wie man durch Einsetzen sofort sieht, und man spricht in diesem Fall von der **allgemeinen Lösung** der Differenzengleichung.

Eine explizite Lösung ist für die nichtlineare Gleichung $x_{n+1} = \frac{1}{2} \left(x_n + a/x_n \right)$ von Beispiel 7.2 nicht mehr möglich. Dafür erkennt man leicht, dass für den Anfangswert $x_0 = \sqrt{a}$ auch $x_1 = \frac{1}{2} \left(\sqrt{a} + a/\sqrt{a} \right) = \sqrt{a}$ und damit auch alle weiteren Folgenglieder den Wert $\sqrt{a}$ besitzen. Man nennt $\sqrt{a}$ eine **Gleichgewichtslage** und die konstante Lösungsfolge $(x_n) = (\sqrt{a})$ eine **Gleichgewichtslösung** der Differenzengleichung. Die Kenntnis von Gleichgewichtslagen und auch deren Stabilitätsverhalten sind wertvolle Informationen über das Verhalten von Differenzengleichungen, deren explizite Lösungen nicht bestimmt werden können. In den folgenden Abschnitten werden wir Differenzengleichungen erster und zweiter Ordnung behandeln und dabei sowohl auf quantitative wie auf qualitative Aspekte eingehen.

7.2 Differenzengleichungen erster Ordnung

32Wir betrachten zunächst die lineare Differenzengleichung erster Ordnung

$$x_{n+1} = ax_n + b, \quad n = 0, 1, 2, \ldots \tag{7.1}$$

mit den konstanten Koeffizienten a und b. Nach Vorgabe eines Anfangswerts x_0 berechnet man sukzessive

$$\begin{aligned} x_1 &= ax_0 + b \\ x_2 &= ax_1 + b = a^2 x_0 + ab + b \\ x_3 &= ax_2 + b = a^3 x_0 + a^2 b + ab + b \end{aligned}$$

$$\ldots$$

und schließlich

$$x_n = a^n x_0 + (1 + a + \cdots + a^{n-1})b = \begin{cases} a^n x_0 + b \frac{a^n - 1}{a - 1} & \text{für} \quad a \neq 1 \\ x_0 + bn & \text{für} \quad a = 1 \end{cases}.$$

(Ein exakter Beweis erfolgt durch vollständige Induktion.) Damit ist in diesem einfachen Fall eine explizite Lösungsformel gefunden.

Beispiel 7.4 (Türme von Hanoi, Fortsetzung) Für die Anzahl der Spielzüge in Beispiel 7.1 gilt $x_{n+1} = 2x_n + 1$ für $n = 1, 2, 3, \ldots$. Das ist eine lineare Gleichung erster Ordnung mit den Koeffizienten $a = 2$ und $b = 1$, und nach obiger Formel gilt

$$x_n = 2^n x_0 + 1 \cdot \frac{2^n - 1}{2 - 1} = 2^n (x_0 + 1) - 1.$$

Das ist die partikuläre Lösung der Gleichung zum Anfangswert x_0. Möchte man den Anfangswert noch nicht festlegen, setzt man $x_0 + 1 = C \in \mathbb{R}$ (da mit x_0 auch $x_0 + 1 = C$ alle reellen Zahlen durchläuft) und erhält die allgemeine Lösung $x_n = 2^n C - 1$ mit $C \in \mathbb{R}$. Die Folge in Beispiel 7.1 beginnt mit $x_1 = 1$. Setzt man diesen Wert in die allgemeine Lösung der Differenzengleichung ein, d.h. $x_1 = 2C - 1 = 1$, folgt $C = 1$ und für die gesuchte Anzahl der Spielzüge $x_n = 2^n - 1$. (Diese Lösung ergibt sich auch aus der angegebenen expliziten Lösungsformel zum fiktiven Anfangswert $x_0 = 0$.) △

1. Allgemeine lineare Differenzengleichungen erster Ordnung

Sind die Koeffizienten a und b in Gleichung (7.1) nicht konstant, so liegt der allgemeine Fall einer **linearen Differenzengleichung erster Ordnung**

$$x_{n+1} = a_n x_n + b_n, \quad n = 0, 1, 2, \ldots \tag{7.2}$$

vor, wo a_n und b_n beliebige (reelle) Funktionen in n, also (reelle) Folgen sind. (O.B.d.A. kann stets angenommen werden, dass der Koeffizient von x_{n+1} gleich 1 ist, d.h., dass die Gleichung explizit in x_{n+1} ist.) Der Term b_n heißt **Störfunktion** der linearen Differenzengleichung. Ist $b_n = 0$, so nennt man die Gleichung

$$x_{n+1} = a_n x_n, \quad n = 0, 1, 2, \ldots \tag{7.3}$$

eine **homogene Gleichung**, dagegen stellt Gleichung (7.2) eine **inhomogene Gleichung** dar.

Satz 7.5 *Die Lösungsgesamtheit der linearen inhomogenen Differenzengleichung* $x_{n+1} = a_n x_n + b_n$ *ist gegeben durch* $x_n = x_n^{(h)} + x_n^{(p)}$, *wo* $x_n^{(h)}$ *die allgemeine Lösung der zugehörigen homogenen Gleichung* $x_{n+1} = a_n x_n$ *und* $x_n^{(p)}$ *eine beliebige partikuläre Lösung der inhomogenen Gleichung ist.*

Beweis. Ist $x_n^{(h)}$ eine beliebige Lösung der homogenen und $x_n^{(p)}$ eine feste Lösung der inhomogenen Gleichung, dann ist $x_n = x_n^{(h)} + x_n^{(p)}$ wieder Lösung der inhomogenen Gleichung, wie man durch Einsetzen sofort bestätigt.

Umgekehrt ist jede Lösung der inhomogenen Gleichung von der angegebenen Form, denn für eine beliebige Lösung x_n der inhomogenen Gleichung gilt

$$
\begin{aligned}
x_{n+1} &= a_n x_n + b_n \\
x_{n+1}^{(p)} &= a_n x_n^{(p)} + b_n \\
\Rightarrow x_{n+1} - x_{n+1}^{(p)} &= a_n (x_n - x_n^{(p)}).
\end{aligned}
$$

Also ist $x_n^{(h)} = x_n - x_n^{(p)}$ eine Lösung der zugehörigen homogenen Gleichung und somit $x_n = x_n^{(h)} + x_n^{(p)}$, wie behauptet. $\qquad\square$

Beginnen wir zunächst mit der Lösung der homogenen Gleichung (7.3). Offensichtlich gilt $x_n = x_0 a_0 a_1 \ldots a_{n-1} = x_0 \prod_{i=0}^{n-1} a_i$, wie durch vollständige Induktion sofort bewiesen werden kann[3]. Setzen wir darin $x_0 = C \in \mathbb{R}$, erhalten wir als allgemeine Lösung der Gleichung (7.3)

$$
x_n^{(h)} = C \prod_{i=0}^{n-1} a_i.
$$

Beispiel 7.6 Die Gleichung $x_{n+1} = (n+1)x_n$ für $n \geq 0$ besitzt die allgemeine Lösung

$$
x_n = C \prod_{i=0}^{n-1} (i+1) = Cn!, \quad C \in \mathbb{R},
$$

die partikuläre Lösung zum Anfangswert $x_0 = 2$ beispielsweise lautet $x_n = 2n!$. $\qquad\triangle$

Nun zum allgemeinen Fall der Gleichung (7.2) mit beliebiger Störfunktion. Nach obigem Satz setzt sich die Lösungsgesamtheit dieser Gleichung gemäß $x_n = x_n^{(h)} + x_n^{(p)}$ zusammen. Neben der allgemeinen Lösung der homogenen Gleichung $x_n^{(h)}$ benötigt man also noch eine beliebige partikuläre Lösung $x_n^{(p)}$ der inhomogenen Gleichung. Um diese zu erhalten, kann man folgendermaßen vorgehen:

(i) **Variation der Konstanten**: Bei dieser Methode wird die Konstante C in der allgemeinen Lösung $x_n^{(h)}$ der homogenen Gleichung „variiert", d.h., man macht den Ansatz

$$
x_n^{(p)} = C_n \prod_{i=0}^{n-1} a_i.
$$

Setzt man in Gleichung (7.2) ein, so erhält man (falls alle $a_i \neq 0$) für die unbekannte Folge C_n eine Differenzengleichung der Gestalt $C_{n+1} = C_n + h_n$, welche durch Aufsummieren der Störglieder h_n gelöst werden kann.

---

[3]Dabei hat das so genannte leere Produkt $\prod_{i=0}^{-1} a_i$ per definitionem den Wert 1.

(ii) **Methode des unbestimmten Ansatzes**: In Abhängigkeit vom Typ der Störfunktion b_n in Gleichung (7.2) kann ein Polynom- oder Exponentialansatz für $x_n^{(p)}$ mit unbestimmten Koeffizienten zielführend sein. Sind beispielsweise die Parameter a_n und b_n in Gleichung (7.2) konstant (und $a_n \neq 1$), dann führt der unbestimmte Ansatz $x_n^{(p)} = A$ auf $A = b/(1-a)$ und damit auf die partikuläre Lösung $x_n^{(p)} = b/(1-a)$. Weitere Ansätze sind im nächsten Abschnitt zusammengestellt.

Beispiel 7.7 Gegeben sei die Gleichung

$$x_{n+1} = (n+1)x_n + 3(n+1)! \quad \text{für} \quad n \geq 0.$$

Die allgemeine Lösung der homogenen Gleichung lautet $x_n^{(h)} = Cn!$. Durch Variation der Konstanten erhält man den Ansatz $x_n^{(p)} = C_n n!$, und Einsetzen in die inhomogene Gleichung führt zu

$$
\begin{aligned}
C_{n+1}(n+1)! &= C_n n!(n+1) + 3(n+1)! \\
C_{n+1} &= C_n + 3 \\
\Rightarrow \quad C_n &= 3n,
\end{aligned}
$$

wobei $C_0 = 0$ gewählt wurde. Damit folgt

$$x_n = x_n^{(h)} + x_n^{(p)} = Cn! + 3n \cdot n! = (C + 3n)n!, \quad C \in \mathbb{R}.$$

$\triangle$

Beispiel 7.8 (Quicksort-Algorithmus) Quicksort ist ein häufig verwendeter, schneller Sortieralgorithmus, der nach dem Prinzip „divide et impera" arbeitet. Ausgangspunkt ist eine Liste $a_1, a_2, \ldots, a_n$ von n Elementen, welche der Größe nach zu ordnen sind. Bei Quicksort wählt man nun das letzte Element a_n als so genanntes Pivotelement aus der zu sortierenden Liste aus und zerlegt die Liste in zwei Teillisten, eine untere, die alle Elemente kleiner, und eine obere, die alle Elemente gleich oder größer dem Pivotelement enthält. Dazu vergleicht man das Pivotelement a_n mit $a_1, a_2, \ldots$ so lange, bis erstmals $a_i \geq a_n$ gilt, und gleichzeitig mit $a_{n-1}, a_{n-2}, \ldots$ so lange, bis ein $a_j < a_n$ gefunden ist. (Ist a_n bereits kleinstes Element der Liste, wird $j = 0$ gesetzt.) Falls $i < j$ ist, werden a_i und a_j gegeneinander ausgetauscht und landen damit in der jeweils richtigen Liste, und die Suche von unten bzw. von oben wird fortgesetzt. Ist dagegen erstmals $i > j$, vertauscht man a_i und a_n, wodurch das Pivotelement a_n als neues a_i an die korrekte Position kommt: Alle dem Pivotelement vorangehenden Elemente der Liste sind dann kleiner als dieses, und alle nachfolgenden Elemente sind größer oder gleich. Der beschriebene Prozess wird daraufhin mit den beiden Teillisten $a_1, \ldots, a_{i-1}$ und $a_{i+1}, \ldots, a_n$ rekursiv fortgesetzt, bis sich letztlich alle Listenelemente an der korrekten Position befinden und die Sortierung damit abgeschlossen ist.

Wir fragen nun nach der durchschnittlichen Anzahl v_n von Vergleichen (Average-Case-Analyse), die man beim Sortieren von n verschiedenen Elementen einer Liste mittels Quicksort durchführen muss. (Bei der Analyse eines Algorithmus sind darüber hinaus weitere Kenngrößen wie etwa die Anzahl rekursiver Aufrufe, Vergleichsoperationen für Best Case und Worst Case oder der Speicherbedarf von Bedeutung.) Für $n = 1$ ist $v_1 = 0$. Für $n > 1$ ist die Anzahl der Vergleiche, die man benötigt, um das Pivotelement a_n in die richtige Position zu bringen,

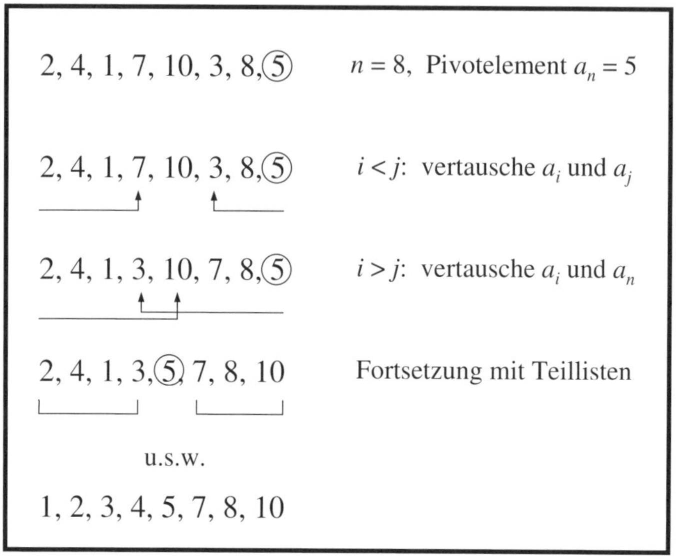

$$2, 4, 1, 7, 10, 3, 8, \textcircled{5} \qquad n = 8, \text{ Pivotelement } a_n = 5$$

$$2, 4, 1, 7, 10, 3, 8, \textcircled{5} \qquad i < j: \text{ vertausche } a_i \text{ und } a_j$$

$$2, 4, 1, 3, 10, 7, 8, \textcircled{5} \qquad i > j: \text{ vertausche } a_i \text{ und } a_n$$

$$2, 4, 1, 3, \textcircled{5}, 7, 8, 10 \qquad \text{Fortsetzung mit Teillisten}$$

u.s.w.

$$1, 2, 3, 4, 5, 7, 8, 10$$

Abbildung 7.2 Quicksort-Algorithmus (erster Schritt)

gleich $n+1$. Dazu kommt noch die zum Sortieren der beiden Teillisten erforderliche Anzahl von Vergleichen, welche im Durchschnitt $\frac{1}{n}\sum_{i=1}^{n}(v_{i-1}+v_{n-i})$ beträgt. Damit erhält man insgesamt

$$v_n = n + 1 + \frac{1}{n}\sum_{i=1}^{n}(v_{i-1}+v_{n-i}).$$

Da $\sum_{i=1}^{n}v_{i-1} = \sum_{i=1}^{n}v_{n-i}$ ist, folgt weiter

$$v_n = n + 1 + \frac{2}{n}\sum_{i=1}^{n}v_{i-1}$$

$$v_{n+1} = n + 2 + \frac{2}{n+1}\sum_{i=1}^{n+1}v_{i-1}$$

$$\Rightarrow \quad (n+1)v_{n+1} - nv_n = (n+1)(n+2) - n(n+1) + 2v_n$$

und damit

$$v_{n+1} = \frac{n+2}{n+1}\,v_n + 2, \quad n = 1, 2, \dots .$$

Das ist eine lineare inhomogene Differenzengleichung für v_n, deren Lösung eine explizite Formel für die Anzahl der Vergleiche v_n in Abhängigkeit von der Dimension n der Liste liefert.

Wir lösen zunächst die zugehörige homogene Gleichung und erhalten

$$v_n^{(h)} = C\prod_{i=1}^{n-1}\frac{i+2}{i+1} = C\frac{n+1}{2}.$$

Durch Variation der Konstanten, d.h. mit dem Ansatz $v_n^{(p)} = C_n \frac{n+1}{2}$ ergibt sich weiter

$$C_{n+1}\frac{n+2}{2} = \frac{n+2}{n+1}C_n\frac{n+1}{2} + 2$$

$$C_{n+1} = C_n + \frac{4}{n+2}$$

$$\Rightarrow \quad C_n = \sum_{i=1}^{n-1}\frac{4}{i+2} = 4\left(\frac{1}{3} + \frac{1}{4} + \cdots + \frac{1}{n+1}\right) = 4(H_{n+1} - \frac{3}{2}),$$

wo $H_n = \left(1 + \frac{1}{2} + \frac{1}{3} + \cdots + \frac{1}{n}\right) \sim \ln n + \gamma$ die Partialsumme der harmonischen Reihe bezeichnet (vgl. Beispiel 5.57). Damit aber ist $v_n^{(p)} = 2(n+1)(H_{n+1} - \frac{3}{2})$, und die allgemeine Lösung unserer Gleichung lautet

$$v_n = v_n^{(h)} + v_n^{(p)} = C\frac{n+1}{2} + 2(n+1)\left(H_{n+1} - \frac{3}{2}\right), \quad C \in \mathbb{R}.$$

Aus der Anfangsbedingung $v_1 = 0$ folgt $C = 0$, und wir bekommen schließlich das Ergebnis

$$v_n = 2(n+1)\left(H_{n+1} - \frac{3}{2}\right), \quad n = 1, 2, \ldots .$$

Demzufolge ist die Anzahl der Vergleichsoperationen und damit auch die Laufzeit von Quicksort von der Ordnung $O(n \ln n)$. Damit weist Quicksort, wie man zeigen kann, im Vergleich mit anderen Sortierverfahren ein optimales Laufzeitverhalten auf. $\triangle$

2. Methode der erzeugenden Funktionen

Einen weiteren Ansatz zur Lösung von Differenzengleichungen stellt die **Methode der erzeugenden Funktionen** dar. Die Grundidee dieser Methode, welche auch auf Gleichungen höherer Ordnung angewendet werden kann, besteht darin, einer Lösungsfolge $a_0, a_1, a_2, \ldots$ eine Funktion $A(z)$ in einer reellen oder komplexen Variablen z zuzuordnen, die Differenzengleichung in eine Gleichung für $A(z)$ zu übersetzen und diese zu lösen. Zunächst wird der Begriff der erzeugenden Funktion eingeführt und dann die Lösung einer Differenzengleichung mit Hilfe der Methode der erzeugenden Funktionen an Hand eines Beispiels vorgestellt.

Wir betrachten allgemein eine Folge $(a_n) = a_0, a_1, a_2, \ldots$ von reellen oder komplexen Zahlen und ordnen ihr die Reihe $A(z) = \sum_{n=0}^{\infty} a_n z^n$ zu. Die Potenzreihe $A(z)$ ist zumindest innerhalb ihres Konvergenzradius konvergent und wird **erzeugende Funktion** der Folge (a_n) genannt. Erzeugende Funktionen spielen u.a. in der Kombinatorik, der Wahrscheinlichkeitstheorie und eben auch bei der Lösung von Differenzengleichungen eine wichtige Rolle.

Die erzeugende Funktion der konstanten Folge $1, 1, 1, \ldots$ ist $A(z) = 1 + z + z^2 + \cdots = \frac{1}{1-z}$. Dagegen erhält man für die arithmetische Folge $0, 1, 2, \ldots$ die erzeugende Funktion

$$A(z) = \sum_{n=0}^{\infty} nz^n = z + 2z^2 + 3z^3 + \cdots = z\left(\frac{1}{1-z}\right)' = \frac{z}{(1-z)^2}.$$

Auch für die geometrische Folge $1, q, q^2, \ldots$ lässt sich die erzeugende Funktion sofort angeben, nämlich $A(z) = 1 + qz + q^2z^2 + \cdots = \frac{1}{1-qz}$. Weitere Regeln für das Rechnen mit erzeugenden Funktionen können auf Grund der Rechengesetze für das Rechnen mit Reihen abgeleitet werden und sind im folgenden Satz zusammengestellt.

Satz 7.9 *Es sei $A(z)$ die erzeugende Funktion der Folge (a_n) und $B(z)$ die erzeugende Funktion der Folge (b_n), also $A(z) = \sum_{n=0}^{\infty} a_n z^n$ und $B(z) = \sum_{n=0}^{\infty} b_n z^n$. Dann besteht folgender Zusammenhang zwischen den in nachstehender Tabelle angegebenen Folgen und ihren erzeugenden Funktionen:*

Folge	erzeugende Funktion	Bemerkung
$0, a_0, a_1, a_2, \ldots$	$zA(z)$	right shift
$a_1, a_2, a_3, \ldots$	$\frac{A(z)-a_0}{z}$	left shift
$a_1, 2a_2, 3a_3, \ldots$	$A'(z)$	
$\gamma^n a_n$	$A(\gamma z)$	
$\alpha a_n + \beta b_n$	$\alpha A(z) + \beta B(z)$	Linearität
$\sum_{k=0}^{n} a_k b_{n-k}$	$A(z) \cdot B(z)$	Cauchy-Produkt
$\sum_{k=0}^{n} a_k$	$\frac{1}{1-z} A(z)$	Partialsummenfolge

Nun zeichnet sich bereits ab, wie man erzeugende Funktionen zur Lösung von Differenzengleichungen verwenden kann. Wir wollen das prinzipielle Vorgehen an Hand eines einfachen Beispiels einer linearen Differenzengleichung mit konstanten Koeffizienten demonstrieren.

Beispiel 7.10 Gesucht ist die allgemeine Lösung der Differenzengleichung $a_{n+1} = 5a_n - 2$ für $n \geq 0$. Dazu multiplizieren wir die Gleichung mit z^{n+1} und summieren über alle n. So lässt sich ein Ausdruck für die erzeugende Funktion $A(z)$ der Lösungsfolge (a_n) gewinnen:

$$\sum_{n=0}^{\infty} a_{n+1} z^{n+1} = 5 \sum_{n=0}^{\infty} a_n z^{n+1} - 2 \sum_{n=0}^{\infty} z^{n+1}$$

$$A(z) - a_0 = 5z A(z) - 2 \frac{z}{1-z}$$

$$A(z) = \frac{a_0}{1-5z} - \frac{2z}{(1-z)(1-5z)}.$$

Nun ist die erzeugende Funktion $A(z)$ gefunden. Entwickelt man $A(z)$ im Punkt $z = 0$ in eine Potenzreihe, so sind die Koeffizienten dieser Potenzreihe die Glieder der Lösungsfolge (a_n). Mit Hilfe einer Partialbruchzerlegung (siehe Abschnitt 5.3) erhält man $\frac{2z}{(1-z)(1-5z)} = -\frac{1}{2(1-z)} + \frac{1}{2(1-5z)}$. Damit folgt

$$A(z) = \frac{1}{2} \frac{1}{1-z} + (a_0 - \frac{1}{2}) \frac{1}{1-5z}$$

$$= \frac{1}{2} \sum_{n=0}^{\infty} z^n + (a_0 - \frac{1}{2}) \sum_{n=0}^{\infty} 5^n z^n$$

$$= \sum_{n=0}^{\infty} (\frac{1}{2} + C 5^n) z^n,$$

wobei $C = a_0 - \frac{1}{2}$ gesetzt wurde. Somit lautet die allgemeine Lösung der Gleichung $a_n = \frac{1}{2} + C 5^n$ mit $C \in \mathbb{R}$.   △

Die Methode der erzeugenden Funktionen kann ferner zur Bestimmung partikulärer Lösungen zu vorgegebenen Anfangsbedingungen bei nichtlinearen Differenzengleichungen und auch bei Differenzengleichungen höherer Ordnung mit Erfolg angewendet werden (siehe Übungen).

3. Qualitative Theorie

Wir wenden uns nun der graphischen Darstellung von Lösungsfolgen und der **qualitativen Theorie** von Differenzengleichungen zu. Ausgangspunkt ist die explizite Differenzengleichung erster Ordnung

$$x_{n+1} = f(x_n), \quad n = 0, 1, 2, \ldots . \tag{7.4}$$

Dabei nehmen wir an, dass f nicht von n abhängt (man spricht dann von einer autonomen Gleichung) und eine stetig differenzierbare Funktion ist. Zeichnet man den Graphen der Funktion $y = f(x)$ gemeinsam mit der Geraden $y = x$ in einem (x, y)-Diagramm, kann der Verlauf der Lösungsfolgen recht anschaulich folgendermaßen dargestellt werden: Man markiert den Anfangswert $x = x_0$ auf der x-Achse, zeichnet die Ordinate $f(x_0) = x_1$ und im Punkt $(x_0, f(x_0))$ eine zur x-Achse parallele Gerade bis zu deren Schnittpunkt mit der Gerade $y = x$. Die x-Koordinate dieses Schnittpunkts ist dann gerade der Wert x_1. Dann wiederholt man den Vorgang mit x_1 an Stelle von x_0, usw. Auf die beschriebene Weise erhält man die Lösung der Differenzengleichung zum Anfangswert x_0 als Treppenzug zwischen den beiden Graphen der Funktionen $y = f(x)$ und $y = x$ (siehe Abb. 7.3).

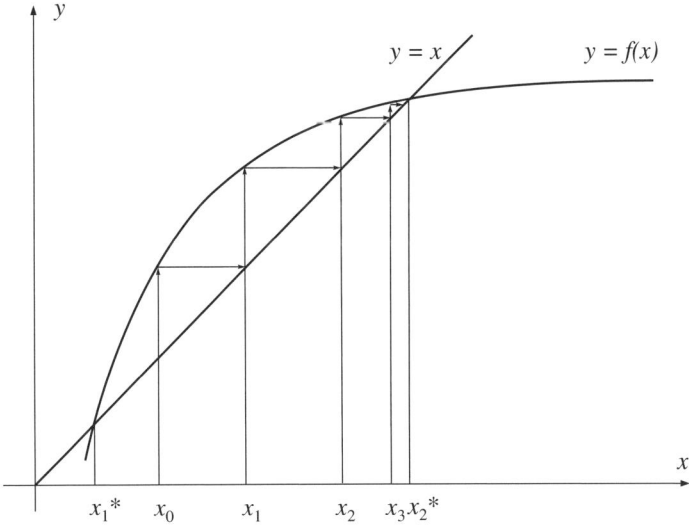

Abbildung 7.3 Graphische Darstellung einer nichtlinearen Differenzengleichung erster Ordnung

Sei nun $x_0, x_1, x_2, \ldots$ eine Lösungsfolge der Gleichung (7.4). Falls die Folge konvergent ist, d.h. $\lim_{n \to \infty} x_n = x^*$, dann folgt

$$x^* = \lim_{n \to \infty} x_{n+1} = \lim_{n \to \infty} f(x_n) = f\big(\lim_{n \to \infty} x_n\big) = f(x^*),$$

also $f(x^*) = x^*$. Ein Punkt mit dieser Eigenschaft ist ein Gleichgewichtspunkt.

Definition 7.11 Ein Punkt x^* heißt **Fixpunkt** oder **Gleichgewichtspunkt** der Differenzengleichung $x_{n+1} = f(x_n)$, wenn $f(x^*) = x^*$ gilt.

Graphisch findet man die Gleichgewichtspunkte als Schnittpunkte der Kurve $y = f(x)$ mit der Geraden $y = x$. Wenn eine Lösungsfolge (x_n) der Gleichung konvergent ist, so ist ihr Grenzwert stets ein Gleichgewichtspunkt. Umgekehrt gibt es zu jedem Gleichgewichtspunkt x^* eine Lösung der Differenzengleichung, nämlich die konstante Lösungsfolge $x_n = x^*$.

Typische Fragen der qualitativen Theorie lauten nun: Besitzt eine gegebene Differenzengleichung überhaupt Gleichgewichtspunkte? Wenn ja, welche Lösungsfolgen konvergieren gegen einen Gleichgewichtspunkt? Und wie verhalten sich Lösungen in der Nähe von Gleichgewichtspunkten?

Gleichgewichtspunkte können Lösungen anziehen oder abstoßen, was in den folgenden Stabilitätsbegriffen zum Ausdruck kommt.

Definition 7.12 (Stabilität von Gleichgewichtslagen) Ein Gleichgewichtspunkt x^* der Differenzengleichung $x_{n+1} = f(x_n)$ heißt **stabil**, wenn es zu jedem $\varepsilon > 0$ ein $\delta(\varepsilon) > 0$ gibt, so dass für alle Lösungsfolgen (x_n) mit $|x_0 - x^*| < \delta(\varepsilon)$ gilt $|x_n - x^*| < \varepsilon$ für alle n. Ein Gleichgewichtspunkt x^* heißt **asymptotisch stabil**, wenn es außerdem ein festes $\delta > 0$ gibt, so dass für alle (x_n) mit $|x_0 - x^*| < \delta$ gilt $\lim_{n \to \infty} x_n = x^*$. Anderfalls heißt x^* **instabil**.

Ein Gleichgewichtspunkt x^* ist also stabil, wenn jede Lösungsfolge der Differenzengleichung in einer beliebig vorgegebenen Umgebung von x^* bleibt, falls sie nur nahe genug bei x^* beginnt. Konvergiert die Lösungsfolge zudem gegen x^*, so ist der Gleichgewichtspunkt asymptotisch stabil. Ob eine Lösungsfolge gegen einen Fixpunkt konvergiert, ob sie um einen Fixpunkt oszilliert oder divergent ist, ist aus der graphischen Darstellung ersichtlich. Die in Abb. 7.3 dargestellte Differenzengleichung beispielsweise besitzt zwei Gleichgewichtspunkte x_1^* und x_2^*. Offensichtlich konvergiert die Folge $x_0, x_1, x_2, x_3, \ldots$ gegen x_2^*, dieser ist asymptotisch stabiler Gleichgewichtspunkt. Anderseits gibt es keine Folge (x_n), welche gegen x_1^* konvergiert (mit Ausnahme der konstanten Folge (x_1^*)). Der Fixpunkt x_1^* ist abstoßend und daher instabil. Die Gleichung in Abb. 7.4 besitzt einen asymptotisch stabilen Fixpunkt x_1^* mit oszillierendem Lösungsverhalten und einen instabilen Fixpunkt x_2^* sowie divergente Lösungen.

Satz 7.13 *Ein Gleichgewichtspunkt x^* der Differenzengleichung $x_{n+1} = f(x_n)$ ist asymptotisch stabil, falls $|f'(x^*)| < 1$, und instabil, falls $|f'(x^*)| > 1$ gilt.*

Beweis. Im Fall $|f'(x^*)| < 1$ gibt es eine Umgebung $|x - x^*| < \delta$ von x^*, in der $|f'(x)| \leq \lambda < 1$ für ein geeignetes $\lambda < 1$ gilt. Nach dem Mittelwertsatz der Differentialrechnung folgt dann

$$|x_{n+1} - x^*| = |f(x_n) - f(x^*)| = |f'(\xi)(x_n - x^*)| \leq \lambda |x_n - x^*|$$

(mit ξ zwischen x_n und x^*) und weiter $|x_n - x^*| \leq \lambda^n |x_0 - x^*|$ für alle n und $|x_0 - x^*| < \delta$. Wegen $\lambda < 1$ zieht der Fixpunkt x^* jede Lösungsfolge (x_n) mit $|x_0 - x^*| < \delta$ an und ist daher asymptotisch stabil. Der Beweis im instabilen Fall kann ähnlich geführt werden. $\square$

Beispiel 7.14 (Babylonisches Wurzelziehen, Fortsetzung) Wir kommen zurück auf die Differenzengleichung von Beispiel 7.2

$$x_{n+1} = f(x_n) = \frac{1}{2}\left(x_n + \frac{a}{x_n}\right) \quad \text{für} \quad n = 0, 1, 2, \ldots .$$

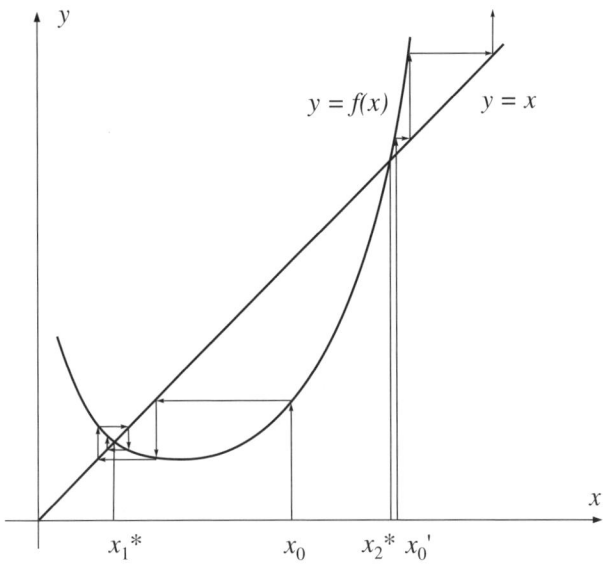

Abbildung 7.4 Oszillierende und divergente Lösungsfolgen

Ist der Startwert $x_0 > 0$, folgt sofort $x_n > 0$ für alle n. Wir berechnen zunächst die Gleichgewichtslagen dieser nichtlinearen Gleichung gemäß

$$f(x) = \frac{1}{2}\left(x + \frac{a}{x}\right) = x$$
$$x^2 = a$$
$$\Rightarrow x^* = \sqrt{a}.$$

Zur Überprüfung der Stabilität von x^* bilden wir

$$f'(x) = \frac{1}{2}\left(1 - \frac{a}{x^2}\right) \Rightarrow f'(x^*) = f'(\sqrt{a}) = 0 < 1,$$

also ist der einzige Gleichgewichtspunkt $x^* = \sqrt{a}$ asymptotisch stabil. (Tatsächlich konvergiert jede Lösungsfolge der Differenzengleichung mit beliebigem (positiven) Startwert gegen $\sqrt{a}$.) $\triangle$

Beispiel 7.15 Die Gleichung $x_{n+1} = 2.5x_n - 0.01x_n^2$ für $n = 0, 1, 2, \ldots$ beschreibt ein so genanntes diskretes logistisches Wachstum, d.i. ein grundlegendes Wachstumsmodell mit zahlreichen Anwendungen u.a. in Biologie und Wirtschaft. Die Fixpunkte dieser Gleichung sind $x_1^* = 0$ und $x_2^* = 150$. Mit $f(x) = 2.5x - 0.01x^2$ ist $f'(x) = 2.5 - 0.02x$. Somit folgt $|f'(0)| = 2.5 > 1$ und $|f'(150)| = 0.5 < 1$, d.h., der Gleichgewichtspunkt $x_1^* = 0$ ist instabil und $x_2^* = 150$ ist asymptotisch stabil. $\triangle$

7.3   Lineare Differenzengleichungen zweiter Ordnung

Vielfach lassen sich Aufgabenstellungen aus den Anwendungen, welche durch mehrere Differenzengleichungen beschrieben werden können, auf eine einzige Differenzengleichung höherer Ordnung zurückführen. Wir beschränken uns im Folgenden auf den Fall linearer Differenzengleichungen zweiter Ordnung mit konstanten Koeffizienten. Die hier beschriebenen Resultate können jedoch direkt auf Gleichungen höherer Ordnung übertragen werden.

Ausgangspunkt in diesem Abschnitt ist die **lineare Differenzengleichung zweiter Ordnung** der Form

$$x_{n+2} + ax_{n+1} + bx_n = s_n, \quad n = 0, 1, 2, \ldots, \tag{7.5}$$

wo a und b konstante Koeffizienten sind (mit $b \neq 0$) und s_n eine möglicherweise von n abhängige Störfunktion bezeichnet. Ist $s_n = 0$ für alle n, spricht man wieder von einer homogenen, andernfalls von einer inhomogenen Gleichung. Wie bei den Gleichungen erster Ordnung besteht auch bei linearen Differenzengleichungen zweiter Ordnung folgender Zusammenhang:

Satz 7.16 *Die Lösungsgesamtheit einer linearen Differenzengleichung zweiter Ordnung ist gegeben durch* $x_n = x_n^{(h)} + x_n^{(p)}$, *wo* $x_n^{(h)}$ *die allgemeine Lösung der zugehörigen homogenen Gleichung und* $x_n^{(p)}$ *eine beliebige partikuläre Lösung der inhomogenen Gleichung ist.*

Dementsprechend gliedert sich der Lösungsweg in folgende Schritte:

1. Bestimmung der allgemeinen Lösung $x_n^{(h)}$ der homogenen Gleichung,

2. Bestimmung einer partikulären Lösung $x_n^{(p)}$,

3. Ermittlung der Lösungsgesamtheit gemäß $x_n = x_n^{(h)} + x_n^{(p)}$.

Wir beginnen mit der homogenen Gleichung

$$x_{n+2} + ax_{n+1} + bx_n = 0, \quad n = 0, 1, 2, \ldots \tag{7.6}$$

gemäß Schritt 1. Offensichtlich ist die Lösung jeder Differenzengleichung zweiter Ordnung durch die Vorgabe von zwei Anfangswerten x_0 und x_1 eindeutig bestimmt. Wie sich zeigen wird, enthält die allgemeine Lösung von Gleichung (7.6) (und damit auch von Gleichung (7.5)) zwei willkürlich wählbare Konstanten C_1 und C_2 derart, dass man bei Vorgabe von zwei beliebigen Anfangswerten die Lösung zu diesen Anfangswerten durch Spezialisierung von C_1 und C_2 erhalten kann.

Satz 7.17 *Sind* $x_n^{(1)}$ *und* $x_n^{(2)}$ *Lösungen der homogenen Gleichung* (7.6), *so ist auch* $x_n = C_1 x_n^{(1)} + C_2 x_n^{(2)}$ *mit* $C_1, C_2 \in \mathbb{R}$ *Lösung dieser Gleichung. Gilt ferner*

$$\begin{vmatrix} x_0^{(1)} & x_0^{(2)} \\ x_1^{(1)} & x_1^{(2)} \end{vmatrix} \neq 0,$$

dann ist x_n *die allgemeine Lösung der homogenen Gleichung.*

Beweis. Dass x_n Lösung ist, ist durch Einsetzen sofort nachzurechnen. Der zweite Teil der Behauptung ergibt sich aus der Tatsache, dass das lineare Gleichungssystem

$$
\begin{aligned}
C_1 x_0^{(1)} + C_2 x_0^{(2)} &= x_0 \\
C_1 x_1^{(1)} + C_2 x_1^{(2)} &= x_1
\end{aligned}
$$

genau dann eindeutig in C_1 und C_2 lösbar ist, wenn die Determinante der Systemmatrix nicht verschwindet. $\qquad\square$

Auf der Suche nach einer möglichen Lösung der homogenen Gleichung (7.6) stößt man auf den Ansatz $x_n^{(h)} = \lambda^n$ mit dem Parameter λ. Setzen wir in die Differenzengleichung ein, so folgt

$$
\begin{aligned}
\lambda^{n+2} + a\lambda^{n+1} + b\lambda^n &= 0 \\
\lambda^2 + a\lambda + b &= 0.
\end{aligned}
$$

Wir erhalten somit eine quadratische Gleichung, die so genannte **charakteristische Gleichung** für λ. Ihre Wurzeln λ_1 und λ_2 werden als **charakteristische Wurzeln** bezeichnet. Mit λ_1^n und λ_2^n sind dann nach Satz 7.17 auch alle Linearkombinationen $x_n = C_1\lambda_1^n + C_2\lambda_2^n$ wieder Lösungen der homogenen Gleichung. In Abhängigkeit von der Diskriminante $a^2 - 4b$ der charakteristischen Gleichung unterscheiden wir drei Fälle:

(i) $a^2 - 4b > 0$: In diesem Fall sind die Wurzeln λ_1 und λ_2 reell und verschieden, und $x_n = C_1\lambda_1^n + C_2\lambda_2^n$ mit $C_1, C_2 \in \mathbb{R}$ stellt die allgemeine Lösung dar. Denn wegen

$$
\begin{vmatrix} x_0^{(1)} & x_0^{(2)} \\ x_1^{(1)} & x_1^{(2)} \end{vmatrix} = \begin{vmatrix} 1 & 1 \\ \lambda_1 & \lambda_2 \end{vmatrix} = \lambda_2 - \lambda_1 \neq 0
$$

ist die Bedingung von Satz 7.17 erfüllt.

(ii) $a^2 - 4b < 0$: In diesem Fall sind λ_1 und λ_2 konjugiert komplex (und wieder verschieden). Auch jetzt ist durch $x_n = C_1\lambda_1^n + C_2\lambda_2^n$ die allgemeine Lösung der Gleichung gegeben, allerdings sind die Lösungen i. Allg. komplex (diesmal mit $C_1, C_2 \in \mathbb{C}$). Um daraus die reellen Lösungen zu erhalten, setzen wir λ_1 und λ_2 in Polarkoordinaten an, also $\lambda_{1,2} = r(\cos\varphi \pm i\sin\varphi)$, und berechnen

$$
\begin{aligned}
x_n &= C_1 r^n(\cos n\varphi + i\sin n\varphi) + C_2 r^n(\cos n\varphi - i\sin n\varphi) \\
&= r^n((C_1 + C_2)\cos n\varphi + i(C_1 - C_2)\sin n\varphi).
\end{aligned}
$$

Wählen wir C_1 und C_2 konjugiert komplex, so sind die neuen Parameter $D_1 = C_1 + C_2$ und $D_2 = i(C_1 - C_2)$ wieder reell, und wir erhalten

$$
x_n = r^n(D_1\cos n\varphi + D_2\sin n\varphi) \quad \text{mit} \quad D_1, D_2 \in \mathbb{R}.
$$

Das ist dann die allgemeine Lösung im Reellen.

(iii) $a^2 - 4b = 0$: Die charakteristische Gleichung besitzt eine reelle Doppellösung, nämlich $\lambda_1 = \lambda_2 = -\frac{a}{2}$. Wie man durch Einsetzen unmittelbar sieht, ist neben λ_1^n in diesem Fall auch $n\lambda_1^n$ eine Lösung der homogenen Gleichung, so dass man mit $x_n^{(1)} = \lambda_1^n$ und $x_n^{(2)} = n\lambda_1^n$ wieder zwei verschiedene partikuläre Lösungen zur Verfügung hat. Gemäß Satz 7.17 ist dann auch

$$x_n = C_1\lambda_1^n + C_2 n\lambda_1^n = (C_1 + C_2 n)\lambda_1^n \quad \text{mit} \quad C_1, C_2 \in \mathbb{R}$$

Lösung, und zwar die allgemeine Lösung, denn

$$\begin{vmatrix} x_0^{(1)} & x_0^{(2)} \\ x_1^{(1)} & x_1^{(2)} \end{vmatrix} = \begin{vmatrix} 1 & 0 \\ \lambda_1 & \lambda_1 \end{vmatrix} = \lambda_1 = -\frac{a}{2} \neq 0$$

($a = 0$ hätte wegen $a^2 = 4b$ auch $b = 0$ zur Folge, was nicht möglich ist).

Wir fassen zusammen:

Satz 7.18 *Sind λ_1 und λ_2 die Lösungen der charakteristischen Gleichung $\lambda^2 + a\lambda + b = 0$, dann lautet die allgemeine Lösung der linearen homogenen Differenzengleichung $x_{n+2} + ax_{n+1} + bx_n = 0$*

$$x_n^{(h)} = \begin{cases} C_1\lambda_1^n + C_2\lambda_2^n & \text{falls } \lambda_1 \neq \lambda_2 \text{ reell} \\ r^n(C_1 \cos n\varphi + C_2 \sin n\varphi) & \text{falls } \lambda_{1,2} = r(\cos\varphi \pm i\sin\varphi) \text{ konjugiert komplex} \\ (C_1 + C_2 n)\lambda_1^n & \text{falls } \lambda_1 = \lambda_2 \text{ reell} \end{cases}$$

mit $C_1, C_2 \in \mathbb{R}$.

Beispiel 7.19

(a) Die Differenzengleichung $x_{n+2} + x_{n+1} - 6x_n = 0$ besitzt die charakteristische Gleichung $\lambda^2 + \lambda - 6 = 0$ mit den Lösungen $\lambda_1 = 2$ und $\lambda_2 = -3$. Folglich lautet die allgemeine Lösung gemäß (i)

$$x_n = C_1 2^n + C_2(-3)^n, \quad C_1, C_2 \in \mathbb{R}.$$

(b) Die Gleichung $x_{n+2} - 2x_{n+1} + 2x_n = 0$ hat dagegen die charakteristische Gleichung $\lambda^2 - 2\lambda + 2 = 0$ mit den Lösungen $\lambda_{1,2} = 1 \pm i = \sqrt{2}(\cos\frac{\pi}{4} \pm i\sin\frac{\pi}{4})$. Also ergibt sich nach Fall (ii)

$$x_n = 2^{\frac{n}{2}}(C_1 \cos\frac{n\pi}{4} + C_2 \sin\frac{n\pi}{4}), \quad C_1, C_2 \in \mathbb{R}.$$

$\triangle$

Beispiel 7.20 (Fibonacci-Folge, Fortsetzung) Wir sind nun in der Lage, eine explizite Darstellung für die Fibonacci-Zahlen $1, 1, 2, 3, 5, 8, 13, \ldots$ anzugeben. Die Folge genügt der Gleichung $N_t = N_{t-1} + N_{t-2}$ für $t = 2, 3, \ldots$ mit den Anfangswerten $N_0 = N_1 = 1$ (vergleiche Beispiel 7.3). Das ist eine lineare homogene Differenzengleichung zweiter Ordnung. Wir bestimmen die charakteristische Gleichung $\lambda^2 - \lambda - 1 = 0$ mit den beiden Wurzeln $\lambda_{1,2} = \frac{1 \pm \sqrt{5}}{2}$. Folglich lautet die allgemeine Lösung der gegebenen Gleichung

$$N_t = C_1\left(\frac{1+\sqrt{5}}{2}\right)^t + C_2\left(\frac{1-\sqrt{5}}{2}\right)^t.$$

Die spezielle Lösung zur Anfangsbedingung $N_0 = N_1 = 1$ schließlich führt auf ein lineares Gleichungssystem in den Variablen C_1 und C_2 mit der Lösung

$$C_1 = \frac{1 + \sqrt{5}}{2\sqrt{5}} \quad \text{und} \quad C_2 = -\frac{1 - \sqrt{5}}{2\sqrt{5}}.$$

Demnach lautet die gesuchte explizite Darstellung der Glieder der Fibonacci-Folge

$$N_t = \frac{1}{\sqrt{5}} \left[\left(\frac{1 + \sqrt{5}}{2} \right)^{t+1} - \left(\frac{1 - \sqrt{5}}{2} \right)^{t+1} \right] \quad \text{für} \quad t = 0, 1, 2, \ldots .$$

$\triangle$

Unsere nächste Aufgabe ist es, eine partikuläre Lösung der inhomogenen Gleichung (7.5)

$$x_{n+2} + ax_{n+1} + bx_n = s_n, \quad n = 0, 1, 2, \ldots$$

gemäß Schritt 2 zu finden. Damit ist dann auch die allgemeine Lösung dieser Gleichung durch Addition der allgemeinen Lösung der zugehörigen homogenen Gleichung und der partikulären Lösung der inhomogenen Gleichung gefunden.

Ist die Störfunktion $s_n = s$ konstant (und $1 + a + b \neq 0$), so führt der unbestimmte Ansatz $x_n^{(p)} = A$ auf die konstante Lösung $x_n^{(p)} = s/(1 + a + b)$. (Dieser Wert stellt übrigens wieder einen Gleichgewichtspunkt der Differenzengleichung dar.) Ist s_n nicht konstant, kann in vielen Fällen eine partikuläre Lösung nach der **Methode des unbestimmten Ansatzes** gefunden werden. Bei dieser wird auf Grund der speziellen Form der Störfunktion (Konstante, Polynom, Exponentialfunktion, u.s.w.) eine **Versuchslösung** mit unbestimmten Koeffizienten konstruiert, welche dann durch Einsetzen in die Differenzengleichung und anschließenden Koeffizientenvergleich ermittelt werden.

Die nachstehende Tabelle gibt einige Störfunktionen und geeignete Versuchslösungen für die Methode des unbestimmten Ansatzes an:

Störfunktion s_n	Versuchslösung $x_n^{(p)}$
1	A
r^n	Ar^n
$\sin(rn)$ oder $\cos(rn)$	$A\sin(rn) + B\cos(rn)$
n^k (oder Polynom vom Grad k)	$A_0 + A_1 n + A_2 n^2 + \cdots + A_k n^k$
$n^k \cdot r^n$	$(A_0 + A_1 n + A_2 n^2 + \cdots + A_k n^k)r^n$

Zusatz (Resonanzfall): Enthält die Versuchslösung $x_n^{(p)}$ eine Funktion, welche bereits Lösung der zugehörigen homogenen Gleichung (7.6) ist, dann muss dieser Ansatz noch mit n multipliziert werden; diese Vorgangsweise ist gegebenenfalls zu wiederholen. Ferner gilt

Satz 7.21 (Superpositionsprinzip) *Gegeben sei die lineare inhomogene Differenzengleichung* $x_{n+2} + ax_{n+1} + bx_n = c_1 s_n^{(1)} + c_2 s_n^{(2)}$ *($c_1, c_2 \in \mathbb{R}$). Sind $x_n^{(1)}$ bzw. $x_n^{(2)}$ partikuläre Lösungen der inhomogenen Gleichungen mit den Störfunktionen $s_n^{(1)}$ bzw. $s_n^{(2)}$, dann ist $x_n = c_1 x_n^{(1)} + c_2 x_n^{(2)}$ eine partikuläre Lösung der inhomogenen Gleichung mit der Störfunktion $c_1 s_n^{(1)} + c_2 s_n^{(2)}$.*

Beispiel 7.22 Gegeben sei die Differenzengleichung $x_{n+2} - 2x_{n+1} + x_n = 5 + n + 4 \cdot 3^n$ für $n = 0, 1, 2, \ldots$. Wir bestimmen die allgemeine Lösung dieser Gleichung in mehreren Schritten:

(a) Die zugehörige homogene Gleichung lautet $x_{n+2} - 2x_{n+1} + x_n = 0$. Sie hat die charakteristische Gleichung $\lambda^2 - 2\lambda + 1 = (\lambda - 1)^2 = 0$, welche die Wurzeln $\lambda_1 = \lambda_2 = 1$ besitzt. Also lautet die allgemeine Lösung der homogenen Gleichung $x_n^{(h)} = C_1 + C_2 n$ nach Fall (iii).

(b) Um eine partikuläre Lösung $x_n^{(p)}$ der inhomogenen Gleichung zu finden, wenden wir das Superpositionsprinzip an und zerlegen die Störfunktion s_n in die beiden Komponenten $s_n^{(1)} = 5 + n$ und $s_n^{(2)} = 4 \cdot 3^n$. Die erste Störfunktion $s_n^{(1)}$ ist ein lineares Polynom in n und legt die Versuchslösung $x_n^{(1)} = A_0 + A_1 n$ nahe. Da aber sowohl A_0 als auch $A_1 n$ Lösungen der zugehörigen homogenen Gleichung sind, müssen wir diesen Ansatz mit n multiplizieren: $x_n^{(1)} = A_0 n + A_1 n^2$. Die neue Versuchslösung enthält aber wiederum einen Term, der Lösung der homogenen Gleichung ist, also machen wir den Ansatz $x_n^{(1)} = A_0 n^2 + A_1 n^3$. Einsetzen in $x_{n+2} - 2x_{n+1} + x_n = 5 + n$ und Zusammenfassen nach Potenzen von n ergibt

$$A_0(n+2)^2 + A_1(n+2)^3 - 2A_0(n+1)^2 - 2A_1(n+1)^3 + A_0 n^2 + A_1 n^3 = 5 + n,$$
$$(2A_0 + 6A_1) + 6A_1 n = 5 + n.$$

Durch einen Koeffizientenvergleich erhält man schließlich $2A_0 + 6A_1 = 5$ und $6A_1 = 1$, also $A_1 = \frac{1}{6}$, $A_0 = 2$ und damit die partikuläre Lösung $x_n^{(1)} = 2n^2 + \frac{1}{6}n^3$.

(c) Zur zweiten Störfunktion $s_n^{(2)} = 4 \cdot 3^n$ wählen wir den Ansatz $x_n^{(2)} = A \cdot 3^n$. Durch Einsetzen in die Gleichung $x_{n+2} - 2x_{n+1} + x_n = 4 \cdot 3^n$ bekommen wir

$$A \cdot 3^{n+2} - 2A \cdot 3^{n+1} + A \cdot 3^n = 4A \cdot 3^n = 4 \cdot 3^n,$$

also $A = 1$ und damit $x_n^{(2)} = 3^n$. Schließlich erhalten wir die allgemeine Lösung der ursprünglich gegebenen Gleichung gemäß

$$\begin{aligned} x_n &= x_n^{(h)} + x_n^{(1)} + x_n^{(2)} \\ &= C_1 + C_2 n + 2n^2 + \frac{1}{6}n^3 + 3^n, \quad C_1, C_2 \in \mathbb{R}. \end{aligned}$$

$\triangle$

Die hier beschriebene Vorgangsweise zur Lösung linearer Differenzengleichungen zweiter Ordnung kann – wie erwähnt – auch auf Gleichungen höherer Ordnung übertragen werden. Die Lösungsgesamtheit einer **linearen Differenzengleichung k-ter Ordnung**

$$x_{n+k} + a_{k-1}x_{n+k-1} + \cdots + a_1 x_{n+1} + a_0 x_n = s_n, \quad n = 0, 1, 2, \ldots$$

mit den konstanten Koeffizienten $a_0, a_1, \ldots, a_{k-1}$ (mit $a_0 \neq 0$) und der Störfunktion s_n ist wiederum gegeben durch $x_n = x_n^{(h)} + x_n^{(p)}$, wo $x_n^{(h)}$ die allgemeine Lösung der zugehörigen homogenen Gleichung und $x_n^{(p)}$ eine beliebige partikuläre Lösung der inhomogenen Gleichung ist. Während letztere zumeist nach der Methode des unbestimmten Ansatzes ermittelt werden kann, gilt für die Lösung der homogenen Gleichung folgender Satz:

Satz 7.23 *Sei* $x_{n+k} + a_{k-1}x_{n+k-1} + \cdots + a_1 x_{n+1} + a_0 x_n = 0$ *eine lineare homogene Differenzengleichung k-ter Ordnung und seien* $\lambda_1, \ldots, \lambda_l$ *die (verschiedenen) Nullstellen der charakteristischen Gleichung* $\lambda^k + a_{k-1}\lambda^{k-1} + \cdots + a_1\lambda + a_0 = 0$ *mit den Vielfachheiten* $k_1, \ldots, k_l$ *(wobei $k_1 + \cdots + k_l = k$). Dann besitzt jede Lösung x_n im Komplexen die Darstellung*

$$x_n = P_{1,k_1-1}(n)\lambda_1^n + \cdots + P_{l,k_l-1}(n)\lambda_l^n,$$

wobei $P_{1,k_1-1}, \ldots, P_{l,k_l-1}$ *Polynome vom Grad* $\leq k_1 - 1, \ldots, \leq k_l - 1$ *bezeichnen.*

Betrachten wir speziell den Fall der Ordnung $k = 2$, so gilt: Entweder gibt es zwei verschiedene charakteristische Wurzeln $\lambda_1 \neq \lambda_2$ mit $k_1 = k_2 = 1$, dann ist

$$x_n = P_{1,0}\lambda_1^n + P_{2,0}\lambda_2^n = C_1\lambda_1^n + C_2\lambda_2^n,$$

oder die charakteristische Gleichung besitzt eine Doppellösung λ_1 mit der Vielfachheit $k_1 = 2$, und es folgt

$$x_n = P_{1,1}(n)\lambda_1^n = (C_1 + C_2 n)\lambda_1^n$$

in Übereinstimmung mit Satz 7.18.

7.4 Eine nichtlineare Differenzengleichung

Für nichtlineare Differenzengleichungen gibt es keine so schöne allgemeine Lösungstheorie wie im linearen Fall. Sie sind nur in seltenen Fällen explizit lösbar. Dieser Abschnitt ist einer konkreten nichtlinearen Differenzengleichung gewidmet, welche sich einerseits auf verschiedene Arten exakt lösen lässt, andererseits ist ihre Lösungsfolge auch die Lösung von mehr als 100 verschiedenen kombinatorischen Anzahlproblemen.

1. Die Catalan-Zahlen

Wir haben in Abschnitt 2.2 Binärbäume kennen gelernt. Binärbäume sind eine äußerst wichtige Struktur in der Informatik, die z.B. als Datenstruktur auftritt. Um Algorithmen, die auf Binärbäumen operieren, besser analysieren zu können, ist es wichtig, verschiedene Charakteristiken der Gestalt von (sehr großen) Binärbäumen zu kennen, wie z.B. die mittlere Höhe eines zufällig gewählten Baumes mit n internen Knoten. Für so eine Analyse ist es unerlässlich, die Anzahl der Binärbäume mit n internen Knoten zu bestimmen. Sei nun a_n die Anzahl der Binärbäume mit n internen Knoten. Wir suchen einen geschlossenen Ausdruck für a_n.

Binärbäume lassen sich wie folgt rekursiv definieren: Es gibt genau einen Binärbaum mit null internen Knoten, also $a_0 = 1$. Jeder Binärbaum mit mindestens einem internen Knoten besitzt eine Wurzel, von der ein linker und ein rechter Teilbaum ausgeht. Bei einem Binärbaum mit $n + 1$ internen Knoten hat der linke Teilbaum k interne Knoten, der rechte dann $n - k$. Die Zahl k kann dabei jeden beliebigen Wert zwischen 0 und n annehmen. Ebenso können die a_k möglichen linken Teilbäume der Größe k mit allen a_{n-k} möglichen Bäumen der Größe $n - k$ kombiniert werden. Somit erhalten wir die Rekursion

$$a_0 = 1, \quad a_{n+1} = \sum_{k=0}^{n} a_k a_{n-k}, \text{ für } n \geq 0. \tag{7.7}$$

Dies ist eine nichtlineare Differenzengleichung, denn a_{n+1} hängt einerseits von allen vorigen Gliedern der Folge $(a_n)_{n\geq 0}$ ab, andererseits kommen auf der rechten Seite die Glieder von $(a_n)_{n\geq 0}$ quadratisch vor (Produkte von Folgengliedern).

Um diese Differenzengleichung zu lösen, übersetzen wir das Problem zunächst in ein anderes: Gegeben sind $n + 1$ Variablen $x_1, x_2, \ldots, x_{n+1}$, die mit einer nicht assoziativen Operation miteinander verknüpft werden sollen. Die gewählte Reihenfolge der n Produkte wird durch eine Klammerung vorgegeben. Zum Beispiel wäre für $n = 8$ der Ausdruck

$$((x_1 \cdot (x_2 \cdot x_3)) \cdot (((x_4 \cdot x_5) \cdot x_6) \cdot (x_7 \cdot (x_8 \cdot x_9)))) \tag{7.8}$$

ein mögliches Produkt der Variablen $x_1, x_2, \cdots, x_9$. Aufgrund der Nichtassoziativität der Operation müssen wir je zwei verschiedene Ausdrücke als verschiedene Produkte ansehen. Interpretiert man die Variablen als Blätter eines Binärbaums und die Produkte als interne Knoten, so erkennt man leicht, dass die Anzahl der verschiedenen Produkte, die mit den Variablen $x_1, x_2, \ldots, x_{n+1}$ gebildet werden können, genau a_n sein muss. Das in (7.8) gegebene Produkt entspricht genau dem rechten Baum in Abb. 2.8 (das ist auch der Baum auf dem Umschlag des Buches).

Nun wenden wir einen kleinen Trick an, indem wir das Problem scheinbar noch komplizierter machen: Sei das Produkt nun nicht nur nicht assoziativ, sondern auch noch nicht kommutativ. Die Anzahl der möglichen Produkte heiße b_n. Bei einer gegebenen Klammerung können wir den $n + 1$ Plätzen die Variablen in beliebiger Reihenfolge zuordnen. Es muss daher

$$b_n = (n + 1)! \, a_n \tag{7.9}$$

gelten. Das heißt aber, dass wir a_n bestimmen können, sobald wir b_n ausrechnen können. Für die Folge b_n kann man aber eine einfache Rekursion herleiten. Aus einem Term der Bauart (7.8) mit n Variablen kann die $n + 1$-te Variable auf zwei Arten hinzugefügt werden: Durch direkte Multiplikation mit einer anderen Variablen, z.B.

$$((x_1 \cdot (x_2 \cdot \boxed{(x_{10} \cdot x_3)})) \cdot (((x_4 \cdot x_5) \cdot x_6) \cdot (x_7 \cdot (x_8 \cdot x_9)))),$$

oder durch Multiplikation mit einem größeren Teilausdruck, z.B.

$$((x_1 \cdot (x_2 \cdot x_3)) \cdot (((x_4 \cdot x_5) \cdot x_6) \cdot (x_7 \cdot \boxed{((x_8 \cdot x_9) \cdot x_{10})}))).$$

Die erste Art liefert $2n$ Möglichkeiten, nämlich $x_i \cdot x_{n+1}$ und $x_{n+1} \cdot x_i$ für $i = 1, 2, \ldots, n$. Jeder Teilausdruck entspricht einem vollständigen Teilbaum und daher einem Klammernpaar aus öffnender und schließender Klammer. Somit kann im zweiten Fall x_{n+1} unmittelbar vor einer öffnenden Klammer oder unmittelbar nach einer schließenden Klammer stehen. Da es bei n Variablen $n - 1$ Klammernpaare gibt, ergeben $2n - 2$ Möglichkeiten. Wir erhalten somit $b_n = (4n - 2)b_{n-1}$, eine lineare Differenzengleichung erster Ordnung. Nun setzen wir (7.9) ein und bekommen

$$a_n = \frac{b_n}{(n + 1)!} = \frac{(4n - 2)b_{n-1}}{(n + 1)!} = \frac{4n - 2}{n + 1} a_{n-1}.$$

Durch sukzessives Einsetzen erhält man dann

$$
a_n = \frac{(4n-2)(4n-6)\cdots 6 \cdot 2}{(n+1)n\cdots 2 \cdot 1} a_0 = \frac{2^n (2n-1)(2n-3)\cdots 3 \cdot 1}{(n+1)!}
$$

$$
= \frac{2^n (2n)!}{(n+1)! \cdot 2n \cdot (2n-2) \cdots 4 \cdot 2} = \frac{(2n)!}{(n+1)! n!}
$$

$$
= \frac{1}{n+1}\binom{2n}{n}.
$$

Die Zahlen der Folge $(a_n)_{n \geq 0}$ nennt man **Catalan-Zahlen**.

2. Lösung mit Hilfe von erzeugenden Funktionen

Mit Hilfe von erzeugenden Funktionen kann die Differenzengleichung (7.7) auf recht elegante Weise und fast routinemäßig gelöst werden, also ohne cleveren Trick, aber dafür weniger elementar. Die erzeugende Funktion der Catalan-Zahlen ist $A(x) = \sum_{n \geq 0} a_n x^n$. Aus (7.7) erhalten wir nach Multiplikation mit x^{n+1} und anschließendem Aufsummieren die Gleichung

$$
A(x) - a_0 = \sum_{n \geq 0} \sum_{k=0}^{n} a_k a_{n-k} x^n.
$$

Auf der rechten Seite der Gleichung steht ein Cauchyprodukt (vgl. Def. 4.55) und daher erhalten wir die quadratische Gleichung $A(x) - 1 = A(x)^2$. Da $A(0) = a_0 = 1$ ist und nur eine der beiden Lösungen der quadratischen Gleichung dies erfüllt, können wir $A(x)$ bestimmen: Wir bekommen

$$
A(x) = \frac{1 - \sqrt{1 - 4x}}{2x} = \sum_{n \geq 0} \frac{1}{n+1}\binom{2n}{n},
$$

da sich die Wurzel in eine binomische Reihe (vgl. Bsp 4.58) entwickeln lässt. Ein paar Routineumformungen ergeben dann die gewünschte Form für die Catalan-Zahlen.

7.5 Zelluläre Automaten und das Spiel des Lebens

Conway's „Game of Life" simuliert Aufstieg, Veränderung und Untergang einer Gruppe lebender Organismen als diskretes dynamisches System. Das Simulationsspiel ist ein Beispiel für einen **zellulären Automaten** und kann mit wenigen einfachen Regeln ein komplexes, unvorhersehbares Verhalten erzeugen.

Zur Beschreibung eines endlichen zweidimensionalen zellulären Automaten benötigt man einen Spielplan, der aus einem Gitter von Quadraten besteht. Das Spielfeld stellt man sich als endliches oder unbegrenztes Schachbrett vor. Jedes Quadrat (bzw. jede Zelle) hat acht Nachbarn (siehe Abb. 7.5) und kann einen von zwei möglichen Zuständen annehmen: besetzt oder frei bzw. lebend oder tot. (Es gibt auch zelluläre Automaten mit unterschiedlicher, z.B. hexagonaler Zellanordnung oder anderen Formen der Nachbarschaft. Zudem ist die Anzahl der Zustände i. Allg. auch nicht mit zwei begrenzt.)

Wir bezeichnen allgemein mit (i, j) die Zelle in der i-ten Zeile und j-ten Spalte und mit $x(i, j, t)$ ihren Zustand zum Zeitpunkt $t = 0, 1, 2, \ldots$. Die Dynamik des zellulären Automaten

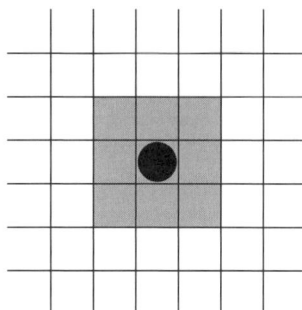

Abbildung 7.5 Nachbarschaft in einem zweidimensionalen zellulären Automaten

wird durch Regeln, d.h. durch eine Überführungsfunktion F bestimmt, welche den Übergang von $x(i, j, t)$ in $x(i, j, t + 1)$ in Abhängigkeit vom aktuellen Zustand der Zelle (i, j) und vom Zustand ihrer Nachbarn beschreibt. Kennt man nun den Anfangszustand des Systems $x(i, j, 0)$ für alle Zellen (i, j), so kann daraus schrittweise der Zustand $x(i, j, t)$ zur Zeit $t = 1, 2, 3, \ldots$, d.h. nach t Zeitschritten bestimmt werden. Typische Fragestellungen in der Theorie der zellulären Automaten betreffen Gleichgewichtslagen, Grenzzyklen, die Entwicklung bestimmter Muster, usw.

Beispiel 7.24 Gegeben sei ein zellulärer Automat mit den Zuständen 0 und 1 und der folgenden Überführungsfunktion: Alle 1-Elemente, d.h. alle Zellen (i, j) mit $x(i, j, t) = 1$ werden zu 0-Elementen, und alle 0-Elemente, welche Nachbarn von 1-Elementen sind, werden zu 1-Elementen. Man sieht sofort, dass durch diese Regel mit fortschreitender Zeit ringförmig ausbreitende Muster generiert werden (siehe Abb. 7.6). $\triangle$

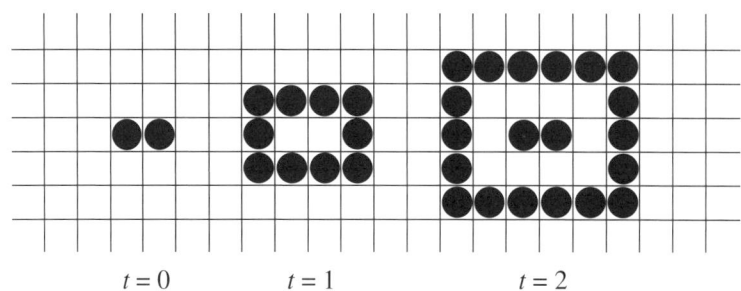

Abbildung 7.6 Zellulärer Automat zu Beispiel 7.24

Beispiel 7.25 Bei **Conway's Spiel des Lebens** gibt es ebenfalls die beiden Zustände 0 und 1 (für ein freies Feld bzw. für eine lebende Zelle), und man spielt nach folgenden Regeln:

- Eine lebende Zelle mit zwei oder drei lebenden Nachbarzellen bleibt in der nächsten Generation bestehen (Überleben).

- Eine lebende Zelle mit weniger als zwei oder mehr als drei lebenden Nachbarzellen stirbt (Tod durch Isolation oder Überbevölkerung).

- Auf einem freien Feld entsteht eine neue lebende Zelle, wenn dieses genau drei lebende Nachbarzellen besitzt (Geburt).

Alle Geburten- und Sterbefälle finden gleichzeitig statt. Die zukünftige Entwicklung der Zellpopulation hängt nur von der Anfangsverteilung ab. Es gibt Populationen, die sterben nach wenigen Generationen aus. Andere werden schnell stabil oder werden zu Oszillatoren. Wieder andere Populationen verändern sich stets unregelmäßig.

Beispiele einfacher Konstellationen sind so genannte Blinker, Blöcke, Gleiter oder Verschlinger (siehe Abb. 7.7 bzw. Übungsaufgaben). Ferner gibt es Raumschiffe, Gleiterkanonen, Brüter, den Garten Eden, u.v.a.

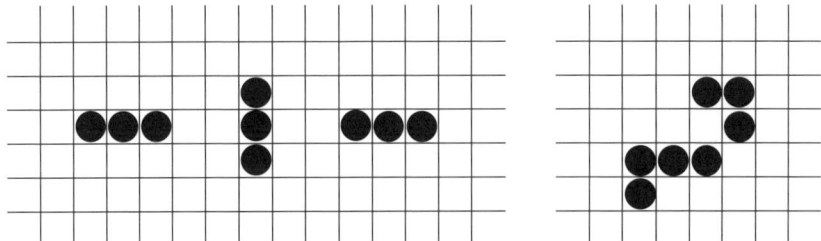

Abbildung 7.7 Spiel des Lebens: Blinker und Verschlinger

Typische Fragen sind etwa folgende: Gibt es Ausgangsmuster, für welche die Population ins Grenzenlose wächst? Welche Ausgangsmuster sterben vollständig aus, welche werden stabil oder oszillieren? Oder: Lassen die Regeln des „Game of Life" die Konstruktion eines Universalcomputers zu? Zahlreiche weitere Beispiele, Fragen und Antworten findet man in der umfangreichen Literatur zu diesem Thema (siehe z.B. [2, 10]).   △

7.6 Gewöhnliche Differentialgleichungen – Einführung und allgemeine Theorie

Das kontinuierliche Gegenstück zu den Differenzengleichungen stellen Differentialgleichungen dar. Diese spielen im Zusammenhang mit Prozessen eine Rolle, welche kontinuierlich ablaufen, wie z.B. Bewegungsvorgänge in der Physik, technische Abläufe, chemische Reaktionen, Wachstumsprozesse in Biologie oder Wirtschaft, usw. Die Beschreibung derartiger Prozesse erfolgt vielfach mittels Differentialgleichungen, das sind Gleichungen für Funktionen in einer oder mehreren Variablen, welche neben den unbekannten Funktionen auch gewöhnliche oder partielle Ableitungen dieser Funktionen enthalten.

Beispiel 7.26 (Freier Fall) Bezeichnen wir mit $s(t)$ den zurückgelegten Weg eines Körpers in Abhängigkeit von der Zeit t und mit g die Erdbeschleunigung (also $g = 9,81 ms^{-2}$). Dann wird die Bewegung beim freien Fall beschrieben durch die Gleichung

$$s''(t) = g,$$

d.i. eine gewöhnliche Differentialgleichung zweiter Ordnung für $s(t)$. Durch Integration erhält man $s'(t) = gt + C_1$ und weiter $s(t) = \frac{g}{2}t^2 + C_1 t + C_2$ mit $C_1, C_2 \in \mathbb{R}$. Letztere Gleichung stellt die so genannte allgemeine Lösung der Differentialgleichung dar. Die beiden Integrationskonstanten C_1 und C_2 können durch Vorgabe von Anfangsbedingungen, etwa $s(0) = s_0$ und $s'(0) = v_0$ bestimmt werden: $C_1 = v_0, C_2 = s_0$. Somit erhält man als Lösung mit obigen Anfangsbedingungen das Weg-Zeit-Gesetz $s(t) = \frac{g}{2}t^2 + v_0 t + s_0$. $\triangle$

Beispiel 7.27 (Logistisches Wachstum) Es handelt sich um ein grundlegendes Wachstumsmodell in der Biologie zur Beschreibung von Zellwachstum oder Populationswachstum, aber auch in der Wirtschaft, etwa zur Beschreibung der Entwicklung eines Marktanteils. Sei $N(t)$ die Größe einer Population in Abhängigkeit von der Zeit t, ferner sei r eine Wachstumsrate und K eine so genannte Sättigungskonstante. Die Gleichung für das logistische Wachstum lautet dann

$$N'(t) = rN(1 - \frac{N}{K}).$$

D.i. eine gewöhnliche, nichtlineare Differentialgleichung erster Ordnung für $N(t)$. Die Gleichung besitzt die Lösung

$$N(t) = \frac{K}{1 + Ce^{-rt}}, \ C \in \mathbb{R}, \quad \text{sowie} \quad N(t) = 0,$$

wie man durch Einsetzen bestätigt. Denn

$$rN(1 - \frac{N}{K}) = r\frac{K}{1 + Ce^{-rt}} \left(1 - \frac{1}{1 + Ce^{-rt}}\right) = \frac{rKCe^{-rt}}{(1 + Ce^{-rt})^2} = N'(t).$$

Dabei kann die Konstante C wieder aus einer Anfangsbedingung, etwa $N(0) = N_0$, ermittelt werden. Man erhält dann $C = \frac{K - N_0}{N_0}$ und damit die spezielle Lösung

$$N(t) = \frac{K}{1 + \frac{K - N_0}{N_0}e^{-rt}}.$$ $\triangle$

Beispiel 7.28 (Diffusion, Wärmeleitung) Die eindimensionale Diffusions- bzw. Wärmeleitungsgleichung lautet

$$\frac{\partial c}{\partial t} = D\frac{\partial^2 c}{\partial x^2}$$

und beschreibt eine Konzentrationsverteilung (bzw. eine Temperaturverteilung) $c(x, t)$ in Abhängigkeit von einer Ortsvariablen x und einer Zeitvariablen t; D ist die so genannte Diffusionskonstante. Da in dieser Gleichung keine gewöhnlichen, sondern partielle Ableitungen vorkommen, handelt es sich um eine partielle Differentialgleichung. Eine Lösung dieser Gleichung ist z.B. durch

$$c(x, t) = (A\cos(Cx) + B\sin(Cx)) e^{-C^2 Dt}, \quad A, B, C \in \mathbb{R}$$

gegeben, das ist jedoch bei weitem nicht die Lösungsgesamtheit der partiellen Differentialgleichung. Diese enthält nämlich an Stelle von Integrationskonstanten sogar beliebig wählbare Funktionen. Spezielle Lösungen erhält man zu vorgegebenen Anfangs- oder Randbedingungen. Partielle Differentialgleichungen werden später in diesem Kapitel ausführlich behandelt. $\triangle$

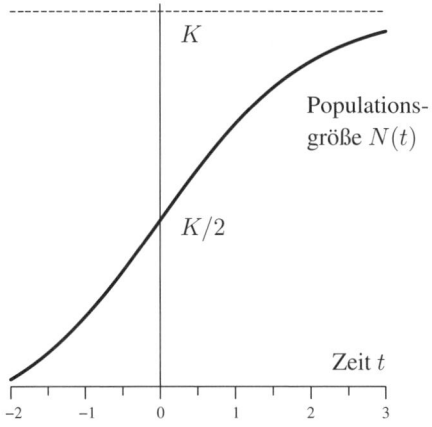

Abbildung 7.8 Partikuläre Lösung zu Beispiel 7.27

Allgemein heißt eine Gleichung der Form

$$F(x, y, y', y'', \ldots, y^{(k)}) = 0$$

für eine Funktion $y(x)$ und deren Ableitungen $y'(x), y''(x), \ldots, y^{(k)}(x)$ eine **gewöhnliche Differentialgleichung k-ter Ordnung**. Insbesondere ist also eine Differentialgleichung erster Ordnung **implizit** durch $F(x, y, y') = 0$ oder **explizit** durch $y' = f(x, y)$ gegeben. Ist die Funktion F (bzw. f) linear in der Funktion y und deren Ableitungen, spricht man von einer **linearen**, sonst von einer **nichtlinearen Differentialgleichung**.

Unter einer Lösung (einem Integral) der Differentialgleichung verstehen wir eine Funktion $y(x)$, welche mit ihren Ableitungen die gegebene Gleichung erfüllt. Wir unterscheiden:

(i) Die **allgemeine Lösung** enthält beliebig wählbare Parameter C_1, C_2, usw. und entspricht einer Schar von Lösungskurven. In Beispiel 7.26 etwa lautet die allgemeine Lösung $s(t) = \frac{g}{2}t^2 + C_1 t + C_2$ mit $C_1, C_2 \in \mathbb{R}$. Einige der Lösungskurven aus dieser zweidimensionalen Kurvenschar sind in Abb. 7.9 dargestellt.

(ii) Eine **partikuläre Lösung** erhält man durch spezielle Wahl der Parameter zu vorgegebenen Anfangsbedingungen, also durch Auswahl einer bestimmten Lösungskurve aus der Schar der allgemeinen Lösung. Z.B. ist die partikuläre Lösung zur Anfangsbedingung $N(0) = \frac{K}{2}$ in Beispiel 7.27 durch die Funktion $N(t) = K/(1 + e^{-rt})$ gegeben und stellt eine einzelne Lösungskurve durch den vorgegebenen Punkt $(0, \frac{K}{2})$ dar (siehe Abb. 7.8).

(iii) Manchmal gibt es noch weitere so genannte **singuläre Lösungen**, die keiner Lösungsschar angehören. So ist z.B. die Lösung $N(t) = 0$ in Beispiel 7.27 eine singuläre Lösung der logistischen Differentialgleichung, da sie nicht durch spezielle Wahl des Parameters C aus der allgemeinen Lösung erhalten werden kann.

Wie kommt man nun zu Lösungen einer Differentialgleichung? Für bestimmte Differentialgleichungstypen gibt es exakte Lösungsverfahren, welche eine explizite Bestimmung aller Lösungen der Differentialgleichung ermöglichen. Einige dieser Verfahren werden im folgenden

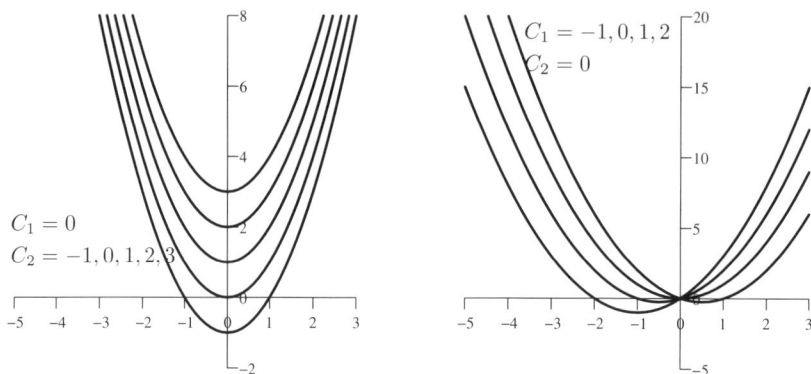

Abbildung 7.9 Kurvenschar der allgemeinen Lösung zu Beispiel 7.26

Abschnitt behandelt. Ist eine exakte Lösung nicht möglich, so kann man versuchen, Lösungen auf numerischem Weg über ein Näherungsverfahren zu erhalten. Numerische Verfahren liefern jedoch nur spezielle Lösungen, welche nach Vorgabe einer oder mehrerer Anfangsbedingungen berechnet werden können. Darauf werden wir im Kapitel über numerische Mathematik zurückkommen.

Im Fall einer expliziten Differentialgleichung erster Ordnung der Form $y' = f(x, y)$ kann das Auffinden von Lösungen geometrisch anschaulich gedeutet werden: Durch $y' = f(x, y)$ wird jedem Punkt (x_0, y_0) der Ebene eine Richtung $y_0' = f(x_0, y_0)$ zugeordnet, welche den Anstieg der Tangente an die Lösungskurve durch (x_0, y_0) angibt. Zeichnet man in jedem Punkt (x_0, y_0) eine kurze Strecke mit der Steigung y_0', so entsteht das so genannte **Richtungsfeld** der Differentialgleichung (siehe Abb. 7.10). Einzelne Punkte und zugehörige Richtungen, also Tripel der Form (x_0, y_0, y_0') werden als **Linienelemente** bezeichnet. Die Gesamtheit aller Linienelemente bildet das Richtungsfeld. Nun ist $y = y(x)$ genau dann eine Lösungskurve der Differentialgleichung, wenn in jedem Kurvenpunkt das dort zugeordnete Linienelement tangential verläuft. Geometrisch besteht die Aufgabe, alle Lösungen der Gleichung zu finden, also darin, geeignete Kurven in das Richtungsfeld der Gleichung „einzupassen".

Beispiel 7.29 In Abb. 7.10 ist das Richtungsfeld der Differentialgleichung erster Ordnung $y' = f(x, y) = -\frac{x}{y}$ dargestellt. Die durch $f(x, y) = c$, $c \in \mathbb{R}$, bestimmten **Isoklinen** des Richtungsfeldes sind in diesem Fall Geraden durch den Koordinatenursprung und in der Abbildung strichliert eingezeichnet. Längs einer Isokline haben alle Linienelemente denselben Anstieg c. Ausreichend viele Linienelemente ermöglichen einen guten optischen Eindruck vom Verhalten der Lösungskurven, welche im konkreten Fall durch konzentrische Kreise um den Ursprung gegeben sind.   △

Die Bestimmung der konkreten Lösung einer Differentialgleichung setzt – wie wir gesehen haben – neben der Kenntnis der Gleichung die Vorgabe einer oder mehrerer Anfangsbedingungen voraus. Man spricht in diesem Zusammenhang von einem **Anfangswertproblem**, welches im Fall einer Differentialgleichung erster Ordnung von der Form

$$y' = f(x, y), \quad y(x_0) = y_0 \tag{7.10}$$

ist. Eine Antwort auf die Frage, ob es überhaupt Lösungen zu einem Anfangswertproblem gibt bzw. wann diese eindeutig bestimmt sind, geben die beiden nachstehenden Sätze.

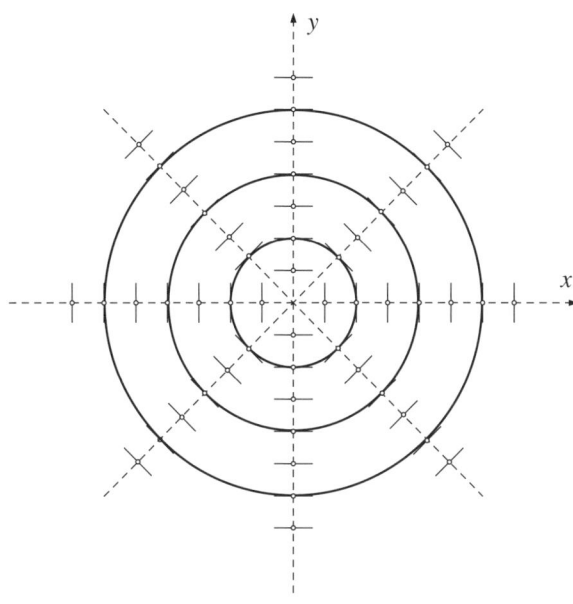

Abbildung 7.10 Richtungsfeld der Differentialgleichung $y' = -\frac{x}{y}$

Satz 7.30 (Allgemeiner Existenzsatz von Peano) *Ist $f(x,y)$ eine in einem Gebiet $D \subseteq \mathbb{R}^2$ stetige Funktion, dann besitzt die Differentialgleichung $y' = f(x,y)$ durch jeden Punkt $(x_0, y_0) \in D$ (mindestens) eine Lösung $y = y(x)$.*

Satz 7.31 (Existenz- und Eindeutigkeitssatz) *Ist $f(x,y)$ eine stetige Funktion auf einem Rechtecksbereich $D \subseteq \mathbb{R}^2$ und erfüllt dort eine so genannte* **Lipschitzbedingung**

$$|f(x, y_1) - f(x, y_2)| \leq L|y_1 - y_2| \quad \textit{für alle } x, y_1, y_2$$

mit einer von x, y_1 und y_2 unabhängigen Konstanten $L > 0$, dann besitzt die Differentialgleichung $y' = f(x,y)$ durch jeden Punkt $(x_0, y_0) \in D$ genau eine Lösung $y = y(x)$.

7.7 Lineare Differentialgleichungen erster und zweiter Ordnung

1. Lineare Differentialgleichungen erster Ordnung

Einer der einfachsten und zugleich auch wichtigsten Differentialgleichungstypen ist die **lineare Differentialgleichung erster Ordnung**, d.i. eine Gleichung der Form

$$y' + a(x)y = \begin{cases} 0 & \text{homogene Gleichung} \\ s(x) & \text{inhomogene Gleichung.} \end{cases} \tag{7.11}$$

Dabei sind $a(x)$ und $s(x)$ stetige Funktionen in x, $s(x)$ heißt **Störfunktion**. Falls die Störfunktion verschwindet, spricht man von einer **homogenen**, sonst von einer **inhomogenen Gleichung**. Grundlegend für die Lösung linearer Differentialgleichungen ist der nachstehende Satz.

Satz 7.32 *Die Lösungsgesamtheit der linearen Differentialgleichung $y' + a(x)y = s(x)$ ist gegeben durch $y(x) = y_h(x) + y_p(x)$, wo $y_h(x)$ die allgemeine Lösung der zugehörigen homogenen Gleichung $y' + a(x)y = 0$ und $y_p(x)$ eine beliebige partikuläre Lösung der gegebenen inhomogenen Gleichung ist.*

Diese Aussage, die wir bereits von den linearen Differenzengleichungen her kennen (vgl. Satz 7.5), gilt für alle linearen Differenzen- und Differentialgleichungen beliebiger Ordnung. Wie bei Differenzengleichungen ergibt sich damit auch hier folgender Lösungsweg:

1. Lösung der homogenen Gleichung durch „Trennung der Variablen",

2. Bestimmung einer partikulären Lösung der inhomogenen Gleichung durch „Variation der Konstanten" und

3. Ermittlung der Lösungsgesamtheit gemäß $y(x) = y_h(x) + y_p(x)$.

Wir wenden uns zunächst gemäß Schritt 1 der homogenen Gleichung $y' + a(x)y = 0$ zu. Umformung und anschließende Integration führt zu

$$\frac{y'}{y} = -a(x)$$

$$\ln|y| = -\int a(x)dx + C_0$$

$$y_h(x) = Ce^{-\int a(x)dx}$$

mit $C_0 \in \mathbb{R}$ und $C = \pm e^{C_0}$. Berücksichtigen wir, dass $C = 0$ die konstante Lösung $y = 0$ ergibt, so gilt $C \in \mathbb{R}$.

In der Praxis wird die gegebene Differentialgleichung derart umgeformt, dass die beiden Variablen x bzw. y nur auf der rechten bzw. linken Seite der Gleichung auftreten, und anschließend integriert, d.h.

$$\frac{dy}{dx} + a(x)y = 0 \Rightarrow \frac{dy}{y} = -a(x)dx \Rightarrow \int \frac{dy}{y} = -\int a(x)dx, \text{ usw.}$$

Es werden also die beiden Variablen x und y getrennt und beide Seiten der Gleichung formal – einmal nach x und einmal nach y – integriert. Aus diesem Grund spricht man von der Methode der **Trennung der Variablen**.

Wir kommen nun gemäß Schritt 2 zur inhomogenen Gleichung. Wir benötigen ein Verfahren, um eine partikuläre Lösung der inhomogenen Gleichung $y' + a(x)y = s(x)$ zu finden. Ein solches Verfahren liefert die von den Differenzengleichungen her bekannte Methode der **Variation der Konstanten**. Dazu macht man den Ansatz

$$y_p(x) = C(x)e^{-\int a(x)dx},$$

d.h., man ersetzt die Konstante C in der homogenen Lösung gemäß Schritt 1 durch eine zunächst noch unbekannte Funktion $C(x)$ (man spricht in diesem Zusammenhang von der „Variation" der Konstanten). Durch Einsetzen von $y_p(x)$ und $y_p'(x)$ in die inhomogene Gleichung wird dann $C(x)$ ermittelt:

$$y_p' + a(x)y_p = C'(x)e^{-\int a(x)dx} - a(x)C(x)e^{-\int a(x)dx} + a(x)C(x)e^{-\int a(x)dx} = s(x)$$

$$\Rightarrow \quad C(x) = \int s(x)e^{\int a(x)dx}\,dx.$$

Beispiel 7.33 Befindet sich ein Körper der Temperatur T_a in einem umgebenden Medium mit geringerer Temperatur $T_e < T_a$, so wird seine Temperatur vom Ausgangswert T_a im Lauf der Zeit auf den Endwert T_e absinken. Wir wollen den Temperaturverlauf $T(t)$ in Abhängigkeit von der Zeit t mathematisch beschreiben. Dazu stützen wir uns auf eine physikalische Beobachtung, nach der die Abkühlungsrate $T' = \frac{dT}{dt}$ proportional zur jeweiligen Temperaturdifferenz $T(t) - T_e$ ist, d.h. $T' = -k(T - T_e)$ mit einer (stoffabhängigen) Konstanten $k > 0$. Somit gilt es, die lineare Differentialgleichung

$$T' + kT = kT_e$$

mit dem konstanten Koeffizienten $a = k$ und der konstanten Störfunktion $s = kT_e$ zu lösen. Wir betrachten zunächst die homogene Gleichung $T' + kT = 0$ und erhalten nach Trennung der Variablen und anschließender Integration (mit der Integrationskonstanten $\ln C$)

$$\frac{dT}{T} = -kdt \Rightarrow \int \frac{dT}{T} = -\int kdt \Rightarrow \ln|T| = -kt + \ln C \Rightarrow T_h(t) = Ce^{-kt}$$

mit $C \in \mathbb{R}$.

Nun kommen wir zur Variation der Konstanten und ersetzen die Integrationskonstante C durch eine Funktion $C(t)$, d.h., wir machen den Ansatz $T_p(t) = C(t)e^{-kt}$. Mit $T_p'(t) = C'(t)e^{-kt} - kC(t)e^{-kt}$ und nach Einsetzen in die ursprüngliche inhomogene Gleichung folgt

$$\begin{aligned}
T_p' + kT_p &= kT_e \\
C'(t)e^{-kt} - kC(t)e^{-kt} + kC(t)e^{-kt} &= kT_e \\
C'(t) &= kT_e e^{kt} \\
C(t) &= T_e e^{kt}
\end{aligned}$$

und somit $T_p(t) = C(t)e^{-kt} = T_e$. (Bei der Integration von $C'(t)$ kann die Integrationskonstante beliebig, insbesondere gleich 0 gewählt werden.) Somit lautet die allgemeine Lösung unserer Differentialgleichung $T(t) = T_h(t) + T_p(t) = Ce^{-kt} + T_e$. Die Konstante C bestimmen wir schließlich aus dem Anfangswert $T(0) = T_a$ und erhalten $C = T_a - T_e$, woraus sich der gesuchte Temperaturverlauf

$$T(t) = (T_a - T_e)e^{-kt} + T_e$$

ergibt. Für $t \to \infty$ strebt die Temperatur $T(t)$ gegen T_e, wie erwartet (siehe Abb. 7.11). △

Beispiel 7.34 Gesucht ist die allgemeine Lösung der linearen Differentialgleichung

$$y' - \frac{1-x}{x}y = 4x^2.$$

Wir lösen zunächst die zugehörige homogene Gleichung durch Trennung der Variablen und erhalten (wieder mit der Integrationskonstanten $\ln C$)

$$\begin{aligned}
\frac{dy}{y} &= \frac{1-x}{x}dx \\
\int \frac{dy}{y} &= \int (\frac{1}{x} - 1)dx \\
\ln|y| &= \ln|x| - x + \ln C \\
y_h(x) &= Cxe^{-x}
\end{aligned}$$

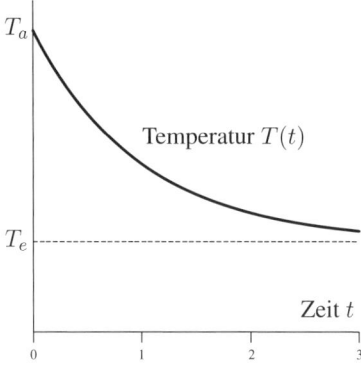

Abbildung 7.11 Temperaturverlauf $T(t)$ bei Abkühlung

mit $C \in \mathbb{R}$. Variation der Konstanten führt zum Ansatz $y_p(x) = C(x)xe^{-x}$, und Einsetzen in die inhomogene Gleichung liefert

$$y'_p - \frac{1-x}{x}y_p = 4x^2$$
$$C'(x)xe^{-x} + C(x)e^{-x} - C(x)xe^{-x} - \frac{1-x}{x}C(x)xe^{-x} = 4x^2$$
$$C'(x) = 4xe^x$$
$$C(x) = 4(x-1)e^x$$

(wobei das Integral in der letzten Zeile durch partielle Integration berechnet wurde). Damit lautet die partikuläre Lösung $y_p(x) = C(x)xe^{-x} = 4x(x-1)$. Addition von y_h und y_p ergibt schließlich

$$y(x) = y_h(x) + y_p(x) = Cxe^{-x} + 4(x^2 - x),$$

das ist die allgemeine Lösung der Gleichung.   △

2. Lineare Differentialgleichungen zweiter Ordnung mit konstanten Koeffizienten

Nachfolgend besprechen wir lineare Differentialgleichungen zweiter Ordnung, wobei wir uns – wie schon bei den linearen Differenzengleichungen – auf Gleichungen mit konstanten Koeffizienten beschränken. Lineare Differentialgleichungen von höherer als zweiter Ordnung und auch Systeme von Differentialgleichungen können auf ähnliche Weise behandelt werden, worauf wir am Ende dieses Abschnitts zurückkommen werden.

Den Ausgangspunkt für die weiteren Überlegungen bildet die **lineare Differentialgleichung zweiter Ordnung** der Form

$$y'' + ay' + by = \begin{cases} 0 & \text{homogene Gleichung} \\ s(x) & \text{inhomogene Gleichung,} \end{cases} \qquad (7.12)$$

wo a und b konstante Koeffizienten sind und $s(x)$ eine i. Allg. von x abhängige Störfunktion bezeichnet. Je nachdem, ob die Störfunktion verschwindet oder nicht, nennt man die Gleichung wieder homogen bzw. inhomogen.

Wie stets bei linearen Differentialgleichungen gilt auch hier für die allgemeine Lösung

$$y(x) = y_h(x) + y_p(x),$$

wo $y_h(x)$ die allgemeine Lösung der homogenen Gleichung und $y_p(x)$ eine partikuläre Lösung der inhomogenen Gleichung bezeichnet. Dementsprechend gliedert sich der Lösungsweg in dieselben Schritte, wie wir sie von den linearen Gleichungen erster Ordnung her kennen, die verwendeten Methoden selbst sind jedoch unterschiedlich:

1. Lösung der homogenen Gleichung durch einen Exponentialansatz für $y_h(x)$,

2. Bestimmung einer partikulären Lösung $y_p(x)$ mit Hilfe eines unbestimmten Ansatzes,

3. Ermittlung der Lösungsgesamtheit gemäß $y(x) = y_h(x) + y_p(x)$.

Zur Lösung der homogenen Gleichung $y'' + ay' + by = 0$ nach Punkt 1 machen wir den Exponentialansatz $y_h(x) = e^{\lambda x}$ mit dem Parameter λ. Zur Bestimmung von λ setzen wir in die Gleichung ein und erhalten

$$\lambda^2 e^{\lambda x} + a\lambda e^{\lambda x} + be^{\lambda x} = 0 \Rightarrow \lambda^2 + a\lambda + b = 0.$$

Somit genügt λ einer quadratischen Gleichung, der so genannten **charakteristischen Gleichung**. Deren Lösungen, welche reell oder komplex sein können, seien λ_1 und λ_2, die so genannten **charakteristischen Wurzeln** der Differentialgleichung. Offensichtlich sind dann $y_1(x) = e^{\lambda_1 x}$ und $y_2(x) = e^{\lambda_2 x}$ Lösungen der homogenen Differentialgleichung. Je nachdem, ob λ_1 und λ_2 reelle oder komplexe Zahlen sind, lautet die allgemeine Lösung der Differentialgleichung wie folgt:

Satz 7.35 *Sind λ_1, λ_2 die Lösungen der charakteristischen Gleichung $\lambda^2 + a\lambda + b = 0$, dann ist die allgemeine Lösung der homogenen Gleichung $y'' + ay' + by = 0$ gegeben durch*

$$y_h(x) = \begin{cases} C_1 e^{\lambda_1 x} + C_2 e^{\lambda_2 x} & \text{falls } \lambda_1 \neq \lambda_2 \text{ reell} \\ e^{\alpha x}(C_1 \cos \beta x + C_2 \sin \beta x) & \text{falls } \lambda_{1,2} = \alpha \pm i\beta \text{ konjugiert komplex} \\ (C_1 + C_2 x)e^{\lambda_1 x} & \text{falls } \lambda_1 = \lambda_2 \text{ reell} \end{cases}$$

mit $C_1, C_2 \in \mathbb{R}$.

Dieser Satz ist das Analogon zu Satz 7.18 für homogene Differenzengleichungen zweiter Ordnung. Da lineare Differenzen- und Differentialgleichungen in vielen wesentlichen Eigenschaften übereinstimmen, kann auch der Beweis ganz ähnlich geführt werden. Auf einen Nachweis des Satzes wird daher verzichtet.

Im nächsten Schritt gemäß Punkt 2 gilt es, eine partikuläre Lösung der inhomogenen Gleichung zu bestimmen. Partikuläre Lösungen können, je nach Typ der Störfunktion, vielfach mit der **Methode des unbestimmten Ansatzes** gefunden werden. Ist z.B. die Störfunktion von der Form $s(x) = a_0 + a_1 x + \cdots + a_k x^k$ (darunter fallen insbesondere alle konstanten, linearen oder quadratischen Funktionen), dann führt (im Fall $b \neq 0$) eine **Versuchslösung** mit dem Ansatz $y_p(x) = A_0 + A_1 x + \cdots + A_k x^k$ und unbestimmten Koeffizienten $A_0, \ldots, A_k$ zu einer partikulären Lösung. Einige weitere unbestimmte Ansätze sind in nachstehender Tabelle zusammengefasst:

Störfunktion $s(x)$	Versuchslösung $y_p(x)$
1	A
e^{rx}	Ae^{rx}
$\sin(rx)$ oder $\cos(rx)$	$A\sin(rx) + B\cos(rx)$
$a_0 + a_1x + a_2x^2 + \cdots + a_kx^k$	$A_0 + A_1x + A_2x^2 + \cdots + A_kx^k$
$(a_0 + a_1x + a_2x^2 + \cdots + a_kx^k)e^{rx}$	$(A_0 + A_1x + A_2x^2 + \cdots + A_kx^k)e^{rx}$

Zusatz (Resonanzfall): Ist ein Summand in der Versuchslösung $y_p(x)$ bereits Lösung der zugehörigen homogenen Gleichung, so ist der gesamte Lösungsansatz mit x zu multiplizieren; diese Vorgangsweise ist gegebenenfalls zu wiederholen.

Ist die Störfunktion eine Linearkombination von Funktionen der oben angegebenen Klassen, also etwa einer Polynom- und einer Exponentialfunktion, kann man zunächst partikuläre Lösungen der inhomogenen Gleichungen für die einzelnen Komponenten der Störfunktion bestimmen und diese dann – analog zum Superpositionsprinzip für lineare Differenzengleichungen (vgl. Satz 7.21) – zu einer Gesamtlösung der ursprünglichen Gleichung kombinieren. Wir wollen die Anwendung der Methode des unbestimmten Ansatzes an zwei Beispielen demonstrieren.

Beispiel 7.36 Gesucht ist die allgemeine Lösung der linearen Differentialgleichung

$$y'' + y' - 2y = 2x - 3.$$

Wir bestimmen zunächst die Lösung der homogenen Gleichung $y'' + y' - 2y = 0$ gemäß Schritt 1 und betrachten dazu die charakteristische Gleichung $\lambda^2 + \lambda - 2 = 0$ mit den Wurzeln $\lambda_1 = 1$ und $\lambda_2 = -2$. Folglich lautet die allgemeine Lösung der homogenen Gleichung

$$y_h(x) = C_1e^x + C_2e^{-2x}.$$

Die Störfunktion $s(x) = 2x - 3$ der inhomogenen Gleichung ist linear. Demnach ergibt sich für die Versuchslösung der Ansatz $y_p(x) = A_0 + A_1x$ mit unbestimmten Koeffizienten A_0, A_1. Wir bilden die Ableitungen $y_p'(x) = A_1$ und $y_p''(x) = 0$ und setzen in die inhomogene Gleichung ein:

$$\begin{aligned}
y_p'' + y_p' - 2y_p &= 2x - 3 \\
A_1 - 2(A_0 + A_1x) &= 2x - 3 \\
-2A_1x + (A_1 - 2A_0) &= 2x - 3.
\end{aligned}$$

Ein Vergleich der Koeffizienten der jeweiligen linearen und konstanten Glieder führt auf $-2A_1 = 2$ und $A_1 - 2A_0 = -3$, also $A_1 = -1$ und $A_0 = 1$. Daraus folgt die partikuläre Lösung $y_p(x) = 1 - x$, und schließlich ist

$$y(x) = y_h(x) + y_p(x) = C_1e^x + C_2e^{-2x} + 1 - x, \quad C_1, C_2 \in \mathbb{R},$$

die gesuchte allgemeine Lösung der Gleichung.   △

Beispiel 7.37 (Elektrischer Schwingkreis) Werden ein Widerstand R, ein Kondensator C und eine Spule L in Serie an eine Spannungsquelle angeschlossen, erhält man einen RCL-Schwingkreis (siehe Abb. 7.12). Wir bezeichnen mit $U(t)$ die Quellspannung und mit $I(t)$ den

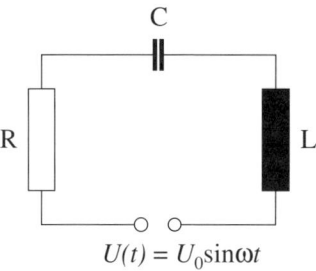

Abbildung 7.12 RCL-Schwingkreis

Strom zur Zeit t, ferner seien R der Ohmsche Widerstand, C die Kapazität und L die Induktivität im Schwingkreis. Dann gilt für den Spannungsabfall U_R, U_C, U_L bei R, C und L

$$U_R = RI, \quad U_C' = \frac{1}{C}I, \quad U_L = L\frac{dI}{dt}.$$

Deren Summe ergibt die Quellspannung im Schwingkreis, also $U_R + U_C + U_L = U(t)$. Leitet man diese Gleichung nach t ab, so erhält man

$$LI'' + RI' + \frac{1}{C}I = U'(t). \tag{7.13}$$

Das ist eine lineare Differentialgleichung zweiter Ordnung für den Strom $I(t)$ zur Zeit t. Im folgenden werden wir die Lösung dieser Gleichung bestimmen und ihr Verhalten diskutieren.

Wir untersuchen zunächst die homogene Gleichung $LI'' + RI' + \frac{1}{C}I = 0$, welche das Verhalten bei einmaliger Anregung, d.h. bei einmaliger Aufladung des Kondensators beschreibt. Die charakteristische Gleichung ist $\lambda^2 + \frac{R}{L}\lambda + \frac{1}{LC} = 0$ und besitzt die beiden Wurzeln

$$\lambda_{1,2} = -\frac{R}{2L} \pm \sqrt{\frac{R^2}{4L^2} - \frac{1}{LC}} = -\alpha \pm \beta,$$

wobei $\alpha = \frac{R}{2L}$ und $\beta = \frac{1}{2L}\sqrt{R^2 - \frac{4L}{C}}$ gesetzt wurde. Wir unterscheiden vier Fälle:

(a) Ist $R = 0$, dann haben wir einen idealen Schwingkreis ohne Dämpfung, der nur aus Kondensator und Spule besteht. In diesem Fall ist $\lambda_{1,2} = \pm i\omega_0$ mit $\omega_0 = \frac{1}{\sqrt{LC}}$, und die Lösung der homogenen Differentialgleichung lautet

$$I_h(t) = c_1 \cos \omega_0 t + c_2 \sin \omega_0 t = r \cos(\omega_0 t - \varphi)$$

mit $c_1, c_2 \in \mathbb{R}$ bzw. $r \geq 0$ und $-\pi < \varphi \leq \pi$. (Zur letzten Umformung von $I(t)$ vergleiche Aufgabe 7.33.) Somit ergibt sich für den Strom im Schwingkreis eine **harmonische Schwingung** mit der **Eigenfrequenz** ω_0.

(b) Im Fall $0 < R^2 < \frac{4L}{C}$, d.h. bei geringer Dämpfung ist $\beta = i\omega_1$ rein imaginär (mit $\omega_1 = \sqrt{\frac{1}{LC} - \frac{R^2}{4L^2}}$), die charakteristischen Wurzeln $\lambda_{1,2} = -\alpha \pm i\omega_1$ sind konjugiert komplex, und die Lösung der homogenen Differentialgleichung ist gegeben durch

$$I_h(t) = e^{-\alpha t}(c_1 \cos \omega_1 t + c_2 \sin \omega_1 t) = e^{-\alpha t} r \cos(\omega_1 t - \varphi)$$

mit $c_1, c_2 \in \mathbb{R}$ bzw. $r \geq 0$ und $-\pi < \varphi \leq \pi$. Damit erhalten wir eine **gedämpfte Schwingung** mit der Dämpfungskonstanten α, die Eigenfrequenz (genauer Eigen-Kreisfrequenz) des Schwingkreises beträgt ω_1. Die Schwingungen werden immer schwächer und verschwinden für $t \to \infty$ schließlich ganz (siehe Abb. 7.13).

(c) Für $R^2 = \frac{4L}{C}$ – man spricht in diesem Fall von kritischer Dämpfung – besitzt die charakteristische Gleichung eine Lösung $\lambda = -\alpha$ der Vielfachheit 2, so dass sich für die Lösung der homogenen Gleichung

$$I_h(t) = (c_1 + c_2 t)e^{-\alpha t}$$

mit $c_1, c_2 \in \mathbb{R}$ ergibt.

(d) Gilt schließlich $R^2 > \frac{4L}{C}$, d.h., ist die Dämpfung des Systems hoch, sind die charakteristischen Wurzeln $\lambda_{1,2} = -\alpha \pm \beta$ beide reell und wegen $\beta < \alpha$ negativ. Die allgemeine Lösung der Differentialgleichung lautet in diesem Fall

$$I_h(t) = c_1 e^{-(\alpha - \beta)t} + c_2 e^{-(\alpha + \beta)t}$$

mit $c_1, c_2 \in \mathbb{R}$. Die Lösung stellt also diesmal wie schon im vorhergehenden Grenzfall keine Schwingung dar. Sie ändert höchstens einmal ihr Monotonieverhalten und strebt mit wachsender Zeit t gegen 0 (siehe Abb. 7.13). (Dieser Fall ist in der Praxis eher bei mechanischen Schwingungen von Bedeutung.)

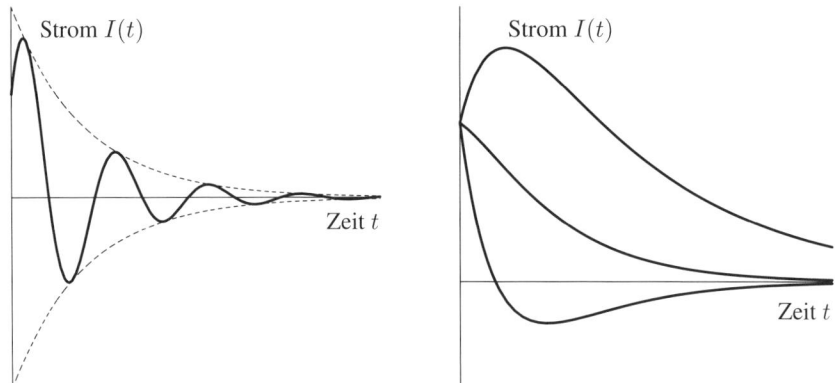

Abbildung 7.13 Gedämpfte Schwingungen und aperiodische Lösungen im Schwingkreis

Wir betrachten nun den Fall einer sinusförmigen Quellspannung $U(t) = U_0 \sin \omega t$ und kommen so zur inhomogenen Gleichung $LI'' + RI' + \frac{1}{C}I = U_0 \omega \cos \omega t$, welche aus Gleichung (7.13) resultiert. Diese Gleichung beschreibt eine **erzwungene Schwingung** bei periodischer Anregung mit der Erregerfrequenz ω. Um eine partikuläre Lösung der inhomogenen Gleichung zu erhalten, machen wir den unbestimmten Ansatz

$$\begin{aligned}
I_p(t) &= A \sin \omega t + B \cos \omega t \\
I_p'(t) &= \omega(A \cos \omega t - B \sin \omega t) \\
I_p''(t) &= \omega^2(-A \sin \omega t - B \cos \omega t).
\end{aligned}$$

Wir setzen I_p, I'_p und I''_p in die inhomogene Gleichung ein, fassen die sin- und cos-Terme zusammen und erhalten nach einem Koeffizientenvergleich die beiden Gleichungen

$$R\omega A \quad +(-L\omega^2 + \tfrac{1}{C})B \quad = \quad U_0\omega$$
$$(-L\omega^2 + \tfrac{1}{C})A \quad \qquad -R\omega B \quad = \quad 0.$$

Die Lösung des Systems lautet

$$A = \frac{U_0 R}{R^2 + S^2}, \quad B = \frac{-U_0 S}{R^2 + S^2} \quad \text{mit } S = \omega L - \frac{1}{\omega C}.$$

(In der Praxis ist $R > 0$, und damit sind A und B stets wohldefiniert. Im Fall $R = 0$ und $S = 0$, d.h. $\omega = \omega_0$ muss der unbestimmte Ansatz für I_p noch mit t multipliziert werden.) Schließlich erhalten wir die gesuchte partikuläre Lösung in der Form

$$I_p(t) = \frac{U_0}{R^2 + S^2}(R\sin\omega t - S\cos\omega t) = I_0 \sin(\omega t - \varphi)$$

mit $I_0 = \frac{U_0}{\sqrt{R^2 + S^2}}$ und $\tan\varphi = \frac{S}{R}$. Damit ist auch die Lösungsgesamtheit der Differentialgleichung (7.13) gemäß $I(t) = I_h(t) + I_p(t)$ gefunden.

Im realen, gedämpften Schwingkreis gilt stets $I_h(t) \to 0$ für $t \to \infty$, so dass $I(t)$ im Lauf der Zeit gegen $I_p(t)$ strebt. Das heißt: Wird der Schwingkreis durch eine sinusförmige Spannung zum Schwingen angeregt, stellt sich nach einer Einschwingzeit die Stromstärke I_p – ebenfalls eine Sinusschwingung – ein. Die Frequenz von I_p stimmt mit der Erregerfrequenz ω überein, die Amplitude I_0 ist von ω abhängig und nimmt für $\omega = \omega_0$ ihren größten Wert an. In diesem Fall liegt **Stromresonanz** vor. $\qquad\qquad\qquad\qquad\qquad\qquad\qquad\qquad\qquad\qquad\qquad\triangle$

3. Lineare Differentialgleichungen k-ter Ordnung mit konstanten Koeffizienten

Es wurde bereits angesprochen, dass die hier beschriebenen Methoden auch auf lineare Differentialgleichungen höherer Ordnung übertragen werden können. Betrachten wir eine **lineare Differentialgleichung k-ter Ordnung**

$$y^{(k)} + a_{k-1}y^{(k-1)} + \cdots + a_1 y' + a_0 y = s(x)$$

mit den konstanten Koeffizienten $a_0, a_1, \ldots, a_{k-1}$ und der Störfunktion $s(x)$. Die Lösung dieser Gleichung setzt sich additiv aus der allgemeinen Lösung der zugehörigen homogenen Gleichung und einer beliebigen partikulären Lösung der inhomogenen Gleichung zusammen, welche mittels eines Exponentialansatzes bzw. der Methode des unbestimmten Ansatzes bestimmt werden können. Insbesondere gilt für die Lösung der homogenen Gleichung im allgemeinen Fall der folgende Satz.

Satz 7.38 *Sei $y^{(k)} + a_{k-1}y^{(k-1)} + \cdots + a_1 y' + a_0 y = 0$ eine lineare homogene Differentialgleichung k-ter Ordnung, und seien $\lambda_1, \ldots, \lambda_l$ die (verschiedenen) Nullstellen der charakteristischen Gleichung $\lambda^k + a_{k-1}\lambda^{k-1} + \cdots + a_1\lambda + a_0 = 0$ mit den Vielfachheiten $k_1, \ldots, k_l$ (wobei $k_1 + \cdots + k_l = k$). Dann besitzt jede Lösung $y(x)$ im Komplexen die Darstellung*

$$y(x) = P_{1,k_1-1}(x)e^{\lambda_1 x} + \cdots + P_{l,k_l-1}(x)e^{\lambda_l x},$$

wobei $P_{1,k_1-1}, \ldots, P_{l,k_l-1}$ Polynome vom Grad $\leq k_1 - 1, \ldots, \leq k_l - 1$ bezeichnen.

Beispiel 7.39 Wir lösen die lineare Differentialgleichung dritter Ordnung

$$y''' - 4y'' + 4y' = 1 - 3e^{-x}.$$

Die homogene Gleichung besitzt die charakteristische Gleichung $\lambda^3 - 4\lambda^2 + 4\lambda = \lambda(\lambda - 2)^2 = 0$ mit der einfachen Wurzel $\lambda_1 = 0, k_1 = 1$ und der zweifachen Wurzel $\lambda_2 = 2, k_2 = 2$. Dementsprechend lautet die allgemeine Lösung der homogenen Gleichung

$$y_h(x) = P_{1,0} + P_{2,1}(x)e^{2x} = C_1 + (C_2 + C_3 x)e^{2x} \quad \text{mit } C_1, C_2, C_3 \in \mathbb{R}.$$

Für die Störfunktion der inhomogenen Gleichung gilt $s(x) = s_1(x) + s_2(x)$ mit $s_1(x) = 1, s_2(x) = -3e^{-x}$. Die erste Funktion $s_1(x) = 1$ ist eine Konstante und legt für die entsprechende partikuläre Lösung den unbestimmten Ansatz $y_1(x) = A$ nahe. Da aber jede konstante Funktion bereits Lösung der homogenen Gleichung ist, muss dieser Ansatz noch mit x multipliziert werden: $y_1(x) = Ax$. Durch Ableiten und Einsetzen in die Differentialgleichung mit der Störfunktion s_1 erhält man $A = \frac{1}{4}$ und damit $y_1(x) = \frac{1}{4}x$.

Die zweite Funktion $s_2(x) = -3e^{-x}$ ist eine Exponentialfunktion und führt auf den Ansatz $y_2(x) = Be^{-x}$. Einsetzen in die entsprechende Differentialgleichung und ein Koeffizientenvergleich für e^{-x} ergeben $B = \frac{1}{3}$ und somit $y_2(x) = \frac{1}{3}e^{-x}$.

Nach dem Superpositionsprinzip ist dann $y_p(x) = y_1(x) + y_2(x) = \frac{1}{4}x + \frac{1}{3}e^{-x}$ eine partikuläre Lösung der gegebenen Gleichung. Durch Addition zur homogenen Lösung y_h erhält man schließlich die allgemeine Lösung

$$y(x) = y_h(x) + y_p(x) = C_1 + (C_2 + C_3 x)e^{2x} + \frac{1}{4}x + \frac{1}{3}e^{-x} \quad \text{mit } C_1, C_2, C_3 \in \mathbb{R}.$$

$\triangle$

7.8 Nichtlineare Differentialgleichungen und qualitative Methoden

Neben den linearen Differentialgleichungen gibt es eine Reihe weiterer spezieller Typen von Differentialgleichungen, für die exakte Lösungsverfahren existieren. So kann die Methode der Trennung der Variablen auch bei nichtlinearen Differentialgleichungen mit Erfolg angewendet werden, wie die folgenden Überlegungen zeigen.

Es sei

$$y' = f(x) \cdot g(y) \tag{7.14}$$

eine so genannte **separable** (oder **trennbare**) Differentialgleichung erster Ordnung mit stetigen Funktionen f und g derart, dass die Funktion f nur von x und g nur von y abhängig ist. Gibt es ein y_0 mit $g(y_0) = 0$, so besitzt die Gleichung (7.14) die konstante Lösung $y = y_0$. Für $g(y) \neq 0$ können wir die Gleichung durch $g(y)$ dividieren und erhalten auf Grund der Substitutionsregel

$$y' = f(x)g(y) \Rightarrow \int \frac{y'}{g(y)}\,dx = \int f(x)\,dx \Rightarrow \int \frac{dy}{g(y)} = \int f(x)\,dx.$$

Nach **Trennung der Variablen** können die Integrale auf beiden Seiten der Gleichung ausgewertet werden. Dadurch erhält man eine implizite Darstellung der Lösung $y(x)$, welche man nach y aufzulösen trachtet. Die konstanten Lösungen zusammen mit den durch Trennung der Variablen erhaltenen Lösungen (und allfälligen weiteren Lösungen, die sich daraus stückweise zusammensetzen lassen) bilden die Lösungsgesamtheit der Differentialgleichung.

Beispiel 7.40 Die Differentialgleichung $y' = -\frac{x}{y}$ ist von der Form (7.14) mit $f(x) = -x$ und $g(y) = \frac{1}{y}$. Es gibt keine konstanten Lösungen. Wir erhalten

$$\frac{dy}{dx} = -\frac{x}{y} \Rightarrow \int y \, dy = -\int x \, dx \Rightarrow \frac{y^2}{2} = -\frac{x^2}{2} + C$$

und schließlich $x^2 + y^2 = C_1^2$ mit $C_1^2 = 2C \geq 0$. Die Lösungen bilden also lauter konzentrische Kreise um den Ursprung (siehe Abb. 7.10). $\triangle$

Beispiel 7.41 (Logistisches Wachstum, Fortsetzung) Wir kommen zurück zur Gleichung für das logistische Wachstum $N'(t) = rN(1 - \frac{N}{K})$ aus Beispiel 7.27, einer nichtlinearen Differentialgleichung erster Ordnung für die Populationsgröße $N(t)$. Die dort angegebene Lösung soll nun nach der Methode der Trennung der Variablen hergeleitet werden.

Zunächst gilt $N(1 - \frac{N}{K}) = 0$ für $N = 0$ oder $N = K$. Das sind zwei konstante Lösungen. Für $N \neq 0$, $N \neq K$ erhält man durch Trennung der Variablen

$$\frac{dN}{dt} = rN(1 - \frac{N}{K}) \Rightarrow \int \frac{K}{N(K-N)} \, dN = \int r \, dt.$$

Mit Hilfe der Partialbruchzerlegung $\frac{K}{N(K-N)} = \frac{1}{N} + \frac{1}{K-N}$ folgt

$$\int \left(\frac{1}{N} + \frac{1}{K-N} \right) dN = \int r \, dt$$
$$\ln N - \ln(K - N) = rt + \ln C$$
$$\frac{N}{K-N} = Ce^{rt}$$
$$N = \frac{KCe^{rt}}{1 + Ce^{rt}} .$$

Aus der letzten Gleichung ergibt sich schließlich die allgemeine Lösung der logistischen Gleichung gemäß

$$N(t) = \frac{K}{1 + C_1 e^{-rt}} \quad \text{mit} \quad C_1 \in \mathbb{R}.$$

(Genau genommen gilt zunächst $C_1 \neq 0$, jedoch liefert nachträglich $C_1 = 0$ eine der beiden konstanten Lösungen, nämlich $N = K$.) $\triangle$

Ein anderer Typ unter den nichtlinearen Differentialgleichungen ist die so genannte **exakte** Differentialgleichung. Dabei handelt es sich um eine Gleichung der Form

$$y' = -\frac{f(x,y)}{g(x,y)} \quad \text{bzw.} \quad f(x,y) \, dx + g(x,y) \, dy = 0, \tag{7.15}$$

wobei das Vektorfeld $\binom{f}{g}$ ein Gradientenfeld ist, also eine Stammfunktion $u(x,y)$ mit $\text{grad} \, u = \binom{f}{g}$ besitzt. Notwendigerweise muss dann die Integrabilitätsbedingung $f_y = g_x$ erfüllt sein (vgl. Abschnitt 6.4, Punkt 4).

Sei nun $u = u(x, y)$ eine solche Stammfunktion und $y = f(x)$ eine Lösung der Differentialgleichung (7.15), dann folgt mit Hilfe der Kettenregel

$$\frac{d}{dx} u(x, y(x)) = u_x + u_y \cdot y' = f + g \cdot y' = 0 \Rightarrow u(x, y(x)) = C$$

mit $C \in \mathbb{R}$, die Stammfunktion ist also längs der Lösung $y = y(x)$ konstant. Damit erhält man eine implizite Gleichung für die gesuchte Lösung $y(x)$.

Beispiel 7.42 Gegeben sei die Differentialgleichung

$$f(x, y)\, dx + g(x, y)\, dy = (2x - y)\, dx + (-x + 2y)\, dy = 0.$$

Es gilt $f_y = -1 = g_x$, die Gleichung ist exakt. Eine passende Stammfunktion ist, wie man leicht nachrechnet, gegeben durch $u(x, y) = x^2 - xy + y^2$. Wir setzen daher $x^2 - xy + y^2 = C$ und berechnen daraus die Lösung $y(x) = \frac{1}{2}(x \pm \sqrt{4C - 3x^2})$ mit $C \geq 0$ in expliziter Form. $\triangle$

Ist die Differentialgleichung (7.15) nicht exakt, so kann man versuchen, die Gleichung mit Hilfe der **Methode des integrierenden Faktors** in eine exakte Gleichung überzuführen. Dazu sucht man eine Funktion $m(x, y)$, den so genannten integrierenden Faktor, so dass die Differentialgleichung

$$m(x, y)f(x, y)\, dx + m(x, y)g(x, y)\, dy = 0 \tag{7.16}$$

exakt wird. Es muss dann $\frac{\partial}{\partial y}(mf) = \frac{\partial}{\partial x}(mg)$ gelten. Daraus folgt $m_x g - m_y f = m(f_y - g_x)$, d.i. eine partielle Differentialgleichung für $m(x, y)$. Angenommen, die Funktion $m = m(x)$ hängt nur von x ab, so folgt weiter $\frac{d}{dx} \ln m(x) = m_x / m = (f_y - g_x)/g$, wobei die rechte Seite dann ebenfalls nur von x abhängen darf, und m kann durch gewöhnliche Integration bestimmt werden. Analog kann ein integrierender Faktor $m = m(y)$ aus $\frac{d}{dy} \ln m(y) = -(f_y - g_x)/f$ gefunden werden, falls die rechte Seite dieser Gleichung nur von y abhängig ist.

Beispiel 7.43 Wir betrachten die Differentialgleichung

$$f(x, y)\, dx + g(x, y)\, dy = y\, dx + (2x^2 y - x)\, dy = 0.$$

Die Gleichung ist infolge $f_y = 1$, $g_x = 4xy - 1$ nicht exakt, kann aber wegen $(f_y - g_x)/g = -(4xy - 2)/(2x^2 y - x) = -2/x$ mittels eines integrierenden Faktors $m = m(x)$ auf eine exakte Form gebracht werden. Aus $\frac{d}{dx} \ln m(x) = -\frac{2}{x}$ folgt $m(x) = \frac{1}{x^2}$ und damit die exakte Differentialgleichung

$$m(x)f(x, y)\, dx + m(x)g(x, y)\, dy = \frac{y}{x^2}\, dx + (2y - \frac{1}{x})\, dy = 0.$$

Durch Aufsuchen einer geeigneten Stammfunktion $u(x, y)$ erhält man die Lösung $u(x, y) = y^2 - \frac{y}{x} = C$ in impliziter Form. $\triangle$

Neben den hier betrachteten Typen gibt es zahlreiche weitere Klassen von Differentialgleichungen, für welche Lösungsmethoden bekannt sind. So kann etwa die **Bernoulli'sche Differentialgleichung**

$$y' + a(x)y + b(x)y^\alpha = 0 \quad (\alpha \in \mathbb{R},\ \alpha \neq 1) \tag{7.17}$$

durch die Transformation $z = y^{1-\alpha}$ auf eine lineare Differentialgleichung 1. Ordnung zurückgeführt werden.

Ein Beispiel für eine lineare Differentialgleichung mit nichtkonstanten Koeffizienten ist die **Euler'sche Differentialgleichung** der Form

$$a_n x^n y^{(n)} + a_{n-1} x^{n-1} y^{(n-1)} + \cdots + a_1 x y' + a_0 y = s(x). \tag{7.18}$$

Diese kann mit Hilfe der Substitution $x = e^t$, $y(x) = z(t)$ (oder kurz $y(x) = z(\ln(x))$) in eine lineare Gleichung mit konstanten Koeffizienten für z transformiert werden, welche dann mittels Exponentialansatz oder mittels Laplace-Transformation (siehe Abschnitt 8.5) gelöst werden kann. Für die Einzelheiten sowie weitere Klassen von Differentialgleichungen sei auf die Standardliteratur (z.B. das Buch von Heuser [16]) verweisen.

Wir wenden uns nun der **qualitativen Theorie** von Differentialgleichungen zu und wählen als Ausgangspunkt die explizite Differentialgleichung erster Ordnung

$$y' = f(y), \tag{7.19}$$

wo f eine i. Allg. nichtlineare Funktion in y ist, welche nicht von x abhängt. Dabei handelt es sich um eine so genannte **autonome** Differentialgleichung. Zum Beispiel ist die Gleichung $y' = ry(1-y)$ mit $r > 0$ (ein Spezialfall der logistischen Wachstumsgleichung) eine Gleichung von obigem Typ mit $f(y) = ry(1-y)$.

Ist die Differentialgleichung (7.19) nichtlinear, so ist eine exakte Lösung vielfach nicht mehr möglich. In den Anwendungen interessiert man sich häufig für Eigenschaften der Lösungsfunktion $y(x)$, welche ohne Kenntnis der expliziten Lösung der Gleichung gefunden werden können. Dazu zählen Aussagen über den qualitativen Verlauf der Lösung, über mögliche Gleichgewichtslagen und deren Stabilität. Typische Fragen der qualitativen Theorie sind:

1. Welche Gleichgewichtspunkte besitzt die Differentialgleichung $y' = f(y)$?

2. Wie verhalten sich die Lösungen der Differentialgleichung in der Nähe eines Gleichgewichtspunktes?

3. Wie sieht das globale Lösungsverhalten bzw. das Langzeitverhalten der Lösungen der Differentialgleichung aus?

Mit dem in Punkt 1 angesprochenen Begriff Gleichgewicht verbindet man bei Differentialgleichungen – so wie auch bei Differenzengleichungen – eine konstante Lösung und somit einen stationären Zustand des Systems.

Definition 7.44 Man nennt y^* einen **Gleichgewichtspunkt** oder **stationären Zustand** der Differentialgleichung $y' = f(y)$, falls $f(y^*) = 0$.

Im Gleichgewicht gilt also $y' = 0$, d.h., dass keine Änderung von y stattfindet, sobald der Wert $y = y^*$ erreicht ist. Mit jedem Gleichgewichtspunkt ist automatisch eine konstante Lösung $y(x) = y^*$ der Differentialgleichung verbunden.

Beispiel 7.45 Wir wählen die Differentialgleichung $y' = ry(1-y)$. Wegen

$$f(y) = ry(1-y) = 0 \Rightarrow y_1^* = 0, y_2^* = 1$$

gibt es die zwei Gleichgewichtslagen $y_1^* = 0$ sowie $y_2^* = 1$. Somit kennen wir auch zwei konstante Lösungen der Differentialgleichung, nämlich $y = 0$ und $y = 1$. Jede Lösung, die einmal einen dieser beiden Werte annimmt, wird diesen Wert in alle Zukunft beibehalten. $\triangle$

Das Verhalten von Lösungen der Differentialgleichung in der Nähe eines Gleichgewichts gemäß Punkt 2 kommt in der Stabilität des Gleichgewichtspunktes zum Ausdruck. Analog zur Stabilität bei Differenzengleichungen kann ein Gleichgewichtspunkt y^* stabil, asymptotisch stabil oder instabil sein.

> **Definition 7.46 (Stabilität von Gleichgewichtslagen)** Ein Gleichgewichtspunkt y^* der Differentialgleichung $y' = f(y)$ heißt **stabil**, wenn es zu jedem $\varepsilon > 0$ ein $\delta(\varepsilon) > 0$ gibt, so dass für alle Lösungen $y(x)$ der Gleichung, welche die Bedingung $|y(x_0) - y^*| < \delta(\varepsilon)$ (für ein x_0) erfüllen, $|y(x) - y^*| < \varepsilon$ für alle $x \geq x_0$ gilt. Ein Gleichgewichtspunkt y^* heißt **asymptotisch stabil**, wenn es außerdem ein festes $\delta > 0$ gibt, so dass für alle $y(x)$ mit $|y(x_0) - y^*| < \delta$ gilt $\lim_{x \to \infty} y(x) = y^*$. Andernfalls heißt y^* **instabil**.

Man nennt also den Gleichgewichtspunkt y^* stabil, wenn jede Lösung, die einmal nahe genug bei y^* liegt, eine beliebig vorgegebene Umgebung von y^* nicht mehr verlässt. Gilt dabei, dass jede solche Lösung sogar gegen den Gleichgewichtspunkt y^* konvergiert, ist dieser asymptotisch stabil. Während also alle Lösungen einer Differentialgleichung, die sich einmal in der Nähe eines stabilen Gleichgewichtspunktes aufhalten, auch in Zukunft in der Nähe dieses Punktes bleiben oder sogar gegen diesen konvergieren, ist die Situation im Fall eines instabilen Gleichgewichtspunktes eine andere: Hier gibt es stets Lösungen, welche jede Umgebung des Gleichgewichtspunktes verlassen, unabhängig davon, wie nahe sie diesem schon gewesen sein mögen. Die nachstehende Abb. 7.14 veranschaulicht die drei Stabilitätsbegriffe (zur besseren Anschauung in der Ebene).

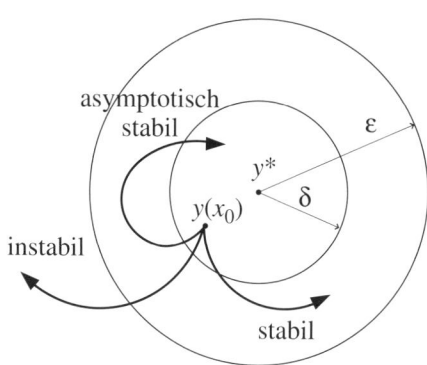

Abbildung 7.14 Stabilität von Gleichgewichtslagen

Die Bestimmung der Stabilität eines Gleichgewichtspunktes einer autonomen Differentialgleichung $y' = f(y)$ (mit stetig differenzierbarer Funktion $f(y)$) erfolgt in der Praxis zumeist mit Hilfe des folgenden Satzes.

Satz 7.47 *Ein Gleichgewichtspunkt y^* von $y' = f(y)$ ist asymptotisch stabil, falls $f'(y^*) < 0$, und instabil, falls $f'(y^*) > 0$ gilt.*

Beispiel 7.48 (Fortsetzung) Für die Differentialgleichung $y' = ry(1 - y)$ mit dem Parameter $r > 0$ gilt

$$f(y) = ry(1 - y) \Rightarrow f'(y) = r - 2ry.$$

Im Gleichgewichtspunkt $y_1^* = 0$ ist $f'(0) = r > 0$, so dass y_1^* instabil ist. Für $y_2^* = 1$ ergibt sich dagegen $f'(1) = -r < 0$, also ist y_2^* asymptotisch stabiler Gleichgewichtspunkt. (Im Wachstumsmodell entspricht die Gleichgewichtslage y_2^* jener Populationsgröße, welche auf Dauer aufrecht erhalten werden kann.) △

Wir kommen schließlich zur Diskussion des globalen Lösungsverhaltens bzw. des Langzeitverhaltens der Lösungen der Differentialgleichung gemäß Punkt 3. Das Monotonieverhalten der Lösung von $y' = f(y)$ ist aus dem Vorzeichen der Funktion $f(y)$ ersichtlich und kann in der (y, y')-Ebene, der so genannten **Phasenebene**, graphisch dargestellt werden. Die Phasenebene

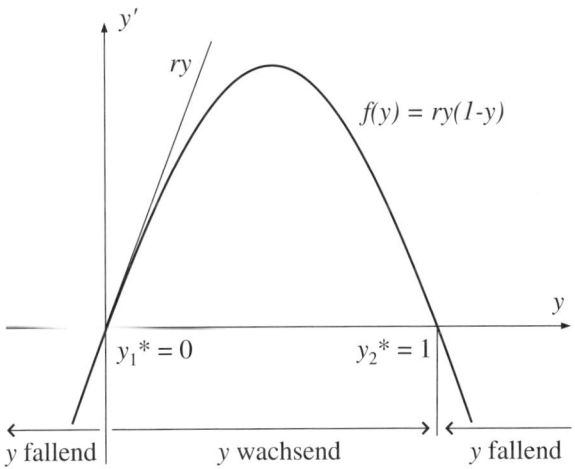

Abbildung 7.15 Lösungsverhalten in der (y, y')-Phasenebene

zeigt nicht den Graphen der Lösungsfunktion $y(x)$, d.h. den Verlauf der Funktion y in Abhängigkeit von der Variablen x, sondern den Zusammenhang zwischen der Funktion y und ihrer Ableitung y'. Da $y' = f(y)$ die Änderungsrate (z.B. die Wachstumsgeschwindigkeit) von $y(x)$ beschreibt, gilt offensichtlich

$$f(y) \begin{cases} > 0 \\ = 0 \\ < 0 \end{cases} \implies y \text{ ist } \begin{cases} \text{wachsend} \\ \text{stationär} \\ \text{fallend.} \end{cases}$$

Beispiel 7.49 (Fortsetzung) Das globale Verhalten der Lösungen von $y' = f(y) = ry(1 - y)$ kann aus Abb. 7.15 abgelesen werden. Da die Funktion $f(y)$ eine nach unten offene Parabel durch die Nullstellen 0 und 1 darstellt, zeigt sich, dass $y(x)$ für alle y mit $0 < y < 1$ wachsend und für $y < 0$ bzw. $y > 1$ fallend ist, so dass der Punkt $y^* = 1$ nicht nur lokal stabil ist, sondern für alle positiven Startwerte sogar eine **global stabile Gleichgewichtslage** darstellt. △

7.9 Partielle Differentialgleichungen

Wir betrachten nun partielle Differentialgleichungen, wobei die bereits in Abschnitt 7.6 (Beispiel 7.28) vorgestellte Wärmeleitungsgleichung darunter fällt. Weitere wichtige Gleichungen dieses Typs sind z.B. die Wellengleichung und die Potentialgleichung, welche in diesem Abschnitt behandelt werden. Das gemeinsame Merkmal solcher Gleichungen ist, dass für die Beschreibung der unbekannten Funktion in mehreren Variablen partielle Ableitungen nach diesen Variablen auftreten. Allgemein versteht man also unter einer **partiellen Differentialgleichung** eine Gleichung der Form

$$F\left(x_1, x_2, \ldots, x_n, u, u_{x_1}, u_{x_2}, \ldots, u_{x_n}, \ldots, \frac{\partial^m}{\partial x_1^{m_1} \cdots \partial x_n^{m_n}} u\right) = 0,$$

in der neben der unbekannten Funktion $u = u(x_1, \ldots, x_n)$ in n Variablen auch partielle Ableitungen $u_{x_i} = \frac{\partial u}{\partial x_i}$, $u_{x_i x_j} = \frac{\partial^2 u}{\partial x_i x_j}$, $\ldots$ auftreten. Die **Ordnung** der Differentialgleichung ist die höchste tatsächlich auftretende Ableitungsordnung $m = m_1 + \cdots + m_n$. Unter einer **Lösung** obiger Differentialgleichung auf einem Gebiet $G \subseteq \mathbb{R}^n$ versteht man eine Funktion $u : G \to \mathbb{R}$, welche partielle Ableitungen bis zur m-ten Ordnung besitzt und die partielle Differentialgleichung für alle Punkte $(x_1, \ldots, x_n) \in G$ erfüllt.

Beispiel 7.50

(a) Wir betrachten die partielle Differentialgleichung 2. Ordnung $u_{xx} = 0$ für eine Funktion $u(x, y)$ in zwei Variablen. Integration nach x liefert zunächst $u_x = c(y)$, wobei $c(y)$ eine nur von y abhängige Funktion bezeichnet. Nochmalige Integration liefert die allgemeine Lösung $u(x, y) = c(y)x + d(y)$ der Differentialgleichung mit zwei beliebigen, nur von y abhängigen Funktionen $c(y)$ und $d(y)$.

(b) Die partielle Differentialgleichung 2. Ordnung $u_{xy} = 0$ für $u(x, y)$ liefert durch Integration nach y die Gleichung $u_x = \tilde{c}(x)$ mit einer beliebigen Funktion $\tilde{c}(x)$. Integration nach x liefert nun die allgemeine Lösung $u(x, y) = \int \tilde{c}(x)dx + d(y) = c(x) + d(y)$ mit beliebigen (differenzierbaren) Funktionen $c(x)$ und $d(y)$ ($c(x)$ ist eine beliebige Stammfunktion von $\tilde{c}(x)$).

$\triangle$

Im Gegensatz zu gewöhnlichen Differentialgleichungen treten in der allgemeinen Lösung von partiellen Differentialgleichungen nun Funktionen statt Konstanten auf. Dies macht es für partielle Differentialgleichungen oft sehr schwierig, eine Partikulärlösung zu bestimmen, welche vorgegebene Nebenbedingungen erfüllt, selbst wenn eine allgemeine Lösung der Gleichung bekannt ist. Je nach Art der Nebenbedingungen unterscheidet man verschiedene Typen. Nachfolgend werden bei partiellen Differentialgleichungen für eine unbekannte Funktion u in zwei Variablen einige für die Praxis wichtige Typen angeführt.

- **Anfangsbedingungen:** Für eine Funktion $u(x, t)$ sind zum Zeitpunkt t_0 das „Antangsprofil" $f(x)$ und die „Anfangsgeschwindigkeit" $g(x)$ für alle $x \in \mathbb{R}$ vorgegeben:

$$u(x, t_0) = f(x), \quad u_t(x, t_0) = g(x).$$

- **Rand-Anfangswert-Problem:** Hier ist das Anfangswertproblem nur für ein Intervall, also für $x \in [a,b]$ erklärt. Zusätzlich zu den Anfangswerten $u(x,t_0)$ und $u_t(x,t_0)$ zum Zeitpunkt t_0 sind dann noch Randwerte $u(a,t)$ und $u(b,t)$ für alle Zeitpunkte $t \geq t_0$ vorgegeben, das heißt:

$$u(x,t_0) = f(x), \quad u_t(x,t_0) = g(x), \quad \text{für } a \leq x \leq b,$$
$$u(a,t) = h(t), \quad u(b,t) = k(t), \quad \text{für } t \geq t_0.$$

- **Dirichlet-Bedingungen:** Hier ist die Differentialgleichung für $u(x,y)$ nur im Inneren eines beschränkten Gebietes $G \subseteq R^2$ erklärt, und zusätzlich wird die Forderung gestellt, dass die Lösung $u(x,y)$ auf dem Rand ∂G von G die Werte einer vorgegebenen Funktion $f(x,y)$ annehmen muss:

$$u(x,y) = f(x,y), \quad \text{für alle } (x,y) \in \partial G.$$

Unter dem **Rand** ∂M einer Menge $M \subseteq \mathbb{R}^2$ versteht man dabei die Menge von Punkten $(x,y) \in \mathbb{R}^2$, für die gilt, dass jede ihrer offenen Umgebungen sowohl Punkte aus M als auch Punkte, die nicht in M liegen, enthält.

In etwas abgewandelter Form nennt man solche Bedingungen auch **Cauchy-Bedingungen**, wobei man fordert, dass die Lösung $z = u(x,y)$ durch eine vorgegeben Raumkurve $\gamma \in \mathbb{R}^3$ gehen muss.

Beispiele für die angeführten Typen von Nebenbedingungen werden im Laufe dieses Abschnittes noch angegeben.

1. Beispiele für explizit lösbare partielle Differentialgleichungen

Für bestimmte Typen partieller Differentialgleichungen lässt sich eine allgemeine Lösung bestimmen, indem man durch eine einfache Variablensubstitution die Gleichung vereinfacht, anschließend die entstehende Gleichung löst und danach wieder rücksubstituiert.

Wir betrachten zunächst **lineare partielle Differentialgleichungen erster Ordnung mit konstanten Koeffizienten** und illustrieren das Lösungsverfahren an Hand des Falls von 2 Variablen. Das Verfahren lässt sich aber leicht auf den allgemeinen Fall von n Variablen ausdehnen (der Fall von 3 Variablen wird mit Anleitung in einer Übungsaufgabe gestellt). In einer solchen Differentialgleichung, welche die Gestalt

$$a u_x + b u_y = f(x,y), \quad a,b \in \mathbb{R} \tag{7.20}$$

mit einer unbekannten Funktion $u(x,y)$ und mit einer vorgegebenen Funktion $f(x,y)$ hat, dürfen wir $a \neq 0$ und $b \neq 0$ voraussetzen, da sich sonst die Gleichung durch einfache Integration lösen lässt. Wir substituieren nun die Variablen (x,y) durch Variablen (ξ, η), welche wir folgendermaßen definieren:

$$\xi = bx + ay, \quad \eta = bx - ay,$$

woraus $x = \frac{\xi + \eta}{2b}$ und $y = \frac{\xi - \eta}{2a}$ folgt. Wir definieren nun weiters Funktionen $U(\xi, \eta)$ und $F(\xi, \eta)$ durch

$$U(\xi, \eta) = u\left(\frac{\xi + \eta}{2b}, \frac{\xi - \eta}{2a}\right) = u(x,y), \quad F(\xi, \eta) = f\left(\frac{\xi + \eta}{2b}, \frac{\xi - \eta}{2a}\right) = f(x,y).$$

Unter Beachtung der Kettenregel für die partiellen Ableitungen zusammengesetzter Funktionen erhalten wir nun aus Gleichung (7.20) die folgende einfachere partielle Differentialgleichung für $U(\xi, \eta)$:

$$F(\xi, \eta) = f(x, y) = au_x + bu_y = a(U_\xi \xi_x + U_\eta \eta_x) + b(U_\xi \xi_y + U_\eta \eta_y)$$
$$= a(bU_\xi + bU_\eta) + b(aU_\xi - aU_\eta) = 2abU_\xi. \qquad (7.21)$$

Die Differentialgleichung (7.21) lässt sich nun durch einfache Integration lösen und liefert als allgemeine Lösung:

$$U(\xi, \eta) = \frac{1}{2ab} \int F(\xi, \eta)d\xi + G(\eta),$$

mit einer beliebigen nur von η abhängigen Funktion $G(\eta)$. Rücksubstitution liefert nun sofort auch die allgemeine Lösung der ursprünglichen Differentialgleichung (7.20):

$$u(x, y) = \frac{1}{2ab} \int_{bx_0+ay_0}^{bx+ay} F(\xi, bx - ay)d\xi + G(bx - ay), \qquad (7.22)$$

mit gewähltem Anfangspunkt (x_0, y_0) und einer beliebigen differenzierbaren Funktion G in einer Variablen.

Beispiel 7.51 Wir betrachten die Differentialgleichung

$$3u_x - 2u_y = \sin(x + y). \qquad (7.23)$$

Die Substitution $\xi = -2x+3y, \eta = -2x-3y$ liefert für die Funktionen $U(\xi, \eta) = u\left(\frac{\xi+\eta}{-4}, \frac{\xi-\eta}{6}\right)$ und $F(\xi, \eta) = f\left(\frac{\xi+\eta}{-4}, \frac{\xi-\eta}{6}\right)$ die Gleichung

$$-12U_\xi = \sin\left(-\frac{\xi}{12} - \frac{5\eta}{12}\right).$$

Die allgemeine Lösung für $U(\xi, \eta)$ ist somit gegeben durch

$$U(\xi, \eta) = -\frac{1}{12} \int \sin\left(-\frac{\xi}{12} - \frac{5\eta}{12}\right)d\xi + G(\eta) = -\cos\left(-\frac{\xi}{12} - \frac{5\eta}{12}\right) + G(\eta).$$

Rücksubstitution liefert dann die allgemeine Lösung der Differentialgleichung (7.23), wobei G eine beliebige differenzierbare Funktion G in einer Variablen bezeichnet:

$$u(x, y) = -\cos(x + y) + G(-2x - 3y).$$

$\triangle$

Weiters betrachten wir die **eindimensionale Wellengleichung**, welche bestimmte Schwingungsvorgänge (Ausbreitung von Schwingungen in homogenen elastischen Medien) beschreibt. Diese lineare partielle Differentialgleichung für eine unbekannte Funktion $u(x, t)$ der Zeit t und des Ortes x ist gegeben durch:

$$u_{tt} - c^2 u_{xx} = f(x, t), \quad \text{für ein reelles } c > 0. \qquad (7.24)$$

Dabei beschreibt c die Ausbreitungsgeschwindigkeit der Welle und $f(x, t)$ den Einfluss äußerer Kräfte. Wie auch bei gewöhnlichen Differentialgleichungen, setzt sich die allgemeine Lösung einer inhomogenen linearen partiellen Differentialgleichung aus einer Partikulärlösung $u^{[p]}$ und der allgemeinen Lösung $u^{[h]}$ der entsprechenden homogenen partiellen Differentialgleichung

$$u_{tt} = c^2 u_{xx} \tag{7.25}$$

zusammen. Die Wellengleichung (7.24) lässt sich nun durch den **Lösungsansatz nach D'Alembert**, d.h. mit der Substitution

$$\xi = x - ct, \quad \tau = x + ct$$

behandeln, woraus $x = \frac{\xi + \tau}{2}$ und $t = \frac{\xi - \tau}{-2c}$ folgt. Definieren wir weiters

$$U(\xi, \tau) = u\left(\frac{\xi + \tau}{2}, \frac{\xi - \tau}{-2c}\right) = u(x, t), \quad F(\xi, \tau) = f\left(\frac{\xi + \tau}{2}, \frac{\xi - \tau}{-2c}\right) = f(x, t),$$

so erhalten wir unter Beachtung der Kettenregel die Beziehungen

$$u_{tt} = c^2\left(U_{\xi\xi} - 2U_{\xi\tau} + U_{\tau\tau}\right), \quad u_{xx} = U_{\xi\xi} + 2U_{\xi\tau} + U_{\tau\tau}.$$

Daraus erhält man

$$u_{tt} - c^2 u_{xx} = -4c^2 U_{\xi\tau} = F(\xi, \tau) = f(x, t)$$

und somit für $U(\xi, \tau)$ folgende einfachere Differentialgleichung:

$$U_{\xi\tau} = -\frac{1}{4c^2} F(\xi, \tau). \tag{7.26}$$

Eine Partikulärlösung $U^{[p]}(\xi, \tau)$ der Differentialgleichung (7.26) erhält man nun einfach durch zweimaliges Integrieren:

$$U^{[p]}(\xi, \tau) = -\iint \frac{1}{4c^2} F(\xi, \tau) d\xi d\tau.$$

Rücksubstitution liefert somit die Partikulärlösung

$$u^{[p]}(x, t) = -\frac{1}{4c^2} \int_{x_0 + ct_0}^{x + ct} \int_{x_0 - ct_0}^{x - ct} F(\xi, \tau) d\xi d\tau \tag{7.27}$$

mit wählbaren Anfangskoordinaten (x_0, t_0). Um die allgemeine Lösung der zugehörigen homogenen Differentialgleichung (7.25) zu erhalten, braucht man nun nur noch die entsprechende Differentialgleichung für $U(\xi, \tau)$ zu betrachten: $U_{\xi\tau} = 0$. Die allgemeine Lösung dieser Gleichung wurde bereits in Beispiel 7.50 angegeben, und man erhält: $U^{[h]}(\xi, \tau) = g(\xi) + h(\tau)$. Rücksubstitution liefert somit die allgemeine Lösung der homogenen eindimensionalen Wellengleichung (7.25):

$$u^{[h]}(x, t) = g(x - ct) + h(x + ct), \tag{7.28}$$

mit beliebigen differenzierbaren Funktionen g, h in einer Variablen. Die allgemeine Lösung (7.28) stellt eine Überlagerung von zwei sich in entgegengesetzte Richtungen mit konstanter Geschwindigkeit c ausbreitenden Wellen dar, deren Anfangsprofile zum Zeitpunkt $t = 0$ durch $g(x)$ und $h(x)$ gegeben sind (siehe Abb. 7.16).

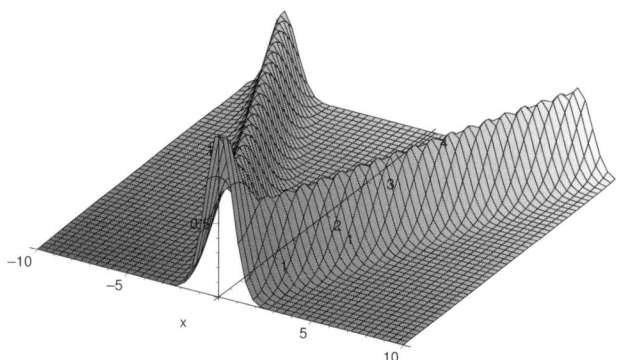

Abbildung 7.16 Lösungen der homogenen Wellengleichung sind die Überlagerungen zweier gegenläufiger Wellen

Die allgemeine Lösung der inhomogenen Wellengleichung (7.24) erhält man aus Addition von (7.27) und (7.28):

$$u(x,t) = -\frac{1}{4c^2} \int_{x_0+ct_0}^{x+ct} \int_{x_0-ct_0}^{x-ct} F(\xi,\tau)d\xi d\tau + g(x-ct) + h(x+ct). \qquad (7.29)$$

Wir betrachten weiters die homogene Wellengleichung (7.25) zusammen mit vorgegebenen Anfangsbedingungen zum Zeitpunkt $t = 0$:

$$u_{tt} = c^2 u_{xx}, \quad u(x,0) = \varphi(x), \ u_t(x,0) = \psi(x), \qquad (7.30)$$

mit $c > 0$ und Funktionen $\varphi(x)$ und $\psi(x)$. Wir wollen nun in der allgemeinen Lösung (7.28) dieser Gleichung die Funktionen g und h so bestimmen, dass die Anfangsbedingungen erfüllt werden. Durch Einsetzen dieser Bedingungen in die allgemeine Lösung (7.28) erhalten wir die folgenden Gleichungen:

$$u(x,0) = \varphi(x) = g(x) + h(x), \qquad (7.31a)$$
$$u_t(x,0) = \psi(x) = c(h'(x) - g'(x)). \qquad (7.31b)$$

Durch Integration von Gleichung (7.31b) erhält man weiters:

$$h(x) - g(x) = \frac{1}{c} \int_{x_0}^{x} \psi(\xi)d\xi + K, \qquad (7.32)$$

mit einem gewählten Anfangspunkt x_0 und einer Konstanten K. Addiert bzw. Subtrahiert man die beiden Gleichungen (7.31a) und (7.32), so erhält man sofort die Lösungen

$$h(x) = \frac{1}{2}\varphi(x) + \frac{1}{2c} \int_{x_0}^{x} \psi(\xi)d\xi + \frac{K}{2}, \quad g(x) = \frac{1}{2}\varphi(x) - \frac{1}{2c} \int_{x_0}^{x} \psi(\xi)d\xi - \frac{K}{2}. \qquad (7.33)$$

Einsetzen der Formeln (7.33) für $g(x)$ und $h(x)$ in die allgemeine Lösung (7.28) liefert somit die Lösung der homogenen eindimensionalen Wellengleichung zu den gegebenen Anfangsbedingungen, welche als **Lösungsformel von D'Alembert** bezeichnet wird:

$$u(x,t) = \frac{1}{2}\big(\varphi(x+ct) + \varphi(x-ct)\big) + \frac{1}{2c}\Big(\int_{x_0}^{x+ct} \psi(\xi)d\xi - \int_{x_0}^{x-ct} \psi(\xi)d\xi \Big)$$
$$= \frac{1}{2}\big(\varphi(x+ct) + \varphi(x-ct)\big) + \frac{1}{2c} \int_{x-ct}^{x+ct} \psi(\xi)d\xi. \qquad (7.34)$$

Der erste Summand von (7.34) beschreibt den Einfluss der Anfangslage, wohingegen der zweite Summand die Anfangsgeschwindigkeit berücksichtigt. Aus dieser Formel ist weiters ersichtlich, dass die Lösung im Punkt (x, t) nur von der Anfangslage und der Anfangsgeschwindigkeit im Intervall $[x - ct, x + ct]$ abhängt.

2. Lineare und quasilineare partielle Differentialgleichungen erster Ordnung

Lineare partielle Differentialgleichungen erster Ordnung für eine unbekannte Funktion $u(x_1, \ldots, x_n)$ in n Variablen haben die Gestalt

$$a_1(x_1, \ldots, x_n)u_{x_1} + a_2(x_1, \ldots, x_n)u_{x_2} + \quad \cdots \quad + a_n(x_1, \ldots, x_n)u_{x_n}$$
$$+ c(x_1, \ldots, x_n)u + d(x_1, \ldots, x_n) = 0,$$

mit vorgegebenen Funktionen $a_1(x_1, \ldots, x_n), \ldots, a_n(x_1, \ldots, x_n), c(x_1, \ldots, x_n), d(x_1, \ldots, x_n)$.

Um ein Lösungsverfahren für lineare partielle Differentialgleichungen erster Ordnung zu beschreiben, werden wir zunächst Systeme von gewöhnlichen linearen Differentialgleichungen 1. Ordnung für gekoppelte Größen $x_1(t), \ldots, x_n(t)$ betrachten. Die Ableitung $\dot{x}_i(t) = x_i'(t) = \frac{dx_i(t)}{dt}$ der Größe $x_i(t)$ hängt dabei von t und $x_1(t), \ldots, x_n(t)$ ab[4]. Ein n-dimensionales **Differentialgleichungssystem 1. Ordnung** hat daher die folgende Gestalt:

$$\dot{x}_1 = v_1(t, x_1, \ldots, x_n),$$
$$\vdots \qquad \vdots \qquad\qquad\qquad (7.35)$$
$$\dot{x}_n = v_n(t, x_1, \ldots, x_n),$$

mit Funktionen $v_i : D \subseteq \mathbb{R}^{n+1} \to \mathbb{R}$, für $1 \leq i \leq n$. Zum Anschreiben solcher Systeme verwendet man meist die Vektornotation:

$$\dot{\boldsymbol{x}} = \boldsymbol{v}(t, \boldsymbol{x}), \quad \text{mit} \quad \boldsymbol{x} = (x_1, \ldots, x_n), \quad \boldsymbol{v} = (v_1, \ldots, v_n). \qquad (7.36)$$

Die Lösungen des Systems (7.36) sind dann vektorwertige Funktionen $\boldsymbol{x} : I \subseteq \mathbb{R} \to \mathbb{R}^n$, also Lösungskurven. Gibt man als Nebenbedingung noch den Anfangswert $\boldsymbol{x}_0 \in \mathbb{R}^n$ zum Anfangszeitpunkt t_0 vor, das heißt, die Lösungskurve soll für $t = t_0$ durch einen vorgegebenen Punkt $\boldsymbol{x}_0$ gehen, so erhält man das **Anfangswertproblem**

$$\dot{\boldsymbol{x}} = \boldsymbol{v}(t, \boldsymbol{x}), \quad \boldsymbol{x}(t_0) = \boldsymbol{x}_0. \qquad (7.37)$$

Wir formulieren nun ohne Beweis eine Erweiterung des Existenz- und Eindeutigkeitssatzes von Anfangswertproblemen für Differentialgleichungen erster Ordnung auf Systeme von linearen Differentialgleichungen erster Ordnung.

Satz 7.52 (Existenz- und Eindeutigkeitssatz für Differentialgleichungssysteme) *Ist das Vektorfeld $\boldsymbol{v}(t, \boldsymbol{x})$ für $a < t < b$ und $\boldsymbol{x} \in D$, wobei $D \subseteq \mathbb{R}^n$ ein Gebiet ist, stetig partiell nach $x_1, \ldots, x_n$ differenzierbar, dann gibt es zu jedem $t_0 \in (a, b)$ und jedem $\boldsymbol{x}_0 \in D$ genau eine maximale Lösungskurve des Anfangswertproblems*

$$\dot{\boldsymbol{x}} = \boldsymbol{v}(t, \boldsymbol{x}), \quad \boldsymbol{x}(t_0) = \boldsymbol{x}_0.$$

---

[4]Im Zusammenhang mit physikalischen Größen $x(t)$, wo die Variable t als Zeit interpretiert werden kann, ist die Notation $\dot{x}(t)$ gebräuchlicher als das sonst verwendete $x'(t)$.

Eine Lösung $x : I \to \mathbb{R}^n$ heißt dabei maximal, wenn sie sich nicht mehr zu einer Lösung auf einem größeren Intervall $J \supseteq I$ fortsetzen lässt.

Im Zusammenhang mit der Lösung partieller Differentialgleichungen erster Ordnung betrachtet man so genannte **autonome Differentialgleichungssysteme**, wo das Vektorfeld v nicht von der Zeit t abhängig ist:

$$\dot{x} = v(x). \tag{7.38}$$

Wir nehmen nun an, dass das Vektorfeld $v : D \to \mathbb{R}^n$ auf dem Gebiet $D \subseteq \mathbb{R}^n$ stetig differenzierbar ist. Dann besitzt das Differentialgleichungssystem zu jedem Punkt $a \in D$ genau eine maximale Lösung $\Phi(t, a)$, die zum Zeitpunkt $t_0 = 0$ durch $x(t_0) = a$ geht. Wir schreiben dafür

$$x(t) = \Phi(t, a),$$

wobei der so genannte **lokale Fluss** Φ mit Geschwindigkeitsfeld v stetig partiell nach $t, a_1, \ldots, a_n$ differenzierbar ist. Von zentraler Bedeutung ist nun der folgende Begriff.

Definition 7.53 Eine Funktion $u : D \to \mathbb{R}$ auf einem Gebiet $D \subseteq \mathbb{R}^n$ heißt **erstes Integral** des autonomen Differentialgleichungssystems

$$\dot{x} = v(x),$$

wenn $u(x)$ konstant ist längs jeder Lösungskurve des Systems, also

$$u(a) = u(\Phi(t, a)) \tag{7.39}$$

für alle $a \in D$ und alle t aus dem maximalen Definitionsintervall gilt.

Für eine vorgegebene differenzierbare Funktion u lässt sich leicht überprüfen, ob sie ein erstes Integral eines Differentialgleichungssystem ist. Man erhält nämlich durch Ableiten von (7.39) nach t mit Hilfe der Kettenregel:

$$\begin{aligned}
0 &= \frac{d}{dt} u(a) = \frac{d}{dt} u\big(\Phi(t, a)\big) = \frac{d}{dt} u(x_1(t), \ldots, x_n(t)) \\
&= u_{x_1}(x_1(t), \ldots, x_n(t)) \frac{dx_1(t)}{dt} + \cdots + u_{x_n}(x_1(t), \ldots, x_n(t)) \frac{dx_n(t)}{dt} \\
&= (\operatorname{grad} u)\big(x(t)\big) \cdot v(x(t)).
\end{aligned}$$

Da durch jeden Punkt $x \in D$ wegen des Existenz- und Eindeutigkeitssatzes auch tatsächlich eine Lösungskurve geht, erhält man daraus folgende Bedingung, ob u ein erstes Integral darstellt:

$$\operatorname{grad} u(x) \cdot v(x) = 0, \quad \text{für alle } x \in D. \tag{7.40}$$

Beispiel 7.54 Wir betrachten das Differentialgleichungssystem

$$\dot{x} = y^2 - z^2, \quad \dot{y} = z^2 - x^2, \quad \dot{z} = x^2 - y^2. \tag{7.41}$$

Durch Nachrechnen verifiziert man sofort, dass gilt:

$$\dot{x} + \dot{y} + \dot{z} = 0, \quad x^2 \dot{x} + y^2 \dot{y} + z^2 \dot{z} = 0.$$

Für ein stetig differenzierbares erstes Integral $u(x, y, z)$ dieses Systems muss nun wegen (7.40) gelten:

$$(u_x, u_y, u_z) \cdot (\dot{x}, \dot{y}, \dot{z}) = u_x \dot{x} + u_y \dot{y} + u_z \dot{z} = 0.$$

Setzen wir aufgrund der obigen Gleichungen $u_x = 1$, $u_y = 1$, $u_z = 1$ bzw. $u_x = x^2$, $u_y = y^2$, $u_z = z^2$, so erhalten wir durch einfache Integration die folgenden beiden ersten Integrale des Systems (7.41):

$$u(x, y, z) = x + y + z \quad \text{und} \quad u(x, y, z) = \frac{x^3}{3} + \frac{y^3}{3} + \frac{z^3}{3}.$$

$\triangle$

Wie wir später sehen werden, benötigen wir für das Lösen linearer partieller Differentialgleichungen die Berechnung eines möglichst allgemeinen ersten Integrals von autonomen linearen Differentialgleichungssystemen erster Ordnung. Solch ein im allgemeinen nichtkonstruktives Verfahren soll nun im Folgenden für das System

$$\dot{x}_1 = \frac{dx_1}{dt} = v_1(x_1, \ldots, x_n), \quad \ldots, \quad \dot{x}_n = \frac{dx_n}{dt} = v_n(x_1, \ldots, x_n) \tag{7.42}$$

beschrieben werden. Wir nehmen weiters an, dass $v_n(x_1, \ldots, x_n) \neq 0$ auf D gilt (falls nicht, wählt man im Folgenden eine andere Funktion x_i, welche die Bedingung $v_i(x_1, \ldots, x_n) \neq 0$ erfüllt). Dann kann man nach dem Hauptsatz über implizite Funktionen in jeder Lösung $x_n = x_n(t)$ nach $t = t(x_n)$ auflösen und anschließend t in den Lösungen $x_1(t), \ldots, x_{n-1}(t)$ eliminieren, indem man $x_i(t) = x_i(t(x_n)) = x_i(x_n)$, für $1 \leq i \leq n-1$, betrachtet. Die Funktionen $x_1, \ldots, x_{n-1}$ lassen sich somit als von x_n abhängige Funktionen auffassen. Diese Funktionen lassen sich prinzipiell als Lösungen des Systems der **Phasen-Differentialgleichungen**

$$\frac{dx_1}{dx_n} = \frac{v_1(x_1, \ldots, x_n)}{v_n(x_1, \ldots, x_n)}, \quad \ldots, \quad \frac{dx_{n-1}}{dx_n} = \frac{v_{n-1}(x_1, \ldots, x_n)}{v_n(x_1, \ldots, x_n)} \tag{7.43}$$

bestimmen, welches man aus (7.42) erhält. Die Theorie der Systeme von Differentialgleichungen besagt nun, dass die allgemeine Lösung des Systems der Phasen-Differentialgleichungen die folgende Gestalt besitzt:

$$x_1(x_n) = f_1(x_n, c_1, \ldots, c_{n-1}), \quad \ldots, \quad x_{n-1}(x_n) = f_{n-1}(x_n, c_1, \ldots, c_{n-1}),$$

mit Funktionen $f_1, \ldots, f_{n-1}$ und $n-1$ Parametern $c_1, \ldots, c_{n-1}$. Diese Parameter c_i lassen sich theoretisch eindeutig als Lösung des im allgemeinen nichtlinearen Gleichungssystems

$$x_i(x) = f_i(x, c_1, \ldots, c_{n-1}), \quad 1 \leq i \leq n-1,$$

bestimmen, da es genau eine Lösung gibt, die für $x = x_n$ durch den vorgegebenen Punkt $(x_1, \ldots, x_{n-1})$ geht. Es gibt also Funktionen $\varphi_1, \ldots, \varphi_{n-1}$, so dass gilt:

$$c_1 = \varphi_1(x_1, \ldots, x_n), \quad \ldots, \quad c_{n-1} = \varphi_{n-1}(x_1, \ldots, x_n). \tag{7.44}$$

Die Rücksubstitution $x_n = x_n(t)$ ergibt $\varphi_i(x_1(t), \ldots, x_n(t)) = c_i$, für $1 \leq i \leq n-1$, und somit, dass die Funktionen $\varphi_1, \ldots, \varphi_{n-1}$ konstant sind entlang der Lösungskurve $(x_1(t), \ldots, x_n(t))$. Mit anderen Worten heißt das, dass $\varphi_1, \ldots, \varphi_{n-1}$ erste Integrale des Systems (7.42) von Differentialgleichungen sind. Es lässt sich sogar zeigen, dass diese Lösungen unabhängig sind, was bedeutet, dass sie in jedem Punkt linear unabhängige Gradienten besitzen.

Allgemein gilt, dass mit k ersten Integralen $\psi_1, \ldots, \psi_k$ und einer beliebigen stetig differenzierbaren Funktion $F : \mathbb{R}^k \to \mathbb{R}$ auch $F(\psi_1(x_1, \ldots, x_n), \ldots, \psi_k(x_1, \ldots, x_n))$ ein erstes Integral ist. Somit erhalten wir mit $k = n - 1$ die allgemeine Form eines ersten Integrals des Differentialgleichungssystems (7.42) als

$$F\big(\varphi_1(x_1, \ldots, x_n), \ldots, \varphi_{n-1}(x_1, \ldots, x_n)\big), \tag{7.45}$$

mit einer beliebigen stetig differenzierbaren Funktion $F : \mathbb{R}^{n-1} \to \mathbb{R}$ und den vorhin bestimmten ersten Integralen $\varphi_1, \ldots, \varphi_{n-1}$.

Wir merken noch an, dass man in der Praxis bei obigem Verfahren die Phasen-Differentialgleichungen nicht unbedingt durch Elimination der Variablen t durch x_n aufstellt, sondern eine Variable x_i so wählt, dass das entstehende Differentialgleichungssystem möglichst einfach ist.

Beispiel 7.55 Betrachten wir die Bewegungsgleichung $\ddot{x} + \omega^2 x = 0$ des so genannten **linearen harmonischen Schwingers** (= ungedämpfter **harmonischer Oszillator**). Setzen wir

$$x_1 = x \quad \text{und} \quad x_2 = \dot{x}, \tag{7.46}$$

so können wir diese Gleichung auch durch folgendes System linearer Differentialgleichungen 1. Ordnung beschreiben:

$$\dot{x}_1 = x_2, \quad \dot{x}_2 = -\omega^2 x_1, \tag{7.47}$$

wobei das Paar $(x_1(t), x_2(t))$ den Ort und die Geschwindigkeit des Oszillators zum Zeitpunkt t angibt. Die dazugehörige Phasen-Differentialgleichung lautet

$$\frac{dx_1}{dx_2} = \frac{x_2}{-\omega^2 x_1}.$$

Diese trennbare Differentialgleichung liefert dann folgende Lösung in impliziter Form:

$$-\omega^2 \frac{x_1^2}{2} = \frac{x_2^2}{2} + \tilde{c}_1 \quad \text{bzw.} \quad c_1 = x_2^2 + \omega^2 x_1^2,$$

mit Konstanten $\tilde{c}_1$ bzw. $c_1 = -2\tilde{c}_1$. Also ist ein erstes Integral des Differentialgleichungssystems (7.47) gegeben durch

$$\varphi_1(x_1, x_2) = x_2^2 + \omega^2 x_1^2 = c_1 = \text{const} \tag{7.48}$$

(siehe Abb. 7.17). Weiters folgt daraus, dass das allgemeine erste Integral von (7.47) gegeben ist durch $F(x_2^2 + \omega^2 x_1^2)$ mit einer stetig differenzierbaren Funktion F in einer Variablen. Aus Gleichung (7.48) erhält man damit durch Rücksubstitution mittels (7.46) die folgende bekannte Beziehung für den linearen harmonischen Schwinger: $\dot{x}^2 + \omega^2 x = \text{const}$, welche man auch aus dem Energieerhaltungssatz ableiten kann. $\triangle$

Nun können wir endlich die so genannte **Methode der Charakteristiken**, ein Lösungsverfahren für lineare partielle Differentialgleichungen 1. Ordnung, beschreiben. Wir notieren die Gleichung in vektorieller Form:

$$a_1(\boldsymbol{x})u_{x_1} + a_2(\boldsymbol{x})u_{x_2} + \cdots + a_n(\boldsymbol{x})u_{x_n} + c(\boldsymbol{x})u + d(\boldsymbol{x}) = 0, \tag{7.49}$$

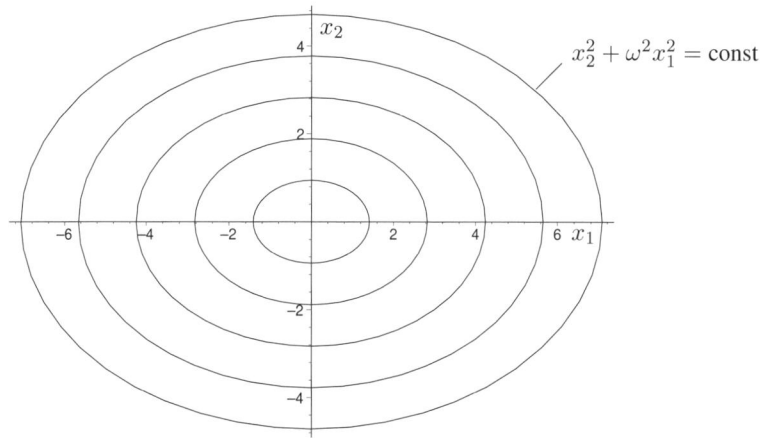

Abbildung 7.17 Die Lösungen $(x_1(t), x_2(t))$ des harmonischen Oszillators verlaufen auf Ellipsenbahnen

mit $\boldsymbol{x} = (x_1, \ldots, x_n)$ aus einem Gebiet $G \subseteq \mathbb{R}^n$.

Wir behandeln zunächst den Sonderfall $c = d = 0$:

$$a_1(\boldsymbol{x})u_{x_1} + a_2(\boldsymbol{x})u_{x_2} + \cdots + a_n(\boldsymbol{x})u_{x_n} = 0, \tag{7.50}$$

welcher als **Rumpf-Differentialgleichung** bezeichnet wird. Es gilt nun folgender Satz für die Lösungen einer Rumpf-Differentialgleichung.

Satz 7.56 *Für eine stetig differenzierbare Funktion $u : G \to \mathbb{R}$ in einem Gebiet $G \subseteq \mathbb{R}^n$ gilt, dass u genau dann eine Lösung der Rumpf-Differentialgleichung*

$$a_1(\boldsymbol{x})u_{x_1} + a_2(\boldsymbol{x})u_{x_2} + \cdots + a_n(\boldsymbol{x})u_{x_n} = 0 \tag{7.51}$$

*ist, wenn u ein erstes Integral des so genannten **charakteristischen Differentialgleichungssystems***

$$\dot{\boldsymbol{x}} = \boldsymbol{a}(\boldsymbol{x}), \quad \text{mit } \boldsymbol{a} = (a_1(\boldsymbol{x}), \ldots, a_n(\boldsymbol{x})) \tag{7.52}$$

ist.

Beweis. Wir nehmen zunächst an, dass u eine Lösung der Rumpf-Differentialgleichung (7.51) ist, und betrachten eine Lösung $\boldsymbol{x}(t)$ von (7.52). Wir erhalten dann

$$\frac{d}{dt}u(\boldsymbol{x}(t)) = \sum_{i=1}^{n} u_{x_i}(\boldsymbol{x}(t))\,\dot{x}_i(t) = \sum_{i=1}^{n} u_{x_i}(\boldsymbol{x}(t))\,a_i(\boldsymbol{x}(t)) = 0$$

und somit, dass $u(\boldsymbol{x}(t)) = \text{const}$ ist. Also ist u auch ein erstes Integral von (7.52). Für den Beweis des Satzes in der umgekehrten Richtung nehmen wir nun an, dass u ein erstes Integral des charakteristischen Differentialgleichungssystems (7.52) und $\boldsymbol{x}(t)$ eine Lösung von (7.52) ist. Es gilt dann

$$0 = \frac{d}{dt}u(\boldsymbol{x}(t)) = \sum_{i=1}^{n} u_{x_i}(\boldsymbol{x}(t))\,a_i(\boldsymbol{x}(t)).$$

Wählt man nun jeweils die Lösung, welche zur Zeit $t = t_0$ durch einen Punkt $\boldsymbol{x} \in G$ geht, so erhält man, dass u die Gleichung

$$\sum_{i=1}^{n} u_{x_i}(\boldsymbol{x})\, a_i(\boldsymbol{x}) = 0$$

für alle $\boldsymbol{x} \in G$ erfüllt und somit auch eine Lösung der Rumpf-Differentialgleichung (7.51) ist.   □

Wir merken noch an, dass die Lösungen des charakteristischen Differentialgleichungssystems (7.52) als **Charakteristiken** oder **charakteristische Kurven** der partiellen Differentialgleichung (7.51) bezeichnet werden.

Beispiel 7.57 Wir betrachten die Rumpf-Differentialgleichung

$$y u_x - x u_y = 0 \tag{7.53}$$

für eine Funktion $u(x, y)$. Das zugehörige charakteristische Differentialgleichungssystem ist gegeben durch

$$\dot{x} = y, \quad \dot{y} = -x \tag{7.54}$$

und liefert die Phasen-Differentialgleichung

$$\frac{dy}{dx} = -\frac{x}{y}.$$

Trennung der Variablen liefert sofort die Lösung

$$\frac{y^2}{2} = -\frac{x^2}{2} + \tilde{c}_1 \quad \text{bzw.} \quad c_1 = x^2 + y^2$$

mit Konstanten $\tilde{c}_1$ bzw. $c_1 = 2\tilde{c}_1$. Also ist ein erstes Integral des charakteristischen Differentialgleichungssystems (7.54) gegeben durch

$$\varphi_1(x, y) = x^2 + y^2.$$

Die allgemeine Lösung der Rumpf-Differentialgleichung (7.53) hat somit die Gestalt

$$u(x, y) = F(x^2 + y^2)$$

mit einer beliebigen stetig differenzierbaren Funktion F in einer Variablen.   △

Beispiel 7.58 Betrachten wir die folgende Rumpf-Differentialgleichung für eine Funktion $u(x, y, z)$:

$$x u_x + y u_y + (x^2 + y^2) u_z = 0. \tag{7.55}$$

Das charakteristische Differentialgleichungssystem lautet somit

$$\dot{x} = x, \quad \dot{y} = y, \quad \dot{z} = x^2 + y^2, \tag{7.56}$$

woraus man folgendes System von Phasen-Differentialgleichungen erhält:

$$\frac{dy}{dx} = \frac{y}{x}, \quad \frac{dz}{dx} = x + \frac{y^2}{x}. \tag{7.57}$$

Die erste dieser Differentialgleichungen lässt sich sofort durch Trennung der Variablen lösen, und man erhält

$$y = c_1 x \quad \text{bzw.} \quad c_1 = \frac{y}{x} = \text{const.}$$

Somit ist ein erstes Integral von (7.56) gegeben durch

$$\varphi_1(x, y, z) = \frac{y}{x}.$$

Setzt man dies in die zweite der Phasen-Differentialgleichungen (7.57) ein, erhält man:

$$\frac{dz}{dx} = x + \frac{c_1^2 x^2}{x} = (1 + c_1^2)x.$$

Wiederum lässt sich die Lösung der auftretenden Differentialgleichung durch Trennung der Variablen ermitteln, und man erhält mit einer beliebigen Konstanten c_2:

$$z = (1 + c_1^2)\frac{x^2}{2} + c_2.$$

Auflösen nach c_2 und Einsetzen des bereits gewonnenen Ausdrucks für c_1 liefert dann:

$$c_2 = z - (1 + c_1^2)\frac{x^2}{2} = z - (1 + \frac{y^2}{x^2})\frac{x^2}{2} = z - \frac{1}{2}(x^2 + y^2).$$

Also ist ein weiteres erstes Integral von (7.56) gegeben durch

$$\varphi_2(x, y, z) = z - \frac{1}{2}(x^2 + y^2).$$

Die allgemeine Lösung der Rumpf-Differentialgleichung (7.55) ist somit gegeben durch

$$u(x, y, z) = F\left(\frac{y}{x}, z - \frac{1}{2}(x^2 + y^2)\right)$$

mit einer beliebigen stetig differenzierbaren Funktion F in zwei Variablen. $\triangle$

Um nun die Lösung von (7.49) für den allgemeinen Fall zu bestimmen, führt man eine geeignete Variablensubstitution durch, aus der man die Lösung einfach erhalten kann. Wie wir sofort sehen werden, wird man das Problem, eine passende Variablensubstitution zu finden, auf das Lösen der entsprechenden Rumpf-Differentialgleichung zurückführen können. Aus Gründen der einfacheren Lesbarkeit werden wir uns bei den folgenden Betrachtungen auf den Fall von 2 Variablen beschränken und erst danach anmerken, wie man dieses Verfahren auf den Fall von n Variablen erweitern kann. Zur Vereinfachung der Differentialgleichung

$$a(x, y)u_x + b(x, y)u_y + c(x, y)u + d(x, y) = 0 \tag{7.58}$$

für die unbekannte Funktion $u(x, y)$ wählen wir nun den Ansatz $\xi = \xi(x, y)$, $\eta = \eta(x, y)$ und definieren $U(\xi, \eta) = u(x, y)$. Ableiten liefert dann unter Berücksichtigung der Kettenregel die folgende Gleichung, wo wir abkürzend $a = a(x, y)$, etc. verwenden:

$$
\begin{aligned}
0 = au_x + bu_y + cu + d &= a(U_\xi \xi_x + U_\eta \eta_x) + b(U_\xi \xi_y + U_\eta \eta_y) + cU + d \\
&= (a\xi_x + b\xi_y)U_\xi + (a\eta_x + b\eta_y)U_\eta + cU + d.
\end{aligned}
\tag{7.59}
$$

Wählen wir nun für die Funktion $\xi = \xi(x, y)$ eine Lösung der zugehörigen Rumpf-Differential-gleichung

$$
au_x + bu_y = 0,
$$

dann reduziert sich die Gleichung (7.59) auf eine gewöhnliche lineare Differentialgleichung 1. Ordnung für die Funktion U:

$$
0 = (a\eta_x + b\eta_y)U_\eta + cU + d.
\tag{7.60}
$$

Die allgemeine Lösung der Differentialgleichung (7.60) liefert dann nach Rücksubstitution die allgemeine Lösung von (7.58). Für die Substitution $\eta(x, y)$ kann man prinzipiell jede Funktion $\eta(x, y)$ wählen, vorausgesetzt dass die Koordinatentransformation von (x, y) nach $(\xi(x, y), \eta(x, y))$ stetig differenzierbar und umkehrbar ist. Dies liefert die Bedingung, dass die Determinante der Jacobi-Matrix (die **Jacobi-Determinante**) von Null verschieden sein muss:

$$
\begin{vmatrix} \xi_x & \xi_y \\ \eta_x & \eta_y \end{vmatrix} = \xi_x \eta_y - \xi_y \eta_x \neq 0.
$$

Man wird aber meist danach trachten, für η eine möglichst einfache Substitution (z.B. $\eta = x$ oder $\eta = y$) zu verwenden, welche umkehrbar ist.

Das Verfahren lässt sich leicht für den Fall einer partiellen Differentialgleichung (7.49) für $u(x_1, \ldots, x_n)$ in n Variablen verallgemeinern. Man wählt dazu für die Substitutionen den Ansatz $\xi_1(x_1, \ldots, x_n), \ldots, \xi_{n-1}(x_1, \ldots, x_n), \eta(x_1, \ldots, x_n)$ und definiert $U(\xi_1, \ldots, \xi_{n-1}, \eta) = u(x_1, \ldots, x_n)$. Wählt man nun für die Funktionen $\xi_1(x_1, \ldots, x_n), \ldots, \xi_{n-1}(x_1, \ldots, x_n)$ insgesamt $n - 1$ unabhängige Lösungen der entsprechenden Rumpf-Differentialgleichung (7.50), so erhält man wiederum eine gewöhnliche Differentialgleichung 1. Ordnung für die Funktion U.

Beispiel 7.59 Betrachten wir die lineare inhomogene Differentialgleichung

$$
(x + y)u_x + yu_y = u.
\tag{7.61}
$$

Das zur entsprechenden Rumpf-Differentialgleichung zugehörige System der charakteristischen Differentialgleichungen

$$
\dot{x} = x + y, \quad \dot{y} = y
\tag{7.62}
$$

liefert die Phasen-Differentialgleichung

$$
\frac{dx}{dy} = \frac{x}{y} + 1.
$$

Lösen dieser linearen Differentialgleichung 1. Ordnung liefert die allgemeine Lösung $x = y \log y + c_1 y$ und somit das erste Integral

$$
\varphi_1(x, y) = \frac{x}{y} - \log y.
$$

Führt man nun die Substitutionen $\xi(x,y) = \varphi_1(x,y) = \frac{x}{y} - \log y$ und ein noch zu wählendes $\eta(x,y)$ aus, so erhält man für die Funktion $U(\xi,\eta) = u(x,y)$ die gewöhnliche Differentialgleichung

$$\big((x(\xi,\eta) + y(\xi,\eta))\eta_x + y(\xi,\eta)\eta_y\big)U_\eta - U = 0. \tag{7.63}$$

Wählt man nun für η die Substitution $\eta(x,y) = y$, so vereinfacht sich die Gleichung (7.63) zu

$$\eta U_\eta - U = 0.$$

Diese Differentialgleichung kann durch Trennen der Variablen gelöst werden, und man erhält als allgemeine Lösung

$$U(\xi,\eta) = C(\xi)\eta$$

mit einer beliebigen differenzierbaren Funktion C in einer Variablen. Rücksubstitution liefert somit die allgemeine Lösung von (7.61):

$$u(x,y) = y\, C\Big(\frac{x}{y} - \log y\Big) \quad \text{oder} \quad u(x,y) = y\, \tilde{C}\big(y e^{-\frac{x}{y}}\big)$$

mit stetig differenzierbaren Funktionen C bzw. $\tilde{C}$ in einer Variablen. $\triangle$

Wir wollen nun noch kurz darauf eingehen, wie sich die Methode der Charakteristiken auch auf allgemeinere Differentialgleichungen erster Ordnung erweitern lässt, insbesondere auf so genannte quasilineare Differentialgleichungen erster Ordnung. Wir betrachten dazu die **quasilineare Differentialgleichung erster Ordnung** für den Fall einer Funktion $u(x,y)$ in zwei Variablen, welche folgende Gestalt besitzt:

$$a(x,y,u)u_x + b(x,y,u)u_y + c(x,y,u) = 0. \tag{7.64}$$

Falls sowohl die Funktion a als auch die Funktion b nur von x und y, nicht aber von u abhängen, so kann man analog zum Lösen von linearen partiellen Differentialgleichungen 1. Ordnung vorgehen und erhält durch die dort angeführten Substitutionen eine gewöhnliche Differentialgleichung erster Ordnung (im allgemeinen aber keine lineare Differentialgleichung mehr). Lösen dieser Differentialgleichung liefert in diesem Fall die Lösung der quasilinearen Differentialgleichung.

Für den allgemeinen Fall, dass zumindest eine der beiden Funktionen a und b auch von u abhängt, verwendet man für die Lösung der quasilinearen Differentialgleichung den Ansatz

$$f(x,y,u) = \text{const.}$$

Ableiten von $f(x,y,u(x,y))$ nach x bzw. y liefert mit Hilfe der Kettenregel die Beziehungen

$$f_x + f_u u_x = 0, \quad f_y + f_u u_y = 0$$

und weiter

$$u_x = -\frac{f_x}{f_u}, \quad u_y = -\frac{f_y}{f_u}.$$

Einsetzen dieser Beziehungen in Gleichung (7.64) liefert somit die folgende Rumpf-Differentialgleichung für die Funktion $f(x,y,u)$:

$$a(x,y,u)f_x + b(x,y,u)f_y - c(x,y,u)f_u = 0. \tag{7.65}$$

Zum Lösen der Differentialgleichung (7.65) kann man die eben besprochene Methode der Charakteristiken anwenden, welche somit die Lösung $u(x, y)$ der quasilinearen Differentialgleichung (7.64) in impliziter Form liefert.

Beispiel 7.60 Betrachten wir die quasilineare Differentialgleichung

$$uu_x + uu_y = x + y. \tag{7.66}$$

Der Ansatz $f(x, y, u) = \text{const}$ liefert dann die Rumpf-Differentialgleichung

$$uf_x + uf_y + (x + y)f_u = 0. \tag{7.67}$$

Das zugehörige charakteristische Differentialgleichungssystem

$$\dot{x} = u, \quad \dot{y} = u, \quad \dot{u} = x + y$$

lässt sich durch die Substitution $z = x + y$ vereinfachen zu

$$\dot{z} = \dot{x} + \dot{y} = 2u, \quad \dot{u} = x + y = z.$$

Die entsprechende Phasen-Differentialgleichung

$$\frac{dz}{du} = \frac{2u}{z}$$

besitzt die Lösung $\frac{z^2}{2} = u^2 + c_1$, woraus wir das folgende erste Integral von (7.67) gewinnen:

$$c_1 = \frac{z^2}{2} - u^2 = \frac{(x + y)^2}{2} - u^2.$$

Wegen $\dot{x} = \dot{y}$ erhalten wir durch Integration ein weiteres erstes Integral von (7.67):

$$c_2 = x - y.$$

Somit ist die allgemeine Lösung von (7.66) gegeben durch

$$f(x, y, u) = F\left(\frac{(x + y)^2}{2} - u^2, \, x - y\right) = \text{const}$$

mit einer beliebigen stetig differenzierbaren Funktion F in zwei Variablen. Man kann durch Auflösen nach der ersten Variablen in der Funktion F die Lösungen für $u(x, y)$ auch explizit angeben. Man erhält dann $\frac{(x+y)^2}{2} - u^2 = G(x - y)$ und somit

$$u(x, y) = \pm\sqrt{\frac{(x + y)^2}{2} - G(x - y)}$$

mit einer stetig differenzierbaren Funktion G in einer Variablen. $\triangle$

3. Lineare und quasilineare partielle Differentialgleichungen zweiter Ordnung

Wir werden uns in diesem Abschnitt meist auf Differentialgleichungen für eine Funktion $u(x, y)$ in zwei Variablen beschränken. Eine **quasilineare partielle Differentialgleichung 2. Ordnung** besitzt dann die Gestalt

$$A(x, y, u, u_x, u_y)u_{xx} + 2B(x, y, u, u_x, u_y)u_{xy} + C(x, y, u, u_x, u_y)u_{yy} = F(x, y, u, u_x, u_y)$$
(7.68)

mit vorgegebenen Funktionen $A(x, y, u, u_x, u_y)$, etc.

Man unterscheidet drei Typen von quasilinearen Differentialgleichungen zweiter Ordnung, welche aufgrund des Vorzeichens der Diskriminante klassifiziert werden.

Definition 7.61 (Klassifikation von quasilinearen Differentialgleichungen 2. Ordnung)
Die quasilineare Differentialgleichung 2. Ordnung

$$Au_{xx} + 2Bu_{xy} + Cu_{yy} = F$$
(7.69)

mit Funktionen $A = A(x, y, u, u_x, u_y)$, etc. heißt in einem Gebiet $D \subseteq \mathbb{R}^2$

$$\begin{aligned}
\textbf{hyperbolisch} &\iff d < 0 \quad \text{für alle } (x, y) \in D, \\
\textbf{parabolisch} &\iff d = 0 \quad \text{für alle } (x, y) \in D, \\
\textbf{elliptisch} &\iff d > 0 \quad \text{für alle } (x, y) \in D,
\end{aligned}$$

wobei $d = AC - B^2$ die **Diskriminante** der Differentialgleichung (7.69) bezeichnet.

Beispiel 7.62

(a) Die bereits vorgestellte eindimensionale **Wellengleichung**

$$u_{tt} = c^2 u_{xx}$$

mit $c > 0$ ist wegen $d = -c^2 < 0$ eine hyperbolische Differentialgleichung auf ganz $\mathbb{R}^2$.

(b) Die eindimensionale **Wärmeleitungsgleichung** (auch Diffusionsgleichung genannt)

$$u_t = \alpha^2 u_{xx}$$

mit $\alpha > 0$ ist wegen $d = 0$ eine parabolische Differentialgleichung auf ganz $\mathbb{R}^2$. Sie beschreibt z.B. die Temperaturverteilung $u(x, t)$ zum Zeitpunkt t im Punkt x in einem langen dünnen Stab.

(c) Die **Potentialgleichung** (auch **Laplace-Gleichung** genannt)

$$u_{xx} + u_{yy} = 0,$$

welche die Potentialverteilung eines ebenen elektrostatischen Potentials beschreibt, ist wegen $d = 1 > 0$ eine elliptische Differentialgleichung auf ganz $\mathbb{R}^2$. Diese Gleichung wird auch häufig als

$$\Delta u = 0$$

angeschrieben, wobei Δ den so genannten **Laplace-Operator** $\Delta = \frac{\partial^2}{\partial x^2} + \frac{\partial^2}{\partial y^2}$ bezeichnet. Selbstverständlich ist auch die so genannte **Poisson-Gleichung**

$$\Delta u = u_{xx} + u_{yy} = f(x, y)$$

mit einer vorgegebenen Funktion $f(x, y)$ auf ganz $\mathbb{R}^2$ elliptisch.

(d) Es gibt auch Differentialgleichungen vom gemischten Typ, die je nach betrachtetem Gebiet D von unterschiedlichem Typ sind. Ein Beispiel hierfür ist die **Tricomi-Gleichung**

$$u_{yy} - y u_{xx} = 0,$$

welche wegen $d = -y$ für $y > 0$ hyperbolisch, für $y = 0$ parabolisch und für $y < 0$ elliptisch ist. $\triangle$

Wir beschreiben im Folgenden die Reduktion einer quasilinearen Differentialgleichung zweiter Ordnung (7.68) auf so genannte **Normalformen**, welche z.B. nützlich sind, um das qualitative Verhalten der Lösungen (also beispielsweise die Stabilität von Lösungen) zu studieren. Diese Reduktion auf Normalformen wird erreicht, indem man geeignete Koordinatentransformationen

$$\xi = \xi(x, y), \quad \eta = \eta(x, y)$$

durchführt, wobei man fordert, dass die Transformation stetig differenzierbar und invertierbar ist, das heißt, dass die Jacobi-Determinante von Null verschieden ist: $\left| \begin{smallmatrix} \xi_x & \xi_y \\ \eta_x & \eta_y \end{smallmatrix} \right| = \xi_x \eta_y - \xi_y \eta_x \neq 0$.

Wir wählen den Ansatz $\xi = \xi(x, y)$, $\eta = \eta(x, y)$ und definieren $U(\xi, \eta) = u(x, y)$. Unter Verwendung der Kettenregel $u_x = U_\xi \xi_x + U_\eta \eta_x$, $u_y = U_\xi \xi_y + U_\eta \eta_y$, etc. erhält man aus Gleichung (7.68) für $u(x, y)$ die folgende Differentialgleichung für $U(\xi, \eta)$, wobei wir immer abkürzend $A = A(x, y, u, u_x, u_y)$, etc. und $a = a(\xi, \eta, U, U_\xi, U_\eta)$, etc. schreiben:

$$a U_{\xi\xi} + 2b U_{\xi\eta} + c U_{\eta\eta} = f(\xi, \eta, U, U_\xi, U_\eta) \tag{7.70}$$

mit einer bestimmten Funktion $f(\xi, \eta, U, U_\xi, U_\eta)$ und den Funktionen

$$a = A\xi_x^2 + 2B\xi_x\xi_y + C\xi_y^2,$$
$$b = A\xi_x\eta_x + B(\xi_x\eta_y + \eta_x\xi_y) + C\xi_y\eta_y,$$
$$c = A\eta_x^2 + 2B\eta_x\eta_y + C\eta_y^2.$$

Es lässt sich leicht nachweisen, dass die beiden Differentialgleichungen (7.68) und (7.70) immer vom gleichen Typ sind.

Wir nehmen im Folgenden an, dass $A \neq 0$ gilt. Falls $A = 0$ und $C \neq 0$ ist, werden die Rollen von x und y miteinander vertauscht. Wenn $A = C = 0$ gilt, liegt bereits eine hyperbolische Differentialgleichung in Normalform vor, wie wir später sehen werden. Um geeignete Transformationen $\xi = \xi(x, y)$ und $\eta = \eta(x, y)$ zu bestimmen, betrachten wir nun die Differentialgleichung

$$A z_x^2 + 2B z_x z_y + C z_y^2 = 0, \tag{7.71}$$

welche als **charakteristische Differentialgleichung** der quasilinearen Differentialgleichung 2. Ordnung (7.68) bezeichnet wird. Die Lösungen von (7.71) werden **Charakteristiken** der Gleichung (7.68) genannt. Löst man in Gleichung (7.71) nach z_x auf, liefert dies

$$z_x = \frac{-2B z_y \pm \sqrt{4B^2 z_y^2 - 4AC z_y^2}}{2A} = \left(-\frac{B}{A} \pm \frac{1}{A}\sqrt{B^2 - AC} \right) \cdot z_y.$$

In faktorisierter Form lautet (7.71) also

$$\left(z_x + \left(\frac{B}{A} + \frac{1}{A}\sqrt{B^2 - AC}\right)z_y\right) \cdot \left(z_x + \left(\frac{B}{A} - \frac{1}{A}\sqrt{B^2 - AC}\right)z_y\right) = 0. \tag{7.72}$$

Es ergeben sich nun je nach Vorzeichen der Diskriminante $AC - B^2$ und somit je nach Typ der Differentialgleichung folgende drei Fälle:

(a) **hyperbolische Differentialgleichung**: $AC - B^2 < 0$. In diesem Fall kann man die beiden Faktoren von (7.72) getrennt betrachten und die folgenden beiden Rumpf-Differentialgleichungen studieren:

$$Az_x + (B + \sqrt{B^2 - AC})z_y = 0, \tag{7.73a}$$
$$Az_x + (B - \sqrt{B^2 - AC})z_y = 0. \tag{7.73b}$$

Man wählt nun für die Substitution $\xi = \xi(x, y)$ eine Lösung der Differentialgleichung (7.73a) und für $\eta = \eta(x, y)$ eine Lösung der Differentialgleichung (7.73b). Durch diese Wahl folgt sofort, dass die Koeffizienten a und c in Gleichung (7.70) verschwinden. Dividiert man in (7.70) nun noch durch $2b$, so erhält man die **Normalform für hyperbolische Differentialgleichungen** in der Gestalt

$$U_{\xi\eta} = g(\xi, \eta, U, U_\xi, U_\eta). \tag{7.74}$$

(b) **parabolische Differentialgleichung**: $AC - B^2 = 0$. In diesem Fall sind die beiden Faktoren von (7.72) gleich und liefern die Rumpf-Differentialgleichung

$$Az_x + Bz_y = 0. \tag{7.75}$$

Man wählt nun für die Substitution $\xi = \xi(x, y)$ eine Lösung der Differentialgleichung (7.75), wohingegen man für $\eta = \eta(x, y)$ eine beliebige Funktion wählt, so dass aber die Koordinatentransformation stetig differenzierbar und invertierbar ist. Durch diese Wahl von ξ folgt sofort, dass der Koeffizient a in Gleichung (7.70) verschwindet. Wegen $C = \frac{B^2}{A}$ und $b = A(\xi_x + \frac{B}{A}\xi_y)(\eta_x + \frac{B}{A}\eta_y) = 0$ verschwindet aber auch der Koeffizient b, und man erhält nach Division durch c aus Gleichung (7.70) die **Normalform für parabolische Differentialgleichungen** in der Gestalt

$$U_{\eta\eta} = g(\xi, \eta, U, U_\xi, U_\eta). \tag{7.76}$$

(c) **elliptische Differentialgleichung**: $AC - B^2 > 0$. Hier existieren keine reellen Lösungen der charakteristischen Differentialgleichung (7.72). Man kann aber die komplexwertige Lösung $z(x, y) = \varphi(x, y) + i\psi(x, y)$ der Rumpf-Differentialgleichung

$$Az_x + (B + \sqrt{B^2 - AC})z_y = 0 \tag{7.77}$$

betrachten und die Substitutionen $\xi = \varphi(x, y)$ und $\eta = \psi(x, y)$ durchführen. Man wählt also für die Koordinatentransformation den Realteil und den Imaginärteil der komplexen Charakteristik $z(x, y)$. Aus Gleichung (7.77) folgt natürlich, dass

$$Az_x^2 + 2Bz_x z_y + Cz_y^2 = 0 \quad \text{und} \quad A\bar{z}_x^2 + 2B\bar{z}_x\bar{z}_y + C\bar{z}_y^2 = 0$$

gilt, wobei $\overline{z}(x,y) = \varphi(x,y) - i\psi(x,y)$ die zu $z(x,y)$ konjugiert komplexe Funktion bezeichnet. Man rechnet nun leicht nach, dass der Koeffizient b in (7.70) verschwindet:

$$
\begin{aligned}
b &= A\xi_x\eta_x + B(\xi_x\eta_y + \eta_x\xi_y) + C\xi_y\eta_y \\
&= A\left(\frac{z+\overline{z}}{2}\right)_x\left(\frac{z-\overline{z}}{2i}\right)_x + B\left(\left(\frac{z+\overline{z}}{2}\right)_x\left(\frac{z-\overline{z}}{2i}\right)_y + \left(\frac{z+\overline{z}}{2}\right)_y\left(\frac{z-\overline{z}}{2i}\right)_x\right) \\
&\quad + C\left(\frac{z+\overline{z}}{2}\right)_y\left(\frac{z-\overline{z}}{2i}\right)_y \\
&= \frac{1}{4i}\left(A(z_x^2 - \overline{z}_x^2) + 2B(z_x z_y - \overline{z}_x\overline{z}_y) + C(z_y^2 - \overline{z}_y^2)\right) \\
&= \frac{1}{4i}\left((Az_x^2 + 2Bz_x z_y + Cz_y^2) - (A\overline{z}_x^2 + 2B\overline{z}_x\overline{z}_y + C\overline{z}_y^2)\right) = 0.
\end{aligned}
$$

Analog weist man nach, dass in (7.70) die Beziehung $a = c$ gilt. Nach Division durch a erhält man somit aus Gleichung (7.70) die **Normalform für elliptische Differentialgleichungen** der Gestalt

$$U_{\xi\xi} + U_{\eta\eta} = g(\xi, \eta, U, U_\xi, U_\eta). \tag{7.78}$$

Beispiel 7.63 Wir betrachten die Differentialgleichung

$$u_{xx} + 4xu_{xy} + 5x^2 u_{yy} = 0 \tag{7.79}$$

für ein Gebiet D mit $x > 0$. Da $AC - B^2 = x^2 > 0$ ist, liegt in D eine elliptische Differentialgleichung vor. Dies liefert die charakteristische Gleichung

$$z_x^2 + 4xz_x z_y + 5x^2 z_y^2 = (z_x + (2x + \sqrt{4x^2 - 5x^2})z_y)(z_x + (2x - \sqrt{4x^2 - 5x^2})z_y) = 0.$$

Die daraus entstehende Rumpf-Differentialgleichung

$$z_x + (2 - i)xz_y = 0$$

lässt sich mit der Methode der Charakteristiken leicht lösen: eine komplexwertige Lösung dieser Gleichung ist gegeben durch

$$z(x,y) = y - x^2 + i\frac{x^2}{2}.$$

Wir wählen daher als Koordinatentransformation

$$\xi(x,y) = y - x^2, \quad \eta(x,y) = \frac{x^2}{2}$$

und definieren $U(\xi, \eta) = u(x,y)$. Ableiten nach der Kettenregel liefert dann die folgenden partiellen Ableitungen:

$$u_{xx} = 4x^2 U_{\xi\xi} - 4x^2 U_{\xi\eta} + x^2 U_{\eta\eta} + U_\eta - 2U_\xi, \quad u_{xy} = -2xU_{\xi\xi} + xU_{\xi\eta}, \quad u_{yy} = U_{\xi\xi}.$$

Einsetzen in die Differentialgleichung (7.79) liefert dann die Gleichung

$$x^2 U_{\xi\xi} + x^2 U_{\eta\eta} + U_\eta - 2U_\xi = 0$$

und somit die Normalform

$$U_{\xi\xi} + U_{\eta\eta} = \frac{2U_\xi - U_\eta}{2\eta}. \qquad \triangle$$

Wir wollen nun noch ein Lösungsverfahren vorstellen, welches für eine Reihe von wichtigen partiellen Differentialgleichungen verwendet werden kann. Wir beschränken uns bei der Darstellung auf Gleichungen für eine Funktion $u(x, y)$ in zwei Variablen, die Methode lässt sich aber in bestimmten Fällen auch für Gleichungen in mehreren Variablen anwenden. Dabei wählt man für die Lösung der gegebenen partiellen Differentialgleichung einen so genannten **Bernoulli'schen Produktansatz** (auch **Separationsansatz**, **Trennungsansatz** oder nur **Produktansatz** genannt)

$$u(x, y) = X(x) \cdot Y(y)$$

mit genügend oft differenzierbaren Funktionen $X(x)$ und $Y(y)$. Man trachtet also danach, eine multiplikative Trennung der Variablen herbeizuführen, weswegen diese Methode auch **Trennung der Variablen** oder **Separation der Variablen** genannt wird.

Wir illustrieren diese Methode an Hand der homogenen linearen partiellen Differentialgleichung 2. Ordnung, welche man durch geeignete Koordinatentransformation immer auf folgende Gestalt bringen kann:

$$a(x, y)u_{xx} + c(x, y)u_{yy} + d(x, y)u_x + e(x, y)u_y + f(x, y)u = 0.$$

Der Ansatz $u(x, y) = X(x)Y(y)$ liefert dann durch Einsetzen die Gleichung

$$aX''Y + cXY'' + dX'Y + eXY' + fXY = 0.$$

Entscheidend für das Gelingen des Ansatzes ist nun die Annahme, dass auch in den Koeffizientenfunktionen $a = a(x, y)$, etc. eine Variablentrennung möglich ist, so dass man nach eventueller Division durch eine Funktion $\varphi(x, y) \neq 0$ eine Gleichung folgender Gestalt erhält:

$$a_1(x)X''Y + b_1(y)XY'' + a_2(x)X'Y + b_2(y)XY' + (a_3(x) + b_3(y))XY = 0.$$

Die Variablen lassen sich nun nach Division durch XY vollständig trennen, und man erhält die Gleichung

$$a_1(x)\frac{X''}{X} + a_2(x)\frac{X'}{X} + a_3(x) = -\left(b_1(y)\frac{Y''}{Y} + b_2(y)\frac{Y'}{Y} + b_3(y)\right). \qquad (7.80)$$

Da die linke Seite von Gleichung (7.80) nicht von y abhängt, d.h. konstant in y ist, kann auch in der rechten Seite von (7.80) keine Abhängigkeit von y bestehen. Das bedeutet, dass die rechte Seite und somit auch die linke Seite von (7.80) gleich einer Konstanten $\lambda \in \mathbb{C}$ sein müssen. Daraus folgt weiter, dass die Ansatzfunktion $u(x, y) = X(x)Y(y)$ unter den gemachten Voraussetzungen genau dann eine Lösung der gegebenen Differentialgleichung ist, wenn $X(x)$ und $Y(y)$ die folgenden linearen gewöhnlichen Differentialgleichungen 2. Ordnung erfüllen:

$$a_1X'' + a_2X' + (a_3 - \lambda)X = 0, \quad b_1Y'' + b_2Y' + (b_3 + \lambda)Y = 0 \quad \text{mit } \lambda \in \mathbb{C}. \qquad (7.81)$$

Falls zusätzlich noch Nebenbedingungen vorgegeben sind, ist die Separationsmethode nur dann anwendbar, wenn diese Bedingungen von einer Gestalt sind, dass sie sich in Bedingungen für die Variable x und in solche für die Variable y „trennen lassen". Falls Randbedingungen vorgegeben sind, entsteht aus einer der beiden in (7.81) gegebenen Differentialgleichungen, also beispielsweise aus jener für $X(x)$, ein so genanntes gewöhnliches **Randwertproblem**. Man versucht dann, Werte λ so zu bestimmen, dass das Randwertproblem nichttriviale Lösungen

$X(x) \neq 0$ besitzt. Solche λ nennt man **Eigenwerte** des Randwertproblems, und zugehörige nichttriviale Lösungen $X_\lambda(x)$ bezeichnet man als **Eigenlösungen**. Bestimmt man für einen Eigenwert λ durch Lösen der zweiten in (7.81) gegebenen Differentialgleichung noch eine möglichst allgemeine Lösung $Y_\lambda(y)$, so erhält man mittels

$$U(x, y, \lambda) = X_\lambda(x) \cdot Y_\lambda(y)$$

eine Eigenlösung der vorgegebenen Differentialgleichung. Diese wird aber im allgemeinen nicht alle vorgegebenen Nebenbedingungen (z.B. gestellte Anfangsbedingungen) erfüllen. Man versucht dann, das **Superpositionsprinzip** zu verwenden: sind $U(x, y, \lambda_1)$, $U(x, y, \lambda_2)$, $U(x, y, \lambda_3)$, ... Eigenlösungen zu den Eigenwerten λ_1, λ_2, λ_3, ..., dann ist auch die daraus gebildete Reihe

$$U(x, y) = \sum_{k=1}^{\infty} a_k U(x, y, \lambda_k)$$

mit beliebigen Koeffizienten a_k eine Lösung der homogenen Differentialgleichung, sofern die Reihe konvergiert. Es gelingt damit häufig, die Koeffizienten a_k so zu bestimmen, dass U sämtliche vorgegebenen Nebenbedingungen erfüllt.

In den folgenden Beispielen wird das besprochene Verfahren der Separation der Variablen auf einige wichtige Differentialgleichungen angewandt. Wir schicken allerdings voraus, dass hier ein Vorgriff auf die in Kapitel 8 behandelten Fourier-Reihen gemacht wird und für das Verständnis der kommenden Beispiele nach Möglichkeit dieses Kapitel zuerst studiert werden soll. Weiters werden wir im Folgenden nicht auf Fragen der Existenz bzw. Eindeutigkeit der auftretenden Fourier-Reihen, Vertauschbarkeit von Summation und Integration, o.ä. eingehen, da dies ebenfalls in Kapitel 8 besprochen wird.

Beispiel 7.64 Wir illustrieren das Verfahren zunächst an Hand der homogenen **eindimensionalen Schwingungsgleichung** mit homogenen Randbedingunen. Wir betrachten dabei die Auslenkung $u(x, t)$ einer **schwingenden Saite** zum Zeitpunkt $t > 0$, wobei die Saitenenden bei $x = 0$ und $x = \ell > 0$ fest eingespannt sein sollen. Die Auslenkung $u(x, t)$ wird dabei für $x \in [0, \ell]$ und $t \geq 0$ durch die bereits vorgestellte eindimensionale Wellengleichung

$$u_{tt} = c^2 u_{xx} \tag{7.82a}$$

beschrieben. Zusätzlich müssen aber nun Anfangs- und Randbedingungen erfüllt sein, das heißt, es liegt ein Rand-Anfangswert-Problem vor. Wir geben etwa die Anfangslage $f(x)$ und die Anfangsgeschwindigkeit $g(x)$ vor und fordern, dass es zu jedem Zeitpunkt $t \geq 0$ bei $x = 0$ und $x = \ell$ keine Auslenkung gibt (homogene Randbedingung):

$$u(x, 0) = f(x), \quad u_t(x, 0) = g(x), \quad u(0, t) = 0, \quad u(\ell, t) = 0. \tag{7.82b}$$

Wir wählen nun zur Lösung des gestellten Problems den Separationsansatz

$$u(x, t) = X(x) \cdot T(t)$$

mit unbekannten Funktionen $X(x)$ und $T(t)$. Einsetzen in die Differentialgleichung liefert sodann die Gleichung

$$\ddot{T}(t)X(x) = c^2 T(t) X''(x)$$

und somit durch Trennen der Variablen

$$\frac{\ddot{T}(t)}{c^2 T(t)} = \frac{X''(x)}{X(x)} = \lambda = \text{const},$$

da die linke Seite unabhängig von x ist und daher gleich einer Konstanten $\lambda \in \mathbb{C}$ sein muss. Dies liefert die beiden durch λ gekoppelten gewöhnlichen Differentialgleichungen

$$X'' - \lambda X = 0, \quad \ddot{T} - \lambda c^2 T = 0. \tag{7.83}$$

Betrachten wir zunächst das gewöhnliche Randwertproblem für $X(x)$:

$$X'' - \lambda X = 0, \quad X(0) = 0, \quad X(\ell) = 0. \tag{7.84}$$

Die allgemeine Lösung der linearen Differentialgleichung (7.84) mit konstanten Koeffizienten bestimmt man sofort mit dem Exponentialansatz $X = e^{\alpha x}$ mit $\alpha \in \mathbb{C}$. Die charakteristische Gleichung $\alpha^2 - \lambda = 0$ liefert die beiden Lösungen $\alpha_{1,2} = \pm\sqrt{\lambda}$ und somit für $\lambda \neq 0$ die allgemeine Lösung der Differentialgleichung (7.84):

$$X(x) = C_1 e^{\sqrt{\lambda}x} + C_2 e^{-\sqrt{\lambda}x} \tag{7.85}$$

mit beliebigen Konstanten $C_1, C_2 \in \mathbb{C}$. Für uns von Interesse sind nun jene Werte von λ, für die nichttriviale Lösungen $X(x) \neq 0$ der Differentialgleichung existieren, welche auch die in (7.84) gegebenen Randbedingungen erfüllen ($X(x) = 0$ und somit $C_1 = C_2 = 0$ ist zwar immer eine Lösung dieses Randwertproblems, aber nicht von weiterem Interesse). Einsetzen der Randbedingungen in die Lösung (7.85) liefert nun folgendes lineare Gleichungssystem für C_1, C_2:

$$0 = C_1 + C_2, \quad 0 = C_1 e^{\sqrt{\lambda}\ell} + C_2 e^{-\sqrt{\lambda}\ell}. \tag{7.86}$$

Nichttriviale Lösungen existieren daher genau dann, wenn die Systemmatrix

$$M = \begin{pmatrix} 1 & 1 \\ e^{\sqrt{\lambda}\ell} & e^{-\sqrt{\lambda}\ell} \end{pmatrix} \quad \text{des Gleichungssystems} \quad \begin{pmatrix} 1 & 1 \\ e^{\sqrt{\lambda}\ell} & e^{-\sqrt{\lambda}\ell} \end{pmatrix} \begin{pmatrix} C_1 \\ C_2 \end{pmatrix} = \begin{pmatrix} 0 \\ 0 \end{pmatrix}$$

singulär ist, also $\det(M) = 0$ gilt. Dies liefert die folgende Gleichung für λ:

$$e^{-\sqrt{\lambda}\ell} - e^{\sqrt{\lambda}\ell} = 0 \quad \text{bzw.} \quad e^{2\sqrt{\lambda}\ell} = 1.$$

Diese Gleichung besitzt nun im Komplexen die Lösungen

$$2\sqrt{\lambda}\ell = 2\pi i n \quad \text{mit } n \in \mathbb{Z}.$$

Also erhalten wir nichttriviale Lösungen des Randwertproblems für folgende Werte $\lambda = \lambda_n$ (die so genannten Eigenwerte):

$$\lambda_n = -\left(\frac{n\pi}{\ell}\right)^2, \quad n \in \mathbb{N} \setminus \{0\}.$$

Um nun entsprechende nichttriviale Lösungen $X_n(x)$ (so genannte Eigenfunktionen) zu den Eigenwerten λ_n zu finden, brauchen wir nur obiges Gleichungssystem (7.86) zu betrachten. Da die Systemmatrix M nicht regulär ist, fallen nämlich die beiden Gleichungen zusammen, und es bleibt nur die erste Bedingung übrig, welche $C_2 = -C_1$ liefert. Jede Wahl von $C_1 \neq 0$ ergibt zusammen mit $C_2 = -C_1$ eine nichttriviale Eigenfunktion. Insbesondere erhält man für $C_1 = -\frac{i}{2}$ folgende Eigenfunktion $X_n(x)$ zum Eigenwert λ_n:

$$X_n(x) = C_1 e^{\sqrt{\lambda_n}x} + C_2 e^{-\sqrt{\lambda_n}x} = -\frac{i}{2}\left(e^{\frac{n\pi}{\ell}ix} - e^{-\frac{n\pi}{\ell}ix}\right) = -\frac{i}{2}\left(2i\sin\left(\frac{n\pi}{\ell}x\right)\right)$$
$$= \sin\left(\frac{n\pi}{\ell}x\right). \tag{7.87}$$

Zu jedem Eigenwert λ_n bestimmt man nun noch die allgemeine Lösung der in (7.83) gegebenen Differentialgleichung für $T(t)$:

$$\ddot{T} - \lambda_n c^2 T = \ddot{T} + \left(\frac{cn\pi}{\ell}\right)^2 T = 0.$$

Die charakteristische Gleichung $\alpha^2 + \left(\frac{cn\pi}{\ell}\right)^2 = 0$ für diese lineare Differentialgleichung zweiter Ordnung liefert die komplexen Lösungen $\alpha_{1,2} = \pm\frac{cn\pi}{\ell}i$, wodurch man die allgemeine Lösung

$$T_n(t) = a_n \sin\left(\frac{cn\pi}{\ell}t\right) + b_n \cos\left(\frac{cn\pi}{\ell}t\right) \tag{7.88}$$

erhält. Setzt man die Lösungen (7.87) und (7.88) für $X_n(x)$ und $T_n(t)$ in den Separationsansatz ein, dann erhält man die so genannte n-te Eigenschwingung der Saite:

$$u_n(x,t) = X_n(x)T_n(t) = \sin\left(\frac{n\pi}{\ell}x\right)\left[a_n \sin\left(\frac{cn\pi}{\ell}t\right) + b_n \cos\left(\frac{cn\pi}{\ell}t\right)\right], \quad \text{mit } n \in \mathbb{N}\setminus\{0\}.$$

Nun versucht man noch, mittels Superposition der Eigenschwingungen, also

$$u(x,t) = \sum_{n=1}^{\infty} u_n(x,t)$$

die vorgegebenen Anfangsbedingungen zu erfüllen:

$$u(x,0) = \sum_{n=1}^{\infty} b_n \sin\left(\frac{n\pi}{\ell}x\right) = f(x), \tag{7.89a}$$

$$u_t(x,0) = \sum_{n=1}^{\infty} \frac{cn\pi}{\ell}a_n \sin\left(\frac{n\pi}{\ell}x\right) = g(x). \tag{7.89b}$$

Um die Koeffizienten a_n und b_n in (7.89) zu bestimmen, denken wir uns nun die Funktionen $f(x)$ und $g(x)$ ungerade auf das Intervall $-\ell < x \leq 0$ und danach periodisch mit Periode $T = 2\ell$ fortgesetzt. Unter geeigneten (schwachen) Voraussetzungen lassen sich nun die Funktionen $f(x)$ und $g(x)$ in Fourier-Reihen entwickeln. Da wir die Funktionen ungerade fortgesetzt haben, treten in diesen Reihen keine Cosinusterme auf, d.h. $f(x)$ und $g(x)$ besitzen Entwicklungen als Fourier-Sinus-Reihen:

$$f(x) = \sum_{n \geq 1} f_n \sin\left(\frac{n\pi}{\ell}x\right), \quad g(x) = \sum_{n \geq 1} g_n \sin\left(\frac{n\pi}{\ell}x\right).$$

Nach dem Eindeutigkeitssatz für Fourierreihen sind dann a_n und b_n durch

$$b_n = f_n, \quad a_n = \frac{\ell}{cn\pi}g_n$$

eindeutig bestimmt. Weiters lassen sich die Koeffizienten f_n und g_n mit Hilfe der Formeln von Euler-Fourier berechnen. Dies liefert schließlich die gesuchte Lösung des gestellten Rand-Anfangswert-Problems (7.82) für die homogene eindimensionale Schwingungsgleichung:

$$u(x,t) = \sum_{n=1}^{\infty} \left[g_n \frac{\ell}{cn\pi} \sin\left(\frac{cn\pi}{\ell}t\right) + f_n \cos\left(\frac{cn\pi}{\ell}t\right) \right] \sin\left(\frac{n\pi}{\ell}x\right) \qquad (7.90)$$

mit den Fourier-Koeffizienten

$$g_n = \frac{2}{\ell} \int_0^\ell g(\xi) \sin\left(\frac{n\pi}{\ell}\xi\right) d\xi, \quad f_n = \frac{2}{\ell} \int_0^\ell f(\xi) \sin\left(\frac{n\pi}{\ell}\xi\right) d\xi. \qquad \triangle$$

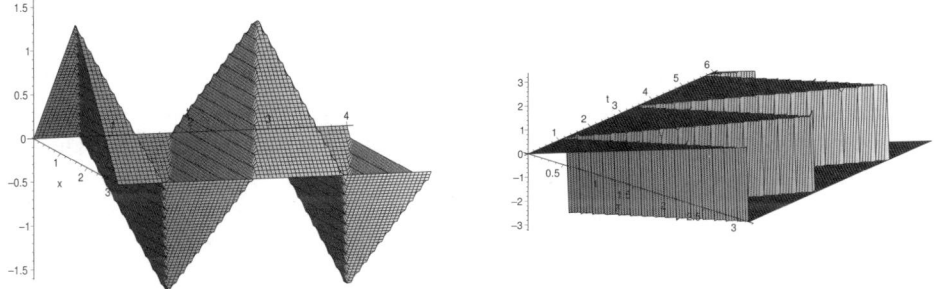

Abbildung 7.18 Die schwingende Saite („Harfe")· Schwingungen nach dem Anzupfen der ruhenden Saite in der Mitte bzw. am Rand

Beispiel 7.65 Als nächstes Beispiel betrachten wir die **Potentialgleichung**

$$\Delta u = u_{xx} + u_{yy} = 0 \qquad (7.91)$$

für eine Funktion $u(x,y)$ und behandeln das **Dirichlet-Problem auf der Kreisscheibe**, d.h., wir suchen eine Lösung $u(x,y)$ der Differentialgleichung (7.91), welche auf einer Kreisscheibe mit Mittelpunkt 0 und gegebenem Radius $r_0 > 0$ vorgegebene Randwerte annimmt. Diese Randbedingungen lassen sich durch den Übergang zu Polarkoordinaten

$$x = r\cos\varphi, \quad y = r\sin\varphi$$

einfach angeben. Wir definieren deshalb $U(r,\varphi) = u(x,y)$ und erhalten als Nebenbedingung

$$U(r_0, \varphi) = f(\varphi) \qquad (7.92)$$

mit einer vorgegebenen 2π-periodischen Funktion $f(\varphi)$. Wir wollen nun auch noch die zu erfüllende Potentialgleichung in Polarkoordinaten umrechnen. Durch Anwenden der Kettenregel erhält man aus (7.91) sofort

$$0 = u_{xx} + u_{yy}$$
$$= (r_x^2 + r_y^2)U_{rr} + 2(\varphi_x r_x + \varphi_y r_y)U_{r\varphi} + (\varphi_x^2 + \varphi_y^2)U_{\varphi\varphi} + (r_{xx} + r_{yy})U_r + (\varphi_{xx} + \varphi_{yy})U_\varphi,$$

was sich zu folgender Differentialgleichung, der **Potentialgleichung in Polarkoordinaten**, vereinfacht, wie man leicht nachrechnen kann:

$$U_{rr} + \frac{1}{r}U_r + \frac{1}{r^2}U_{\varphi\varphi} = 0. \tag{7.93}$$

Um Gleichung (7.93) zu lösen, verwenden wir den Produktansatz

$$U(r,\varphi) = F(r) \cdot G(\varphi).$$

Einsetzen in die Differentialgleichung (7.93) liefert nun

$$F''(r)G(\varphi) + \frac{1}{r^2}F(r)G''(\varphi) + \frac{1}{r}F'(r)G(\varphi) = 0$$

und nach Division durch $F(r)G(\varphi)$ und Trennung der Variablen:

$$\frac{r^2 F''(r)}{F(r)} + \frac{r F'(r)}{F(r)} = -\frac{G''(\varphi)}{G(\varphi)}. \tag{7.94}$$

Da in der linken Seite von Gleichung (7.94) die Variable φ nicht explizit auftritt, muss die linke Seite und somit auch die rechte Seite von (7.77) gleich einer Konstanten $\lambda \in \mathbb{C}$ sein. Dies liefert also die durch λ gekoppelten Differentialgleichungen

$$G''(\varphi) + \lambda G(\varphi) = 0, \quad r^2 F''(r) + r F'(r) - \lambda F(r) = 0. \tag{7.95}$$

Da die gesuchten Lösungen periodisch in φ sein sollen (genauer periodisch mit Periode 2π, aber das benötigen wir erst später), betrachten wir nur reelle $\lambda > 0$. Die allgemeine Lösung der linearen homogenen Differentialgleichung (7.95) für $G(\varphi)$ mit konstanten Koeffizienten lautet dann wie folgt:

$$G(\varphi) = A\cos(\sqrt{\lambda}\varphi) + B\sin(\sqrt{\lambda}\varphi).$$

Nun berücksichtigen wir noch die geforderte Periodizität mit Periode 2π, woraus wir die Bedingung $\sqrt{\lambda} = n \in \mathbb{N}$ erhalten. Dies liefert somit für $\lambda_n = n^2$ die Lösungen

$$G_n(\varphi) = A_n\cos(n\varphi) + B_n\sin(n\varphi). \tag{7.96}$$

Nun wollen wir für $\lambda = \lambda_n$ noch die Lösungen der Differentialgleichung (7.95) für $F(r)$ bestimmen. Diese Differentialgleichung ist eine so genannte **Euler'sche Differentialgleichung** und kann mit dem Ansatz $F(r) = r^\alpha$ behandelt werden. Man erhält durch diesen Ansatz die Gleichung $\alpha^2 = n^2$ und somit $\alpha = \pm n$. Die Lösung $\alpha = -n$ ist für uns nicht brauchbar, da wir fordern, dass die entstehende Funktion $F(r) = r^\alpha$ bei $r = 0$ regulär ist. Deshalb erhalten wir für $\lambda_n = n^2$ mit $n \in \mathbb{N}$ die Lösungen

$$F_n(r) = r^n. \tag{7.97}$$

Somit bekommen wir aus (7.96) und (7.97) die Lösungen

$$U_n(r,\varphi) = r^n\big(A_n\cos(n\varphi) + B_n\sin(n\varphi)\big)$$

und durch Superposition

$$U(r,\varphi) = A_0 + \sum_{n=1}^{\infty} r^n \big(A_n \cos(n\varphi) + B_n \sin(n\varphi)\big). \tag{7.98}$$

Nun versucht man noch, die Koeffizienten A_n, B_n in (7.98) so zu bestimmen, dass $U(r,\varphi)$ die vorgegebene Randbedingung (7.92) erfüllt. Einsetzen von (7.92) in (7.98) liefert sofort

$$U(r_0,\varphi) = A_0 + \sum_{n=1}^{\infty} \big(A_n r_0^n \cos(n\varphi) + B_n r_0^n \sin(n\varphi)\big) = f(\varphi). \tag{7.99}$$

Betrachten wir die Fourier-Reihen-Entwicklung

$$f(\varphi) = \frac{a_0}{2} + \sum_{n=1}^{\infty} \big(a_n \cos(n\varphi) + b_n \sin(n\varphi)\big) \tag{7.100}$$

und vergleichen die Koeffizienten von (7.99) und (7.100), so erhalten wir

$$A_0 = \frac{a_0}{2}, \quad A_n = \frac{a_n}{r_0^n}, \quad B_n = \frac{b_n}{r_0^n}, \quad \text{für } n \geq 1$$

und weiter

$$U(r,\varphi) = \frac{a_0}{2} + \sum_{n=1}^{\infty} \big(a_n \cos(n\varphi) + b_n \sin(n\varphi)\big) \left(\frac{r}{r_0}\right)^n.$$

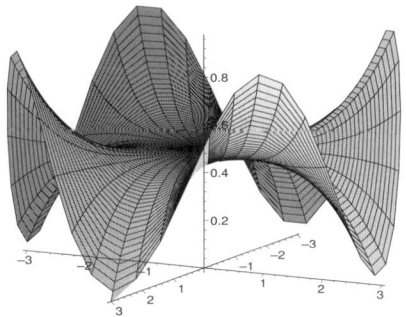 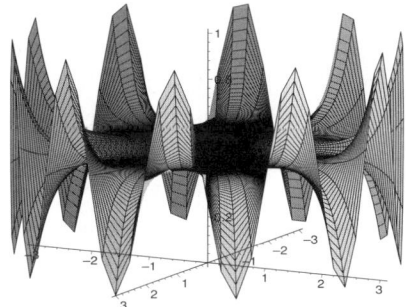

Abbildung 7.19 Lösungen des Dirichlet-Problems auf der Kreisscheibe für die Potentialgleichung mit vorgegebenen Funktionen $\sin^2(2\varphi)$ bzw. $\sin^2(5\varphi)$ bei $r_0 = 3$

Nun kann man noch die Koeffizienten a_n und b_n durch die Euler-Fourier-Integrale ausdrücken und erhält dann weiter

$$U(r,\varphi) = \frac{1}{2\pi} \int_0^{2\pi} f(t)dt + \sum_{n=1}^{\infty} \frac{1}{\pi} \Big(\cos(n\varphi) \int_0^{2\pi} f(t) \cos(nt)dt$$

$$+ \sin(n\varphi) \int_0^{2\pi} f(t) \sin(nt)dt \Big) \left(\frac{r}{r_0}\right)^n$$

$$= \frac{1}{2\pi} \int_0^{2\pi} f(t) \Big(1 + 2\sum_{n=1}^{\infty} \big(\cos(nt)\cos(n\varphi) + \sin(nt)\sin(n\varphi)\big) \left(\frac{r}{r_0}\right)^n \Big) dt$$

$$= \frac{1}{2\pi} \int_0^{2\pi} f(t) \Big(1 + 2\sum_{n=1}^{\infty} \cos\big(n(t-\varphi)\big) \left(\frac{r}{r_0}\right)^n \Big) dt, \tag{7.101}$$

wobei in der letzten Umformung der Summensatz für den Cosinus verwendet wurde. Unter Verwendung der geometrischen Reihe kann die in (7.101) auftretende Summe noch vereinfacht werden:

$$
1 + 2 \sum_{n=1}^{\infty} \cos \left(n(t - \varphi) \right) \left(\frac{r}{r_0} \right)^n = \Re \left(1 + 2 \sum_{n=1}^{\infty} \left(\frac{r}{r_0} e^{i(t-\varphi)} \right)^n \right) = \Re \left(1 + 2 \frac{\frac{r}{r_0} e^{i(t-\varphi)}}{1 - \frac{r}{r_0} e^{i(t-\varphi)}} \right)
$$

$$
= \Re \left(\frac{r_0 + r e^{i(t-\varphi)}}{r_0 - r e^{i(t-\varphi)}} \right) = \Re \left(\frac{r_0 + r \cos(t - \varphi) + i r \sin(t - \varphi)}{r_0 - r \cos(t - \varphi) + i r \sin(t - \varphi)} \right)
$$

$$
= \Re \left(\frac{r_0^2 - r^2 + 2 i r_0 r \sin(t - \varphi)}{r_0^2 - 2 r_0 r \cos(t - \varphi) + r^2} \right) = \frac{r_0^2 - r^2}{r_0^2 - 2 r_0 r \cos(t - \varphi) + r^2}.
$$

Man erhält somit die **Poisson'sche Integralformel** zur Lösung des Dirichlet-Problems auf der Kreisscheibe für die Potentialgleichung:

$$
U(r, \varphi) = \frac{1}{2\pi} \int_0^{2\pi} f(t) \frac{r_0^2 - r^2}{r_0^2 - 2 r_0 r \cos(t - \varphi) + r^2} dt, \quad \text{für } r < r_0. \tag{7.102}
$$

$\triangle$

Beispiel 7.66 Als letztes Beispiel dieses Abschnitts behandeln wir die zweidimensionale Schwingungsgleichung und betrachten die Schwingungen einer dünnen elastischen rechteckigen Membran, die am Rand fest eingespannt ist („rechteckige Trommel"). Als Rechteck nehmen wir dabei $[0, a] \times [0, b]$. Wir wollen anmerken, dass das entsprechende Problem für eine Kreismembran („kreisförmige Trommel") zwar auch mit dem Produktansatz behandelt werden kann, aber auf schwieriger zu lösende Differentialgleichungen führt und deshalb hier nicht besprochen wird. Die Auslenkung $u(x, y, t)$ der Membran genügt für $(x, y) \in [0, a] \times [0, b]$ und $t \geq 0$ der **zweidimensionalen Schwingungsgleichung (= zweidimensionalen Wellengleichung)**

$$
u_{tt} = c^2 \Delta u = c^2 (u_{xx} + u_{yy}). \tag{7.103a}
$$

Zusätzlich vorgegeben sind die Randbedingungen

$$
\begin{aligned}
u(x, 0, t) = u(x, b, t) = 0, \quad 0 \leq x \leq a, \ t \geq 0, \\
u(0, y, t) = u(a, y, t) = 0, \quad 0 \leq y \leq b, \ t \geq 0
\end{aligned} \tag{7.103b}
$$

und die Anfangsbedingungen

$$
u(x, y, 0) = f(x, y), \quad u_t(x, y, 0) = 0 \tag{7.103c}
$$

mit einer Funktion $f(x, y)$. Zur Lösung des Problems verwenden wir nun den Produktansatz

$$
u(x, y, t) = X(x) \cdot Y(y) \cdot T(t).
$$

Einsetzen des Ansatzes in die Differentialgleichung (7.103a) liefert

$$
X(x) Y(y) \ddot{T}(t) = c^2 \big(X''(x) Y(y) T(t) + X(x) Y''(y) T(t) \big),
$$

was nach Division durch $X(x) Y(y) T(t)$ und Trennung der Variablen folgendermaßen angeschrieben werden kann:

$$
\frac{\ddot{T}(t)}{c^2 T(t)} = \frac{X''(x)}{X(x)} + \frac{Y''(y)}{Y(y)}. \tag{7.104}
$$

Da in der rechten Seite der Gleichung (7.104) die Variable t nicht explizit auftritt, muss die rechte Seite und somit auch die linke Seite der (7.104) gleich einer Konstanten $\lambda \in \mathbb{C}$ sein, also gilt

$$\frac{\ddot{T}(t)}{c^2 T(t)} = \frac{X''(x)}{X(x)} + \frac{Y''(y)}{Y(y)} = \lambda. \tag{7.105}$$

Nun werden wir auch in der rechten Seite von Gleichung (7.105) die Variablen separieren und erhalten

$$\frac{X''(x)}{X(x)} = \lambda - \frac{Y''(y)}{Y(y)}. \tag{7.106}$$

Wiederum folgt, da in der rechten Seite von Gleichung (7.106) die Variable x nicht explizit auftritt, dass die rechte Seite und somit auch die linke Seite von (7.106) gleich einer Konstanten $\mu \in \mathbb{C}$ ist und daher gilt:

$$\frac{X''(x)}{X(x)} = \lambda - \frac{Y''(y)}{Y(y)} = \mu. \tag{7.107}$$

Wir setzen nun $\tilde{\mu} = \lambda - \mu$, wodurch $\lambda = \mu + \tilde{\mu}$ festgelegt ist, und erhalten aus (7.107) zusammen mit den Randbedingungen (7.103b) die folgenden gewöhnlichen Randwertprobleme:

$$X''(x) - \mu X(x) = 0, \qquad X(0) = X(a) = 0, \tag{7.108a}$$
$$Y''(y) - \tilde{\mu} Y(y) = 0, \qquad Y(0) = Y(b) = 0. \tag{7.108b}$$

Zum Lösen der beiden Randwertprobleme (7.108) kann man exakt wie in Beispiel 7.64 vorgehen. Man erhält dann beim Randwertproblem (7.108a) für $n \in \mathbb{N} \setminus \{0\}$ die Eigenwerte

$$\mu_n = -\frac{\pi^2 n^2}{a^2} \quad \text{mit zugehörigen Eigenfunktionen} \quad X_n(x) = \sin\left(\frac{n\pi}{a}x\right) \tag{7.109}$$

und beim Randwertproblem (7.108b) für $m \in \mathbb{N} \setminus \{0\}$ die Eigenwerte

$$\tilde{\mu}_m = -\frac{\pi^2 m^2}{b^2} \quad \text{mit zugehörigen Eigenfunktionen} \quad Y_m(y) = \sin\left(\frac{m\pi}{b}y\right). \tag{7.110}$$

Für jedes Paar $(n,m) \in (\mathbb{N} \setminus \{0\})^2$ kann man nun wieder die aus (7.105) entstehende Differentialgleichung für $T(t)$ mit $\lambda = \lambda_{n,m} = \mu_n + \tilde{\mu}_m$ betrachten. Da $\lambda_{n,m} = -\pi^2\left(\frac{n^2}{a^2} + \frac{m^2}{b^2}\right)$ ist, erhält man also die Differentialgleichung

$$\ddot{T}(t) + \pi^2 c^2 \left(\frac{n^2}{a^2} + \frac{m^2}{b^2}\right) T(t) = 0. \tag{7.111}$$

Die allgemeine Lösung dieser homogenen linearen Differentialgleichung mit konstanten Koeffizienten ist gegeben durch

$$T_{n,m}(t) = a_{n,m} \cos\left(\pi c \sqrt{\frac{n^2}{a^2} + \frac{m^2}{b^2}}\, t\right) + b_{n,m} \sin\left(\pi c \sqrt{\frac{n^2}{a^2} + \frac{m^2}{b^2}}\, t\right) \tag{7.112}$$

mit beliebig wählbaren Konstanten $a_{n,m}$ und $b_{n,m}$. Man erhält also für $m \geq 1$ und $n \geq 1$ aus den Gleichungen (7.109), (7.110) und (7.112) die Eigenfunktionen

$$u_{n,m}(x,y,t)$$
$$= \left[a_{n,m} \cos\left(\pi c \sqrt{\frac{n^2}{a^2} + \frac{m^2}{b^2}}\, t\right) + b_{n,m} \sin\left(\pi c \sqrt{\frac{n^2}{a^2} + \frac{m^2}{b^2}}\, t\right)\right] \sin\left(\frac{n\pi}{a}x\right) \sin\left(\frac{m\pi}{b}y\right),$$

die durch Superposition zusammengefasst werden können zur folgenden Lösung für $u(x, y, t)$, welche die homogenen Randbedingungen (7.103b) erfüllt:

$$u(x, y, t) = \sum_{n,m \geq 1} \left[a_{n,m} \cos \left(\pi c \sqrt{\frac{n^2}{a^2} + \frac{m^2}{b^2}} t \right) + b_{n,m} \sin \left(\pi c \sqrt{\frac{n^2}{a^2} + \frac{m^2}{b^2}} t \right) \right] \cdot$$
$$\cdot \sin \left(\frac{n\pi}{a} x \right) \sin \left(\frac{m\pi}{b} y \right). \tag{7.113}$$

Wir gehen nun noch kurz auf das Problem des Anpassens der Koeffizienten $a_{n,m}$ und $b_{n,m}$ in der Lösung (7.113) an die vorgegebenen Anfangsbedingungen (7.103c) ein, wobei wir uns hier nicht mit Fragen der Eindeutigkeit befassen wollen. Die Bedingung $u_t(x, y, 0) = 0$ liefert die Gleichung

$$\sum_{n,m \geq 1} \pi c \sqrt{\frac{n^2}{a^2} + \frac{m^2}{b^2}} b_{n,m} \sin \left(\frac{n\pi}{a} x \right) \sin \left(\frac{m\pi}{b} y \right) = 0.$$

Diese Gleichung lässt sich erfüllen, wenn wir für $n, m \geq 1$ alle Koeffizienten $b_{n,m} = 0$ setzen. Dadurch ergibt sich mit der weiteren Bedingung $u(x, y, 0) = f(x, y)$ die Gleichung

$$\sum_{n,m \geq 1} a_{n,m} \sin \left(\frac{n\pi}{a} x \right) \sin \left(\frac{m\pi}{b} y \right) = f(x, y). \tag{7.114}$$

Wir betrachten nun die Funktion $f(x, y)$ für ein festes y und entwickeln diese in eine Fourier-Sinus-Reihe, d.h. wir denken uns die Funktion vom Intervall $0 \leq x \leq a$ auf $-a < x \leq 0$ ungerade und danach periodisch mit Periode $2a$ fortgesetzt und betrachten die Fourier-Reihen-Entwicklung. Natürlich hängen im allgemeinen die Fourier-Koeffizienten der Entwicklung vom gewählten y ab. Wir erhalten daher

$$f(x, y) = \sum_{n \geq 1} f_n(y) \sin \left(\frac{n\pi}{a} x \right) \tag{7.115}$$

mit $f_n(y) = \frac{2}{a} \int_0^a f(x, y) \sin \left(\frac{n\pi}{a} x \right) dx$. Nun entwickelt man noch jede auftretende Funktion $f_n(y)$ in eine Fourier-Sinus-Reihe, wobei man folgendes erhält:

$$f_n(y) = \sum_{m \geq 1} f_{n,m} \sin \left(\frac{m\pi}{b} y \right) \tag{7.116}$$

mit $f_{n,m} = \frac{2}{b} \int_0^b f_n(y) \sin \left(\frac{m\pi}{b} y \right) dy$. Fasst man (7.115) und (7.116) zusammen und vergleicht die Koeffizienten der entstehenden Reihe mit denen in (7.114), dann sieht man, dass man $a_{n,m} = g_{n,m}$ setzen kann, um eine Lösung der Differentialgleichung (7.103a) zu den vorgegebenen Rand- und Anfangsbedingungen (7.103b) und (7.103c) zu erhalten:

$$u(x, y, t) = \sum_{n,m \geq 1} a_{n,m} \cos \left(\pi c \sqrt{\frac{n^2}{a^2} + \frac{m^2}{b^2}} \right) \sin \left(\frac{n\pi}{a} x \right) \sin \left(\frac{m\pi}{b} y \right), \tag{7.117}$$

wobei die Koeffizienten $a_{n,m}$ in Formel (7.117) folgendermaßen gegeben sind:

$$a_{n,m} = \frac{4}{ab} \int_0^a \int_0^b f(x, y) \sin \left(\frac{n\pi}{a} x \right) \sin \left(\frac{m\pi}{b} y \right) dy dx. \qquad \triangle$$

Abschließend bleibt noch zu erwähnen, dass auch die in Kapitel 8 vorgestellte Fourier- und Laplace-Transformation zum Lösen bestimmter partieller Differentialgleichungen hilfreich sind. Ein Beispiel dazu wird in Kapitel 8 vorgeführt.

7.10 Übungsaufgaben

7.1 Man finde alle Lösungen der Differenzengleichungen

(a) $2x_{n+1} - 3x_n + 1 = 0 \quad (n \geq 0)$,

(b) $x_{n+1} - x_n + 7 = 0 \quad (n \geq 0)$.

7.2 Man bestimme die allgemeine Lösung der Differenzengleichung

$$x_{n+1} = \frac{2}{3}x_n + 1 \quad \text{für} \quad n \geq 0$$

und die partikuläre Lösung, die der Anfangsbedingung $x_0 = 6$ genügt.

7.3 Man finde die allgemeine Lösung der Differenzengleichung

$$x_{n+1} = \frac{x_n}{1 + x_n}, \quad n = 0, 1, 2, \ldots$$

mit $x_0 \neq -1, -\frac{1}{2}, -\frac{1}{3}, \ldots$.
Hinweis: Man benütze die Transformation $x_n = 1/y_n$.

7.4 Beim Sortieren von n Zahlen durch „Direktes Einfügen" gilt für die Anzahl v_n der Vergleiche im ungünstigsten Fall

$$v_1 = 0 \quad \text{und} \quad v_n = v_{n-1} + n - 1, \quad n = 2, 3, \ldots$$

und für die Zahl w_n der Wertzuweisungen

$$w_1 = 0 \quad \text{und} \quad w_n = w_{n-1} + n + 1, \quad n = 2, 3, \ldots.$$

Warum? Man bestimme explizite Formeln für v_n und w_n und schätze deren Größenordnungen (in der O-Notation) ab.

7.5 Man beweise den in Satz 7.9 angegebenen Zusammenhang zwischen den dort angeführten Folgen und deren erzeugenden Funktionen.

7.6 Man verwende die Methode der erzeugenden Funktionen zur Bestimmung der allgemeinen Lösung der Differenzengleichung erster Ordnung $x_{n+1} - x_n + 5 = 0$ für $n = 0, 1, 2, \ldots$.

7.7 Man bestimme die Lösung der Differenzengleichung $x_{n+1} = \sqrt{2 + x_n}$ (für $n \geq 0$) zum Anfangswert $x_0 = 0$ auf graphischem Weg, berechne die Gleichgewichtspunkte und überprüfe sie auf Stabilität.

7.8 Gesucht sind die allgemeinen Lösungen der linearen homogenen Differenzengleichungen

(a) $x_{n+2} - 5x_{n+1} - 6x_n = 0$,

(b) $x_{n+2} - 6x_{n+1} + 12x_n = 0$,

(c) $x_{n+2} - 5x_{n+1} + 6.25x_n = 0$.

7.9 Man bestimme die Lösung nachstehender Differenzengleichung zu den vorgegebenen Anfangsbedingungen:

$$4x_{n+2} + 12x_{n+1} - 7x_n = 36, \quad x_0 = 6, \ x_1 = 3.$$

7.10 Gesucht ist die allgemeine Lösung der Differenzengleichung

$$x_{n+2} - 6x_{n+1} + 9x_n = 8 + 3^n, \quad n = 0, 1, 2, \ldots.$$

7.11 Man finde die Lösung der Differenzengleichung zweiter Ordnung $x_{n+2} = 5x_{n+1} - 4x_n$ zu den Anfangsbedingungen $x_0 = 2$ und $x_1 = 5$ mit Hilfe der Methode der erzeugenden Funktionen.

7.12 Man bestimme die Anzahl aller 0-1-Folgen der Länge n, in denen es keine benachbarten Nullen gibt.
Anleitung: Man stelle zunächst eine geeignete Rekursionsgleichung auf und bestimme dann deren Lösung.

Die Aufgaben 7.13 bis 7.15 beziehen sich auf Conway's „Spiel des Lebens" zur Simulation von Aufstieg, Veränderung und Untergang einer Gruppe lebender Organismen als diskretes dynamisches System.

7.13 Man untersuche das Verhalten der in Abb. 7.20 dargestellten Ausgangskonfigurationen.

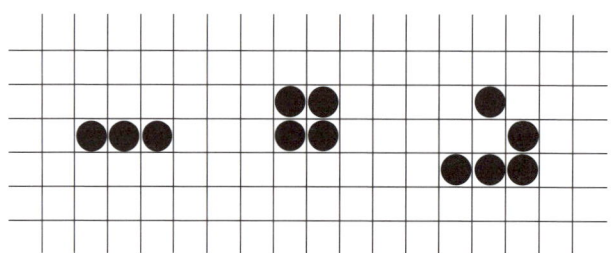

Abbildung 7.20 Spiel des Lebens: Blinker, Block, Gleiter

7.14 Man finde – unter Verwendung eines geeigneten Simulationsprogramms aus dem Internet – mindestens drei Beispiele für stabile Konstellationen.

7.15 Welche Ausgangsmuster sterben vollständig aus, welche werden stabil oder oszillieren? Gibt es Ausgangsmuster, für welche die Bevölkerung grenzenlos anwächst?

7.16 Man bestätige, dass die Funktionen

$$N(t) = \frac{K}{1 + Ce^{-rt}}, \; C \in \mathbb{R}, \quad \text{sowie} \quad N = 0$$

Lösungen der logistischen Differentialgleichung $N'(t) = rN(1 - \frac{N}{K})$ sind. Man berechne und skizziere jene Lösungsfunktion, welche die Anfangsbedingung $N(0) = \frac{K}{10}$ erfüllt.

7.17 Man stelle zu der Kurvenschar

$$\sqrt{1 + x^2} + \sqrt{1 + y^2} = c$$

mit dem „Scharparameter" c eine Differentialgleichung auf, welche alle Funktionen der Schar als Lösungskurven besitzt.

7.18 Durch Einsetzen bestätige man, dass die allgemeine Lösung der Differentialgleichung

$$x^2 \frac{d^2 y}{dx^2} - 6y = 12 \ln x$$

durch

$$y(x) = C_1 x^3 + \frac{C_2}{x^2} - 2\ln x + \frac{1}{3}, \quad C_1, C_2 \in \mathbb{R}$$

gegeben ist. Wie lautet die partikuläre Lösung zu den Anfangsbedingungen $y(1) = 2/3$, $y'(1) = -1$?

7.19 Man zeige, dass jede Funktionen $z(x, y) = \frac{1}{a}x + C(y - \frac{b}{a}x)$, wo $C(u)$ eine beliebig gewählte differenzierbare Funktion in einer Variablen ist, Lösung der partiellen Differentialgleichung

$$a\frac{\partial z}{\partial x} + b\frac{\partial z}{\partial y} = 1$$

ist. Wie lautet die Lösung zur Anfangsbedingung $z(0, y) = y^2 + 1$?

7.20 Man ermittle das Richtungsfeld der Differentialgleichung $y' = \frac{y}{x}$ und überlege, ob es durch jeden Punkt der (x, y)-Ebene genau eine Lösung der Gleichung gibt.

7.21 Man löse die homogene lineare Differentialgleichung $y' - y \tan x = 0$.

7.22 Man löse die inhomogene lineare Differentialgleichung $xy' + y = x^2 + 3x + 2$.

7.23 Man bestimme die partikuläre Lösung der Differentialgleichung $y' + y \cos x = \sin x \cos x$ zur Anfangsbedingung $y(0) = 1$.

7.24 Das Wachstum einer Population der Größe $N(t)$ zur Zeit t werde durch die Differentialgleichung

$$\frac{dN}{dt} = r(K - N) \quad \text{mit} \quad N(0) = N_0$$

beschrieben. Dabei sind r und K positive Parameter. Man löse die Differentialgleichung (a) durch Bestimmung der homogenen Lösung und Variation der Konstanten bzw. (b) durch Auffinden einer partikulären Lösung für die inhomogene Gleichung mittels eines konstanten unbestimmten Ansatzes $N_p(t) = A$. Ferner skizziere man den Graphen der Lösungsfunktion für $r = 0.08$ und $K = 1000$.

7.25 Vom neuesten Modell eines Mobiltelefonproduzenten werden im Weihnachtsgeschäft 3000 Stück abgesetzt, nach 12 Monaten sind davon nur mehr 2820 Stück in Betrieb. Unter der Annahme, dass die monatliche Ausscheiderate proportional zur Nutzungsdauer ist, bestimme man die Anzahl $y(t)$ der in Betrieb stehenden Mobiltelefone (von den ursprünglich 3000 Stück) in Abhängigkeit von ihrer Verwendungsdauer t. Ferner finde man die längste Nutzungsdauer.
Anleitung: Für die gesuchte Anzahl $y(t)$ der Mobiltelefone gilt $y'(t) = -at$ für ein $a > 0$. Man löse diese Differentialgleichung zu den gegebenen Werten für $y(0)$ und $y(12)$.

7.26 Man löse die folgenden linearen homogenen Differentialgleichungen:

(a) $y'' + 10y' - 24y = 0$,

(b) $y'' - 10y' + 25y = 0$,

(c) $y'' + 8y' + 25y = 0$.

7.27 Man bestimme die partikuläre Lösung der Differentialgleichung $y'' + 2y' + 2y = 0$ zu den Anfangsbedingungen $y(0) = 1$ und $y'(0) = 0$.

7.28 Gesucht ist die allgemeine Lösung der Differentialgleichung $y'' - 3y' - 4y = 2x$.

7.29 Wie lautet die allgemeine Lösung der Differentialgleichung dritter Ordnung $y''' - 7y' + 6y = 1$?

7.30 Man ermittle alle Lösungen der separablen Differentialgleichung $y' = \frac{y^2 - 4}{x}$.

7.31 Man berechne alle möglichen Gleichgewichtszustände der nichtlinearen Differentialgleichung

$$y' = y \left(4 \frac{y}{y + 1} - 0.5y - 1 \right)$$

und überprüfe sie auf Stabilität.

7.32 Man untersuche auch das globale Lösungsverhalten für die Lösungen der Differentialgleichung aus der vorhergehenden Aufgabe in der (y, y')-Phasenebene.

7.33 Man zeige mit Hilfe des Summensatzes für den Cosinus, dass gilt

$$A \cos \omega t + B \sin \omega t = C \cos(\omega t - \varphi),$$

wobei $C = \sqrt{A^2 + B^2}$ und $\tan \varphi = \frac{B}{A}$.

7.34 Man löse die folgende partielle Differentialgleichung für $u(x, y)$ durch Zurückführen auf eine gewöhnliche DGL:

$$u_{xy} + u_x + x + y = 1, \quad u(x, 0) = 0, \quad u(0, y) = 0.$$

7.35 Man löse die folgende partielle Differentialgleichung für $u(x, y)$ durch Zurückführen auf eine gewöhnliche DGL:

$$u_{xy} + y u_x = 0, \quad u(x, x) = x^2, \quad u_x(x, x) = u_y(x, x).$$

7.36 Man bestimme die allgemeine Lösung für $u(x, y)$ der inhomogenen eindimensionalen Wellengleichung

$$9 u_{xx} - \frac{1}{4} u_{yy} = \sin x.$$

7.37 Man bestimme die allgemeine Lösung für $u(x, y)$ der folgenden linearen partiellen Differentialgleichung 1. Ordnung mit konstanten Koeffizienten:

$$12 u_x + 4 u_y = x.$$

7.38 Man betrachte die lineare partielle Differentialgleichung 1. Ordnung mit konstanten Koeffizienten in 3 Variablen:

$$a u_x + b u_y + c u_z = f(x, y, z).$$

Man weise nach, dass durch die Substitutionen

$$\xi = x, \quad \eta = bx - ay, \quad \zeta = cx - az$$

die Reduktion auf folgende Differentialgleichung für $U(\xi, \eta, \zeta) = u(x, y, z)$ gelingt:

$$a U_\xi = f\left(\xi, \frac{b\xi + \eta}{a}, \frac{c\xi + \zeta}{a}\right).$$

Damit bestimme man die allgemeine Lösung der partiellen Differentialgleichung

$$2 u_x + 3 u_y + 4 u_z = e^{x+y+z}.$$

7.39 Durch die Substitution $u(x, y) = v(x, y) e^{\lambda x + \mu y}$ und geeignete Wahl von λ, μ eliminiere man die ersten Ableitungen (u_x und u_y) aus der partiellen Differentialgleichung

$$u_{xx} + u_{yy} + \alpha u_x + \beta u_y + \gamma u = 0.$$

Bemerkung: Die entstehende partielle Differentialgleichung braucht nicht gelöst, sondern soll nur angegeben werden.

7.40 Man betrachte das folgende System von gewöhnlichen linearen Differentialgleichungen erster Ordnung für $x_1(t), x_2(t)$ mit vorgegebenen Anfangswerten:

$$\dot{x}_1 = x_1 - 5 x_2 + 1, \qquad x_1(0) = 0,$$
$$\dot{x}_2 = 5 x_1 + x_2, \qquad x_2(0) = 0.$$

Man löse nun dieses System auf folgende Weise (Eliminationsmethode). Zuerst elimiere man x_2 aus dem Gleichungssystem: Ableiten von

$$x_2 = \frac{-\dot{x}_1 + x_1 + 1}{5}$$

und Einsetzen in die zweite Gleichung liefert für x_1 eine lineare Differentialgleichung 2. Ordnung mit konstanten Koeffizienten. Man bestimme die allgemeine Lösung dieser Differentialgleichung für x_1 und danach durch Rücksubstitution auch die allgemeine Lösung für x_2. Anpassen an die Anfangsbedingungen liefert schließlich die gesuchte Lösung.

7.41 Man löse mittels der in Kapitel 8 besprochenen Laplace-Transformation die folgende partielle Differentialgleichung unter den vorgegebenen Nebenbedingungen:

$$xu_x + u_t = xt, \quad u(0,t) = 0 \text{ für } t \geq 0, \quad u(x,0) = 0 \text{ für } x \geq 0.$$

Anleitung: Die Laplace-Transformation bezüglich t liefert für $U(x,s) = \mathcal{L}\{u(x,t)\}$ eine gewöhnliche Differentialgleichung:

$$xU_x + sU = \frac{x}{s^2}.$$

Lösen dieser Differentialgleichung und Berücksichtigen der Anfangswerte liefert nach der Rücktransformation die gesuchte Lösung.

7.42 Man bestimme die allgemeine Lösung der linearen partiellen Differentialgleichung 1. Ordnung

$$xu_x - yu_y = xy.$$

7.43 Man bestimme die allgemeine Lösung der Rumpf-Differentialgleichung

$$u_x + (y + 2z)u_y + zu_z = 0.$$

7.44 Man betrachte folgendes System von partiellen Differentialgleichungen für $z = z(x,y)$:

$$yz_x - xz_y = 0, \quad z_{xy} = 0.$$

Man bestimme nun alle Funktionen $z(x,y)$, welche dieses System lösen.
Anleitung: Man bestimme für eine der beiden partiellen Differentialgleichungen die allgemeine Lösung und setze in die andere Gleichung ein.

7.45 Man bestimme die allgemeine Lösung der folgenden linearen partiellen Differentialgleichung für $u(x,y)$:

$$(x^2 + 1)u_x - 2xyu_y + 2xu + 1 = 0.$$

7.46 Eine Funktion $u(x,y)$ heißt *homogen* vom Grad n, wenn

$$u(\lambda x, \lambda y) = \lambda^n u(x,y)$$

für alle $\lambda > 0$ und x,y gilt. Durch Differenzieren dieser Beziehung nach λ zeige man: falls u eine stetig differenzierbare Funktion ist, genügt sie der linearen partiellen Differentialgleichung erster Ordnung

$$xu_x + yu_y = nu.$$

Wie lautet die allgemeine Lösung dieser partiellen Differentialgleichung?

7.47 Man bestimme die allgemeine Lösung der folgenden quasilinearen Differentialgleichung für $u(x,t)$ (konservative Burgers-Gleichung):

$$u_t + uu_x = 0.$$

7.48 Man bestimme die allgemeine Lösung der folgenden quasilinearen Differentialgleichung für $u(x,y)$:

$$(x + u)u_x + (y + u)u_u + u = 0.$$

Anleitung: Die durch den Ansatz $f(x,y,u) = \text{const}$ erhaltene Rumpf-Differentialgleichung

$$(x + u)f_x + (y + u)f_y - uf_u = 0$$

führt zum System von Phasen-Differentialgleichungen

$$\frac{dx}{du} = -\frac{x + u}{u}, \quad \frac{dy}{du} = -\frac{y + u}{u},$$

welche beide über die Substitution $v = \frac{x}{u}$ bzw. $v = \frac{y}{u}$ implizit gelöst werden können.

7.49 Man klassifiziere die folgenden partiellen Differentialgleichungen nach „hyperbolisch, parabolisch oder elliptisch" und ermittle jeweils eine Normalform:

(a) $u_{xx} + 2u_{xy} + u_{yy} + u_x + u_y = 0$,   (b) $u_{xx} + 2u_{xy} + 5u_{yy} + u_x + u = 0$,

(c) $3u_{xx} - 8u_{xy} + 4u_{yy} - u = 0$.

7.50 Man bestimme das Gebiet, in dem die partielle Differentialgleichung 2. Ordnung

$$u_{xx} + yu_{yy} + \frac{1}{2}u_y = 0$$

hyperbolisch ist, und bestimme dort weiters die allgemeine Lösung der Differentialgleichung, indem man die entsprechende Normalform betrachtet.

7.51 Man wähle den Produktansatz $u(x, y) = X(x)Y(y)$ und bestimme damit Lösungen der folgenden Differentialgleichung:

$$x^2 u_{xy} + 3y^2 u = 0.$$

7.52 Man betrachte die Temperaturverteilung $u(x, t)$ eines Stabes der Länge ℓ, welche an der Stelle $0 \le x \le \ell$ zur Zeit $t \ge 0$ durch die homogene Wärmeleitungsgleichung (mit einer vom Material abhängigen Konstanten $\alpha > 0$) beschrieben werden kann:

$$u_t = \alpha^2 u_{xx}.$$

Man löse nun mit Hilfe des Produktansatzes $u(x, t) = X(x)T(t)$ das folgende Rand-Anfangswert-Problem (für eine vorgegebene Funktion $f(x)$):

$$u(x, 0) = f(x), \quad \text{für } 0 \le x \le \ell, \qquad u(0, t) = u(\ell, t) = 0, \quad \text{für } t \ge 0.$$

Kapitel 8

Fourier-Analyse

Die Fourier-Analyse, auch Harmonische Analyse genannt, beschäftigt sich mit der Zerlegung von Funktionen in ihre periodischen Komponenten. Dies geschieht für kontinuierliche periodische Funktionen mit Hilfe von Reihenentwicklungen harmonisch verwandter Sinus- und Cosinusfunktionen, so genannten Fourier-Reihen, und für nichtperiodische Funktionen mit Hilfe einer Integraltransformation, der so genannten Fourier-Transformation. Für diskrete periodische Funktionen bedient man sich hierfür der Diskreten Fourier-Transformation. Diese mathematischen Verfahren sind für eine Vielzahl von Bereichen der Naturwissenschaft und Technik von Bedeutung, beispielsweise in der digitalen Bildverarbeitung, der Signalverarbeitung, der Akustik und der Optik. Weiters ist der als Fast Fourier Transform bekannte FFT-Algorithmus zum Ausführen der Diskreten Fourier-Transformation Grundlage für schnelle Algorithmen, wie z.B. der schnellen Multiplikation von Polynomen. Daneben dienen insbesondere die Fourier-Transformation und die dazu verwandte Laplace-Transformation, welche deshalb auch in diesem Kapitel vorgestellt wird, als Hilfsmittel zum Lösen von Differential- und Integralgleichungen.

8.1 Fourier-Reihen

Wir betrachten nun kontinuierliche periodische Funktionen $f(t)$ und wollen der Frage nachgehen, wie wir solche Funktionen durch Überlagerung von Sinus- und Cosinusfunktionen verschiedener Frequenzen und Amplituden darstellen können.

Definition 8.1 Eine reellwertige Funktion $f : \mathbb{R} \to \mathbb{R}$ oder komplexwertige Funktion $f : \mathbb{R} \to \mathbb{C}$ heißt **periodisch** mit **Periode** $T > 0$, falls

$$f(t + T) = f(t), \quad \text{für alle } t \in \mathbb{R}.$$

Wir sprechen dann auch von einer T-**periodischen Funktion**.

Beispiel 8.2 Die Funktionen $\sin t$ und $\cos t$ sind reellwertige 2π-periodische Funktionen, und $e^{\frac{it}{2}}$ ist eine komplexwertige Funktion mit Periode 4π, da $e^{\frac{i(t+4\pi)}{2}} = e^{\frac{it}{2}}e^{2\pi i} = e^{\frac{it}{2}}$. Die **Recht-**

eckschwingung mit Periode $T > 0$ und Amplitude $A > 0$ ist definiert durch

$$f(t) = \begin{cases} A, & \text{falls } \lfloor \frac{2t}{T} \rfloor \text{ gerade,} \\ -A, & \text{falls } \lfloor \frac{2t}{T} \rfloor \text{ ungerade.} \end{cases}$$

$\triangle$

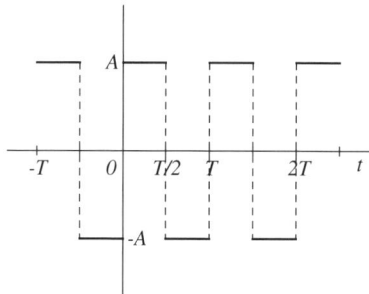

Abbildung 8.1 Rechteckschwingung mit Periode T und Amplitude A

Bemerkung: Eine T-periodische Funktion $f(t)$ läßt sich durch die Substitution $F(x) = f(\frac{x}{\omega})$, mit $\omega = \frac{2\pi}{T}$ immer auf eine 2π-periodische Funktion $F(x)$ zurückführen, denn $F(x + 2\pi) = f(\frac{x+2\pi}{\omega}) = f(\frac{x}{\omega} + T) = f(\frac{x}{\omega}) = F(x)$.

Vereinbarung: Während des gesamten Abschnittes definieren wir in Zusammenhang mit T-periodischen Funktionen $f(t)$ immer $\omega = \frac{2\pi}{T}$.

Folgende Beziehung für integrierbare T-periodische Funktionen, welche man durch Aufteilen des Integrationsintervalls an der Stelle $t = T\lfloor \frac{a}{T} \rfloor + T$ und Ausnützen der Periodizität von $f(t)$ erhält, wird sich später als nützlich erweisen:

$$\int_0^T f(t)\,dt = \int_a^{T+a} f(t)\,dt, \quad \text{für } a \in \mathbb{R}.$$

Wir betrachten nun eine spezielle Klasse von periodischen Funktionen, nämlich die so genannten trigonometrischen Polynome.

Definition 8.3 Ein **trigonometrisches Polynom** der Periode T in **Sinus-Cosinus-Form** ist eine Funktion $f : \mathbb{R} \to \mathbb{C}$ der Gestalt

$$f(t) = \frac{a_0}{2} + \sum_{n=1}^{N} \left(a_n \cos(n\omega t) + b_n \sin(n\omega t) \right).$$

Ein trigonometrisches Polynom der Periode T in **Exponentialform** ist eine Funktion $f : \mathbb{R} \to \mathbb{C}$ der Gestalt

$$f(t) = \sum_{k=-N}^{N} c_k e^{ik\omega t}.$$

Die Konstanten $a_n, b_n \in \mathbb{C}$ und $c_k \in \mathbb{C}$ heißen die **Koeffizienten** des trigonometrischen Polynoms und $N \in \mathbb{N}$ nennt man den **Grad** des trigonometrischen Polynoms.

Mit Hilfe der aus Kapitel 4 bekannten Euler'schen Formel $e^{i\varphi} = \cos\varphi + i\sin\varphi$ kann ein trigonometrisches Polynom, welches in einer der beiden Formen gegeben ist, sofort in die andere umgewandelt werden. Man erhält dann für die Koeffizienten a_n, b_n, c_k die Beziehungen:

$$a_0 = 2c_0, \qquad a_n = c_n + c_{-n}, \qquad b_n = (c_n - c_{-n})i, \qquad \text{für } 1 \leq n \leq N, \qquad (8.1a)$$

$$c_0 = \frac{a_0}{2}, \qquad c_k = \frac{a_k - ib_k}{2}, \qquad c_{-k} = \frac{a_k + ib_k}{2}, \qquad \text{für } 1 \leq k \leq N. \qquad (8.1b)$$

Beispiel 8.4 Wir wollen die Funktion $f(t) = \cos^3(t)$ als trigonometrisches Polynom darstellen. Nach der Formel von Moivre (siehe Kapitel 4) erhalten wir:

$$\begin{aligned}
\cos(3t) + i\sin(3t) = e^{i3t} &= (\cos t + i\sin t)^3 \\
&= \left(\cos^3(t) - 3\cos t\sin^2(t)\right) + i\left(3\cos^2(t)\sin t - \sin^3(t)\right)
\end{aligned}$$

und somit

$$\cos(3t) = \cos^3(t) - 3\cos t\sin^2(t) = 4\cos^3(t) - 3\cos t,$$

wobei die Gleichung $\sin^2(t) + \cos^2(t) = 1$ verwendet wurde. Damit erhalten wir schließlich die gewünschte Darstellung als trigonometrisches Polynom in Sinus-Cosinus-Form, aus der die Exponentialform durch Umrechnen aus den Gleichungen (8.1) gewonnen werden kann:

$$\cos^3(t) = \frac{3}{4}\cos t + \frac{1}{4}\cos(3t) = \frac{1}{8}e^{3it} + \frac{3}{8}e^{-it} + \frac{3}{8}e^{it} + \frac{1}{8}e^{-3it}. \qquad \triangle$$

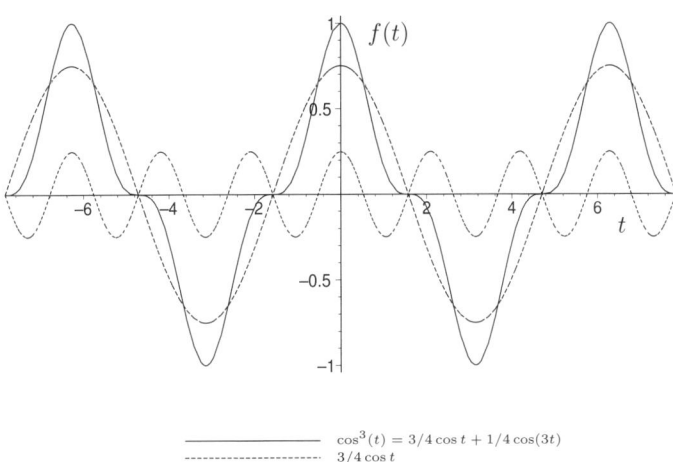

$$\begin{aligned}
&\text{———} && \cos^3(t) = 3/4\cos t + 1/4\cos(3t) \\
&\text{- - - - -} && 3/4\cos t \\
&\text{·········} && 1/4\cos(3t)
\end{aligned}$$

Abbildung 8.2 Darstellung von $\cos^3(t)$ als trigonometrisches Polynom

Wir interessieren uns nun dafür, die Koeffizienten a_n, b_n bzw. c_k von einem trigonometrischen Polynom $f(t)$ wiederzugewinnen. Dazu ist die algebraische Struktur der trigonometrischen Polynome nützlich: die Menge aller trigonometrischen Polynome bildet nämlich einen **Vektorraum** über $\mathbb{C}$, wobei die Funktionen

$$\{e^{ik\omega t} : k \in \mathbb{Z}\} \quad \text{bzw.} \quad \{1\} \cup \{\cos(n\omega t) : n \in \mathbb{N}^+\} \cup \{\sin(n\omega t) : n \in \mathbb{N}^+\}$$

eine Basis bilden. Wir verwenden dabei hier und im Folgenden die Notation $\mathbb{N}^+ = \mathbb{N}\setminus\{0\}$. Dass die Funktionen wirklich linear unabhängig sind, zeigt man am einfachsten mit den nachfolgend angegebenen **Orthogonalitätsrelationen** der Basisfunktionen. Dazu betrachten wir für trigonometrische Polynome $f(t)$, $g(t)$ die folgende Abbildung, wobei $^- : \mathbb{C} \to \mathbb{C}$, die in Kapitel 1 definierte Konjugation bezeichnet:

$$(f(t), g(t)) \mapsto \int_0^T f(t)\overline{g(t)}dt.$$

Diese Abbildung bildet ein **Skalarprodukt** im Vektorraum der trigonometrischen Polynome, wobei die Eigenschaft $(f(t), f(t)) = 0 \iff f(t) = 0$ wiederum erst durch die folgenden Orthogonalitätsrelationen der Basisfunktionen einfach nachzuweisen ist.

Satz 8.5 (Orthogonalitätsrelationen der trigonometrischen Funktionen) *Die Basisfunktionen* $\{e^{ik\omega t} : k \in \mathbb{Z}\}$ *bzw.* $\{1\} \cup \{\cos(n\omega t) : n \in \mathbb{N}^+\} \cup \{\sin(n\omega t) : n \in \mathbb{N}^+\}$ *bilden ein* **Orthogonalsystem** *im Raum der trigonometrischen Polynome:*

Für $k, \ell \in \mathbb{Z}$ gilt :
$$\int_0^T e^{ik\omega t}\overline{e^{i\ell\omega t}}dt = \int_0^T e^{ik\omega t}e^{-i\ell\omega t}dt = \begin{cases} 0, & \text{falls } k \neq \ell, \\ T, & \text{falls } k = \ell. \end{cases}$$

Für $n, m \in \mathbb{N}$ gilt :
$$\int_0^T \cos(n\omega t)\cos(m\omega t)dt = \begin{cases} 0, & \text{falls } n \neq m, \\ \frac{T}{2}, & \text{falls } n = m \neq 0, \\ T, & \text{falls } n = m = 0. \end{cases}$$

Für $n, m \in \mathbb{N}^+$ gilt :
$$\int_0^T \sin(n\omega t)\sin(m\omega t)dt = \begin{cases} 0, & \text{falls } n \neq m, \\ \frac{T}{2}, & \text{falls } n = m. \end{cases}$$

Für $n, m \in \mathbb{N}$ gilt :
$$\int_0^T \cos(n\omega t)\sin(m\omega t)dt = 0.$$

Weiters gilt, dass die Darstellung eines trigonometrischen Polynoms in der Exponentialform $f(t) = \sum_{k=-N}^N c_k e^{ik\omega t}$ *bzw. in der Sinus-Cosinus-Form* $f(t) = \frac{a_0}{2} + \sum_{n=1}^N \left(a_n \cos(n\omega t) + b_n \sin(n\omega t)\right)$ *eindeutig ist.*

Beweis. Für die Basisfunktionen der Exponentialform lassen sich die Orthogonalitätsrelationen einfach nachrechnen. Falls $k = \ell$, dann gilt:

$$\int_0^T e^{ik\omega t}e^{-ik\omega t}dt = \int_0^T 1 dt = T,$$

und für $k \neq \ell$:

$$\int_0^T e^{ik\omega t}e^{-i\ell\omega t}dt = \int_0^T e^{i(k-\ell)\omega t}dt = \frac{e^{i(k-\ell)\omega t}}{i(k-\ell)\omega}\bigg|_0^T = \frac{1}{i(k-\ell)\omega}\left(e^{i(k-\ell)\omega T} - 1\right) = 0,$$

da $e^{iq\omega T} = e^{iq2\pi} = 1$, für alle $q \in \mathbb{Z}$. Um die Orthogonalitätsrelationen für die Basisfunktionen der Sinus-Cosinus-Form nachzuweisen, verwendet man entweder Summensätze für die Winkelfunktionen oder einfacher die bereits gezeigte Beziehung für die Exponentialform. Wir führen dies exemplarisch für zwei Fälle aus. Seien $m, n \in \mathbb{N}^+$ und $m \neq n$. Es gilt dann aufgrund des vorher Gezeigten und Anwenden der Euler'schen Formel:

$$0 = \int_0^T e^{in\omega t}e^{-im\omega t}dt = \int_0^T \big(\cos(n\omega t)\cos(m\omega t) + \sin(n\omega t)\sin(m\omega t)\big)dt$$
$$+ i\int_0^T \big(\sin(n\omega t)\cos(m\omega t) - \cos(m\omega t)\sin(m\omega t)\big)dt.$$

Ein Vergleich der Realteile liefert somit

$$0 = \int_0^T \big(\cos(n\omega t)\cos(m\omega t) + \sin(n\omega t)\sin(m\omega t)\big)dt. \tag{8.2}$$

Analog zeigt man

$$0 = \Re\left(\int_0^T e^{in\omega t}e^{im\omega t}dt\right) = \int_0^T \big(\cos(n\omega t)\cos(m\omega t) - \sin(n\omega t)\sin(m\omega t)\big)dt. \tag{8.3}$$

Aus den Gleichungen (8.2) und (8.3) erhält man durch Addieren bzw. Subtrahieren die folgenden Beziehungen für $n \neq m$:

$$\int_0^T \cos(n\omega t)\cos(m\omega t)dt = \int_0^T \sin(n\omega t)\sin(m\omega t)dt = 0.$$

Um die Eindeutigkeit der Darstellung eines trigonometrischen Polynoms in der Exponentialform zu zeigen, nehmen wir an, es gäbe ein trigonometrisches Polynom $f(t)$ mit zwei Darstellungen:

$$f(t) = \sum_{k=-N_1}^{N_1} c_k^{(1)}e^{ik\omega t} = \sum_{k=-N_2}^{N_2} c_k^{(2)}e^{ik\omega t}.$$

Dabei können wir ohne Beschränkung der Allgemeinheit annehmen, dass $N_1 \geq N_2$ gilt. Wir betrachten nun die Funktion $g(t) = f(t) - f(t) = 0$, welche daher auch die folgende Darstellung als trigonometrisches Polynom besitzt:

$$g(t) = \sum_{k=-N}^{N} c_k e^{ik\omega t},$$

mit $N = N_1$ und $c_k = c_k^{(1)} - c_k^{(2)}$ für alle k, wobei wir $c_k^{(2)} = 0$ für Indizes $N_2 < |k| \leq N_1$ definieren. Mit den vorher gezeigten Orthogonalitätsrelationen erhalten wir nun:

$$\big(g(t), g(t)\big) = \int_0^T g(t)\overline{g(t)}dt = \int_0^T \left(\sum_{k=-N}^{N} c_k e^{ik\omega t}\right)\overline{\left(\sum_{\ell=-N}^{N} c_\ell e^{i\ell\omega t}\right)}dt$$
$$= \int_0^T \left(\sum_{k=-N}^{N} c_k e^{ik\omega t}\right) \cdot \left(\sum_{\ell=-N}^{N} \overline{c_\ell} e^{-i\ell\omega t}\right)dt$$
$$= \sum_{\substack{k,\ell=-N, \\ k\neq\ell}}^{N} c_k\overline{c_\ell}\int_0^T e^{ik\omega t}e^{-i\ell\omega t}dt + \sum_{k=-N}^{N} c_k\overline{c_k}\int_0^T e^{ik\omega t}e^{-ik\omega t}dt = T\sum_{k=-N}^{N} |c_k|^2.$$

Da andererseits $\big(g(t), g(t)\big) = \int_0^T 0\,dt = 0$ ist, erhalten wir

$$0 = \sum_{k=-N}^N |c_k|^2.$$

Nun ist aber $|c_k| \geq 0$ für alle k, was $|c_k| = 0$ und schließlich $c_k = 0$ für alle k impliziert. Deshalb gilt für die beiden Darstellungen von $f(t)$ in der Exponentialform, dass $0 = c_k = c_k^{(1)} - c_k^{(2)}$ für alle k gelten muss, woraus folgt, dass die beiden Darstellungen gleich sind: $c_k^{(1)} = c_k^{(2)}$ für $-N \leq k \leq N$. Die Eindeutigkeit der Darstellung eines trigonometrischen Polynoms in der Sinus-Cosinus-Form folgt nun ebenfalls aufgrund der Beziehungen (8.1). $\qquad\square$

Da die Basisfunktionen ein Orthogonalsystem bilden, können wir sofort angeben, wie man die Koeffizienten eines trigonometrischen Polynoms $f(t)$ erhält.

Satz 8.6 *Die Koeffizienten a_n, b_n bzw. c_k eines trigonometrischen Polynoms $f(t)$ vom Grad N erhält man mit Hilfe der* **Formeln von Euler-Fourier**, *das heißt für $-N \leq k \leq N$ bzw. $0 \leq n \leq N$ gilt:*

$$a_n = \frac{2}{T} \int_0^T f(t) \cos(n\omega t)\,dt, \quad b_n = \frac{2}{T} \int_0^T f(t) \sin(n\omega t)\,dt, \tag{8.4a}$$

$$c_k = \frac{1}{T} \int_0^T f(t) e^{-ik\omega t}\,dt. \tag{8.4b}$$

Beweis. Dies folgt unmittelbar aus Satz 8.5, denn

$$\frac{1}{T} \int_0^T f(t) e^{-ik\omega t}\,dt = \frac{1}{T} \int_0^T \sum_{\ell=-N}^N c_\ell e^{i\ell\omega t} e^{-ik\omega t}\,dt = \frac{1}{T} \sum_{\ell=-N}^N c_\ell \int_0^T e^{i\ell\omega t} e^{-ik\omega t}\,dt = c_k,$$

da alle Summanden $k \neq \ell$ wegen der Orthogonalitätsrelation 0 ergeben. Analog zeigt man die Beziehungen für die Sinus-Cosinus-Form. $\qquad\square$

Beispiel 8.7 Wir betrachten die Funktion $f(t) = \sin^2(t)$, für die man mit Hilfe der Formeln von Moivre leicht die Darstellung als trigonometrisches Polynom vom Grad 2 via $\sin^2(t) = \frac{1}{2} - \frac{1}{2}\cos(2t)$ erhält. Wir wissen also, dass $f(t)$ eine Darstellung als trigonometrisches Polynom vom Grad 2 besitzt, d.h. $f(t) = \frac{a_0}{2} + \sum_{n=1}^2 a_n \cos(nt) + \sum_{n=1}^2 b_n \sin(nt)$, und wollen die Koeffizienten nun mit Hilfe der Formeln von Euler-Fourier gewinnen.

Da $f(t) = \sin^2(t)$ eine **gerade Funktion** ist, also $f(t) = f(-t)$ für alle $t \in \mathbb{R}$ gilt, muss gelten, dass alle Koeffizienten $b_n = 0$ sind, für $n \geq 0$. Dies wird als Übungsaufgabe gezeigt. Es bleibt also nur mehr die Berechnung der Koeffizienten a_n, für $0 \leq n \leq 2$. Da

$$\int \sin^2(t)\,dt = -\frac{1}{2}\sin t \cos t + \frac{t}{2} + C,$$

wie man mittels partieller Integration leicht zeigt, erhalten wir

$$a_0 = \frac{1}{\pi} \int_0^{2\pi} \sin^2(t)\,dt = \frac{1}{\pi}\left(-\frac{1}{2}\sin t \cos t + \frac{t}{2}\right)\Bigg|_{t=0}^{2\pi} = 1.$$

Wegen

$$\int \sin^2(t) \cos t \, dt = \frac{1}{3} \sin^3(t) + C$$

bekommen wir weiters

$$a_1 = \frac{1}{\pi} \int_0^{2\pi} \sin^2(t) \cos t \, dt = \frac{1}{3\pi} \sin^3(t) \Big|_{t=0}^{2\pi} = 0.$$

Um das Integral

$$\int_0^{2\pi} \sin^2(t) \cos(2t) dt$$

zu berechnen, verwendet man am einfachsten die komplexen Darstellungen der trigonometrischen Funktionen: $\sin t = \frac{e^{it} - e^{-it}}{2i}$ und $\cos t = \frac{e^{it} + e^{-it}}{2}$. Dies stellt natürlich einen kleinen „Trick" dar, da nun eigentlich schon von der Darstellung als trigonometrisches Polynom in der Exponentialform ausgegangen wird. Wir erhalten dann

$$a_2 = \frac{1}{\pi} \int_0^{2\pi} \sin^2(t) \cos(2t) dt = \frac{1}{\pi} \int_0^{2\pi} \left(\frac{1}{2i} e^{it} - \frac{1}{2i} e^{-it} \right)^2 \left(\frac{1}{2} e^{2it} + \frac{1}{2} e^{-2it} \right) dt$$

$$= \frac{1}{\pi} \int_0^{2\pi} \left(-\frac{1}{4} + \frac{1}{4} e^{2it} + \frac{1}{4} e^{-2it} - \frac{1}{8} e^{4it} - \frac{1}{8} e^{-4it} \right) dt$$

$$= \frac{1}{\pi} \left(-\frac{t}{4} - \frac{i}{8} e^{2it} + \frac{i}{8} e^{-2it} + \frac{i}{32} e^{4it} - \frac{i}{32} e^{-4it} \right) \Big|_{t=0}^{2\pi} = -\frac{1}{2}.$$

Dies liefert schließlich die gesuchte Darstellung: $\sin^2(t) = \frac{1}{2} - \frac{1}{2} \cos(2t)$. △

Trigonometrische Polynome stellen immer differenzierbare Funktionen dar, da sie als Linearkombinationen von Sinus-Cosinus-Funktionen bzw. Exponentialfunktionen gebildet werden. Um auch nichtdifferenzierbare periodische Funktionen zu erhalten, betrachten wir im Folgenden Reihen statt Polynome.

Definition 8.8 Eine **trigonometrische Reihe** ist für alle $t \in \mathbb{R}$ definiert durch

$$\sum_{k=-\infty}^{\infty} c_k e^{ik\omega t} = \lim_{N \to \infty} \sum_{k=-N}^{N} c_k e^{ik\omega t}$$

bzw.

$$\frac{a_0}{2} + \sum_{n=1}^{\infty} (a_n \cos(n\omega t) + b_n \sin(n\omega t)) = \frac{a_0}{2} + \lim_{N \to \infty} \sum_{n=1}^{N} (a_n \cos(n\omega t) + b_n \sin(n\omega t)),$$

wobei

$$S_N(t) = \sum_{k=-N}^{N} c_k e^{ik\omega t} \quad \text{bzw.} \quad S_N(t) = \frac{a_0}{2} + \sum_{n=1}^{N} (a_n \cos(n\omega t) + b_n \sin(n\omega t))$$

die N-te **Partialsumme** der trigonometrischen Reihe bezeichnet.

Falls der Grenzwert der N-ten Partialsummen $S_N(t)$ für alle $t \in \mathbb{R}$ existiert, wird durch eine trigonometrische Reihe eine T-periodische Funktion erklärt. Allerdings gibt es trigonometrische Reihen, die für kein $t \in \mathbb{R}$ konvergieren!

Wir stellen deshalb einige generelle Betrachtungen über die Konvergenz von Funktionenfolgen an.

Definition 8.9 Eine Funktionenfolge $f_0(x)$, $f_1(x)$, $f_2(x)$, ... **konvergiert gleichmäßig** auf einem Intervall $I \subseteq \mathbb{R}$ gegen die Funktion $f(x) : I \rightarrow \mathbb{R}$, wenn für jede beliebig kleine Fehlerschranke $\varepsilon > 0$ ein für alle $x \in I$ gemeinsamer Index $N = N_\varepsilon$ existiert, so dass gilt:

$$n \geq N \Rightarrow |f(x) - f_n(x)| \leq \varepsilon, \quad \text{für alle } x \in I.$$

Anschaulich bedeutet dies, dass für $n \geq N$ die Graphen aller Funktionen $f_n(x)$ in einem ε-Schlauch um $f(x)$ liegen.

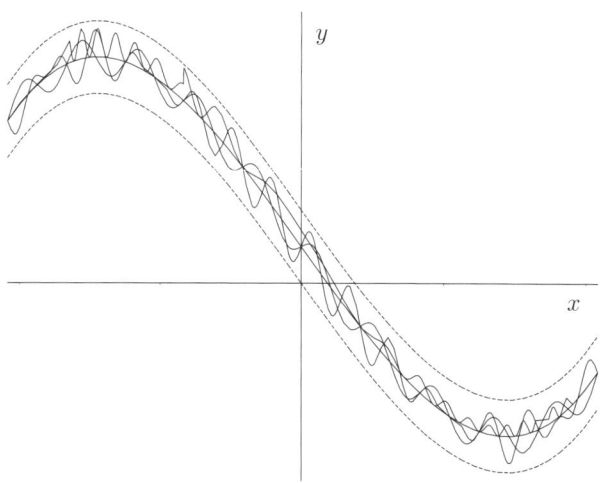

Abbildung 8.3 Gleichmäßige Konvergenz einer Funktionenfolge

Für uns von besonderer Bedeutung ist die **gleichmäßige Konvergenz** von Funktionenreihen $s(x) = \sum_{k=0}^{\infty} f_k(x)$ auf einem Intervall I. Eine sehr nützliche hinreichende Bedingung hierfür ist in folgendem Satz angegeben.

Satz 8.10 (Weierstraß'scher M-Test für die gleichmäßige Konvergenz) *Gilt für jede Funktion $f_k(x)$ der auf dem Invervall $I \subseteq \mathbb{R}$ definierten Funktionenfolge $(f_k(x))_{k \in \mathbb{N}}$ eine Abschätzung $|f_k(x)| \leq M_k$, für alle $x \in I$, mit $M_k \in \mathbb{R}$ und*

$$\sum_{k=0}^{\infty} M_k < \infty,$$

dann ist die Funktionenreihe $s(x) = \sum_{k=0}^{\infty} f_k(x)$ auf I gleichmäßig konvergent.

Beweis. Wegen der Monotonie und Beschränktheit der Folge der Partialsummen $c_n = \sum_{k=0}^{n} M_k$ der Zahlenreihe existiert der Grenzwert $c = \lim_{n \to \infty} c_n$, woraus folgt, dass für alle $\varepsilon > 0$ ein $N = N_\varepsilon$ existiert, so dass für $n \geq N$ gilt:

$$\left| s(x) - \sum_{k=0}^{n} f_k(x) \right| = \left| \sum_{k=n+1}^{\infty} f_k(x) \right| \leq \sum_{k=n+1}^{\infty} |f_k(x)| \leq \sum_{k=n+1}^{\infty} M_k = |c - c_n| \leq \varepsilon, \text{ für alle } x \in I.$$

$\square$

Eine wichtige Eigenschaft gleichmäßig konvergenter Funktionenreihen ist im folgenden Satz angeführt, dessen Beweis als Übungsaufgabe gestellt wird.

Satz 8.11 *Wenn jedes Glied einer Funktionenreihe $\sum_{k=0}^{\infty} f_k(x)$ stetig ist in einem abgeschlossenen Intervall $I = [a, b]$ und die Reihe auf I gleichmäßig konvergiert gegen eine Funktion $f(x)$, dann gilt:*

(i) $f(x)$ ist stetig im Intervall I.

(ii) Die Reihe darf gliedweise integriert werden, das heißt:

$$\int_a^b \left(\sum_{k=0}^{\infty} f_k(x) \right) dx = \sum_{k=0}^{\infty} \left(\int_a^b f_k(x) dx \right).$$

Weiters rufen wir uns die Definition folgender wichtiger Begriffe in Erinnerung.

Wiederholung: Eine Funktion $f(t)$ heißt **stückweise stetig** auf einem abgeschlossenen Intervall $I = [a, b]$, wenn $f(t)$ in I stetig ist bis auf eine endliche Anzahl von Punkten $t_1, t_2, \ldots, t_m$ und in den Ausnahmestellen $t_1, \ldots, t_m$ alle in $[a, b]$ möglichen einseitigen Grenzwerte von $f(t)$ existieren.

Eine Funktion $f(t)$ heißt **stückweise stetig differenzierbar** auf einem abgeschlossenen Intevall $I = [a, b]$, wenn sie in I stetig differenzierbar ist, d.h. differenzierbar ist und die Ableitung noch stetig ist, bis auf eine endliche Anzahl von Punkten $t_1, t_2, \ldots, t_m$ und in den Ausnahmestellen $t_1, \ldots, t_m$ alle in $[a, b]$ möglichen einseitigen Grenzwerte von $f(t)$ und $f'(t)$ existieren.

Wir betrachten nun den wichtigen Fall, dass eine trigonometrische Reihe gleichmäßig gegen eine T-periodische Funktion $f(t)$ konvergiert. In diesem Fall sind die Koeffizienten der trigonometrischen Reihe eindeutig durch die Formeln von Euler-Fourier bestimmt, wie nachfolgend gezeigt wird. Wir formulieren diesen Satz nur für die Exponentialform, aber er gilt analog für die Sinus-Cosinus-Form.

Satz 8.12 *Falls die trigonometrische Reihe $\sum_{k=-\infty}^{\infty} c_k e^{ik\omega t}$ gleichmäßig für alle $t \in \mathbb{R}$ gegen die T-periodische Funktion $f(t)$ konvergiert, so ist $f(t)$ stetig für alle $t \in \mathbb{R}$, und die Koeffizienten der trigonometrischen Reihe sind durch die Formeln von Euler-Fourier bestimmt:*

$$c_k = \frac{1}{T} \int_0^T f(t) e^{-ik\omega t} dt.$$

Beweis. Die Stetigkeit von $f(t)$ ist wegen Satz 8.11 eine unmittelbare Konsequenz der gleichmäßigen Konvergenz von Funktionenreihen. Weiters folgt mit der Vertauschbarkeit von Integration und Summation bei gleichmäßiger Konvergenz zusammen mit den Orthogonalitätsrelationen (Satz 8.5):

$$\frac{1}{T}\int_0^T f(t)e^{-ik\omega t}dt = \frac{1}{T}\int_0^T \sum_{\ell=-\infty}^{\infty} c_\ell e^{i\ell\omega t}e^{-ik\omega t}dt = \frac{1}{T}\sum_{\ell=-\infty}^{\infty} c_\ell \int_0^T e^{i\ell\omega t}e^{-ik\omega t}dt = c_k.$$

$\square$

Beispiel 8.13 Wir betrachten die 2π-periodische trigonometrische Reihe $f(t) = \sum_{n=1}^{\infty}\frac{\sin(nt)}{n^2}$ auf dem Intervall $I = [0, 2\pi]$. Da für jedes $n \in \mathbb{N}$ gilt: $|\sin(nx)| \leq 1$, für alle $x \in I$, bekommen wir die Abschätzung $|\frac{\sin(nx)}{n^2}| \leq \frac{1}{n^2}$. Da $\sum_{n=1}^{\infty}\frac{1}{n^2} = \frac{\pi^2}{6}$, liefert eine Anwendung des Weierstraß'schen M-Tests, Satz 8.10, dass die trigonometrische Reihe $f(t)$ gleichmäßig auf I konvergiert. Aufgrund von Satz 8.12 folgt weiters, dass $f(t)$ auch stetig auf I ist. $\triangle$

Satz 8.12 legt es nahe, für eine T-periodische Funktion $f(t)$ jene trigonometrische Reihe zu betrachten, in der die Koeffizienten durch die Formeln von Euler-Fourier gegeben sind. Dies führt uns zum Begriff der Fourier-Reihe einer periodischen Funktion.

Definition 8.14 Sei $f : \mathbb{R} \to \mathbb{C}$ eine T-periodische Funktion, die auf $[0, T]$ stückweise stetig ist. Dann ist die **Fourier-Reihe** $S_f(t)$ von $f(t)$ definiert als trigonometrische Reihe

$$S_f(t) = \sum_{k=-\infty}^{\infty} c_k e^{ik\omega t} = \frac{a_0}{2} + \sum_{n=1}^{\infty}\left(a_n\cos(n\omega t) + b_n\sin(n\omega t)\right),$$

wobei die **Fourier-Koeffizienten** a_n, b_n bzw. c_k für $n \in \mathbb{N}$ bzw. $k \in \mathbb{Z}$ folgendermaßen definiert sind:

$$c_k = \frac{1}{T}\int_0^T f(t)e^{-ik\omega t}dt, \quad a_n = \frac{2}{T}\int_0^T f(t)\cos(n\omega t)dt, \quad b_n = \frac{2}{T}\int_0^T f(t)\sin(n\omega t)dt.$$

Die Umrechnung zwischen den Koeffizienten a_n, b_n der Sinus-Cosinus-Form und c_k der Exponentialform erfolgt wiederum über die Formeln (8.1). Es ist wichtig anzumerken, dass a priori weder gesichert ist, dass die Fourier-Reihe $S_f(t)$ für Punkte $t \in \mathbb{R}$ konvergiert, noch dass Gleichheit $S_f(t) = f(t)$ für Stellen $t \in \mathbb{R}$ herrschen muss! Als Notation verwendet man deshalb oft $S_f(t) \sim f(t)$ um auszudrücken, dass $S_f(t)$ die zu $f(t)$ gehörende Fourier-Reihe ist.

Beispiel 8.15 Wir betrachten folgende 2π-periodische **Sägezahnfunktion** $f(x)$, welche für $-\pi \leq x < \pi$ definiert ist durch $f(x) = x$ und außerhalb dieses Intervalls 2π-periodisch fortgesetzt wird. Wir bestimmen nun die Fourier-Reihe $S_f(t)$ von $f(t)$ durch Berechnen der Fourier-Koeffizienten in der Exponentialform mit den Formeln von Euler-Fourier. Wir erhalten

$$c_0 = \frac{1}{2\pi}\int_{-\pi}^{\pi} x\,dx = \frac{1}{2\pi}\frac{x^2}{2}\Big|_{-\pi}^{\pi} = 0,$$

und für $k \neq 0$ bekommt man durch partielle Integration eine Stammfunktion des Integranden, welche man an den Grenzen auswertet:

$$c_k = \frac{1}{2\pi} \int_{-\pi}^{\pi} x e^{-ikx} dx = \frac{1}{2\pi} \frac{(1+ikx)e^{-ikx}}{k^2} \Big|_{-\pi}^{\pi}$$

$$= \frac{1}{2\pi k^2} \left((1+ik\pi)e^{-ik\pi} - (1-ik\pi)e^{ik\pi} \right) = \frac{1}{2\pi k^2} \left((1+ik\pi)(-1)^k - (1-ik\pi)(-1)^k \right)$$

$$= \frac{(-1)^k i}{k}.$$

Somit erhalten wir die Fourier-Reihe $S_f(t)$ von $f(t)$ in der Exponentialform:

$$S_f(t) = \sum_{k\in\mathbb{Z},\, k\neq 0} \frac{(-1)^k}{k} i e^{ikt}.$$

Um die Koeffizienten der Fourier-Reihe in der Sinus-Cosinus-Form zu bekommen, benützen wir die Beziehungen (8.1). Wir erhalten:

$$a_0 = 2c_0 = 0, \quad a_n = c_n + c_{-n} = \frac{(-1)^n}{n} i + \frac{(-1)^{-n}}{-n} i = (-1)^n i \left(\frac{1}{n} - \frac{1}{n} \right) = 0,$$

$$b_n = (c_n - c_{-n})i = \left(\frac{(-1)^n}{n} i - \frac{(-1)^{-n}}{-n} i \right) i = \frac{2(-1)^{n+1}}{n}.$$

Dies liefert somit auch die Fourier-Reihe $S_f(t)$ von $f(t)$ in der Sinus-Cosinus-Form:

$$S_f(t) = 2 \sum_{n=1}^{\infty} \frac{(-1)^{n+1}}{n} \sin(nx).$$

An Hand der Abb. 8.4 lässt sich auch ein so genanntes „Überschwingen" der Partialsummen

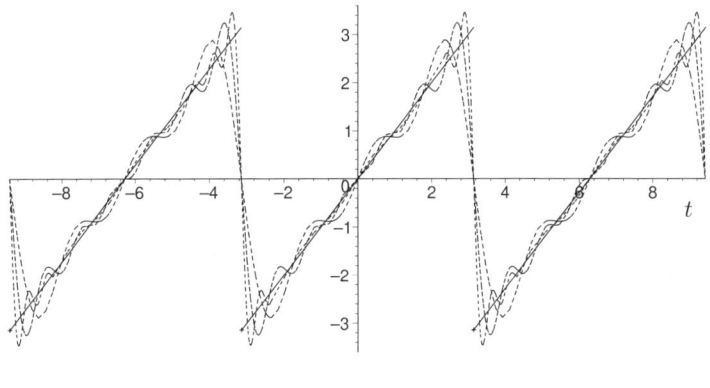

Abbildung 8.4 Die Partialsummen $S_N(t) = 2\sum_{n=1}^{N} \frac{(-1)^{n+1}}{n} \sin(nt)$ mit $N = 3, 6, 12$ der Fourier-Reihe $S_f(t)$ für die Sägezahnfunktion $f(t)$

$S_N(t)$ der Fourier-Reihe in der Nähe der Unstetigkeitsstellen $\pi + 2k\pi$, für $k \in \mathbb{Z}$, beobachten, welches mathematisch präzisiert werden kann und als so genanntes „**Gibbs-Phänomen**" an Unstetigkeitsstellen bezeichnet wird. $\triangle$

In der Praxis benützt man häufig **Rechenregeln**, um aus bekannten Reihendarstellungen neue zu gewinnen. Einige wichtige Rechenregeln sind nachfolgend für die Exponentialform angeführt.

Satz 8.16 *Für die Fourierreihen*

$$S_f(t) = \sum_{k=-\infty}^{\infty} c_k e^{ik\omega t} \sim f(t), \quad S_g(t) = \sum_{k=-\infty}^{\infty} d_k e^{ik\omega t} \sim g(t)$$

von auf $[0, T]$ *stückweise stetigen* T-*periodischen Funktionen* $f(t)$, $g(t)$ *gelten die nachfolgend angeführten Rechenregeln:*

$$\text{Linearität:} \quad \alpha f(t) + \beta g(t) \sim \sum_{k=-\infty}^{\infty} (\alpha c_k + \beta d_k) e^{ik\omega t}, \tag{8.5a}$$

$$\text{Konjugation:} \quad \overline{f(t)} \sim \sum_{k=-\infty}^{\infty} \overline{c_{-k}} e^{ik\omega t}, \tag{8.5b}$$

$$\text{Zeitumkehr:} \quad f(-t) \sim \sum_{k=-\infty}^{\infty} c_{-k} e^{ik\omega t}, \tag{8.5c}$$

$$\text{Streckung:} \quad f(ct) \sim \sum_{k=-\infty}^{\infty} c_k e^{ik(c\omega)t}, \quad c > 0, \tag{8.5d}$$

$$\text{für die } \tfrac{T}{c}\text{-periodische Funktion } F(t) = f(ct),$$

$$\text{Verschiebung im Zeitbereich:} \quad f(t + a) \sim \sum_{k=-\infty}^{\infty} (e^{ik\omega a} c_k) e^{ik\omega t}, \quad a \in \mathbb{R}, \tag{8.5e}$$

$$\text{Verschiebung im Frequenzbereich:} \quad e^{in\omega t} f(t) \sim \sum_{k=-\infty}^{\infty} c_{k-n} e^{ik\omega t}, \quad n \in \mathbb{Z}. \tag{8.5f}$$

Beweis. Diese Rechenregeln können allesamt einfach durch Verwenden elementarer Integrationsregeln nachgewiesen werden. Exemplarisch betrachten wir die T-periodische Funktion $f(t + a)$ mit $a \in \mathbb{R}$ und wollen die Fourier-Koeffizienten γ_k berechnen, so dass $f(t + a) \sim \sum_{k=-\infty}^{\infty} \gamma_k e^{ik\omega t}$. Dazu verwenden wir die Substitution $\tau = t + a$ und erhalten für alle $k \in \mathbb{Z}$:

$$\gamma_k = \frac{1}{T} \int_0^T f(t + a) e^{-ik\omega t} dt = \frac{1}{T} \int_a^{T+a} f(\tau) e^{-ik\omega(\tau - a)} d\tau = e^{ik\omega a} \frac{1}{T} \int_a^{T+a} f(\tau) e^{-ik\omega\tau} d\tau$$
$$= e^{ik\omega a} c_k. \qquad \square$$

Bemerkung: Die Beziehung (8.5d) besagt, dass die $\tfrac{T}{c}$-periodische Funktion $F(t) = f(ct)$, mit $c > 0$, dieselben Fourier-Koeffizienten wie $f(t)$ besitzt.

Beispiel 8.17 In Beispiel 8.15 wurde eine 2π-periodische Sägezahnfunktion $f(t)$ betrachtet. Alternativ dazu definieren wir hier eine 2π-periodische Sägezahnfunktion $g(t)$, welche nun auf dem Intervall $[0, 2\pi)$ definiert ist durch $g(t) = \frac{1}{2}(\pi - t)$ und außerhalb dieses Intervalls 2π-periodisch fortgesetzt ist. Zwischen den Funktionen $f(t)$ und $g(t)$ besteht offensichtlich die Beziehung $g(t) = -\frac{1}{2}f(t - \pi)$. Um die Fourier-Koeffizienten d_k der Fourier-Reihe $S_g(t) = \sum_{k \in \mathbb{Z}} d_k e^{ikt}$ von $g(t)$ zu berechnen, benützen wir die in Beispiel 8.15 berechneten Fourier-Koeffizienten $c_k = \frac{(-1)^k i}{k}$, für $k \neq 0$, und $c_0 = 0$ der Fourier-Reihe $S_f(t) = \sum_{k \in \mathbb{Z}} c_k e^{ikt}$ von $f(t)$ und bedienen uns der Beziehungen (8.5a) und (8.5e). Dies liefert:

$$d_k = -\frac{1}{2}\left(e^{ik(-\pi)}c_k\right) = -\frac{1}{2}(-1)^k c_k,$$

da $e^{i\pi k} = (e^{i\pi})^k = (-1)^k$ und somit $d_0 = 0$ ist und für $k \neq 0$ gilt:

$$d_k = -\frac{1}{2}\frac{(-1)^{2k}i}{k} = -\frac{i}{2k}.$$

Mit Hilfe von (8.1) erhält man auch die Fourier-Koeffizienten in der Sinus-Cosinus-Form: $a_n = 0$, für $n \geq 0$, und $b_n = \frac{1}{n}$, für $n \geq 1$. Die Fourier-Reihe $S_g(t)$ in der Sinus-Cosinus-Form ist also folgendermaßen gegeben:

$$S_g(t) = \sum_{n \geq 1} \frac{1}{n}\sin(nt).$$

$\triangle$

Weiters sind die folgenden zwei Sätze betreffend die Differentiation bzw. Integration einer Fourier-Reihe nützlich.

Satz 8.18 (Differentiation einer Fourier-Reihe) *Sei $f(t)$ eine auf $\mathbb{R}$ stetige und auf $[0, T]$ stückweise stetig differenzierbare T-periodische Funktion mit der Fourier-Reihe $S_f(t) = \sum_{k=-\infty}^{\infty} c_k e^{ik\omega t}$. Für die Fourier-Reihe $S_{f'}(t)$ der Ableitung $f'(t)$ gilt dann:*

$$S_{f'}(t) = \sum_{k=-\infty}^{\infty} (ik\omega c_k)e^{ik\omega t}.$$

Beweis. Wir berechnen die Koeffizienten d_k der Fourierreihe $S_{f'}(t) = \sum_{k=-\infty}^{\infty} d_k e^{ik\omega t}$, wobei $0 = t_0 < t_1 < \cdots < t_{m-1} < t_m = T$ die Unstetigkeitsstellen von $f'(t)$ auf $[0, T]$ sind. Wir erhalten:

$$d_0 T = \int_0^T f'(t)dt = \sum_{\ell=0}^{m-1}\int_{t_\ell}^{t_{\ell+1}} f'(t)dt = \sum_{\ell=0}^{m-1} f(t)\Big|_{t_\ell^+}^{t_{\ell+1}^-} = \sum_{\ell=0}^{m-1}\left(f(t_{\ell+1}) - f(t_\ell)\right)$$

$$= f(T) - f(0) = 0,$$

da $f(t)$ eine stetige T-periodische Funktion darstellt. Für $k \neq 0$ erhält man durch partielle

Integration der Euler-Fourier-Integrale für die Koeffizienten c_k:

$$
\begin{aligned}
c_k T &= \int_0^T f(t) e^{-ik\omega t} dt = \sum_{\ell=0}^{m-1} \int_{t_\ell}^{t_{\ell+1}} f(t) e^{-ik\omega t} dt \\
&= \sum_{\ell=0}^{m-1} \Big[f(t) \frac{e^{-ik\omega t}}{-ik\omega} \Big|_{t_\ell^+}^{t_{\ell+1}^-} + \frac{1}{ik\omega} \int_{t_\ell}^{t_{\ell+1}} f'(t) e^{-ik\omega t} dt \Big] \\
&= \sum_{\ell=0}^{m-1} \Big[f(t_{\ell+1}) \frac{e^{-ik\omega t_{\ell+1}}}{-ik\omega} - f(t_\ell) \frac{e^{-ik\omega t_\ell}}{-ik\omega} \Big] + \frac{1}{ik\omega} \int_0^T f'(t) e^{-ik\omega t} dt \\
&= \frac{1}{-ik\omega} \big(f(T) e^{-ik\omega T} - f(0) e^0 \big) + \frac{T}{ik\omega} d_k = \frac{d_k T}{ik\omega}.
\end{aligned}
$$

Zusammenfassend können wir schreiben:

$$
d_k = ik\omega c_k, \quad \text{für } k \in \mathbb{Z}.
$$

$\square$

Bemerkung: Man erhält also unter den Voraussetzungen von Satz 8.18 die Fourier-Reihe $S_{f'}(t)$ der Ableitung $f'(t)$ durch gliedweises Differenzieren der Fourier-Reihe $S_f(t)$ von $f(t)$.

Satz 8.19 (Integration einer Fourier-Reihe) *Sei $f(t)$ eine auf $[0, T]$ stückweise stetige T-periodische Funktion mit Fourier-Reihe $S_f(t) = \sum_{k=-\infty}^{\infty} c_k e^{ik\omega t}$. Das Integral $F(t) = \int_0^t f(\tau) d\tau$ ist nur dann wieder eine T-periodische Funktion, wenn $\int_0^T f(t) dt = 0$, also $c_0 = 0$ ist. In diesem Fall gilt für die Fourier-Reihe $S_F(t)$ von $F(t)$:*

$$
S_F(t) = -\frac{1}{T} \int_0^T t f(t) dt + \sum_{k \in \mathbb{Z},\, k \neq 0} \Big(\frac{c_k}{ik\omega} \Big) e^{ik\omega t}.
$$

Beweis. Da $f(t)$ eine stückweise stetige Funktion ist, ist das Integral $F(t) = \int_0^t f(\tau) d\tau$ stetig. Wenn $F(t)$ periodisch mit Periode T sein soll, muss klarerweise $F(T) - F(0) = \int_0^T f(t) dt = 0$ gelten, was $c_0 = 0$ impliziert. Wir berechnen nun die Koeffizienten d_k der Fourierreihe $S_F(t) = \sum_{k=-\infty}^{\infty} d_k e^{ik\omega t}$, wobei $0 = t_0 < t_1 < \cdots < t_{m-1} < t_m = T$ die Unstetigkeitsstellen von $f(t)$ auf $[0, T]$ sind. Für $k \neq 0$ erhalten wir mittels partieller Integration:

$$
\begin{aligned}
d_k T &= \int_0^T F(t) e^{-ik\omega t} dt = \sum_{\ell=0}^{m-1} \int_{t_\ell}^{t_{\ell+1}} F(t) e^{-ik\omega t} dt \\
&= \sum_{\ell=0}^{m-1} \Big[F(t) \frac{e^{-ik\omega t}}{-ik\omega} \Big|_{t_\ell^+}^{t_{\ell+1}^-} + \frac{1}{ik\omega} \int_{t_\ell}^{t_{\ell+1}} F'(t) e^{-ik\omega t} dt \Big] \\
&= F(t) \frac{e^{-ik\omega t}}{-ik\omega} \Big|_0^T + \frac{1}{ik\omega} \int_0^T f(t) e^{-ik\omega t} dt = \frac{1}{-ik\omega} \Big(F(T) e^{-ik2\pi} - F(0) e^0 \Big) + \frac{T}{ik\omega} c_k \\
&= \frac{c_k T}{ik\omega},
\end{aligned}
$$

da $F(T) = F(0) = 0$. Es bleibt d_0 zu bestimmen, was ebenfalls mittels partieller Integration geschieht:

$$d_0 T = \int_0^T F(t)dt = \sum_{\ell=0}^{m-1} \int_{t_\ell}^{t_{\ell+1}} F(t)dt = \sum_{\ell=0}^{m-1} \left[F(t)t \Big|_{t_\ell^+}^{t_{\ell+1}^-} - \int_{t_\ell}^{t_{\ell+1}} F'(t)t\,dt \right]$$

$$= TF(T) - 0 \cdot F(0) - \int_0^T f(t)t\,dt = -\int_0^T f(t)t\,dt.$$

Zusammenfassend erhalten wir also

$$d_0 = -\frac{1}{T} \int_0^T f(t)t\,dt, \qquad d_k = \frac{c_k}{ik\omega}, \quad \text{für } k \neq 0.$$

$\square$

Bemerkung: Man erhält also unter den Voraussetzungen von Satz 8.19 bis auf den konstanten Term die Fourier-Reihe $S_F(t)$ der Stammfunktion $F(t) = \int_0^t f(\tau)d\tau$ durch gliedweise Integration der Fourier-Reihe $S_f(t)$ von $f(t)$.

Beispiel 8.20 Wir betrachten die 2π-periodische Rechteckschwingung $f(t)$ mit Amplitude 1, welche auf $[0, 2\pi]$ definiert ist durch

$$f(t) = \begin{cases} 1, & 0 \leq t < \pi, \\ -1, & \pi \leq t < 2\pi \end{cases} \tag{8.6}$$

und außerhalb dieses Intervalls 2π-periodisch fortgesetzt wird. Wie in den Übungsaufgaben gezeigt wird, ist die Fourier-Reihe $S_f(t)$ der Rechteckschwingung gegeben durch

$$S_f(t) = \frac{4}{\pi} \sum_{n \geq 1} \frac{1}{2n-1} \sin\big((2n-1)t\big).$$

Wir wollen im Folgenden die Fourier-Reihe $S_F(t)$ der Funktion $F(t) = \int_0^t f(\tau)d\tau$ durch Anwenden von Satz 8.19 bestimmen, wobei wir erst prüfen müssen, ob die Voraussetzungen von Satz 8.19 erfüllt sind. Dies ist aber unmittelbar einsichtig, da der konstante Term in der Fourier-Reihe von $f(t)$ die Bedingung $a_0 = 2c_0 = 0$ erfüllt und $f(t)$ gemäß Definition stückweise stetig auf $[0, 2\pi]$ ist. Daher erhalten wir die Fourier-Reihe $S_F(t)$ der 2π-periodischen Funktion $F(t)$ bis auf den konstanten Term durch gliedweise Integration der Fourier-Reihe $S_f(t)$ und somit:

$$S_F(t) = -\frac{1}{2\pi} \int_0^{2\pi} f(t)t\,dt + \frac{4}{\pi} \sum_{n=1}^{\infty} \int_0^{2\pi} \frac{\sin\big((2n-1)t\big)}{2n-1} dt$$

$$= -\frac{1}{2\pi} \left(\int_0^{\pi} t\,dt + \int_{\pi}^{2\pi} (-1)t\,dt \right) + \frac{4}{\pi} \sum_{n=1}^{\infty} (-1) \frac{\cos\big((2n-1)t\big)}{(2n-1)^2}$$

$$= -\frac{1}{2\pi} \left(\frac{t^2}{2}\Big|_0^{\pi} - \frac{t^2}{2}\Big|_{\pi}^{2\pi} \right) - \frac{4}{\pi} \sum_{n=1}^{\infty} \frac{\cos\big((2n-1)t\big)}{(2n-1)^2} = \frac{\pi}{2} - \frac{4}{\pi} \sum_{n=1}^{\infty} \frac{\cos\big((2n-1)t\big)}{(2n-1)^2}.$$

$\triangle$

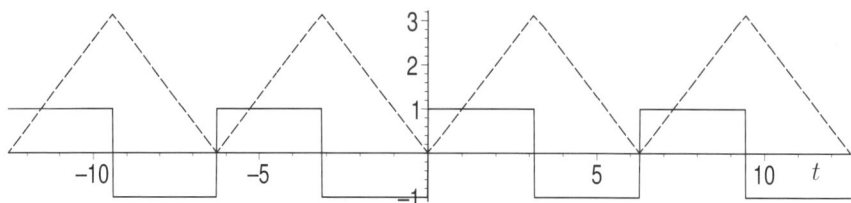

Abbildung 8.5 Die Rechteckschwingung $f(t)$ und die 2π-periodische Stammfunktion $F(t)$

Über die Größe der Fourier-Koeffizienten einer Funktion gibt die folgende Ungleichung Auskunft.

Satz 8.21 (Bessel-Ungleichung) *Für T-periodische auf $[0,T]$ stückweise stetige Funktionen $f(t)$ gilt für die Fourier-Koeffizienten a_n, b_n bzw. c_k folgende Ungleichung:*

$$\frac{|a_0|^2}{2} + \sum_{n=1}^{\infty}\left(|a_n|^2 + |b_n|^2\right) = 2\sum_{k=-\infty}^{\infty}|c_k|^2 \leq \frac{2}{T}\int_0^T|f(t)|^2 dt. \tag{8.7}$$

Beweis. Unter Verwendung von Satz 8.5 erhält man für die Partialsummen $S_N(t)$ der Fourier-Reihe $S_f(t)$:

$$\frac{1}{T}\int_0^T f(t)\overline{S_N(t)}dt = \frac{1}{T}\int_0^T\sum_{k=-N}^N f(t)\overline{c_k e^{ik\omega t}}dt = \sum_{k=-N}^N\frac{\overline{c_k}}{T}\int_0^T f(t)e^{-ik\omega t}dt = \sum_{k=-N}^N\overline{c_k}c_k$$

$$= \sum_{k=-N}^N|c_k|^2,$$

$$\frac{1}{T}\int_0^T S_N(t)\overline{S_N(t)}dt = \frac{1}{T}\int_0^T\sum_{k=-N}^N c_k e^{ik\omega t}\sum_{\ell=-N}^N\overline{c_\ell}e^{-i\ell\omega t}dt$$

$$= \sum_{k=-N}^N c_k\sum_{\ell=-N}^N\frac{\overline{c_\ell}}{T}\int_0^T e^{ik\omega t}e^{-i\ell\omega t}dt = \sum_{k=-N}^N c_k\overline{c_k} = \sum_{k=-N}^N|c_k|^2$$

und somit für alle $N \in \mathbb{N}$:

$$0 \leq \frac{1}{T}\int_0^T|f(t) - S_N(t)|^2 dt = \frac{1}{T}\int_0^T(f(t) - S_N(t))\overline{(f(t) - S_N(t))}dt$$

$$= \frac{1}{T}\int_0^T(f(t) - S_N(t))\overline{f(t)}dt = \frac{1}{T}\int_0^T|f(t)|^2 dt - \overline{\frac{1}{T}\int_0^T f(t)\overline{S_N(t)}dt}$$

$$= \frac{1}{T}\int_0^T|f(t)|^2 dt - \sum_{k=-N}^N|c_k|^2,$$

womit die Bessel-Ungleichung für die Fourier-Koeffizienten der Exponentialform gezeigt wurde. Für die Sinus-Cosinus-Form erhält man die Ungleichung sofort durch Umrechnen aus den Gleichungen (8.1). $\qquad\square$

Als unmittelbare Folgerung von Satz 8.21 erhalten wir, dass die Fourier-Koeffizienten einer auf $[0, T]$ stückweise stetigen Funktion $f(t)$ **quadratisch summierbar** sind, also:

$$\sum_{n=0}^{\infty} |a_n|^2 < \infty, \quad \sum_{n=1}^{\infty} |b_n|^2 < \infty, \quad \sum_{k=-\infty}^{\infty} |c_k|^2 < \infty,$$

und dass die Fourier-Koeffizienten für $n \to \infty$ bzw. $k \to \infty$ gegen 0 konvergieren (**Riemann-Lemma**):

$$\lim_{n \to \infty} a_n = \lim_{n \to \infty} b_n = \lim_{k \to \infty} c_k = \lim_{k \to \infty} c_{-k} = 0.$$

Für r-fach differenzierbare Funktionen erhält man folgenden nützlichen Satz über die **Größenordnung der Fourier-Koeffizienten**.

Satz 8.22 *Sei $f(t)$ eine T-periodische Funktion mit Fourier-Reihe $S_f(t) = \sum_{-\infty}^{\infty} c_k e^{i\omega k t}$. Sind $f(t), f'(t), \ldots, f^{(r-1)}(t)$ stetige Funktionen auf $\mathbb{R}$ und ist weiters $f^{(r)}(t)$, für $r \geq 0$, stückweise stetig differenzierbar auf $[0, T]$, so gibt es eine Schranke $M < \infty$, so dass gilt:*

$$|c_k| \leq \frac{M}{|k|^{r+1}}, \quad \text{für } k \in \mathbb{Z} \setminus \{0\}.$$

Beweis. Wir behandeln zunächst den Fall $r = 0$ und betrachten eine auf $[0, T]$ stückweise stetig differenzierbare Funktion $f(t)$ mit Unstetigkeitsstellen $0 = t_0 < t_1 < \cdots < t_{m-1} < t_m = T$. Wir erhalten dann analog zum Beweis von Satz 8.18 (mit dem Unterschied, dass wir jetzt $f(t)$ nur als stückweise stetig auf $[0, T]$ vorausgesetzt haben) für die Fourier-Koeffizienten c_k, $k \neq 0$:

$$
\begin{aligned}
c_k T &= \int_0^T f(t) e^{-ik\omega t} dt = \sum_{\ell=0}^{m-1} \int_{t_\ell}^{t_{\ell+1}} f(t) e^{-ik\omega t} dt \\
&= \sum_{\ell=0}^{m-1} \left[f(t) \frac{e^{-ik\omega t}}{-ik\omega} \Big|_{t_\ell^+}^{t_{\ell+1}^-} + \frac{1}{ik\omega} \int_{t_\ell}^{t_{\ell+1}} f'(t) e^{-ik\omega t} dt \right] \\
&= \sum_{\ell=0}^{m-1} \left[f(t_{\ell+1}^-) \frac{e^{-ik\omega t_{\ell+1}}}{-ik\omega} - f(t_\ell^+) \frac{e^{-ik\omega t_\ell}}{-ik\omega} \right] + \frac{1}{ik\omega} \int_0^T f'(t) e^{-ik\omega t} dt.
\end{aligned}
$$

Nimmt man von dieser Gleichung die Beträge und wendet die Dreiecksungleichung an, so liefert dies:

$$|c_k| \leq \frac{1}{|k|} \underbrace{\left[\frac{1}{\omega T} \sum_{\ell=0}^{m-1} \left(|f(t_{\ell+1}^-)| + |f(t_\ell^+)| \right) + \frac{1}{\omega T} \int_0^T |f'(t)| dt \right]}_{=:M},$$

womit der Fall $r = 0$ gezeigt ist. Für $r \geq 1$ liefert Satz 8.18 für die Koeffizienten d_k der Fourier-Reihe $S_{f^{(r)}}(t) = \sum_{k=-\infty}^{\infty} d_k e^{i\omega k t}$ von $f^{(r)}(t)$:

$$d_k = i^r k^r \omega^r c_k.$$

Da $f^{(r)}(t)$ nach Voraussetzung eine stückweise stetig differenzierbare Funktion auf $[0, T]$ ist, liefert der bereits gezeigte Fall, dass ein $M_1 < \infty$ existiert, so dass gilt:

$$|d_k| \leq \frac{M_1}{|k|}, \quad \text{für } k \in \mathbb{Z} \setminus \{0\}.$$

Somit erhalten wir mit $M = \frac{M_1}{\omega^r}$:

$$|c_k| \leq \frac{M_1}{\omega^r |k|^{r+1}} = \frac{M}{|k|^{r+1}}, \quad \text{für } k \in \mathbb{Z} \setminus \{0\},$$

womit auch der Fall $r \geq 1$ gezeigt ist. $\square$

Es läßt sich sogar zeigen, dass in (8.7) Gleichheit herrschen muss. Dies sei hier ohne Beweis angeführt.

Satz 8.23 (Parseval'sche Gleichung) *Für eine T-periodische auf $[0,T]$ stückweise stetige Funktion $f(t)$ gilt:*

$$\sum_{k=-\infty}^{\infty} |c_k|^2 = \frac{1}{T} \int_0^T |f(t)|^2 dt.$$

Als eine Folgerung der Parseval'schen Gleichung geben wir noch folgenden Satz an, der den Unterschied zwischen einer T-periodischen Funktion $f(t)$ und der zugehörigen Fourier-Reihe $S_f(t)$ im so genannten **quadratischen Mittel** misst. Dabei messen wir den Abstand $\|g(t) - h(t)\|_2$ zweier T-periodischer Funktionen $g(t)$, $h(t)$ wie folgt:

$$\|g(t) - h(t)\|_2 = \left(\frac{1}{T} \int_0^T |f(t) - g(t)|^2 dt \right)^{\frac{1}{2}}.$$

Satz 8.24 (Konvergenz im quadratischen Mittel) *Die Fourier-Reihe einer auf $[0,T]$ stückweise stetigen Funktion $f(t)$ konvergiert auf $[0,T]$ im quadratischen Mittel gegen $f(t)$, d. h. für die Partialsummen $S_N(t)$ von $S_f(t)$ gilt:*

$$\lim_{N \to \infty} \|f(t) - S_N(t)\|_2 = 0.$$

Bis dato haben wir uns noch nicht mit Fragen der punktweisen Konvergenz einer Fourier-Reihe $S_f(t)$, Eindeutigkeit von Fourier-Reihen und der Gleichheit einer Fourier-Reihe $S_f(t)$ mit der Funktion $f(t)$, der so genannten Darstellung einer Funktion als Reihe, befasst. Diese Fragen wollen wir ohne Beweis in den nachfolgenden Sätzen behandeln.

Satz 8.25 (Eindeutigkeitssatz) *Haben zwei in $[0,T]$ stückweise stetige T-periodische Funktionen $g(t)$, $h(t)$ dieselben Fourier-Koeffizienten und erfüllen beide Funktionen die Beziehung*

$$f(t) = \frac{1}{2}\big(f(t_-) + f(t_+)\big), \quad \text{für } t \in \mathbb{R},$$

so sind sie identisch, das heißt $g(t) = h(t)$, für alle $t \in \mathbb{R}$.

Satz 8.26 (Darstellungssatz bei gleichmäßiger Konvergenz) *Ist die Funktion $f : \mathbb{R} \to \mathbb{C}$ stetig, T-periodisch und konvergiert die Fourier-Reihe $S_f(t)$ gleichmäßig auf $[0,T]$, so gilt $f(t) = S_f(t)$, für alle $t \in \mathbb{R}$.*

Satz 8.27 (Darstellungssatz für stückweise stetig differenzierbare Funktionen) *Ist die T-periodische Funktion $f : \mathbb{R} \to \mathbb{C}$ auf $[0, T]$ stückweise stetig differenzierbar, so gilt für die Fourier-Reihe $S_f(t)$:*

1. *Die Fourier-Reihe $S_f(t)$ konvergiert punktweise für alle $t \in \mathbb{R}$.*

2. *$S_f(t) = \frac{1}{2}\big(f(t_+) + f(t_-)\big)$, für alle $t \in \mathbb{R}$. Das heißt, die Fourier-Reihe $S_f(t)$ konvergiert an allen Stetigkeitsstellen gegen den Funktionswert $f(t)$ und an allen Unstetigkeitsstellen gegen das arithmetische Mittel des linksseitigen und rechtsseitigen Grenzwertes der Funktion.*

3. *Ist $f(t)$ stetig auf einem Intervall $[a, b] \subseteq (0, T)$, so konvergiert $S_f(t)$ auf $[a, b]$ gleichmäßig gegen $f(t)$.*

8.2 Diskrete Fourier-Transformation

Wir betrachten nun anstelle von stetigen oder stückweise stetigen Funktionen so genannte **diskrete periodische Funktionen** $f(t)$. Das heißt, wir nehmen an, dass die komplexwertige Funktion $f(t)$ periodisch mit Periode T ist, aber nur an äquidistanten diskreten Stellen $t_j = \frac{jT}{N}$, mit $j \in \mathbb{Z}$ und $N \in \mathbb{N}^+$ erklärt ist. Wegen der Periodizität genügt es natürlich, alle N Werte eines Periodenintervalls anzugeben, oder anders ausgedrückt, die Funktion wird eindeutig durch den nachfolgend angegebenen Vektor $\boldsymbol{y} = (y_0, \ldots, y_{N-1})^T \in \mathbb{C}^N$ beschrieben ($\boldsymbol{z}^T$ bezeichnet den zu $\boldsymbol{z}$ transponierten Vektor, analog für Matrizen), wobei wir $\Delta t = \frac{T}{N}$ schreiben:

$$y_0 = f(0), \ y_1 = f(\Delta t), \ y_2 = f(2\Delta t), \quad \ldots, \ y_{N-1} = f((N-1)\Delta t).$$

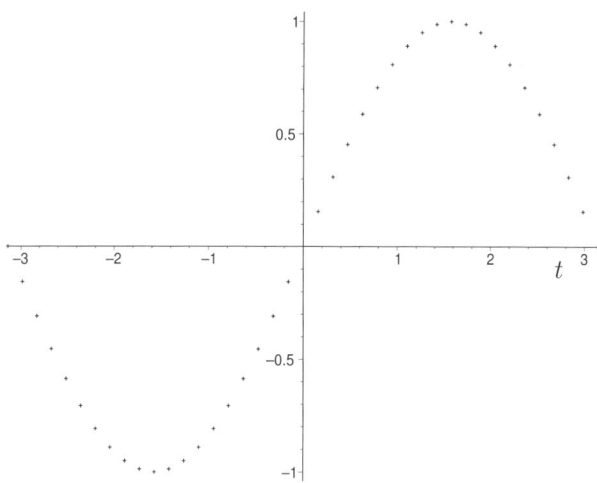

Abbildung 8.6 Die Sinusfunktion $f(t) = \sin(t)$, welche an 40 äquidistanten Stellen eines Periodenintervalls abgetastet wurde

Wir kommen nun zum zentralen Begriff der Fourier-Koeffizienten eines Vektors $\boldsymbol{y}$ und somit einer diskreten periodischen Funktion.

Definition 8.28 Die **Fourier-Koeffizienten** oder **Spektralkoeffizienten** c_k, für $k = 0$, $1, \ldots, N-1$, eines Vektors $\boldsymbol{y} = (y_0, \ldots, y_{N-1})^T$ seien wie folgt definiert:

$$c_k = \frac{1}{N} \sum_{j=0}^{N-1} y_j e^{-kj\frac{2\pi i}{N}} = \frac{1}{N} \sum_{j=0}^{N-1} y_j \overline{w^{kj}}, \tag{8.8}$$

wobei $w = e^{\frac{2\pi i}{N}}$ die erste von 1 verschiedene N-te Einheitswurzel bezeichnet.

Die **Einheitswurzeln** w^k sind für $N = 6$ in Abb. 8.7 in der Gauß'schen Zahlenebene veranschaulicht.

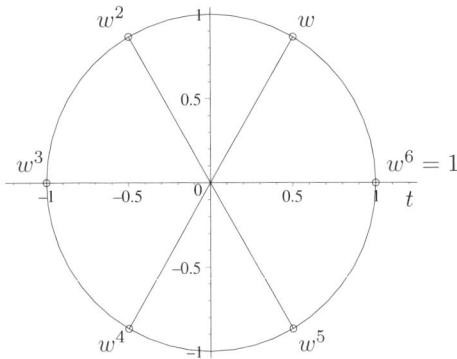

Abbildung 8.7 Die Einheitswurzeln w^k, $0 \le k \le 5$, für $N = 6$

Beispiel 8.29 Betrachten wir eine diskrete periodische Funktion, welche durch den Vektor $\boldsymbol{y} = (y_0, \ldots, y_{N-1})^T$ beschrieben wird, wobei $y_0 = 1$ ist und $y_1 = y_2 = \cdots = y_{N-1} = 0$ sind. Die Fourier- oder Spektralkoeffizienten c_k von $\boldsymbol{y}$ erhält man gemäß Definition also wie folgt:

$$c_k = \frac{1}{N} \sum_{j=0}^{N-1} y_j e^{-kj\frac{2\pi i}{N}} = \frac{1}{N} \sum_{j=0}^{0} 1 e^{-kj\frac{2\pi i}{N}} = \frac{1}{N}, \quad \text{für } 0 \le k \le N-1.$$

$\triangle$

Bemerkung: Die durch (8.8) definierten Spektralkoeffizienten c_k können als Riemann'sche Zwischensummen für die in (8.4b) definierten Euler-Fourier-Integrale einer T-periodischen kontinuierlichen Funktion $f(t)$ mit Werten $f(t_j) = y_j$ an den Punkten t_j, für $0 \le j \le N-1$ und $t_j = \frac{jT}{N} = j\Delta t$, aufgefasst werden:

$$c_k = \frac{1}{N} \sum_{j=0}^{N-1} y_j w^{-kj} = \frac{1}{N} \sum_{j=0}^{N-1} f(t_j) e^{-kj\frac{2\pi i}{N}} = \frac{1}{N\Delta t} \sum_{j=0}^{N-1} f(t_j) e^{-ik\frac{2\pi j\Delta t}{N\Delta t}} \Delta t$$

$$= \frac{1}{T} \sum_{j=0}^{N-1} f(t_j) e^{-ik\omega t_j} \Delta t.$$

Die Gleichungen für die Fourier-Koeffizienten kann man kompakt in vektorieller Form notieren. Dazu definieren wir den Vektor $\boldsymbol{c} = (c_0, \ldots, c_{N-1})^T$ und die $N \times N$-Matrix F_N, eine so genannte **Fourier-Matrix**:

$$F_N = \begin{pmatrix} 1 & 1 & 1 & \ldots & 1 \\ 1 & w & w^2 & \ldots & w^{N-1} \\ 1 & w^2 & w^4 & \ldots & w^{2(N-1)} \\ \vdots & \vdots & \vdots & \ddots & \vdots \\ 1 & w^{N-1} & w^{2(N-1)} & \ldots & w^{(N-1)^2} \end{pmatrix}.$$

Dann erhalten wir als Gleichung für den Vektor der Fourier-Koeffizienten die Beziehung

$$\boldsymbol{c} = \frac{1}{N} \overline{F_N} \boldsymbol{y}. \tag{8.9}$$

Diese vektorielle Form wird sich als nützlich erweisen, um bei vorgegebenen Fourier-Koeffizienten c_k, für $k = 0, \ldots, N-1$, die zugehörigen Funktionswerte y_j, für $j = 0, \ldots, N-1$, zu berechnen.

Satz 8.30 *Die Fourier-Matrix F_N ist invertierbar, und die inverse Matrix F_N^{-1} ist gegeben durch*

$$F_N^{-1} = \frac{1}{N} \overline{F_N}.$$

Beweis. Wir wollen zeigen, dass $\frac{1}{N} F_N \overline{F_N} = \frac{1}{N} \overline{F_N} F_N = I_N$ gilt, wobei I_N die $N \times N$-Einheitsmatrix bezeichnet. Wir berechnen die Koordinate in der $(k+1)$-ten Zeile und $(\ell+1)$-ten Spalte der Matrix $\frac{1}{N} F_N \overline{F_N}$, für $0 \leq k, \ell \leq N - 1$:

$$\frac{1}{N} \sum_{j=0}^{N-1} w^{kj} \overline{w^{j\ell}} = \frac{1}{N} \sum_{j=0}^{N-1} w^{(k-\ell)j} = \begin{cases} \frac{1}{N} \frac{1 - w^{(k-\ell)N}}{1 - w^{k-\ell}}, & w^{k-\ell} \neq 1, \\ 1, & w^{k-\ell} = 1, \end{cases}$$

wobei wir die aus Kapitel 4 bekannte Formel für die endliche geometrische Reihe benützt haben. Für die Potenzen von w gilt offenbar:

$$w^q = e^{\frac{2\pi i q}{N}} = 1 \iff N \mid q.$$

Wegen $0 \leq k, \ell \leq N - 1$ folgt daraus, dass $w^{k-\ell} = 1 \iff k = \ell$. Wir benützen weiters, dass $w^{N(k-\ell)} = 1$ ist, und erhalten schließlich für die Koordinate in der $(k + 1)$-ten Zeile und $(\ell + 1)$-ten Spalte von $\frac{1}{N} F_N \overline{F_N}$:

$$\frac{1}{N} \sum_{j=0}^{N-1} w^{kj} \overline{w^{j\ell}} = \begin{cases} 0, & k \neq \ell, \\ 1, & k = \ell. \end{cases} \qquad \square$$

Aus Satz 8.30 und Gleichung (8.1) folgt also unmittelbar, wie man den Vektor $\boldsymbol{y}$ der Funktionswerte aus dem Vektor der Fourier-Koeffizienten $\boldsymbol{c}$ gewinnt:

$$\boldsymbol{y} = N \overline{F_N}^{-1} \boldsymbol{c} = N \overline{F_N^{-1}} \boldsymbol{c} = \frac{N}{N} \overline{\overline{F_N}} \boldsymbol{c} = F_N \boldsymbol{c}.$$

Dies führt zu folgender Definition.

Definition 8.31 Die **Diskrete Fourier-Transformation** DFT ist eine Abbildung DFT :
$\mathbb{C}^N \to \mathbb{C}^N$, die dem Vektor $\boldsymbol{y} = (y_0, \ldots, y_{N-1})^T$ den Vektor der durch (8.8) definierten
Spektralkoeffizienten $\boldsymbol{c} = (c_0, \ldots, c_{N-1})^T$ zuordnet. DFT ist invertierbar, und die Umkehrfunktion heißt **inverse Diskrete Fourier-Transformation** IDFT, also:

$$\text{DFT:} \qquad c_k = \frac{1}{N} \sum_{j=0}^{N-1} y_j w^{-kj}, \quad k = 0, 1, \ldots, N-1,$$

$$\text{IDFT:} \qquad y_j = \sum_{k=0}^{N-1} c_k w^{jk}, \quad j = 0, 1, \ldots, N-1, \quad \text{mit } w = e^{\frac{2\pi i}{N}}.$$

Beispiel 8.32 Wir betrachten eine **diskrete Sägezahnfunktion**, welche durch den Vektor $\boldsymbol{y} = (y_0, \ldots, y_{N-1})^T$, mit $y_j = \frac{j}{N}$, für $0 \leq j \leq N-1$, beschrieben ist. Wir wollen nun die Diskrete
Fourier-Transformation auf den Vektor $\boldsymbol{y}$ anwenden und $\boldsymbol{c} = \text{DFT}(\boldsymbol{y})$ berechnen. Wir erhalten
gemäß Definition für $0 \leq k \leq N-1$:

$$c_k = \frac{1}{N} \sum_{j=0}^{N-1} y_j w^{-kj} = \frac{1}{N^2} \sum_{j=0}^{N-1} j (w^{-k})^j.$$

Für $k = 0$ ist $(w^{-k})^j = 1$, und wir erhalten weiter

$$c_0 = \frac{1}{N^2} \sum_{j=0}^{N-1} j = \frac{1}{N^2} \frac{N(N-1)}{2} = \frac{1}{2} \left(1 - \frac{1}{N} \right).$$

Um die Summe für $k \neq 0$ zu vereinfachen, werden wir die Formel für die endliche geometrische
Reihe benützen:

$$\sum_{j=0}^{N-1} x^j = \frac{1 - x^N}{1 - x}, \quad \text{für } x \neq 1,$$

woraus man durch Ableiten nach x und Multiplikation mit x das Gewünschte erhält:

$$\sum_{j=0}^{N-1} j x^j = x \left(\frac{1 - x^N}{1 - x} \right)' = \frac{x \left(-N x^{N-1}(1-x) + (1 - x^N) \right)}{(1-x)^2}$$

$$= \frac{x(1 - x^N) - N(1 - x)x^N}{(1-x)^2}, \quad \text{für } x \neq 1.$$

Beachtet man noch, dass $w^N = 1$ ist, liefert dies schließlich

$$c_k = \frac{1}{N^2} \frac{w^{-k}(1 - w^{-kN}) - N(1 - w^{-k})(w^{-k})^N}{(1 - w^{-k})^2} = -\frac{1}{N(1 - w^{-k})}, \quad \text{für } k \neq 0.$$

Die Diskrete Fourier-Transformation der Sägezahnfunktion $\boldsymbol{y}$ lautet also $\boldsymbol{c} = (c_0, \ldots, c_{N-1})^T$
mit den oben angegebenen Fourier-Koeffizienten.   △

In der Praxis sind wie bei den Fourier-Reihen einige Rechenregeln für die Bestimmung der Spektralkoeffizienten nützlich. Dabei betrachten wir für einen Vektor $x = (x_0, \ldots, x_{N-1})^T \in \mathbb{C}^N$ auch die N-**periodische Fortsetzung**, d.h. die Folge $(x_k)_{k \in \mathbb{Z}}$ mit $x_{k+N} = x_k$ für alle $k \in \mathbb{Z}$. Weiters definieren wir für Vektoren y, z bzw. die N-periodischen Fortsetzungen $(y_k)_k$, $(z_k)_k$ die so genannte **periodische Faltung** (= das Faltungsprodukt) als

$$y * z = \left(\frac{1}{N} \sum_{j=0}^{N-1} y_j z_{k-j} \right)_k. \tag{8.10}$$

Der Beweis der folgenden **Rechenregeln** wird als Übungsaufgabe gestellt.

Satz 8.33 *Seien* $y, z \in \mathbb{C}^N$ *mit Spektralkoeffizienten* $c, d \in \mathbb{C}^N$. *Dann gilt:*

$$\text{Linearität:} \qquad ay + bz \xrightarrow{DFT} ac + bd, \tag{8.11a}$$

$$\text{Verschiebung im Zeitbereich:} \qquad (y_{k+n})_k \xrightarrow{DFT} (w^{kn} c_k)_k, \tag{8.11b}$$

$$\text{Verschiebung im Frequenzbereich:} \qquad (w^{kn} y_k)_k \xrightarrow{DFT} (c_{k-n})_k, \tag{8.11c}$$

$$\text{Periodische Faltung:} \qquad y * z \xrightarrow{DFT} (c_k \cdot d_k)_k. \tag{8.11d}$$

Beispiel 8.34 Wir betrachten zwei diskrete periodische Funktionen, welche durch die Vektoren $y, z \in \mathbb{C}^N$ mit $y = (1, 0, 1, 0, \ldots, 1, 0)^T$ und $z = (0, 1, 0, 1, \ldots, 0, 1)^T$ beschrieben sind, wobei klarerweise $N = 2M$ gerade sein muss. Wir wollen nun die Vektoren $c = \text{DFT}(y)$ und $d = \text{DFT}(z)$ der Spektralkoeffizienten, sowie die Diskrete Fourier-Transformierte $b = (b_0, \ldots, b_{N-1})^T$ der konstanten Funktion $x = y + z = (1, 1, \ldots, 1)^T$ bestimmen. Wir erhalten für $0 \leq k \leq N - 1$:

$$c_k = \frac{1}{N} \sum_{j=0}^{N-1} y_j w^{-jk} = \frac{1}{N} \sum_{j=0}^{\frac{N}{2}-1} y_{2j} w^{-2jk} = \frac{1}{N} \sum_{j=0}^{\frac{N}{2}-1} (w^{-2k})^j.$$

Da $w^q = 1 \iff N \mid q$ heißt das für $q = -2k$ und $0 \leq k \leq N - 1$, dass $w^{-2k} = 1$ genau für die Werte $k = 0$ und $k = \frac{N}{2}$. Für diese Fälle erhalten wir weiter:

$$c_k = \frac{1}{N} \sum_{j=0}^{\frac{N}{2}-1} 1 = \frac{1}{2}, \quad \text{für } k = 0 \text{ oder } k = \frac{N}{2}.$$

Anderenfalls bekommen wir durch Anwenden der Formel für die endliche geometrische Reihe:

$$c_k = \frac{1}{N} \frac{1 - (w^{-2k})^{\frac{N}{2}}}{1 - w^{-2k}} = \frac{1 - w^{-kN}}{N(1 - w^{-2k})} = 0, \quad \text{für } k \neq 0 \text{ und } k \neq \frac{N}{2}.$$

Also erhalten wir $c = (c_0, \ldots, c_{N-1})^T$ mit

$$c_k = \begin{cases} \frac{1}{2}, & \text{für } k = 0 \text{ oder } k = \frac{N}{2}, \\ 0, & \text{sonst.} \end{cases}$$

Zur Bestimmung der Spektralkoeffizienten d_k verwenden wir nun die Rechenregel (8.11b), denn $z_j = y_{j+1}$, für alle $j \in \mathbb{Z}$, woraus wir $d_k = w^k c_k$ für alle k folgern. Dies liefert also sofort:

$$
d_k = \begin{cases}
\frac{1}{2}, & \text{für } k = 0, \\
-\frac{1}{2}, & \text{für } k = \frac{N}{2}, \\
0, & \text{sonst.}
\end{cases}
$$

Mittels Rechenregel (8.11a) erhalten wir für die Spektralkoeffizienten b_k von $\boldsymbol{x}$ die Beziehung $b_k = c_k + d_k$, was wegen $b_{\frac{N}{2}} = c_{\frac{N}{2}} + d_{\frac{N}{2}} = \frac{1}{2}(1 + w^{\frac{N}{2}}) = \frac{1}{2}(1 - 1) = 0$ folgendes ergibt: $\boldsymbol{b} = (1, 0, 0, \dots, 0)^T$. $\triangle$

Weiters gilt folgende wichtige Beziehung zwischen einer diskreten periodischen Funktion und ihren Spektralkoeffizienten.

Satz 8.35 (Parseval-Gleichung) *Zwischen den Funktionswerten y_j, $j = 0, \dots, N-1$, und den Spektralkoeffizienten c_k, $k = 0, \dots, N-1$, gilt folgende Gleichung:*

$$
\sum_{k=0}^{N-1} |c_k|^2 = \frac{1}{N} \sum_{j=0}^{N-1} |y_j|^2.
$$

Beweis. Wir verwenden Satz 8.30 und benützen, dass F_N eine symmetrische Matrix ist, also $F_N^T = F_N$. Damit erhalten wir:

$$
\sum_{j=0}^{N-1} |y_j|^2 = \boldsymbol{y}^T \, \overline{\boldsymbol{y}} = (F_N \boldsymbol{c})^T \, \overline{F_N \boldsymbol{c}} = \boldsymbol{c}^T \, F_N \, \overline{F_N} \, \overline{\boldsymbol{c}} = N \, \boldsymbol{c}^T \, \overline{\boldsymbol{c}} = N \sum_{k=0}^{N-1} |c_k|^2.
$$ $\square$

Bemerkung: Rechenregel (8.11d) ist die Grundlage einiger schneller Algorithmen, beispielsweise für die schnelle Multiplikation von Polynomen. Anstatt zwei Polynome $y(x) = \sum_{j=0}^{\frac{N-1}{2}} y_j x^j$ und $z(x) = \sum_{j=0}^{\frac{N-1}{2}} z_j x^j$ vom Grad $\leq \frac{N-1}{2}$ in x mit Koeffizienten in $\mathbb{C}$ direkt durch Bildung des Cauchy-Produktes miteinander zu multiplizieren, was einen Aufwand von $O(N^2)$ komplexen Multiplikationen benötigen würde, werden hierbei mittels DFT die Spektralkoeffizienten $(c_k)_k$ und $(d_k)_k$ der Koeffizienten $(y_j)_j$ und $(z_j)_j$ berechnet, anschließend wird mit nur N komplexen Multiplikationen der Vektor $(c_k d_k)_{0 \leq k < N}$ bestimmt und danach auf diese Folge die IDFT angewendet. Diese Vorgangsweise führt aber nur deshalb zu wirklich effizienten Algorithmen, weil die DFT und die IDFT für bestimmte Werte $N \in \mathbb{N}$ rasch, d. h. mit nur $O(N \log N)$ komplexen Multiplikationen, durchgeführt werden können. Dies ist unter dem Namen **Fast Fourier Transform** oder **FFT-Algorithmus** bekannt.

Der FFT-Algorithmus, welcher 1965 von Cooley und Tukey gefunden wurde, wird nun an Hand der inversen Diskreten Fourier-Transformation IDFT: $y_j = \sum_{k=0}^{N-1} c_k w^{kj}$, $0 \leq j \leq N-1$, für einen Vektor $\boldsymbol{c} = (c_0, \dots, c_{N-1})^T$ erläutert. Es stellt sich heraus, dass die Kosten, also die Anzahl der Rechenoperationen, um alle N Funktionswerte $y_0, \dots, y_{N-1}$ zu berechnen, für spezielle Werte N viel geringer sind, als das N-fache der Kosten um einen bestimmten Funktionswert y_j zu berechnen. Wir diskutieren im Folgenden nur den für die Praxis wichtigsten Fall, dass nämlich N eine Zweierpotenz ist, also $N = 2^r$, für $r \geq 1$, gilt. Wir betrachten dazu die Summe

$$
y_j = \sum_{k=0}^{2^r - 1} c_k e^{\frac{2\pi i}{2^r} kj}.
$$

Aufspalten in Bestandteile, wo k gerade bzw. ungerade ist, liefert:

$$y_j = \underbrace{\sum_{m=0}^{2^{r-1}-1} c_{2m} e^{\frac{2\pi i}{2^{r-1}} mj}}_{=u(j)} + e^{\frac{2\pi i}{2^r} j} \underbrace{\sum_{m=0}^{2^{r-1}-1} c_{2m+1} e^{\frac{2\pi i}{2^{r-1}} mj}}_{=v(j)}. \tag{8.12}$$

Man kann nun jede der beiden auftretenden Summen in (8.12) als Elemente einer IDFT mit einer kürzeren Folge auffassen, nämlich $u(j)$ als Element der IDFT der geraden Koeffizienten $c_0, c_2, \ldots, c_{2^r-2}$ und $v(j)$ als Element der IDFT der ungeraden Koeffizienten $c_1, c_3, \ldots, c_{2^r-1}$. Das einzige Problem, das sich noch stellt, ist, dass wir y_j für die 2^r Werte $0 \le j \le 2^r - 1$ berechnen wollen, die IDFT der kürzeren Folgen zunächst aber nur für 2^{r-1} Werte von j definiert ist, nämlich für $0 \le j \le 2^{r-1} - 1$. Dieses Problem ist aber leicht zu lösen, weil die auftretenden Summen periodisch mit Periode 2^{r-1} sind. Wir führen dies exemplarisch für $u(j)$ aus:

$$u(j + 2^{r-1}) = \sum_{m=0}^{2^{r-1}-1} c_{2m} e^{\frac{2\pi i}{2^{r-1}} mj + \frac{2\pi i}{2^{r-1}} m 2^{r-1}} = \sum_{m=0}^{2^{r-1}-1} c_{2m} e^{\frac{2\pi i}{2^{r-1}} mj} e^{2\pi i m} = u(j).$$

Deshalb können wir die benötigten Werte außerhalb des Bereiches $0 \le j \le 2^{r-1} - 1$ einfach mittels $u(j \bmod 2^{r-1})$ und $v(j \bmod 2^{r-1})$ berechnen.

Obige Überlegungen liefern nun für den Fall $N = 2^r$ einen rekursiven Algorithmus, um die IDFT (und klarerweise auch die DFT) eines Vektors $c = (c_0, \ldots, c_{N-1})^T$ mit einem Aufwand von nur $O(N \log N)$ komplexen Multiplikationen zu berechnen. Dieser FFT-Algorithmus ist in Abb. 8.8 als Pseudocode angegeben.

```
function FFT (N:integer; c:complexarray):complexarray;
    if N=1 then FFT[0]:=c_0
    else
        w:=e^{2πi/N};
        evenarray:=[c_0, c_2, ..., c_{N-2}];
        oddarray:=[c_1, c_3, ..., c_{N-1}];
        [u_0, u_1, ..., u_{N/2−1}]:=FFT(N/2, evenarray);
        [v_0, v_1, ..., v_{N/2−1}]:=FFT(N/2, oddarray);
        for j:=0 to N-1 do
            τ:=w^j;
            FFT[j]:=u_{j mod N/2} + τ v_{j mod N/2};
        od;
    fi;
```

Abbildung 8.8 Der FFT-Algorithmus für den Fall $N = 2^r$

Beispiel 8.36 Als eine Anwendung der Diskreten Fourier-Transformation betrachten wir das Problem der so genannten **trigonometrischen Interpolation**. Gesucht ist dabei ein trigonometrisches Polynom $f(t) = \sum_{k=-n}^{n} c_k e^{ikt}$ mit minimalem Grad n, welches an den N äquidistanten Stützstellen $t_j = \frac{2\pi j}{N}$, mit $0 \le j \le N - 1$, im Intervall $[0, 2\pi]$ die vorgegebenen Werte

$y_j \in \mathbb{C}$ besitzt, also $y_j = f(t_j)$, für $0 \leq j \leq N - 1$. Wir betrachten nur den Fall, dass N ungerade ist. Dann stellt sich heraus, dass $n = (N - 1)/2$ und die $2n + 1$ Koeffizienten c_k des trigonometrischen Polynoms $f(t) = \sum_{k=-n}^{n} c_k e^{ikt}$ eindeutig durch die Funktionswerte y_j, mit $0 \leq j \leq 2n$, bestimmt sind, das heißt, es gibt genau ein trigonometrisches Interpolationspolynom $f(t)$ vom Grad höchstens n. Um dies zu zeigen und um die Koeffizienten c_k zu berechnen, verwenden wir die Diskrete Fourier-Transformation. Auswerten an den Stützstellen liefert nämlich für $0 \leq j \leq 2n$ die Gleichungen

$$y_j = \sum_{k=-n}^{n} c_k w^{jk} = w^{-jn} \sum_{k=0}^{2n} c_{k-n} w^{jk},$$

mit $w = e^{\frac{2\pi i}{2n+1}}$. Also gilt:

$$w^{jn} y_j = \sum_{k=0}^{2n} c_{k-n} w^{jk},$$

und wir können dies als inverse Diskrete Fourier-Transformation auffassen:

$$(w^{jn} y_j)_{0 \leq j \leq 2n} = \text{IDFT}\big((c_{k-n})_{0 \leq k \leq 2n}\big).$$

Aus diesem Grund sind die Koeffizienten c_k eindeutig bestimmt und können mittels Diskreter Fourier-Transformation berechnet werden:

$$c_{k-n} = \frac{1}{N} \sum_{j=0}^{2n} y_j w^{jn} w^{-kj} = \frac{1}{N} \sum_{j=0}^{2n} y_j w^{-(k-n)j}, \quad \text{für } 0 \leq k \leq 2n,$$

bzw.

$$(c_0, \ldots, c_n, c_{-n}, \ldots, c_{-1})^T = \text{DFT}\big((y_0, y_1, \ldots, y_{2n})^T\big). \qquad \triangle$$

8.3   Fourier-Transformation

Wir betrachten nun anstelle von periodischen Funktionen $f : \mathbb{R} \to \mathbb{C}$, wie dies im Abschnitt 8.1 über Fourier-Reihen gemacht wurde, aperiodische Funktionen. Dies führt uns zum Begriff der **Fourier-Transformation** und der **Fourier-Transformierten** einer Zeitfunktion $f(t)$. Wir stellen der Definition der Fourier-Transformierten einen gegenüber dem Riemann-Integral etwas abgeschwächten Integralbegriff voran, der dort Verwendung findet.

Definition 8.37 Wenn für eine Funktion $f : \mathbb{R} \to \mathbb{C}$ der Grenzwert

$$(CHW) \int_{-\infty}^{\infty} f(t)dt = \lim_{a \to \infty} \int_{-a}^{a} f(t)dt$$

existiert, dann heißt dieser der **Cauchy-Hauptwert** von $f(t)$.

Wenn für eine Funktion $f(t)$ das Riemann-Integral $\int_{-\infty}^{\infty} f(t)dt$ existiert, dann existiert klarerweise auch der Cauchy-Hauptwert von $f(t)$, und es gilt $(CHW) \int_{-\infty}^{\infty} f(t)dt = \int_{-\infty}^{\infty} f(t)dt$. Es gibt allerdings Funktionen, für die das Integral $\int_{-\infty}^{\infty} f(t)dt$ nicht existiert, der Cauchy-Hauptwert aber schon, wie an Hand des folgenden Beispiels gezeigt wird.

Beispiel 8.38 Wir betrachten die Funktion $f(t) = \frac{t}{1+t^2}$, welche die Stammfunktion $F(t) = \frac{1}{2}\ln(1+t^2)$ besitzt. Es gilt nun

$$\lim_{b\to\infty} \int_0^b f(t)dt = \lim_{b\to\infty} F(b) = +\infty,$$

$$\lim_{a\to-\infty} \int_{-a}^0 f(t)dt = -\lim_{a\to-\infty} F(a) = -\infty,$$

weshalb das Riemann-Integral $\int_{-\infty}^\infty f(t)dt$ nicht definiert ist. Da aber $f(t)$ eine ungerade Funktion ist, folgt für jedes $a \geq 0$, dass $\int_{-a}^a f(t)dt = 0$ ist und somit

$$(CHW) \int_{-\infty}^\infty f(t)dt = \lim_{a\to\infty} \int_{-a}^a f(t)dt = \lim_{a\to\infty} 0 = 0. \qquad \triangle$$

Nun kommen wir zum zentralen Begriff dieses Abschnitts.

Definition 8.39 Eine Funktion $f : \mathbb{R} \to \mathbb{C}$ heißt **Fourier-transformierbar** (F-transformierbar), wenn der Cauchy-Hauptwert

$$F(\omega) = \mathcal{F}\{f(t)\} = (CHW) \int_{-\infty}^{+\infty} e^{-i\omega t} f(t)dt$$

für alle $\omega \in \mathbb{R}$ existiert. Dann heißt $F(\omega)$ **Fourier-Transformierte** (F-Transformierte) bzw. **Spektralfunktion** von $f(t)$. Die Zeitfunktion $f(t)$ liegt im **Original- oder Zeitbereich**, die Spektralfunktion $F(\omega)$ liegt im **Bild- oder Frequenzbereich**.

Die **inverse Fourier-Transformation** von $F : \mathbb{R} \to \mathbb{C}$ lautet:

$$\mathcal{F}^{-1}\{F(\omega)\} = \frac{1}{2\pi} (CHW) \int_{-\infty}^\infty e^{i\omega t} F(\omega)d\omega,$$

wenn das Integral als Cauchy-Hauptwert für alle $t \in \mathbb{R}$ existiert.

Bemerkung: Häufig definiert man die Fourier-Transformation bzw. die inverse Fourier-Transformation nicht als Cauchy-Hauptwert, sondern als Riemann-Integral. Der Nachteil ist dann, dass man sehr starke Voraussetzungen an die Funktion $f(t)$ stellen muss, damit ein Umkehrsatz ähnlich Satz 8.47, existiert. Verwendet man den Begriff des Cauchy-Hauptwerts, reichen hingegen die in Satz 8.47 angegebenen relativ schwachen Voraussetzungen an $f(t)$ aus.

Beispiel 8.40 Wir wollen die Fourier-Transformierte $F(\omega)$ der Funktion $f(t) = e^{-|t|}$, eines so genannten **symmetrisch abfallenden Impulses**, berechnen. Wir erhalten

$$F(\omega) = (CHW) \int_{-\infty}^\infty e^{-|t|} e^{-i\omega t} dt = \int_{-\infty}^\infty e^{-|t|} e^{-i\omega t} dt = \int_{-\infty}^0 e^{(1-i\omega)t} dt + \int_0^\infty e^{(-1-i\omega)t} dt$$

$$= \frac{e^{(1-i\omega)t}}{1-i\omega}\Big|_{-\infty}^0 + \frac{e^{(-1-i\omega)t}}{-1-i\omega}\Big|_0^\infty = \frac{1}{1-i\omega} - \lim_{a\to-\infty} \frac{e^a e^{-ia\omega}}{1-i\omega} + \lim_{a\to\infty} \frac{e^{-a}e^{-ia\omega}}{-1-i\omega} - \frac{1}{-1-i\omega}$$

$$= \frac{1}{1-i\omega} + \frac{1}{1+i\omega} = \frac{2}{1+\omega^2}. \qquad \triangle$$

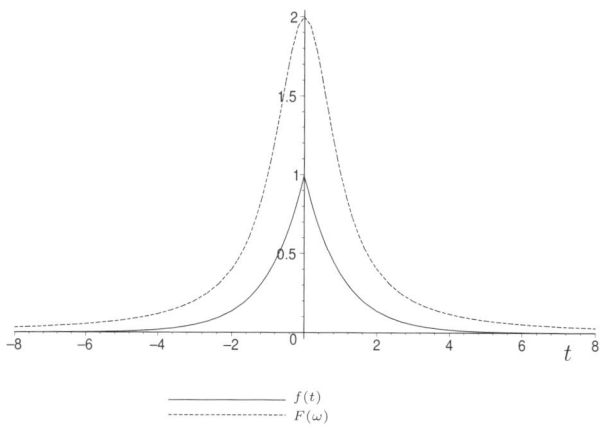

Abbildung 8.9 Der symmetrisch abfallende Impuls $f(t)$ und seine Spektralfunktion $F(\omega)$

Wir wollen nun eine hinreichende Bedingung für die Fourier-Transformierbarkeit einer Funktion $f(t)$ angeben. Dazu verwenden wir den im Folgenden definierten Begriff der absoluten Integrierbarkeit.

Definition 8.41 Eine Funktion $f : \mathbb{R} \to \mathbb{C}$ heißt **absolut integrierbar**, wenn sie auf jedem endlichen Intervall stückweise stetig ist und für das uneigentliche Riemann-Integral gilt:

$$\int_{-\infty}^{\infty} |f(t)|\,dt < \infty.$$

Unter dieser Voraussetzung ist die Existenz der Fourier-Transformierten einer Funktion $f(t)$ gesichert, denn es gilt folgender Satz, der ohne Beweis angegeben wird.

Satz 8.42 (Konvergenzsatz) *Ist $f : \mathbb{R} \to \mathbb{C}$ absolut integrierbar, so existiert $F(\omega) = \mathcal{F}\{f(t)\}$ für alle $\omega \in \mathbb{R}$. $F(\omega)$ ist beschränkt und stetig auf $\mathbb{R}$, und es gilt die **Parseval-Plancherel-Gleichung** (auch Energiegleichung genannt):*

$$\frac{1}{2\pi} \int_{-\infty}^{\infty} |F(\omega)|^2\,d\omega = \int_{-\infty}^{\infty} |f(t)|^2\,dt. \tag{8.13}$$

Bemerkung: Unter der Voraussetzung der absoluten Integrierbarkeit einer Funktion $f(t)$ existiert $F(\omega)$ als Riemann-Integral und nicht nur als Cauchy-Hauptwert, das heißt $F(\omega) = \int_{-\infty}^{\infty} e^{-i\omega t} f(t)\,dt$. Weiters sei erwähnt, dass die Fourier-Transformierte $F(\omega)$ einer absolut integrierbaren Funktion $f(t)$ im allgemeinen nicht wieder absolut integrierbar ist.

Für die Praxis sind wiederum eine Reihe von **Rechenregeln** für die Fourier-Transformation sehr nützlich. Nachfolgend sind einige dieser Rechenregeln ohne Beweis angeführt (teilweise wird dieser als Übungsaufgabe gestellt).

Satz 8.43 *Seien $f(t)$ und $g(t)$ absolut integrierbare Funktionen mit Fourier-Transformierten $F(\omega) = \mathcal{F}\{f(t)\}$ und $G(\omega) = \mathcal{F}\{g(t)\}$. Es gelten dann die folgenden Rechenregeln.*

- *Linearität:*

$$\mathcal{F}\{\alpha f(t) + \beta g(t)\} = \alpha F(\omega) + \beta G(\omega), \quad \alpha, \beta \in \mathbb{C}. \tag{8.14a}$$

- *Konjugation:*

$$\mathcal{F}\{\overline{f(t)}\} = \overline{F(-\omega)}. \tag{8.14b}$$

- *Streckung:*

$$\mathcal{F}\{f(ct)\} = \frac{1}{|c|}F\left(\frac{\omega}{c}\right), \quad c \neq 0. \tag{8.14c}$$

- *Verschiebung im Zeitbereich:*

$$\mathcal{F}\{f(t-a)\} = e^{-i\omega a}F(\omega), \quad a \in \mathbb{R}. \tag{8.14d}$$

- *Verschiebung im Frequenzbereich:*

$$\mathcal{F}\{e^{i\Omega t}f(t)\} = F(\omega - \Omega), \quad \Omega \in \mathbb{R}. \tag{8.14e}$$

- *Symmetrien:*

$$f(-t) = f(t) \iff F(-\omega) = F(\omega), \quad f(-t) = -f(t) \iff F(-\omega) = -F(\omega). \tag{8.14f}$$

- *Differentiation im Zeitbereich: Falls $f(t)$ stetig und stückweise stetig differenzierbar ist und falls weiters $f'(t)$ F-transformierbar ist, dann gilt:*

$$\mathcal{F}\{f'(t)\} = i\omega F(\omega). \tag{8.14g}$$

Falls $f(t)$ stückweise stetig differenzierbar ist, $f(t)$ die Unstetigkeitsstellen $t_1, t_2, \ldots, t_m$ besitzt und falls weiters $f'(t)$ F-transformierbar ist, dann gilt:

$$\mathcal{F}\{f'(t)\} = i\omega F(\omega) - \sum_{k=1}^{m} \left[f(t_k^+) - f(t_k^-)\right]e^{-i\omega t_k}. \tag{8.14h}$$

- *Differentiation im Frequenzbereich: Falls $t f(t)$ F-transformierbar ist, dann gilt:*

$$\mathcal{F}\{t f(t)\} = i F'(\omega). \tag{8.14i}$$

- *Faltung: Wir definieren die Faltung $(f * g)(t)$ zweier Funktionen $f(t)$ und $g(t)$ wie folgt:*

$$(f * g)(t) = \int_{-\infty}^{\infty} f(t-\tau)g(\tau)d\tau. \tag{8.14j}$$

Es gilt dann die Faltungsformel:

$$\mathcal{F}\{(f * g)(t)\} = F(\omega)G(\omega). \tag{8.14k}$$

Beispiel 8.44 Der für $t > 0$ **einseitig abfallende Impuls** $f(t)$ ist für $a > 0$ definiert als:

$$f(t) = \begin{cases} e^{-at}, & \text{für } t \geq 0, \\ 0, & \text{für } t < 0. \end{cases}$$

Die Spektralfunktion der absolut integrierbaren Funktion $f(t)$ ist gegeben durch:

$$F(\omega) = \int_0^\infty e^{-at}e^{-i\omega t}dt = \int_0^\infty e^{(-a-i\omega)t}dt = \frac{e^{(-a-i\omega)t}}{-a-i\omega}\bigg|_0^\infty = \lim_{b\to\infty}\frac{e^{(-a-i\omega)b}}{-a-i\omega} + \frac{1}{a+i\omega}$$

$$= \frac{1}{a+i\omega}.$$

Wir wollen nun die Fourier-Transformierte von $f'(t)$ durch Anwenden von Rechenregel (8.14h) berechnen. Die Funktion $f(t)$ besitzt an der Stelle $t_1 = 0$ eine Sprungstelle mit Sprunghöhe $f(0^+) - f(0^-) = 1$ und hat für $t \neq 0$ die Ableitung:

$$f'(t) = \begin{cases} -ae^{-at}, & \text{für } t > 0, \\ 0, & \text{für } t < 0. \end{cases}$$

Die Voraussetzungen für die Anwendung von (8.14h) sind erfüllt, und wir erhalten:

$$\mathcal{F}\{f'(t)\} = i\omega F(\omega) - (f(0^+) - f(0^-))e^0 = \frac{i\omega}{a+i\omega} - 1 = -\frac{a}{a+i\omega}. \qquad \triangle$$

Beispiel 8.45 Wir betrachten die Funktion $f(t) = e^{-t^2}$ und können einerseits ihre Spektralfunktion $F(\omega)$ unter Zuhilfenahme der Rechenregel (8.14i) berechnen, also

$$\mathcal{F}\{tf(t)\} = iF'(\omega).$$

Man kann $\mathcal{F}\{tf(t)\}$ aber auch direkt bestimmen, denn man erhält mittels partieller Integration:

$$\int_{-\infty}^\infty te^{-t^2}e^{-i\omega t}dt = \frac{e^{-t^2}}{-2}e^{-i\omega t}\bigg|_{-\infty}^\infty - \frac{i\omega}{2}\int_{-\infty}^\infty e^{-t^2}e^{-i\omega t}dt$$

$$= -\frac{1}{2}\left[\lim_{b\to\infty} e^{-b^2-i\omega b} - \lim_{a\to-\infty} e^{-a^2-i\omega a}\right] - \frac{i\omega}{2}\int_{-\infty}^\infty e^{-t^2}e^{-i\omega t}dt = 0 - \frac{i\omega}{2}F(\omega)$$

$$= -\frac{i\omega}{2}F(\omega).$$

Das heißt, $F(\omega)$ erfüllt die folgende homogene lineare Differentialgleichung erster Ordnung:

$$F'(\omega) = -\frac{\omega}{2}F(\omega).$$

Lösen dieser Differentialgleichung liefert sodann

$$F(\omega) = F(0)e^{-\frac{\omega^2}{4}},$$

wobei

$$F(0) = \int_{-\infty}^\infty f(t)dt = \int_{-\infty}^\infty e^{-t^2}dt.$$

Um die Konstante $F(0) > 0$ zu bestimmen, werden wir die Parseval-Plancherel-Gleichung (8.13) verwenden, woraus folgt:

$$\int_{-\infty}^\infty e^{-2t^2}dt = \frac{1}{2\pi}\int_{-\infty}^\infty F(0)^2 e^{-\frac{\omega^2}{2}}d\omega = \frac{F(0)^2}{2\pi}\int_{-\infty}^\infty 2e^{-2u^2}du = \frac{F(0)^2}{\pi}\int_{-\infty}^\infty e^{-2u^2}du,$$

wobei die Variablensubstitution $u = \frac{\omega}{2}$ durchgeführt wurde. Somit erhalten wir

$$\frac{F(0)^2}{\pi} = 1 \quad \Rightarrow \quad F(0) = \sqrt{\pi}.$$

Dies bestimmt die gesuchte Spektralfunktion $F(\omega)$ vollständig, und wir erhalten

$$F(\omega) = \sqrt{\pi} e^{-\frac{\omega^2}{4}}.$$

$\triangle$

Wir wollen im Folgenden noch das für Integraltransformationen grundlegende Problem der Invertierbarkeit betrachten. Essentiell für die Fourier-Transformation ist der folgende Satz.

Satz 8.46 (Fourier-Integraltheorem) *Ist $f : \mathbb{R} \to \mathbb{C}$ absolut integrierbar und in jedem endlichen Intervall stückweise stetig differenzierbar und bezeichne $F(\omega) = \int_{-\infty}^{\infty} e^{-i\omega t} f(t)dt$ die Fourier-Transformierte von $f(t)$, so gilt für alle $t \in \mathbb{R}$:*

$$\frac{f(t^+) + f(t^-)}{2} = \frac{1}{2\pi}(CHW) \int_{-\infty}^{\infty} e^{i\omega t} F(\omega)d\omega.$$

Falls die Voraussetzungen von Satz 8.46 erfüllt sind und $f(t)$ sogar stetig auf $\mathbb{R}$ ist, dann besagt Satz 8.46 insbesondere:

$$f(t) = \frac{1}{2\pi}(CHW) \int_{-\infty}^{\infty} e^{i\omega t} F(\omega)d\omega.$$

Aus dem Fourier-Integraltheorem folgt sofort der folgende Satz.

Satz 8.47 (Umkehr- und Eindeutigkeitssatz) *Besitzt die Funktion $f : \mathbb{R} \to \mathbb{C}$ folgende Eigenschaften:*

(i) sie ist absolut integrierbar,

(ii) sie ist in jedem endlichen Intervall stückweise stetig differenzierbar,

(iii) es gilt für alle $t \in \mathbb{R}$ die Mittelwerteigenschaft:

$$f(t) = \frac{f(t^+) + f(t^-)}{2},$$

dann ist mit $f(t)$ auch $F(\omega) = \mathcal{F}\{f(t)\}$ F-transformierbar, und es gilt für alle $t \in \mathbb{R}$:

$$\mathcal{F}^{-1}\{F(\omega)\} = \mathcal{F}\left\{\frac{1}{2\pi}F(-\omega)\right\} = f(t).$$

Die Fourier-Transformation findet häufig Verwendung als Hilfsmittel zur Lösung von Funktionalgleichungen, insbesondere von Differentialgleichungen und Integralgleichungen. Dies soll an Hand von zwei Beispielen illustriert werden.

Beispiel 8.48 Wir betrachten die folgende Integralgleichung für die Funktion $x(t)$:

$$\int_{-\infty}^{\infty} x(u)x(t-u)du = e^{-t^2}.$$

Mit dem in (8.14j) definierten Faltungsprodukt läßt sich diese Gleichung auch folgendermaßen anschreiben:

$$(x*x)(t) = e^{-t^2}.$$

Unter Zuhilfenahme von Rechenregel (8.14k) erhalten wir folgende Gleichung für die Spektral-funktion $X(\omega) = \mathcal{F}\{x(t)\}$:

$$\left(X(\omega)\right)^2 = \mathcal{F}\{e^{-t^2}\} = \sqrt{\pi}e^{-\frac{\omega^2}{4}},$$

wobei wir das Ergebnis von Beispiel 8.45 verwendet haben. Also erhalten wir die Spektralfunk-tion

$$X(\omega) = \pi^{\frac{1}{4}}e^{-\frac{\omega^2}{8}}.$$

Um die inverse Fourier-Transformation durchzuführen, wenden wir zunächst Rechenregel (8.14c) an und erhalten für $c > 0$:

$$\mathcal{F}\{e^{-(ct)^2}\} = \frac{1}{c}\sqrt{\pi}e^{-\frac{\omega^2}{4c^2}} \tag{8.15}$$

bzw. durch Einsetzen von $c = \sqrt{2}$ die für uns relevante Gleichung:

$$\mathcal{F}\{e^{-2t^2}\} = \frac{\sqrt{\pi}}{\sqrt{2}}e^{-\frac{\omega^2}{8}}.$$

Somit erhalten wir schließlich als Lösung der untersuchten Integralgleichung:

$$x(t) = \mathcal{F}^{-1}\{X(\omega)\} = \sqrt{2}\pi^{-\frac{1}{4}}e^{-2t^2}.$$

$\triangle$

Beispiel 8.49 Wir betrachten die folgende lineare partielle Differentialgleichung zweiter Ord-nung für eine Funktion $u(x,t)$, welche für $x \in \mathbb{R}$ und $t > 0$ gelten soll ($\kappa > 0$ sei eine Konstante):

$$u_t(x,t) = \kappa\, u_{xx}(x,t).$$

Weiters soll $u(x,t)$ für $t = 0$ folgende Anfangsbedingung mit einer vorgegebenen Funktion $f(x)$ erfüllen:

$$u(x,0) = f(x), \quad x \in \mathbb{R}.$$

Zum Lösen dieser Differentialgleichung wenden wir die F-Transformation bezüglich der Va-riablen x an, das heißt, t wird wie ein konstanter Parameter behandelt. Wir notieren dies als $U(\omega,t) = \mathcal{F}_x\{u(x,t)\}$. Unter Verwendung der Rechenregel (8.14g) erhalten wir dann aus obi-ger Differentialgleichung folgende lineare Differentialgleichung erster Ordnung in Bezug auf t für $U(\omega,t)$:

$$\frac{d}{dt}U(\omega,t) = -\kappa\,\omega^2 U(\omega,t).$$

Die allgemeine Lösung dieser Differentialgleichung ist gegeben durch

$$U(\omega, t) = C(\omega) e^{-\kappa \omega^2 t},$$

mit einer Funktion $C(\omega)$. Einsetzen von $t = 0$ liefert somit

$$U(\omega, 0) = C(\omega) = \mathcal{F}_x \{f(x)\}.$$

Also erhalten wir

$$\mathcal{F}_x \{u(x, t)\} = \mathcal{F}_x \{f(x)\} e^{-\kappa \omega^2 t}.$$

Unter Verwendung der Beziehung (8.15) erhalten wir weiter

$$\mathcal{F}_x \left\{ \frac{1}{2\sqrt{\pi \kappa t}} e^{-\frac{x^2}{4\kappa t}} \right\} = e^{-\kappa \omega^2 t}$$

und somit unter Benützung der Faltungsformel (8.14k):

$$\mathcal{F}_x \{u(x, t)\} = \mathcal{F}_x \{f(x)\} \mathcal{F}_x \left\{ \frac{1}{2\sqrt{\pi \kappa t}} e^{-\frac{x^2}{4\kappa t}} \right\} = \mathcal{F}_x \left\{ f(x) * \frac{1}{2\sqrt{\pi \kappa t}} e^{-\frac{x^2}{4\kappa t}} \right\}.$$

Anwenden der inversen Fourier-Transformation liefert somit folgende Lösung des Anfangswertproblems:

$$u(x, t) = f(x) * \frac{1}{2\sqrt{\pi \kappa t}} e^{-\frac{x^2}{4\kappa t}} = \int_{-\infty}^{\infty} f(u) \frac{1}{2\sqrt{\pi \kappa t}} e^{-\frac{(x-u)^2}{4\kappa t}} \, du. \qquad \triangle$$

Bemerkung: Beispiel 8.49 behandelt die Wärmeleitungsgleichung für einen dünnen unendlich langen Stab.

Abschließend geben wir noch ein Beispiel für eine Anwendung der Fourier-Transformation in der Nachrichtentechnik. Eine weitere Anwendung hierfür ist das im nächsten Abschnitt vorgestellte Abtasttheorem.

Beispiel 8.50 Wir betrachten ein so genanntes **ideales Tiefpassfilter** in der Nachrichtentechnik. Allgemein lässt sich die Wirkung eines (nicht-aktiven) Filters so beschreiben: betrachtet man ein periodisches Eingangssignal mit fester Frequenz und Amplitude, so verändert das Filter höchstens die Amplitude (und eventuell die Phase), wobei aber die Frequenz des Signals unverändert gelassen wird. Im Speziellen werden beim idealen Tiefpassfilter alle Frequenzen $|\omega| \leq \Omega$ des Eingangssignals unverändert gelassen, aber alle Frequenzen $|\omega| > \Omega$ gesperrt. Betrachten wir nun ein Eingangssignal $f(t)$ und das nach dem Filter generierte Ausgangssignal $g(t)$. Im Spektralbereich lässt sich die Filterwirkung einfach durch

$$G(\omega) = H(\omega) F(\omega)$$

beschreiben, wobei $F(\omega) = \mathcal{F}\{f(t)\}$, $G(\omega) = \mathcal{F}\{g(t)\}$ und die so genannte **Übertragungsfunktion** $H(\omega)$ beim idealen Tiefpassfilter folgendermaßen gegeben ist:

$$H(\omega) = \begin{cases} 1, & |\omega| \leq \Omega, \\ 0, & |\omega| > \Omega. \end{cases}$$

Im Zeitbereich liefert dies mit Hilfe der Faltungsformel (8.14k) den Zusammenhang

$$g(t) = h(t) * f(t), \quad \text{mit} \quad h(t) = \mathcal{F}^{-1}\{H(\omega)\}.$$

Wir berechnen nun noch $h(t)$:

$$h(t) = \frac{1}{2\pi}(CHW)\int_{-\infty}^{\infty} e^{i\omega t}H(\omega)d\omega = \frac{1}{2\pi}\int_{-\Omega}^{\Omega} e^{i\omega t}d\omega = \frac{1}{2\pi}\frac{e^{i\omega t}}{it}\Big|_{-\Omega}^{\Omega} = \frac{e^{it\Omega} - e^{-it\Omega}}{2\pi ti}$$

$$= \frac{\sin(\Omega t)}{\pi t} = \frac{\Omega}{\pi}\text{si}(\Omega t),$$

wobei die sogannte **Spaltfunktion** $\text{si}(x)$ (auch als $\text{sinc}(x)$) bezeichnet), definiert ist durch:

$$\text{si}(x) = \begin{cases} \frac{\sin x}{x}, & x \neq 0, \\ 1, & x = 0. \end{cases}$$

Also erhalten wir folgenden Zusammenhang zwischen dem Eingangssignal $f(t)$ und dem Ausgangssignal $g(t)$ nach dem idealen Tiefpassfilter:

$$g(t) = \frac{\Omega}{\pi}\text{si}(\Omega t) * f(t).$$

$\triangle$

8.4 Abtasttheorem

Wir betrachten hier das in der Signalverarbeitung wichtige Problem, wenn von einer Zeitfunktion $f(t)$ nur die Werte $f(k\Delta t)$ zu den diskreten Zeitpunkten $k\Delta t$, für $k \in \mathbb{Z}$ und $\Delta t > 0$, bekannt sind und man nun die Funktion $f(t)$ vollständig aus diesen Werten rekonstruieren möchte. Klarerweise kann das nur unter bestimmten Voraussetzungen, welche die Funktion $f(t)$ und die sogenannte **Abtastfrequenz** $\omega_s = \frac{2\pi}{\Delta t}$ erfüllen müssen, gelingen. Unter solch geeigneten Voraussetzungen, welche im unten angegebenen Abtasttheorem oder Sampling-Theorem angegeben sind, tritt also durch die alleinige Kenntnis der Funktion $f(t)$ an den **Abtastwerten** $f(k\Delta t)$ kein Informationsverlust auf und wir können die Funktion $f(t)$ auf ganz $\mathbb{R}$ durch die sogenannte Abtastformel aus den Abtastwerten darstellen.

Definition 8.51 Die **Abtastformel** für eine Funktion $f : \mathbb{R} \to \mathbb{C}$ ist wie folgt gegeben:

$$f(t) = \sum_{k=-\infty}^{\infty} \text{si}\Big(\frac{\pi}{\Delta t}(t - k\Delta t)\Big)f(k\Delta t), \quad t \in \mathbb{R}, \tag{8.16}$$

wobei $\text{si}(x)$ die in Beispiel 8.50 definierte Spaltfunktion bezeichnet.

Wir werden jetzt untersuchen, wann die Abtastformel (8.16) tatsächlich gültig ist. Als Vorbereitung für den allgemeinen Fall betrachten wir das Problem zunächst für den Spezialfall $f(t) = e^{i\omega t}$, kennen also die Abtastwerte $(e^{i\omega k\Delta t})_{k\in\mathbb{Z}}$. Wir fassen nun die Abtastwerte als Funktionen $h_k(\omega) = e^{i\omega k\Delta t}$ in der Variablen ω auf. Wegen

$$h_k(\omega) = e^{i\omega k\Delta t} = e^{i\frac{2\pi}{\omega_s}k\omega},$$

sind dies ω_s-periodische Funktionen, welche in der Fourier-Reihenentwicklung einer beliebigen auf dem Frequenzintervall $-\omega_s/2 \leq \omega \leq \omega_s/2$ definierten und ω_s-periodisch fortgesetzten Funktion $g(\omega)$ auftreten:

$$S_g(\omega) = \sum_{k=-\infty}^{\infty} c_k e^{i\frac{2\pi}{\omega_s}k\omega} = \sum_{k=-\infty}^{\infty} c_k e^{i\omega k \Delta t},$$

mit den Fourier-Koeffizienten

$$c_k = \frac{1}{\omega_s} \int_{-\omega_s/2}^{\omega_s/2} g(\omega) e^{-i\frac{2\pi}{\omega_s}k\omega} d\omega = \frac{\Delta t}{2\pi} \int_{-\frac{\pi}{\Delta t}}^{\frac{\pi}{\Delta t}} g(\omega) e^{-i\omega k \Delta t} d\omega.$$

Wir betrachten nun insbesondere die ursprüngliche Funktion $e^{i\omega t}$, fassen diese aber ebenfalls als Funktion in ω auf, behandeln also $g(\omega) = e^{i\omega t}$. Die Fourier-Koeffizienten c_k lassen sich dann leicht berechnen:

$$c_k = \frac{\Delta t}{2\pi} \int_{-\frac{\pi}{\Delta t}}^{\frac{\pi}{\Delta t}} e^{i\omega t} e^{-i\omega k \Delta t} d\omega = \frac{\Delta t}{2\pi} \frac{e^{i\omega(t-k\Delta t)}}{i(t-k\Delta t)}\Bigg|_{-\frac{\pi}{\Delta t}}^{\frac{\pi}{\Delta t}}$$

$$= \frac{\Delta t}{2\pi i(t-k\Delta t)} \left(e^{i\frac{\pi}{\Delta t}(t-k\Delta t)} - e^{-i\frac{\pi}{\Delta t}(t-k\Delta t)} \right) = \mathrm{si}\left(\frac{\pi}{\Delta t}(t-k\Delta t) \right).$$

Die Fourier-Reihe $S_g(\omega)$ lautet somit

$$S_g(\omega) = \sum_{k=-\infty}^{\infty} \mathrm{si}\left(\frac{\pi}{\Delta t}(t-k\Delta t) \right) e^{i\omega k \Delta t} \tag{8.17}$$

und stellt also die ω_s-periodische Fortsetzung von $e^{i\omega t}$ über das Frequenzintervall $-\omega_s/2 < \omega \leq \omega_s/2$ hinaus dar. Nach dem Darstellungssatz 8.27 gilt nun insbesondere, dass

$$\sum_{k=-\infty}^{\infty} \mathrm{si}\left(\frac{\pi}{\Delta t}(t-k\Delta t) \right) e^{i\omega k \Delta t} = \begin{cases} e^{i\omega t}, & \text{für } |\omega| < \omega_s/2, \\ e^{i(\omega-n\omega_s)t}, & \text{für } n \in \mathbb{Z} \text{ so, dass } |\omega - n\omega_s| < \omega_s/2. \end{cases}$$

Es ergibt sich also folgendes:

1. Falls der Absolutbetrag der Frequenz ω kleiner als die halbe Abtastfrequenz ist, $|\omega| < \omega_s/2$, dann kann die Funktion $f(t) = e^{i\omega t}$ vollständig aus den Abtastwerten $e^{i\omega k \Delta t}$ gemäß der in (8.16) angegebenen Abtastformel rekonstruiert werden.

2. Falls hingegen der Absolutbetrag der Frequenz ω größer als die halbe Abtastfrequenz ist, $|\omega| > \omega_s/2$, also eine sogenannte **Unterabtastung** vorliegt, dann wird durch die in der Abtastformel (8.16) gegebene Reihe die Funktion $e^{i(\omega-n\omega_s)t}$, mit $n \in \mathbb{Z}$ so, dass $|\omega - n\omega_s| < \omega_s/2$, dargestellt, welche dieselben Abtastwerte wie die Funktion $e^{i\omega t}$ besitzt.

Wir widmen uns nun dem allgemeinen Fall und wollen zeigen, dass unter gewissen Voraussetzungen an $f(t)$ ebenfalls oben angegebene Abtastformel gilt. Wichtig für die Anwendbarkeit ist dabei insbesondere, dass das durch die Fourier-Transformation $F(\omega) = \mathcal{F}\{f(t)\}$ gegebene **Frequenzspektrum** $\{\omega : F(\omega) \neq 0\}$ der Funktion $f(t)$ nur Frequenzen enthält, die kleiner als die halbe Abtastfrequenz sind.

Satz 8.52 (Abtasttheorem (= Sampling-Theorem)) *Sei $F : \mathbb{R} \to \mathbb{C}$ eine stückweise stetige Spektralfunktion mit $F(\omega) = 0$ für $|\omega| > \Omega$ und sei $f : \mathbb{R} \to \mathbb{C}$ die zugehörige Zeitfunktion, also*

$$f(t) = \mathcal{F}^{-1}\{F(\omega)\} = \frac{1}{2\pi} \int_{-\Omega}^{\Omega} F(\omega)e^{i\omega t}d\omega.$$

Weiters erfülle die Abtastfrequenz $\omega_s = \frac{2\pi}{\Delta t}$, dass $\omega_s > 2\,\Omega$.

Dann gilt, dass sich die Funktion $f(t)$ vollständig aus den Abtastwerten $f(k\Delta t)$, mit $k \in \mathbb{Z}$, gemäß Abtastformel (8.16) rekonstruieren lässt.

Beweis. Wir bemerken zunächst, dass aufgrund der Beschränktheit und stückweisen Stetigkeit von $F(\omega)$ darauf tatsächlich die inverse F-Transformation anwendbar ist und somit das die Zeitfunktion $f(t)$ bestimmende Integral für alle $t \in \mathbb{R}$ existiert. Wir ersetzen nun die Funktion $e^{i\omega t}$ durch die in (8.17) berechnete Fourier-Reihe, wobei wir ausnützen, dass $\Omega < \omega_s/2$ und somit aufgrund des Darstellungssatzes 8.27 die Fourier-Reihe im gesamten Intervall $-\Omega < \omega < \Omega$ gleichmäßig konvergiert und die Funktion darstellt. Wir erhalten also

$$f(t) = \frac{1}{2\pi} \int_{-\Omega}^{\Omega} F(\omega)e^{i\omega t}d\omega = \frac{1}{2\pi} \int_{-\Omega}^{\Omega} F(\omega) \left(\sum_{k=-\infty}^{\infty} \mathrm{si}\Big(\frac{\pi}{\Delta t}(t - k\Delta t) \Big)e^{i\omega k\Delta t} \right) d\omega$$

und weiter

$$f(t) = \sum_{k=-\infty}^{\infty} \mathrm{si}\Big(\frac{\pi}{\Delta t}(t - k\Delta t) \Big) \left(\frac{1}{2\pi} \int_{-\Omega}^{\Omega} F(\omega)e^{i\omega k\Delta t}d\omega \right),$$

da wir aufgrund der gleichmäßigen Konvergenz der Reihe diese gliedweise integrieren dürfen, also Summation mit Integration vertauschen können. Die auftretenden Integrale sind laut Definition genau die Funktionen $f(k\Delta t)$ und wir erhalten also tatsächlich die Abtastformel (8.16). $\qquad\square$

Die für die Gültigkeit der Abtastformel wichtigen Voraussetzungen an die Funktion $f(t)$ und die Abtastfrequenz ω_s seien nachfolgend nochmals zusammengefasst.

Definition 8.53 Die **Abtastbedingungen** oder **Nyquist-Bedingungen** lauten:

1. $f(t)$ hat eine **endliche Bandbreite** Ω, also $F(\omega) = \mathcal{F}\{f(t)\} = 0$ für $|\omega| > \Omega$.

2. Die Abtastfrequenz $\omega_s = \frac{2\pi}{\Delta t}$ ist mehr als doppelt so groß wie die Bandbreite Ω, also $\omega_s > 2\,\Omega$.

Bemerkung: Im Falle einer Unterabtastung, wenn also $\omega_s < 2\,\Omega$ ist, stellt die Abtastformel (8.16) eine Zeitfunktion $\tilde{f}(t)$ mit Bandbreite $\omega_s/2$ dar, welche dieselben Abtastwerte wie $f(t)$ besitzt. Die zugehörige Spektralfunktion $\tilde{F}(\omega)$ erhält man, indem man die Anteile von $F(\omega)$ über den Intervallen $(n\omega_s - \omega_s/2, n\omega_s + \omega_s/2)$, $n \in \mathbb{Z}$, alle in das Intervall $(-\omega_s/2, \omega_s/2)$ verschiebt und überlagert, siehe Abbildung 8.10. Diese Frequenzverschiebung wird **Aliasing** genannt.

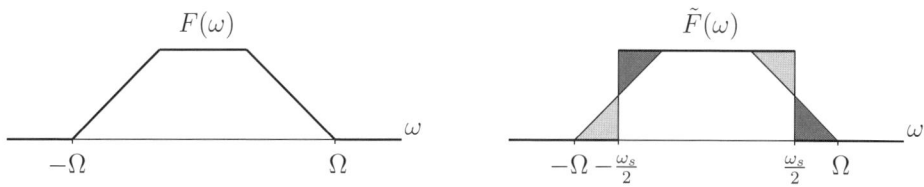

Abbildung 8.10 Spektralfunktion $F(\omega)$ und bei Unterabtastung durch Aliasing erhaltene Spektralfunktion $\tilde{F}(\omega)$.

8.5 Laplace-Transformation

Wir behandeln nun die **Laplace-Transformation**, eine zur Fourier-Transformation verwandte Integraltransformation, welche beispielsweise für das Lösen von Differentialgleichungen von besonderer Bedeutung ist.

Definition 8.54 Eine Funktion $f : [0, \infty) \to \mathbb{C}$ heißt **Laplace-transformierbar** (L-transformierbar), wenn das uneigentliche Integral

$$F(s) = \mathcal{L}\{f(t)\} = \int_0^\infty e^{-st} f(t) dt$$

für ein $s \in \mathbb{R}$ konvergiert. $F(s)$ heißt dann die **Laplace-Transformierte** (oder kurz L-Transformierte) von $f(t)$. $F(s)$ nennt man auch die Bildfunktion von $f(t)$ und $f(t)$ die Urbildfunktion von $F(s)$. Dies wird auch mit $f(t) = \mathcal{L}^{-1}\{F(s)\}$ notiert.

Beispiel 8.55 Wir betrachten die Funktion $f(t) = e^{wt}$, wobei $w \in \mathbb{C}$, und berechnen ihre Laplace-Transformierte $F(s) = \mathcal{L}\{f(t)\}$. Wir erhalten gemäß Definition:

$$F(s) = \int_0^\infty e^{-st} e^{wt} dt = \int_0^\infty e^{(w-s)t} dt = \frac{e^{(w-s)t}}{w-s}\Big|_0^\infty = \lim_{t \to \infty} \frac{e^{(w-s)t} - 1}{w-s}.$$

Für alle $s \in \mathbb{R}$ mit der Eigenschaft $\Re(w) < s$ gilt nun aber $\lim_{t \to \infty} e^{(w-s)t} = 0$, so dass wir weiter erhalten:

$$F(s) = \frac{1}{s-w}, \quad \text{für } s > \Re(w).$$

Falls wir $w = \alpha \in \mathbb{R}$ setzen, erhalten wir die Laplace-Transformierte $\mathcal{L}\{e^{\alpha t}\}$ und als Spezialfall $\alpha = 0$ die Laplace-Transformierte $\mathcal{L}\{1\}$. Falls wir $w = i\omega$ mit $\omega \in \mathbb{R}$ setzen, erhalten wir weiters

$$\mathcal{L}\{e^{i\omega t}\} = \mathcal{L}\{\cos(\omega t) + i\sin(\omega t)\} = \int_0^\infty e^{-st}(\cos(\omega t) + i\sin(\omega t)) dt$$

$$= \int_0^\infty e^{-st}\cos(\omega t) + i\int_0^\infty e^{-st}\sin(\omega t) dt = \mathcal{L}\{\cos(\omega t)\} + i\mathcal{L}\{\sin(\omega t\}$$

$$= \frac{1}{s - i\omega} = \frac{s + i\omega}{s^2 + \omega^2} = \frac{s}{s^2 + \omega^2} + \frac{i\omega}{s^2 + \omega^2}, \quad \text{für } s > 0.$$

Ein Vergleich der Real- und Imaginärteile liefert somit auch die Laplace-Transformierten $\mathcal{L}\{\cos(\omega t)\}$ und $\mathcal{L}\{\sin(\omega t)\}$. Die Laplace-Transformierten dieser wichtigen Grundfunktionen sind in Tabelle 8.1 zusammengefasst. $\triangle$

$f(t)$	$F(s) = \mathcal{L}\{f(t)\}$
1	$\frac{1}{s}, \quad s > 0$
$e^{\alpha t}$	$\frac{1}{s-\alpha}, \quad s > \alpha \in \mathbb{R}$
$\cos(\omega t)$	$\frac{s}{s^2+\omega^2}, \quad s > 0$
$\sin(\omega t)$	$\frac{\omega}{s^2+\omega^2}, \quad s > 0$

Tabelle 8.1 Die Laplace-Transformierten einiger wichtiger Grundfunktionen

Wir wollen ohne Beweis den folgenden Satz angeben, welcher die Existenz der Laplace-Transformierten für eine wichtige Klasse von Funktionen gewährleistet.

Satz 8.56 (Existenz- und Eindeutigkeitssatz der Laplace-Transformation) *Ist die Funktion $f : [0, \infty) \to \mathbb{R}$ auf jedem beschränkten Intervall stückweise stetig und besitzt $f(t)$ höchstens exponentielles Wachstum, das heißt, es gibt Konstanten $M, \sigma \in \mathbb{R}$, so dass $|f(t)| \leq Me^{\sigma t}$, für alle $t > 0$, dann gilt:*

(i) $F(s) = \mathcal{L}\{f(t)\}$ existiert für alle $s > \sigma$,

(ii) das Integral $\int_0^\infty e^{-st} f(t) dt$ konvergiert für $s \geq s_0 > \sigma$ gleichmäßig,

(iii) $f(t)$ ist bis auf die Funktionswerte an den Unstetigkeitsstellen durch $F(s)$ eindeutig bestimmt,

(iv) $\lim_{s \to \infty} F(s) = 0$.

Bemerkung: Es gibt Laplace-transformierbare Funktionen, welche die Voraussetzungen von Satz 8.56 nicht erfüllen.

Bemerkung: Als **Konvergenz-Abszisse** σ_c der Laplace-Transformierten $F(s)$ einer Funktion $f(t)$ bezeichnet man das Infimum (also die größte untere Schranke) der Menge aller Werte $s \in \mathbb{R}$, für die die Laplace-Transformierte von $f(t)$ existiert, also:

$$\sigma_c = \inf \left\{ s \in \mathbb{R} : \text{ es existiert das Integral } \int_0^\infty e^{-st} f(t) dt \right\}.$$

Ähnlich wie bei der eng verwandten Fourier-Transformierten sind in der Praxis eine Reihe von **Rechenregeln** für die Laplace-Transformation sehr nützlich. Der Beweis der nachfolgend angeführten Rechenregeln wird als Übungsaufgabe gestellt.

Satz 8.57 *Seien $f(t) : [0, \infty) \to \mathbb{R}$ und $g(t) : [0, \infty) \to \mathbb{R}$ Laplace-transformierbare Funktionen mit Laplace-Transformierten $F(s) = \mathcal{L}\{f(t)\}$ und $G(s) = \mathcal{L}\{g(t)\}$. Es gelten dann die folgenden Rechenregeln.*

- *Linearität:*

$$\mathcal{L}\{\alpha f(t) + \beta g(t)\} = \alpha F(s) + \beta G(s), \quad \alpha, \beta \in \mathbb{R}. \tag{8.18a}$$

- *Streckung:*

$$\mathcal{L}\{f(ct)\} = \frac{1}{c} F\left(\frac{s}{c}\right), \quad c \neq 0. \tag{8.18b}$$

- *Differentiation und Integration im Zeitbereich: Falls $f(t)$ und $f'(t)$ bzw. $f(t)$ und $f^{(n)}(t)$ L-transformierbar sind und $f(t)$ bzw. $f(t), f'(t), \ldots, f^{(n-1)}(t)$ stetig auf $(0, \infty)$ sind, dann gilt:*

$$\mathcal{L}\{f'(t)\} = sF(s) - f(0^+), \tag{8.18c}$$

$$\mathcal{L}\{f^{(n)}(t)\} = s^n F(s) - s^{n-1} f(0^+) - s^{n-2} f'(0^+) - \cdots - f^{(n-1)}(0^+). \tag{8.18d}$$

Für eine L-transformierbare Funktion $f(t)$ gilt:

$$\mathcal{L}\left\{ \int_0^t f(u)du \right\} = \frac{1}{s}F(s). \tag{8.18e}$$

- *Differentiation und Integration im Bildbereich: Für eine L-transformierbare Funktion $f(t)$ gilt:*

$$\mathcal{L}\{tf(t)\} = -\frac{d}{ds}F(s), \tag{8.18f}$$

$$\mathcal{L}\{t^n f(t)\} = (-1)^n \frac{d^n}{ds^n}F(s). \tag{8.18g}$$

Falls $\frac{f(t)}{t}$ L-transformierbar ist, dann gilt:

$$\mathcal{L}\left\{ \frac{f(t)}{t} \right\} = \int_s^\infty F(u)du. \tag{8.18h}$$

- *Verschiebung im Bildbereich:*

$$\mathcal{L}\{e^{-at} f(t)\} = F(s+a), \quad a \in \mathbb{R}. \tag{8.18i}$$

- *Verschiebung im Zeitbereich: Um die L-Transformation der Verschiebung um $a \geq 0$ im Zeitbereich einer auf $[0, \infty)$ definierten Funktion $f(t)$ zu beschreiben, verwenden wir die so genannte **Heaviside-Funktion** $u(t)$ (auch Heaviside'sche Sprungfunktion genannt), welche für $t \in \mathbb{R}$ folgendermaßen definiert ist:*

$$u(t) = \begin{cases} 0, & \text{für } t < 0, \\ 1, & \text{für } t \geq 0. \end{cases}$$

Es gilt dann:

$$\mathcal{L}\{f(t-a)u(t-a)\} = e^{-as}F(s), \quad a \geq 0, \tag{8.18j}$$

$$\mathcal{L}\{u(t-a)\} = e^{-as}\frac{1}{s}, \quad a \geq 0. \tag{8.18k}$$

- *Faltung: Wir definieren die Faltung $(f*g)(t)$ zweier Funktionen $f(t)$ und $g(t)$ abweichend zur entsprechenden Definition in Abschnitt 8.3 nun wie folgt:*

$$(f * g)(t) = \int_0^t f(t - \tau)g(\tau)d\tau. \tag{8.18l}$$

Es gilt dann die Produktformel:

$$\mathcal{L}\{(f * g)(t)\} = F(s)G(s). \tag{8.18m}$$

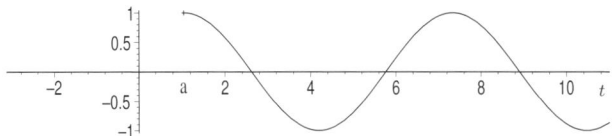

Abbildung 8.11 Die Funktion $f(t) = \cos(t-a)u(t-a)$ mit $a = \frac{\pi}{3}$

Die Verschiebung einer Funktion $f(t)$ um $a \geq 0$ wird in Abb. 8.11 illustriert.

Das Anwenden der Rechenregeln (8.18) wird im Folgenden an Hand von Beispielen erläutert.

Beispiel 8.58 Unter Zuhilfenahme der Rechenregel (8.18a) berechnen wir die L-Transformierte von $\cosh(\omega t) = \frac{1}{2}(e^{\omega t} + e^{-\omega t})$, mit $\omega \in \mathbb{R}$. Wir erhalten für $s > \omega$:

$$\mathcal{L}\{\cosh(\omega t)\} = \frac{1}{2}\mathcal{L}\{e^{\omega t}\} + \frac{1}{2}\mathcal{L}\{e^{-\omega t}\} = \frac{1}{2}\frac{1}{s-\omega} + \frac{1}{2}\frac{1}{s+\omega} = \frac{s}{s^2 - \omega^2}. \qquad \triangle$$

Beispiel 8.59 Wir betrachten die Funktion $f(t) = t^n$, für $n \in \mathbb{N}$. Es gilt dann für die n-te Ableitung von $f(t)$: $\frac{d^n}{dt^n}f(t) = f^{(n)}(t) = n!$. Da $f^{(k)}(0^+) = 0$, für $0 \leq k \leq n-1$, erhalten wir wegen Rechenregel (8.18d):

$$\frac{n!}{s} = n!\mathcal{L}\{1\} = \mathcal{L}\{f^{(n)}(t)\} = s^n\mathcal{L}\{f(t)\} = s^n\mathcal{L}\{t^n\},$$

woraus wir folgende Formel für die L-Transformierte bekommen:

$$\mathcal{L}\{t^n\} = \frac{n!}{s^{n+1}}. \qquad \triangle$$

Beispiel 8.60 Wir wollen die L-Transformierte von $f(t) = \frac{\sin(\omega t)}{t}$ unter Benützung der Rechenregel (8.18h) bestimmen. Wir erhalten dann:

$$\mathcal{L}\left\{\frac{\sin(\omega t)}{t}\right\} = \int_s^\infty \frac{\omega}{u^2 + \omega^2}du = \frac{1}{\omega}\int_s^\infty \frac{1}{1 + \left(\frac{u}{\omega}\right)^2}du = \int_{\frac{s}{\omega}}^\infty \frac{dv}{1+v^2} = \arctan v\Big|_{\frac{s}{\omega}}^\infty$$

$$= \frac{\pi}{2} - \arctan\left(\frac{s}{\omega}\right) = \arctan\left(\frac{\omega}{s}\right). \qquad \triangle$$

Beispiel 8.61 Wir betrachten nun für $t \geq 0$ die Rechteckschwingung mit Periode T und Amplitude A, siehe Abb. 8.1. Unter Benützung der Heaviside-Funktion $u(t)$ können wir dann die Rechteckschwingung $f(t)$ folgendermaßen darstellen:

$$f(t) = -A + 2A\sum_{k=0}^\infty (-1)^k u\left(t - \frac{kT}{2}\right), \quad t \geq 0.$$

Man beachte, dass in obiger Darstellung für jedes feste t nur eine endliche Anzahl von Summanden $\neq 0$ sind. Für die Laplace-Transformierte von $f(t)$ erhalten wir zunächst:

$$\mathcal{L}\{f(t)\} = 2A\int_0^\infty \left[\sum_{k=0}^\infty e^{-st}(-1)^k u\left(t - \frac{kT}{2}\right)\right]dt - \frac{A}{s}.$$

In den Übungen wird nun gezeigt, dass die Funktionenreihe $\sum_{k=0}^{\infty} e^{-st}(-1)^k u(t - \frac{kT}{2})$ gleichmäßig auf $[0, \infty)$ konvergiert, falls $s > 0$ ist. Wegen Satz 8.11 darf nun Integration mit Summation vertauscht werden, und wir erhalten weiter:

$$\mathcal{L}\{f(t)\} = 2A \sum_{k=0}^{\infty} (-1)^k \int_0^{\infty} e^{-st} u\left(t - \frac{kT}{2}\right) dt - \frac{A}{s} = 2A \sum_{k=0}^{\infty} (-1)^k \mathcal{L}\left\{u\left(t - \frac{kT}{2}\right)\right\} - \frac{A}{s}$$

$$= 2A \sum_{k=0}^{\infty} (-1)^k e^{-s\frac{kT}{2}} \frac{1}{s} - \frac{A}{s} = \frac{2A}{s} \sum_{k=0}^{\infty} \left(-e^{-\frac{sT}{2}}\right)^k - \frac{A}{s} = \frac{A}{s}\left(\frac{2}{1 + e^{-\frac{sT}{2}}} - 1\right)$$

$$= \frac{A}{s}\left(\frac{1 - e^{-\frac{sT}{2}}}{1 + e^{-\frac{sT}{2}}}\right) = \frac{A}{s} \tanh\left(\frac{sT}{4}\right). \qquad \triangle$$

Die Nützlichkeit der L-Transformation für das Lösen von Differentialgleichungen wird in den folgenden Beispielen demonstriert.

Beispiel 8.62 Eine wichtige Anwendung der L-Transformation liegt im Lösen von linearen Anfangswertproblemen mit konstanten Koeffizienten. Dabei wird die lineare Differentialgleichung mit konstanten Koeffizienten, welche die Funktion $x(t)$ erfüllt, mit Hilfe der L-Transformation in eine Gleichung für die L-Transformierte $X(s) = \mathcal{L}\{x(t)\}$ übergeführt, wobei die Anfangswerte bereits in diesem Schritt eingearbeitet werden. Anschließend wird die Gleichung nach $X(s)$ aufgelöst. Als letzten Schritt bleibt noch die Rücktransformation $x(t) = \mathcal{L}^{-1}\{X(s)\}$ durchzuführen, wobei sich in der Praxis die Rechenregeln, aber auch umfangreiches Tabellenwerk für die L-Transformation, als nützlich erweisen. Wir illustrieren das Verfahren an Hand des folgenden linearen Anfangswertproblems für $x(t)$:

$$\ddot{x}(t) + 9x(t) = \cos(\omega t), \quad \text{mit } \omega > 0$$

und Anfangswerten $x(0) = c_0$ und $\dot{x}(0) = c_1$. Wir behandeln nun die gesamte Gleichung mit der L-Transformation und erhalten unter Zuhilfenahme von (8.18c) und unter Verwendung der Notation $X(s) = \mathcal{L}\{x(t)\}$:

$$s^2 X(s) - sc_0 - c_1 + 9X(s) = \frac{s}{s^2 + \omega^2}.$$

Daraus erhalten wir als Lösung von $X(s)$ unmittelbar die folgende Formel:

$$X(s) = \frac{c_0 s}{s^2 + 9} + \frac{c_1}{s^2 + 9} + \frac{s}{(s^2 + \omega^2)(s^2 + 9)}. \qquad (8.19)$$

Für die Rücktransformation $x(t) = \mathcal{L}^{-1}\{X(s)\}$ werden wir nun die Fälle $\omega = 3$ und $\omega \neq 3$ unterscheiden.

Falls $\omega \neq 3$, führen wir beim dritten Summanden in Gleichung (8.19) eine Partialbruchzerlegung durch, das heißt, wir wählen den Ansatz

$$\frac{s}{(s^2 + \omega^2)(s^2 + 9)} = \frac{As + B}{s^2 + \omega^2} + \frac{Cs + D}{s^2 + 9}.$$

Man erhält die Darstellung

$$\frac{s}{(s^2 + \omega^2)(s^2 + 9)} = \frac{1}{9 - \omega^2}\left(\frac{s}{s^2 + \omega^2} - \frac{s}{s^2 + 9}\right),$$

woraus wir folgendes bekommen:

$$\mathcal{L}^{-1}\left\{\frac{s}{(s^2+\omega^2)(s^2+9)}\right\} = \frac{1}{9-\omega^2}\Big(\cos(\omega t) - \cos(3t)\Big).$$

Falls $\omega = 3$, wenden wir Rechenregel (8.18h) auf den dritten Summanden in Gleichung (8.19) an. Wir wählen die Bezeichnung $F(s) = \mathcal{L}\{f(t)\} = \frac{s}{(s^2+9)^2}$ und erhalten:

$$\mathcal{L}\left\{\frac{f(t)}{t}\right\} = \int_s^\infty F(u)du = \int_s^\infty \frac{u}{(u^2+9)^2}du = -\frac{1}{2}\frac{1}{u^2+9}\bigg|_s^\infty = \frac{1}{2(s^2+9)}.$$

Da

$$\mathcal{L}^{-1}\left\{\frac{1}{2(s^2+9)}\right\} = \frac{1}{6}\mathcal{L}^{-1}\left\{\frac{3}{s^2+9}\right\} = \frac{1}{6}\sin(3t) = \frac{f(t)}{t},$$

erhalten wir weiters

$$f(t) = \mathcal{L}^{-1}\left\{\frac{s}{(s^2+9)^2}\right\} = \frac{1}{6}t\sin(3t).$$

Unter Verwendung der Rücktransformierten der ersten beiden Summanden in Gleichung (8.19) erhalten wir schließlich die gesuchte Lösung $x(t)$ des Anfangswertproblems für alle Werte $\omega > 0$:

$$x(t) = c_0\cos(3t) + \frac{1}{3}c_1\sin(3t) + \begin{cases} \frac{1}{6}t\sin(3t), & \text{für } \omega = 3, \\ \frac{1}{9-\omega^2}\Big(\cos(\omega t) - \cos(3t)\Big), & \text{für } \omega \neq 3. \end{cases} \qquad \triangle$$

Beispiel 8.63 In speziellen Fällen lassen sich auch Differentialgleichungen mit nichtkonstanten Koeffizienten mit Hilfe der Laplace-Transformation behandeln. Für die nachfolgend angegebene Differentialgleichung

$$2t\ddot{x}(t) - \dot{x}(t) = 0$$

liefert die L-Transformation eine lineare Differentialgleichung erster Ordnung im Bildbereich:

$$-2\frac{d}{ds}\mathcal{L}\{\ddot{x}(t)\} - \mathcal{L}\{\dot{x}(t)\} = -2\frac{d}{ds}\big(s^2X(s) - sx(0) - \dot{x}(0)\big) - \big(sX(s) - x(0)\big)$$
$$= -2\big(2sX(s) + s^2\dot{X}(s) - x(0)\big) - sX(s) + x(0) = -2s^2\dot{X}(s) - 5sX(s) + 3x(0) = 0.$$

Das für diesen Typ von Differentialgleichungen in Kapitel 7 behandelte Lösungsverfahren liefert nun folgende allgemeine Lösung für $X(s)$:

$$X(s) = \frac{x(0)}{s} + \frac{c_1}{s^{\frac{5}{2}}}, \quad \text{für } c_1 \in \mathbb{R}. \tag{8.20}$$

Um die Rücktransformation durchzuführen, betrachten wir zunächst die L-Transformierte der Funktion $f(t) = t^\alpha$, mit $\alpha > 0$. Für $\alpha \in \mathbb{N}$ haben wir die L-Transformierte bereits in Beispiel 8.59 bestimmt. Allgemein erhält man für $s > 0$ gemäß Definition zunächst:

$$\mathcal{L}\{t^\alpha\} = \int_0^\infty e^{-st}t^\alpha dt.$$

Durch die Variablensubstitution $u = st$ liefert dies weiter:

$$\mathcal{L}\{t^\alpha\} = \int_0^\infty \left(\frac{u}{s}\right)^\alpha e^{-u}\frac{du}{s} = \frac{1}{s^{\alpha+1}}\int_0^\infty u^\alpha e^{-u}du.$$

Das hier auftretende Integral wurde bereits im Kapitel 5 vorgestellt, es ist die so genannte Gammafunktion. Wir erhalten also für $\alpha > 0$:

$$\mathcal{L}\{t^\alpha\} = \frac{\Gamma(\alpha + 1)}{s^{\alpha+1}}.$$

Dies benützen wir nun, um die Rücktransformation durchzuführen. Wir erhalten aus Gleichung (8.20) somit die allgemeine Lösung der Differentialgleichung im Zeitbereich, mit $c \in \mathbb{R}$:

$$x(t) = \mathcal{L}^{-1}\{X(s)\} = x(0) + \frac{c_1 t^{\frac{3}{2}}}{\Gamma(\frac{5}{2})} = x(0) + ct^{\frac{3}{2}}.$$

$\triangle$

Beispiel 8.64 Wir betrachten elektrische Schaltungen mit den Schaltelementen Ohm'scher Widerstand R, Kondensator mit Kapazität C und Spule mit Induktivität L. Den zeitlichen Spannungs- bzw. Stromverlauf bezeichnen wir mit $u(t)$ bzw. $i(t)$, deren L-Transformierte mit $U(s)$ bzw. $I(s)$, wobei wir vom ruhenden Zustand ausgehen, das heißt für $t \leq 0$ gilt $u(t) = i(t) = 0$. Ab dem Zeitpunkt $t = 0$ wird beim Eingang eine Quellspannung $u_e(t)$, für $t > 0$, angelegt. Der Zusammenhang zwischen dem Spannungsabfall bei den einzelnen Schaltelementen und der Stromstärke sowohl im Zeitbereich als auch im Bildbereich wird im Folgenden tabellarisch dargestellt.

Schaltelement	im Zeitbereich	im Bildbereich
R ▭	$u_R(t) = Ri(t)$	$U_R(s) = RI(s)$
C ╫	$u_C(t) = \frac{1}{C}\int_0^t i(v)dv$	$U_C(s) = \frac{1}{Cs}I(s)$
L ▬	$u_L(t) = L\frac{di(t)}{dt}$	$U_L(s) = LsI(s)$

Wir betrachten nun konkret den in Abb. 8.12 dargestellten RCL-Stromkreis. Eine Anwendung

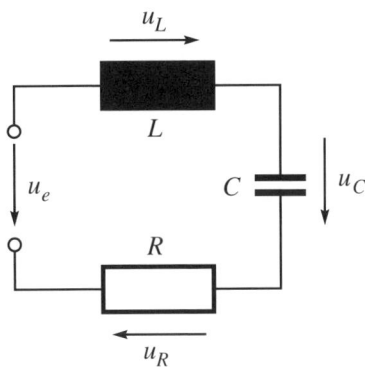

Abbildung 8.12 Der RCL-Stromkreis

der Kirchhoff'schen Maschenregel liefert im Zeitbereich:

$$u_R(t) + u_C(t) + u_L(t) = u_e(t),$$

bzw. im Bildbereich:

$$U_R(s) + U_C(s) + U_L(s) = U_e(s).$$

Für die Stromstärke im Bildbereich gilt deshalb die Gleichung:

$$RI(s) + \frac{1}{Cs}I(s) + LsI(s) = \left(R + \frac{1}{Cs} + Ls\right)I(s) = U_e(s),$$

woraus wir im Bildbereich den folgenden Zusammenhang zwischen der Quellspannung und der Stromstärke erhalten:

$$I(s) = \frac{U_e(s)}{R + \frac{1}{Cs} + Ls} = H(s)U_e(s),$$

mit

$$H(s) = \frac{Cs}{LCs^2 + RCs + 1}.$$ $\triangle$

8.6 z-Transformation

Wie im vorigen Abschnitt betrachten wir ein kontinuierliches komplexwertiges Signal $f(t)$, $t \geq 0$, welches nun aber nur zu diskreten Zeitpunkten $k\Delta t$, für $k \in \mathbb{N}$, im Takt $\Delta t > 0$ abgetastet wird. Man erhält dadurch ein diskretes Signal $f_k = f(k\Delta t)$, $k \in \mathbb{N}$, also eine komplexe Zahlenfolge $(f_k)_{k\in\mathbb{N}}$. In Analogie zur L-Transformation für kontinuierliche Signale können wir nun darangehen, für die Folge von diskreten Abtastwerten die Reihe

$$\sum_{k=0}^{\infty} f(k\Delta t)e^{-sk\Delta t}$$

zu bilden. Ersetzen wir darin noch $z = e^{s\Delta t}$ führt dies bereits zum zentralen Begriff dieses Abschnitts.

Definition 8.65 Sei $(f_k)_{k\in\mathbb{N}}$, mit $f_k \in \mathbb{C}$, eine komplexe Zahlenfolge. Die Folge (f_k) heißt **z-transformierbar**, wenn die unendliche Reihe

$$F(z) = \mathcal{Z}\{(f_k)\} = \sum_{k=0}^{\infty} f_k z^{-k}$$

für ein $z \in \mathbb{C}$ konvergiert. $F(z)$ heißt dann die **z-Transformierte** von (f_k).
Die inverse Abbildung

$$(f_k)_{k\in\mathbb{N}} = \mathcal{Z}^{-1}\{F(z)\}$$

wird als **inverse z-Transformation** bezeichnet.

Bemerkung: Wie oben ausgeführt, kann die z-Transformation als diskretes Analogon zur Laplace-Transformation angesehen werden und wird deshalb auch "Laplace-Transformation für Abtastfunktionen" genannt. Wir wollen weiters erwähnen, dass die hier gemachte Definition des öfteren als einseitige oder unilaterale z-Transformation bezeichnet wird, da in der Praxis auch analoge Begriffe für Folgen (f_k), mit $k \in \mathbb{Z}$, als zweiseitige oder bilaterale z-Transformation Verwendung finden.

Der Begriff der z-Transformation $F(z)$ einer Folge (f_k) ist offensichtlich eng verwandt mit dem in Abschnitt 7.2 vorgestellten Konzept der erzeugenden Funktionen. Setzen wir nämlich $x = \frac{1}{z}$ und $\tilde{F}(x) = F(\frac{1}{x})$, so ist

$$\tilde{F}(x) = \sum_{k=0}^{\infty} f_k x^k$$

gerade die erzeugende Funktion der Folge (f_k). Wie in Abschnitt 4.2 erläutert, konvergiert $\tilde{F}(x)$ als Potenzreihe für alle $x \in \mathbb{C}$ mit $|x| < R$, wobei $R = \frac{1}{\limsup_{k\to\infty} \sqrt[k]{|f_k|}}$ der Konvergenzradius ist. Daraus ergibt sich unmittelbar, dass die z-Transformierte $F(z)$ für alle $z \in \mathbb{C}$ mit $|z| > \frac{1}{R} = \limsup_{k\to\infty} \sqrt[k]{|f_k|}$ existiert. Weiters folgern wir, dass eine Folge (f_k) genau dann z-transformierbar ist, falls

$$\limsup_{k\to\infty} \sqrt[k]{|f_k|} < \infty.$$

Eine wichtige Bedeutung der z-Transformation wie auch der erzeugenden Funktionen besteht darin, dass Operationen der Signalfolgen (wie z.B. Verschiebungen oder Faltungen) sich oftmals mittels der z-Transformierten einfacher beschreiben lassen.

Beispiel 8.66 Gegeben seien die Signalfolgen (f_k) und (g_k) mit $f_k = 1$ und $g_k = 2^k$, für $k \in \mathbb{N}$. Die Folge (h_k) soll durch Faltung dieser Folgen entstehen, also $h_k = \sum_{j=0}^{k} f_j g_{k-j}$.

Betrachten wir die entsprechenden z-Transformierten $F(z) = \mathcal{Z}\{(f_k)\}$, $G(z) = \mathcal{Z}\{(g_k)\}$ und $H(z) = \mathcal{Z}\{(h_k)\}$, so ergibt sich sofort der Zusammenhang

$$H(z) = \sum_{k=0}^{\infty} \left(\sum_{j=0}^{k} f_j g_{k-j} \right) z^{-k} = \sum_{j=0}^{\infty} f_j z^{-j} \sum_{k=j}^{\infty} g_{k-j} z^{-(k-j)} = F(z) \cdot G(z).$$

$F(z)$ und $G(z)$ lassen sich durch Anwenden der geometrischen Reihe berechnen:

$$F(z) = \sum_{k=0}^{\infty} z^{-k} = \frac{1}{1 - \frac{1}{z}} = \frac{z}{z-1}, \quad |z| > 1,$$

$$G(z) = \sum_{k=0}^{\infty} 2^k z^{-k} = \frac{1}{1 - \frac{2}{z}} = \frac{z}{z-2}, \quad |z| > 2.$$

Damit ergibt sich für die z-Transformierte $H(z) = \mathcal{Z}\{(h_k)\}$:

$$H(z) = F(z) \cdot G(z) = \frac{z^2}{(z-1)(z-2)} = \frac{z^2}{z-2} - \frac{z^2}{z-1},$$

wobei der letzte Ausdruck durch Partialbruchzerlegung entstand. Reihenentwicklung liefert nun

$$H(z) = \frac{z}{1 - \frac{2}{z}} - \frac{z}{1 - \frac{1}{z}} = z \sum_{k\geq 0} \left(\frac{2}{z} \right)^k - z \sum_{k\geq 0} \left(\frac{1}{z} \right)^k = \sum_{k\geq 0} \left(2^{k+1} - 1 \right) z^{-k},$$

sodass die inverse z-Transformation durch Koeffizientenablesen durchgeführt werden kann. Die Folge $(h_k)_{k\in\mathbb{N}} = \mathcal{Z}^{-1}\{H(z)\}$ ist somit gegeben durch

$$h_k = 2^{k+1} - 1,$$

was sich auch sofort durch Berechnen der Summe $\sum_{j=}^{k} f_j g_{k-j}$ mittels endlicher geometrischer Reihe überprüfen lässt. $\triangle$

8.7   Übungsaufgaben

8.1 Unter Zuhilfenahme der Potenzreihenentwicklung

$$\cosh z = \frac{e^z + e^{-z}}{2} = \sum_{n \geq 0} \frac{z^{2n}}{(2n)!}, \quad z \in \mathbb{C},$$

bestimme man den Wert der folgenden trigonometrischen Reihe:

$$\sum_{n=0}^{\infty} \frac{\cos(2nt)}{(2n)!}.$$

Anleitung: Man fasse die Reihe als Realteil von $\sum_{n=0}^{\infty} \frac{\cos(2nt) + i \sin(2nt)}{(2n)!}$ auf.

8.2 Man zeige die in Satz 8.11 zusammengefassten wichtigen Eigenschaften gleichmäßig konvergenter Funktionenreihen.

8.3 Man bestimme die Fourier-Reihe folgender 2π-periodischer Funktion $f(t)$ swohl für die Sinus-Cosinus-Form als auch für die Exponentialform:

$$f(t) = t, \quad 0 \leq t < 2\pi, \quad 2\pi\text{-periodisch fortgesetzt.}$$

8.4 Man bestimme die Fourier-Reihe folgender 2π-periodischer Funktion $f(t)$:

$$f(t) = t^2, \quad 0 \leq t < 2\pi, \quad 2\pi\text{-periodisch fortgesetzt.}$$

8.5 Man bestimme die Fourier-Reihe folgender 2π-periodischer Funktion $f(t)$:

$$f(t) = \cos t + |\cos t|.$$

8.6 Man zeige die in Satz 8.16 angeführten Rechenregeln (8.5d) und (8.5f) für die Streckung bzw. Verschiebung im Frequenzbereich einer T-periodischen Funktion $f(t)$.

8.7 Man zeige, dass eine gerade T-periodische Funktion, d.h. eine T-periodische Funktion f mit $f(-t) = f(t)$ für alle t, in ihrer reellen Fourier-Entwicklung (= Sinus-Cosinus-Form) keine Sinus-Ausdrücke enthalten kann, also $b_n = 0$ für alle $n \geq 1$ gilt.

8.8 Man zeige, dass eine ungerade T-periodische Funktion, d.h. eine T-periodischeFunktion f mit $f(-t) = -f(t)$ für alle t, in ihrer reellen Fourier-Entwicklung (= Sinus-Cosinus-Form) keine Cosinus-Ausdrücke enthalten kann, also $a_n = 0$ für alle $n \geq 0$ gilt.

8.9 Sei $f(t)$ die in (8.6) definierte 2π-periodische Rechteckschwingung mit Amplitude 1. Man zeige, dass die Fourier-Reihe $S_f(t)$ von $f(t)$ in der Sinus-Cosinus-Form wie folgt gegeben ist:

$$S_f(t) = \frac{4}{\pi} \sum_{n \geq 1} \frac{1}{2n - 1} \sin\big((2n - 1)t\big).$$

8.10 Unter Verwendung der in Aufgabe 8.9 bestimmten Fourier-Reihe der in (8.6) definierten Rechteckschwingung $f(t)$ bestimme man die Fourier-Reihe der im Intervall $[0, 2\pi]$ folgendermaßen definierten 2π-periodischen Funktion $g(t)$:

$$g(t) = \begin{cases} t, & 0 \leq t \leq \pi, \\ 2\pi - t, & \pi < t \leq 2\pi, \end{cases} \quad 2\pi\text{-periodisch fortgesetzt.}$$

Anleitung: Man vergleiche $\int_0^t f(\tau)d\tau$ mit $g(t)$.

8.11 Man entwickle die Funktion

$$g(t) = e^t, \quad 0 \le t < T$$

in eine reine Cosinusreihe, d.h., man bestimme die (gewöhnliche) Fourier-Reihe der $2T$-periodischen Funktion $h(t)$, welche die gerade $2T$-periodische Fortsetzung von $g(t)$ darstellt:

$$h(t) = \begin{cases} g(t), & 0 \le t < T, \\ g(-t), & -T < t < 0, \end{cases} \qquad h(t + 2T) = h(t).$$

8.12 Man entwickle die Funktion

$$f(t) = \sin t, \quad 0 \le t < \pi$$

in eine Fourier-Cosinusreihe, indem man $f(t)$ gerade mit Periode $T = \pi$ fortsetzt und die (gewöhnliche) Fourier-Reihe berechnet.

8.13 Man zeige mit Hilfe des Weierstraß'schen M-Tests (Satz 8.10), dass unter der Voraussetzung $s > 0$ die folgende Reihe gleichmäßig auf $[0, \infty)$ konvergiert:

$$\sum_{k=0}^{\infty} e^{-st}(-1)^k u\left(t - \frac{kT}{2}\right).$$

8.14 Man berechne die Spektralkoeffizienten des N-periodischen diskreten Rechteckimpulses $(x_k)_k$ mit $x_0 = x_{N-1} = 1$ und $x_j = 0$, für $j = 1, 2, \ldots, N - 2$.

8.15 Man betrachte die diskrete N-periodische Funktion, welche durch den Vektor $\boldsymbol{y} = (1, 0, 0, 1, 0, 0, \ldots, 1, 0, 0)^T$ beschrieben wird, wobei N durch 3 teilbar sein muss, also $N = 3M$ mit $M \in \mathbb{N}$ gilt. Man berechne nun die Spektralkoeffizienten c_k, mit $0 \le k \le N - 1$, von $\boldsymbol{y}$.

8.16 Man berechne die Spektralkoeffizienten c_k, $0 \le k \le N - 1$, für die diskrete Rechteckfunktion $\boldsymbol{y} = (y_0, \ldots, y_{N-1})^T$, wobei $N = 2M$ als gerade vorausgestzt wird, mit

$$y_j = \begin{cases} 1, & 0 \le j \le \frac{N}{2} - 1, \\ 0, & \frac{N}{2} \le j \le N - 1. \end{cases}$$

8.17 Sei die Funktion $\boldsymbol{z} = (z_0, \ldots, z_{N-1})^T$ gegeben durch

$$z_j = \begin{cases} 1, & j = 0 \text{ oder } j = N - 1, \\ 0, & 1 \le j \le N - 2. \end{cases}$$

Man bestimme die Diskrete Fourier-Transformierte $\boldsymbol{c} = \mathrm{DFT}(\boldsymbol{z})$ von $\boldsymbol{z}$ und bestimme weiters, nun unter der Voraussetzung, dass $N = 2M$ gerade ist, das periodische Faltungsprodukt $\boldsymbol{y} * \boldsymbol{z}$ mit der in Aufgabe 8.16 definierten Funktion $\boldsymbol{y}$.

8.18 Man zeige die in Satz 8.33 angeführte Rechenregel (8.11d) für das in (8.10) definierte Faltungsprodukt $\boldsymbol{y} * \boldsymbol{z}$ zweier diskreter periodischer Funktionen $\boldsymbol{y}$ und $\boldsymbol{z}$.

8.19 Man zeige die in Satz 8.33 angeführten Verschiebungsformeln (8.11b) und (8.11c) einer diskreten periodischen Funktion $\boldsymbol{y}$.

8.20 Gesucht ist das (eindeutig bestimmte) trigonometrische Polynom

$$f(t) = \sum_{k=-n}^{n} c_k e^{ikt}$$

von minimalem Grad n, welches im Intervall $[0, 2\pi]$ an den drei Stützstellen $t_j = \frac{2\pi j}{3}$, für $j = 0, 1, 2$, die vorgegebenen Funktionswerte $f(t_j) = y_j$ annimmt:

$$y_0 = 0, \quad y_1 = \frac{\sqrt{3}}{2}, \quad y_2 = -\frac{\sqrt{3}}{2}.$$

Wie lautet das trigonometrische Polynom in der Sinus-Cosinus-Form?

8.21 Zur Fourier-Transformation: Man berechne die Spektralfunktion von

$$f(t) = \begin{cases} 1, & 0 < t < 1, \\ 0, & \text{sonst.} \end{cases}$$

8.22 Man berechne die Spektralfunktion von

$$f(t) = \begin{cases} t^2, & 0 < t < 1, \\ 0, & \text{sonst.} \end{cases}$$

8.23 Man zeige: Falls $f(t)$ eine gerade Funktion ist, also $f(-t) = f(t)$ für alle $t \in \mathbb{R}$ gilt, dann kann die Fourier-Transformierte $F(\omega)$ von $f(t)$ wie folgt berechnet werden:

$$F(\omega) = 2 \int_0^\infty f(t) \cos(\omega t) dt.$$

8.24 Man zeige: falls $f(t)$ eine ungerade Funktion ist, also $f(-t) = -f(t)$ für alle $t \in \mathbb{R}$ gilt, dann kann die Fourier-Transformierte $F(\omega)$ von $f(t)$ wie folgt berechnet werden:

$$F(\omega) = -2i \int_0^\infty f(t) \sin(\omega t) dt.$$

8.25 Unter Berücksichtigung von Aufgabe 8.23 berechne man die Fourier-Transformierte für die nachfolgend skizzierte Zeitfunktion $y = f(t)$:

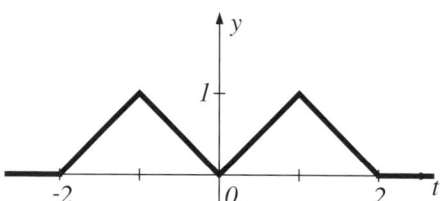

8.26 Man zeige die in Satz 8.43 angeführte Rechenregel (8.14f) für die F-Transformierte gerader bzw. ungerader Funktionen $f(t)$.

8.27 Man zeige die in Satz 8.43 angeführten Rechenregeln (8.14c), (8.14d) und (8.14e) für die F-Transformation (Streckung, Verschiebung im Zeitbereich und Verschiebung im Frequenzbereich).

8.28 Unter Verwendung des Fourier-Integraltheorems (Satz 8.46) und Beispiel 8.50 zeige man:

$$\int_{-\infty}^{\infty} \frac{\sin \omega}{\omega} e^{-i\omega x} d\omega = \begin{cases} \pi, & \text{für } |x| < 1, \\ \frac{\pi}{2}, & \text{für } |x| < 1, \\ 0, & \text{für } |x| > 1. \end{cases}$$

Was liefert das Integral $\int_0^\infty \frac{\sin \omega}{\omega} d\omega$?

8.29 Zur Berechnung von Fourier-Integralen:

(a) Unter Verwendung des Fourier-Integraltheorems zeige man:

$$\int_{-\infty}^{\infty} \frac{1}{1+t^2} e^{-i\omega t} dt = \pi e^{-|\omega|}.$$

(b) Mittels partieller Integration zeige man sodann:

$$\int_{-\infty}^{\infty} \frac{t}{(1+t^2)^2} e^{-i\omega t} dt = -\frac{i\pi\omega}{2} e^{-|\omega|}.$$

(c) Daraus folgere man unter Benützung von Aufgabe 8.24:

$$\int_0^{\infty} \frac{t}{(1+t^2)^2} \sin(\omega t) dt = \frac{\pi}{4} \omega e^{-\omega}, \quad \text{für } \omega > 0.$$

8.30 Zur Berechnung von Laplace-Integralen:

(a) Man zeige, dass für die F-Transformierte $F(\omega)$ der Funktion $f(t) = e^{-a|t|}$, mit $a > 0$, folgendes gilt:

$$F(\omega) = \frac{2a}{a^2 + \omega^2}.$$

(b) Mit Hilfe des Fourier-Integraltheorems zeige man sodann:

$$\int_0^{\infty} \frac{\cos(\omega t)}{a^2 + \omega^2} d\omega = \frac{\pi}{2a} e^{-at}, \quad \text{für } t > 0.$$

(c) Analog zeige man:

$$\int_0^{\infty} \frac{\omega \sin(\omega t)}{a^2 + \omega^2} d\omega = \frac{\pi}{2} e^{-at}, \quad \text{für } t > 0.$$

8.31 Man löse mit Hilfe der Fourier-Transformation folgende Integralgleichung vom Fredholm-Typ für $x(t)$:

$$\int_{-\infty}^{\infty} e^{-|t-\tau|} x(\tau) d\tau = \frac{1}{1+t^2}.$$

8.32 Man löse unten angegebene Integralgleichung für $f(t) : (0, \infty) \to \mathbb{R}$ und $\omega > 0$:

$$\int_0^{\infty} f(t) \sin(\omega t) dt = \begin{cases} 1 - \omega, & 0 < \omega \le 1, \\ 0, & \omega > 1. \end{cases}$$

Anleitung: Man betrachte die ungerade Fortsetzung von $f(t)$ auf $\mathbb{R}$ und stelle einen Zusammenhang zwischen dem angegebenen Integral und der Fourier-Transformierten einer ungeraden Funktion her, siehe Aufgabe 8.24. Man beachte weiters den Zusammenhang $F(-\omega) = -F(\omega)$ für die Fourier-Transformierte $F(\omega) = \mathcal{F}\{f(t)\}$ einer ungeraden Funktion $f(t)$.

8.33 Man bestimme die Laplace-Transformierte von folgenden Funktionen, wobei man für Teil (b) z.B. Konstante α und β bestimmt (Summensätze oder Moivre-Formel), so dass $\sin^3(t) = \alpha \sin(3t) + \beta \sin(t)$.

$$(a) \quad f_1(t) = \int_0^t \tau \sin(\tau) d\tau, \qquad (b) \quad f_2(t) = \sin^3(t).$$

8.34 Man zeige die in Satz 8.57 angeführten Beziehungen (8.18c) und (8.18e) für die L-Transformierte der Ableitung und der Stammfunktion einer Funktion $f(t)$.

8.35 Man zeige die in Satz 8.57 angeführten Verschiebungsformeln (8.18i) und (8.18j) für die L-Transformierte.

8.36 Man löse das folgende Anfangswertproblem mit Hilfe der L-Transformation:

$$y''(x) - 3y'(x) + 2y(x) = 6e^{-x}, \quad y(0) = -9, \ y'(0) = 6.$$

8.37 Bezeichne $(f * g)(t)$ das in (8.18l) definierte Faltungsprodukt zweier Funktionen $f(t)$ und $g(t)$. Man gebe nun explizite Formeln für die folgenden Faltungsprodukte und ihre Laplace-Transformierten an:

$$(a) \quad 1 * 2, \qquad (b) \quad e^t * e^{2t}.$$

8.38 Man bestimme die Urbilder $f(t)$ der angegebenen Laplace-Transformierten $F(s) = \mathcal{L}\{f(t)\}$:

$$(a) \quad F(s) = \ln \frac{s^2 + 1}{(s-1)^2}, \qquad (b) \quad F(s) = \frac{e^{-2s} - e^{-4s}}{s}.$$

Anleitung: Für Teil (a) betrachte man $\frac{d}{ds} F(s)$.

8.39 Man löse folgendes Anfangswertproblem mittels L-Transformation:

$$y''(t) + 2y'(t) - 3y(t) = 6\sinh(2t), \quad y(0) = 0, \ y'(0) = 4.$$

8.40 Man zeige: Ist $f(t)$ periodisch mit Periode T, d.h. $f(t + T) = f(t)$ für alle t, dann gilt:

$$\mathcal{L}\{f(t)\} = \frac{1}{1 - e^{-Ts}} \int_{t=0}^{T} e^{-st} f(t) dt.$$

8.41 Man löse mittels L-Transformation die folgende Differential-Integral-Gleichung:

$$0 = \dot{y}(t) + \int_{\tau=0}^{t} y(\tau) \cosh(t - \tau) d\tau, \quad y(0) = 1.$$

8.42 Man löse mit Hilfe der L-Transformation folgendes Anfangswertproblem einer linearen Differentialgleichung mit nichtkonstanten Koeffizienten:

$$y''(t) + ty'(t) - y(t) = 0, \quad y(0) = 0, \ y'(0) = 1.$$

Anleitung: Durch die L-Transformation erhält man im Bildbereich eine lineare Differentialgleichung 1. Ordnung für $Y(s) = \mathcal{L}\{y(t)\}$. Die in der allgemeinen Lösung auftretende Konstante bestimme man dadurch, dass $Y(s)$ die Laplace-Transformierte der L-transformierbaren Funktion $y(t)$ mit höchstens exponentiellem Wachstum sein soll und daher $\lim_{s \to \infty} Y(s) = 0$ gelten muss.

8.43 Ein RC-Stromkreis enthält einen Widerstand R mit 8 Ohm, der mit einer Spule L der Induktivität 0.5 Henry und einer Quellspannung („Batterie") mit $u_e = u_e(t)$ Volt in Reihe geschaltet ist. Man berechne mit Hilfe der L-Transformation den Strom $i(t)$ zu einer beliebigen Zeit $t > 0$ unter der Anfangsbedingung $i(0) = 0$ für

$$(a) \quad u_e(t) = 64, \qquad (b) \quad u_e(t) = 32e^{-8t}.$$

8.44 Ein RCL-Stromkreis besteht aus einer Spule L der Induktivität 0.05 Henry, einem Widerstand R von 20 Ohm, einem Kondensator C der Kapazität 100 Mikrofarad sowie einer Quellspannung („Batterie") mit $u_e = u_e(t) = 100\cos(200t)$ Volt, die in Reihe geschaltet sind. Man berechne mit Hilfe der L-Transformation den Strom $i(t)$ zu einem beliebigen Zeitpunkt $t > 0$ unter der Anfangsbedingung $i(0) = 0$.

Kapitel 9

Numerische Mathematik

Vielfach kommt es bei der Lösung mathematischer Probleme vor, dass zwar Existenz, ja sogar Eindeutigkeit einer Lösung gesichert sind, aber keine explizite Lösungsdarstellung angegeben werden kann. Man denke bloß an die Auflösung nichtlinearer Gleichungen oder an die Integration von Funktionen, welche keine elementare Stammfunktion besitzen (vgl. Beispiel 6.45 (c)). Die numerische Mathematik beschäftigt sich mit der Konstruktion und Analyse von Algorithmen, mit deren Hilfe solche Probleme zumindest approximativ gelöst werden können. Dabei ist mit Algorithmus ein Verfahren gemeint, das entweder nach endlich vielen Schritten zur exakten Lösung eines Problems führt (z.B. Gauß'scher Eliminationsalgorithmus) oder es ermöglicht, die Lösung mit (im Prinzip) beliebig vorgegebener Genauigkeit in endlich vielen Schritten zu erreichen (z.B. Gesamtschrittverfahren von Jacobi). Neben der Frage, ob und wie eine Lösung eines Problems auf numerischem Weg erhalten werden kann, ist es auch wichtig zu wissen, wie schnell ein bestimmtes Verfahren gegen die gesuchte Lösung konvergiert, mit welchem Rechenaufwand dies verbunden ist, und wie es um die Güte der Approximation steht. Daher sind auch Angaben zur Konvergenzgeschwindigkeit, zum Rechenaufwand und zur Fehlerabschätzung wichtiger Bestandteil eines numerischen Verfahrens.

Nach kurzer Diskussion der Fehlerproblematik in der numerischen Mathematik befassen wir uns im folgenden Kapitel zunächst mit numerischen Methoden der Algebra, nämlich mit Verfahren zur Lösung von Gleichungen und Gleichungssystemen, und daran anschließend mit numerischen Methoden der Analysis zur Approximation und Interpolation, Integration und zur numerischen Lösung von gewöhnlichen und partiellen Differentialgleichungen.

9.1 Fehlerproblematik in der Computernumerik

In Bezug auf die Fehlerproblematik in der angewandten Mathematik, z.B. bei der Wettervorhersage, wollen wir dem nachstehenden Schema (siehe Abb. 9.1) folgend drei Fehlerquellen auseinander halten, die den Gesamtfehler eines mathematischen Resultats beeinflussen:

- Der **Eingangsfehler** entsteht durch den mathematischen Modellbildungsprozess und stellt den Unterschied zwischen dem Ergebnis eines realen Problems und dem Ergebnis im mathematischen Modell dar. Er setzt sich aus einem **Modellfehler**, der durch Ungenauigkeit und Abstraktion bei der Modellbildung verursacht wird, und einem **Datenfehler**, der etwa durch Mess- oder Schätzfehler der verschiedenen Eingangsgrößen zustandekommt, zusammen.

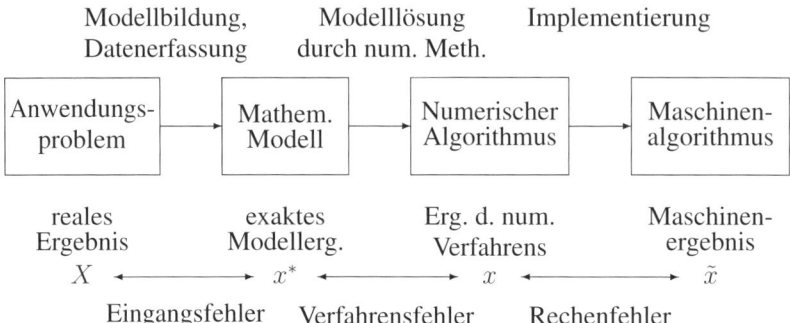

Abbildung 9.1 Fehlerquellen in der numerischen Mathematik

- Der **Verfahrensfehler** beschreibt den Unterschied zwischen der exakten Lösung eines mathematischen Problems und deren numerischer Näherung.

- Der **Rechenfehler** (oder **Rundungsfehler**) schließlich entsteht bei der Implementierung eines Lösungsalgorithmus im Computer und ist auf das ungenaue Rechnen mit Maschinenzahlen zurückzuführen.

In der Praxis wird man ein sinnvolles Verhältnis aller genannten Fehlerkomponenten zueinander anstreben. So ist es etwa nicht zweckmäßig, ein Rechenergebnis mit besonders hoher Genauigkeit zu berechnen, wenn die verwendeten Eingangsdaten nur in grober Schätzung bekannt sind. Desgleichen ist es nicht ratsam, den Verfahrensfehler eines Iterationsverfahrens durch eine hohe Zahl von Iterationsschritten besonders klein zu halten, wenn dadurch der Rechenfehler stark ansteigt. Vielmehr sollten die einzelnen Fehlerkomponenten von annähernd gleicher Größenordnung sein.

1. Modellfehler, Datenfehler und Kondition

Wie wirken sich Störungen in den Eingangsdaten auf die exakte Lösung eines mathematischen Problems aus? Die Empfindlichkeit der Lösung eines Problems gegenüber Änderungen der Eingangsgrößen bezeichnet man als **Kondition** des Problems und spricht von einem gut konditionierten System, falls kleine Änderungen in den Eingangsdaten auch nur kleine Änderungen im Ergebnis bewirken; andernfalls heißt das System schlecht konditioniert. Ein anschauliches Beispiel dafür ist die Bestimmung des Schnittpunkts zweier annähernd paralleler Geraden. Eine minimale Änderung im Anstieg einer Geraden kann eine ausgeprägte Veränderung der Koordinaten des Schnittpunkts zur Folge haben.

   Denken wir uns die Lösung y eines mathematischen Problems zur Eingangsgröße x durch eine Funktion $y = f(x)$ beschrieben[1] und nehmen an, statt des exakten Eingangswerts x liege der gestörte Wert $\tilde{x}$ vor. Kann der Datenfehlereffekt $f(\tilde{x}) - f(x)$ durch eine Abschätzung der Form

$$|f(\tilde{x}) - f(x)| \le \kappa |\tilde{x} - x|$$

---

[1]Der Einfachheit halber beschränken wir uns hier auf den skalaren Fall, tatsächlich können die Eingangsdaten sowie die Ergebnisse auch Vektoren, Matrizen, usw. sein.

mit einer Konstanten $\kappa \geq 0$ beschrieben werden, so spricht man von einer absoluten Konditionsabschätzung und nennt die kleinste solche Zahl $\kappa = \kappa_{abs}$ (für $\tilde{x} \to x$) die **absolute Konditionszahl** des Problems. Analog versteht man unter der **relativen Konditionszahl** die kleinste Zahl $\kappa = \kappa_{rel}$, so dass

$$\frac{|f(\tilde{x}) - f(x)|}{|f(x)|} \leq \kappa \frac{|\tilde{x} - x|}{|x|}$$

(für $\tilde{x} \to x$) gilt. κ_{abs} beschreibt also die Verstärkung des absoluten und κ_{rel} die Verstärkung des relativen Fehlers. Ist die Funktion $y = f(x)$ stetig differenzierbar, so folgt mit Hilfe des Mittelwertsatzes

$$\kappa_{abs} = |f'(x)| \quad \text{und} \quad \kappa_{rel} = \frac{|x|}{|f(x)|}|f'(x)|. \tag{9.1}$$

Beispiel 9.1 Das Wurzelziehen wird durch die Funktion $y = f(x) = \sqrt{x}$, $x > 0$ beschrieben. Mit $f'(x) = \frac{1}{2\sqrt{x}}$ erhält man aus (9.1) $\kappa_{abs} = \frac{1}{2\sqrt{x}}$ und $\kappa_{rel} = \frac{1}{2}$. Das Problem ist also absolut schlecht konditioniert, falls x sehr klein und damit κ_{abs} sehr groß ist, während es für alle x eine gute relative Kondition besitzt. Die gute oder schlechte Kondition eines Problems ist stets eine Eigenschaft des Problems und nicht des verwendeten Lösungsverfahrens. $\triangle$

2. Verfahrensfehler

Zahlreiche mathematische Probleme sind nicht exakt lösbar. Oftmals können Lösungen nicht geschlossen dargestellt werden und müssen mittels geeigneter Näherungsverfahren berechnet werden. Manchmal ist es auch nur bequemer, ein numerisches Verfahren zu verwenden, wie z.B. bei der **numerischen Differentiation**.

Zur Berechnung der Ableitung einer differenzierbaren Funktion $f(x)$ kann der so genannte **zentrale Differenzenquotient** als Näherung herangezogen werden: $f'(x) \approx \frac{f(x+h)-f(x-h)}{2h}$. Für den dabei auftretenden Verfahrensfehler erhält man mittels Taylorentwicklung die Abschätzung

$$\left| \frac{f(x+h) - f(x-h)}{2h} - f'(x) \right| =$$

$$= \left| \frac{1}{2h} \left[\left(f(x) + hf'(x) + \frac{h^2}{2}f''(x) + \frac{h^3}{6}f'''(\xi_1) \right) \right. \right.$$

$$\left. \left. - \left(f(x) - hf'(x) + \frac{h^2}{2}f''(x) - \frac{h^3}{6}f'''(\xi_2) \right) \right] - f'(x) \right|$$

$$= \left| \frac{h^2}{12}(f'''(\xi_1) + f'''(\xi_2)) \right| \leq h^2 \frac{M}{6}, \tag{9.2}$$

wobei f dreimal stetig differenzierbar sei, ξ_1, ξ_2 passende Zwischenwerte und M eine Schranke für f''' in einer geeigneten Umgebung von x sind. Wenn die in (9.2) auftretende Verfahrensfehlerschranke i.Allg. auch nicht zahlenmäßig berechnet werden kann, so zeigt sie doch, dass der Fehler für $h \to 0$ quadratisch gegen 0 konvergiert. D.h., eine Halbierung von h bewirkt eine Reduktion des Fehlers auf ein Viertel. Die Frage nach der Güte eines numerischen Resultats wird uns in den folgenden Abschnitten noch eingehend beschäftigen.

3. Rechnen mit Maschinenzahlen und Rechenfehler

Die Rechenfehlerproblematik liegt begründet in der Art und Weise, wie ganze oder reelle Zahlen im Computer abgebildet werden. Im Gegensatz zu den Mengen $\mathbb{Z}$ oder $\mathbb{R}$ können in einem Computer stets nur endlich viele Zahlen mit endlich vielen Stellen, die so genannten **Maschinenzahlen**, dargestellt und verarbeitet werden. Die gebräuchlichste Darstellung für Maschinenzahlen ist die **Gleitkommadarstellung** zur Basis b, bei der jede Zahl z dargestellt wird in der Form

$$z = \pm 0, z_1 \ldots z_n \mathrm{E} \pm e_1 \ldots e_m$$

mit $b \geq 2$, $z_1, \ldots, z_n, e_1, \ldots, e_m \in \{0, 1, \ldots, b-1\}$, $n \geq 1$, $m \geq 1$, E ist ein symbolisches Trennzeichen. Die Zahl z besteht aus einem Vorzeichen ± 1, der Mantisse $0, z_1 \ldots z_n$, dem Exponenten $e = \pm e_1 \ldots e_m$ und hat den Wert

$$z = \pm(z_1 b^{-1} + \cdots + z_n b^{-n}) b^{\pm(e_1 b^{m-1} + \cdots + e_m)}.$$

Wird $z_1 \neq 0$ vorausgesetzt, dann ist diese Darstellung eindeutig ($z = 0$ ist ein Sonderfall) und man spricht von **normalisierter** Gleitkommadarstellung. Die Menge aller (normalisierten) Gleitkommazahlen zur Basis b mit n-stelliger Mantisse und kleinstem bzw. größtem Exponenten e_{min} bzw. e_{max} wird mit $\mathbb{M}(b, n, e_{min}, e_{max})$ bezeichnet.

Beispiel 9.2 Als Basis b wird fast immer $b = 10$ oder eine Zweierpotenz verwendet. Die meisten Taschenrechner rechnen im System $\mathbb{M}(10, 10, -98, 100)$ zur Basis 10 mit 10-stelliger Mantisse und Exponenten zwischen -98 und 100. Der IEEE-Standard, der oft in PCs verwendet wird, definiert binäre 32-Bit-Gleitkommazahlen (Typ single precision) im System $\mathbb{M}(2, 23, -126, 127)$, also mit einer Stelle für das Vorzeichen, 23-stelliger Mantisse und 8-stelligem Exponenten.   △

In der Menge der Maschinenzahlen $\mathbb{M}(b, n, e_{min}, e_{max})$ bestehen gegenüber dem Kontinuum der reellen Zahlen $\mathbb{R}$ zahlreiche Einschränkungen: Die Menge $\mathbb{M}$ ist endlich, sie umfasst $2(b-1)b^{n-1}(e_{max} - e_{min} + 1)$ normalisierte Zahlen sowie die Zahl 0, ferner gibt es $2b^{n-1}$ nicht normalisierte Zahlen. $\mathbb{M}$ besitzt eine größte Zahl $z_{max} = (1 - b^{-n})b^{e_{max}}$ und eine kleinste positive Zahl $z_{min} = b^{e_{min}-1}$, im Intervall zwischen $-z_{min}$ und z_{min} gibt es außer 0 keine weitere (normalisierte) Maschinenzahl. Je größer der Exponent e in der Gleitkommadarstellung, umso größer werden die Abstände b^{e-n} zwischen zwei benachbarten Maschinenzahlen. Darüber hinaus sind alle Grundrechenoperationen in $\mathbb{M}$ nur beschränkt ausführbar, Rechenergebnisse müssen gerundet werden und können zu Überläufen ($|z| > z_{max}$) oder Unterläufen ($|z| < z_{min}$) führen, Rechengesetze sind oft nicht mehr gültig.

Im Folgenden werden wir den mit dem Rundungsvorgang verbundenen Fehler und seine Auswirkungen auf das Rechnen mit Maschinenzahlen untersuchen. Die reellen Zahlen, die sowohl als Eingabedaten wie auch als Ergebnisse von Rechenoperationen auftreten, liegen in der Regel nicht in $\mathbb{M}$ und müssen erst Maschinenzahlen zugeordnet werden. Diese Zuordnung erfolgt durch eine **Reduktionsabbildung** $\gamma : \mathbb{R} \to \mathbb{M}$ mit $\gamma(z) = \tilde{z}$. Der Wert von $\tilde{z}$ kann etwa durch mathematisches Runden zur nächstgelegenen Maschinenzahl oder durch Abschneiden zur nächsten Maschinenzahl in Richtung zur Null bestimmt werden. So wird z.B. die Zahl $z = 3, 14159$ im System $\mathbb{M}(10, 4, -9, 9)$ gerundet zu $\tilde{z} = 0{,}3142\mathrm{E}1$ bzw. abgeschnitten zu $\tilde{z} = 0{,}3141\mathrm{E}1$.

Der mit einem einzelnen Rundungsvorgang einer Maschinenzahl in $\mathbb{M}(b, n, e_{min}, e_{max})$ verbundene Fehler kann wie folgt abgeschätzt werden: Der absolute Fehler $\Delta z = \tilde{z} - z$ hängt vom Exponenten e in der Gleitkommadarstellung ab und es gilt $|\Delta z| \leq \frac{1}{2} b^{e-n}$. Ausschlaggebend zur Beurteilung der Genauigkeit von Gleitkommazahlen ist hingegen der relative Fehler $\frac{\Delta z}{z}$, da man an ihm die noch gültigen Ziffern der Mantisse erkennen kann. Für den relativen Fehler erhält man

$$\left| \frac{\Delta z}{z} \right| \leq \frac{1}{2} b^{1-n} = \text{eps}.$$

Die Größe eps wird als (relative) **Maschinengenauigkeit** bezeichnet und gibt den maximalen relativen Rundungsfehler an. Somit gilt für alle $z \in \mathbb{M}$ stets

$$\tilde{z} = z + \Delta z = z \left(1 + \frac{\Delta z}{z} \right) = z(1 + \varepsilon) \text{ mit } |\varepsilon| \leq \text{eps}. \tag{9.3}$$

In der Gleitkomma-Arithmetik, d.h. beim Rechnen mit Maschinenzahlen kommen zum Rundungsfehler für das Ergebnis einer Rechenoperation noch die Auswirkungen der Rundungsfehler in den Operanden. Welchen Effekt diese Fehlerfortpflanzung haben kann, wollen wir am Beispiel der Grundrechenoperationen nachprüfen. Seien x, y die exakten Werte der Operanden, $\tilde{x} = \gamma(x), \tilde{y} = \gamma(y)$ die gerundeten Maschinenzahlen und gelte gemäß Gleichung (9.3) $\tilde{x} = x(1 + \varepsilon_1), \tilde{y} = y(1 + \varepsilon_2)$ mit $|\varepsilon_1|, |\varepsilon_2| \leq \text{eps}$. Zur Berechnung der Summe $z = x + y$ müssen die beiden Operanden gerundet, addiert und anschließend das Ergebnis wieder zu einer Maschinenzahl gerundet werden. Auf diese Weise erhält man

$$\tilde{z} = \gamma(\tilde{x} + \tilde{y}) = (x(1 + \varepsilon_1) + y(1 + \varepsilon_2))(1 + \varepsilon_3)$$

mit $|\varepsilon_3| \leq \text{eps}$. Für den relativen Fehler der Summe ergibt sich dann

$$\left| \frac{\Delta z}{z} \right| - \left| \frac{\tilde{z} - z}{z} \right| = \left| \frac{(x\varepsilon_1 + y\varepsilon_2)(1 + \varepsilon_3) + (x + y)\varepsilon_3}{x + y} \right|$$

$$= \left| \frac{x}{x + y} \varepsilon_1 (1 + \varepsilon_3) + \frac{y}{x + y} \varepsilon_2 (1 + \varepsilon_3) + \varepsilon_3 \right|$$

$$\leq \left(\left| \frac{x}{x + y} \right| + \left| \frac{y}{x + y} \right| + 1 \right) \text{eps},$$

wobei die Terme mit eps^2 vernachlässigt wurden. Haben x und y dasselbe Vorzeichen, also etwa im Fall der Addition zweier positiver Zahlen, folgt $|\frac{\Delta z}{z}| \leq 2$ eps, d.h., der relative Fehler der Summe ist maximal doppelt so groß wie der relative Fehler der Summanden. Wenn hingegen x und y entgegengesetzte Vorzeichen haben und fast gleich groß sind, kann dies zu einem unerwartet großen relativen Fehler führen. Vorsicht ist also bei der Subtraktion geboten, wenn Differenzen von annähernd gleich großen Zahlen auftreten. Man spricht in diesem Fall von einer **Auslöschung** und tut gut daran, eine derartige Situation z.B. durch Umformung des zu berechnenden Ausdrucks zu vermeiden.

Eine ähnliche Überlegung zeigt, dass bei Multiplikation und Division keine Verstärkung, aber auch keine Dämpfung des relativen Fehlers eintritt. Sowohl für das Produkt wie für den Quotienten ergeben sich in erster Näherung, d.h. unter Vernachlässigung der Fehlerglieder höherer Ordnung, die Fehlerabschätzungen

$$\left| \frac{\Delta(x \cdot y)}{x \cdot y} \right| \leq 3 \text{ eps bzw.} \left| \frac{\Delta(x/y)}{x/y} \right| \leq 3 \text{ eps}.$$

Beispiel 9.3 Zur Illustration der Fehlerproblematik in der Gleitkomma-Arithmetik wählen wir das System $\mathbb{M}(10, 4, -9, 9)$, $x = 4,3536$ und $y = 4,3522$, welche gerundet $\tilde{x} = 0,4354\text{E}1$ und $\tilde{y} = 0,4352\text{E}1$ ergeben. Für die Summe $z = x + y = 8,7058$ berechnet man $\tilde{z} = 0,8706\text{E}1$, der relative Fehler beträgt 0,002 %. Für die Differenz $z = x - y = 0,0014$ hingegen liefert die Arithmetik den Wert $\tilde{z} = 0,2000\text{E-2}$, was einem relativen Fehler von ungefähr 43 % (bei einer Maschinengenauigkeit eps = 0,05 %) entspricht! Die Rechenfehler beim Produkt bzw. Quotienten von x und y liegen mit 0,01 % bzw. 0,03 % wieder unter dem Promillebereich.

Dramatisch ist auch die schlechte Kondition bei der Differenzenbildung im vorliegenden Fall einer Auslöschung. Eine Änderung des Operanden y zu $y_1 = y + 0,007 = 4,3592$, gerundet $\tilde{y}_1 = 0,4359\text{E}1$, also eine Erhöhung um 0,16 % gegenüber $\tilde{y}$, ergibt in unserer Arithmetik für die neue Differenz $z_1 = x - y_1$ den Wert $\tilde{z}_1 = \text{-}0,5000\text{E-2}$, was eine Verringerung um 350 % gegenüber $\tilde{z}$ bedeutet. Die Änderung in der letzten Stelle der Mantisse des Subtrahenden $\tilde{y}$ bewirkt demzufolge eine Änderung in der ersten Stelle der Mantisse der Differenz $\tilde{z}$. $\qquad\triangle$

Auch die vertrauten Rechenregeln im Körper $\mathbb{R}$ sind – mit Ausnahme der Kommutativität von Addition und Multiplikation – in $\mathbb{M}$ nicht erfüllt. Das hat zur Folge, dass bei der Auswertung eines arithmetischen Ausdrucks sowohl die Reihenfolge der Berechnungen als auch mathematisch äquivalente Umformungen Auswirkungen auf das numerische Ergebnis haben können. Darüber hinaus findet man zahlreiche weitere Effekte und unerwartete Ergebnisse beim Rechnen mit Maschinenzahlen in der einschlägigen Lehrbuchliteratur.

Beispiel 9.4 Wir verwenden nochmals das System $\mathbb{M}(10, 4, -9, 9)$ und wählen $x = 0,1104\text{E}3$, $y = 0,4522\text{E-1}$ und $z = 0,4487\text{E-1}$ in $\mathbb{M}$. Dann gilt in der Arithmetik von $\mathbb{M}$, d.h. bei Rundung aller Zwischenergebnisse auf 4 signifikante Stellen

$$x + (y + z) = 0,1104\text{E}3 + 0,9009\text{E-1} = 0,1105\text{E}3$$
$$(x + y) + z = 0,1104\text{E}3 + 0,4487\text{E-1} = 0,1104\text{E}3,$$

also ist das Assoziativgesetz der Addition verletzt. Dasselbe gilt für das Distributivgesetz, denn

$$x \cdot (y - z) = 0,1104\text{E-1} \cdot 0,3500\text{E-3} = 0,3864\text{E-1}$$
$$x \cdot y - x \cdot z = 0,4992\text{E}1 - 0,4954\text{E}1 = 0,3800\text{E-1}.$$

$\qquad\triangle$

9.2   Auflösung von Gleichungen und Gleichungssystemen

Jedes Polynom $f(x) = a_n x^n + a_{n-1} x^{n-1} + \cdots + a_1 x + a_0$ vom Grad n mit reellen oder komplexen Koeffizienten besitzt nach dem Fundamentalsatz der Algebra genau n Nullstellen in $\mathbb{C}$, falls man jede Nullstelle mit ihrer Vielfachheit zählt. Nur für $n \leq 4$ gibt es aber allgemein gültige Verfahren zur exakten Berechnung der Nullstellen. Für Polynome vom Grad 3 oder 4 sind diese Verfahren allerdings so aufwändig, dass sie in der Praxis kaum Verwendung finden. Neben den **algebraischen Gleichungen**, die bei der Nullstellenbestimmung von Polynomen auftreten, gibt es zahlreiche weitere Gleichungen wie z.B. die **transzendente Gleichung** $e^x - 100x = 0$, welche i. Allg. ebenfalls nicht exakt lösbar sind.

Wir werden nun ein Verfahren kennenlernen, das die schrittweise Bestimmung von Lösungen x einer vorgegebenen Gleichung $f(x) = 0$ ermöglicht. Dazu sei $f : I \to \mathbb{R}$ eine auf einem abgeschlossenen Intervall $I \subseteq \mathbb{R}$ definierte stetige Funktion. Erklärt man eine Funktion

$\varphi : I \to \mathbb{R}$ durch $\varphi(x) = x - f(x)$, so entspricht der Gleichung $f(x) = 0$ die dazu äquivalente Gleichung $\varphi(x) = x$. Jede **Nullstelle** x^* von f, also jede Lösung der Gleichung $f(x^*) = 0$ erfüllt dann auch die Bedingung $\varphi(x^*) = x^*$, d.h., x^* ist ein **Fixpunkt** von φ, und umgekehrt.

Nehmen wir einmal an, es sei eine Näherung x_0 eines Fixpunktes von φ bekannt. Bilden wir $x_1 = \varphi(x_0)$, dann wird – da mit f auch φ eine stetige Funktion ist – x_1 ebenfalls eine Näherung für diesen Fixpunkt sein. Derart fortschreitend konstruieren wir mit Hilfe des **Startwertes** x_0 eine Folge $x_0, x_1, x_2, \ldots$ nach der Vorschrift

$$x_{n+1} = \varphi(x_n) \quad \text{für} \quad n = 0, 1, 2, \ldots .$$

Dann gilt: Ist die Folge (x_n) konvergent und gilt $\lim_{n \to \infty} x_n = x^*$, so folgt auf Grund der Stetigkeit von φ

$$x^* = \lim_{n \to \infty} x_{n+1} = \lim_{n \to \infty} \varphi(x_n) = \varphi(\lim_{n \to \infty} x_n) = \varphi(x^*),$$

d.h., x^* ist ein Fixpunkt von φ. In diesem Fall werden also die Folgenglieder x_n den unbekannten Fixpunkt x^* schrittweise approximieren, und wir haben ein Verfahren zur Lösung des Problems gefunden. Man nennt ein solches Verfahren der schrittweisen Annäherung an die Lösung ein **Iterationsverfahren**. Die Funktion φ heißt in diesem Zusammenhang **Iterationsfunktion**, und die Folge (x_n) nennt man eine **Iterationsfolge**. Ist sie konvergent, so nennt man auch das Iterationsverfahren konvergent.

Beispiel 9.5 Gegeben sei die quadratische Gleichung $f(x) = x^2 - 3x + 2 = 0$ mit den exakten Lösungen $x^* = 1$ und $x^{**} = 2$.

(a) Wir formen die Gleichung um zu $\varphi_0(x) = x - f(x) = x^2 + 4x - 2$ und berechnen die Iterationsfolge (x_n) mit $x_{n+1} = \varphi_0(x_n)$ zum Startwert $x_0 = -0.5$. Dabei erhalten wir

$$x_0 = -0.5, \; x_1 = -4.25, \; x_2 = -37.06, \; x_3 = -1523.88, \; \ldots .$$

Offensichtlich ist das Iterationsverfahren nicht konvergent.

(b) Eine andere Äquivalenzumformung der Gleichung $f(x) = 0$ führt zu $x = \varphi_1(x) = \frac{1}{3}(x^2 + 2)$. Die entsprechende Iterationsfolge (x_n) mit $x_{n+1} = \varphi_1(x_n)$ zum selben Startwert lautet in diesem Fall

$$x_0 = -0.5, \; x_1 = 0.75, \; x_2 = 0.85, \; x_3 = 0.91, \; x_4 = 0.9426, \; \ldots$$

und nähert sich dem Wert $x^* = 1$, einer Wurzel der gegebenen Gleichung.

(c) Wählt man schließlich die zu $f(x) = 0$ äquivalente Gleichung $x = \varphi_2(x) = 3 - \frac{2}{x}$ (für $x \neq 0$) als Grundlage des Iterationsverfahrens und nochmals den Startwert $x_0 = -0.5$, so lautet die zugehörige Iterationsfolge

$$x_0 = -0.5, \; x_1 = 7, \; x_2 = 2.71, \; x_3 = 2.26, \; x_4 = 2.12, \; \ldots .$$

Diesmal konvergiert die Folge gegen den Wert $x^{**} = 2$, die zweite Wurzel der gegebenen quadratischen Gleichung. $\triangle$

Wie das Beispiel deutlich macht, kann das Iterationsverfahren in Abhängigkeit von der Wahl der Funktion φ ganz unterschiedliche Ergebnisse liefern. Insbesondere kann das Verfahren auch gar nicht konvergieren. Das Iterationsverfahren ist jedoch konvergent, wenn die beiden in folgendem Satz angeführten Bedingungen erfüllt sind.

Satz 9.6 (Fixpunktsatz) *Sei $\varphi : I \to \mathbb{R}$ eine **kontrahierende Abbildung** von einem kompakten Intervall $I \subseteq \mathbb{R}$ in sich, d.h., φ erfüllt die Bedingungen:*

(i) *$\varphi(x) \in I$ für alle $x \in I$, und*

(ii) *φ genügt der **Lipschitzbedingung***

$$|\varphi(x) - \varphi(x')| \leq \lambda |x - x'| \quad \textit{für alle } x, x' \in I$$

*mit einer **Lipschitzkonstanten** λ, wobei $0 < \lambda < 1$.*

Dann besitzt φ genau einen Fixpunkt $x^* \in I$, und diesen erhält man als Limes der Iterationsfolge (x_n) mit $x_{n+1} = \varphi(x_n)$, $n = 0, 1, 2, \ldots$, für jeden beliebigen Startwert $x_0 \in I$.

Beweis. Durch (i) ist sichergestellt, dass die Iterationsfolge stets wohldefiniert ist. Die Existenz eines Fixpunktes $x^* \in I$ von φ ergibt sich folgendermaßen: Wir setzen $I = [a, b]$ und betrachten die Funktion $f(x) = x - \varphi(x)$ auf I. Wegen (ii) ist φ und damit auch f stetig, und zugleich folgt aus (i), dass $f(a) = a - \varphi(a) \leq 0$ und $f(b) = b - \varphi(b) \geq 0$. Nach dem Nullstellensatz für stetige Funktionen besitzt f eine Nullstelle $x^* \in I$, welche zugleich Fixpunkt von φ ist.

Die Lipschitzbedingung (ii) garantiert die Eindeutigkeit von x^* in I und die Konvergenz der Folge (x_n) gegen x^*, denn

$$|x_{n+1} - x^*| = |\varphi(x_n) - \varphi(x^*)| \leq \lambda |x_n - x^*|$$

$$\Rightarrow |x_{n+1} - x^*| \leq \lambda^{n+1} |x_0 - x^*| \to 0 \quad \text{für} \quad n \to \infty$$

$$\Rightarrow \lim_{n \to \infty} x_n = x^*$$

und zwar unabhängig vom Startwert x_0. $\square$

Für die praktische Anwendung des Fixpunktsatzes ist es erforderlich, zu einer vorgegebenen Iterationsfunktion erstens ein geeignetes Definitionsintervall anzugeben und zweitens dort eine passende Lipschitzbedingung zu finden. Zur Überprüfung der letztgenannten Voraussetzung kann in vielen Fällen der folgende Satz herangezogen werden, der direkt aus dem Mittelwertsatz der Differentialrechrung (Satz 5.14) folgt.

Satz 9.7 *Die Funktion $\varphi : I \to \mathbb{R}$ erfüllt eine Lipschitzbedingung mit der Konstanten λ, wenn φ stetig differenzierbar ist und auf I gilt $|\varphi'(x)| \leq \lambda$.*

Beispiel 9.8 (Fortsetzung) Für die oben angeführte Iterationsfunktion $\varphi_1(x) = \frac{1}{3}(x^2 + 2)$ gilt, falls $|x| \leq 1.2$ angenommen wird,

$$|\varphi_1(x)| \leq \varphi_1(1.2) = 1.1467 < 1.2 \quad \text{und} \quad |\varphi_1'(x)| = |\frac{2}{3}x| \leq 0.8 < 1.$$

Folglich ist φ_1 als Abbildung des Intervalls $I = [-1.2, 1.2]$ in sich eine kontrahierende Abbildung mit $\lambda = 0.8$. Die Funktion φ_1 besitzt genau einen Fixpunkt in I, gegen den jede Iterationsfolge (x_n) mit $x_0 \in I$ konvergiert, was im Einklang mit den weiter oben erhaltenen heuristischen Ergebnissen steht. $\triangle$

Beispiel 9.9 (Babylonisches Wurzelziehen) Wir kommen zurück auf das Babylonische Wurzelziehen (vergleiche Beispiel 7.2 in Kapitel 7) nach der Iteration

$$x_{n+1} = \varphi(x_n) \text{ mit } \varphi(x) = \frac{1}{2}\left(x + \frac{a}{x}\right), \quad n = 0, 1, 2, \ldots \text{ und } a > 0,$$

welche für jeden beliebigen Startwert $x_0 > 0$ auf eine konvergente Folge mit $\lim_{n\to\infty} x_n = \sqrt{a}$ führt. Dieses Verfahren, welches bereits vor 3000 Jahren von den Babyloniern verwendet wurde, ist heute vielfach die Grundlage zur Wurzelberechnung im Computer.

Die Iterationsfunktion φ bildet jedes Intervall $I = [\sqrt{\frac{a}{2}}, b]$ mit $b \geq \frac{3}{2}\sqrt{\frac{a}{2}}$ in sich selbst ab, wie man durch Nachrechnen bestätigen kann, und es gilt dort

$$|\varphi'(x)| = \frac{1}{2}\left|1 - \frac{a}{x^2}\right| \leq \frac{1}{2}.$$

Also ist φ auf I eine kontrahierende Abbildung mit $\lambda = \frac{1}{2}$. Diese besitzt daher genau einen Fixpunkt $x^* \in I$, nämlich $x^* = \sqrt{a}$ (die einzige Lösung der Gleichung $x = \varphi(x)$ in I). Da für $x_0 > 0$ stets $x_1 = \frac{1}{2}(x_0 + \frac{a}{x_0}) \geq \sqrt{a}$ und damit $x_1 \in I$ (für ein passend gewähltes b) gilt, konvergiert jede Iterationsfolge (x_n) mit $x_0 > 0$ gegen $\sqrt{a}$ (siehe Abb. 9.2). $\triangle$

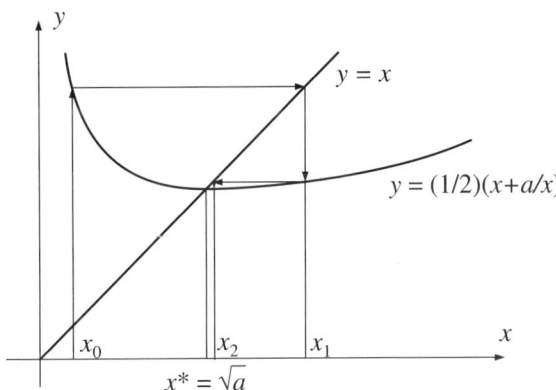

Abbildung 9.2 Iteration beim Babylonischen Wurzelziehen

Wir kehren nun zur Gleichung $f(x) = 0$, dem Ausgangspunkt unserer Überlegungen, zurück und suchen konkrete Iterationsverfahren zur Lösung dieser Gleichung. Führt man die Iterationsfunktion $\varphi(x) = x - f(x)$ oder allgemeiner $\varphi(x) = x - f(x)g(x)$ mit $g(x) \neq 0$ ein, erhält man die zu $f(x) = 0$ äquivalente Fixpunktgleichung $x = \varphi(x)$. Jeder Nullstelle von f entspricht umkehrbar eindeutig ein Fixpunkt von φ. Dabei versucht man, durch geeignete Wahl der Funktion g zu erreichen, dass φ die Voraussetzungen des Fixpunktsatzes erfüllt. Wir betrachten zwei Spezialfälle:

1. Newton'sches Näherungsverfahren

Ist die Funktion f auf einem abgeschlossenen Intervall I zweimal stetig differenzierbar, gilt ferner $f'(x) \neq 0$ für alle $x \in I$ und wählt man in der oben angegebenen Iterationsfunktion speziell $g(x) = \frac{1}{f'(x)}$, so erhält man die **Newton'sche Näherungsformel**

$$x_{n+1} = x_n - \frac{f(x_n)}{f'(x_n)}, \quad n = 0, 1, 2, \ldots . \tag{9.4}$$

Zu dieser Formel kommt man auch durch eine einfache geometrische Überlegung (vergleiche Abb. 9.3): Liegt x_0 in der Nähe der gesuchten Nullstelle x^*, so ersetzt man den Graphen von $y = f(x)$ durch die Tangente $y = f(x_0) + f'(x_0)(x - x_0)$ im Punkt $(x_0, f(x_0))$ und bestimmt deren Nullstelle x_1. Die Lösung dieses „Ersatzproblems" führt auf $x_1 = x_0 - f(x_0)/f'(x_0)$, was vielfach eine bessere Näherung für x^* ist. Allerdings ist es durchaus möglich, dass dieses Verfahren nicht zum gewünschten Ziel führt. Ein Beispiel dafür ist ebenfalls in Abb. 9.3 skizziert.

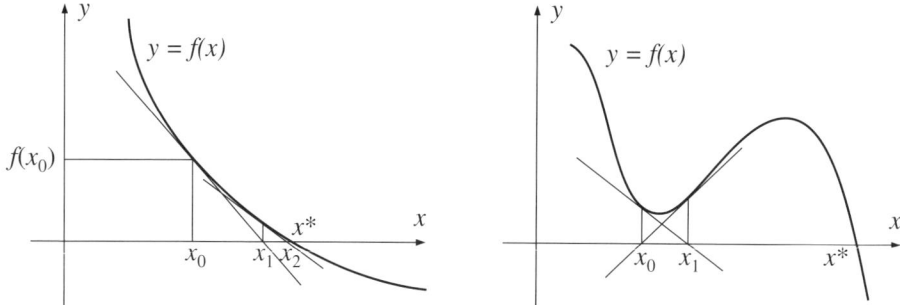

Abbildung 9.3 Konvergenz und Divergenz beim Newton'schen Näherungsverfahren

Zur Beantwortung der Frage nach der Konvergenz des Newton'schen Näherungsverfahrens nehmen wir an, x^* sei eine Nullstelle von f mit $x^* \in I$. Dann gilt mit $g(x) = \frac{1}{f'(x)}$

$$\begin{aligned} \varphi(x) &= x - f(x)g(x) \\ \Rightarrow \quad \varphi'(x) &= 1 - f'(x)g(x) - f(x)g'(x) = -f(x)g'(x), \end{aligned}$$

woraus folgt, dass $\varphi'(x^*) = 0$ ist. Wie man leicht zeigen kann, genügt daher die Funktion φ in einer geeignet gewählten Umgebung von x^* einer Lipschitzbedingung und erfüllt die Voraussetzungen des Fixpunktsatzes. Damit ist die Konvergenz des Verfahrens gesichert, falls der Startwert x_0 nahe genug bei x^* liegt.

Das Newton'sche Näherungsverfahren kann prinzipiell sowohl bei einfachen als auch bei mehrfachen Nullstellen (d.h. Nullstellen von $f(x)$ und $f'(x)$) angewendet werden, die Iterationsfolge konvergiert jedoch – wie man zeigen kann – gegen eine mehrfache Nullstelle bedeutend langsamer. Dazu kommt, dass im Fall einer mehrfachen Nullstelle der Rechenfehler stark ins Gewicht fallen kann. Dies liegt daran, dass der Ausdruck $f(x)/f'(x)$ in der Iterationsformel für $x \to x^*$ gegen die unbestimmte Form $0/0$ strebt. Wird der Zähler in Bezug auf die bei der Berechnung verwendete Stellenzahl früher 0 als der Nenner, bleibt die Iteration dort stehen, andernfalls kann sich die Iterationsfolge von x^* sogar wieder entfernen. Zahlreiche Verbesserungen und Verallgemeinerungen des Newton'schen Verfahrens zur Behandlung mehrfacher Nullstellen, zur Beschleunigung der Konvergenz sowie zur Abschätzung des Verfahrensfehlers sind in der weiterführenden Literatur beschrieben (siehe z.B. [25]).

Beispiel 9.10

(a) Wir bestimmen die Nullstellen der Gleichung $f(x) = e^x - 100x$ mit Hilfe des Newton'schen Näherungsverfahrens. Wegen $f(0) = 1 > 0$, $f(5) < 0$ und $f(10) > 0$ besitzt die Funktion f je eine Nullstelle im Intervall $[0, 5]$ und im Intervall $[5, 10]$ (siehe Abb. 9.4). Da $f''(x) = e^x > 0$ und somit f konvex ist, kann es keine weiteren Nullstellen geben.

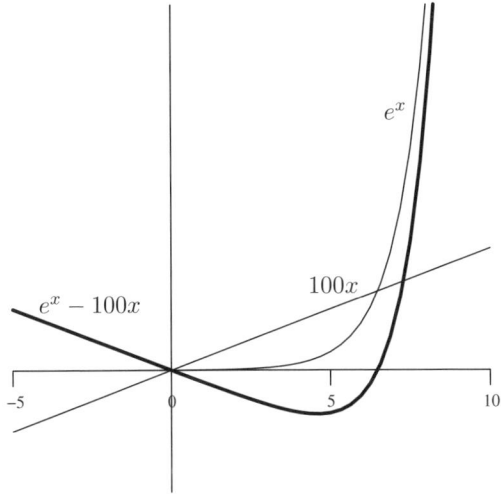

Abbildung 9.4 Nullstellenberechnung für $f(x) = e^x - 100x$

Mit $f'(x) = e^x - 100$ lautet die Iteration in unserem Beispiel

$$x_{n+1} = x_n - \frac{f(x_n)}{f'(x_n)} = x_n - \frac{e^{x_n} - 100x_n}{e^{x_n} - 100}, \quad n = 0, 1, 2, \dots .$$

Daraus erhalten wir, vom Startwert $x_0 = 0$ ausgehend, bereits nach dem ersten Iterationsschritt die Nullstelle $x^* = 0.01$, falls auf zwei Nachkommastellen genau gerechnet wird. Der Startwert $x_0 = 10$ führt nach sechs Iterationsschritten auf die zweite Nullstelle $x^{**} = 6.47$ (siehe Tabelle mit $\Delta x_n = x_n - x_{n-1}$).

n	x_n	$|\Delta x_n|$	$f(x_n)$	x_n	$|\Delta x_n|$	$f(x_n)$
0	0.00		1.00	10.00		21026.47
1	0.01	0.01	0.00	9.04	0.96	7538.50
2	0.01	0.00	0.00	8.14	0.90	2606.38
3				7.35	0.79	824.71
4				6.79	0.56	207.96
5				6.52	0.26	28.42
6				6.47	0.05	0.80
7				6.47	0.00	0.00

(b) Die Iteration $x_{n+1} = \frac{1}{2}(x_n + \frac{a}{x_n})$ von Beispiel 9.9 zur Berechnung von $\sqrt{a}$ erhält man durch Anwendung des Newton'schen Verfahrens auf die quadratische Gleichung $f(x) = x^2 - a = 0$, denn die zu f gehörende Iterationsfunktion φ lautet

$$\varphi(x) = x - \frac{f(x)}{f'(x)} = x - \frac{x^2 - a}{2x} = \frac{1}{2}\left(x + \frac{a}{x}\right).$$

$\triangle$

2. Die regula falsi

Ist f eine stetige (aber nicht notwendig differenzierbare) Funktion auf einem abgeschlossenen Intervall I, so kann man den Differentialquotienten $f'(x)$ in Gleichung (9.4) durch einen Differenzenquotienten ersetzen. Man erhält dann die Iterationsformel (**regula falsi**)

$$x_{n+1} = x_n - \frac{x_n - x_{n-1}}{f(x_n) - f(x_{n-1})} f(x_n), \quad n = 1, 2, 3, \ldots. \tag{9.5}$$

Die regula falsi stellt also ein Iterationsverfahren dar, das ohne Ableitung auskommt, jedoch zwei Startwerte x_0 und x_1 erfordert. Man kann zeigen, dass das Verfahren stets gegen eine Nullstelle x^* von f konvergiert, falls x_0 und x_1 nahe genug bei x^* gewählt werden.

Die Vorschrift (9.5) kann auch mit Hilfe einer geometrischen Überlegung hergeleitet werden. Interpoliert man nämlich die Funktion $y = f(x)$ an den Stellen x_0 und x_1 durch eine Gerade und berechnet deren Nullstelle x_2, so erhält man $x_2 = x_1 - (x_1 - x_0)f(x_1)/(f(x_1) - f(x_0))$ (siehe Abb. 9.5).

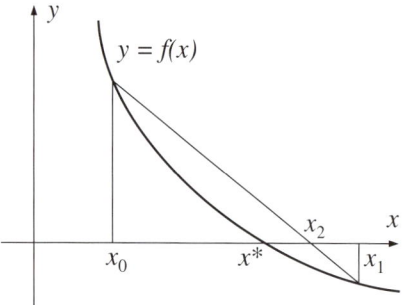

Abbildung 9.5 Geometrische Interpretation der regula falsi

In der so genannten **Primitivform** der regula falsi wählt man zunächst zwei Startwerte x_0 und x_1 derart, dass die Funktionswerte $f(x_0)$ und $f(x_1)$ entgegengesetztes Vorzeichen besitzen. Nach dem Zwischenwertsatz für stetige Funktionen liegt dann zwischen x_0 und x_1 sicher eine Nullstelle von f. Man berechnet nun zu x_0 und x_1 die Näherung x_2 gemäß (9.5) mit $n = 1$. Sodann werden aus x_0, x_1, x_2 zwei Werte ausgewählt, von denen einer gleich x_2 ist und der andere Wert jenes x_i ist, für welches $f(x_i)$ und $f(x_2)$ entgegengesetztes Vorzeichen besitzen. Mit dieser Auswahl als neue Startwerte wird das beschriebene Verfahren fortgesetzt. Auf diese Weise ist die Konvergenz des Iterationsverfahrens stets gewährleistet. Kann man jedoch absehen, dass das Verfahren konvergiert, so ist die Iteration in der so genannten **Standardform** (9.5) günstiger, da sie schneller konvergiert als in der Primitivform.

Beispiel 9.11 (Fortsetzung) Wir bestimmen die größere der beiden Wurzeln der Gleichung $f(x) = e^x - 100x = 0$, also jene Nullstelle, welche im Intervall $I = [5, 10]$ liegt, mit Hilfe der regula falsi in Standardform. Wir wählen $x_0 = 5, x_1 = 10$ und erhalten bei Rechnung auf zwei Nachkommastellen nach 14 Iterationen $x^{**} = 6.47$ (siehe Tabelle).

n	x_n	$|\Delta x_n|$	$f(x_n)$
0	5.00		-351.59
1	10.00	5.00	21026.47
2	5.08	4.92	-347.09
3	5.16	0.08	-341.68
4	10.21	5.04	26042.80
5	5.23	4.98	-336.43
	$\dots$	$\dots$	$\dots$
14	6.47	0.07	-4.05
15	6.47	0.01	-0.14
16	6.47	0.00	0.00

$\triangle$

Zum Vergleich verschiedener Iterationsverfahren muss einerseits der Rechenaufwand, andererseits die Konvergenzgeschwindigkeit der Iterationsfolge in Betracht gezogen werden. Der Rechenaufwand kann z.B. nach der Anzahl der pro Iterationsschritt benötigten Rechenoperationen bemessen werden. Ein Maß für die Konvergenzgeschwindigkeit ist die so genannte **Konvergenzordnung** einer Iteration (x_n) mit $(x_n) \to x^*$, d.i. jene Zahl $p \geq 1$, für welche

$$|x_{n+1} - x^*| \leq M |x_n - x^*|^p$$

für fast alle n und ein M mit $0 < M < \infty$ gilt. Im Fall $p = 1$ spricht man von **linearer Konvergenz**, ist $p = 2$, von **quadratischer Konvergenz**. Letzteres bedeutet, dass der Fehler im $(n + 1)$-ten Schritt annähernd proportional zum Quadrat des Fehlers im n-ten Schritt ist. (Gelegentlich wird dieser Sachverhalt etwas unscharf dadurch umschrieben, dass von einer Verdopplung der Anzahl der richtigen Dezimalstellen nach jedem Iterationsschritt gesprochen wird.) Vom Newton'schen Näherungsverfahren kann man zeigen, dass es für einfache Nullstellen die Konvergenzordnung $p = 2$, für mehrfache Nullstellen die Ordnung $p = 1$ hat. Für die regula falsi gilt $p = \frac{1}{2}(1 + \sqrt{5}) \approx 1.62$ für einfache Nullstellen und $p = 1$ für mehrfache Nullstellen sowie für die Primitivform.

9.3 Verfahren zur Lösung linearer Gleichungssysteme

Viele Fragestellungen aus den Anwendungen, aber auch Probleme innerhalb der Mathematik führen immer wieder auf lineare Gleichungssysteme. Man denke z.B. an das Studium von elektrischen Netzwerken, die Berechnung von Eigenvektoren oder die Lösung von Anfangswertproblemen bei linearen Differentialgleichungen. Die Theorie der linearen Gleichungssysteme ist zwar vollständig bekannt, bei der praktischen Berechnung der Lösungen können sich dennoch Probleme ergeben. Die mit dem Gauß'schen Eliminationsalgorithmus gewonnenen Lösungen

sind das Ergebnis zahlreicher Rundungsprozesse und können beim Einsetzen in das ursprüngliche System zu großen Diskrepanzen führen. Umgekehrt ist es möglich, dass Näherungslösun-
gen eines Systems dessen Gleichungen recht gut erfüllen, jedoch von den exakten Lösungen
deutlich abweichen. In Abb. 9.6 wird illustriert, wie weit die Lösungen, welche zwei linea-

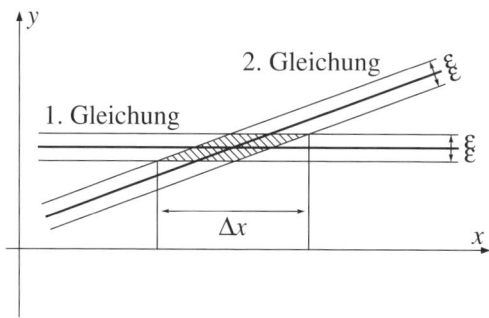

Abbildung 9.6 Veranschaulichung eines schlecht konditionierten linearen Gleichungssystems mit zwei Variablen

ren Gleichungen mit vorgegebener Genauigkeit genügen, trotzdem auseinander liegen können.
(Alle Punkte im schraffierten Bereich lösen das System im Rahmen der vorgegebenen Genauigkeit.)

Bei den Verfahren zur numerischen Lösung linearer Gleichungssysteme unterscheidet man
direkte und **iterative Verfahren**. Die direkten Lösungsverfahren, welche in Kapitel 3 behandelt
wurden, sind theoretisch exakte Verfahren, d.h., sie besitzen keinen Verfahrensfehler. Zu ihnen
zählen der Gauß'sche Eliminationsalgorithmus und die Cramer'sche Regel. (Letztere ist jedoch
für das praktische Rechnen bei größeren Systemen unbrauchbar, da mit zunehmender Varia-
blenzahl der Rechenaufwand und damit die Rechenzeit enorm anwachsen.) Bei den iterativen
Verfahren wird, im Gegensatz zu den direkten Verfahren, die Lösung des Systems schrittweise
angenähert. Ausgehend von einer Näherungslösung x_0 als Startvektor bildet man eine Folge von
Vektoren $x_0, x_1, x_2, \ldots$ in $\mathbb{R}^n$. Konvergiert die Folge (x_k) gegen einen Vektor x^*, so spricht
man von einem konvergenten n-**dimensionalen Iterationsverfahren** zur Bestimmung von x^*.

1. Gauß'sches Eliminationsverfahren mit Pivotisierung

Beim Algorithmus von Gauß sind zwei numerisch kritische Fälle möglich: Problematisch sind
zum einen betragsmäßig kleine **Pivotelemente**, d.s. die Elemente in der Diagonalen der Dreiecksmatrix, denn durch diese muss dividiert werden. Es ist daher zweckmäßig, sich bei der
Auswahl dieser Elemente nicht mit irgendwelchen Matrixelementen $\neq 0$ zu begnügen, sondern
in jedem Schritt das jeweils größte Element in der rechten unteren Restmatrix durch geeignete
Zeilen- und Spaltenvertauschungen zum Pivotelement zu machen. (Man vergleiche mit der Fuß-
note auf Seite 130.) Der Gauß'sche Eliminationsalgorithmus arbeitet dann mit **Pivotisierung**.
Bei von Zeile zu Zeile unterschiedlichen Größenordnungen der Koeffizienten in der System-
matrix ist es außerdem empfehlenswert, vorher durch Zeilenmultiplikationen mit geeigneten
Zahlen für eine einheitliche Skalierung zu sorgen.

Zum zweiten kann es nach der Transformation auf Halbdiagonalform beim Ausrechnen der
einzelnen Variablen zu Subtraktionen fast gleich großer Zahlen und damit zur Auslöschung

von Dezimalstellen kommen. Diese Situation ist ein Hinweis auf eine schlechte Kondition des Gleichungssystems. Sie kann nur durch Rechnung mit erhöhter Genauigkeit oder durch Nachiteration (siehe weiter unten) verbessert werden.

Beispiel 9.12

(a) Betrachten wir das Gleichungssystem

$$\begin{array}{rcrcr} -0.13x_1 & + & 0.28x_2 & = & 15 \\ 799.7x_1 & - & 806.1x_2 & = & -640, \end{array}$$

welches die exakte Lösung $x_1 = 100$ und $x_2 = 100$ besitzt. Die Anwendung des Gauß'schen Eliminationsalgorithmus ohne Pivotisierung führt bei einer Rechnung mit vier signifikanten Stellen (d.h. bei Rundung aller Zwischenergebnisse auf vier signifikante Stellen) zu

$$\begin{array}{c} \begin{array}{cc} x_1 & x_2 \end{array} \\ \left(\begin{array}{cc|c} -0.13 & 0.28 & 15 \\ 799.7 & -806.1 & -640 \end{array} \right), \end{array} \qquad \begin{array}{c} \begin{array}{cc} x_1 & x_2 \end{array} \\ \left(\begin{array}{cc|c} -0.13 & 0.28 & 15 \\ 0 & 916.9 & 91650 \end{array} \right)$$

und damit auf $x_1 = 99.92$ und $x_2 = 99.96$. Mit Pivotisierung erhält man (durch Vertauschen der Zeilen und ersten beiden Spalten der erweiterten Systemmatrix)

$$\begin{array}{c} \begin{array}{cc} x_2 & x_1 \end{array} \\ \left(\begin{array}{cc|c} -806.1 & 799.7 & -640 \\ 0.28 & -0.13 & 15 \end{array} \right), \end{array} \qquad \begin{array}{c} \begin{array}{cc} x_2 & x_1 \end{array} \\ \left(\begin{array}{cc|c} -806.1 & 799.7 & -640 \\ 0 & 0.1478 & 14.78 \end{array} \right)$$

und schließlich $x_1 = 100$, $x_2 = 100$, d.i. die exakte Lösung.

(b) Auch das Gleichungssystem $A\boldsymbol{x} = \boldsymbol{b}$ gemäß

$$\begin{array}{rcrcr} 2.5x_1 & - & 8.7x_2 & = & -620 \\ -10.2x_1 & + & 35.5x_2 & = & 2530, \end{array}$$

dessen Systemdeterminante $|A| = 0.01$ ist, besitzt die Lösung $x_1 = 100$ und $x_2 = 100$. Bedingt durch die schlechte Kondition kommt es bei Anwendung des Gauß'schen Eliminationsalgorithmus zu größeren Rundungsfehlern als im letzten Beispiel. Noch viel problematischer ist es aber, dass sich die Lösung ganz wesentlich ändert, falls die Koeffizienten des Gleichungssystems auch nur eine geringfügige Änderung erfahren. Ersetzt man etwa den Spaltenvektor

$$\boldsymbol{b} = \left(\begin{array}{c} -620 \\ 2530 \end{array} \right) \quad \text{durch} \quad \boldsymbol{b}' = \left(\begin{array}{c} -620 \\ 2531 \end{array} \right),$$

so lautet das neue Resultat bei exakter Rechnung $x_1 = 970$ und $x_2 = 350$ (gegenüber $x_1 = 100$ und $x_2 = 100$). △

2. Gesamtschrittverfahren von Jacobi

Im Folgenden wenden wir uns den iterativen Verfahren zu, bei denen die Lösung des Systems, ausgehend von einer (groben) Näherungslösung, schrittweise verbessert wird. Dazu gehen wir von einem linearen $n \times n$-Gleichungssystem der Form $A\boldsymbol{x} = \boldsymbol{b}$ aus und setzen voraus, dass $|A| \neq 0$ gilt, d.h., dass die Lösung des Systems eindeutig bestimmt ist. Wir betrachten nun eine additive Zerlegung der Systemmatrix $A = (a_{ij})$ in eine untere Dreiecksmatrix U (ohne Diagonale), eine Diagonalmatrix D und eine obere Dreiecksmatrix O, also

$$A = U + D + O.$$

Dabei gelte ohne Beschränkung der Allgemeinheit $a_{ii} \neq 0$ für alle i, was durch geeignete Zeilenvertauschungen stets erreicht werden kann. Das Gleichungssystem $A\boldsymbol{x} = \boldsymbol{b}$ wird dann zu $D\boldsymbol{x} = -(U + O)\boldsymbol{x} + \boldsymbol{b}$, und die Lösung $\boldsymbol{x}$ ist Fixpunkt der Iteration

$$\boldsymbol{x}_{k+1} = \varphi(\boldsymbol{x}_k) = D^{-1}(-(U + O)\boldsymbol{x}_k + \boldsymbol{b}).$$

In Koordinaten angeschrieben lautet das **Gesamtschrittverfahren von Jacobi** somit

$$x_{k+1}^{[i]} = \frac{1}{a_{ii}} \left(-\sum_{\substack{j=1 \\ j \neq i}}^{n} a_{ij} x_k^{[j]} + b_i \right) \quad i = 1, \ldots, n, \; k = 0, 1, 2, \ldots, \tag{9.6}$$

wobei allgemein $x_k^{[i]}$ die i-te Komponente der k-ten Näherung $\boldsymbol{x}_k$ bezeichnet.

Die Konvergenz des Iterationsverfahrens ist – wie man zeigen kann – gesichert, falls eine der folgenden Bedingungen erfüllt ist:

$$\sqrt{\sum_{i=1}^{n} \sum_{\substack{j=1 \\ j \neq i}}^{n} \left(\frac{a_{ij}}{a_{ii}}\right)^2} < 1 \qquad \textbf{Quadratsummenkriterium}$$

$$\sum_{\substack{j=1 \\ j \neq i}}^{n} \left|\frac{a_{ij}}{a_{ii}}\right| < 1, \; i = 1, \ldots, n \qquad \textbf{Zeilensummenkriterium}$$

$$\sum_{\substack{i=1 \\ i \neq j}}^{n} \left|\frac{a_{ij}}{a_{ii}}\right| < 1, \; j = 1, \ldots, n \qquad \textbf{Spaltensummenkriterium}$$

Allen drei Konvergenzkriterien ist gemeinsam, dass große Diagonalelemente die Konvergenz der Iterationsfolge begünstigen. Ist keine der angegebenen Bedingungen erfüllt, so kann man versuchen, durch Zeilen- bzw. Spaltentausch oder durch Linearkombinationen der Zeilen des Systems ein Gleichungssystem mit überwiegend großen Diagonalelementen zu konstruieren, welches dann einem der Konvergenzkriterien genügt.

3. Einzelschrittverfahren von Gauß-Seidel

Während bei einem **Gesamtschrittverfahren** in einem Iterationsschritt alle Koordinaten der Näherung $\boldsymbol{x}_{k+1}$ aus jenen von $\boldsymbol{x}_k$ bestimmt werden, verwendet man bei einem **Einzelschritt-verfahren** zur Berechnung der einzelnen Koordinaten $x_{k+1}^{[i]}$ die iterativ verbesserten Werte der bereits zuvor berechneten Koordinaten $x_{k+1}^{[j]}$ von $\boldsymbol{x}_{k+1}$, wodurch eine raschere Konvergenz erreicht wird. Nach dem **Einzelschrittverfahren von Gauß-Seidel** wird das lineare Gleichungssystem $A\boldsymbol{x} = \boldsymbol{b}$ mit Hilfe der oben eingeführten Zerlegung $A = U + D + O$ umgeformt zu $(U + D)\boldsymbol{x} = -O\boldsymbol{x} + \boldsymbol{b}$. Daraus ergibt sich die Iteration

$$\boldsymbol{x}_{k+1} = \varphi(\boldsymbol{x}_k) = (U + D)^{-1}(-O\boldsymbol{x}_k + \boldsymbol{b}).$$

Die praktische Durchführung der Iteration erfolgt jedoch nicht durch Berechnung der Matrix $(U + D)^{-1}$, sondern direkt aus der Gleichung $(U + D)\boldsymbol{x}_{k+1} = -O\boldsymbol{x}_k + \boldsymbol{b}$, was zu $\boldsymbol{x}_{k+1} = D^{-1}(-U\boldsymbol{x}_{k+1} - O\boldsymbol{x}_k + \boldsymbol{b})$ bzw. in Koordinaten ausgedrückt

$$x_{k+1}^{[i]} = \frac{1}{a_{ii}}\left(-\sum_{j=1}^{i-1} a_{ij}x_{k+1}^{[j]} - \sum_{j=i+1}^{n} a_{ij}x_k^{[j]} + b_i\right) \quad i = 1, \ldots, n, \; k = 0, 1, 2, \ldots \quad (9.7)$$

führt. Die Konvergenz des Verfahrens ist sichergestellt, wenn das Zeilensummenkriterium oder das Spaltensummenkriterium erfüllt sind.

Beispiel 9.13 Wir lösen das lineare Gleichungssystem

$$\begin{aligned} 2.5x + 0.5y - 1.0z &= 0.5 \\ 0.1x + 0.5y + 0.3z &= 2.0 \\ -0.2x - 0.3y + 1.0z &= 2.2 \end{aligned}$$

mit Hilfe des Gauß-Seidel'schen Verfahrens. Das Zeilensummenkriterium ist erfüllt, denn $0.5 + 1.0 < 2.5$ und $0.1 + 0.3 < 0.5$ sowie $0.2 + 0.3 < 1.0$. Nach Gleichung (9.7) bilden wir die Iterationsfolge $(\boldsymbol{x}_k) = (x_k, y_k, z_k)$ gemäß

$$\begin{aligned} x_{k+1} &= & -0.2y_k & +0.4z_k & +0.2 \\ y_{k+1} &= -0.2x_{k+1} & & -0.6z_k & +4.0 \\ z_{k+1} &= 0.2x_{k+1} & +0.3y_{k+1} & & +2.2 \end{aligned}$$

für $k = 0, 1, 2, \ldots$. Diese Iterationsfolge konvergiert für jeden beliebigen Startwert $\boldsymbol{x}_0$. Für $\boldsymbol{x}_0 = (0, 0, 0)$ ist der Verlauf der Iteration in nachstehender Tabelle wiedergegeben. Bei Rechnung auf zwei Nachkommastellen genau erhält man nach 5 Iterationen das Ergebnis $x = 1.00$, $y = 2.00$ und $z = 3.00$.

k	x_k	y_k	z_k	$\|\boldsymbol{x}_k - \boldsymbol{x}_{k-1}\|$
0	0.00	0.00	0.00	
1	0.20	3.96	3.43	5.24
2	0.78	1.79	2.89	2.31
3	1.00	2.07	3.02	0.38
4	0.99	1.99	3.00	0.08
5	1.00	2.00	3.00	0.01
6	1.00	2.00	3.00	0.00

$\triangle$

Neben den bisher besprochenen Verfahren gibt es eine Reihe weiterer Verfahren für spezielle Gleichungssysteme, ferner Algorithmen zur Berechnung von Eigenwerten und Eigenvektoren, zur Invertierung von Matrizen u.a.m. (siehe z.B. [24] und dort angegebene Literaturhinweise).

9.4   Approximation und Interpolation

In den folgenden Abschnitten beschäftigen wir uns mit numerischen Methoden der Analysis.
Zunächst wird die Darstellung von Funktionen durch Approximation und Interpolation mittels
Polynomfunktionen behandelt. Mit Hilfe dieser Näherungen können dann Formeln zur Integration stetiger Funktionen (so genannte Quadraturformeln) hergeleitet oder Verfahren angegeben
werden, die es ermöglichen, Lösungen gewöhnlicher Differentialgleichungen zu vorgegebenen
Anfangswerten aufzufinden. Methoden der Interpolation spielen auch in der Computergraphik
eine Rolle, wo z.B. Formen (Rechtecke, Kreise, usw.) oder Kurven durch vorgegebene Punkte
bestimmt werden müssen.

Gegeben sei eine stetige Funktion $f : I \to \mathbb{R}$, welche auf dem Intervall $I \subseteq \mathbb{R}$ definiert ist.
Sind die Werte von f kompliziert oder aufwendig zu berechnen, so besteht häufig das Bedürfnis,
die Funktion f durch eine einfachere Funktion, eine so genannte **Ersatzfunktion** $p : I \to \mathbb{R}$,
näherungsweise darzustellen. Auch dann, wenn die Funktionswerte von f nur an einigen Stellen
bekannt sind (z.B. als Ergebnis von Messungen oder Erhebungen) und man daraus weitere
Werte berechnen möchte, ist eine Ersatzdarstellung für die unbekannte Funktion f notwendig.
Als Ersatzfunktionen p werden vielfach Polynomfunktionen herangezogen, und zwar in erster
Linie wegen ihrer einfachen Bauart und ihrer leichten Berechenbarkeit. Darüber hinaus sind
Polynomfunktionen einfach zu differenzieren und zu integrieren.

Bei der Darstellung von Funktionen ist prinzipiell zwischen zwei Aufgabenstellungen zu
unterscheiden, nämlich der **Approximation** und der **Interpolation** von Funktionen. Während
es bei der Approximation darum geht, über eine **Minimalbedingung** eine möglichst gute Übereinstimmung zwischen vorgegebener Funktion f und Ersatzfunktion p im gesamten Intervall
I zu erreichen, wird die Interpolationsaufgabe über die **Inzidenzbedingung** $f(x_i) = p(x_i)$ für
vorgegebene Argumente $x_i \in I$ formuliert (siehe Abb. 9.7). Die Darstellung einer Funktion f

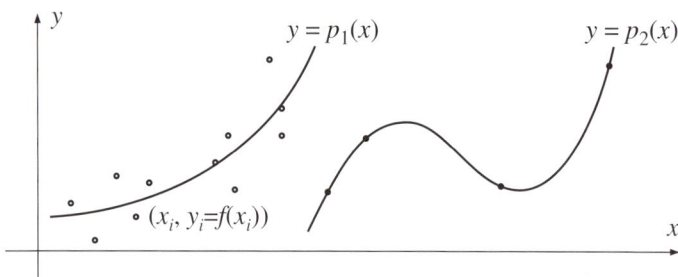

Abbildung 9.7 Approximation (links) und Interpolation (rechts)

durch Approximation ist vor allem dann zweckmäßig, wenn viele Werte von f bekannt sind und
damit zu rechnen ist, dass die einzelnen Funktionswerte mit Fehlern (z.B. Messfehlern) behaftet
sind. Sind hingegen nur wenige Werte von f vorgegeben und kann man annehmen, dass diese
exakt sind, so wird man f durch eine Funktion beschreiben, welche genau mit diesen Werten
übereinstimmt, d.h., man wird f interpolieren.

1. Approximation mittels einer Ausgleichsgeraden

Sind von einer Funktion f endlich viele Wertepaare (x_i, y_i) mit $y_i = f(x_i)$, $i = 1, \ldots, n$, bekannt, kann ein Polynom p nach der **Methode der kleinsten Quadrate** derart bestimmt werden, dass die Quadratsumme

$$Q = \sum_{i=1}^{n} (f(x_i) - p(x_i))^2$$

minimiert wird. Betrachten wir speziell den linearen Ansatz $p(x) = a + bx$, so gilt es, die Funktion

$$Q(a, b) = \sum_{i=1}^{n} (y_i - a - bx_i)^2$$

in den beiden Variablen a und b, den Parametern der Ersatzfunktion p, zu minimieren. Wie wir aus der Differentialrechnung für Funktionen in mehreren Variablen (vgl. Kapitel 6) wissen, ist dazu das Verschwinden der ersten partiellen Ableitungen notwendig, also

$$\frac{\partial Q}{\partial a} = 2 \sum_{i=1}^{n} (y_i - a - bx_i)(-1) = 0, \tag{9.8}$$

$$\frac{\partial Q}{\partial b} = 2 \sum_{i=1}^{n} (y_i - a - bx_i)(-x_i) = 0. \tag{9.9}$$

Aus Gleichung (9.8) folgt unmittelbar $\sum y_i = na + b \sum x_i$ bzw.

$$\overline{y} = a + b\overline{x}, \tag{9.10}$$

wobei $\overline{x} = \frac{1}{n} \sum x_i$ und $\overline{y} = \frac{1}{n} \sum y_i$ die arithmetischen Mittelwerte der x- bzw. y-Koordinaten bezeichnen. (Dabei steht $\sum$ abkürzend für $\sum_{i=1}^{n}$.) Somit liegt der Punkt $(\overline{x}, \overline{y})$ auf der Ersatzgeraden $y = a + bx$. Setzt man dieses Ergebnis in Gleichung (9.9) ein, so erhält man nach kurzer Rechnung

$$b = \frac{\sum x_i y_i - n\overline{x}\,\overline{y}}{\sum x_i^2 - n\overline{x}^2} . \tag{9.11}$$

Damit sind a und b bestimmt. Die zugehörige Gerade wird **Ausgleichsgerade** der Punkte $(x_1, y_1), \ldots, (x_n, y_n)$ genannt und ist im Sinne der Forderung nach Minimierung der Fehlerquadratsumme Q die bestmögliche Gerade durch diese Punkte. Die Ausgleichsgerade spielt vor allem in der deskriptiven Statistik eine wichtige Rolle.

Beispiel 9.14 Wir bestimmen die Ausgleichsgerade gemäß (9.10) und (9.11) für eine empirische Funktion $y = f(x)$, von der folgende sechs Wertepaare ermittelt wurden:

x	2.2	2.5	3.8	5.4	5.8	7.5
y	7.25	7.7	10.2	12.3	13.3	15

Die Rechnung ergibt $\overline{x} = 4.53$, $\overline{y} = 10.96$ und damit $b = 1.50$, $a = 4.15$. Die Ausgleichsgerade lautet folglich $y = 4.15 + 1.50x$ und ist in Abb. 9.8 veranschaulicht. Sie minimiert die Summe der eingezeichneten Quadrate der senkrechten Abstände der Punkte zur Geraden.

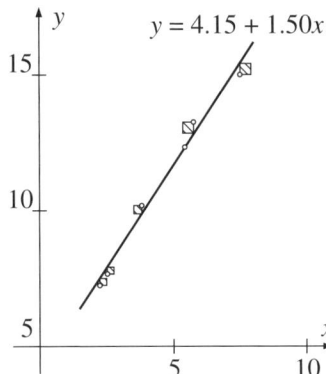

Abbildung 9.8 Ausgleichsgerade nach der Methode der kleinsten Quadrate

Da die Abweichungen der Punkte von der Ausgleichsgeraden nicht sehr groß sind, ist es gerechtfertigt, die Funktionswerte zu weiteren in obiger Tabelle nicht angegebenen Argumenten mit Hilfe der Geradengleichung schätzungsweise zu berechnen. So gilt etwa $f(5) \approx y(5) = 11.66$. $\triangle$

2. Allgemeiner Ansatz zur Interpolation mittels Polynomfunktionen

Bei der Interpolation einer Funktion f geht es – im Gegensatz zur Approximation – nun darum, eine Ersatzfunktion p zu finden, welche an bestimmten vorgegebenen Stellen mit f exakt übereinstimmt. Sind von der Funktion f die Punkte (x_i, y_i) mit $f(x_i) = y_i$ für $i = 0, 1, \ldots, n$ gegeben, so muss die gesuchte Funktion p die Bedingung $p(x_i) = y_i$ für alle i erfüllen. Ist p eine Polynomfunktion, so nennt man p ein **Interpolationspolynom** zu den **Interpolationsstellen** (x_i, y_i), $i = 0, 1, \ldots, n$. Dabei heißen die x_i **Stützstellen** und die y_i **Stützwerte** der Interpolationsstellen (x_i, y_i). Es gilt der folgende

Satz 9.15 *Zu* $n + 1$ *Interpolationsstellen* (x_i, y_i), $i = 0, 1, \ldots, n$, *mit paarweise verschiedenen Stützstellen* x_i *gibt es genau ein Interpolationspolynom* p, *dessen Grad höchstens* n *beträgt.*

Ein lineares Interpolationspolynom für eine Funktion f ist somit durch zwei Punkte bestimmt und beschreibt den mittleren Anstieg von f, ein quadratisches Polynom erfasst zusätzlich die mittlere Krümmung, ein kubisches Interpolationspolynom auch die Änderung der Krümmungsrichtung von f. Interpolationspolynome von immer höherem Grad müssen jedoch nicht immer bessere Ersatzfunktionen liefern. Es gibt nämlich – wie man zeigen kann – stetige Funktionen, welche sich nicht als Limes von Interpolationspolynomen mit immer dichter werdender Stützstellenmenge darstellen lassen.

Das eindeutig bestimmte Interpolationspolynom p zu dem System von Interpolationsstellen $(x_0, y_0), \ldots, (x_n, y_n)$ kann auf mehrere Arten gewonnen werden. Der allgemeine Ansatz

$$p(x) = a_0 + a_1 x + a_2 x^2 + \cdots + a_n x^n \tag{9.12}$$

führt auf das lineare Gleichungssystem $a_0 + a_1 x_i + a_2 x_i^2 + \cdots + a_n x_i^n = y_i$, $i = 0, 1, \ldots, n$, für die Koeffizienten $a_0, a_1, a_2, \ldots, a_n$, in Matrixschreibweise

$$\left(\begin{array}{ccccc|c} 1 & x_0 & x_0^2 & \ldots & x_0^n & y_0 \\ 1 & x_1 & x_1^2 & \ldots & x_1^n & y_1 \\ \vdots & \vdots & \vdots & & \vdots & \vdots \\ 1 & x_n & x_n^2 & \ldots & x_n^n & y_n \end{array} \right).$$

Die Determinante dieses Systems ist die so genannte **Vandermonde'sche Determinante**, welche den Wert $\prod_{i<j}(x_j - x_i)$ besitzt. Aus dieser Darstellung ist zu ersehen, dass die Koeffizienten a_i des Interpolationspolynoms eindeutig bestimmt sind, falls alle Stützstellen paarweise verschieden sind.

3. Interpolation nach Lagrange

Das nach Satz 9.15 bestimmte Interpolationspolynom kann auch explizit, ohne eine Rechnung durchführen zu müssen, angegeben werden. Dazu betrachtet man die Polynome

$$L_i(x) = \prod_{j \neq i} \frac{x - x_j}{x_i - x_j} = \frac{(x - x_0) \cdots (x - x_{i-1})(x - x_{i+1}) \cdots (x - x_n)}{(x_i - x_0) \cdots (x_i - x_{i-1})(x_i - x_{i+1}) \cdots (x_i - x_n)} \qquad (9.13)$$

für $i = 0, 1, \ldots, n$ und bildet damit das **Lagrange'sches Interpolationspolynom**

$$p(x) = y_0 L_0(x) + y_1 L_1(x) + \cdots + y_n L_n(x). \qquad (9.14)$$

Offensichtlich sind alle $L_i(x)$ Polynome vom Grad n und besitzen darüber hinaus die Eigenschaft, dass $L_i(x_i) = 1$ und $L_i(x_j) = 0$ für $i \neq j$. Folglich ist auch p gemäß Gleichung (9.14) ein Polynom, dessen Grad höchstens n beträgt, und p erfüllt die Interpolationsbedingungen $p(x_i) = y_i$ für alle i. Also ist p das gesuchte Interpolationspolynom.

Beispiel 9.16 Wir bestimmen jene quadratische Polynomfunktion, welche durch die drei Punkte $(0, 1)$, $(1, 0)$ und $(2, 3)$ führt. Der allgemeine Ansatz für ein Interpolationspolynom zweiten Grades nach (9.12) lautet $p(x) = a_0 + a_1 x + a_2 x^2$, und durch Einsetzen der drei Interpolationsstellen erhält man das lineare Gleichungssystem

$$\begin{array}{rcrcrcl} a_0 & & & & & = & 1 \\ a_0 & + & a_1 & + & a_2 & = & 0 \\ a_0 & + & 2a_1 & + & 4a_2 & = & 3 \end{array}$$

mit der Lösung $a_0 = 1$, $a_1 = -3$ und $a_2 = 2$. Somit ist das Interpolationspolynom gegeben durch $p(x) = 1 - 3x + 2x^2$.

Nach der Methode von Lagrange ermitteln wir zu den Stützstellen $x_0 = 0$, $x_1 = 1$ und $x_2 = 2$ zunächst nach Gleichung (9.13)

$$\begin{aligned} L_0(x) &= \frac{(x - x_1)(x - x_2)}{(x_0 - x_1)(x_0 - x_2)} = \frac{(x - 1)(x - 2)}{(0 - 1)(0 - 2)} = \frac{1}{2}x^2 - \frac{3}{2}x + 1, \\ L_1(x) &= \frac{(x - x_0)(x - x_2)}{(x_1 - x_0)(x_1 - x_2)} = \frac{x(x - 2)}{1(1 - 2)} = -x^2 + 2x, \\ L_2(x) &= \frac{(x - x_0)(x - x_1)}{(x_2 - x_0)(x_2 - x_1)} = \frac{x(x - 1)}{2(2 - 1)} = \frac{1}{2}x^2 - \frac{1}{2}x. \end{aligned}$$

Für das Lagrange'sche Interpolationspolynom (9.14) gilt dann

$$
\begin{aligned}
p(x) &= 1 \cdot L_0(x) + 0 \cdot L_1(x) + 3 \cdot L_2(x) \\
&= \frac{1}{2}x^2 - \frac{3}{2}x + 1 + 3(\frac{1}{2}x^2 - \frac{1}{2}x) \\
&= 1 - 3x + 2x^2.
\end{aligned}
$$

$\triangle$

4. Interpolation nach Newton

Das **Newton'sche Interpolationspolynom** hat die Form

$$p(x) = b_0 + b_1(x - x_0) + b_2(x - x_0)(x - x_1) + \cdots + b_n(x - x_0)\cdots(x - x_{n-1}). \quad (9.15)$$

Dieser Ansatz liefert nach Einsetzen aller Interpolationsstellen ein Gleichungssystem für die Koeffizienten b_i, welches bereits Dreiecksform besitzt und daher einfach zu lösen ist. Kommt ein neuer Stützpunkt (x_{n+1}, y_{n+1}) dazu, wird – im Gegensatz zum Lagrange'schen Polynom – der Newton'sche Ansatz nur um einen Summanden erweitert und der Koeffizient b_{n+1} neu berechnet, alle anderen b_i bleiben unverändert.

Zur praktischen Berechnung der Koeffizienten in (9.15) betrachten wir allgemein das Interpolationspolynom vom Grad $\leq k$, welches durch die Stellen (x_i, y_i), $i = 0, \ldots, k$ (für beliebiges $k \geq 0$) eindeutig bestimmt ist, und schreiben dafür

$$p_{0\ldots k}(x) = b_0 + b_1(x - x_0) + b_2(x - x_0)(x - x_1) + \cdots + b_k(x - x_0)\cdots(x - x_{k-1}).$$

Insbesondere ist also $p_{0\ldots n}(x) = p(x)$. Der Koeffizient b_k von x^k in $p_{0\ldots k}(x)$ ist dabei durch die Interpolationsstellen (x_i, y_i), $i = 0, \ldots, k$ eindeutig bestimmt und offensichtlich unabhängig von deren Reihenfolge. Wir schreiben $b_k = f[x_0, \ldots, x_k]$ und sprechen vom k**-ten Differenzenquotienten** (oder der k**-ten dividierten Differenz**) der Funktion f für die Stellen $x_0, \ldots, x_k$.

Die Berechnung von $f[x_0, \ldots, x_k]$ kann nun rekursiv wie folgt durchgeführt werden: Wir setzen $x = x_0$ in Gleichung (9.15) und erhalten für den 0-ten Differenzenquotienten

$$f(x_0) = b_0 \;\Rightarrow\; b_0 = f[x_0] = f(x_0).$$

Mit $x = x_1$ folgt ferner

$$f(x_1) = b_0 + b_1(x_1 - x_0) \;\Rightarrow\; b_1 = f[x_0, x_1] = \frac{f[x_1] - f[x_0]}{x_1 - x_0}$$

für den ersten Differenzenquotienten, und für den zweiten Differenzenquotienten berechnet man

$$
\begin{aligned}
f(x_2) &= b_0 + b_1(x_2 - x_0) + b_2(x_2 - x_0)(x_2 - x_1) \\
\Rightarrow\quad b_2 = f[x_0, x_1, x_2] &= \frac{f[x_2] - f[x_0]}{(x_2 - x_0)(x_2 - x_1)} - \frac{f[x_0, x_1]}{x_2 - x_1} \\
&= \frac{f[x_0, x_2] - f[x_0, x_1]}{x_2 - x_1} \\
&= \frac{f[x_1, x_2] - f[x_0, x_1]}{x_2 - x_0}
\end{aligned}
$$

(wobei im letzten Schritt die Stützstellen x_0 und x_1 vertauscht wurden). Allgemein kann der

k-te Differenzenquotient rekursiv aus zwei Differenzenquotienten der Ordnung $k-1$ wie folgt berechnet werden.

Satz 9.17 *Für den k-ten Differenzenquotienten $f[x_0, \ldots, x_k]$ der Funktion f an den Stellen $x_0, \ldots, x_k$ gilt*

$$f[x_0, \ldots, x_k] = \frac{f[x_1, \ldots, x_k] - f[x_0, \ldots, x_{k-1}]}{(x_k - x_0)} \quad \text{für} \quad k \geq 1.$$

Beweis. Zum Beweis betrachten wir das Interpolationspolynom $p_{0 \ldots k}(x)$. Dann gilt einerseits

$$\begin{aligned}
p_{0 \ldots k}(x) &= p_{0 \ldots k-1}(x) + f[x_0, \ldots, x_k](x - x_0) \cdots (x - x_{k-1}) \\
&= p_{1 \ldots k-1}(x) + f[x_0, \ldots, x_{k-1}](x - x_1) \cdots (x - x_{k-1}) + \\
&\quad + f[x_0, \ldots, x_k](x - x_0) \cdots (x - x_{k-1}),
\end{aligned}$$

andererseits ist aber auch

$$\begin{aligned}
p_{0 \ldots k}(x) &= p_{1 \ldots k}(x) + f[x_0, \ldots, x_k](x - x_1) \cdots (x - x_k) \\
&= p_{1 \ldots k-1}(x) + f[x_1, \ldots, x_k](x - x_1) \cdots (x - x_{k-1}) + \\
&\quad + f[x_0, \ldots, x_k](x - x_1) \cdots (x - x_k).
\end{aligned}$$

Aus einem Vergleich der beiden Darstellungen folgt

$$\begin{aligned}
f[x_0, \ldots, x_{k-1}] + f[x_0, \ldots, x_k](x - x_0) &= f[x_1, \ldots, x_k] + f[x_0, \ldots, x_k](x - x_k) \\
\Rightarrow \quad f[x_0, \ldots, x_k](x_k - x_0) &= f[x_1, \ldots, x_k] - f[x_0, \ldots, x_{k-1}]
\end{aligned}$$

und damit die Behauptung. $\qquad\square$

Die Differenzenquotienten $b_k = f[x_0, \ldots, x_k]$ können in der Praxis auf einfache Weise an Hand des nachstehenden **Differenzenschemas** berechnet werden. Dabei werden zuerst die

x_0	$f[x_0]$				
x_1	$f[x_1]$	$f[x_0, x_1]$			
x_2	$f[x_2]$	$f[x_1, x_2]$	$f[x_0, x_1, x_2]$		
x_3	$f[x_3]$	$f[x_2, x_3]$	$f[x_1, x_2, x_3]$	$f[x_0, x_1, x_2, x_3]$	
$\vdots$	$\vdots$	$\vdots$	$\vdots$	$\vdots$	$\ddots$
x_n	$f[x_n]$	$f[x_{n-1}, x_n]$	$f[x_{n-2}, x_{n-1}, x_n]$	$\cdots$	$\cdots \quad f[x_0, \ldots, x_n]$

Stützstellen x_i und die Stützwerte $y_i = f[x_i]$, d.h. alle 0-ten Differenzenquotienten von f in den ersten beiden Spalten eingetragen. Anschließend werden die Differenzenquotienten höherer Ordnung, beginnend mit $f[x_0, x_1]$, jeweils aus den im Schema links und links oben stehenden Größen nach Satz 9.17 berechnet. So gilt etwa $f[x_0, x_1] = \frac{f[x_1] - f[x_0]}{x_1 - x_0}$ oder $f[x_1, x_2, x_3] = \frac{f[x_2, x_3] - f[x_1, x_2]}{x_3 - x_1}$, usw. Die Werte in der Hauptdiagonalen, d.h. die jeweils obersten Einträge in jeder Spalte sind dann die Koeffizienten b_k des Newton'schen Interpolationspolynoms.

Beispiel 9.18 (Fortsetzung) Zur Bestimmung des Interpolationspolynoms durch die Punkte $(0,1)$, $(1,0)$ und $(2,3)$ nach Newton machen wir gemäß (9.15) den Ansatz $p(x) = b_0 + b_1(x - x_0) + b_2(x - x_0)(x - x_1)$ und berechnen die Koeffizienten b_k für $k = 0, 1, 2$ mit Hilfe des folgenden Differenzenschemas.

$$
\begin{array}{c|lll}
0 & 1 \\
1 & 0 & \frac{0-1}{1-0} = -1 \\
2 & 3 & \frac{3-0}{2-1} = 3 & \frac{3-(-1)}{2-0} = 2
\end{array}
$$

Dem Schema entnehmen wir $b_0 = 1$, $b_1 = -1$, $b_2 = 2$. Also gilt $p(x) = 1 - x + 2x(x-1) = 1 - 3x + 2x^2$. $\qquad\qquad\qquad\qquad\qquad\qquad\qquad\qquad\qquad\qquad\qquad\qquad\qquad\qquad\triangle$

Beispiel 9.19 Der Gebrauchtwert einer EDV-Anlage betrage nach zwei Jahren noch 50%, nach vier Jahren noch 20% des Anschaffungspreises, nach fünf Jahren sei die Anlage praktisch wertlos. Man ermittle ein geeignetes Interpolationspolynom $p(t)$ als Funktion der Nutzungsdauer t, das mit diesen empirischen Daten für $t = 2$, 4 und 5 übereinstimmt und für $t = 0$ den Wert 100 (Neuwert 100%) annimmt. Ferner bestimme man damit den relativen Wertverlust der Anlage im ersten Jahr.

Wir bestimmen den relativen Restwert der Anlage in Abhängigkeit von der Nutzungsdauer t durch ein Interpolationspolynom $p(t)$ zu den vier Interpolationsstellen $(0, 100)$, $(2, 50)$, $(4, 20)$ und $(5, 0)$. Das Polynom $p(t)$ wird als Polynom dritten Grades in der Form $p(t) = b_0 + b_1 t + b_2 t(t-2) + b_3 t(t-2)(t-4)$ angesetzt. Zur Berechnung der Koeffizienten b_0, b_1, b_2, b_3 erstellen wir ein Differenzenschema wie folgt.

$$
\begin{array}{c|llll}
0 & 100 \\
2 & 50 & -25 \\
4 & 20 & -15 & \frac{5}{2} \\
5 & 0 & -20 & -\frac{5}{3} & -\frac{5}{6}
\end{array}
$$

Daraus ergeben sich die Koeffizienten $b_0 = 100$, $b_1 = -25$, $b_2 = \frac{5}{2}$ und $b_3 = -\frac{5}{6}$. Somit lautet das gesuchte Interpolationspolynom

$$
p(t) = 100 - 25t + \frac{5}{2}t(t-2) - \frac{5}{6}t(t-2)(t-4) = 100 - \frac{110}{3}t + \frac{15}{2}t^2 - \frac{5}{6}t^3.
$$

Der Wert der Anlage nach einem Jahr schließlich ist durch den Funktionswert von p an der Stelle $t = 1$ gegeben. Wir berechnen $p(1)$ numerisch am günstigsten gemäß

$$
p(1) = 100 + t\left(-25 + (t-2)\left(\frac{5}{2} - \frac{5}{6}(t-4)\right)\right)\Bigg|_{t=1} = 70.
$$

Also gilt $p(1) = 70$, und dementsprechend beträgt der Wertverlust im ersten Jahr 30%. $\qquad\triangle$

Natürlich liefern alle Ansätze zur Bestimmung des Interpolationspolynoms, wie das Beispiel zeigt, dasselbe Resultat. In der Praxis wird zumeist mit dem Newton'schen Ansatz gerechnet, während das Lagrange'sche Interpolationspolynom vor allem für theoretische Überlegungen herangezogen wird.

Wird eine stetige Funktion $f : I \to \mathbb{R}$ in den Interpolationsstellen (x_i, y_i) mit $x_i \in I$ und $y_i = f(x_i)$, $i = 0, 1, \ldots, n$, durch ein Polynom p_n von höchstens n-tem Grad interpoliert, so gilt $f(x) = p_n(x) + R_n(x)$ für alle $x \in I$. Dabei gibt R_n den Verfahrensfehler bei der Näherung von f durch p_n an und wird **Restglied der Interpolation** genannt. Offensichtlich ist $R_n(x_i) = 0$ für alle Stützstellen x_i. Ist f auf I $(n + 1)$-mal stetig differenzierbar, so gilt

$$R_n(x) = \frac{f^{(n+1)}(\xi)}{(n+1)!}(x - x_0)(x - x_1) \cdots (x - x_n), \quad x_0 \leq \xi \leq x_n,$$

mit einer von x abhängigen Zwischenstelle ξ. Das Produkt $(x - x_0)(x - x_1) \cdots (x - x_n)$ ist im Fall äquidistanter Stützstellen x_i in der Mitte des Intervalls $[x_0, x_n]$ am kleinsten, sodass i.Allg. dort der Interpolationsfehler am geringsten ist. Außerhalb des Intervalls $[x_0, x_n]$, d.h. im Fall der **Extrapolation** tritt zumeist ein um vieles größerer Fehler auf (siehe Abb. 9.9).

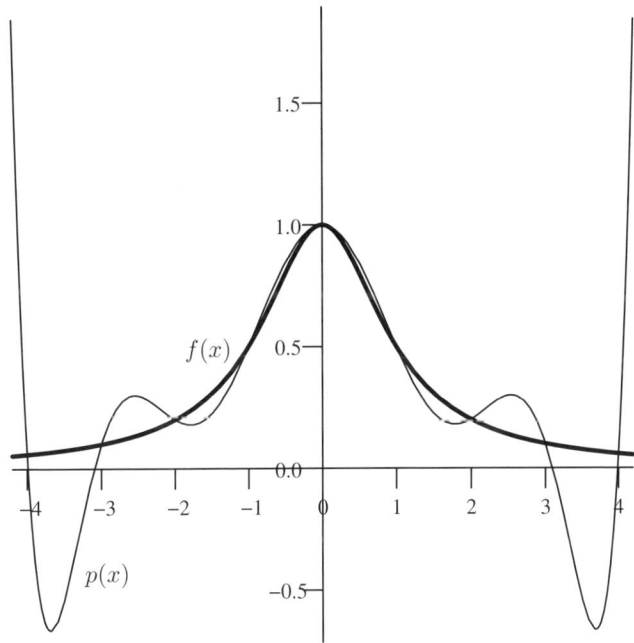

Abbildung 9.9 Verfahrensfehler bei Interpolation von $f(x) = \frac{1}{1+x^2}$ durch ein Polynom $p(x)$ achten Grades

5. Spline-Interpolation

Nach Satz 9.15 gibt es zu $n + 1$ Interpolationsstellen genau ein Interpolationspolynom von höchstens n-tem Grad. Bei einer großen Anzahl von Interpolationsstellen ist i.Allg. auch der Polynomgrad groß, so dass einerseits unerwünschte Schwankungen des Interpolationspolynoms auftreten können, andererseits große Fehler zwischen den Stützstellen möglich sind. Aus diesem Grund vermeidet man zu Interpolationszwecken vielfach Polynome höheren Grades und geht über zu stückweiser Interpolation mit Hilfe von Polynomen niedrigeren Grades, wobei die Übergänge zwischen den einzelnen Kurven möglichst „glatt" verlaufen sollen. Diese Methode heißt **Spline-Interpolation**, und die daraus entstehenden Ersatzfunktionen werden **Splines** genannt.

Wir beschränken uns hier auf so genannte **natürliche kubische Splines**, das sind zweimal stetig differenzierbare Funktionen, welche sich stückweise aus Polynomfunktionen 3. Grades zusammensetzen, die an den Anschlussstellen in Funktionswert, Steigung und Krümmung übereinstimmen. Zu einem gegebenen System von Interpolationsstellen (x_i, y_i), $i = 0, 1, \ldots, n$, bestimmt man die natürliche kubische Splinefunktion $s(x)$ wie folgt: In jedem Intervall $[x_{i-1}, x_i]$ ist $s(x)$ ein Polynom 3. Grades, d.h.

$$s(x) = p_i(x) = a_i + b_i(x - x_i) + c_i(x - x_i)^2 + d_i(x - x_i)^3 \qquad (9.16)$$

für $x_{i-1} \leq x \leq x_i$, $i = 1, \ldots, n$. Dabei werden die Koeffizienten a_i, b_i, c_i, d_i aus den $n + 1$ Interpolationsbedingungen

$$p_1(x_0) = y_0, \ p_1(x_1) = y_1, \ldots, p_n(x_n) = y_n, \qquad (9.17)$$

den $3(n - 1)$ Anschlussbedingungen

$$\left. \begin{array}{l} p_i(x_i) = p_{i+1}(x_i) \\ p_i'(x_i) = p_{i+1}'(x_i) \\ p_i''(x_i) = p_{i+1}''(x_i) \end{array} \right\} i = 1, \ldots, n - 1 \qquad (9.18)$$

sowie den beiden Randbedingungen

$$p_1''(x_0) = 0, \ p_n''(x_n) = 0 \qquad (9.19)$$

bestimmt. (Außerhalb von $[x_0, x_n]$ verläuft $s(x)$ linear.) Das sind insgesamt $4n$ Bedingungen, aus denen die $4n$ Polynomkoeffizienten gefunden werden können.

Beispiel 9.20 (Fortsetzung) Auf Grund der großen Zahl von Bedingungen für Splines ist deren Berechnung aufwendiger als jene von Interpolationspolynomen. Zur Demonstration der prinzipiellen Vorgangsweise bestimmen wir noch einmal eine Funktion durch die Punkte $(0, 1)$, $(1, 0)$ und $(2, 3)$, und zwar nach der Methode der Spline-Interpolation.

Gesucht ist also eine Splinefunktion $s(x)$ zu den drei Interpolationsstellen (x_i, y_i), $i = 0, 1, 2$ mit der Stützstellenmenge $\{0, 1, 2\}$, wobei

$$s(x) = \begin{cases} p_1(x) & 0 \leq x \leq 1 \\ p_2(x) & 1 \leq x \leq 2 \end{cases}$$

aus zwei kubischen Polynomen $p_1(x)$ und $p_2(x)$ zusammengesetzt ist. Wir machen den Polynomansatz (9.16), welcher die 8 unbekannten Koeffizienten a_i, b_i, c_i, d_i für $i = 1, 2$ enthält:

$$\begin{array}{rcl} p_i(x) & = & a_i + b_i(x - x_i) + c_i(x - x_i)^2 + d_i(x - x_i)^3 \\ p_i'(x) & = & b_i + 2c_i(x - x_i) + 3d_i(x - x_i)^2 \\ p_i''(x) & = & 2c_i + 6d_i(x - x_i) \end{array}$$

Aus den Interpolationsbedingungen (9.17) folgt zunächst

$$p_1(0) = a_1 - b_1 + c_1 - d_1 = 1, \ p_1(1) = a_1 = 0, \ p_2(2) = a_2 = 3.$$

Die Anschlussbedingungen (9.18) lauten in unserem Fall

$$p_1(1) = p_2(1) \quad \Rightarrow \quad a_1 = a_2 - b_2 + c_2 - d_2$$
$$p_1'(1) = p_2'(1) \quad \Rightarrow \quad b_1 = b_2 - 2c_2 + 3d_2$$
$$p_1''(1) = p_2''(1) \quad \Rightarrow \quad 2c_1 = 2c_2 - 6d_2$$

und die beiden Randbedingungen (9.19) sind gegeben durch

$$p_1''(0) = 2c_1 - 6d_1 = 0, \ p_2''(2) = 2c_2 = 0.$$

Das sind 8 lineare Gleichungen für die Parameter $a_1, b_1, \ldots, d_2$ mit der Lösung $a_1 = 0$, $b_1 = 1$, $c_1 = 3$, $d_1 = 1$, $a_2 = 3$, $b_2 = 4$, $c_2 = 0$, $d_2 = -1$. Damit ist der Spline $s(x)$ vollständig bestimmt, und wir erhalten

$$s(x) = \begin{cases} p_1(x) = (x-1) + 3(x-1)^2 + (x-1)^3 = x^3 - 2x + 1 & 0 \le x \le 1 \\ p_2(x) = 3 + 4(x-2) - (x-2)^3 = -x^3 + 6x^2 - 8x + 3 & 1 \le x \le 2 \end{cases}.$$

Ein Vergleich der Splinefunktion $s(x)$ mit dem Interpolationspolynom $p(x)$, welches durch die drei vorgegebenen Interpolationsstellen bestimmt ist, ist in Abb. 9.10 ersichtlich. $\triangle$

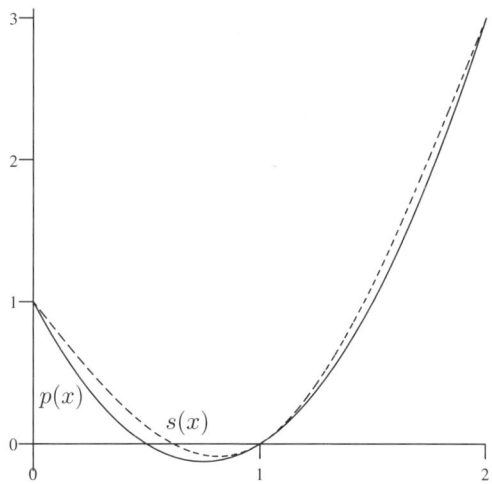

Abbildung 9.10 Interpolationspolynom $p(x)$ und Spline $s(x)$ durch die Punkte $(0,1)$, $(1,0)$ und $(2,3)$

9.5 Numerische Integration

„Differenzieren ist ein Handwerk, Integrieren jedoch eine Kunst." Tatsächlich können sämtliche elementaren Funktionen mit wenigen Differentiationsregeln abgeleitet werden, während die Integration selbst einfacher Funktionen auf beträchtliche Schwierigkeiten führen kann. Dieser Umstand zeigt sich insbesondere bei der Behandlung von Differentialgleichungen, deren Lösungen ja durch Integration gewonnen werden, denn nur in wenigen Fällen ist hier das Auffinden einer Lösung in geschlossener oder expliziter Form möglich. Geht es jedoch um die Berechnung numerischer Werte wie etwa beim bestimmten Integral oder bei der Ermittlung einzelner Funktionswerte der partikulären Lösung einer Differentialgleichung, so kann das Ergebnis vielfach mit Hilfe numerischer Methoden gewonnen werden.

In diesem Abschnitt beschäftigen wir uns mit der näherungsweisen Berechnung bestimmter Integrale der Form $\int_a^b f(x)dx$, für die eine exakte Auswertung nicht möglich ist. Das ist z.B. dann der Fall, wenn die Stammfunktion des Integranden f nicht explizit bestimmt werden kann. Die exakte Berechnung des Integrals kann auch daran scheitern, dass der Integrand eine empirisch gegeben Funktion darstellt, die nur an endlich vielen Stellen bekannt ist. In diesen Fällen werden Verfahren benötigt, welche zumindest einen Näherungswert für das gesuchte Integral liefern. Wir beschränken uns dabei auf die Angabe solcher Näherungsformeln, die auf der Integration von Polynomen beruhen, welche den Integranden interpolieren.

Sei f eine auf dem Intervall $[a, b]$ definierte reellwertige stetige Funktion. Wir ersetzen $f(x)$ auf $[a, b]$ durch eine Ersatzfunktion $p(x)$, wobei p entweder ein Interpolationspolynom ist oder stückweise aus Polynomen zusammengesetzt wird, also ein Polynomspline ist. In jedem Fall gilt $f(x) = p(x) + r(x)$ mit einem geeigneten Rest $r(x)$. Durch Integration folgt

$$\int_a^b f(x)dx = \int_a^b p(x)dx + \int_a^b r(x)dx = Q(a,b) + R(a,b).$$

Das Integral $Q(a, b)$ wird als **Quadraturformel** bezeichnet, und $R(a, b)$ heißt das **Restglied der Quadraturformel**. Als Integral einer Polynomfunktion ist $Q(a, b)$ einfach zu berechnen und liefert einen Näherungswert für das bestimmte Integral. Das Restglied der Quadraturformel $R(a, b)$ bestimmt den Verfahrensfehler des Quadraturverfahrens und hängt sowohl vom Polynomgrad der Ersatzfunktion wie von der Anzahl der Teilintervalle bei Splines ab. Ist die Ersatzfunktion $p(x)$ ein Interpolationspolynom, muss das Fehlerpolynom $r(x)$ und damit das Restglied $R(a, b)$ mit zunehmendem Grad von $p(x)$ nicht notwendigerweise verschwinden (vgl. Abb. 9.9). Aus diesem Grund wählt man in der Praxis zumeist Quadraturformeln, bei welchen man sich auf lineare, quadratische oder kubische Interpolationspolynome beschränkt. Eine Verbesserung der Genauigkeit ist jedoch dadurch möglich, dass man zu Polynomsplines übergeht, das Quadraturverfahren auf jedes einzelne Teilintervall anwendet und die Ergebnisse aufsummiert. Mit zunehmdener Anzahl der Teilintervalle kann dann der Verfahrensfehler beliebig klein gemacht werden.

1. Sehnentrapezregel

Den Ausgangspunkt zur numerischen Integration bildet eine Unterteilung des Integrationsintervalls $[a, b]$ durch äquidistante Stützstellen

$$a = x_0,\ x_1,\ x_2,\ \ldots,\ x_n = b$$

in n Teilintervalle gleicher Länge ($n \geq 1$). Die Länge der Teilintervalle $h = \frac{b-a}{n}$ wird als **Schrittweite** des Verfahrens bezeichnet. Für die $n + 1$ Stützstellen gilt dann $x_i = x_0 + ih$, die entsprechenden Funktionswerte seien $y_i = f(x_i)$, $i = 0, 1, \ldots, n$. Wir approximieren nun das bestimmte Integral durch eine Zwischensumme, also

$$\int_a^b f(x)dx \approx \sum_{i=1}^n f(\xi_i)\Delta x_i,$$

und wählen speziell $f(\xi_i) = (y_{i-1} + y_i)/2$ und $\Delta x_i = h$. Damit folgt

$$
\begin{aligned}
\int_a^b f(x)dx &\approx h\left(\frac{y_0 + y_1}{2} + \frac{y_1 + y_2}{2} + \cdots + \frac{y_{n-1} + y_n}{2}\right)\\
&= \frac{h}{2}(y_0 + 2y_1 + 2y_2 + \cdots + 2y_{n-1} + y_n)
\end{aligned}
$$

bzw. mit $h = \frac{b-a}{n}$ die Quadraturformel (**Sehnentrapezformel**)

$$
Q^{ST}(a,b) = \frac{b-a}{2n}(y_0 + 2y_1 + 2y_2 + \cdots + 2y_{n-1} + y_n). \tag{9.20}
$$

Die Bezeichnung Sehnentrapezformel wird durch die Veranschaulichung in Abb. 9.11 verständlich. Wird nämlich die Funktion in jedem Teilintervall linear interpoliert, d.h. durch eine Sehne

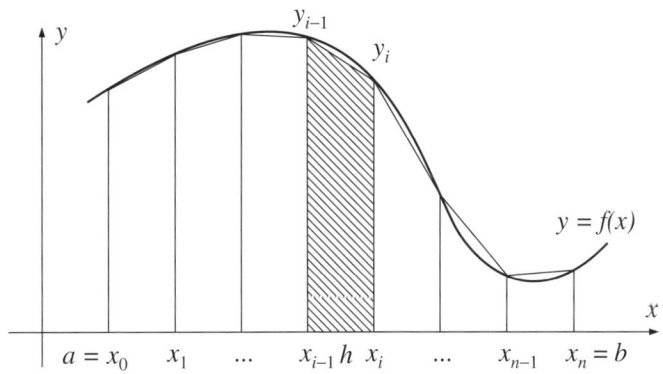

Abbildung 9.11 Integration mittels der Sehnentrapezregel

ersetzt, dann entspricht der Wert von $Q^{ST}(a,b)$ gerade der Summe der Flächen aller Sehnentrapeze, welche durch die x-Achse, die beiden Ordinaten in x_{i-1} und x_i sowie die Sekante durch (x_{i-1}, y_{i-1}) und (x_i, y_i) begrenzt sind. Auf Grund dieser Interpretation ist auch klar, dass die Sehnentrapezformel im Fall eines linearen Integranden f mit dem exakten Wert des Integrals $\int_a^b f(x)dx$ übereinstimmt.

Ist f zweimal stetig differenzierbar, kann der Integrationsfehler durch

$$
R^{ST}(a,b) = -\frac{b-a}{12}h^2 f''(\xi)
$$

mit einem geeigneten $\xi \in [a,b]$ angegeben werden und hat somit die Fehlerordnung $O(h^2)$ für $h \to 0$. Eine Halbierung der Schrittweite führt also zu einer Verringerung des Fehlers auf etwa ein Viertel.

Beispiel 9.21 Bestimmen wir das Integral $\int_{-1}^1 \sqrt{1 - x^2}dx$, d.h. die Fläche eines halben Einheitskreises mit Hilfe der Sehnentrapezregel. Dazu wählen wir eine Unterteilung des Integrationsintervalls $[-1, 1]$ in $n = 4$ Teilintervalle der Länge $h = \frac{1}{2}$ mit den Stützstellen

$x_0 = -1$, $x_1 = -\frac{1}{2}$, $x_2 = 0$, $x_3 = \frac{1}{2}$, $x_4 = 1$ und berechnen die zugehörigen Funktionswerte $y_i = f(x_i) = \sqrt{1 - x_i^2}$. Für diese erhalten wir $y_0 = y_4 = 0$, $y_1 = y_3 = \sqrt{\frac{3}{4}}$, $y_2 = 1$ und damit gemäß (9.20)

$$\int_{-1}^{1} \sqrt{1 - x^2}\,dx \approx \frac{1}{4}(y_0 + 2y_1 + 2y_2 + 2y_3 + y_4) = \frac{1}{4}\left(0 + 2\sqrt{\frac{3}{4}} + 2 \cdot 1 + 2\sqrt{\frac{3}{4}} + 0\right) = 1.37$$

als grobe Näherung gegenüber dem exakten Wert von $\frac{\pi}{2} = 1.57$. Eine Halbierung der Schrittweite auf $h = \frac{1}{4}$ führt auf den deutlich besseren Näherungswert 1.50, und für $h = 0.01$ ergibt sich im Rahmen der verwendeten Genauigkeit der Wert 1.57.   △

2. Kepler'sche Fassregel

Im nächsten Schritt werden wir den Integranden $f(x)$ nicht durch eine lineare, sondern durch eine quadratische Funktion, d.h. eine Parabel approximieren. Dazu teilen wir das Integrationsintervall $[a, b]$ in zwei Teilintervalle mit den Stützstellen $x_0 = a$, $x_1 = \frac{a+b}{2}$, $x_2 = b$ und den Stützwerten $y_0 = f(x_0)$, $y_1 = f(x_1)$ und $y_2 = f(x_2)$. Die Schrittweite beträgt $h = \frac{b-a}{2}$. Durch die drei Punkte (x_i, y_i), $i = 0, 1, 2$ ist dann eine Interpolationsparabel $p(x)$ eindeutig bestimmt. Wir setzen o.B.d.A. $x_0 = -h$, $x_1 = 0$, $x_2 = h$ (das Integral ist ja gegenüber einer Verschiebung in x-Richtung invariant) und erhalten für das Interpolationspolynom nach Lagrange (vgl. (9.14))

$$\begin{aligned}
p(x) &= y_0 L_0(x) + y_1 L_1(x) + y_2 L_2(x) \\
&= y_0 \frac{x(x - h)}{2h^2} + y_1 \frac{(x + h)(x - h)}{-h^2} + y_2 \frac{(x + h)x}{2h^2}.
\end{aligned}$$

Durch Integration erhalten wir weiters

$$\begin{aligned}
\int_a^b p(x)\,dx &= \frac{y_0}{2h^2} \int_{-h}^{h} x(x - h)\,dx - \frac{y_1}{h^2} \int_{-h}^{h} (x + h)(x - h)\,dx + \frac{y_2}{2h^2} \int_{-h}^{h} (x + h)x\,dx \\
&= \frac{y_0}{2h^2} \frac{2h^3}{3} - \frac{y_1}{h^2}\left(-\frac{4h^3}{3}\right) + \frac{y_2}{2h^2} \frac{2h^3}{3} \\
&= \frac{h}{3}(y_0 + 4y_1 + y_2).
\end{aligned}$$

Mit $h = \frac{b-a}{2}$ folgt daraus die so genannte **Kepler'sche Fassregel**[2]

$$\int_a^b f(x)\,dx \approx \frac{b - a}{6}\left(f(a) + 4f\left(\frac{a + b}{2}\right) + f(b)\right). \tag{9.21}$$

3. Simpson'sche Regel

Wiederholte Anwendung der Kepler'schen Fassregel zur Verbesserung der Genauigkeit führt auf die Simpson'sche Regel. Ausgangspunkt ist die Zerlegung $a = x_0$, x_1, x_2, ..., $x_{2n} = b$

---

[2]Diese Quadraturformel geht auf den deutschen Mathematiker und Astronomen Johannes Kepler zurück und wurde zur Berechnung der Kapazität von Weinfässern angewendet.

des Intervalls $[a, b]$ in eine gerade Anzahl $2n$ von Teilintervallen mit der Schrittweite $h = \frac{b-a}{2n}$, wobei die Funktion $f(x)$ auf jedem Teilintervall $[x_{2i-2}, x_{2i}]$ durch das quadratische Interpolationspolynom zu den Stellen (x_{2i-2}, y_{2i-2}), (x_{2i-1}, y_{2i-1}), (x_{2i}, y_{2i}) für $i = 1, \ldots, n$ ersetzt wird. Dadurch ergibt sich als Ersatzfunktion eine quadratische Splinefunktion, deren Integration unter Berücksichtigung von Gleichung (9.21) auf

$$\int_a^b f(x)dx \approx \frac{h}{3}(y_0 + 4y_1 + y_2 \; + \; y_2 + 4y_3 + y_4 \; + \; \ldots \; + \; y_{2n-2} + 4y_{2n-1} + y_{2n})$$

führt. Mit $h = \frac{b-a}{2n}$ erhalten wir die Quadraturformel (**Simpson'sche Regel**)

$$Q^{SI}(a, b) = \frac{b-a}{6n}(y_0 + 4y_1 + 2y_2 + 4y_3 + 2y_4 + \cdots + 2y_{2n-2} + 4y_{2n-1} + y_{2n}). \qquad (9.22)$$

Für $n = 1$ ergibt sich natürlich wieder die Kepler'sche Fassregel (9.21) als Sonderfall der allgemeineren Simpson'schen Regel (9.22).

Wie man zeigen kann, beträgt das zugehörige Restglied (unter passenden Voraussetzungen)

$$R^{SI}(a, b) = -\frac{b-a}{180}h^4 f^{(4)}(\xi)$$

mit einem geeigneten $\xi \in [a, b]$. Der Verfahrensfehler bei der Simpson'schen Regel ist also von der Ordnung $O(h^4)$. Überdies kann man aus der Restglieddarstellung unmittelbar ablesen, dass die Simpson'sche Regel den genauen Wert des Integrals $\int_a^b f(x)dx$ liefert, falls f eine Polynomfunktion von höchstens drittem Grad ist.

Beispiel 9.22 (Fortsetzung) Wir berechnen noch einmal das Integral $\int_{-1}^1 \sqrt{1 - x^2}dx$ aus Beispiel 9.21, dessen exakter Wert $\frac{\pi}{2} = 1.57$ beträgt. Zum Vergleich der beiden Integrationsverfahren wählen wir wieder eine Unterteilung in vier Teilintervalle mit der Schrittweite $h = \frac{1}{2}$, den Stützstellen $x_0 = -1$, $x_1 = -\frac{1}{2}$, $x_2 = 0$, $x_3 = \frac{1}{2}$, $x_4 = 1$ und den Stützwerten $y_0 = y_4 = 0$, $y_1 = y_3 = \sqrt{\frac{3}{4}}$, $y_2 = 1$. Die Anwendung der Simpson'schen Regel (9.22) mit $n = 2$ führt dann auf die Näherung

$$\int_a^b f(x)dx \approx \frac{1}{6}(y_0 + 4y_1 + 2y_2 + 4y_3 + y_4) = 1.49$$

gegenüber dem entsprechenden Wert 1.37 für die Sehnentrapezformel. Eine Halbierung der Schrittweite auf $h = \frac{1}{4}$ (entspricht $n = 4$) liefert den Wert 1.54 und für $h = 0.05$ (entspricht $n = 20$) erhält man bereits 1.57, also den exakten Wert auf zwei Nachkommastellen genau. $\triangle$

Da die Berechnung von $f''(x)$ bzw. $f^{(4)}(x)$ zur Ermittlung des Restglieds vielfach mit großem Aufwand verbunden ist, schlagen wir einen anderen Weg zur **Schätzung des Verfahrensfehlers eines Quadraturverfahrens** ein. Wir betrachten allgemein ein Integrationsverfahren mit der Schrittweite h und der Quadraturformel Q_h sowie dem Restglied R_h, d.h. $\int_a^b f(x)dx = Q_h + R_h$. Dabei wollen wir annehmen, dass die Fehlerordnung r des Restglieds bekannt ist, d.h. für das Restglied gelte $R_h = O(h^r)$ für $h \to 0$. Ferner nehmen wir an, dass $R_h \approx Kh^r$ mit einer geeigneten Konstanten K gilt. Wird die Schrittweite verkleinert, erhöht sich natürlich die Genauigkeit. Vergleicht man die Fehler zu den Schrittweiten h und $2h$, so gilt $R_{2h} \approx 2^r R_h$, und es folgt

$$Q_h + R_h = Q_{2h} + R_{2h} \approx Q_{2h} + 2^r R_h \;\Rightarrow\; R_h \approx \frac{1}{2^r - 1}(Q_h - Q_{2h}).$$

Insbesondere gilt für die Sehnentrapezregel (mit $r = 2$) die Fehlerabschätzung $R_h^{ST} \approx \frac{1}{3}(Q_h^{ST} - Q_{2h}^{ST})$. Bei der Simpson'schen Regel (mit $r = 4$) beträgt der Fehler zur Schrittweite h annähernd $R_h^{SI} \approx \frac{1}{15}(Q_h^{SI} - Q_{2h}^{SI})$.

9.6   Simulation von Differentialgleichungen

Wir beschäftigen uns in diesem Abschnitt mit numerischen Verfahren zur näherungsweisen Lösung von Differentialgleichungen, genauer gesagt zur Lösung von Anfangswertproblemen gewöhnlicher Differentialgleichungen erster Ordnung. Differentialgleichungen höherer Ordnung sind auf Systeme von Differentialgleichungen erster Ordnung rückführbar, welche analog behandelt werden können. Die Lösung von Differentialgleichungen kann, wie wir in Kapitel 7 gesehen haben, auf mehreren Ebenen erfolgen:

- Die **Lösungsgesamtheit** einer Differentialgleichung wird durch Integration gewonnen und umfasst sämtliche Lösungen der Gleichung, sie entspricht geometrisch einer Kurvenschar. Die explizite Bestimmung der allgemeinen Lösung ist allerdings nur für wenige spezielle Typen von Differentialgleichungen möglich.

- Die **partikuläre Lösung** zu einer vorgegebenen Anfangsbedingung entspricht einer einzelnen Lösungskurve der Differentialgleichung. Auch partikuläre Lösungen können in vielen Fällen nicht explizit angegeben werden.

- Die **numerische Lösung** einer Differentialgleichung zu einer vorgegebenen Anfangsbedingung stellt eine diskrete Näherung für die entsprechende partikuläre Lösung dar, welche ausgehend von einem Anfangswert schrittweise berechnet wird. Sie gibt die Lösungsfunktion in Form einer Wertetabelle bzw. als Menge von Punkten der Lösungskurve wieder. Die Bestimmung numerischer Lösungen ist Inhalt des folgenden Abschnitts.

Wir betrachten im Folgenden Anfangswertprobleme gewöhnlicher Differentialgleichungen erster Ordnung der Form $y' = f(x, y)$ mit $y(x_0) = y_0$, wobei durch (x_0, y_0) genau eine Lösungskurve $y = y(x)$ existieren möge. Diese Lösungskurve soll in einem vorgegebenen Integrationsintervall $[a, b]$ mit $a = x_0$ bestimmt werden. Dazu wählen wir eine Unterteilung

$$a = x_0, \; x_1, \; x_2, \; \dots, \; x_n = b$$

von $[a, b]$ in n Teilintervalle mit den äquidistanten **Gitterpunkten** $x_i = x_0 + ih$, $i = 0, 1, \dots, n$, und der Schrittweite $h = \frac{b-a}{n}$. Ein numerisches Verfahren ermöglicht die Berechnung von Näherungswerten y_i für $y(x_i)$, d.h. die näherungsweise Bestimmung der Lösung in der Form einer Wertetabelle mit den Wertepaaren (x_i, y_i) für alle i.

Aus dem Anfangswertproblem $y' = f(x, y)$ mit $y(x_0) = y_0$ folgt durch Integration nach x in den Grenzen von x_0 bis $x_0 + h$

$$\int_{x_0}^{x_0+h} y'(x)dx = y(x_0 + h) - y(x_0) = \int_{x_0}^{x_0+h} f(x, y(x))dx$$

$$\Rightarrow \quad y(x_0 + h) = y_0 + \int_{x_0}^{x_0+h} f(x, y(x))dx. \tag{9.23}$$

Diese Gleichung bildet den Ausgangspunkt für die nachfolgenden Lösungsverfahren. Ersetzt man das Integral in (9.23) durch eine Quadraturformel, so erhält man an der Stelle $x_1 = x_0 + h$ einen Näherungswert y_1 für $y(x_1)$. Sodann löst man dieselbe Differentialgleichung zur Anfangsbedingung $y(x_1) = y_1$ auf analoge Weise und bestimmt eine Näherung y_2 usw., bis sich letztlich y_n als Näherung für $y(x_n)$ ergibt. Verfahren, die nach diesem Schema ablaufen, zählen zu den so genannten **Einschrittverfahren**, da zur Berechnung von y_{i+1} jeweils nur eine vorhergehende Näherung, nämlich y_i, verwendet wird. Werden mehrere der vorher berechneten Werte zur Bestimmung der neuen Näherung herangezogen, spricht man von **Mehrschrittverfahren**.

1. Euler'sches Polygonzugverfahren

Im einfachsten Fall berechnet man das Integral in Gleichung (9.23) nach der Rechtecksformel

$$\int_{x_0}^{x_1} f(x, y(x))dx \approx hf(x_0, y_0)$$

und erhält die Näherung $y_1 = y_0 + hf(x_0, y_0)$ bzw. allgemein (**Euler'sches Polygonzugverfahren**)

$$
\begin{aligned}
x_{i+1} &= x_i + h \\
y_{i+1} &= y_i + hf(x_i, y_i)
\end{aligned}
\tag{9.24}
$$

für $i = 0, 1, \ldots, n - 1$.

Bei jedem Schritt tritt – wie man zeigen kann – ein **lokaler Verfahrensfehler** der Ordnung $O(h^2)$ für $h \to 0$ auf. Die Summe der lokalen Verfahrensfehler der einzelnen Schritte ergibt den **globalen Verfahrensfehler**, dessen Größenordnung $O(h)$ beträgt.

Das Euler'sche Polygonzugverfahren kann auf einfache Weise geometrisch interpretiert werden. Der Übergang von y_i zu y_{i+1} entspricht dem Fortschreiten entlang der Tangente an die

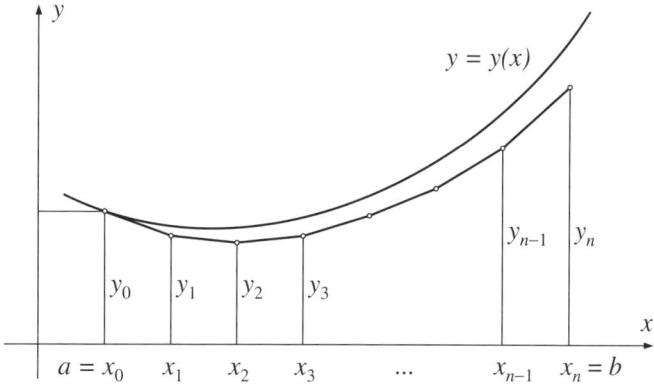

Abbildung 9.12 Euler'sches Polygonzugverfahren

Lösungskurve der Differentialgleichung im Punkt (x_i, y_i) vom Punkt mit der Abszisse x_i zum Punkt mit der Abszisse x_{i+1}, wodurch ein Streckenzug $(x_0, y_0), (x_1, y_1), \ldots, (x_n, y_n)$ entsteht (siehe Abb. 9.12). Davon kommt auch der Name Polygonzugverfahren.

2. Verbessertes Euler'sches Polygonzugverfahren

Die Anwendung der Sehnentrapezregel (9.20) auf das Integral in (9.23) führt auf die Näherung

$$\int_{x_0}^{x_1} f(x, y(x))dx \approx \frac{h}{2}(f(x_0, y_0) + f(x_1, y(x_1))),$$

in welcher allerdings der unbekannte Wert $y(x_1)$ vorkommt. Ersetzt man $y(x_1)$ durch die Näherung $y_1^E = y_0 + hf(x_0, y_0)$ gemäß (9.24), so folgt $y_1 = y_0 + \frac{h}{2}(f(x_0, y_0) + f(x_1, y_0 + hf(x_0, y_0)))$ bzw. allgemein

$$
\begin{aligned}
x_{i+1} &= x_i + h \\
y_{i+1} &= y_i + \frac{h}{2}(k_1 + k_2) \\
&\text{mit} \quad k_1 = f(x_i, y_i) \\
&\qquad\quad k_2 = f(x_i + h, y_i + hk_1)
\end{aligned}
\tag{9.25}
$$

für $i = 0, 1, \ldots, n - 1$. (Dabei sind k_1 und k_2 von i abhängig, während die Schrittweite h konstant ist.) Das durch Gleichung (9.25) festgelegte Lösungsverfahren wird als **verbessertes Euler'sches Polygonzugverfahren** bezeichnet und hat einen globalen Verfahrensfehler der Ordnung $O(h^2)$ für $h \to 0$.

Auch das verbesserte Euler'sche Verfahren besitzt eine anschauliche geometrische Interpretation. Betrachten wir das i-te Teilintervall $[x_i, x_{i+1}]$, so beträgt der Anstieg der Tangente an

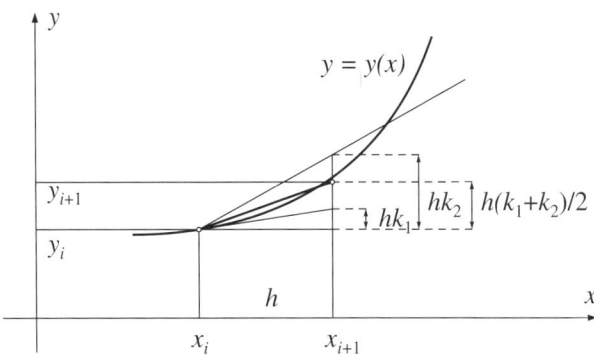

Abbildung 9.13 Verbessertes Euler'sches Polygonzugverfahren

die Lösungskurve an der Stelle x_i annähernd k_1 und an der Stelle x_{i+1} annähernd k_2. Ausgehend vom Punkt (x_i, y_i) wird nun der Folgepunkt (x_{i+1}, y_{i+1}) der Näherungslösung auf einer Geraden erreicht, deren Anstieg dem arithmetischen Mittel dieser beiden Tangentenanstiege, nämlich $(k_1 + k_2)/2$ entspricht (siehe Abb. 9.13).

Eine weitere Verringerung des Fehlers kann man erreichen, wenn man die Näherungswerte y_i in jedem Schritt iterativ verbessert. Zur Bestimmung von y_1 etwa wählen wir als Startwert $y_1^{(0)} = y_0 + hf(x_0, y_0)$, d.i. die Euler'sche Näherung an der Stelle x_1, und berechnen dann schrittweise $y_1^{(k+1)} = y_0 + \frac{h}{2}(f(x_0, y_0) + f(x_1, y_1^{(k)}))$ für $k = 0, 1, 2, \ldots$. Insbesondere ist $y_1^{(1)}$ die Näherung nach dem verbesserten Euler'schen Verfahren. Dieser Ansatz führt auf ein

Verfahren aus der Klasse der **Prädiktor-Korrektor-Verfahren**, das sind Lösungsverfahren, bei denen zuerst ein Näherungswert $y_1^{(0)}$, der **Prädiktor**, bestimmt und dann mit Hilfe eines so genannten **Korrektors** zu $y_1^{(1)}, y_1^{(2)}, \dots$ iterativ verbessert wird (siehe z.B. [24]).

3. Klassisches Runge-Kutta-Verfahren

Eine weitere Verbesserung gegenüber (9.25) erreicht man durch Anwendung der Kepler'schen Fassregel (9.21) auf das in (9.23) auftretende Integral. Dieser Ansatz führt auf

$$
\begin{aligned}
x_{i+1} &= x_i + h \\
y_{i+1} &= y_i + \frac{h}{6}(k_1 + 2k_2 + 2k_3 + k_4)
\end{aligned}
\tag{9.26}
$$

$$
\begin{aligned}
\text{mit} \quad k_1 &= f(x_i, y_i) \\
k_2 &= f(x_i + \frac{h}{2}, y_i + \frac{h}{2}k_1) \\
k_3 &= f(x_i + \frac{h}{2}, y_i + \frac{h}{2}k_2) \\
k_4 &= f(x_i + h, y_i + hk_3)
\end{aligned}
$$

für $i = 0, 1, \dots, n-1$ zur Lösung des Anfangswertproblems $y' = f(x, y)$, $y(x_0) = y_0$. Das Verfahren zählt zur Gruppe der **Runge-Kutta-Verfahren** und wird als **klassisches Runge-Kutta-Verfahren** bezeichnet. Sein globaler Verfahrensfehler besitzt die Größenordnung $O(h^4)$ für $h \to 0$, d.h., eine Halbierung der Schrittweite hat eine Reduktion des Verfahrensfehlers auf etwa $\frac{1}{16}$ zur Folge. Dieser erhöhten Genauigkeit steht jedoch ein größerer Rechenaufwand gegenüber, da in (9.26) pro Integrationsschritt vier Funktionsauswertungen von f erforderlich sind.

Beispiel 9.23 Gesucht ist die Lösung der Differentialgleichung $y' = f(x, y) = x(1-y)$ zur Anfangsbedingung $y(0) = 0.1$ im Intervall $[0, 3]$. Wir wählen die Schrittweite $h = 0.25$, damit sind insgesamt $n = 12$ Schritte notwendig. Das gegebene Anfangswertproblem soll nach dem Euler'schen Polygonzugverfahren, dem verbesserten Euler'schen Verfahren und dem Runge-Kutta-Verfahren gelöst werden.

Wir bestimmen zunächst die Gitterpunkte gemäß $x_{i+1} = x_i + 0.25$ für $i = 0, 1, \dots, 11$ mit $x_0 = 0$. Nach dem Euler'schen Verfahren (9.24) ist dann

$$y_{i+1} = y_i + hf(x_i, y_i) = y_i + 0.25x_i(1 - y_i),$$

wobei $y_0 = 0.1$ ist. Also ergibt sich im ersten Schritt $x_1 = x_0 + 0.25 = 0.25$ und $y_1 = y_0 + 0.25x_0(1 - y_0) = 0.1$, im zweiten Schritt $x_2 = 0.5$, $y_2 = 0.1563$, usw. Das Ergebnis der Rechnung ist in unten stehender Tabelle zusammengefasst.

Nach dem verbesserten Euler'schen Verfahren (9.25) ermittelt man $y_{i+1} = y_i + \frac{h}{2}(k_1 + k_2)$ mit

$$k_1 = f(x_i, y_i) = x_i(1 - y_i) \text{ und } k_2 = f(x_i + h, y_i + hk_1) = (x_i + 0.25)(1 - y_i - 0.25k_1)$$

und erhält damit eine (im Rahmen der verwendeten Genauigkeit deutlich verbesserte) Näherung, die ebenfalls in nachfolgender Tabelle angeführt ist.

Bei Anwendung des klassischen Runge-Kutta-Verfahrens gemäß (9.26) berechnet man im ersten Schritt zunächst

$$k_1 = f(x_0, y_0) = x_0(1 - y_0) = 0,$$
$$k_2 = f(x_0 + h/2, y_0 + (h/2)k_1) = 0.125(1 - 0.10) = 0.1125,$$
$$k_3 = f(x_0 + h/2, y_0 + (h/2)k_2) = 0.125(1 - 0.1141) = 0.1107,$$
$$k_4 = f(x_0 + h, y_0 + hk_3) = 0.25(1 - 0.1277) = 0.2181$$

und damit $y_1 = y_0 + \frac{h}{6}(k_1 + 2k_2 + 2k_3 + k_4) = 0.1277$. Zur Berechnung der weiteren Näherungen $y_2, \ldots, y_{12}$ sind analoge Runge-Kutta-Schritte anzuschließen, deren Ergebnisse ebenfalls in der Tabelle zusammengefasst sind.

		Euler	verb. Euler	Runge-Kutta					exakte Lösung
i	x_i	y_i	y_i	k_1	k_2	k_3	k_4	y_i	$y(x_i)$
0	0.00	0.1000	0.1000					0.1000	0.1000
1	0.25	0.1000	0.1281	0.0000	0.1125	0.1107	0.2181	0.1277	0.1277
2	0.50	0.1563	0.2065	0.2181	0.3169	0.3123	0.3971	0.2058	0.2058
3	0.75	0.2617	0.3211	0.3971	0.4654	0.4600	0.5094	0.3206	0.3206
4	1.00	0.4001	0.4537	0.5095	0.5387	0.5355	0.5455	0.4541	0.4541
5	1.25	0.5501	0.5860	0.5459	0.5373	0.5385	0.5141	0.5879	0.5879
6	1.50	0.6907	0.7041	0.5151	0.4781	0.4844	0.4364	0.7078	0.7078
7	1.75	0.8067	0.8000	0.4383	0.3858	0.3965	0.3379	0.8053	0.8053
8	2.00	0.8913	0.8719	0.3407	0.2852	0.2982	0.2403	0.8781	0.8782
9	2.25	0.9456	0.9219	0.2437	0.1942	0.2074	0.1575	0.9283	0.9284
10	2.50	0.9762	0.9546	0.1613	0.1223	0.1339	0.0955	0.9604	0.9605
11	2.75	0.9911	0.9746	0.0991	0.0715	0.0805	0.0536	0.9794	0.9795
12	3.00	0.9972	0.9863	0.0566	0.0388	0.0452	0.0278	0.9899	0.9900

Die Tabelle enthält auch noch die Werte der exakten Lösung $y(x) = 1 - 0.9e^{-x^2/2}$ (die im vorliegenden Fall durch Trennung der Variablen analytisch bestimmt werden kann) und erlaubt einen direkten Vergleich der Güte der verwendeten Verfahren bei fester Schrittweite. In Abb. 9.14 ist die exakte Lösung gemeinsam mit der Näherungslösung nach dem Euler'schen Polygonzugverfahren graphisch dargestellt. Die beiden Lösungen nach dem verbesserten Eulerverfahren bzw. nach dem Runge-Kutta-Verfahren fallen mit der exakten Lösung trotz der relativ großen Schrittweite praktisch zusammen.   △

Wir schließen diesen Abschnitt mit zwei Bemerkungen zur Fehlerproblematik und zur Schrittweitenbestimmung. Bei jedem numerischen Verfahren sind, wie bereits eingangs erwähnt, sowohl der Verfahrensfehler wie der Rechenfehler von Bedeutung. Sowohl der globale Verfahrensfehler ε_V wie der Rechenfehler ε_R sind – bei gegebener Differentialgleichung, gewähltem Lösungsverfahren und festem Integrationsintervall – Funktionen der Schrittweite h. Große Werte von h haben zwar kurze Rechenzeiten, i.Allg. aber auch große Verfahrensfehler zur Folge. Mit fallender Schrittweite nimmt der Verfahrensfehler wohl ab, dafür aber steigen dann die Rechenzeit und die Rundungsfehler. Der qualitative Verlauf der Fehlerkomponenten ε_V und ε_R sowie des Gesamtfehlers $\varepsilon = \varepsilon_V + \varepsilon_R$ ist in Abb. 9.15 dargestellt. Aus der Abbildung ist zu ersehen, dass es eine optimale Schrittweite h_{opt} gibt, die den Gesamtfehler minimiert.

In der Praxis orientiert man sich vielfach an der so genannten **Schrittkennzahl** $K = h\lambda$, wo h die Schrittweite und λ eine Lipschitzkonstante für die Funktion f bezeichnet, und wählt

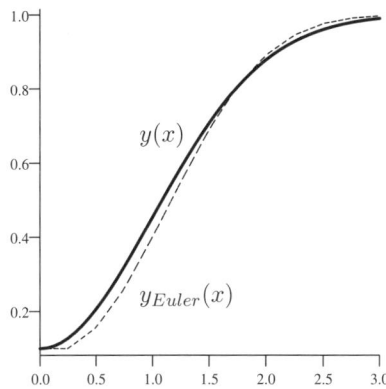

Abbildung 9.14 Exakte Lösung $y(x)$ und Euler'scher Polygonzug $y_{Euler}(x)$ zur Schrittweite $h = 0.25$

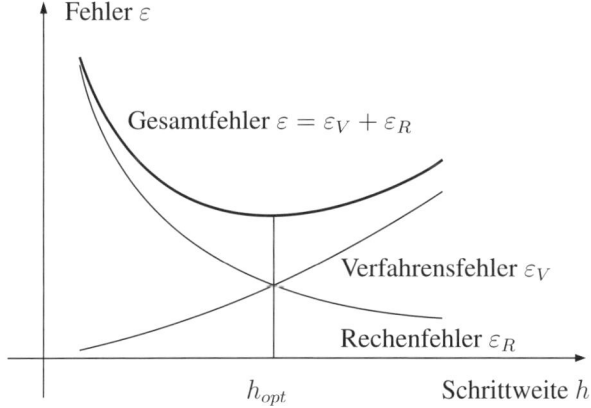

Abbildung 9.15 Verfahrensfehler und Rechenfehler

h derart, dass $0.05 \leq K \leq 0.2$ gilt. Man spricht dann von einem Verfahren mit **Schrittweitensteuerung**. Wird nämlich λ lokal für jeden Integrationsschritt neu berechnet oder geschätzt, kann man bei vorgegebenem K einen für den jeweiligen Schritt aktuellen Wert von h bestimmen und damit die benutzte Schrittweite den lokalen Gegebenheiten anpassen.

9.7 Die Methode der Finiten Elemente

Partielle Differentialgleichungen lassen sich nur in den wenigsten Spezialfällen explizit lösen. Aus diesem Grund wurden zur näherungsweisen Lösung die verschiedensten numerischen Verfahren entwickelt, die hier aus Platzgründen nicht einmal annäherungsweise vollständig behandelt werden können. Wir beschränken uns daher auf die Beschreibung eines der wichtigsten Verfahren, der **Methode der Finiten Elemente**.

Der Name „Finite Elemente" kommt daher, dass das Berechnungsgebiet in eine große Zahl kleiner, aber endlich vieler Elemente unterteilt wird. Auf diesen „Elementen" werden Ansatz-funktionen definiert, mit deren Hilfe man anstelle der partiellen Differentialgleichung (nähe-rungsweise) ein großes Gleichungssystem erhält, das dann mit anderen Verfahren (siehe Ab-schnitt 9.2 und 9.3) gelöst werden kann.

Wir beschränken uns weiters auf eine ganz spezielle (aber wichtige) partielle Differential-gleichung, nämlich auf das **Poisson-Problem**

$$\Delta u = f \quad \text{in } \Omega,$$
$$u = 0 \quad \text{auf } \partial\Omega,$$

wobei $\Delta = \frac{\partial^2}{\partial x^2} + \frac{\partial^2}{\partial y^2}$ den Laplace-Operator in der Ebene bezeichnet. Üblicherweise sucht man dabei eine Funktion $u(x, y)$, die in einem Gebiet Ω zweimal stetig differenzierbar und auf dessen Rand $\partial\Omega$ stetig ist. Es erweist sich aber günstig, eine etwas schwächere Formulierung zu verwenden, insbesondere für die numerische Behandlung. Im Speziellen werden wir nur verlangen müssen, dass u stückweise stetig differenzierbar und stetig ist. Wir bezeichnen die Menge aller Funktionen u auf $\Omega \cup \partial\Omega$ mit diesen Eigenschaften und der Randbedingung $u = 0$ auf $\partial\Omega$ mit V. Offensichtlich bildet V einen Vektorraum.

Die grundlegende Idee ist nun die folgende. Man multipliziert die Differentialgleichung mit einer beliebigen Funktion $v(x, y)$ aus V und integriert über Ω:

$$\int_\Omega (\Delta u) \cdot v \, dx \, dy = \int_\Omega f \cdot v \, dx \, dy.$$

Setzt man nun $G(u, v) = \int_\Omega (\Delta u) \cdot v \, dx \, dy$ und $L(v) = \int_\Omega f \cdot v \, dx \, dy$, so ist $G(u, v)$ eine bilineare Abbildung auf dem Raum V, d.h.,

$$G(\lambda_1 u_1 + \lambda_2 u_2, \mu_1 v_1 + \mu_2 v_2) = \lambda_1 \mu_1 G(u_1, v_1) + \lambda_1 \mu_2 G(u_1, v_2) + \lambda_2 \mu_1 G(u_2, v_1) + \lambda_2 \mu_2 G(u_2, v_2),$$

und $L(v)$ ist eine lineare Abbildung auf V, also

$$L(\mu_1 v_1 + \mu_2 v_2) = \mu_1 L(v_1) + \mu_2 L(v_2).$$

Ist nun $u(x, y)$ die Lösung der partiellen Differentialgleichung $\Delta u = f$, so gilt

$$G(u, v) = L(v) \qquad \text{für alle } v \in V. \tag{9.27}$$

Betrachten wir einmal $G(u, v)$ für ein Rechtecksgebiet $\Omega = (a, b) \times (c, d)$ etwas näher. Wegen $u(a, y) = u(b, y) = 0$ folgt aus der partiellen Integrationsregel

$$\int_a^b u_{xx} \cdot v \, dx = - \int_a^b u_x \cdot v_x \, dx.$$

Entsprechend gilt

$$\int_c^d u_{yy} \cdot v \, dy = - \int_c^d u_y \cdot v_y \, dy$$

und folglich

$$G(u, v) = \int_\Omega (\Delta u) \cdot v \, dx \, dy = - \int_\Omega (u_x v_x + u_y v_y) \, dx \, dy. \tag{9.28}$$

Offensichtlich gilt eine entsprechende Formel auch für Gebiete Ω, die sich als endliche Vereinigung von Rechtecken darstellen lassen,[3] und (aus Stetigkeitsgründen) auch für Gebiete, die
sich durch Rechtecksgebiete beliebig genau approximieren lassen, also für Gebiete, auf denen
ein Riemann-Integral definiert werden kann. Wir können daher für unsere Zwecke die Gültigkeit der Formel (9.28) annehmen. Dies zeigt aber auch, dass man $G(u, v)$ für alle $u, v \in V$
sinnvoll definieren kann, da das Integral $\int_\Omega (u_x v_x + u_y v_y)\, dx\, dy$ für stückweise stetig differenzierbare Funktionen immer wohldefiniert ist. Eine Funktion $u \in V$, die (9.27) erfüllt, heißt
schwache Lösung des Poisson-Problems $\Delta u = f$. Der Vorteil dieser Umformulierung ist, dass
das Poisson-Problem in diesem Sinn immer eine schwache Lösung hat (unter geeigneten Regu-
laritätsannahmen für f, auf die wir nicht näher eingehen können).

Zur numerischen Behandlung zerlegen wir nun das Gebiet Ω, von dem wir jetzt annehmen,
dass es durch ein Polygon berandet ist, in „finite Elemente", z.B. in (abgeschlossene) Dreiecke
$K_1, K_2, \ldots, K_N$, die eine **Triangulierung** $\mathcal{T}$ von Ω bilden (vergleiche mit Abb. 9.16). D.h., zwei
verschiedene Dreiecke $K_i \neq K_j$ haben, wenn sie nicht disjunkt sind, entweder eine ganze Kante
gemeinsam oder nur einen Eckpunkt, und alle Dreiecke ergeben zusammen den Abschluss $\overline{\Omega} =$
$K_1 \cup K_2 \cup \cdots \cup K_N$.

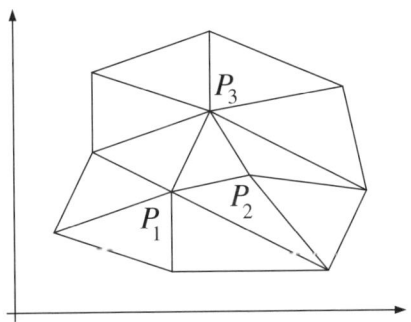

Abbildung 9.16 Triangulierung eines polygonal berandeten Gebiets

Wir betrachten nun den Raum $V_\mathcal{T}$ aller Funktionen $u \in V$, die auf jedem Dreieck K_i der
Triangulierung $\mathcal{T}$ durch ein lineares Polynom $a_i x + b_i y + c_i$ dargestellt werden können. Die
Elemente aus $V_\mathcal{T}$ heißen stückweise lineare Polynome. Der Raum $V_\mathcal{T}$ ist im Gegensatz zu V
endlichdimensional. Beispielsweise hat die Triangulierung aus Abb. 9.16 drei innere Punkte
P_1, P_2, P_3 und acht Eckpunkte $P_4, P_5, \ldots, P_{11}$ auf dem Rand. Es sei nun $u_1 \in V_\mathcal{T}$ jenes stückweise lineare Polynom mit $u_1(P_1) = 1$ und $u_1(P_2) = \ldots = u_1(P_{11}) = 0$. Entsprechend werden
u_2 und $u_3 \in V_\mathcal{T}$ mit $u_2(P_2) = 1$ bzw. $u_3(P_3) = 1$ konstruiert. Dann kann jede Funktion $u \in V_\mathcal{T}$
eindeutig als Linearkombination

$$u = \lambda_1 u_1 + \lambda_2 u_2 + \lambda_3 u_3$$

dargestellt werden. Man beachte, dass immer $u(P_1) = \lambda_1$, $u(P_2) = \lambda_2$ und $u(P_3) = \lambda_3$ gilt.
Die Anzahl der inneren Punkte der Triangulierung $\mathcal{T}$ entspricht also der Dimension des Raums
$V_\mathcal{T}$. Hat die Triangulierung $\mathcal{T}$ genau N innere Punkte, so bilden die Funktionen $u_1, u_2, \ldots, u_N$,

---

[3]Die Integralbestandteile an den Schnittlinien von verschiedenen Rechtecken, die bei der partiellen Integration
auftreten, fallen insgesamt wieder weg.

die genau an einem inneren Punkt den Wert 1 und an allen anderen Punkten den Wert 0 haben, eine Basis.

Anstelle des ursprünglichen Problems (9.27) betrachtet man ein vereinfachte Problems. Gesucht ist eine Funktion $u_{\mathcal{T}} \in V_{\mathcal{T}}$ mit

$$G(u_{\mathcal{T}}, v_{\mathcal{T}}) = L(v_{\mathcal{T}}) \qquad \text{für alle } v_{\mathcal{T}} \in V_{\mathcal{T}}. \tag{9.29}$$

Wegen der Linearität von G und L muss (9.29) nicht für alle Funktionen $v_{\mathcal{T}} \in V_{\mathcal{T}}$ sondern nur für eine Basis überprüft werden:

$$G(u_{\mathcal{T}}, u_j) = L(u_j), \quad 1 \le j \le N. \tag{9.30}$$

Weiters hat $u_{\mathcal{T}}$ eine Darstellung als Linearkombination in der Basis: $u_{\mathcal{T}} = \lambda_1 u_1 + \cdots \lambda_N u_N$. Beachtet man wiederum die Linearität von G, so wird (9.30) zu einem linearen Gleichungssystem in den Koeffizienten λ_i:

$$\sum_{i=1}^{N} \lambda_i G(u_i, u_j) = L(u_j), \quad 1 \le j \le N. \tag{9.31}$$

Die Systemmatrix besteht aus den Integralen

$$G(u_i, u_j) = -\int_{\Omega} \left(\frac{\partial u_i}{\partial x} \frac{\partial u_j}{\partial x} + \frac{\partial u_i}{\partial y} \frac{\partial u_j}{\partial y} \right) dx \, dy$$

und die rechte Seite aus den Integralen

$$L(u_j) = \int_{\Omega} f \cdot u_j \, dx \, dy.$$

Da u_i nur auf jenen Dreiecken aus $\mathcal{T}$, die den Eckpunkt P_i haben, von 0 verschieden ist, gilt $G(u_i, u_j) = 0$, sobald P_i und P_j nicht demselben Dreieck angehören. Die Systemmatrix $(G(u_i, u_j))$ ist daher relativ dünn besetzt. Sie ist eine so genannte Bandmatrix, da nur ein „Band" um die Diagonale von 0 verschieden ist. Dünn besetzte Gleichungssysteme lassen sich auch für große Dimensionen numerisch gut behandeln (u.a. mit iterativen Verfahren wie dem Jacobi- oder Gauß-Seidel-Verfahren). Die auftretenden Integrale $L(u_j)$ werden ebenfalls mit numerischen Verfahren berechnet, da die Funktion f üblicherweise nicht analytisch, sondern durch Werte an Stützstellen (bzw. durch Messwerte) gegeben ist.

Wir haben hier nur die einfachste Variante der Methode der Finiten Elemente besprochen. Es gibt zahlreiche Erweiterungen. So können z.B. anstelle von Dreiecken auch Rechtecke (oder andere „finite Elemente") verwendet werden, oder anstelle stückweise linearer Polynome benützt man allgemeinere Polynome, etc. Es ist auch möglich, nichtlineare Differentialgleichungen zu behandeln. In diesem Fall entsteht anstelle eines linearen Gleichungssystems ein nichtlineares Gleichungssystem, das dann z.B. mit Hilfe des Newton-Verfahrens gelöst werden kann. Unter geeigneten Regularitätsbedingungen für f konvergiert $u_{\mathcal{T}}$ bei entsprechender Verfeinerung der Triangulierung gegen die schwache Lösung u des ursprünglichen Poisson-Problems.

Beispiel 9.24 Anstelle des (oben beschriebenen) zweidimensionalen Problems betrachten wir – aus Gründen der Einfachheit – das entsprechende eindimensionale Problem

$$u'' = f \quad \text{in } \Omega = (0, 1),$$
$$u = 0 \quad \text{auf } \partial\Omega = \{0, 1\},$$

in diesem Sonderfall also eine gewöhnliche Differentialgleichung. Die prinzipielle Vorgangsweise ist aber genau dieselbe beim Poisson-Problem im Zweidimensionalen.

Im Speziellen sei $f(x) = -x(1-x)$. Nach zweimaliger Integration erhält man die explizite
Lösung (siehe auch Abb. 9.18)

$$u(x) = \frac{x^4}{12} - \frac{x^3}{6} + \frac{x}{12}.$$

Anstelle einer Triangulierung zerlegen wir das Intervall $[0,1]$ in vier Teilintervalle $K_1 = [0, \frac{1}{4}]$,
$K_2 = [\frac{1}{4}, \frac{1}{2}]$, $K_3 = [\frac{1}{2}, \frac{3}{4}]$, $K_4 = [\frac{3}{4}, 1]$. Die Basisfunktionen u_1, u_2, u_3 sind nun stückweise
lineare Polynome, z.B. ist $u_1(x)$ folgendermaßen gegeben (vergleiche auch mit Abb. 9.17):

$$u_1(x) = \begin{cases} 4x & \text{für } 0 \leq x \leq \frac{1}{4}, \\ 2 - 4x & \text{für } \frac{1}{4} < x \leq \frac{1}{2}, \\ 0 & \text{für } \frac{1}{2} < x \leq 1. \end{cases}$$

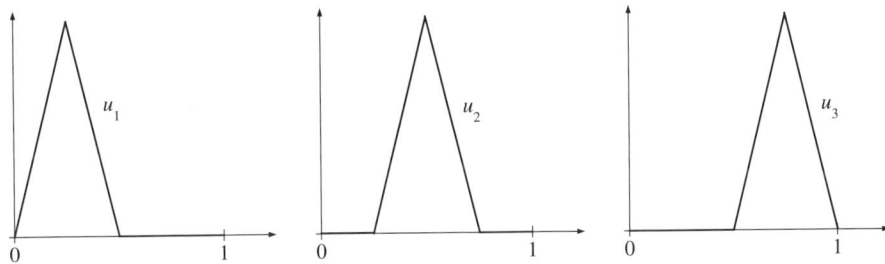

Abbildung 9.17 Basisfunktionen $u_1(x), u_2(x), u_3(x)$

Setzt man nun als Näherungslösung

$$u_{\mathcal{T}}(x) = \lambda_1 u_1(x) + \lambda_2 u_2(x) + \lambda_3 u_3(x),$$

so erfüllt $(\lambda_1, \lambda_2, \lambda_3)^T$ das lineare Gleichungssystem

$$\begin{pmatrix} -8 & 4 & 0 \\ 4 & -8 & 4 \\ 0 & 4 & -8 \end{pmatrix} \cdot \begin{pmatrix} \lambda_1 \\ \lambda_2 \\ \lambda_3 \end{pmatrix} = \begin{pmatrix} -\frac{17}{384} \\ -\frac{23}{384} \\ -\frac{17}{384} \end{pmatrix}.$$

Dieses Gleichungssystem hat die Lösung $\lambda_1 = 19/1024 \approx 0.01855$, $\lambda_2 = 5/192 \approx 0.026042$,
$\lambda_3 = 19/1024 \approx 0.01855$. Die Approximationslösung $u_{\mathcal{T}}(x)$ ist nun ein stückweise lineares
Polynom mit den „Stützstellen" (vergleiche mit Abb. 9.18)

$$u_{\mathcal{T}}(0) = 0, \quad u_{\mathcal{T}}(1/4) = \frac{19}{1024}, \quad u_{\mathcal{T}}(1/2) = \frac{5}{192}, \quad u_{\mathcal{T}}(3/4) = \frac{19}{1024}, \quad u_{\mathcal{T}}(1) = 0.$$

$\triangle$

Für die Praxis stehen zahlreiche Softwarepakte zur Verfügung, u.a. auch Freewareprogram-
me wie „Oof2", „Z88", „CalculiX" oder „FEMM".

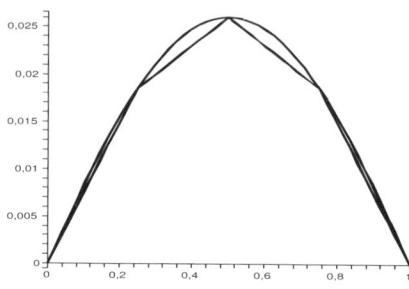

Abbildung 9.18 Exakte Lösung und Näherungslösung der Differentialgleichung $u'' = -x(1-x)$

9.8 Übungsaufgaben

9.1 Man zeige, dass die Funktion $\varphi(x) = x - e^{-x} + \cos x$ eine kontrahierende Abbildung des Intervalls $[1.2, 1.3]$ in sich ist, und berechne den (einzigen) Fixpunkt x^* dieser Funktion im angegebenen Intervall.

9.2 Gesucht ist eine in der Nähe von (a) $x_0 = 3$ bzw. (b) $x_0 = -3$ gelegene Nullstelle der Funktion $f(x) = e^{-x} + x^2 - 10$.

9.3 Nach welcher Zeit t (in Stunden) erreichen die Betriebskosten

$$B(t) = 10.45t + 0.0016t^2 + 17200(1 - e^{-0.0002t})$$

eines Netzwerkrouters den Anschaffungspreis $A = 100000$? Ist die Lösung eindeutig bestimmt? (Anleitung: Man bilde die Funktion $f(t) = B(t) - A$, untersuche deren Monotonieverhalten und bestimme schließlich die gesuchte Nullstelle mit Hilfe des Newton-Verfahrens.)

9.4 Man bestimme die Lösungsfolge der beim Babylonischen Wurzelziehen auftretenden Iteration

$$x_{n+1} = \varphi(x_n) = \frac{1}{2}\left(x_n + \frac{a}{x_n}\right), \quad n = 0, 1, 2, \dots$$

(wobei $a > 0, x_0 > 0$ ist) auf graphischem Weg und zeige, dass stets

$$x_1 \geq x_2 \geq x_3 \geq \cdots \geq \sqrt{a}$$

gilt, d.h., die Iterationsfolge (x_n) ist ab $n = 1$ monoton fallend und nach unten durch $\sqrt{a}$ beschränkt.

9.5 Man berechne den numerischen Wert von $\sqrt{7}$ mit Hilfe des Babylonischen Wurzelziehens auf 8 signifikante Stellen genau.

9.6 Man zeige: Für $a > 0$ konvergiert die Iterationsfolge (x_n) gemäß $x_{n+1} = 2x_n - ax_n^2$ mit $\frac{1}{2a} < x_0 < \frac{3}{2a}$ gegen den Fixpunkt $x^* = \frac{1}{a}$. Diese Iteration stellt somit ein Verfahren zur Division unter ausschließlicher Verwendung von Multiplikationen dar.

9.7 Man löse das Gleichungssystem

$$
\begin{array}{rrrcr}
-0.35x & +1.5y & +122.2z & = & 126 \\
105.7x & -440.9y & -173.7z & = & -1285 \\
21.5x & -101.8y & +33.4z & = & -229
\end{array}
$$

mit Hilfe des Gauß'schen Eliminationsverfahrens (a) ohne Pivotisierung, (b) mit Pivotisierung bei einer Rechengenauigkeit von 4 signifikanten Stellen.

9.8 Man vergleiche die Lösungen der beiden linearen Gleichungssysteme $A\boldsymbol{x} = \boldsymbol{b}_1$, $A\boldsymbol{x} = \boldsymbol{b}_2$ mit

$$A = \begin{pmatrix} 3.9 & -10.7 \\ -9.3 & 25.5 \end{pmatrix}, \; \boldsymbol{b}_1 = \begin{pmatrix} -290 \\ 690 \end{pmatrix}, \; \boldsymbol{b}_2 = \begin{pmatrix} -291 \\ 689 \end{pmatrix}.$$

Was kann daraus geschlossen werden?

9.9 Man löse das lineare Gleichungssystem

$$\begin{array}{rrrcr} -x_1 & +5x_2 & -2x_3 & = & 3 \\ x_1 & +x_2 & -4x_3 & = & -9 \\ 4x_1 & -x_2 & +2x_3 & = & 8 \end{array}$$

unter Anwendung des Gesamtschrittverfahrens von Jacobi, wobei man zunächst die einzelnen Gleichungen derart umordne, dass das entstehende System das Zeilensummenkriterium erfüllt.

9.10 Man bestimme die Lösung des Gleichungssystems aus Aufgabe 9.9 mit Hilfe des Einzelschrittverfahrens von Gauß-Seidel.

9.11 Man zeige: Die Anzahl der Punktoperationen (Multiplikationen und Divisionen) zur Lösung eines linearen Gleichungssystems mit n Gleichungen und n Unbekannten beträgt

(a) $(n^2 - 1)n! + n$ bei Anwendung der Cramer'schen Regel,
   (Hinweis: Die Auswertung einer $n \times n$-Determinante erfordert $(n-1)n!$ Multiplikationen.)

(b) $\frac{n}{3}(n^2 + 3n - 1)$ beim Eliminationsverfahren von Gauß,

(c) n^2 pro Schritt für das Iterationsverfahren von Jacobi oder Gauß-Seidel.

9.12 Die folgende Tabelle gibt die Entwicklung der Weltbevölkerung (in Milliarden) seit dem Jahr 1950 wieder:

Jahr t	1950	1960	1970	1980	1990	2000
Bevölkerung $f(t)$	2.5	3	3.6	4.4	5.3	6.1

Man finde eine Trendfunktion der Form $g(t) = c \cdot e^{at}$ und extrapoliere die Bevölkerungszahl für das Jahr 2010.
(Hinweis: Man bestimme die Ausgleichsgerade für die Wertepaare $(t, \ln f(t))$ nach der Methode der kleinsten Quadrate.)

9.13 Der Gebrauchtwert eines Personenkraftwagens betrage nach zwei Jahren noch 50%, nach vier Jahren noch 25% des Anschaffungspreises. Man gebe ein Polynom $p(t)$ zweiten Grades als Funktion der Nutzungsdauer t an, das mit diesen empirischen Daten übereinstimmt und für $t = 0$ den Wert 100 (Neuwert mit 100%) annimmt. Ferner vergleiche man die Erfahrungswerte von 70% Gebrauchtwert nach einem Jahr und 35% nach drei Jahren mit den entsprechenden p-Werten.

9.14 Man bestimme das Interpolationspolynom dritten Grades zu den Interpolationsstellen (0, 180), (2, 240), (4, 320) und (6, 360) durch Lagrange-Interpolation.

9.15 Man löse das Interpolationsproblem aus Aufgabe 9.14 unter Anwendung des Newton'schen Interpolationsverfahrens. Wie lauten die Funktionswerte des Interpolationspolynoms an den Stellen $x = 1, 3, 5$?

9.16 Man ermittle die natürliche kubische Splinefunktion, welche die Wertepaare aus Aufgabe 9.14 interpoliert, und vergleiche die Funktionswerte für $x = 1, 3, 5$ mit denen des kubischen Interpolationspolynoms.

9.17 Mit Hilfe der Sehnentrapezformel berechne man π aus der Gleichung

$$\pi = 4 \int_0^1 \frac{dx}{1 + x^2}.$$

Dabei verwende man eine Unterteilung des Integrationsintervalls in 2, 5 und 10 Teilintervalle.

9.18 Aus der Gleichung in Aufgabe 9.17 berechne man π unter Anwendung (a) der Kepler'schen Fassregel bzw. (b) der Simpson'schen Regel bei Unterteilung des Integrationsintervalls in 10 Teilintervalle.

9.19 Man bestimme näherungsweise das Integral

$$\int_0^\pi \frac{\sin x}{1 + x^2} \, dx.$$

9.20 Mittels der Kepler'schen Fassregel kann das Volumen von Rotationskörpern (z.B. von Fässern) näherungsweise berechnet werden, falls deren Querschnitt an drei Stellen bekannt ist. Man zeige, dass man dabei für (a) den Zylinder, (b) Kegel und (c) Kegelstumpf sowie (d) das Rotationsparaboloid das genaue Volumen erhält.

9.21 In nachstehender Tabelle sind die Grenzbetriebskosten $k(t)$ einer Maschine bei einer Arbeitsleistung von t Betriebsstunden angegeben. Man bestimme daraus näherungsweise die Gesamtbetriebskosten $K(T) = \int_0^T k(t)dt$ für $T = 100$.

t	0	10	20	30	40	50	60	70	80	90	100
$k(t)$	0.50	0.67	0.85	1.02	1.18	1.33	1.48	1.60	1.75	1.92	2.12

9.22 Für das Anfangswertproblem

$$y'(x) = 1 + x - y^3, \; y(0) = 0$$

bestimme man die Lösung an der Stelle $x = 1$ nach dem Euler'schen Polygonzugverfahren, und zwar für die Schrittweiten (a) $h = 0.25$ sowie (b) $h = 0.1$.

9.23 Man verbessere die in Aufgabe 9.22 erhaltene Näherungslösung für die Schrittweite $h = 0.25$ durch Anwendung (a) des verbesserten Eulerverfahrens bzw. (b) des Runge-Kutta-Verfahrens.

9.24 Man finde näherungsweise die Lösung der Differentialgleichung $y'(x) = 2xy$ zum Anfangswert $y(0) = 2$ an der Stelle $x = 1$ und vergleiche den erhaltenen Wert mit der exakten Lösung $y(x) = 2 \cdot e^{x^2}$.

Literaturverzeichnis

[1] Gerd Baron und Peter Kirschenhofer. *Einführung in die Mathematik für Informatiker. Bd. 1-3.* Springer, Wien, 1992.

[2] Elwyn R. Berlekamp, John H. Conway, and Richard K. Guy. *Winning ways for your mathematical plays. Vol. 2.* Academic Press, London, 1982.

[3] Rolf Brigola. *Fourieranalysis, Distributionen und Anwendungen.* Vieweg, Braunschweig, 1997.

[4] Manfred Brill. *Mathematik für Informatiker.* Hanser, München, Wien, 2001.

[5] Sergey Brin and Lawrence Page. The anatomy of a large-scale hypertextual web search. *Computer Networks and ISDN Systems*, 30:107–117, 1998.

[6] Wolfgang Dahmen und Arnold Reusken. *Numerik für Ingenieure und Naturwissenschaftler.* Springer, Berlin, 2006.

[7] Peter Deuflhard, Andreas Hohmann und Folkmar Bornemann. *Numerische Mathematik. Bd. 1 u. 2.* de Gruyter, Berlin, 2002.

[8] Dietmar Dorninger und Günther Karigl. *Mathematik für Wirtschaftsinformatiker. Bd. I u. II.* Springer, Wien, New York, 1996, 1999.

[9] Philippe Flajolet and Robert Sedgewick. *An Introduction to the Analysis of Algorithms.* Addison-Wesley Publishing Co., Reading, Mass., 1996.

[10] Martin Gardner. *Wheels, life, and other mathematical amusements.* Freeman, New York, 1983.

[11] Arthur Gill. *Applied algebra for the computer sciences.* Prentice Hall, Englewood Cliffs, New Jersey, 1976.

[12] Dirk Hachenberger. *Mathematik für Informatiker.* Pearson, München, 2005.

[13] Hans Havlicek. *Lineare Algebra für Technische Mathematiker.* Berliner Studienreihe zur Mathematik, Band 16. Heldermann, Lemgo, 2006.

[14] Günter Hellwig. *Partial differential equations. An introduction.* Mathematische Leitfäden. Teubner, Stuttgart, 1977.

[15] Harro Heuser. *Lehrbuch der Analysis. Teil 1 u. 2*. Mathematische Leitfäden. Teubner, Stuttgart, 2004, 2006.

[16] Harro Heuser. *Gewöhnliche Differentialgleichungen. Einführung in Lehre und Gebrauch*. Teubner, Stuttgart, 2006.

[17] Donald E. Knuth. *The art of computer programming. Vol. 1-3*. Addison-Wesley, Reading, Mass., 1981.

[18] Thomas W. Körner. *Fourer analysis*. Cambridge University Press, Cambridge, 1988.

[19] Kurt Meyberg und Peter Vachenauer. *Höhere Mathematik. Bd. 1 u. 2*. Springer, Berlin, 2001.

[20] Mike Piff. *Discrete mathematics. An introduction for software engineers*. Cambridge University Press, Cambridge, 1991.

[21] Wieland Richter. *Partielle Differentialgleichungen*. Spektrum Akademischer Verlag, Heidelberg, 2001.

[22] Gerald Teschl und Susanne Teschl. *Mathematik für Informatiker. Bd. I u. II*. Springer, Berlin, 2006.

[23] Michael Oberguggenberger und Alexander Ostermann. *Analysis für Informatiker*. Springer, Berlin, 2005.

[24] Gisela Engeln-Müllges und Fritz Reutter. *Numerische Mathematik für Ingenieure*. BI-Wissenschaftsverlag, Mannheim, Wien, Zürich, 1987.

[25] Helmut Werner und Robert Schaback. *Praktische Mathematik I u. II*. Springer, Berlin, Heidelberg, New York, 1979, 1982.

[26] Wolfgang Walter. *Analysis I u. II*. Grundwissen Mathematik. Springer, Berlin, Heidelberg, 1985.

Sachverzeichnis

Berliner Studienreihe zur Mathematik

Bislang erschienene Titel:

Heldermann Verlag

Michael Drmota
Bernhard Gittenberger
Günther Karigl
Alois Panholzer
Institut für Diskrete Mathematik und Geometrie
Technische Universität Wien
Wiedner Hauptstraße 8-10/104
A–1040 Wien

1. Auflage 2007
2. Auflage 2008
3. Auflage 2010
4. erweiterte Auflage 2014

ISBN 978-3–88538–117–4

Berliner Studienreihe zur Mathematik

herausgegeben von

H. Begehr und R. Gorenflo

Fachbereich Mathematik
Freie Universität
Berlin

Heldermann Verlag